iPhone 手机游戏开发

   从入门到精通

刘剑卓 著

iPhone

Where? It is secret!

中国铁道出版社
CHINA RAILWAY PUBLISHING HOUSE

内 容 简 介

本书将带领读者系统而全面地学习 iOS 平台上游戏产品的制作方法、销售模式以及市场推广。
按照由浅入深的方法，逐步带领读者进入 iOS 平台开发的大门，登上游戏制作的舞台。通过建立一
些样例项目的方式，让读者亲自体验 iOS 的开发过程。

    iOS 的主要设备包括 iPhone、iPad 和 iPod touch，所以，本书的内容适合上述 3 种设备的游戏开
发，并不局限于 iPhone。

    本书适合热爱游戏并怀揣梦想的有志青年，想成为 iOS 平台游戏开发的人，具备其他平台游戏
开发经验的人，以及 iOS 手持设备的用户等群体阅读。

图书在版编目（CIP）数据

iPhone 手机游戏开发从入门到精通 / 刘剑卓著. —
北京：中国铁道出版社，2012.11
  ISBN 978-7-113-15102-7

  Ⅰ. ①i… Ⅱ. ①刘… Ⅲ. ①移动电话机－游戏程序
－程序设计 Ⅳ. ①TN929.53

中国版本图书馆 CIP 数据核字（2012）第 169546 号

书　　名：iPhone 手机游戏开发从入门到精通
作　　者：刘剑卓　著

责任编辑：荆　波　　　　　　　　　　　**读者服务热线：**010-63560056
特邀编辑：赵树刚
责任印制：赵星辰

出版发行：中国铁道出版社（北京市西城区右安门西街 8 号　邮政编码：100054）
印　　刷：北京鑫正大印刷有限公司
版　　次：2012 年 11 月第 1 版　　　2012 年 11 月第 1 次印刷
开　　本：787mm×1 092mm　1/16　**印张：**30.5　**字数：**714 千
书　　号：ISBN 978-7-113-15102-7
定　　价：59.80 元

　　曾几何时，互联网行业一直都是全球增速最快、获得投资最多、创造最多传奇的一个领域。无论是全球富豪排行榜，还是国内的福布斯榜单，总会看到许多互联网界的大人物展露头脚。想必大家和笔者一样，亲身体会到了近十年来互联网产业的发展而带来的繁荣。互联网早已完全融入了人们的生活之中，成为人们日常生活的一种方式。随着手持智能设备的普及，移动互联网的时代随之而来，互联网的发展演绎了新的高潮。移动互联网的发展速度更是超越其前辈，其相关电子科技的变革更是如此。几年前，还有不少人在使用黑白屏幕的手机，如今智能手机已比比皆是。科技改变生活，此话并非空谈。读者不妨回想一下生活中的细节。在公车、电梯、地铁上，总会看到人们在把玩自己的手机。就算在街头、在商场、在公园，也不乏低头拿手机上网的人们。打游戏也好，发微博也罢，这都说明移动互联网市场规模的扩大，已经融入了人们的生活当中。除了其本身的迅猛发展之外，移动互联网还影响着其他领域的发展。在网上社区、即时通信、电子游戏等领域，也有许多用户都是通过手持设备进行访问的。就以国内深受用户喜爱的微博来说，根据官方数据显示，其手机端的登录人数已经超过了个人电脑。2011 年，中国移动互联网市场规模达 393.1 亿元，同比增长 97.5%。而根据预测，2012 年移动互联网增长率将达到 148.3%，移动互联网将迎来爆发期。在移动互联网飞速发展的同时吸引了无数的人才与企业加入其中。要问在移动互联网发展中最为耀眼的公司，非美国的苹果公司莫属。

　　如今提到苹果公司及其知名的 iPhone 设备几乎无人不知、无人不晓。作为近年来发展最快的高科技企业，苹果公司凭借其卓越的表现已经成为全球市值最高的企业。苹果公司之所以能够取得这样的成功，无疑来自于其具有开创性的产品以及商业模式。苹果公司的魅力无人能挡，每一款产品都可以引领业界的一场风潮。而那些追捧苹果产品的用户，也算得上是最忠诚的粉丝了。截至 2012 年，苹果公司已经销售了超过 3 亿台 iOS 设备，其中包括 iPhone、iPod touch 以及 iPad。苹果公司的手持设备产品占据了全球市场 40%的份额。如果单从制作厂商来说，苹果公司在手持设备领域绝对处在领先地位。正是因为有了如此庞大的用户群体，才能支撑苹果公司所推行的网上商店销售模式。来自苹果的官方数据显示，截至 2012 年 3 月，用户从应用商店下载的次数已经达到了 250 亿次，而此时在应用商店中已经具备了 50 万款应用程序。这就是苹果公司推出应用商店的 3 年时间里所取得的骄人成绩。按照苹果公司公布的统计数字，3 年来应用商店中利润最高的前十名应用程序，大多是游戏产品。

　　只要是拥有手机的用户，大多能够说出一些耳熟能详的游戏产品。例如"疯狂的小鸟"、"切绳子"、"水果忍者"等，这些游戏产品不再像早期贪吃蛇类的游戏那样只有单一的画面以及玩法，只能用来消磨用户闲暇的时间。如今它们的内容更加有趣，画面更加精彩，玩法也更加新奇。手机游戏不再是用户闲暇之余的玩具，而成为一个掌上娱乐中心。在这些乐趣无限的游戏获得广大用户青睐的同时，也为开发者带来了丰厚的利润。在业内，我们总是能够听到一笔高过一笔的收购数额、一个又一个成功的故事。2011 年度最畅销的付费应用"疯狂的小鸟"风靡全球，在 70 多个国家的苹果应用商店销量居首，目前下载量已经超过 1 300 万次；全球玩家在这个游戏上每天要花掉 2 亿分钟；它已经成为一个全球范围内的流行文化。虽然此时开发者已经不能再复制它的成功，但是凭借庞大的移动互联网市场以及未来发展趋势，我们依然可以打造一片属于自己的市场，成就游戏制作的梦想。

对于多数的国内开发者来说，这将是一个难得的机会。在刚刚过去的 2011 年，放眼全球，中国市场的规模增长最快。截至 2011 年底，中国市场的 iOS 设备（包括 iPhone 和 iPad）数目已达到 2 100 万部。同时，中国已经成为苹果公司的 App Store 在全球的第二大消费市场。按照市场扩展的速度，中国有望在今年荣登桂冠。甚至于苹果公司已经在应用商店中开设了专门的人民币付费支持，这可能会成为 App Store 在中国市场的又一个引爆点。这对于国内开发者来说，将是一个百年不遇的良机。

本书的章节安排

本书的内容从形式上可以分为 3 个部分，总共 13 个章节。首先介绍 iOS 平台开发的基础内容，其中包括 iOS 平台开发技术、Objective-C 编程语言以及 Cocoa 程序库的使用方法；其次介绍游戏开发技术，这也是本书的重点，读者将会接触到两个游戏引擎，一个为章节中独自构建的引擎，另一个则是来自业界知名的开源引擎；最后，就是游戏产品制作完成之后的上架销售以及市场推广。

按照章节的先后顺序，本书将会带领读者系统、全面地学习 iOS 平台上游戏产品的制作方法、销售模式以及市场推广。接下来，为了让读者可以选择性地阅读关键章节，将对每一个章节进行简单的概括：

第 1 篇　iPhone 开发基础入门篇

第 1 章　iOS 平台

全面详细地介绍 iOS 系统的由来及其发展历史，让读者了解苹果公司的传奇经历，以及其知名的产品和设备。iOS 设备能够占据智能手机市场中较高的地位，除了依靠其本身产品的优点之外，也不能忽略来自 App Store 的强大支持。在本章节中还介绍了 iOS 操作系统各个版本的特点及其层次架构。

第 2 章　iOS 设备介绍

本章节的目的在于为开发者介绍 iOS 设备的特点以及发展历史，这些 iOS 设备将会成为未来游戏产品的运行环境。为了能够更好地展现游戏特性，开发者必须熟悉当前市场上 iOS 设备的优缺点、硬件参数以及系统特性。这些都是将来开发游戏产品需要考虑的因素。通过来自官方的数据，读者将会了解到 iOS 设备的市场规模，这就决定了游戏产品将要面向的用户群体、设备以及系统版本。

第 3 章　获得 iOS 平台开发的资格

iOS 平台开发尤其独特之处在于，每一个开发者需要缴纳一定费用才能获得应用程序发布的权利。本章节的内容就是介绍如何申请获得苹果公司的开发者计划。在获得开发资格之后，读者同样需要一系列的操作来建立一个合法的授权文件。此章节的内容是 iOS 平台开发必不可少的准备工作。读者将会在此章节的指引下，获得开发者证书以及应用程序的授权文件。

第 4 章　搭建 iOS 开发环境

经过前两个章节的充分准备，我们将开始搭建 iOS 开发环境，其中包括如何安装以及使用 Xcode 开发环境。读者也将会接触到第一个 iPhone 应用程序的项目工程。熟悉此项目工程的内容之后，我们将会利用之前的证书以及授权文件，将应用程序部署到 iPhone 模拟器以及 iOS 设备当中。完成本章节的内容之后，读者就算是正式进入了 iOS 应用产品的开发。因为在本章节中，读者将会掌握程序项目中的结构以及各个文件的作用，如何配置项目属性以编译并运行应用程序。

第 5 章　Objective-C 语言基础

作为 iOS 平台开发的编程语言，Objective-C 是每一个开发者的基本功。在此章节中，我们将会为读者详细地介绍 Objective-C 编程语言的历史、特点以及语法规则。在介绍的过程中，读者还将了解到面向对象的编程理念。另外，在介绍每一个知识点时，还加入许多的实例项目，来帮助读者理解代码的实现效果。

第 6 章　iPhone 开发的基础

本章节将会从 iPhone 应用程序的开发基础入手，让读者深入 iPhone 开发内部一探究竟，逐步掌握应用程序的开发技术。这将是为游戏开发而准备的一个章节。要想成为游戏制作的高手，首先要成为一个 iPhone 应用程序的开发者。本章节将为读者阐述 iPhone 的框架结构中 4 个组成部分的主要内容以及它们发挥的作用，它们为 Cocoa Touch 层框架、Media 多媒体框架、Core Serivces 层框架以及 Core OS 层框架。在明白了 iPhone 应用程序的底层框架之后，读者将会接触到其上层的程序接口。这些内容将会是读者制作游戏的功能库。在 iPhone SDK 介绍过程中，读者将会接触到界面控件、用户交互、绘图功能、多媒体支持、位置信息、感应器和多语言版本的本地化。这些内容都是游戏制作当中必然会用到的技术以及功能。因此，为了完成游戏制作开始之前的准备工作，本章节内容讲解细致、配以实例，相对篇幅也比较多。不过在阅读之后，读者将具备制作 iPhone 应用程序的开发能力。

第 2 篇　iPhone 游戏开发提升篇

第 7 章　游戏产品设计

经过前几个章节的铺垫，此时读者已经具备了制作游戏产品的能力。此章节将会成为游戏制作环节的第一步。游戏设计是一款游戏开发之前的必经过程。读者将会了解与游戏产品有关的知识，其中包含游戏的创意、类型、规则以及玩法。除此之外，还将会与读者分享一些游戏产品的制作经验，让读者对于游戏制作的流程以及相关的制作人员的分工有明确的认识。从最初的准备、计划、开发、测试直到上架销售，游戏产品的整个生命周期都将会毫无保留地展现给读者。希望通过此章节，读者能够对游戏制作具备足够的了解并产生浓厚的兴趣。

第 8 章　制作第一款游戏

本章节我们将进入编码阶段，带领读者逐步完善游戏引擎的功能，并在章节的末尾完成一款简单的游戏。这将是一次全面介绍游戏开发知识的机会，最终目的是让读者具备游戏制作的能力，熟悉游戏开发的流程。从最初的游戏框架开始，读者将会接触到一些常用的游戏制作技术，比如游戏中的状态机制、渲染器、动画、精灵、背景地图、字体方法等内容。在实现了游戏基础框架之后，接下来将会构建游戏的核心内容——引擎，它为游戏提供了丰富而高效的功能。其中包含许多方面，比如游戏中的逻辑轮询、用户交互、声音音效处理、物理碰撞和文件操作模块。在完成了本篇节的阅读之后，读者可以独立制作一款简单的游戏产品。另外，读者将会获得一个基本的游戏引擎，可以将其作为未来游戏开发的模板进行参考。

第 9 章　Cocos2D 引擎使用指南

有了上一个章节的基础，此章将会引领读者认识并熟练使用 iOS 平台中知名的游戏引擎。凭借 Cocos2D 引擎强大的功能，读者游戏制作的水平将获得大幅的提升。同时，制作的游戏产品也将会更加丰富多彩、体验非凡。本章节将会详细介绍 Cocos2D 引擎中的每一个部分。同时，配以具体的实例项目来帮助读者掌握相关的知识。除了介绍如何使用 Cocos2D 引擎外，我们还将会通过与自制引擎的对比，从更高的角度来理解引擎的架构以及设计理念。这可以看成是读者游戏制作水平的再一次提升。

第 10 章　Cocos2D 引擎开发高级技巧

本章节的重点在于使用一些高级游戏开发技术来实现游戏内容，让读者不再是刚刚入门的游戏制作新手。Cocos2D 引擎配备了一些强大而完善的功能，它将会帮助开发者提升游戏的品质，为玩家带来更多的乐趣。这些功能包括动作系统、音乐与音效、粒子系统以及物理引擎。如果读者希望成为游戏开发高手，就必须熟练掌握本章内容。

第 11 章　iOS 游戏特性

虽然经过前面的章节，读者已经可以制作出精彩的游戏产品了，但是为了让游戏产品精益求精，更加适合 iOS 平台，本章节将会介绍一些 iOS 平台的特性。这些特性大多是来自于苹果公司提供的游戏开发框架（Game Kit）以及商店购买框架（Store Kit）。我们将为读者详细介绍上述功能的实现原理以及具体实施的方法。最后，读者将掌握为游戏产品加入的积分排行榜、成就功能以及内置购买的实现方法。

第 3 篇　iPhone 游戏发布和展望篇

第 12 章　发布游戏

在完成了游戏应用制作之后，我们就要将其变为一款可以销售的产品。所以本章节读者将会了解到 iOS 应用程序发布的方式。读者将会领略到全球最大的网上应用商店所带来的机遇。本章节中将会介绍在 App Store 应用产品上架销售的每一个环节。整个游戏产品上架的过程当中，包括如下的步骤：版本打包、创建证书、配置应用、提交审核、定价参考以及后期维护。在介绍上述内容的过程时，还会与读者分享一些成功游戏产品的经验。

第 13 章　未来之路

这已经是本书最后一个章节了，此时的读者已经具备了超凡的游戏开发技术，并且熟知 iOS 平台应用产品的制作流程，也具备了一定的游戏产品发布经验。在此章节中，将会通过一些市场数据以及业内分析，为读者阐述 iOS 平台的未来发展趋势。接下来的游戏开发之路，将会由读者自己去开创。

本书适合的读者

- 热爱游戏，并怀揣梦想的有志青年，本书将会为你提供一个影响世界的机会。
- 想成为 iOS 平台游戏开发者的人，本书是一本游戏开发技术的宝典。
- 想抓住移动互联网爆发的机遇，成就一番事业的人，本书将是你迈向成功的阶梯。
- 具备其他平台游戏开发经验的人，本书将会使你在 iOS 平台开创一片新天地。
- iOS 手持设备的用户，本书将会教授你如何为打造一款属于自己的游戏产品。
- 感受到 iOS 平台的火爆，按捺不住内心创业梦想的人，本书将会是你踏上征途的最佳指南。

致谢

当经历了一个漫长而静寂的寒冬，最终迎来清新的早春之时，此书也终于编写完成了。总有一些东西是生命不能承受的重量，即使你成功地经历了这一切，当回头看的时候，它依然是不能承受的，这个一点也不矛盾。成功并非来自个人之举，其背后必然有来自他人的协助。就算此时我依旧能够感受到当初的犹豫与无知，在编写过程中的烦躁与不安，以及最后收尾阶段的妥协与应付。好在，我是如此幸运，拥有让我可以依靠的家人以及信赖的朋友。正是他们给予的力量，才让我坚持完成此书，在此表示衷心的感谢。

希望将此书献于我的父母！没有他们的养育之恩，我也不会有今天的成就。他们给予我正确的价值观来认知世界，让我受到了良好的教育，抱有对生活的积极乐观的态度。这一切都是促成本书的根源。

感谢本书的第一个读者，本书的审读老师。这已经是我们第二次合作，之前建立的默契与信任，再一次得到了印证。没有她对工作的付出，此书绝对不会以如此完整的方式呈现在读者面前。本书的成长更少不了她的协助，由于她及时的反馈，那些重要的意见以及建议，才让本书有了今天的规模和水准。得益于她宽容和善的品质，才让我有了自由撰写的空间。

感谢 605 团队，你们总是能够在我原本波澜不惊的生活中激起阵阵的涟漪。与你们在一起的时光伴随着欢声与笑语，对于原本平淡的生活注入了新的活力，让我有了充足而饱满的精力、愉快的心情来投入到此书的创作当中。当然还有你们分享的建议以及经验，让我避免了许多的弯路。

　　另外，感谢 Cocos2D 引擎的所有开发者，他们免费提供了如此优秀的引擎。与你们相比，我的付出简直不值一提。同时，感谢在撰写本书的过程中提供相关设备的孙惊涛。

　　最后，需要感谢的就是 Lily。每晚当我驼着背敲键盘时，你总是能在适当的时机犹如小鹿般跳跃到我的眼前，带来一声温馨的问候，帮我一扫写书的疲倦。显然写书占据了我更多的生活时间，对此你却没有怨言，仍然一如既往地支持和鼓励着我。谢谢你的善解人意，以及那些我们一起度过的时光。

编　者

2012 年 6 月

目　录 **Contents**

第1篇　iPhone 开发基础入门篇

第1章　iOS 平台介绍

1.1　咬了一口的苹果 2

　　1.1.1　苹果公司的设备 3

　　1.1.2　苹果公司标志演变 6

　　1.1.3　主要软件以及操作系统 7

　　1.1.4　销售服务 8

1.2　iOS 系统介绍 9

1.3　iOS 系统架构 10

1.4　iOS SDK 介绍 12

1.5　必要的准备 15

1.6　小结 15

第2章　iOS 设备介绍

2.1　iPhone 的诞生 18

2.2　iPhone 的发展历史 19

　　2.2.1　iPhone 3G 20

　　2.2.2　iPhone 3GS 21

　　2.2.3　iPhone 4 22

　　2.2.4　iPhone 4S 24

2.3　iPad 的诞生 27

2.4　iPad 的发展 28

　　2.4.1　iPad 2 29

　　2.4.2　新 iPad（The new iPad）..30

2.5　其他 iOS 设备 31

2.6　小结 33

第3章　获得 iOS 平台开发的资格

3.1　获得开发者资格 36

　　3.1.1　申请开发者账号 36

3.1.2 购买开发者计划 37

3.1.3 申请公司开发者计划 39

3.1.4 认证信息 43

3.2 苹果公司提供的服务 45

3.3 制作授权证书 46

3.3.1 生成本地证书 46

3.3.2 提交证书 48

3.3.3 添加测试设备 49

3.3.4 创建 App ID 50

3.3.5 生成授权文件 50

3.4 小结 51

第 4 章 iOS 平台开发环境

4.1 准备工作 53

4.2 iOS 开发环境介绍 54

4.2.1 Xcode 介绍 55

4.2.2 Interface Builder 介绍 56

4.2.3 Instruments 介绍 58

4.2.4 iPhone 模拟器 59

4.3 Xcode 工程介绍 62

4.4 创建项目 63

4.4.1 工程项目介绍 65

4.4.2 iPhone 应用程序运行机制 67

4.5 真机运行以及调试 68

4.5.1 准备证书 68

4.5.2 App ID 69

4.5.3 安装授权文件 69

4.5.4 编译并运行 70

4.6 小结 71

第 5 章 Objective-C 语言基础

5.1 Objective-C 语言概述 72

5.2 面向对象的基本原理 73

5.3 类、对象和方法 75

5.4 Objective-C 的数据类型 80

5.4.1 基本数据类型 80

5.4.2 常量 82

5.4.3 变量 82
5.4.4 限定符 82
5.4.5 运算符 83
5.4.6 字符串与 NSLog 86
5.5 基本语句 90
5.5.1 循环 90
5.5.2 判断语句 93
5.6 继承与多态 95
5.6.1 来自父类的继承 95
5.6.2 继承后的扩展 96
5.6.3 多态 97
5.7 内存管理 98
5.7.1 自动释放池 99
5.7.2 引用计数 99
5.7.3 垃圾回收 100
5.8 Objective-C 语言特性 100
5.8.1 可变与不可变数组 101
5.8.2 可变与不可变字典类 103
5.9 小结 105

第 6 章 iPhone 开发的基础

6.1 iPhone 的框架结构 107
6.1.1 Cocoa Touch 层框架 107
6.1.2 Media 多媒体框架 110
6.1.3 Core Serivces 层框架 114
6.1.4 Core OS 层框架 118
6.1.5 iPhone 设备中的框架 118
6.2 iPhone SDK 介绍 120
6.3 程序设计原则与 App 生命周期 121
6.4 用户界面设计：视图和控件 124
6.5 用户交互：轻击、触摸、手势 131
6.6 绘图功能：Quartz 2D 与 OpenGL 134
6.7 多媒体支持 142
6.7.1 iPhone 多媒体技术 143
6.7.2 iPhone 支持的多媒体格式 143
6.7.3 利用 AVAudioPlayer 类播放声音 145
6.8 位置信息 149

6.9 加速度感应器 154

6.10 多语言版本的本地化 157

6.11 小结 160

第 2 篇　iPhone 游戏开发提升篇

第 7 章　如何设计一款游戏

7.1 人们为什么玩游戏 165

7.2 如何设计游戏来满足玩家的期望 169

　　7.2.1 如何获得游戏创意 169

　　7.2.2 游戏创意的可行性 172

　　7.2.3 好的创意就是要千锤百炼 174

7.3 如何制作游戏 174

　　7.3.1 确定开发人员 175

　　7.3.2 参与人员的工作内容 175

　　7.3.3 独立游戏制作人 180

　　7.3.4 游戏的开发周期 180

　　7.3.5 游戏产品预期的效果 183

7.4 游戏产品的类型 185

7.5 游戏的可玩性 186

　　7.5.1 用户黏性 186

　　7.5.2 游戏的节奏 188

7.6 小结 188

第 8 章　游戏基础结构

8.1 游戏核心引擎 191

　　8.1.1 游戏引擎发展的历史 192

　　8.1.2 游戏知名引擎介绍 193

8.2 游戏引擎的框架 196

　　8.2.1 游戏引擎的特性 197

　　8.2.2 游戏引擎的架构 198

　　8.2.3 游戏引擎具备的功能 199

8.3 游戏中的状态机制 200

　　8.3.1 游戏生命周期 201

　　8.3.2 有限状态机 202

　　8.3.3 定制游戏状态 203

　　　8.3.4　定制有限状态机 206
　8.4　渲染器 207
　　　8.4.1　纹理 214
　　　8.4.2　动画 216
　　　8.4.3　精灵 220
　　　8.4.4　地图背景 223
　　　8.4.5　文字 230
　8.5　碰撞检测 239
　　　8.5.1　平面几何在碰撞检测中的应用 239
　　　8.5.2　AABB 碰撞检测技术 240
　8.6　用户交互 242
　8.7　声音引擎 243
　8.8　游戏界面 245
　8.9　创建游戏世界 248
　　　8.9.1　游戏世界 248
　　　8.9.2　游戏世界中的居民 250
　　　8.9.3　资源处理中心 255
　　　8.9.4　游戏状态 258
　8.10　小结 261

第 9 章　Cocos2D 引擎使用指南

　9.1　Cocos2D 引擎介绍 265
　　　9.1.1　Cocos2D 的来历 265
　　　9.1.2　免费开源 266
　　　9.1.3　游戏引擎的功能 267
　　　9.1.4　版本发展 268
　　　9.1.5　成功游戏 269
　9.2　Cocos2D 引擎基础知识 270
　　　9.2.1　Cocos2D 官方网站 270
　　　9.2.2　Cocos2D 下载与安装 271
　　　9.2.3　实例程序 272
　　　9.2.4　引擎结构和组成 275
　　　9.2.5　帮助文档 276
　9.3　Cocos2D 引擎中的游戏因素 278
　　　9.3.1　引擎中的游戏画面 278
　　　9.3.2　游戏中的导演 279
　　　9.3.3　代表游戏状态的场景（CCScene） 283

9.3.4　游戏图层 285

9.3.5　精灵 290

9.3.6　精灵集合 293

9.3.7　精灵帧缓冲 296

9.3.8　根源种子 302

9.3.9　文字与字体 307

9.3.10　菜单和按钮 314

9.4　小结 319

第 10 章　Cocos2D 引擎高级技术

10.1　动作功能 322

10.1.1　基本动作 323

10.1.2　及时动作 323

10.1.3　延时动作 327

10.1.4　组合动作 333

10.1.5　扩展动作 337

10.2　碰撞检测 346

10.3　游戏中的地图背景 351

10.4　音乐与音效 360

10.5　粒子效果 362

10.5.1　粒子系统从何而来 363

10.5.2　Cocos2D 引擎当中的粒子系统 364

10.5.3　粒子发射器 364

10.5.4　粒子系统编辑器 372

10.6　物理引擎：Box2D 379

10.6.1　基本的物理知识 379

10.6.2　Box2D 引擎的来历 381

10.6.3　Box2D 物理引擎的基础知识 382

10.6.4　创建 Box2D 物理世界 384

10.6.5　创建世界中的物体 388

10.6.6　连接两个世界 390

10.7　小结 392

第 11 章　iOS 游戏特性

11.1　游戏开发框架（Game Kit） 395

11.1.1　Game Kit 简介 396

11.1.2　Game Center 介绍 398

11.2　iTunes Connect 门户网站 400
　11.2.1　排行榜（Leaderboard）设置 401
　11.2.2　成就（Achievements）设置 404
11.3　Game Kit 框架的使用 405
　11.3.1　用户验证功能 406
　11.3.2　排行榜功能 408
　11.3.3　成就功能 412
11.4　游戏社区交互 418
11.5　游戏内置收费（In-App Purchasing ） 420
　11.5.1　In-App Purchase 概览 420
　11.5.2　通过 App Store 注册商品 421
　11.5.3　交付方式 424
　11.5.4　利用 Store Kit 框架进行编码 427
11.6　小结 434

第 3 篇　iPhone 游戏发布与展望篇

第 12 章　发布游戏

12.1　市场规模 438
12.2　发布的版本 440
12.3　提交游戏产品 442
　12.3.1　打包游戏产品 443
　12.3.2　获得证书 443
　12.3.3　创建应用产品 ID 444
　12.3.4　创建应用 445
　12.3.5　提交产品 449
12.4　应用程序审核 451
12.5　接纳反馈，及时更新 453
12.5　优惠时段以及限时免费 454
12.6　小结 455

第 13 章　未来之路

13.1　iOS 未来之路 458
　13.1.1　iOS 系统 458
　13.1.2　iOS 设备 460
13.2　苹果公司的发展 460

13.3　后乔布斯的时代 ··461

13.4　来自其他厂商的竞争 ··462

　　13.4.1　Android ···463

　　13.4.2　Windows Phone 7 ···463

　　13.4.3　三足鼎立 ···464

13.5　App Store 的未来发展 ··465

　　13.5.1　移动互联网 ···466

　　13.5.2　用户需要 ···467

　　13.5.3　第三方软件开发商 ···468

13.6　游戏产品的未来 ··468

13.7　小结 ···470

第1篇 iPhone 开发基础入门篇

　　好的开始是成功的一半，我把这句话用在这里，是想真诚地告诉读者，在真正的进行 iPhone 游戏开发之前，需要我们扎扎实实地掌握一些基础性的知识，做好了这些，我们才真正有了一个好的开始。

　　本篇用 6 个章节的内容，针对 iOS 的平台、设备、开发资格、开发环境以及 Objective-C 语言做了详细阐述；同时在第 6 章中，我们对 iPhone 的框架结构、SDK、用户界面、人机交互等内容，做了翔实的讲解，力争在读者思维中夯实一个清晰的开发框架，更为后续学习打下基础。

第 **1** 章　iOS 平台介绍

提到 iOS 可能读者还会有些陌生，但是如果提到 iPhone 想必就会非常熟悉了。iPhone 在手机领域的普及程度几乎达到了无人不知、无人不晓的水平。而 iOS 就是运行于 iPhone 手机设备之中的操作系统。至于 iOS 平台，大家可以理解为所有使用 iOS 系统的设备及网站。

对于刚刚加入这个阵营的开发者来说，iOS 平台像是一个巨大而未知的新世界。它从何而来，发挥了怎样的作用，甚至于 iOS 平台当中的开发环境、各种技术特性、开发工具、概念术语、编程接口，甚至是编程语言以及市场模式等，对于大家来说可能都是新鲜事物，比较生疏。

上面所述的内容请读者不必担心，本书将会对 iOS 平台进行系统而全面的介绍。作为 iOS 平台开发的基本指南，提供了简单易学的内容，其中包括 iOS 平台的特性、基本概念、专用术语、数据结构以及潜在的设计模式，使得开发者更加容易上手。本书另外一个重要的内容就是 iOS 平台的游戏开发技术。在接下来的内容当中，将会带领读者循序渐进、逐步深入地详解游戏制作技术。除此之外，还会与读者分享大量的游戏案例以及资深开发者的经验。

下面我们就要开始 iOS 平台的游戏开发之旅了。在开始之前不妨先讲一个故事。故事要从很久很久以前说起。蔚蓝的天空中，一根羽毛缓缓落下，随风飘舞；它飘过树梢，飞向青天。翻翻转转的最后，它落在福尔斯特·甘的脚下。阿甘随手拿起，把它夹进自己最喜欢的书中。此时的他，正坐在萨凡纳 Savannah 州的一个长椅上，向同坐等公车的路人滔滔不绝地诉说着自己一生的故事。

上面这段场景不知读者是否留有印象。在电影情节里，阿甘收到了一个朋友的来信。信中交待阿甘与朋友共同创立的公司成立，而公司的标志就是阿甘咬了一口的苹果。当然，这不过是电影的改编。阿甘并不是这家公司的创始人，这家公司也不是卖水果的。虽然上述内容都是虚构的，但被咬了一口的苹果依然是一家传奇公司的标志。让我们先来了解一下吧！

1.1　咬了一口的苹果

图 1-1 所示就是咬了一口的苹果。这张图想必大家再熟悉不过了，它就是苹果公司现在所用的标志。在各大商场或者手机卖场，很容易看到这个标志。苹果公司除了拥有这个商标权之外，还拥有了前面提到的 iOS 平台，包括操作系统、硬件设备以及门户网站。

提到苹果公司，几乎无人不知晓，它已经是一家有着 40 年历史的公司，不过更多的人是因为

iPhone 或者 iPad 才知道的苹果公司。其实在苹果公司创立之初，它是一家出产个人电脑的电子科技公司。这就好比当人们提到摩托罗拉时，首先想到的是其手机产品，但其原本的通信产业早已被人们忽略；提到诺基亚想到的也是手机产品，其原来的产业为橡胶制造。苹果公司（Apple Inc.），原称为苹果电脑公司（Apple Computer Inc.），从其创立到现在已经创造了无数的商业记录以及成绩，总部位于美国加利福尼亚的库比蒂诺，核心业务是电子科技产品，目前全球电脑市场占有率为 7.96%，手持设备占有率为 44%。如今苹果公司已经是全球市值最高的公司，已达

图 1-1　苹果公司的标志

到 6 000 亿美元。这家公司从成立开始，就一直在高科技企业中以创新而闻名。苹果电脑公司通过 Apple II 在 20 世纪 70 年代引发了个人电脑革命，Macintosh 的推出在 20 世纪 80 年代又彻底改造了个人电脑。在其四十多年的发展中，推出过许多的产品或者服务，其中最知名的产品是其出品的 Apple II、Macintosh 电脑、iPod 音乐播放器、iTunes 商店、iPhone 手机和 iPad 平板电脑等。它在高科技企业中以创新、设计而闻名。通过其创意性的硬件、软件和 Internet 技术及设备，为用户带来前所未有的体验。苹果公司每一个成功的产品都受到用户的热情追捧，引领了行业的潮流，甚至其中一些还引发了一场新的行业变革。

1.1.1　苹果公司的设备

苹果公司原称苹果电脑公司，由史蒂夫·乔布斯、史蒂夫·沃兹尼亚克和罗纳德·韦恩三人于 1976 年 4 月 1 日成立，在 2007 年 1 月 9 日旧金山的 Macworld Expo 上宣布改为现名。从公司最初的名字就能知道苹果公司在最初是一家出品电脑的科技公司，其推出的第一台个人电脑被命名为 Apple I。这是全世界第一台将显示器与计算机相连的电脑。在其推出的电脑产品中，给人们留下印象最深的就是 Apple II 电脑。它在 20 世纪 70 年代助长了个人电脑的革命。Apple II 在电脑界被广泛誉为缔造家庭电脑市场的产品，到了 20 世纪 80 年代已售出数百万台。当苹果在 1980 年上市的时候，他们的资产比 1956 年福特上市以后任何首次公开发行股票的公司都要多，而且比任何历史上的公司创造了更多的百万富翁。并且在五年之内该公司就进入了世界公司五百强，这是当时发展最快的记录。这都是苹果电脑所创造的商业传奇。

图 1-2　Apple II 个人电脑

图 1-2 所示为当年引领个人电脑潮流的 Apple II，它拥有着个人电脑历史上的许多第一：第一次有塑料外壳；第一次自带电源装置而无须风扇；第一次装有英特尔动态 RAM；第一次在主板上带有 48KB 容量；第一次可玩彩色游戏；第一次设内置扬声器接口；第一次装上游戏控制键；第一次具有高分辨率图形功能；第一次实现 CPU 和主板共享 RAM，等等。苹果后续推出的 Apple II 升级版本、Apple III 以及 Lisa 均难以重现 Apple II 的辉煌。

图 1-3 所示的正是 Apple Macintosh，它在 1984 年 1 月 24 日被苹果公司推向了市场。虽然 Macintosh 延续了苹果的成功，但却不能达

图 1-3　Macintosh

到它最辉煌时的水平。因为在当年它遇到了一个更加强劲的对手——"微软公司"。虽然首个版本的 Windows 在技术层面上不如 Mac，但低廉的价格以及兼容机模式获得了更多客户，而且不久以后在 Windows 上也同样出现了很多的软件。这之后，苹果公司进入了第一个衰落期。然后人们亲眼看到了另一个传奇公司的壮大——比尔·盖茨领导的微软公司。

1985 年，也就是史蒂夫·乔布斯离开苹果公司那一年，苹果公司正式进入了衰落期。虽然苹果公司后续推出了一些明星产品，诸如笔记本 Macintosh Portable、PowerBook、Power Mac 以及 PDA-Apple Newton，但在销量方面均未获得良好的收益。

业务的衰退、市场份额的丢失，使得各界开始期盼有能力者管理苹果公司。最终，苹果以收购 NeXT 的方法获取了他们公司的 OpenStep 操作系统及开发人员，并最终导致其公司老板乔布斯回归至苹果。与 1997 年乔布斯回归苹果公司成为首席执行官。在其当任后大幅度改革公司管理，并开发诸如 iMac 等的一系列新产品。此时苹果的股票降到五年来的最低点，乔布斯面临有生以来最大的挑战，来挽救其心爱的苹果。历史也证明了乔布斯的伟大，他不仅恢复了苹果公司的往日光彩，更将其推向了崭新的高度。在接下来的 20 年间，苹果一跃成为全球最有价值的公司。2001 年，苹果推出了 Mac OS X，一个基于乔布斯的 NeXTSTEP 的操作系统。它最终整合了 UNIX 的稳定性、可靠性和安全性，以及 Macintosh 界面的易用性，并同时以专业人士和消费者为目标市场。

在 2002 年的刚开始，苹果公司初次展示了新款的 iMac G4。它由一个半球形的底座和一个用可转动的金属折杆支撑的数字化平板显示器组成，如图 1-4 所示。

iMac 系列彻底颠覆了人们对于个人电脑外观的认知，它们不再看起来像个电脑。如图 1-4 所示的 iMac G4，看起来更像是一个台灯。因为 iMac 新奇的外形设计，它曾出现在

图 1-4　iMac G4

许多影视作品当中成为一种时尚或者高科技的代言品。iMac 是乔布斯重新回到苹果后开始研发的产品，1998 年 iMac G3 标价 1 299 美元出售，面世即获得成功，为苹果扭亏为盈立下功劳。虽然价格不低，但是外观的创新设计令其引领了新的潮流。iMac 系列成功地挽救了苹果公司的下滑，将其重新拉回了个人电脑产业的第一集团。其后苹果公司又相继推出了 iMac 的后续产品，得益于产品设计的完美无暇，深受人们的喜爱，苹果公司因此而获得了该公司创立以来最大幅度的股市增幅。2009 年 10 月 20 日发布的 iMac 是至今仍在市场上销售的个人电脑。

除了电脑产品，苹果也制造其他的消费者电子设备，并取得了前所未有的市场效应。2001 年 10 月推出的 iPod 数码音乐播放器大获成功，如图 1-5

图 1-5　iPod

所示。它不但漂亮，而且拥有独特和人性化的操作方式以及巨大的容量。虽然并非是市面上首款便携式 MP3 播放器，但因其精良的设计及舒适的手感而大受好评，配合其独家的 iTunes 网络付费音乐下载系统，一举击败索尼公司的 Walkman 系列成为全球占有率第一的便携式音乐播放器。

随后推出的数个 iPod 系列产品更加巩固了苹果在商业数字音乐市场不可动摇的地位。到了 2007 年，苹果宣布售出第一亿部 iPod，是史上销售速度最快的 MP3 播放器。而自首次推出 iPod 以来，

苹果现已推出超过 20 款 iPod 产品。苹果的 iPod 数字音乐播放器风靡全球，尤其是最新的 iPod nano 更是令苹果股价飙升。只有 0.7 厘米厚、42 克重的 iPod nano 将众多性能装进了它小型的设计中。最长达 14 小时的电池使用时间，在 2007 年 9 月 5 日举行的 *The Beat Goes On* 产品发表会中，苹果公司推出了一款 iPod 升级设备，称为 iPod touch。它也是一款便携式媒体播放器，造型亦较轻薄，属于 iPod 系列的一部分。但是 iPod touch 更加智能，可操作性强，主要是因为其加载了 iOS 操作系统。因为其触控式屏幕界面，用户习惯将其叫做 iTouch，它被比喻成 iPhone 的精简版，只因不含电话及 GPS 等功能。不仅在数字播放器领域，在 2007 年，苹果公司又凭借其 iPhone 产品强势杀入了手机设备领域。图 1-6 所示为苹果公司推出的系列 iPhone 设备。

图 1-6　iPhone 设备

2007 年 1 月 9 日，苹果电脑公司正式推出 iPhone 手机，并在此时宣布更名为苹果公司。截至目前，iPhone 手机的销量已高达 1.6 亿部。凭借 iPhone 成功的销售业绩，苹果公司打破了诺基亚连续 15 年销售第一的地位。iPhone 是首款搭载 iOS 操作系统的设备，这将是读者将来的游戏产品主要应用的设备之一。iOS 系统除了用在 iPhone 设备上之外，还被用在了 iPad 平板电脑上，如图 1-7 所示。

图 1-7　iPad 设备

2010 年 1 月 27 日，苹果公司推出平板电脑产品 iPad，定位介于 iPhone 和 MacBook 之间，采用 iPhone OS 操作系统的修改版，售价 499 美元起。2011 年 3 月 2 日，苹果公司推出平板电脑产品 iPad 2，乔布斯不负众望出席产品发表会。在 2011 年第四季度，iPad 销量已经达到 1 543 万部，而其他平板电脑销量则是 1 136 万部。由此我们也可以看出苹果公司推出的 iPad 设备在平板电脑领域获得了优势。iPad 同样采用了 iOS 操作系统，是一款可触碰操作的平板电脑。

上述加载 iOS 系统的设备，都将成为读者游戏产品运行的载体。随着苹果公司推出设备的不断更新，开发者制作游戏的内容也更加丰富多彩。

图 1-8 所示的是由苹果公司所设计、行销和销售的数码多媒体机的 Apple TV。苹果公司在 2006 年 9 月加利福尼亚州旧金山的新闻发布会上，首次发布了 Apple TV，当时的名字叫做 iTV，并于次年 3 月开始向用户出货。Apple TV 最开始出货的版本只有 40GB 硬盘的型号，在两个月之后 160GB 的版本推出，然后最初版本渐渐地基本上停产。

图 1-8　Apple TV

Apple TV 是一个多媒体中心，它可用来播放来自 iTunes Store、Netflix、YouTube、Flickr、MobileMe 里的 IPTV 数字内容或 Macintosh 或 Windows 电脑中 iTunes 里的多媒体文件，并将其由高分辨率、宽屏幕的电视机播出。在 2008 年 1 月 15 日的 Macworld 会议与博览会上，乔布斯宣布了一次重要的针对 Apple TV 的免费升级。这次升级还有一个不错的名字叫做 Take Two。用户通过这次升级，可以使得 Apple TV 脱离使用 Mac OS X 或 Windows 上的 iTunes 将内容同步，而变成了一台独立运行的设备。引用乔布斯原话来说："Apple TV 被设计成了 iTunes 和电脑的配件。这并不是人们想要的。我们了解到了人们想要的是电影、电影、电影。"接着在同年的 9 月，苹果公司发布了第二代的 Apple TV。这款新设备的体积大约只有第一代的 1/4，而价格却是第一代的 1/3。另外，用户可以从 iTunes 接受租赁电影的内容，而且可以通过 AirPlay 播放个人电脑或 iOS 设备上的视频。新的版本并没有硬盘，但是配备有 8GB 的闪存，所有需要播放的内容必须从网上或本地连接资源中获得。

1.1.2　苹果公司标志演变

图 1-9 所示为苹果公司历代的标志。

图 1-9　苹果公司历代的标志

苹果公司的第一个标志比较复杂，它是牛顿坐在苹果树下读书的一张钢笔绘画。图中一个闪闪发光的苹果正要落下来，树下正是著名的物理学大师牛顿爵士。在画面上下缠绕的飘带则写着 Apple Computer。外框上则引用了英国诗人 William Wordsworch 的短诗："牛顿，一个永远孤独地航行在陌生思想海洋中的灵魂。"最初的标志在 1976 年由创始人三人之一韦恩设计，只在生产 Apple I 时使用。后来乔布斯认为最初的标识过于复杂，影响了产品的销售。在 1976 年聘请 Rob Janoff 为苹果公司重新进行广告设计，并配合 Apple II 的发行使用。本次标志确定使用了彩虹色、具有一个缺口的苹果图像。因为当时 Apple II 是第一台使用彩色显示器的电脑，所以包含彩虹的苹果标志标识屏幕上显示的色彩。这个标志一直使用至 1998 年，在 iMac 发布时做出修改，变更为单色系列。这是因为黑色的苹果标志更利于传播。因为在印刷和传真时，公司的标识都不会有所改变。2007 年再次变更为金属光泽带有阴影的银灰色，使用至今。银色一直以来都代表了新潮的科技产物，而苹果公司正是一个不断创新的团队。

由于 2001 年的英国电影 Enigma，在该部电影中虚构了前述有关图灵自杀与苹果公司 Logo 关系的情节。所以苹果标志的来由多被误解为"图灵自杀时吃了一口的氰化物溶液苹果"，这不过是部分公众以及媒体讹传。苹果 Logo 的设计师在一次采访中亲自证实这个标志与图灵、小红帽或者夏娃以及其他被咬的苹果无关。他甚至半开玩笑地说："被咬掉一口的设计只是为了让它看起来不像樱桃。"

1.1.3　主要软件以及操作系统

除了前面已经介绍的苹果公司拥有的设备之外，还有一些软件或者操作系统为人们所熟知。当然，这些软件以及操作系统都是捆绑于苹果设备当中的，其中有一些也可以在其他操作系统中运行，下面就简略地为读者介绍一些。

1. Safari

Safari 是苹果公司所开发的网页浏览器，其必须依附于 Mac OS X 操作系统。Safari 在 2003 年 1 月 7 日首度发行测试版本，随后成为 Mac OS X v10.3 以及之后操作系统的默认浏览器。同时，它也是 iPhone、iPod touch、iPad 和 iPad 2 的指定浏览器。在 2007 年 6 月 11 日推出了 iTunes 的首个支持 Windows 的测试版，支持 Windows XP 与 Windows Vista。其正式版本在 2008 年 3 月 18 日推向市场。在浏览器市场，Safari 并没有获得多大的优势，其主要的使用者大多为 Apple 设备的用户。不过，自从 Safari 发行 Windows 版本之后，其市场占率也有所攀升。2011 年 7 月，其市场占有率排名第四，为 8.05%。第一为微软的 IE 浏览器，为 52.81%；紧跟其后的是火狐浏览器，市场占有率为 21.48%；第三为谷歌公司的 Chrome 浏览器。

2. QuickTime

QuickTime 是由苹果公司所开发的一款拥有强大的多媒体技术的内置媒体播放器，它可让用户以各式各样的文件格式观看互联网视频、高清电影预告片和个人媒体作品。同时，在用户观看上述内容时，它可以提供非比寻常的高品质。

图 1-10 所示的正是 QuickTime 各个时期的应用图标。它不仅仅是一个媒体播放器，而且是一个完整的多媒体架构，可以用来进行多种媒体的创建、生产和分发，并为这一过程提供端到端的支持，包括媒体的实时捕捉、以编程的方式合成媒体、导入和导出现有的媒体，还有编辑和制作、压缩、分发，以及用户回放等多个环节。它能够处理许多的数位视讯、媒体段落、音效、文字、动画、音乐格式，以及交互式全景影像的数项类型。同时，用户

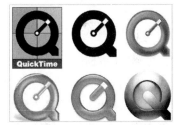

图 1-10　QuickTime 播放器

可以从苹果官方网站下载此播放器。它同时包括了 Windows 以及 Mac 版本。

3. iTunes

iTunes 是一款媒体播放器的应用程序，2001 年 1 月 10 日由苹果电脑在旧金山的 Macworld Expo 推出，用来播放以及管理数码音乐和视讯档案。它原来是由 Jeff Robbin 和 Bill Kincaid 开发的，作为一个 MP3 播放程序被称为 SoundJam MP，并且由 Casady & Greene 在 1999 年发表。2000 年被苹果电脑购买，然后设计了一个全新的交互界面并且加入了收录 CD 的功能，拥有它的记录功能，并且移除面板支持，以及发表做 iTunes。起初 iTunes 仅于 Mac OS 9 的应用程序，随着 2.0 版本的发行，在 9 个月后加入了对 Mac OS X 的支持。2003 年 10 月发行的 iTunes 4.1 版本，加入了对 Windows 2000 与 Windows XP 的支持。不过，自 Microsoft 的最新操作系统 Windows Vista 发行以后，iTunes 进行了一些修补之后才支持了 Winows 7 系统。

图 1-11 所示的就是 iTunes 最新的版本 10。用户可从苹果公司的网站免费下载取得 iTunes 的最新版本。同时，它也作为所有的 Macintosh 电脑与一些 iPod 附带软件并且提供用户使用。

图 1-11　iTunes 10 版本

4．Mac OS

Mac OS 是一套运行于苹果 Macintosh 系列电脑上的操作系统，它是首个在商用领域获得成功的图形用户界面。Mac 系统是苹果机专用系统，是基于 UNIX 内核的图形化操作系统，一般情况下在普通的兼容机中无法安装此操作系统。它由苹果公司自行开发。苹果机现在的操作系统已经到了 Mac OS 10，代号为 Mac OS X（X 为 10 的罗马数字写法），这是 Mac 诞生 15 年来最大的变化。新系统非常可靠，具备良好的安全性，它的许多特点和服务都体现了苹果公司的理念。它支持多平台兼容模式，拥有良好的安全和服务，运行时占用更少的内存，为开发者提供了多种开发工具。

Mac OS 9.0 之前是比尔·阿特金森、杰夫·拉斯金和安迪·赫茨菲尔德，是乔布斯还在苹果的时候开发的，后来他离开苹果创立 NeXT 公司后为其开发了另一套系统，主设计人是艾维·特万尼安（Avie Tevanian），后来乔布斯回归苹果后逐渐抛弃了以前的代码，在发布 Mac OS X 时，正式使用艾维·特万尼安当时编写的代码作为其主代码。

5．iOS

iOS 是由苹果公司开发的操作系统，最初是设计给 iPhone 使用，后来陆续套用到 iPod touch、iPad 以及 Apple TV 产品上。就像其基于的 Mac OS X 操作系统一样，它也是以 Darwin 为基础的。此系统将会是本书的重点，它就是读者开发游戏产品的基础，也是支持的操作系统。这里先进行简单的描述，后续章节将会进行详尽的介绍。

1.1.4　销售服务

1．苹果零售店

2001 年 5 月，苹果公司宣布开设苹果零售店。这是一家由苹果公司直营的商店，其主要目的在于抑止苹果的市场占有率下滑趋势，另一方面就是改善代销商欠佳的行销策略。最初，苹果零售店只在美国开店。2003 年底位于东京的银座店开幕，这也是苹果在美国以外开了首家苹果零售店。2008 年 7 月 19 日，位于中国北京的三里屯 Village 苹果公司在中国内地的首家直营店开幕。

2．iTunes Store

iTunes Store（2006 年 9 月 12 日之前为 iTunes Music Store）是一个由苹果公司运营的在线数字媒体商店，需要使用 iTunes 软件通过网络连接，目前是美国排名第一的音乐商店。苹果在 2001 年推出了 iPod 及 iTunes Store，直至 2008 年，iTunes Store 已拥有 50 亿首歌曲下载量。iTunes 是一个完全运作在互联网上的数码媒体商城，如今 iTunes 已是全球最受欢迎及最大的数码音乐商城。iPod 的运营模式现在已使音乐产业上数以百万计的从业人员获利。截至 2009 年 1 月，iTunes Store 已经售出超过 60 亿首歌曲，占有全球线上音乐销售量超过 70%。在亚洲地区，目前仅有日本的 iTunes Store 含有音乐下载服务，中国目前只有下属 App Store 板块开放付费及免费的 App 下载。

3．App Store

App Store 是苹果公司为其 iPhone、iPod touch 以及 iPad 等产品创建和维护的数字化应用发布的网络平台。在 App Store 当中允许用户浏览和下载一些基于 iOS SDK 或者 Mac SDK 所开发的应用程序。根据应用发布的不同情况，用户可以付费或者免费下载。应用程序可以直接下载到 iOS 设备，也可以下载在 Mac OS X 或者 Windows 平台下，然后通过 iTunes 安装到 iOS 设备中。App Store 当中的应用产品可谓之琳琅满目，其中包含游戏、日程管理、词典、图库及许多实用的软件。App Store 从 iPhone、iPod touch 到 iPad 的应用程序商店都是相同的名称。App 是应用程序英文 Application 的简称。随着苹果公司 App Store 成功的经营和其他公司跟随推出自己的应用商店，App 和"应用"逐渐成为了一个流行语。苹果公司曾试图将 App Store 注册为商标，以防其他公司使用，并因此与亚马逊公司产生了法律纠纷。和 iTunes 音乐商店一样，苹果公司通过应用的销售分成从 App Store 中获利。苹果获得所有第三方开发者发布的应用销售收入的 30%，开发者得到余下的 70%。

　　2008 年 7 月 11 日，预装了 iOS 2.0.1 的 iPhone 3G 发布，面向 iPhone 和 iPod touch 的新固件首次支持了 App Store。截止 2011 年 6 月 6 日，App Store 上至少有 425 000 个第三方应用可供下载。2011 年 5 月，苹果公司审批了它的第 500 000 个应用。这些应用中有 37% 是免费的，平均价格约在 3.64 美元。2012 年 3 月，苹果宣布 App Store 迎来了它的第 250 亿次下载。那些大家耳熟能详的游戏产品大多来自 App Store 当中，如疯狂的小鸟、捕鱼达人以及割绳子。将来读者制作的游戏产品也会在 App Store 中上架销售。

4．Mac App Store

　　2010 年 10 月 20 日，苹果宣布 Mac App Store 将于它与 iOS 设备的 App Store 十分类似，但是只提供为 Mac 操作系统而设计的应用程序。想要登录 Mac App Store 的用户，只能通过 Mac OS X Snow Leopard 或者 Mac OS X Lion。在 Mac App Store 当中同样存在许多应用程序供用户来下载并且使用。

　　Mac App Store 是苹果公司开发的 Mac OS X 应用程序数字发布平台。该平台于 2010 年 10 月 20 日在苹果的 *Back to the Mac* 大会中宣布，并于 2011 年 1 月 7 日发布。苹果自 2010 年 11 月 3 日起开始接受已注册开发者提交的应用程序。2011 年 1 月 6 日，Mac App Store 作为 Mac OS X 10.6.6 免费更新的一部分发布给所有 Snow Leopard 用户。在上线 24 小时后，苹果宣布 Mac App Store 中的应用程序下载量已超过一百万。

1.2　iOS 系统介绍

　　iOS 是由苹果公司开发并持有的操作系统。iOS 只是简称，其全称为 iPhone Operating System。从其名字当中我们就能看出此操作系统最初是用于 iPhone 手机设备的。随着苹果公司不断推出手持设备，此系统后来陆续套用到 iPod touch、iPad 以及 Apple TV 产品上。苹果公司对外公布过两个操作系统：一个是刚刚介绍的 iOS，另一个就是用于 Mac 个人电脑设备的 Mac OS。这两个系统都是基于 Darwin。系统操作占用大概 240MB 的内存空间。

　　iOS 系统最早的版本出现于 2007 年 1 月 9 日的苹果 Macworld 展览会。同年 6 月，苹果公司发布了第一版 iOS 操作系统，当初的名称为 iPhone runs OS X。2007 年 10 月 17 日，苹果公司发布了第一个本地化 iPhone 应用程序开发包（SDK），并且计划在 2008 年 2 月发送到每个开发者以及开发商手中。2008 年 3 月 6 日，苹果发布了第一个测试版开发包，并且将 iPhone runs OS X 改名为 iPhone OS。2008 年 9 月，iPhone OS 的系统被用在 iPod touch 上。2010 年 6 月，苹果公司将 iPhone OS 改名为 iOS，同时还获得了思科 iOS 的名称授权。iOS 系统最新的版本为 5.1，于 2012 年 3 月 8 日推出。

图 1-12 所示的正是 iOS 操作系统的界面。iOS 虽然不能算是第一个使用多点触碰技术的操作系统，但将多点触碰技术引入市场并大规模推广的肯定是它。iOS 系统用户界面的概念的基础就是能够使用多点触控直接操作。iOS 系统中提供了多样的用户交互方式，包括滑动、轻触开关、手势及按键。此外，通过其内置的加速器，可以感知设备当前所处的位置以及角度。通过这项技术，可以在用户旋转设备的同时，使得屏幕按照对应的方式来改变方向。这样新奇的设计令 iPhone 更便于使用，也更加受用户喜爱。屏幕的下方有一个 Home 按键，底部则是 Dock。Dock 的作用与 Mac 操作系统中一样，可以摆放 4 个用户最经常使用的程序的图标。屏幕上方有一个状态栏能显示一些有关数据，如时间、电池电量和信号强度等。其余的屏幕用于显示当前的应用程序。用户启动 iPhone 应用程序的唯一方法就是在当前屏幕上单击该程序的图标，退出程序则是按下屏幕下方的 Home 键。

图 1-12　iOS 操作系统界面

1.3　iOS 系统架构

iOS 操作系统是 iPhone、iPod touch 以及 iPad 设备的核心。iOS 系统采用了 EULA（End user License Agreement，最终用户许可协议），并未提供开源代码，而是采用了混合方式。这也就是说 iOS 系统为封闭源码，开源组件。iOS 系统支持 C、C++以及 Objective-C 编程语言。构建 iOS 平台的知识与 Mac OS X 系统同出一辙，iOS 平台的许多开发工具和开发技术也源自 Mac OS X。但开发者无须具备 Mac OS X 开发经验就可以编写 iOS 应用程序。iPhone 软件开发包（SDK）为着手创建 iOS 应用程序提供了所需要的一切。

iOS 架构和 Mac OS 的基础架构相似。iOS 充当着一个底层硬件与应用程序之间的中介，如图 1-13 所示的结构。

图 1-13　iOS 系统层次

开发者所创建的应用程序不能直接访问硬件，而需要通过 iOS SDK 中提供的系统接口进行交互，系统接口转而又去和适当的硬件驱动打交道。可能读者会怀疑为什么不直接操作硬件驱动呢，那样将会更快、更直接。其原因，首先，可以防止开发者的应用程序改变底层硬件；其次，方便硬件设备的驱动变更以及 iOS 系统的更新。因为进行了良好的封装，就算底层的内容发生更改，只要使用相同的程序接口，应用程序依然可以运行。在实际的开发当中，我们在编写代码的时候，应该尽可能地使用高层框架，而不要使用底层框架。高层框架为底层构造提供面向对象的抽象，这些抽象可以减少需编写的代码行数，同时还对诸如 socket 和线程这些复杂功能进行封装，从而让编写代码变得更加容易。虽说高层框架是对底层构造进行抽象，但是它并没有把底层技术屏蔽起来。如果高层框架没有为底层框架的某些功能提供接口，开发者可以直接使用底层框架。

与 Mac OS 相比，iOS 的系统架构层次只有最上面一层不同，由 Cocoa 框架换成了 Cocoa Touch，层级是一样的。iOS 的系统结构分为以下 4 个层次：核心操作系统（the Core OS layer）、核心服务层（the Core Services layer）、媒体层（the Media layer）和 Cocoa 触摸框架层（the Cocoa Touch layer）。按照其组成简单地罗列一下它们的功能，如图 1-14 所示。

图 1-14　iOS 系统架构

按照从低级到高级的顺序，在图中展示了每个层次包含的主要内容。此时读者并不会熟悉其中的内容具体的功能，这将会在后续的章节中进行介绍。每个层次中的内容大部分都是 iOS 系统的框架。苹果公司将大部分系统接口发布在框架这种特殊的数据包中。一个框架就是一个目录，它包含一个动态共享库以及使用这个库所需的资源（如头文件、图像以及帮助应用程序等）。如果要使用某个框架，则需要将其链接到应用程序工程，这一点和使用其他共享库相似。另外，开发者还需要告知开发工具何处可以找到框架头文件以及其他资源。

除了使用框架，苹果公司还通过标准共享库的形式来发布某些技术。由于 iOS 以 UNIX 为基础，操作系统底层的许多技术都源自开源技术，所以这些技术的许多接口可以从标准库和接口目录访问。有关 iOS 系统内容的详细介绍，将会在本章节后续内容中进行，在此只是让读者熟悉 iOS 平台。至于了解 iOS 软件技术、知道为何使用这些技术以及何时使用，将会在后面的内容中介绍。

1.4　iOS SDK 介绍

iOS SDK 是一套基于 iOS 操作系统的开发套件。iOS SDK 是苹果公司提供给开发者用于创建 iOS 设备的本地应用程序，它不支持创建其他诸如驱动、框架、动态库等类型的代码。从另一个角度来说，使用 iOS SDK 所制作的应用程序只能够运行在 iOS 操作系统之上。iOS SDK 开发套件当中包含了开发、安装及运行本地应用程序所需的工具和程序库。开发者需要使用 iOS 系统框架和 Objective-C 语言来构建应用程序，并且将其直接运行于 iOS 设备。它与传统的 Web 应用程序存在两点不同：

- 它位于所安装的设备或者模拟器当中。
- 不管是否有网络连接它都能够运行。

我们可以说本地应用程序和其他系统应用程序具有相同地位，因为它们都是通过 iOS SDK 创建的。本地应用程序和用户数据都可以通过 iTunes 同步到用户计算机。

iOS SDK 本身是可以免费下载的，但为了使发布软件开发人员必须加入 iPhone 开发者计划，其中有一步需要支付一定的费用才可以获得苹果的批准。在成为了苹果开发者之后，开发人员们将会得到一个证书，可以用这个证书将制作的应用程序发布到苹果公司的 App Store。目前苹果开发者计划有两种证书类型：企业和个人（或者团队）。如果个人或者团队计划可以发布到 App Store，其内部提供了每年有一百台测试设备的限制，并且在一年之内删除曾经注册过的序列号不会影响整个限制。反而企业级的证书则可以无限制地添加用于内测的设备，但是不能通过 App Store 发布。总之，企业级的证书适合大公司开发内部专属的 Mac 或者 iOS 设备的应用程序。如果要通过 App Store 销售，则只能选择个人或者团队的证书。其价格为每年 99 美元，而企业证书每年 299 美元，且需要申请的公司具有 DUNS 号码，也就是 Dun & Bradstreet Number 才能申请。很明显读者需要的正是一个能够向 App Store 提交的应用程序的证书，也就是 99 美元一年的个人或者团队的证书。至于具体的注册以及购买流程，将会在后续的章节中详细地介绍。

iOS SDK 作为开发者主要制作应用程序的套件，其中包含了一些用于应用程序开发工具，主要为以下内容。

1. Xcode 工具

Xcode 是一个集成开发环境，它负责管理应用程序工程，可以通过它来编辑、编译、运行以及调试代码。Xcode 还集成了许多其他工具，它是开发过程中使用的主要应用程序。如果读者希望在 iOS 系统中开发应用程序，则需要一台配备了 Xcode 工具的运行 Mac OS 系统的计算机。Xcode 是苹果公司的开发工具套件，它可用于管理工程、编辑代码、构建可执行文件、进行源码级调试、进行源代码仓库管理、进行性能调节等。套件的核心是 Xcode 应用程序本身，它用于提供基本的源代码开发环境。它与 Windows 系统平台的 Visual Studio、Eclipse 以及 JBuilder 等，都属于集成开发环境（Integrated Development Environment，IDE）。它们是一种辅助程序开发人员开发软件的应用软件。IDE 通常包括编程语言编辑器、自动建立工具、调试器以及编译器或者解释器。XCode 是一个集成开发环境（IDE），从创建及管理 iOS 工程和源文件到将源代码链编成可执行文件，并在设备运行代码或者在 iPhone 模拟器上调试代码所需的各种工具，皆包含其中。总之，Xcode 将图 1-15 所示的一系列功能整合在一起，可以让 iOS 应用程序开发变得更加容易。

图 1-15　Xcode 开发工具

从图 1-15 中左下角的 "锤子" 图标可以看出 Xcode 作为开发工具的选择。读者将要积累的开发经验，应当是集中在 Xcode 所开发的应用程序之上。用比较通俗的话来说，Xcode 就是开发者用来制作游戏产品的劳动工具。按照中国的古话 "工欲善其事，必先利其器"，所以在本书的后续章节中将会有一个章节专门为读者介绍 Xcode 的内容。

2．Interface Builder

Interface Builder 是一种以可视化方式组装用户交互界面的工具。通过 Interface Builder 创建出来的接口对象将会保存到某种特定格式的资源文件，并且在运行时加载到应用程序。Interface Builder 以所见即所得方式组装用户界面。开发者通过 Interface Builder，可以把事先配置好的组件拖动到应用程序窗口，并最终组装出应用程序的用户界面。这将是一种非常简易而且直观的操作。

上面所说的组件既包括标准系统控件，如切换控件、文本字段及按键，也包括一些定制视图（用于表现应用程序特有的外观）。将控件放在窗口表面后，开发者可以拽着它在四周移动，为其寻找合适的位置。同时，也可以使用 inspector 配置组件属性，并在对象和代码之间建立正确关联。当用户界面达到要求后，用户可以将这些界面的内容保存到 nib 文件（一种定制的资源文件格式）。

3．Instruments

Instruments 是一款用于应用程序运行时的性能分析和调试工具。开发者可以通过 Instruments 收集应用程序运行时的行为信息，并利用这些信息来确认可能存在的问题。为确保软件具有最佳的用户体验，防止程序因为出错而招致用户的反感，在 iOS 应用程序运行于模拟器或设备上时，开发者可以利用 Instruments 环境来分析其运行的性能。Instruments 会收集运行程序的数据，并以时间线方式展现数据。可以采集应用程序数据，包括应用程序内存使用情况、磁盘活动、网络活动以及图形性能。时间线视图中可以同时显示不同类型的信息，以便开发者对比。由于 Instruments 能提供详细明了的数据，开发者可以把整个应用程序的行为相互关联起来，而非仅看到某一特定方面的行为。如果还需要更加详细的信息，则可以查看 Instruments 收集的精细采样。

4．iPhone 模拟器

iPhone 模拟器是 Mac OS X 平台的应用程序，它对 iOS 技术栈进行模拟，以便于开发者可以在基于 Intel 的 Macintosh 上测试 iOS 应用程序。换句话说，iPhone 模拟器就是一个在 Mac 上运行的 iOS 设备的模拟应用程序，它通常被包含在 iOS SDK 当中。读者需要清楚 iPhone 模拟器并不是只有 iPhone 设备的模拟，它也包含了 iPad 设备的模拟。既然被称为模拟器，那么它就不能完全取代真实的机器。它存在的价值主要是方便开发者测试程序，并不是取代真实的 iOS 设备。所以说就算是开发者的技术以及经验已经达到登峰造极的水平，也仍然需要使用真实的 iOS 程序来测试应用程序。另外，作为 iPhone 模拟器，它并没有实现所有 iOS 设备的功能。如加速计的感应，就是 iPhone 模拟器所不具备的。因为开发者不可能将 Mac 计算器随意翻转来感知加速度吧！

5. iOS 参考库

iOS 参考库包含各种文档、样例代码以及教程，这些材料可为编写应用程序提供帮助。不过参考库包含数千页的文档，上至起步介绍，下至 API 参考文档，皆涵盖其中。因此，明白如何找到需要的信息是开发过程的重要步骤。参考库中使用数种技术来组织内容，以使其更易于浏览，方便开发者来查阅。iOS 参考库就好比开发者手中的《十万个为什么》，或者说它就是一本 iOS 开发的百科全书。

开发者可以从苹果开发者网站访问 iOS 参考库，也可以从 Xcode 访问。在安装 iPhone SDK 的时候，Xcode 会自动为开发者安装包含 iOS 参考库的文档集。然后，Xcode 也会自动为下载文档更新。如果开发者不需要此功能，则可以在偏好设置中取消此行为。iOS 参考库包含非常多的信息，因而对其排版设计稍作了解意义重大。

只要在 Xcode 中菜单栏选择帮助，然后单击开发者文档，就可以将参考库的文档窗口显示在屏幕上。此窗口是访问 iOS 开发信息的核心，开发者可以在其中浏览文档并执行搜索，还可以为稍后可能阅读的文档添加书签。各个文档早已按其内容进行归类，这样可为更新提供便利，也可以把搜索的范围精确至相关的文档。不过在使用之前，Mac 最好已经连接网络，因为在 iOS 参考库中存在一些网络的技术文档。

图 1-16 所示为 Xcode 文档窗口中参考库的主页面。

图 1-16　参考库

在图 1-16 顶部的工具栏中包含搜索框和按键，可用于导航至其他已安装的文档集或是已创建的书签。开发者可以按主题、框架或者其他正在查找的资源类型浏览文档，也可以使用过滤器来控制文档列表，减少显示的文档集。

1.5　必要的准备

想要编写一款当下最时髦的 iPhone 手机上运行的游戏产品，本书将会帮助读者来实现这个想法。近几年的 iOS 平台，不仅是用户最热衷的新兴平台，就连开发者也积极地投身其中，并且此趋势一直保持快速增长，从未衰减。现如今 iOS 平台在全球已经拥有超过两亿的用户，从事 iOS 应用程序的开发商也达到了四万之多。在中国将近四万的 iOS 开发者当中，其有 45%的是个人开发者，56%是以个人开发者或 3 人以内的小团队形态存在。调查显示，中国开发者以开发应用软件为主，比例超过 70%，游戏软件比例不超过 10%。从市场角度来看，iOS 平台最受欢迎的应用产品始终都是游戏。所以游戏市场算是中国开发者最大的机会，这也将是永恒的主题。相信 iOS 平台的市场当前较快的增长速度将会继续保持。如果读者想要进入 iOS 游戏开发领域，除了阅读本书外，还需要做如下的准备。

首先，读者需要一台能够运行 Mac OS 10.8 以上的 Mac。读者可不要想在兼容机上进行开发。虽然存在一些可行的办法，但是费尽周折所消耗的时间可是不值当的。读者无须购买具备顶级配置的 Mac，只要一些低端的设备就能出色地完成开发需求，如 MacBook 或者 Mac mini。

其次，注册成为 iOS 的开发人员。只有完成了这一步，苹果公司才允许下载相关的 SDK 开发包以及工具。注册过程非常简单，这与在国内其他的门户网站注册用户一样。只需填写一些基本的信息，然后一路确认就可以了。

最后，很明显，读者还需要一部 iOS 设备。无论是 iPhone 还是 iTouch，哪怕是 iPad 也是可以的。虽然大部分的代码都可以通过 iPhone 模拟器进行测试，但并不能满足游戏产品的测试需求。游戏当中的一些功能必须在实际的 iOS 设备中进行全面的测试，才能上线销售。

1.6　小　　结

本章节是本书的第一个章节，只是介绍了一些简单而广泛的知识，甚至其中并没有与游戏制作有关的内容。但这就好比在开学第一课，老师所讲的内容大多不会涉及课本知识的道理。在上述内容中，没有任何与游戏开发有关的内容，但并不代表这一章节的内容就毫无用处，至少通过阅读本章，读者清楚地知道了接下来要做什么。如果要做的话，将要使用哪些工具，以及在开始之前需要准备哪些内容。

最初，我们明确了本书将要介绍的内容，那就是 iOS 平台之上的游戏开发技术。作为基础内容，读者了解到了 iOS 平台的知识。iOS 平台属于一个富有传奇色彩，被称为全球成功的高科技公司。在本章中，通过介绍苹果公司的知名产品，让读者知道了苹果公司的历史。在其中还穿插介绍了苹果公司最为引人注目的标志、历年来的演变过程以及背后的制作故事。除了具备一些举世闻名的电子产品之外，苹果公司也拥有一些业界知名的软件以及操作系统。这其中的 iOS 操作系统将是我们未来关注的核心。它是被用在所有 iOS 设备当中的可视化触屏操作系统。此系统不仅为用户提供了简易快捷的操作体验，也为开发者提供了一系列的简单易用开发工具。其中最为重要的就算是 Xcode，它也将成为读者后续工作的主要环境。最后，作为提醒，笔者建议大家在开始阅读本书之前最好准备 3 件事情：Mac、开发者证书以及 iOS 设备。这将是制作 iOS 游戏产品必然需要的内容。另外，除了上述内容之外，苹果公司还拥有许多实体或者网络的销售商店，这些商店也在苹果销售模式当中发挥着极大的作用。在不久的将来，读者也将成为这些商店的客户，将自己的游戏产品在商店中上架销售。

仅仅作为开始，上述内容已经足够。虽然有些内容只是简单地概述，并没有进行详细的介绍，但这不代表笔者的忽略，而是在一开始很难将所有内容和盘托出。所以如果本章节的内容当中有些名词或者工具读者还存在一知半解，这是无关紧要的，因为在不久的将来，读者还会遇到它们。接下来我们将会很快地进入 iOS 系统中的应用。只是讲述理论，并不是本书遵循的风格，笔者更喜欢通过实际的操作或者代码，来带领大家成为一个优秀的游戏开发者。

第 **2** 章　iOS 设备介绍

通过学习上一个章节，读者已经对 iOS 平台有了初步的认识。iOS 平台是由一系列苹果公司的产品以及服务组成的体系。在体系当中除了苹果公司之外，还包括了开发者和用户。苹果公司是一家专注于电子科技产品的高科技企业，并且它已经成为当今世界市值最高的上市公司。苹果公司以非凡的创新、完美的设计而享有声誉，在全球各地都能够看到大批苹果公司忠实的用户，这些用户可以算得上是最忠诚、最热情的一群人。每当苹果推出最新的设备时，总会在发售前几天就有粉丝开始彻夜排队。

本书的内容也将以 iOS 平台作为基础，教授读者与游戏制作、测试以及上架销售有关的内容。在前面的内容中，曾提到了一些阅读本书之前所需的准备工作，希望读者已经开始着手准备了。首先，需要准备一台能够运行 Mac OS 的计算机。在日常中，人们所使用最多的依然是运行 Windows 系统的个人兼容机，苹果电脑的用户一直都属于小众人群，这其中多是从事美术或者设计人员。不过随着 iOS 设备的普及，也带动了 Mac 个人电脑的销售。现如今最新的 Mac 能够同时支持 Windows 操作系统与 Mac OS 操作系统。作为 iOS 平台的游戏开发者，读者并不需要高配置的计算机。出于成本的考虑，可以购买相对便宜一些的 MacBook 或者 Mac mini。上述设备的硬件配置足以满足 iOS 平台游戏开发的需求。

在拥有了 Mac 之后，读者还需要准备两件事情：一个是 iOS 设备，另一个就是开发者证书。本章节的内容将会详细介绍各种 iOS 设备的使用方法以及应用技术。而苹果公司开发者证书的申请、购买以及使用，将会在后续章节中为读者介绍。

前面已经提到了，在本章节中将会介绍如何使用 iOS 设备。这句话看起来不像是出自技术类的书籍，反而应该是来自产品的说明书。没错，在接下来的内容当中会教授读者一些 iOS 设备的使用方式。如果读者在阅读本书之前就已经是 iOS 设备的用户，已经能够熟练使用 iOS 系统，那么下面的内容就可以跳过一些。由于 iOS 设备与其他类型的产品相比，其价格算得上是高端产品了，通常财力有限的独立开发者不能将所有的 iOS 设备购买齐全。所以为了顾及更多的人，接下来将会介绍一些 iOS 设备的使用方法。不过与日常使用有所区别，我们将会更关注与游戏开发有关的功能。对于那些从未接触过 iOS 设备的读者，继续阅读后续的内容就是一个很简单的道理。因为将来大家要制作的游戏产品，最终是要在 iOS 设备上运行的。所以要想为未来的玩家提供良好的游戏体验，那么首先就应该让自己成为 iOS 设备的使用者，先去体验一下 iOS 操作系统，试玩一下已经上架的游戏产品，这都将有益于今后的游戏制作工作。

另外，从第一台 iOS 设备发行至今，市场上已经存在二十多种 iOS 设备。当开发者制作一款游戏产品时，总希望能够适应更多的设备。要想做到这一点，就必须熟悉不同 iOS 设备之间的差异，这几乎成为了开发者必须掌握的知识。虽然不同 iOS 设备都是来自同一个公司、承载同一个操作系统，但也存在型号的不同、硬件配置的不同、版本的不同。这就好比个人电脑在使用上的差异，使用 Windows XP 的用户，在初次使用 Windows 7 操作系统时难免会感觉生疏。iOS 设备当中也存在各种差异，其中包括 iOS 设备的使用方法。另外一点需要大家关注的就是不同 iOS 设备承载着不同版本的 iOS 操作系统，而这些差异将会直接影响游戏产品的制作技术。

最后，只有从不同角度看待同一事物，才能更加透彻、清晰地了解它。之前读者只是 iOS 设备的使用者，而现在则是从应用程序开发者的角度来熟悉 iOS 设备。希望通过下面的内容，能够让读者对于 iOS 设备有更加全面、深刻的认识，为将来的游戏制作打好基础。

2.1　iPhone 的诞生

曾被《时代》杂志选为"2007 年度最佳发明"的 iPhone 第一代产品，在推向市场之初，就获得了各种荣誉以及手机用户的青睐。2005 年，苹果公司以 Purple 2 为代号开发 iPhone。2007 年 6 月 29 日晚上六点，伴随着 iPhone 2G 在美国上市，苹果公司也从原本的计算机领域进军到手机领域。iPhone 第一代产品为 4GB 版本，售价为 499 美元，8GB 售价为 599 美元。根据各国家与地区的情况，必须与运营商签订 1~2 年的话费合约，才能购买 iPhone，也可以视之为存话费购机。9 月 5 日苹果宣布苹果公司美国线上商店 4GB 版停产，而 8GB 将进行降价销售，定价为 399 美元。乔布斯曾经因为这次降价发布公开信表示歉意，并承诺对已购买的用户做出补偿。

图 2-1　第一代 iPhone

图 2-1 所示为第一代 iPhone 设备，由苹果公司（Apple, Inc.）首席执行官史蒂夫·乔布斯（Steve Paul Jobs）在 2007 年 1 月 9 日举行的 Macworld 上宣布推出，2007 年 6 月 29 日在美国上市。iPhone 的功能被定义为结合照相的手机、个人数码助理、媒体播放器以及无线通信设备的掌上设备。iPhone 设备将三大功能集于一身：移动电话、宽屏 iPod 和上网装置。

- iPhone 手机支持四频段的 GSM 制式及其升级版 GPRS 和 EDGE，移动通话、短信以及彩信。
- iPhone 手机当中整合了 iPod 的媒体播放功能，影像可通过内置的播放器 QuikTime 来实现播放。同时，iPhone 承载了新一代的 iPhone OS 操作系统以及 200 万像素的摄像头。
- 支持 EDGE 和 802.11b/g 无线上网，支援电邮、网络浏览以及其他无线通信服务。

iPhone 推向市场后，最受用户喜欢的功能就是多点触摸（Multi-Touch）技术。用户不再需要拨号键盘，只需手指轻点就能拨打电话，应用程序之间的切换也易如反掌。虽然没有了输入的键盘，文字输入以及电话拨号的速度都受到影响，但是用户可以直接从网站复制、粘贴文字和图片。在 iPhone 设备当中，只有屏幕的下方有一个 Home 按键供用户操作。另外，它也是世界上第一台使用电容屏的手机。采用电容屏的原因也是为了更好地实现其多点触碰技术。这种用户操作上的创新方式，当时与其他品牌的手机相比占有领先地位。之后很快多点触碰技术就变成了手持设备的标准版。

最后，除了硬件以及技术方面的革新，在 iPhone 推出之际，苹果公司同时为用户带了一项至今看来仍是一项重量级的服务。iPhone 手机是第一款采用开放式系统的智能型手机。程序开发者加入苹果开发者联盟后，即可制作应用程序并上传至 App Store 向 iPhone 手机用户贩售。这乃近代智能手机最创新的概念。在此之前的 Symbian、Windows Mobile、RIM 等系统均为封闭式系统，仅能由少数专业公司开发程式。苹果公司的举动绝对算得上一次业界变革。所以说 iPhone 手机的诞生标志着手机界即将到来的一次变革。而苹果公司将会是这场变革的带动着，必将拥有不平凡的命运。

凡事都不可能十全十美，iPhone 手机也是如此。在其推出的第一代产品中，也包含了一些缺点。iPhone 手机最大的缺点就是不能更换电池。苹果公司对此的解释为"由于多数移动电话使用者并不使用第二颗电池，且有电量需求的消费者可采用行动电源方式解决，故 iPhone 手机采用无法自行更换电池的设计，并且将达到最大蓄电量以及轻薄设计。

另外，iPhone 对于文件的传输并不像其他手机那么熟悉方便。用户必须通过特殊软件才可以进行传输，并且不能通过蓝牙来传输资料。换句话说，iPhone 是无法被当成闪存盘来使用的。同时，iPhone 也不支持额外增加记忆卡。

出于安全和稳定的考虑，iPhone 手机不支援任何基于 Flash 的网页。虽然 iPhone 手机的相机功能较为完善，但在初期的 iPhone 中并无对焦功能。

上述这些问题仅仅出现在 iPhone 第一代产品中。由于 iPhone 手机在市场的良好效益，苹果公司很快就推出了新一代的产品，通过各种方式修正了上述的问题。

市场研究机构 iSuppli 曾发布 iPhone 手机的拆解报告，按照其分析数据所示，2007 年的首款 iPhone，其材料成本为 217.73 美元。由此我们也能得知，苹果公司是一家存在较高毛利润的公司，相比其他手机制作公司的 10%左右的毛利润，苹果公司已经超过了 20%。但是用户并不关心其利润，他们更欣赏 iPhone 手机所带来的新鲜体验。在 iPhone 推出之际，就占据了全球所有 IT 媒体版面，成为业内关注的焦点。经过 4 年多的发展，iPhone 手机现已经成为了智能手机的代表，在大街、咖啡馆、公交或者地铁各处都可见到它的身影。iPhone 手机普及的速度以及用户对其的狂热都是前所未有的。苹果公司也凭借 iPhone 手机堪称完美的销售业绩，成为世界顶尖的科技企业。

2.2　iPhone 的发展历史

现如今在大街小巷、公交地铁，几乎总能看到人们手中摆弄的 iPhone 手机。不过，此时还请读者仔细辨认，以防山寨！在短短 5 年的时间里，一家从未涉足手机领域的公司，迅速成为业界大哥。iPhone 手机已获得了全球智能手机 44%的占有率。凭借此数字，苹果公司曾一度占据手机厂商第一的位置，只是最近才被 Android 手机所取代。在这 5 年期间，苹果公司一共推出了将近 5 个版本的 iPhone 设备，这些设备每次推出都吸引了无数的眼球。接下来，我们将会为读者介绍这 5 代 iPhone 设备所具备的特点以及承载的 iOS 操作系统,这对于读者今后的游戏产品适配将会起到关键的作用。让游戏产品适应更多的 iPhone 设备，也就能够获得更多的用户。

在前面的章节中我们知道了第一代 iPhone 产品是在 2007 年 6 月底发布的，在当年 9 月 10 日 iPhone 手机的销售额就突破了 100 万台，iPhone 手机曾一度变成了紧缺的产品，苹果公司也因此股价涨至 180 美元。不过那时的苹果应用程序商店中还没有一款应用程序。下面就让我们从其第二代产品开始介绍。在为读者描述 iPhone 的历史时，读者将会深深地体会到 iPhone 手机是一款革命性的、不可思议的产品，它带动了移动市场的快速发展，引领了手机领域的风尚。

2.2.1　iPhone 3G

2008 年 6 月 11 日，苹果公司为用户带来了升级产品 iPhone 3G，在其推向市场的 3 天之后，销量即达到了一百万台。如此喜人销售的数据，也是在手机领域的记录。

图 2-2 所示的正是当时推出的 iPhone 3G 版本。当时苹果公司的广告语为"两倍的速度，只要一半的价钱"。这说明新一版本的 iPhone 手机其运算速度被提升了两倍，而其价格却降低了一半。此款产品稳、准、狠地抓住了消费者的心理，在提升产品质量的同时还降低了价格。估计这种商家真是打着灯笼都不好找啊！这怎么能不让消费者喜爱呢？从其快速增长的销售量也能够看出用户对于质优价廉产品的喜爱。iPhone 3G 在规格上拥有 8GB 容量和 16GB 容量，iPhone 3G 8GB 只有黑色一款，而 iPhone 3G 16GB 则有黑色和白色两种。iPhone 3G 8GB 版售价为 199 美元，iPhone 3G 16GB 版只要 299 美元，比旧款 iPhone 降价将近一半。而且乔布斯还宣传 199 美元将是全球范围内的最高限价，这样的诱惑消费者是招架不住的。

图 2-2　iPhone 3G

新一代的 iPhone 3G 最大的改进，当然就是支持 3G 网络，而且其上网速度比上一代快大约 3 倍。这主要是因为 iPhone 3G 支持三频 UMTS/HSDPA 以及四频 GSM/EDGE 网络，还能够支持 WiFi 无线网络连接、USB 2.0、蓝牙 2.0+EDR。在 iPhone 3G 当中内置了 A-GPS 定位系统，它能够通过 GPS 导航与基站定位的方式为用户提供位置信息。

iPhone 3G 在外观设计上并没有改头换面的改变，变化最大的就是其尺寸。其屏幕的边框更细，厚度仅为 12.3mm，绝对算是超薄手机了。另外其重量仅为 133 克，更轻的手机更节省成本。

由于用户不能更换电池的原因，iPhone 3G 的电量进行了最大的提升。其待机时间长达 300 小时，能够保证在 2G 网络中通话 10 小时；或者在 3G 网络中通话 5 小时；或者浏览网页 5、6 小时；或者视频播放 7 小时；或者音乐播放 24 小时。这样充足的电量完全可以应付各种用户的使用需求。

iPhone 3G 仍旧采用了 3.5 英寸的宽屏屏幕，支持多点触摸技术，分辨率达到了 480×320 的高清显示，但依旧是 200 万像素摄像头。

在操作系统方面，iPhone 3G 承载了 iPhone OS 2.0 版本，这也是开发者第一次接触 iOS SDK。这其中最为新奇的技术就是一种称为 Push Notification 的服务，简单地说就是支持通过网络呼叫手机功能。此项技术服务可以通过网络和固定 IP 呼叫用户的 iPhone 设备，发送图片、声音和数据内容，而且不会影响其上网速度，特别对于开发者的应用程序有极大的使用价值。当然，苹果公司在其推出的 iOS SDK 中提供良好易用的程序接口，方便各位编程高手发挥 iPhone 3G 的最大效用。

而且，从 iPhone 3G 开始，苹果开始在全球范围内发售这款手机，苹果也成为全球智能手机市场一个极为重要的竞争者，将会在全球 70 个国家和地区上市，可惜没有中国。根据数据统计，2008 年苹果在全球智能手机市场的占有率已经达到了 8%，仅次于诺基亚和 RIM 排名第三。

更为重要的是和 iPhone 3G 同时出现的 iPhone OS 2.0 带来了 App Store 软件商店，这一点在之后被证明是 iPhone 设备最大的提升，也是 iOS 平台的核心组件。2008 年 7 月 11 日，苹果 App Store 随着 iPhone 3G 的发售正式上线，3 天之后，应用程序的下载量就达到 1 000 万次，当时苹果应用程序商店中的应用程序就突破了 3 000 个。App Store 不仅成为苹果公司 iOS 平台的一大优势所在，也开创了全新的商业模式，为其他厂商所效仿。

不过由于经济危机的缘故，苹果公司的股价却跌至 90 美元，并没引起业界以及开发者更多的关注。现如今 iPhone 以及 iPhone 3G 版本已经暂停生产和销售。由于其硬件设备的限制，也只能够支持 iOS 3.2 以下的版本。随着技术的进步，它们已经淡出了市场。当读者开发游戏产品时，可以不再考虑支持这两种 iPhone 设备。

2.2.2　iPhone 3GS

2009 年 6 月 19 日，苹果带来了速度更快、价格不变的 iPhone 3GS。iPhone 设备百万台的销量记录再度被打破，这次只用了两天。

从图 2-3 所示的 iPhone 3GS 版本来看，几乎看不出与 iPhone 3G 版本的区别。实际也是如此，在 iPhone 3GS 的外观设计方面并没有任何的变化，仅仅从外观上用户很难分辨出这是哪一个 iPhone 版本。不知苹果公司是不是出于节省成本的考虑，依旧延续了上一代 iPhone 版本的机身模具。千篇一律的机身设计，会使用户产生审美疲劳。

图 2-3　iPhone 3GS

iPhone 3GS 的 S 代表速度（Speed），全新的设计以及硬件的提升使得其运行程序的速度提高了一倍。运行速度的提升，可以让 iPhone 设备更好地运行应用程序。这一点的效果非常明显。在 iPhone 3GS 推出的一年间，苹果应用程序商店中的应用程序数目达到了惊人的 10 万个。对于 App Store 来说，这是一次爆发式的增长。

iPhone 3GS 的价格依旧保持了 16GB 版本 199 美元，32GB 版本 299 美元。仍然为用户提供了黑色和白色两种颜色。用户均需要与服务商进行签约购买。另外，原本 8GB 版本的 iPhone 3G 也降至 99 美元。iPhone 3GS 提供 16GB 与 32GB 两个版本，在电池能力上也有所增强。它可以支持长达 10 小时的视频，或者 30 小时音频，或者 12 小时 2G 通话，或者 5 小时 3G 通话。相比于 iPhone 旧版，其电量提升了 20%～50%。

此次 iPhone 3GS 版本终于提升了其拍照以及视频拍摄功能，加载了 300 万像素自动对焦摄像头，支持视频录制和编辑。tap to focus 的功能可以增强低环境光的拍摄，微距拍摄约 10 厘米，还有语音操控、语音拨号、语音控制音乐等大量新功能。

iPhone 3GS 加载了 iOS 3.0 版本的操作系统，此系统当中对于开发者来说最大的改变就是提供了一些电子感应器的程序接口。因为 iPhone 3GS 中加载了用来指示方向的电子罗盘、重力感应器、速度感应器、光线感应器以及距离感应器，这都给开发者带来了更新的实用技术。在苹果发布会上，就曾展示了一个通过 iPhone 来模拟汽车驾驶的软件。用户只需转动 iPhone 设备，就可以实现对汽车的驾驶。这都得益于新增的感应装置。

值得一提的是，从 iPhone 3GS 开始，苹果公司的 iPhone 也开始由中国联通在国内市场发售。尽管由于价格、WiFi 功能缺失等原因，在发售之初销量不尽如人意，但在同年 5 月份调整价格以来，联通 iPhone 的销量大大提升，甚至出现了断货的迹象。

因为之前 iPhone 设备积累的市场效应，以及 iPhone 3GS 的火爆销售，苹果公司快速增长的势头已经十分明显，苹果公司股价一发不可收拾，突破 200 美元大关。从 3G 到 3GS 的提升，让苹果公司在智能手机市场有种"独领风骚"的感觉。逐渐衰败的 Windows Mobile、Symbian 操作系统亟待改变，定位企业级用户的 BlackBerry 与 iPhone 用户的交集并不多。在这种情况下，在当时的智能手机操作系统中，唯有谷歌的 Android 可以对苹果 iPhone 构成威胁。在 iPhone 3GS 发布之后，那些让苹果感受到压力的产品也都采用了 Android 操作系统。一方面，谷歌 Android 的用户体验最接近 iPhone，另一方面则是因为 Android 的应用商店发展迅速，大有赶超 App Store 之势。

2.2.3　iPhone 4

在 2010 年，相比大家都有留有印象。在 6 月 24 日新的 iPhone 4 闪亮登场，这无疑成了去年手机领域的重要事件。iPhone 手机的百万销售记录在此被热情的用户刷新。60 万台的提前预定数让发售日当天即突破百万台的销量，并且曾报道 iPhone 4 首发日当天的销售量为 150 万台。这个记录相信就算是苹果公司也很难再超越了。事实证明，iPhone 4 的销售火爆并不是空穴来风，iPhone 确实带来了新一波的移动设备热潮，为用户带来了颠覆性的变化。

图 2-4 所示的就是 iPhone 4 手机，它同样为用户提供了两种可选的颜色。在外观上，也与上一代产品相比有很大变化。在其发布的一周内，全球科技界的关注点聚焦于此设备。按照苹果公司的说法，iPhone 4 与前一代 iPhone

图 2-4　iPhone 4

3GS 相比拥有超过 100 项内容的提升。仅仅从图 2-4 中读者就能看出其在外形上的变化。iPhone 4

采用了全新的外观设计，仅仅 9.3 毫米的机身厚度基本上超越了市面上所有的手机，这比 iPhone 3GS 还要薄 24%。在按键设计上，iPhone 4 也颠覆了此前的设计理念，除了中间靠下的 Home 按键之外，位于 iPhone 四周的开机以及声音设置的位置都发生了改变。另外，iPhone 4 的正面和背面采用了全新的玻璃材质，其金属边框则整个是手机的天线，左侧部分为蓝牙、Wi-Fi 和 GPS 天线，右侧则是 WCDMA 和 GSM 信号天线。另外，新版本的 iPhone 4 终于将摄像头的机能大幅提升，一方面其像素达到了 500 万，并且配备了 LED 补光灯；另一方面，它也支持 720p 的高清视频拍摄能力。同时，iPhone 4 配备了前置摄像头，这意味着它能够支持视频通话和视频会议。

　　iPhone 4 的另一项重大提升在于屏幕分辨率。虽然它依旧保持了 3.5 英寸的屏幕尺寸，但分辨率却达到了令人惊叹的 960×640 像素，几乎是现有 iPhone 3GS 的 4 倍，其解析度达到 326 ppi，这已经超过了人眼所能辨识的极限。这就是说当用户查看 iPhone 4G 的屏幕时，将不会再看到任何的突兀边缘或者毛刺。大家都知道屏幕是手机设备的耗电大户，iPhone 4 在将屏幕提升到至高境界之后，电池用电量是否下降了呢？

　　苹果公司的神奇正在于此。在硬件配置提升的时候，iPhone 4 的电池续航能力也有了 40% 的提升。它在 3G 网络下通话时长为 7 小时，网络浏览时长为 6 小时，使用 Wi-Fi 浏览网络可以达到 10 小时。另外，iPhone 4 可以连续视频播放 10 小时或者音乐播放 40 小时，其待机时间则达到了 300 小时。这在历代 iPhone 版本中都是最高的水平。

　　另外，iPhone 4 所采用的是在此前发布的 iPhone OS 4 操作系统，新的系统拥有支持多任务处理、文件夹、更好的企业功能等特性。只不过乔布斯宣布将此前的系统命名改变成了 iOS 4。虽然名称上面有了变更，但是功能方面依然延续了此前宣称的强大，用户最为关心的多任务处理同样可以在 iOS 4 中体现。苹果之所以宣布将 iPhone OS 4 改名为 iOS 4。主要是因为使用 iOS 4 操作系统的不再仅仅是手机设备了，还有之后将要为读者介绍的平板电脑。在 iOS 4 发布后，苹果公司宣称将会从同月 21 日之后，iPhone 3G、3GS、iPod touch 以及 iPad 用户可以免费下载，将自己的设备升级到最新的版本。

　　在 iPhone 4 中还提供了苹果的另外一项重大的应用：陀螺仪，这也是对于游戏开发者的福音。该装置可以让 iPhone 4 感知设备的移动方向、旋转角度。通过与重力感应、加速感应装置结合，可以给 iPhone 提供前所未有的完美游戏体验，这也是将体感游戏引入 iPhone 设备的开始。iPhone 4 首次加入了新感应器三轴陀螺仪，保留了方向感应器、距离感应器和光线感应器，可以被更多的应用程序应用。

　　iPhone 4 采用了苹果 A4 处理器，但主频降为 800MHz。这颗型号为 A4 的处理器是一款集成了 ARM Cortex A9 架构多核 CPU（类似于 Nvidia 的 Tegra 系列和高通 Snapdragon 系列产品），其中包含了 ARM Mail50 系列 GPU 核心以及集成内存控制器的 SOC 芯片，产品由苹果早前收购的 PA Semi 公司负责研制。iPhone 4 的价格则依然保持了前一代产品上市时的水准，签约两年的话，16GB 版价格为 199 美元，32GB 版为 299 美元。存储方面则仍为 16GB 和 32GB 两个版本。同时，在中国的联通公司也同期推出了 iPhone 4 的签约版本。

　　中国有句古话"世无完物、人无完人"。前面读者已经领略了近乎完美的 iPhone 4 新一代产品，无论是从外形设计、操作系统、电池电量，还是运算性能、屏幕显示以及用户交互方面，从当时的技术水平来说都已经完美无缺。可是 iPhone 4 却发生了一个任谁也没有想到的严重问题。自 iPhone 4 上市以来，就被发现当用户握住左下方时，即会导致信号减弱或切断的情况，这对于用户来说是一个非常严重的问题。在用户手持电话正在与朋友交流时，很可能因为持有的位置不对，导致通话结束。美国权威评鉴机构"消费者报告"也因此评定 iPhone 4 存在硬件设计的瑕疵，不建议消费者购买，这也让苹果公司堪称完美工业设计的声誉大受打击。眼见 iPhone 4 收讯的问题愈演愈烈，苹果终于提出解决之道。执行长贾伯斯召开记者会宣布，免费为全球 iPhone 4 用户提供胶套。乔布斯也坦言道"我们并不完美，手机也不完美"。有分析师预测，苹果公司为客户提供的胶套所耗费相关的成本至少达 4 000 万美元。

由此 iPhone 4 的天线问题算是告一段落。但当我们再回头看待这次风波时，不难发现苹果公司是一家对消费者负责任的企业。在 2010 年 7 月 26 日只有少数媒体报道过 iOS 4 在使用蓝牙耳筒或汽车系统时频频断线，一开始怀疑是操作系统 iOS 4 的问题。而事实上，天线问题也可能是媒体的炒作与夸大，根据苹果公司在新闻发布会中列举的数据，只有极少数的用户遇到或反馈该问题，而且几乎都是在信号本身极不好的环境下出现的。好在该问题完全没有影响 iPhone 4 的销售势头。

2.2.4 iPhone 4S

苹果公司的魅力无人能挡，每年推出一款产品都能够令对手汗颜，引发新的用户热潮。相信在 2011 年 10 月 5 日凌晨，有很多苹果的忠实用户一直在同步来自美国苹果公司发布会的消息。此次发布会没有了乔布斯的身影，新一代 iPhone 设备让全球各地的用户略显失望。iPhone 4S 采用双核 A5 处理器、800 万像素摄像头、内置语音助理系统，外形与 iPhone 4 相比并无改变，如图 2-5 所示。

从图 2-5 中很难看出新一代的 iPhone 4S 有什么变化。iPhone 4S 小幅升级新意不足，这与 iPhone 3GS 的变化如出一辙，只能算是一个 iPhone 手机的升级版本。这并不是一次大的变革。新款手机保持了以往的外观，

图 2-5   iPhone 4S

厚度、重量和屏幕大小都没有改变。它配置了处理速度更快的 A5 双核处理器。

与 iPhone 4 相比，A5 芯片内的双核心为 iPhone 4S 带来快达 2 倍的性能表现，以及快达 7 倍的图像处理的非凡速度，用户将亲身感受到 iPhone 4S 速度快、反应敏捷在各个方面的改善。比如在开启应用程序、上网、打游戏甚至其他所有事情上都将比以往更快速、更灵敏。无论用户做什么，都可持续进行。iPhone 4S 就是游戏玩家的乐园。A5 芯片的强劲性能，让游戏画面更流畅，看来更加逼真。对于游戏开发者来说，不用再顾虑应用程序中大量图像处理的运算损耗，其效果将会比 iPhone 4 更为理想。因为 A5 芯片的能量效率极高，iPhone 4S 的电量损耗方面开发者也无须担心，其可用时间也特别长。

iPhone 4S 配置了 800 万像素摄像头，比现在市场上 iPhone 4 的像素提高了 60％，还可以拍摄 1 080p 显示格式的高清视频，并由拥有更大 f/2.4 光圈的特制镜头所拍摄；更有崭新改良的背置式光线感应器、出色的自动白平衡效果、先进的色准功能、面部侦测及减少动态模糊功能。所以无论要拍摄多少人、光线充足与否、想捕捉多少动态，一切都会如实呈现。

除了硬件的升级外，iPhone 4S 的另一项新功能是 Siri 语音控制。这种人工智能程序让用户只需"提问题"就可以打电话、收听并回复短信、收发电子邮件和搜索信息。

在这个系统中，用户可以向程序提出问题，比如"我今天需要带雨伞吗？""现在巴黎几点了？""我要去某个公园应该怎么走？""纳斯达克股价如何？"等，该程序可通过人工智能的程序帮助用户去整合答案。在发布会现场的演示中，几个简单的问题都被准确地回答。据悉，这也是人工智能开发的前沿技术和商业化产品的首次结合。不过，Siri 目前有英文、法文和德文 3 种版本，还不能广泛适用于中国市场。毕竟中文是世界上最难搞的语言。

由于 iPhone 4 在天线设计上的问题，饱受用户埋怨。这次 iPhone 4S 彻底改善了此问题。在原本双天线的基础上，新一代手机可在这两种天线间进行智能转换，提高手机通话质量和下载速度。苹果公司称，该手机可以全球漫游，即 GSM 和 CDMA 用户都可通过 GSM 网络在全球使用。它同时支持 4G 的高速分组接入演进技术网络。

伴随着 iPhone 设备发布的同时，也推出了相应的 iOS 操作系统。此次苹果公司推出了 iOS 5.0 操作系统。每次进化的 iOS 操作系统，都让各方面变得更易用。iOS 永远向前，从未止步。而 iOS 5 更有一大跃进，它将超过 200 项全新功能带到 iPhone 4S。在 2011 年 10 月 12 日，苹果如约开放了 iOS 5 的更新推送，用户只需下载最新的 iTunes 10.5，然后将 iOS 设备连接至 iTunes 即可更新操作系统。新系统支持 iPhone 3GS、iPhone 4、iPod 系列以及 iPod touch。苹果官方称 iOS 5 有近 200 项功能改进。笔者也不能逐一列举，其实苹果公司也没有为每一项升级做出说明。所以下面只能挑出一些明显或者新增的功能为大家介绍。

- iMessage：iOS 5 中加入的新功能，可以实现在 iPhone、iPod touch 和 iPad 之间的免费文字、图片、影片的传输。此功能通过 WiFi 建立连接，使用完全免费，而是数量不限。这对移动运营商将会是不小的冲击。此功能类似短信与彩信服务的综合。它可以在多款安装了 iOS 5 的设备之间同步运行。比如用户可以丢掉 iPhone 继而拿起 iPad 继续和朋友聊天。iMessage 还能够提供短信送达通知，如此贴心的设计既方便又实用。然而，有一点也让人厌烦，非 iOS 的设备无法运行 iMessage。也许苹果公司认为用户那些使用 Android 和 BlackBerry 的朋友根本不值得去和他们免费聊天。

- 通知中心：在 iOS 3 即 iPhone OS 3 操作系统中，每一个新的 SMS 或推送警报都是通过屏幕中心弹出一个对话框显示出来，用户必须立即做出决定是阅读还是忽略，但麻烦的是无法同时显示多重通知，这样就会导致手机的无线设备被频繁地打开，从而对电池的续航时间带来负面影响。通知对话框时不时打断用户的手头任务，当用户正在玩游戏或者正在和朋友聊天时，一个弹出式消息真是让人有抓狂的冲动。在 iOS 5 中，这一切都得到了改善。如今苹果使用了一个叫做"通知中心"的应用程序替换掉了烦人的弹出式窗口。通知中心不仅仅显示通知提醒，还有一些小插件能显示诸如天气和应用程序的实时信息。在通知中心可以找到所有操作系统及应用程序通知。单击任意一个通知，你将直接进入该项目及其相关的应用程序，如单击日历约会通知将带你到日历，单击 Words 则会直接将用户带到游戏当中。

- iCloud：当苹果推出首款 iPhone 和 iPad 时，用户们被指示需要将他们的移动设备插在电脑上以激活和同步，这相当麻烦，以致很多用户并不使用这一功能。由此苹果公司决定重整其 MobileMe 服务，这是他们创建新 iCloud 的原因之一。在 iCloud 中将早期 MobileMe 的更多服务免费提供，包括同步通讯录、同步日历、免费 MobileMe 邮箱等。同时，还增加了云备份与音乐自动同步功能，云备份可以每天自动备份包括购买的音乐、应用、电子书、音频、视频、设置属性以及软件数据等，而以上备份仅支持通过 WiFi 上传下载数据。

- 整合 Twitter：在 iOS 5 里，苹果见缝插针式地把 Twitter 功能整合到了系统的每一个角落。比如拍完照后可以把照片发到 Twitter、YouTube、Safari，甚至连用户的位置信息也可以分享。用户可以直接把内容分享到 Twitter 账号上。在个人的通讯录上，每个联系人下面也增加了一个新的 Twitter 地址栏。不过对于防火墙内的人民大众来说，多数人可能还不知道何为 Twitter 呢。

- 无线同步：在 iOS 5 中，苹果终于使用户们能够不通过一根电缆就将他们移动设备内的数据同步到计算机上。这就是无线同步功能。iPhone、iPad、iPod touch 与电脑在同一个无线局域网内，它们之间就可以通过无线网络进行同步。另外，iPhone、iPod touch 和 iPad 也已经不再需要通过 iTunes 和 PC 的协助来运行或者升级了。在这一点上，苹果终于赶上了 Android 和 Windows Phone 7 的步伐。iOS 5 上的所有软件都可以通过无线网络得到更新。对于开发者来说，也可以通过无线连接来测试应用程序。

经过前面的介绍，我们得知 iPhone 手机开创了移动设备软件尖端功能的新纪元，重新定义了移动电话的功能。每一款 iPhone 设备的推出都是对移动设备领域的推动。苹果公司凭借其卓越的设计以及力求完美的品质，不断地为用户带来手持设备中的创新体验。从 iPhone 的销量中我们也能感受到全球用户对于 iPhone 的热衷。苹果公司凭借 iPhone 手机的成功，跻身成为移动设备领域的领先公司。图 2-6 展示了 iPhone 手机从 2007 年上市至 2011 年第一季度的销售量。

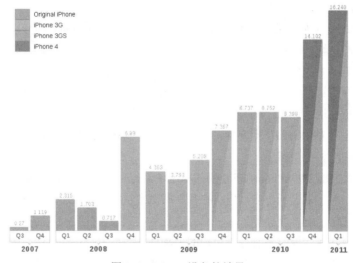

图 2-6　iPhone 设备的销量

从图 2-6 中可以看出，除了在 2009 年受到全球经济危机的影响外，其上涨趋势是十分明显的，iPhone 手机凭借其优良的品质迅速占领了移动设备市场。从表 2-1 中我们能够看到 iPhone 设备的具体销售数据。

表 2-1　iPhone 销量数据

年度	第一季度[10-12]	第二季度[1-3]	第三季度[4-6]	第四季度[7-9]	总销量
2007			270 000	1 119 000	1 389 000
2008	2 315 000	1 703 000	717 000	6 890 000	11 625 000

年度	第一季度[10-12]	第二季度[1-3]	第三季度[4-6]	第四季度[7-9]	总销量
2009	4 363 000	3 793 000	5 208 000	7 367 000	20 731 000
2010	8 737 000	8 752 000	8 398 000	14 102 000	39 989 000
2011	16 240 000	18 650 000	20 340 000	17 070 000	72 300 000
2012	37 044 000				37 044 000
					183 078 100

表 2-1 中列出了全球 iPhone 季度销售量，其单位以百万计。第一季度是假日季节，在这一季中的销售量较大，主要是因为人们刚刚拿到年终奖金，同时正好需要购买各种节日礼物，iPhone 手机就成了人们节日里最喜欢的礼物。从表 2-1 中我们能看出 iPhone 设备的销量趋势是逐年递增的。截止到 2012 年的第一季度，iPhone 设备总共销售了 3 700 万台。如此庞大的市场占有率都将成为读者开发游戏产品的潜在用户。不仅如此，除了 iPhone 手机之外，苹果公司还推出了同样承载 iOS 系统的平板电脑 iPad。下面就让我们来了解一下它的历史。

2.3　iPad 的诞生

苹果公司在 2010 年 1 月 27 日于美国旧金山所举行的发布会上，由执行长史提夫·贾伯斯亲自发布了新一代的电子设备 iPad（Internet Personal Access Device）。

iPad 被归类为一款平板电脑。平板电脑不仅是一个全新的电子设备，对于用户来说也是一个崭新的概念。虽然在其前身存在一些类似的影子，如亚马逊的 Kindle 电子书或者笔记本电脑等，但是一直都没有得到市场推广，获得多数用户的支持。

平板电脑的概念最早出自微软公司的比尔·盖茨。它被定义为必须能够安装 X86 版本的 Windows 系统、Linux 系统或 Mac OS 系统，即平板电脑最少应该是 X86 架构计算机。而 iPad 系统是基于 ARM 架构的，根本都不能做计算机设备。同时乔布斯也声称 iPad 并不是平板电脑。

苹果公司将 iPad 定位介于智能手机 iPhone 和笔记型电脑产品（MacBook、MacBook Pro 与 MacBook Air）之间，提供浏览互联网、收发电子邮件、观看电子书、播放音讯或视讯、玩游戏等功能。iPad 机身上只有 4 个按键：Home、电源开关、音量加减，还有一个重力感应与静音模式开关。这秉承了苹果公司一贯的简约设计理念。

图 2-7 所示的就是全新概念的 iPad，但是业界很难再找到一个合适词来形容 iPad 所处在的种类，所以平板电脑改变了原本的定义。现如今 iPad 已经成为了平板电脑的典范。它相比笔记本电脑更加轻巧、简约。虽然笔记本电脑被设计为可移动的个人电脑，但是相对于至少一公斤的重量来说，还是太沉了。

人们是不愿意带着笔记本出去的，虽然苹果公司的 Mac Air 已经苗条到让人乍舌的地步，但是当用户真的要使用 Mac Air 的时候，还是需要考虑把它放在哪里、打开多大角度、自己又是什么姿势，一般还需要桌子、椅子或者要有个沙发。想要随心所欲、坐卧站行都使用它依然是件难事。而 iPad 却弥补了笔记本电脑在这方面的不足。

第一代 iPad 预装 iOS 3.2/3.3 操作系统，包含了一个 9.7 英寸的 IPS 显示器，厚度为 0.5 英寸，重量为 1.5 磅。与使用英特尔处理器的苹果公司其他电脑产品不同，iPad 使用了苹果公司自家的

Apple A4 1GHz（降低为 800MHz）0.5MB 片上共享二级缓存的处理器。内存采用了 256MB DDR3，频率为 1 066MHz。iPad 也支援多点触控，内建 16～64GB 的快闪存储器。内置 25Whr 的充电式锂电池可提供 10 小时的续航使用时间，以及最长达一个月的待机能力。

图 2-7 iPad

通信能力方面，iPad 支持 WiFi 802.11n 规格的无线网络，以及蓝牙（Bluetooth）2.1；其后推出的 3G 版本更同时具备 GPS 模块。另外，iPad 同时内建加速度感应器、电子罗盘、喇叭、麦克风。

从电池的角度来说，通常笔记本电脑也就能够支持 4～6 小时的电量，此时用户不得不携带外接电源。而 iPad 长达 10 小时的电池电量，刚好能够满足普通人日常的需要。

虽然 iPad 的使用并没有笔记本电脑板挥洒自如，用户必须通过 iTunes 来安装应用程序。但是 iPad 现在的确是一款用于娱乐、阅读以及办公的产品了。这主要是得益于 App Store 中成千上万的应用程序为 iPad 用户提供了更多的应用方式和娱乐效果。虽然 iPad 上没有类似 Photoshop、Office 等强大的办公软件，但是种类繁多的应用程序在很多方面并不逊色于计算机系统。比如 iPad 的图形制作方式和效果就更加方便和华丽，用户使用触摸的方式来浏览网页也更显得轻松自如。

另外，强大的娱乐功能也让其他笔记本电脑望尘莫及。它已经成为居家娱乐、书刊阅读的首选设备，甚至有些用户表示非常喜欢 iPad 这个游戏机。

2.4 iPad 的发展

苹果公司于 2010 年 5 月 4 日表示，iPad 版本 4 月 3 日开始在美国发售，开售 28 日销售量已经突破 100 万台，销售速度比 iPhone 还快。iPhone 在 2007 年开卖时要用 74 日才能卖出 100 万台。

截止到 2010 年 6 月 1 日，苹果 CEO 乔布斯宣布，在美国和其他市场，iPad 已累计出货 200 万台。该公司又于同年 6 月 22 日发表声明，指出旗下产品 iPad 销售的 80 天内，已经达到了 300 万台。虽然在 iPad 推出市场时并不被评论家以及业内人士所看好，比如《洛杉矶时报》财经专栏作家麦可·希尔奇克（Michael Hiltzik）就曾认为，iPad 欠缺革命性，和市场期待有不小差距，对 Amazon Kindle 无致命威胁。但其实现时 iPad 已经在全球掀起一股热潮。当前国内平板电脑市场中，iPad 占据着绝对的统治性的地位，在 2011 年 2 月，其在平板电脑中的占有率接近 99%。苹果公司并没有满足于现状，在新的一年中，又推出了新一代的平板电脑。

2.4.1　iPad 2

图 2-8 所示的正是苹果公司于 2011 年 3 月 2 日发布的新一代 iPad 2。升级包括一个 A5 双核处理器，前置 VGA，后置 720p 视频摄像头，厚度比 1 代的 13 毫米更薄，只有 9 毫米，Wi-Fi 版的重量也只有 603 克。第二代 iPad 在首发时承载了 iOS 4.3 系统版本，在其后期出售的版本中则预装 iOS 5.0 或者 5.1 系统版本。iPad 2 使用专门设计的高性能低功耗系统级 Apple A5 芯片，其主频达到了 1.0GHz 以及 0.7MB 独立存取二级缓存的双核处理器，在内存方面为 512MB DDR2 以及配置了 0.1MB 片上共享二级缓存。

图 2-8　iPad 2

iPad 2 是苹果 iPad 第二代产品，于 2011 年 3 月 3 日正式发布，3 月 11 日在美国上市。与一代相比最大的区别在于 iPad 2 将更薄、更轻。iPad 2 比前一代薄 33%，而且比 iPhone 4 也要薄；同时，iPad 2 比前一代轻 15%。这主要得益于 iPad 2 使用了更为轻便的碳纤维材料来替代原来的拉丝铝外壳。上一代 iPad 根本就没有摄像头，只有一个感光点，调节屏幕亮度用。新一代 iPad 加入了前置和后置的摄像头，使用它们可以与 iPhone 4、iPod touch 四代和 Mac（需要 Mac OS X 10.6.6 或以上版本的系统）进行 FaceTime 视频聊天。iPad 2 使用了 Apple A5 的双核处理器，这使得 iPad 2 的运算速度为前一代的 2 倍，而图形性能为前一代的 9 倍。看到图形性能的提升，相比游戏开发者又要受益了。与 iPhone 4 一样，Apple A5 芯片为游戏开发者带来了更好的展现舞台，这也导致 iOS 设备成为了用户的游戏机。游戏产品一直以来都是用户最喜爱、下载最多的应用程序。另外，iPad 2 在网络方面也进行了改善，同时支持 CDMA2000 和 GSM/UMTS 两种 3G 网络制式。苹果 iPad 2 支持多种无线通信标准，可以单独支持 Wi-Fi、UMTS、CDMA，也可以选装 3G 功能，或同时支持这三者的组合。经过上面的介绍，我们能够总结出 iPad 2 更薄、更轻、更快并且拥有前置、后置摄像头的特点。乔布斯自己总结 iPad 2 的所有新特征时说："如果说 iPad 拿在手中像是一本书，iPad 2 就像是一本杂志。"

延续了苹果公司一贯的风格，iPad 2 的价格与第一代相同。iPad 2 分为 16GB、32GB 和 64GB 3 个版本，WiFi 版售价分别为 499、599、699 美元；WiFi 与 3G 结合的版本售价分别为 629、729、829 美元。在这里有一个小插曲。要问世界上最贵的 iPad 2 多少钱？并不是上面所说的 WiFi 与 3G

版本，而是下面介绍的奢侈版的恐龙骨 iPad 2。

　　恐龙骨 iPad 2 是由英国著名奢侈品设计师 Stuart Hughes 设计制作的一款奢华 iPad 2。此设计师在此前就曾经推出过 MacBook Air、iPhone 3GS 的奢侈品系列，也曾推出过黄金钻石版的 iPad 第一代。在时尚奢侈行业，他算是一名资深专家并且一直对苹果公司的产品情有独钟。此类奢华版本的 iPad 大多是销往世界上财富的聚集地迪拜。恐龙骨 iPad 2 奢华程度堪称登峰造极。这款 iPad 2 Gold History Edition 的框架原料是 750 克世界上最高古老的石头：加拿大斑彩石（Ammolite）。这种石头拥有 7 500 多万年的历史，里边甚至还利用特殊工艺嵌入了 57 克的霸王龙髀骨，同样有 6 500 多万年的历史。而 Home 按键由单颗完美无瑕的 8.5 克拉钻石制成，它周围环绕着 12 颗同样没有任何瑕疵的小钻石，总重量为 16.5 克拉。背部同样不简单，其中缺口苹果标志由 53 颗 12.5 克拉的完美钻石加工而成，并且周围包括着 24 克拉黄金，整个背面的黄金用量达到了足足 2 000 克，接近 4 斤。不知道使用此设备的用户，如何还能体验 iPad 轻便、自如的特性。

　　iPad 2 Gold History Edition 的身价也高达惊人的 500 万英镑，折合人民币 5 300 多万元，不过就算你再有钱也不一定能买着，因为人家全球限量发售，总共仅仅两台。对于奢侈品，我们还是望而却步吧！就算是普通版本的 iPad 2，其价格也并不低廉。

2.4.2　新 iPad（The new iPad）

　　在 2012 年 3 月 8 日，苹果公司举行发布会，推出了新一代平板电脑新 iPad（The new iPad）。读者没有看错，这一代 iPad 设备的名字就被称为了"新 iPad"。至于为什么不是 iPad 3 或者 iPad 2S，这就要说一下 2011 年最受人们关注的一场官司。

　　2011 年 12 月 5 日，深圳中级人民法院就原告（美国）苹果公司、（英国）IP 申请发展有限公司诉被告唯冠科技（深圳）有限公司 iPad 商标权权属纠纷一案做出一审判决：原告苹果公司一方败诉。随着苹果与唯冠之间关于 iPad 商标使用权的纠纷被下了法律的定论，中国部分城市工商局已要求经销商停售苹果 iPad。在此我们并不想更多地讨论这场商标纠纷案，只是由此来推测新一代 iPad 名字的由来。新的名字确实让人摸不到头脑，猜不到原因啊！

　　图 2-9 所示的就是新一代 iPad（The new iPad）。受到市场普遍期待的苹果所推出的新一代平板电脑新一代 iPad（The new iPad）的外形与 iPad 2 极其相似，但也有很多硬件的提升。

　　新一代 iPad（The new iPad）电池容量增大，配有 3 块 4 000mAh 锂电池，芯片速度更快使用 A5X 双核处理器，图形处理器功能增强配四核 GPU。内存提升为 1GB DDR2。全新 iPad 备有黑色或白色。而闪存则可配 16 GB、32 GB 或 64 GB。

图 2-9　新 iPad（The new iPad）

　　全新 iPad 在显示屏幕上也有了较大的提升。其配置的 7 英寸（25 厘米）多点触控 Retina 显示屏的分辨率达到了 2 048×1 536 像素，每英寸能够显示 264 像素（ppi），以 LED 作为背光，而且屏幕上具有耐指纹抗刮涂层。真实的像素比 iPad 2 的提高了 4 倍多，比高清电视（1 080p）还要高 100 万以上的像素。全新 iPad 采用了 500 万像素自动对焦或点按对焦的 iSight 镜头，可以拍摄 HD

（1 080p）的影片，而且有影片防震功能；前置镜头则可拍摄 VGA 质素的照片和最高可拍摄每秒 30 格有声短片。全新 iPad 的网络连接方式可选择只有 Wi-Fi 或 Wi-Fi 及由指定网络与硬伤供应 4G LTE 网络（即将推出）连接上互联网。另外，全新 iPad 具有听写功能，其包含的蓝牙技术提升为 4.0 版本。

按照苹果公司的惯例，在美国的售价将与 iPad 2 一样。新 iPad 于 3 月 19 日在欧美等地首批市场发售，遗憾的是，中国内地仍不是第一批的首发市场。根据苹果的媒体新闻稿，第三代 iPad 在发售的 3 天内卖出了 300 万台。不过其后续的销量却低于预期。新 iPad 从未出现过其前辈卖断货的状态，这也从一个角度反映了新 iPad 并没有受到用户的热捧。其主要原因在于两点，首先是新 iPad 并没有带来超越性的革新，其次就是已经过于饱和的 iOS 设备让用户没有更新换代的想法。

消费者对于第三代 iPad 的需求也被认为影响了掌上游戏机的销售状况，iPad 的 Retina 显示器和低价的游戏是造成此影响的主因。

iPad 凭借超凡的性能以及给用户带来的体验快感，遥遥领先占据了平板电脑市场第一的位置。iPad 在 2011 年全年共售出 4 840 万台，占据了 60% 的市场份额。后起之秀的亚马逊 Kindle Fire 也表现不俗，拿到了 16.7% 的份额，超越了三星。

2.5　其他 iOS 设备

除了前面介绍的占据较大市场份额的 iPhone 以及 iPad，还存在一些其他的 iOS 设备，这些 iOS 设备也是开发者将要面对的适配对象。

iPod 是苹果公司已经使用多年的数字多媒体播放器的商标。从 2000 年第一台 iPod 问世以来，它就一直占据着大部分的数字多媒体播放器市场。2004 年 1 月，iPod 成为全美国最受欢迎的数码音乐播放器，占领了 50% 的市场份额。到了 2004 年 10 月，iPod 统治了美国的数码音乐播放器的销售，拥有超过 92% 的硬盘播放器和超过 65% 的所有类型播放器的市场。iPod 以极高的速率销售，在 3 年时间内总共销售了超过 1 000 万部。它对音乐文化产业也产生了重大的冲击。2007 年 4 月 9 日，苹果公司宣布 iPod 销量已冲破 1 亿大关。苹果公司正在销售的 iPod 产品共有 4 款：iPod classic、iPod nano、iPod shuffle 及 iPod touch。这些型号拥有不同的容量和设计，如图 2-10 所示。

图 2-10　iPod 家族

从图 2-10 中我们看到了 iPod 家族的主要 4 个成员，下面将按照从左到右的顺序，逐个为读者进行简单的介绍。

1. iPod shuffle

iPod shuffle 被设计用来轻易地加载歌曲，以及用随机方式来播放它们。其最主要的外形差异在于颜色以及尺寸的变化，彩色 iPod shuffle 刚推出的时候，使用的是高纯高亮的各种颜色。不同于其他的 iPod 家族，它把音乐数据存储在闪存而不是硬盘。它的重量为 0.78 盎司（22 克），第二代的重量约 15 克，第三代的重量为 0.38 盎司（10.7 克），第四代的重量为 0.44 盎司（12.5 克）。

iPod shuffle 是一种缩小的产品，它的尺寸是 iPod 家族中最小的，其以更低的价位推出。这被视为苹果公司经营策略的一部分，用来瞄准低阶市场和增加在大规模市场的可见度。

2. iPod nano

这是苹果 iPod 家族内的中阶产品。第一代的 iPod nano 于 2005 年上市。iPod nano 和 iPod shuffle 一样使用快闪存储器，但增加了一个宽型的小屏幕和 iPod classic 上的 click wheel 按键转轮，直到第六代才取消滚轮而改为多触控屏幕。自首次登场以来，iPod nano 至今已改款 6 次。在发售后不久，iPod nano 就成为有史以来最畅销的 MP3 播放器，超越前一代的商品 iPod mini。

值得一提的是，第一代和第二代的 iPod nano 包含一些内建的游戏软件："打砖块"（Brick）、"音乐猜谜"（Music Quiz）、"降落伞"（Parachute）和"接龙"（Solitaire）。第三代的 iPod nano 也包含了内建游戏，同时也可在 iTunes Store 购买游戏安装于 iPod nano 中。3 种内建的游戏是"打砖块"、"接龙"和"音乐猜谜"的改版作品，"打砖块"改名为 Vortex，游戏舞台变为环状；"接龙"改名为 Klondike，内容有些许的改变。

3. iPod classic

iPod classic 一开始仅称为 iPod，是最为传统的 iPod 成员。第一代的 iPod 是在 2001 年 10 月 23 日首次上市，搭载了 5GB 容量的硬盘。现在共有 6 个世代的 iPod 存在，分别为：1G（一代）、2G（二代）、3G（三代）、4G（四代）、5G（五代，又称 iPod video）和 6G（六代，至此之后都称为 iPod classic）；2004 年 10 月 28 日，苹果电脑公布了 iPod U2 特别版。黑色的前面板配以红色的单击轮（U2 专辑 How to Dismantle an Atomic Bomb 的颜色），它背后银色镀铬处理的外壳上，刻有爱尔兰知名摇滚乐团 U2 4 位成员的签名。除此以外，iPod U2 特别版完全复制了四代 iPod 20GB 的型号。2005 年 9 月 7 日，苹果发布了限定版的哈利·波特四代 iPod，在背面用激光蚀刻霍格华兹标志。与这款 iPod 发布的同时，在 iTunes Music Store 上销售哈利·波特的语音书。唯一能买到哈利·波特 iPod 的方式是从网上，以 $548 的价格与哈利·波特语音书一起购买。第五代加上影片播放功能后称为 iPod video，在第六代以后才加上 classic 以与其他 iPod 区别。

4. iPod touch

iPod touch 不再是单纯的多媒体播放设备，而是一款由苹果公司推出的便携式移动产品。iPod touch 使用了 8、32 或 64GB 的快闪存储器，同时配有 WiFi 无线网络功能，并可执行苹果的 Safari 浏览器。是 Apple 以"最好玩的 iPod"为概念所推出的 iPod。iPod touch 是第一款可透过无线网络连上 iTunes Store 的 iPod 产品。第一代 iPod touch 在 2007 年 9 月 5 日举行的 *The Beat Goes On* 产品发表会中公开，属于 iPod 系列的分支。iPod touch 可以比喻成 iPhone 的精简版，但造型却更加轻薄。

iPod touch 的推出，改变了人们传统的娱乐方式，也冲击了游戏掌机的市场地位。2010 年 9 月，乔布斯表示，iPod touch 的销售量已经超过了任天堂和索尼的掌机销售总和，成为世界第一的新任掌机。

iPod touch 不提供电话、GPS、数字指南针、短信（SMS）等 iPhone 拥有的电话功能，但用户可以另外为 iPod touch 越狱并使用苹果皮，以达到拨打/接听电话、短信和使用数据流量（只支持 GPRS 或者 EDGE）上网等 iPhone 具备的基本功能。

iPod touch 已经推出了 4 代产品，其发布时间、承载的系统、外形等与 iPhone 设备非常类似。仅从外形的角度，iPod touch 显得更轻、更薄。其背面为不锈钢的金属色，而 iPhone 的背面则为黑色或白色。在功能上除了电话、短信，iPod touch 保留了大部分 iPhone 自带的应用程序。它也是承载 iOS 系统的电子设备，能够通过 App Store 来下载并运行开发者制作的海量应用程序。

另外，iPod touch 的价格也比 iPhone 低廉一些。如果读者资金有限，可以购买 iPod touch 充当游戏开发中的测试机。

我们已经为读者介绍了市场上所有能够运行的 iOS，它们都将是未来读者自制游戏产品的可运行设备，也就是所谓的目标平台。所以无论哪种设备，读者至少要熟悉一下其操作方式。iOS 设备有许多与其他手持设备明显的区别，如多点触碰、高清的 Retain 屏幕以及众多的感应器，这些内容都会影响游戏产品为用户所带来的体验。

iOS 设备介绍到这里还不算完结，因为除了市场上销售的承载 iOS 系统的真实设备之外，还存在一种虚拟的设备可以运行开发者的应用程序，这就是包含于苹果软件开发包中的 iPhone 模拟器。此软件开发工具包于 2008 年 3 月 6 日发布，它允许开发人员开发 iPhone 和 iPod touch 的应用程序，并对其进行测试。在其后续的版本中又加入了对新的 iOS 设备的支持，如 iPad 系列以及 iPhone 4。iPhone 模拟器用来在开发人员的电脑上模拟 iPhone 的外观和感觉。最初它被称为阿斯模拟器（Aspen Simulator），被重新命名于 BETA2 版中发布的 SDK。需要读者注意的是，iPhone 模拟器并不是一个用于运行 x86 目标代码的工具。该 SDK 需要拥有英特尔处理器且运行 Mac OS X Leopard 系统的 Mac 才能使用。其他的操作系统，包括微软的 Windows 操作系统和旧版本的 Mac OS X 都不被支持。至于模拟器具体的安装以及使用方式，将会在后续章节中为读者详细介绍。

2.6　小　　结

2011 年是 iOS 设备大卖的一年，其销售量也创造了新的记录，苹果公司也由原本的电脑公司成功地转变为电子设备公司。iOS 设备的销量在 2011 年已经超过了 Mac。苹果在过去一年里售出的 iPhone、iPad 和 iPod touch 设备数量比公司自创立以来售出的 Mac 总量还要多。苹果在 2011 年一共售出 1.56 亿台 iOS 设备，超过了苹果自公司创立以来的 28 年里售出的 Mac 总量。据统计，截至 2011 年底，Mac 历史总销量为 1.22 亿台。iPad 不仅重新诠释了平板电脑，也改变了电子阅读领域，甚至对于游戏机也带来了不小的冲击。到目前为止，iOS 设备的历史总销量已经达到 3.16 亿台，其中有一半是在去年售出的。销量最高的 iOS 设备仍然非 iPhone 莫属，估计该产品的历史总销量早已突破 2 亿部。这主要得益于 iPhone 4S 的发布，苹果 iPhone 仅在去年第四季度销量便达到创纪录的 3 700 万台。

iOS 设备全部使用了 iOS 操作系统，而开发者则需要使用 iOS SDK 进行应用程序的制作，所以一些基本的 iOS 设备操作也是开发者需要掌握的技巧。其中有很多设备的设置属性或者方式将会影响游戏产品。比如 iOS 设备当前设置的语言以及区域设置，将会影响游戏产品中的文字以及图片。还有位置信息以及推送服务的设置，都会涉及游戏产品中的内容。所以经过本章节的介绍，笔者的目的是让大家熟悉 iOS 设备，这些设备就是将来运行游戏产品的平台。一款游戏产品如果想要适应所有的 iOS 设备，这将会需要许多的修改工作。最为明显的就是 iPhone 与 iPad 的差异。虽然从技术实现的角度来说，开发者完全可以制作一个通用于上述两种设备的版本，但这其中必然存在许多由于设备差异而妥协的内容。上述两个设备最大的差异在于尺寸以及屏幕分辨率，这都是影响游戏体验的重要方面。大多数的开发者都会选择推出两个版本来适应不同的 iOS 设备。

制作 iOS 平台游戏之前的准备我们已经完成了第一步，此时的读者最好已经拥有了一部承载 iOS 系统的手持设备。在接下来的章节中，我们将会进行第二步——带领读者注册成为苹果开发者，这也是进行 iOS 平台游戏开发必要的一步。

第 **3** 章 获得 iOS 平台开发的资格

马上就要开始新的一章，此章节我们继续为 iOS 平台开发做准备。在上一个章节中为读者介绍了各种用来运行游戏产品的 iOS 设备。从苹果公司在 2009 年推出第一台 iOS 设备以来，至今已经先后发布了三个系列、二十多个种类的 iOS 设备，每一个系列又推出了多个型号的设备。上述的 iOS 设备有些依然在市场销售，有些虽然停止生产以及销售但依然还有一些使用者，更有一些已经彻底成为了古董被收藏起来。虽然 iOS 设备只有短短 5 年的历史，但电子产品更新换代的速率总是很快，这对于开发者来说就必然会遇到设备适配的问题。一些早期推出的 iOS 设备，无论从运算性能还是屏幕效果，都无法满足用户以及开发者对于游戏产品的需求。但是这些早期 iOS 设备依旧拥有一定的市场占有率，毕竟 iOS 设备的价格还没有低廉到只需少许的钱就可以更新换代。除了新旧 iOS 设备对游戏内容的影响之外，不同的 iOS 设备之间也存在一些较大的差异。

经过上个章节的介绍，我们已经知道了市场上现存的 iOS 设备大致可以分为 3 类：iPhone、iPod touch 以及 iPad。因为 iPod 可以被看成是一台没有通话功能的 iPhone，所以开发者几乎可以将 iPhone 和 iPod 系列的 iOS 设备看成一个类型。由此，我们就能得知在制作游戏过程中，一款游戏产品需要针对两种 iOS 设备类型：iPhone（包括 iPod touch）和 iPad。这种划分的方式主要是基于屏幕尺寸、设备性能以及用户体验的角度出发的。其实在 App Store 中也采用了这种划分方法。如果读者登录 iTunes 软件界面的话，将会在 App Store 中看到 iPhone 与 iPad 两个分类按钮。苹果公司的封闭也为开发者带来了好处，因为毕竟世界上只有一家公司发布 iOS 设备，就算这些 iOS 设备存在些许的差异，也不会给开发者带来很大的适配工作。如果读者有兴趣，可以了解一下 Android 手机的现状。面对众多厂商以及多如牛毛的 Android 手机型号，业内人士甚至用了一个夸张的词——"分裂"来形容混乱的 Android 手机型号。作为 iOS 设备的开发者，此时可以偷笑一下了，因为读者并不用耗费过多的时间让游戏产品来适配不同的设备。

在明确了游戏产品将要针对的 iOS 设备之后，就成为一名合格的苹果开发者。这里所说的合格，并不是指要经过什么组织的考验或者通过什么考试，而是要给苹果公司缴纳一定的费用，来获得一个开发者账号。只有拥有了这个账号，开发者才能够获得 iOS SDK 开发包以及向 App Store 提交应用程序的权利。对于多数独立的开发者来说，要想成为 iOS 平台的开发者总是需要支付一些费用。与完全免费的 Android 平台开发者相比，苹果公司在此方面略显不足。无论如何，读者想要成为 iOS 平台的游戏产品开发者，至少要有一台 iOS 设备以及开发者的资格，而这些必然会花费一些费用，将会把那些资金有限的人阻挡在外。

3.1 获得开发者资格

苹果公司的开发者账号需要登录其官方网站来进行申请。苹果公司总共提供了 4 种开发者账号，如表 3-1 所示。

表 3-1　苹果开发者计划

类　型	价　格	类　型	价　格
个人 iOS 开发者计划	$99/年	企业 iOS 开发者计划	$299/年
公司 iOS 开发者计划	$99/年	高校 iOS 开发者计划	免费

从表 3-1 中读者能够看到苹果公司提供的 iOS 开发者计划及其价格。虽然存在一个针对高校教学的免费开发者账号，读者可不要被免费所吸引，考虑申请这个账号，因为高校账号只能够被用来教学，并不能向 App Store 提交应用程序。另外，企业级的 iOS 开发者账号同样不能够提交应用程序至 App Store，它是用来在企业内部推广应用程序的账号。最贵的企业账号、免费的教学账号都不适合读者，剩下的也只有每年 99 美元的个人和公司开发者计划了。下面就让我们来看看如何申请此类账号。

3.1.1　申请开发者账号

接下来将会逐步带领读者注册成为一个 iOS 开发者。如果读者之前已经成为苹果开发者，则可以跳过本小节的内容，直接进行下一步。

首先登录苹果开发者中心，网址如下：

https://developer.apple.com/

在登录上述网站之后，读者将会看到首个欢迎界面。在界面当中，选择 iOS 开发者，如图 3-1 所示。

图 3-1　苹果开发者中心

图 3-1 就是苹果开发者中心的网站界面，接下来我们将要在此网站注册开发者账号，并购买 iOS 一年的开发者计划。单击 iOS Dev Center，进入 iOS 开发者中心。另外两个是针对 Mac 以及 Safari 开发者准备的中心。在 iOS 开发者中心的界面中，将会提醒用户进行登录或者注册，如图 3-2 所示。

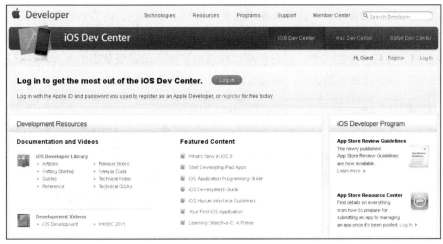

图 3-2　iOS 开发者中心

在图 3-2 所示的 iOS 开发者中心的界面中，如果之前读者存在苹果开发者的账号，就可以直接登录。否则，需要注册一个新的账号。注册的过程只需一个邮箱，然后通过邮件进行确认。在注册的过程中需要填写一些与账号有关的信息，如联系地址、通信方式等。这些内容读者可以根据自己的情况如实填写。在成功获得了 iOS 开发者账号后，读者就可以免费下载一些与 iOS 开发相关的工具以及文档，这些内容都是免费。不过如果想要将程序运行在 iOS 设备之上，以及将制作完成的游戏产品提交至 App Store，则需要购买 iOS 开发者计划。

3.1.2　购买开发者计划

在本章节的开始已经为读者介绍了苹果开发者计划的价格。无论读者是想要购买个人计划还是公司计划，它们的价钱都是一样的，每年 99 美元。此时，读者最好有一张能够支付美元的信用卡，因为接下来我们将要介绍购买开发者计划的步骤。

在获得了苹果开发者账号之后，请登录 iOS Dev Center，将会看到图 3-3 所示的界面。

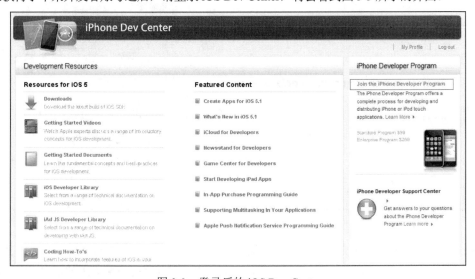

图 3-3　登录后的 iOS Dev Center

在图 3-3 的左侧，读者可以下载最新版本的 iOS SDK，其中包含诸多的开发工具。至于这些开发工具的安装以及使用方法将会是下个章节将要介绍的内容。不过为了节省时间，此时读者不妨先将它们下载下来。在图 3-3 的右侧，用红色框体标选出了接下来需要单击的内容，这就是申请加入 iOS 开发者计划。在单击此链接之后，将会跳转到图 3-4 所示的界面。

图 3-4　申请开发者计划界面

图 3-4 就是加入 iOS 开发者计划的界面。在界面下面描述了通常开发者的工作流程。首先，制作应用程序；然后，进行测试；最后，提交 App Store 上架销售。在单击了 Enroll Now 按钮后，还会有几个页面的介绍信息。这些内容界面读者可以直接单击继续，它们就是对开发者计划进行了简单的广告描述。在图 3-5 所示的界面中，需要进行选择。

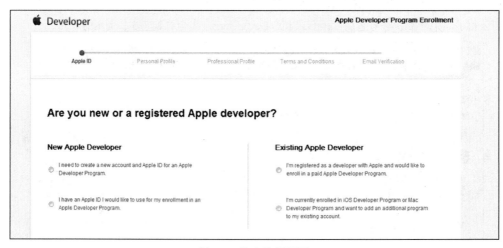

图 3-5　账户选择界面

在图 3-5 所示的界面当中有 4 个选项。左侧的为新的账户注册，右侧为使用已存在的苹果开发者账户。因为在 3.1.1 节中我们刚刚注册了新的账户，所以此时就选择右侧靠上的选项，而下面的选项则是用来添加新的开发计划时所使用的。然后单击继续，完成接下来的申请过程。

在图 3-6 所示的界面中，需要读者选择使用哪种开发者计划。虽然它们的价钱一样，但是也存在区别。左边的为个人开发者计划，右边的为公司开发者计划。

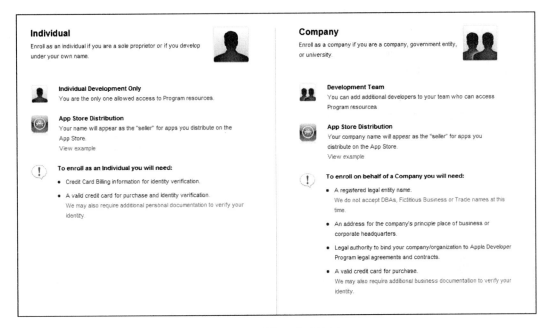

图 3-6　选择开发者计划

在选择要注册个人还是公司账户之前，先来熟悉一下两者在使用上的区别。首先，无论是申请为个人还是企业，在开发者完成应用程序制作后，在 App Store 中上架时都会显示出销售者的信息。如果为个人则是个人开发者的名字，如果为公司则是公司的名称。

- Individual（个人）：适合单独的个人开发者，即开发、调试、发布、管理等权限集于一身。如果读者确实是一个人的话，那就请选择个人开发者。然后在接下来的注册时需要提供个人身份认证以及信用卡信息。
- Company（公司）：适合公司性质的开发者。在此账户中可为开发者团队添加或者删除成员，彼此之间可以共享项目资源。公司开发者计划可以同时具备多个账户，但只有最高权限的人才能够发布应用程序。另外，公司注册账户需要提供合法的公司或组织名称。有些约束贵公司的任何有法律效力的协议，将会出现在注册的过程中或开发的过程中。注册者需要为苹果公司提供的商务文档包括（但不仅限于此）公司章程、运营执照等，作为身份验证过程的一部分。

接下来，我们将会以公司注册方式来为读者进行介绍，主要是因为公司注册的过程中涵盖了个人注册的全部内容，而只介绍个人开发者计划的话，将会忽略一些内容。如果两种都介绍，则会出现许多重复的内容。综上所述，接下来的内容将会按照 Company（公司）开发者计划进行介绍。

3.1.3　申请公司开发者计划

在选择了公司开发者计划之后，将会进入完善用户信息界面。主要是因为在之前注册苹果开发者时，一些与支付以及账单相关的信息并未填写，因此需要在图 3-7 所示的界面中补充。首先强调一点，在接下来的申请过程中，所有需要填写的内容都要使用英文来完成。

在图 3-7 所示的界面中，读者需要输入相关的信息。首先，需要记住之前苹果开发者的账号，并且账户密码需要符合如下几点：

- 至少包含一个大写字母。
- 至少包含一个阿拉伯数字。
- 不允许出现 3 个重复的字母。
- 不允许与账户名相同。
- 至少为 8 个字母长度。

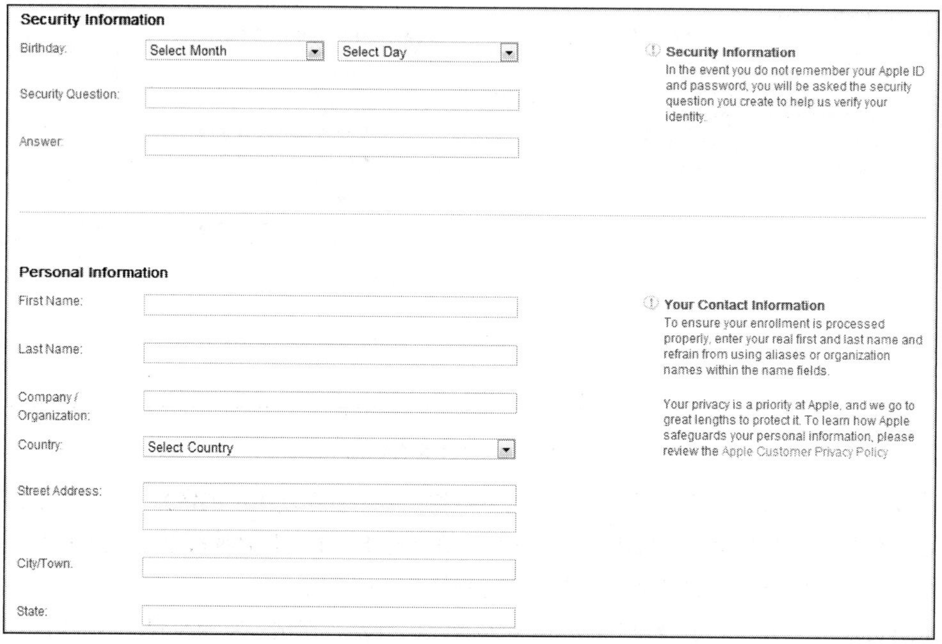

图 3-7 完善个人信息

然后填写密码找回的信息，记得使用英文来完成。在个人信息界面中，读者可以按照表 3-2 所示的内容来填写。

表 3-2 个人信息栏目

Personal Information	个人信息
First Name:	名字
Last Name:	姓氏
Email Address:	电子邮箱
Company / Organization:	公司英文名称
Country:	国家
Street Address:	地址
City/Town:	所在城市
State:	所在省区
Postal Code:	邮编
Phone:	电话，格式为：86-区号-电话号码

　　在读者按照表 3-2 中的内容填写完成之后，单击下一步，就会进入提问回答的界面。在这些界面当中，读者要根据实际的开发情况来进行选择。

　　首先需要选择的是开发者制作的应用程序所针对的是苹果公司的哪个平台，如图 3-8 所示。

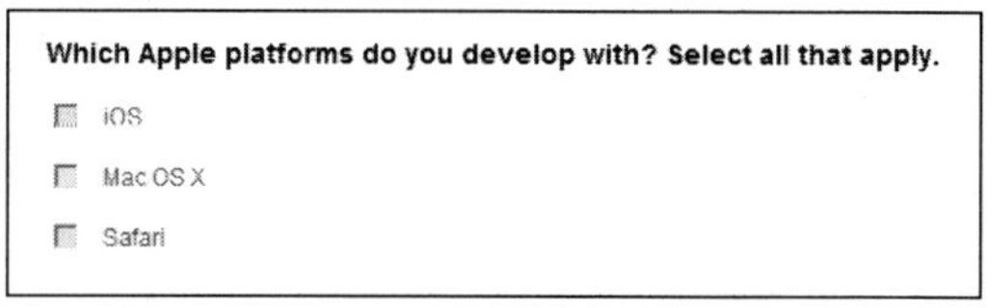

图 3-8　开发的平台

　　读者需要选择在哪个苹果平台上开发，也可以选择全部要申请的平台。其中包括 iOS 平台、Mac OS 操作系统以及苹果 Safari 浏览器。

　　接下来，需要选择为应用程序主要涉及的领域或者面向的市场是什么，如图 3-9 所示。

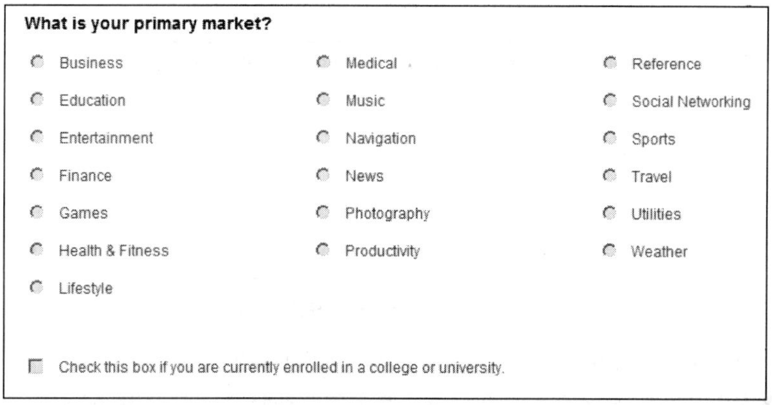

图 3-9　应用程序主要领域

　　图 3-9 所示的内容只能进行单选。毫无疑问，读者此时需要勾选游戏开发。如果开发者最初为高校注册，请勾选最后的选择框。然后，在接下来的界面当中，读者可以选择将要开发应用程序的类型，如图 3-10 所示。

图 3-10　将要发布的应用程序类型

　　勾选图 3-10 所示的内容，此处的应用程序分类是完全按照 App Store 中的分类而来的。读者也不用担心将来业务的扩展会涉及一些没有勾选的领域。这里所填写的信息只是苹果公司对于开发者信息的统计，并不作为开发者计划的预定。读者可以依据表 3-3 所示的内容来进行勾选。

表3-3 应用程序种类

英　文	中　文	英　文	中　文	英　文	中　文
Business	商务	Medical	医疗	Reference	参考
Education	教育	Music	音乐	SocialNetwork	社交网络
Entertainment	娱乐	Navigation	导航	Sports	体育
Finance	金融	News	新闻	Travel	旅行
Games	游戏	Photography	摄影	Utilities	实用程序
Health&Fitness	医疗健康	Productivity	生产	Weather	天气
Lifestyle	生活方式				

表3-3同时可以作为对 App Store 中应用程序的分类介绍，读者将来发布应用程序时，就可以参考上述类型。在明确了计划开发哪类或哪几类应用程序之后，单击继续，就会进入下一个界面，读者需要选择开发者的应用程序的基本类型，如图 3-11 所示。

图 3-11 应用程序的基本类型

图 3-11 展示了 4 种应用程序类型。按照从上到下的顺序，分别为免费应用、商业应用、公司内部应用以及网络应用。在接下来的选择界面中，读者需要选择一些与开发经验有关的内容。比如从事苹果平台应用开发的年限，以及是否开发其他平台应用程序等信息。具体内容如图 3-12 所示。

How many years have you been developing on Apple platforms?

- ⦿ New to Apple platforms
- ○ < 1 year
- ○ 1 to 3 years
- ○ 3 to 5 years
- ○ 5+ years

Do you develop on other mobile platforms?

- ⦿ Yes
- ○ No

Which other mobile platforms do you develop on? Select all that apply

- ☑ Android
- ☐ BREW
- ☐ Symbian
- ☐ BlackBerry
- ☐ Palm
- ☐ Windows Mobile
- ☐ Other

图 3-12 开发者经验

读者只需如实填写图 3-12 所示的内容即可。至此，我们就完成了所有需要补充和填写账户信息。在此之后，开发者需要确认法律协议。然后在图 3-13 所示的界面中填写电子邮箱地址。苹果公司在审核信息之后，将会发送包含密匙的邮件。

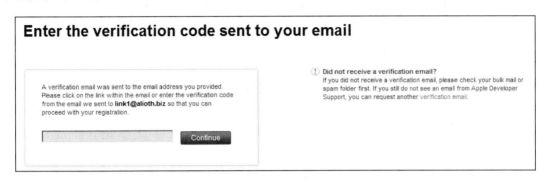

图 3-13　申请邮箱

在收到邮件之后，读者可以按照邮件中的链接以及密匙来激活账号。

3.1.4　认证信息

经过前面的内容，我们已经成功地申请了开发者计划。在收到苹果公司的确认邮件之后，开发者就可以提交相关的认证信息以及支付费用。开发者可以直接单击邮件中的链接来继续完成申请开发者计划的步骤。

读者将会看到图 3-14 所示的界面，在此界面中开发者需要填写与公司有关的信息。读者需要留意，如果申请的为个人开发者计划则不会遇到此界面。此处仍然需要使用英文进行填写。首先为公司的合法实体名称，然后选择合法实体类型，接下来需要填写的内容为公司的联系方式。在确认后，将会跳转到图 3-15 所示的界面。

图 3-14　填写公司信息

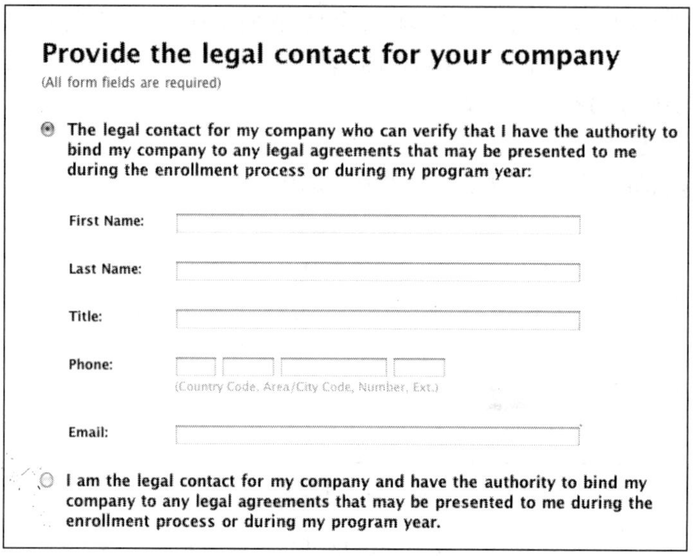

Provide the legal contact for your company
(All form fields are required)

◉ The legal contact for my company who can verify that I have the authority to bind my company to any legal agreements that may be presented to me during the enrollment process or during my program year:

First Name:

Last Name:

Title:

Phone:
(Country Code, Area/City Code, Number, Ext.)

Email:

○ I am the legal contact for my company and have the authority to bind my company to any legal agreements that may be presented to me during the enrollment process or during my program year.

图 3-15　公司代表人信息

在图 3-15 中，开发者需要填写公司合法代表人的联系信息。若申请人有权代表公司，直接选择第二项。此时需要注意，一定要填写公司注册营业执照上的法人名称。在正确地填写了上述信息之后，将会进入一个二次确认界面。此时开发者可以检查之前填写的信息是否正确。当一切都没有问题之后，单击“确认”按钮提交。之后，邮箱就会收到一封邮件，其中包含开发者的注册信息以及注册成功的消息。在邮件当中有一个非常重要的信息，那就是 Enrollment ID，请开发者一定要记住。苹果公司大概需要 5 个工作日来审核相关的申请信息。

之后，开发者将会收到要求提交认证信息的邮件。此时开发者需要将之前的 Enrollment ID、Follow-Up ID 以及企业的营业执照复印件发送给苹果公司。前两个信息可以从注册成功的邮件中获得，而企业营业执照需要提供打印以及电子复印版本。同时，如果营业执照上公司的名字为中文的话，开发者还需要一份加盖公章的公司英文名字证明，然后将上述材料以传真的方式发送到+1-408-974-7683，再以邮件的方式发送到 chinadev@asia.apple.com。接下来继续等待苹果公司的审核以及反馈。如果很长时间没有消息，可以拨打苹果中国 4006 701 855（Mon-Fri, 09:00-17:00 SGT）服务电话，来督促以及查询申请的进度。

在收到来自苹果公司要求付款的邮件后，登录 iOS 开发者中心，下载付款申请文件 purchase form.pdf。在此文件中，开发者需要填写如下信息。

- Program（类型）：选 iOS Developer Program Standard USD$99*。
- Enrollment ID（申请 ID）：如实填写。
- Person ID（开发者 ID）：如实填写。
- Full Name（全名）：如实填写。
- Email（邮件）：如实填写。
- Phone（电话）：如实填写。

在填写上述信息之后，填写开发者的信用卡信息。

- 选择信用卡类型。

- Credit card number：信用卡号。
- Expiration date：有效期。
- CVV/CVC2 Code：卡背面的三位验证码。
- Name on card：信用卡账号人名称，填写拼音，必须与信用卡一致。
- Cardholder Signature：先不填写，因为此处需要亲笔签名。在完成了其他资料后，将此文档打印出来，然后手写与信用卡一样的签名。最后通过扫描传真给苹果公司，然后发送一份电子附件到 chinadev，并打电话给苹果中国告知已传真支付信息（purchase form）过去，让他们帮忙快速处理一下。直到信用卡的扣费成功后，我们就具备了一个合格的 iOS 平台开发者资格。

3.2　苹果公司提供的服务

经过前面所介绍的开发者计划申请步骤，此时读者最好已经获得了完善的资格。毕竟开发者向苹果公司支付了每年 99 美元的费用，此时就要体验一下苹果公司带来的服务。使用已经支付成功的开发者账号，登录 iOS 开发者中心。接下来的内容，将会依然以企业账户为例进行介绍。与个人账户相比，除了一些基本的使用以及设置方法之外，企业账户包含了更多内容。比如接下来要介绍的多账户管理，就是只有企业账户才有的内容。

在开发者登录了 iOS 开发者中心后，可以在网站界面的右侧看到图 3-16 所示的按钮。

在看到图 3-16 所示的界面时，单击 iOS Provisioning Portal 按钮将会进入图 3-17 所示的界面。

图 3-16　登录开发者计划

图 3-17　开发者管理中心

在图 3-17 所示的界面当中，开发者可以设置 iOS 平台开发相关的信息。此处主要是用来制作测试以及发布的证书、绑定开发者用户开发的设备以及生成测试或者发布的授权文件。在图 3-7 所示的界面当中，在左侧的菜单栏中包含了此网站的所有功能。按照从上到下的顺序，依次为主界面、证书界面、设备、应用程序 ID、授权文件以及发布证书。此界面将会是开发者使用苹果公司服务的主要操作界面，在此只介绍其中的部分功能。随着本书所介绍知识的深入，读者将会再次见到此界面，然后逐渐掌握每一个选项所提供的功能以及服务。此界面为开发者独立的设置界面。由于之前我们申请的是公司开发者计划，因此苹果公司还提供了一个开发者管理中心。在此管理中心中，开发者可以管理公司其他开发者的账号。单击 Member Center 按钮进入开发者管理中心，如图 3-18 所示。

图 3-18   开发者管理中心

在图 3-18 所示的开发者管理中心中，读者可以看到公司开发者的账户分为 4 种类型，不同类型代表了不同的权限。开发者可以分为 4 个权限：Agent、Admin、Member 和 No Access。

- Agent 权限，为超级管理员，公司代理人。此类型只有一个，并且在申请时自动创建。不可更改、删除，除非被取消了公司开发者资格。此类型可以管理其他开发者以及提交应用程序至 App Store。
- Admin 权限，为管理员，可以管理其他开发者的申请，添加测试设备以及管理团队证书。
- Member 权限，为普通开发者，只能下载证书以及使用授权文件。
- No Access 权限，没有相应的权限。

在开发者管理中心，开发者可以添加其他开发者、管理证书以及授权文件。一旦拥有了合格的开发者资格之后，接下来就是制作证书以及授权文件。只有适合上述两个条件之后，开发者才能够在 iOS 设备当中运行应用程序。

3.3   制作授权证书

苹果公司的封闭就体现如此。它通过开发者的授权证书作为限制，使得那些没有充足资金购买开发者计划的人被拒之门外。如果读者想要在 iOS 设备中运行开发的应用程序，就必须制作授权证书。证书的制作过程分为 3 步：首先，制作开发者证书；其次，添加 iOS 设备 ID；最后，制作授权文件。除非 iOS 用户从 App Store 下载应用程序，否则使用授权证书就是唯一的途径。下面让我们来逐步地制作授权证书。

3.3.1   生成本地证书

前面已经说过了开发者要想让应用程序在真实的 iOS 设备上调试，首先要在苹果网站上注册成为苹果开发者，然后花费 99 美元购买一种开发者计划。在具备了合格的开发者资格后，就要创建证书请求 CSR 文件。在 Mac 的应用程序中找到钥匙串访问（Keychain Access）工具，运行它，然后在其菜单栏中选择偏好设置，将会弹出图 3-19 所示的界面。

图 3-19   钥匙串偏好设置

在偏好设置当中，选择"证书"设置分页，然后设置 OCSP 和 CRL 为关闭状态。在关闭保存了当前设置之后，再次从菜单栏中选择"证书助理（Certificate Assistant）"→"从证书代理请求证书（Request a Certificate From a Certificate Authority）"，如图 3-20 所示。

图 3-20　制作本地证书

在按照图 3-20 所示进行选择之后，将会弹出图 3-21 所示的界面，在其中需要输入注册苹果开发者计划时填写的账户 E-mail 地址以及用户名。

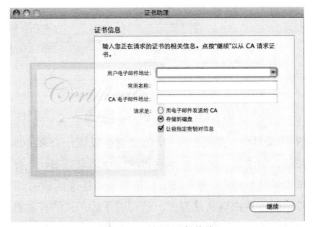

图 3-21　填写证书信息

除了图 3-21 中未填写的内容之外，其他设置读者需要与图中所示一致。选择"存储到磁盘"单选按钮，勾选"让我指定密匙对信息（Let me specify key pair information）"复选框，然后选择保存路径，再在弹出的界面中设置密匙对信息，如图 3-22 所示。

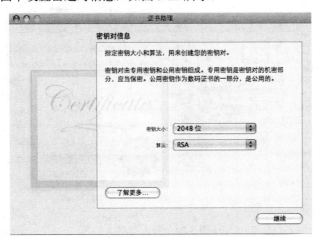

图 3-22　密匙对信息

设置完成后，单击"继续"按钮，用来请求的本地证书创建成功。此证书中包含了本地计算机以及开发者账号的信息。稍后，我们会将此证书提交至 iOS 开发者中心，用来获取开发者证书。

3.3.2 提交证书

刚刚我们已经获得了一个包含 Mac 以及开发者账号信息的请求证书，接下来登录 iOS Provisioning Portal。如果读者此时忘记了如何登录此网站界面，可以回到 3.2 节查看图 3-17。在 iOS Provisioning Portal 界面当中，在左侧的菜单栏中选择 Certificates 证书按钮，网站就会跳转到图 3-23 所示的界面。

图 3-23　Certificates 证书界面

图 3-23 所示就是证书申请界面。在此界面中，读者将会发现一个 Request Certificate 按钮，这就是用来提交请求证书的按钮。单击后，选择刚刚获得的本地请求证书，在提交完成后，将会通过邮件通知开发者中心的管理者以及代理人，他们将会批准开发者提交的证书。在请求证书被获准以后，提交开发者将会收到邮件。随后再次登录此界面，就可以下载正式的开发者证书了。在此界面中，读者还需要下载一个 WWDR 证书，它是作为 iOS 设备开发必需的数字证书。单击图 3-23 中的 click here to download now 链接就可以下载得到此证书。

在从网站中下载了开发者证书之后，读者只需在 Mac 中双击证书文件，它就会自动加载至系统中，如图 3-24 所示。

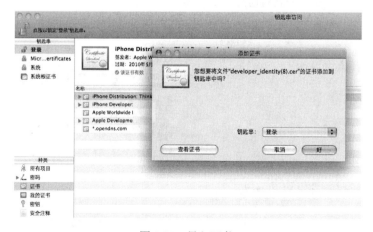

图 3-24　导入证书

图 3-24 所示的同样是钥匙串访问（Key Chain）界面，在此界面中开发者可以管理 Mac 中的开发者证书。除了刚刚获得的苹果开发者证书之外，读者还需要安装一个 WWDR 的证书。

现在我们已经获得了合法的证书文件，接下来就是将 iOS 设备加入到测试设备当中。

3.3.3　添加测试设备

首先，每一台 iOS 设备都存在一个唯一的标识号码，此号码被称为 UUID。开发者可以通过 Xcode 或者 iTunes 来获得 iOS 设备中的 UUID。将准备拿来测试的 iOS 设备连接至 Mac，读者将会看到图 3-25 所示的内容。

图 3-25　iOS 设备属性

在图 3-25 所示的内容中，Identifier 一行显示的字符就是此 iOS 设备的 UUID，复制后返回 iOS Provisioning Portal 界面，在左侧菜单中选择 Devices，将刚刚获得的 iOS 设备 UUID 添加到图 3-26 所示的界面中。

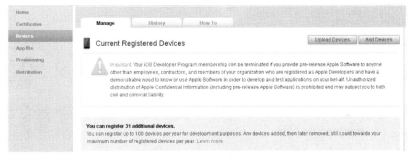

图 3-26　测试设备界面

在图 3-26 的右上角有两个按钮，都是用来添加测试 iOS 设备的，它们的区别在于一个是通过文件来添加多个设备，另一个则是逐个添加。无论是个人还是公司的开发者账号，都只能添加 100 台 iOS 设备。在单击 Add Devices 按钮之后，开发者需要填入一个 iOS 设备名称及其 UUID，如图 3-27 所示。

图 3-27　填入 iOS 测试设备

在开发者填入了 iOS 设备由 40 位十六进制码组成的 UUID 之后，单击右下角的 Submit 按钮。至此，我们就完成了 iOS 测试设备的添加。

3.3.4　创建 App ID

在此之前，我们制作了一个开发者证书，添加了一台 iOS 设备，接下来要做的就是创建一个通用的 App ID。App ID 就是开发者将要制作应用程序的名字，此名字需要采用 DNS 的命名方式，也就是类似 com.domain.appname 的格式。在名字中，允许开发者使用"*"和"？"通配符。此名字将用来标识开发者制作的应用程序。创建应用程序，需要指定程序的 ID，在网站上创建一个 APP ID，此 App ID 可以是针对一个或者多个应用程序。

在 iOS Provisioning Portal 界面中，首先在左侧菜单栏中选择 App IDs，然后单击 New App ID 按钮来创建一个新的应用程序 ID，如图 3-28 所示。

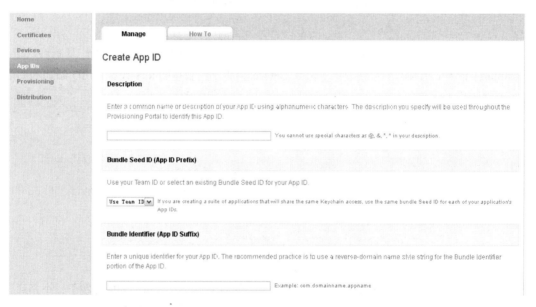

图 3-28　创建应用程序 ID

在图 3-28 所示的界面中，填入需要创建的 App ID 信息，其中包括 App ID 的描述、Bundle Seed ID 以及 App ID 的名称。注意在 App ID 名称的最后一位可以使用通配符，以便让此 App ID 可以对应多个应用程序文件。在填写完成后，单击 Submit 按钮。

3.3.5　生成授权文件

至此，我们已经完成了许多测试应用程序的准备工作。我们创建了开发者证书、添加了 iOS 测试设备、创建了 App ID，这一切工作都是为了能够将开发的应用程序在 iOS 设备中进行测试。接下来，我们就要利用上面完成的工作来生成一个授权文件，此文件包括上述内容：开发者证书、iOS 设备以及 App ID。它将会被安装在 iOS 设备、Xcode 以及 iTunes 中，以便达到测试的目的。具体流程如图 3-29 所示。

图 3-29　真机测试准备工作的流程

图 3-29 所示的就是开发者在真实的 iOS 测试设备的正常流程。按照本章节内容的顺序，我们已经完成第一步：准备了开发者证书、设备 ID 以及 App ID，接下来就要进行第二步。在 iOS Provisioning Portal 界面，首先在左侧菜单栏中选择 Provisioning，然后单击右上角的 New Profile 按钮来创建一个新的授权文件。在弹出的图 3-30 所示的界面当中，选择授权文件需要的内容。

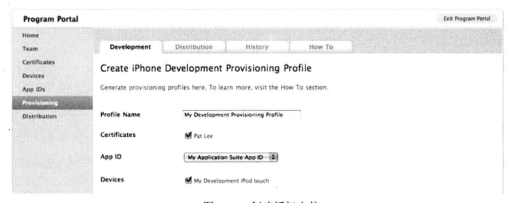

图 3-30　创建授权文件

图 3-30 所示就是创建授权文件的界面，在此界面中开发者需要填写授权文件的名称，然后选择授权文件包含的内容。具体内容为此授权文件使用的开发者、针对的应用程序 ID 以及用于测试的设备。这就是苹果公司用于控制 iOS 平台开发的利器。只有具备了一个完善信息的授权文件，开发者才有可能将应用程序安装至 iOS 设备当中。苹果公司采用此方式出于安全考虑，却为开发者带来不少烦琐的操作。无论如何，经过逐步的工作我们已经完成了所有游戏开发的前期准备。

3.4　小　　结

本章节的内容延续了上一个章节，我们依然在为开发之前做准备。上个章节为读者介绍了用于运行的 iOS 设备，而本章节则是介绍要想让应用程序能够运行在 iOS 设备之上需要做哪些准备。如果读者按照本章节的顺序，应该已经花费了 99 美元吧。这笔提前支付的开发者费用，可以看成是游戏制作的动力。为了保证至少不赔钱，读者也要通过制作游戏产品来赚回成本。苹果公司的真机测试流程是笔者见过的最复杂的一种，所以我们才用了整个章节来为读者介绍如何制作一个能够在真实的 iOS 设备当中使用的授权证书。下面就让我们来回顾一下在本章节中是如何一步步来制作授权证书的。

要想成为 iOS 平台的开发者，首先要成为苹果开发者。苹果开发者可以在其官方网站上免费注册。只需一个邮箱，就可以成为苹果开发者，然后就可以登录 iOS 开发者中心。在 iOS 开发者中心的界面中，开发者可以下载最新的 iOS SDK 开发工具包。同时，网站页面中还提供了许多技术指南帮助开发者学习。如果读者英文不错的话，可以看一看，这将会对阅读后续内容有很大的帮助。其实，如果读者不打算在真实的 iOS 设备上运行应用程序，也没有向 App Store 提交商品的计划，那么到此步就可以停止了。读者大可以下载一些 iOS SDK 开发工具，然后将其安装在 Mac 中。最后，可以利用 iPhone 模拟器来运行一些编写的应用程序。

不过，如果读者还想在真实的 iOS 设备中运行自己编写的应用程序，并且将此应用程序面向全球出售的话，就要进行接下来的内容。苹果公司为 iOS 开发者提供了一些开发者计划，一共存在 4 种方式：个人开发者计划、公司开发者计划、企业开发者计划以及免费教学开发者计划。经过介绍后，适合于读者的只有个人或者公司开发者计划，这两种方式都需要每年支付 99 美元的费用才能够使用。为了成功申请上述两种开发者计划，我们带领读者逐步完成了申请的过程以及填写了信息，在此进行简单的归纳。首先，读者需要使用苹果开发者账号来申请一个 iOS 开发者计划。在此次申请的过程中，需要填写申请开发者计划的类型、个人信息、开发者经验调查以及针对的产品领域。上述操作都是在 iOS 开发者中心完成的。

然后在开发者通过邮件确认了信息之后，就进入了认证信息阶段。在此阶段中，需要继续完善申请信息，其中包括了公司计划中的相关企业信息。在苹果公司确认了申请信息之后，将通过邮件为开发者发送确认信息。此时开发者根据邮件中的内容，通过传真和邮件两种方式向苹果公司提供申请相关信息的证明文件，其中包括企业的营业执照以及信用卡信息。在所有上述填写的信息中，开发者都要使用英文来完成，唯一可以使用中文的地方就是信用卡的签名。

在信用卡成功扣费之后，读者就正式具备了 iOS 平台应用程序开发的权利。

至此我们才刚刚获得了开发者资格，接下来还需要为在真机测试应用程序做一系列的准备。苹果公司出于安全以及封闭等因素的考虑，如果开发者想要在 iOS 设备中测试应用程序，则需要将所有的相关设备以及开发者进行绑定，这也就是我们最后希望得到的授权文件。首先，创建一个包含 Mac 信息的开发者证书；其次，输入用于测试的 iOS 设备 UUID；最后，创建将用来测试的 App ID。在具备了上述 3 个内容之后，开发者就可以制作授权文件（Provision File）了。上述的开发前的准备工作，几乎都是在苹果公司的门户网站 iOS Provisioning Portal 中完成的。作为最后的结果，读者将会获得一个开发者证书以及一个授权文件。这两个文件将会是继续本章节后续内容的必要条件。原因很简单，因为没有它们开发者将无法在 iOS 设备中运行应用程序。

经过如此烦琐的注册以及申请过程，总算是将所有前期的准备工作完成了。在接下来的一章中，我们将会进入 iOS 平台开发的基础内容。首先介绍的是如何搭建一个 iOS 平台的开发环境，然后为读者讲解 iOS 程序项目的组成。

第 4 章　iOS 平台开发环境

在本章节中，我们将会介绍如何搭建 iOS 开发环境，以及 iOS 应用程序开发中一些经常使用的工具。在使用 Xcode 来创建第一个工程项目之后，会将此实例项目部署在 iOS 设备上运行。这些工作都要依据前两个章节中我们所做的准备。在第 2 章和第 3 章中，我们为 iOS 平台开发做好了充足的准备，而此时读者手中应该已经具备一些 iOS 平台开发所需的内容。

本章节可以被看成是 iOS 平台开发的入门介绍的最后内容了。在本书的一开始，读者首先需要了解 iOS 平台开发的技术，然后才会接触到游戏开发技术。这是一个循序渐进、逐渐深入的过程。欲速则不达，尤其是在基础阶段，读者更是要牢固掌握这些知识，它们将会奠定为良好的基石。这将为以后读者理解更高深、更复杂的技术内容提供支持，帮助我们稳健地走上 iOS 平台游戏开发者的道路。

4.1　准 备 工 作

在开始搭建 iOS 环境之前，读者需要具备以下的内容，才能够继续后续的章节。

首先，至少要拥有一台 iOS 设备。无论是 iPhone 或者 iPod touch，还是 iPad，都是可以被用来测试的设备。当然，iOS 设备所承载的系统版本也无关紧要，更无须在乎是借来的还是买来的，只要是能够正常使用的 iOS 设备就可以。这是为了将来测试应用程序而做的准备。虽然在开发的过程中可以使用 iPhone 模拟器来替代真机，但其并不能完全取代真实 iOS 设备的测试效果。不过读者需要留意的是，山寨的 iOS 设备不能拿来测试，所以还请多加留意。我们已经在第 2 章中介绍了苹果公司所有的 iOS 设备，读者可以依据掌握的知识来选择一台适合的 iOS 设备。

其次，需要拥有一个 iOS 开发者资格。究其原因，主要在于苹果公司的开发体系。由于苹果公司对于 iOS 平台的限制，使得开发者不得不花费 99 美元来购买一个开发者资格。虽然也可以通过一些破解技术手段将应用程序部署在 iOS 设备之上，但是就算如此，开发者也不能将应用程序提交到 App Store。所以要想成为 iOS 平台的开发者，别无他法，只能缴纳苹果开发者计划的年费。在第 3 章中为读者介绍了申请以及支付的过程。在获得了合法的开发者资格之后，就需要制作一个授权文件。此文件的制作过程是非常烦琐的，想必读者已经在第 3 章中领略了授权文件制作的过程，在此就不再叙述。此时读者应该已经拥有了一个经过认证的开发者证书以及绑定了证书、设备、应用程序的授权证书。

最后，建立 iOS 开发环境所需的就是开发工具包。在登录 iOS 开发者中心后，读者将会看到图 4-1 所示的下载界面。

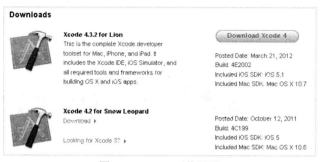

图 4-1　Xcode 下载界面

针对不同的 Mac OS 版本，Xcode 也发布了不同的版本，读者此时需要根据 Mac 的操作系统来选择适用的 Xcode 版本进行下载。Xcode 工具开发包中包含了 iOS SDK 以及其他用于 iOS 平台的开发工具。Mac OS 10.6.8 Snow Leopard 的系统版本需要下载 Xcode 4.2，而采用最新的 Mac OS 10.7 Lion 以上的操作系统版本则需要下载 Xcode 4.3.2。上述的两个 Xcode 版本都可以免费下载，容量为 1.4GB 左右，其中包含了 Xcode IDE、iOS SDK、iPhone 模拟器以及 Mac 或者 iOS 程序框架。由于需要从苹果网站下载，所以下载过程视网络状况而定，但至少需要一小时以上。另外，如果是非苹果注册开发者的话，也可以从 Mac App Store 中下载，但需要支付 4.99 美元。

4.2　iOS 开发环境介绍

经过前面的介绍，读者已经将所需内容准备齐全了，那么就可以开始继续本章节的内容了。接下来，我们将会使用 Xcode 4.2 以及 iOS SDK 5.0 作为 iOS 环境搭建的示范。安装 Xcode 的过程十分简单，这与在 Mac 中安装其他软件一样轻松，读者只需双击下载得到的 Xcode 安装文件。

图 4-2 所示为 Xcode 和 iOS SDK 安装成功之后的界面。在安装的过程中，需要关闭 Safari 以及 iTunes 软件。开发者可以选择安装路径，否则将会使用默认的 Developer 安装路径。笔者建议不要更改 Xcode 安装路径，否则将会影响后续章节的介绍内容。

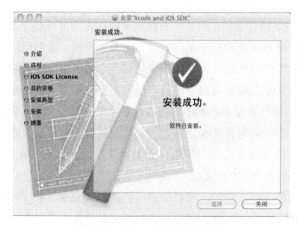

图 4-2　Xcode 安装成功界面

至此，我们就完成了 iOS 开发环境的搭建。不过至于具体安装了哪些开发工具，读者可能还是一知半解。Xcode 是苹果公司的开发工具套件，它可用于管理工程、编辑代码、构建可执行文件、进行源码级调试、进行源代码仓库管理、进行性能调节等。套件的核心是 Xcode 应用程序本身，它用于提供基本的源代码开发环境。但是 Xcode 并非唯一可以使用的工具，下面的章节将会介绍开发 iOS 应用程序将会使用到的关键应用程序。

4.2.1　Xcode 介绍

经过前面的步骤，我们已经将 iOS 开发环境安装完成了。Xcode 工具将会是读者今后使用最频繁的工具，在整个 iOS 应用程序开发的过程中，它也发挥着最大的作用。所以它理应成为我们介绍的第一个开发工具。

Xcode 是一个强大的专业开发工具。开发者将会通过简单、快速而且熟悉的方式执行绝大多数常见的软件开发任务。相对于创建单一类型的应用程序所需要的能力而言，Xcode 要强大得多，它的设计目的是使开发者可以创建任何想像得到的软件产品类型，从 Cocoa 及 Carbon 应用程序，到内核扩展及 Spotlight 导入器等各种开发任务，Xcode 都能完成。换句话说，Xcode 与其他集成开发工具相比，能够支持开发多种类型的应用程序。比如大家熟知的 Windows 开发工具 Visual Studio 只能被用来制作 Windows 应用程序。而 Xcode 则更加自由随意，能够支持多种开发语言以及编程模式。在 Xcode 当中，开发者可以使用 C、C++、Fortran、Objective-C、Objective-C++、Java、AppleScript、Python 以及 Ruby，还提供 Cocoa、Carbon 以及 Java 等编程模式。另外，协力厂商更提供了 GNU Pascal、Free Pascal、Ada、C Sharp、Perl、Haskell 和 D 语言。Xcode 套件使用 GDB 作为其后台调试工具。Xcode 独具特色的用户界面可以帮助开发者以各种不同的方式来漫游工程中的代码，并且使开发者可以访问工具箱下面的大量功能，包括 GCC、javac、jikes 和 GDB，这些功能都是制作软件产品需要的。它是一个由专业人员设计的，又由专业人员使用的工具。

由于能力出众，Xcode 已经被 Mac 开发者社区广为采纳。而且随着苹果电脑向基于 Intel 的 Macintosh 迁移，转向 Xcode 变得比以往任何时候更加重要。这是因为使用 Xcode 可以创建通用的二进制代码，这里所说的通用二进制代码是一种可以把 Power PC 和 Intel 架构下的本地代码同时放到一个程序包的执行文件格式。事实上，对于还没有采用 Xcode 的开发人员，转向 Xcode 是将应用程序连编为通用二进制代码的第一个必要的步骤。Xcode 并不仅仅被用来开发 iOS 平台的应用程序，甚至它的产生要早于 iOS 平台。它最早推出时是针对 Mac 系统的开发工具，从 Xcode 3.1 开始附带 iOS SDK，作为 iOS 的开发环境。

无论开发者是已经有一定 Xcode 经验的开发者，还是刚刚开始迁移的新用户，都需要对 Xcode 的用户界面及如何用 Xcode 组织软件工程有一些理解，这样才能真正高效地使用这个工具。这种理解可以大大加深开发者对隐藏在 Xcode 背后的哲学的认识，并帮助开发者更好地使用 Xcode。

Xcode 作为一个集成开发环境（IDE），读者关于 iOS 平台的开发经验积累将主要集中于此。从创建及管理 iOS 工程和源文件到将源代码链编成可执行文件，并在设备上运行代码或者在 iPhone 模拟器上调试代码所需的各种工具，皆包含其中。总之，Xcode 将这一系列的功能整合在一起，可以让 iOS 应用程序开发变得更加容易。

如果开发者想创建一个新的 iOS 应用程序，则需先在 Xcode 中创建一个新的工程，所有和应用程序相关的信息，包括源文件、链编设置以及将所有这些事物集成在一起的规则都由该工程管理。Xcode 工程的中心部分是一个工程窗口，如图 4-3 所示。

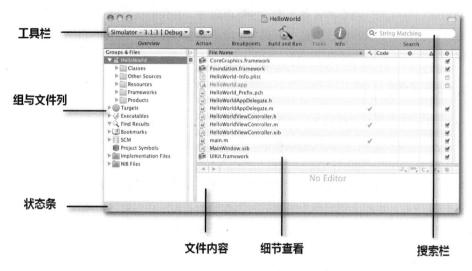

图 4-3　Xcode 工作环境

图 4-3 所示的就是 Xcode 工具的开发界面。读者需要注意图 4-3 所示为 3.2 以前的版本，如果读者使用的是 Xcode 4.0 以后的版本将会略有差异，不过图 4-3 所标识的部分仍然存在。在 Xcode 的工作界面当中为开发者提供了快速访问应用程序中资源以及代码的方式。在组与文件列表中，将很多不同类型的信息封装在一个简洁的界面上，开发者可以对工程文件（包括源文件以及由源文件生成的链编目标）进行管理。从图 4-3 中，读者可以看到，所有的源文件引用都在一个工程项目当中。这也正是 Xcode 的项目管理方式。开发者可以展开工程中的每个分支，看看它们是如何组织在一起的。

工具栏可以访问常用的工具和命令，其中包含了运行以及编译命令。细节查看面板则可以配置出一块区域用于对文件进行各种操作，如编写代码或者修改配置文件。查找栏则可以方便、快速地查找文件或者资源。工程窗口的状态条提供了一些工程上下文信息。

4.2.2　Interface Builder 介绍

Interface Builder，简称为 IB，是一个用户界面设计工具。它能够以所见即所得的方式让开发者编辑用户界面。通过 Interface Builder，开发者可以把事先配置好的组件拖动到应用程序窗口，并最终编辑出应用程序的用户界面。其操作的界面如图 4-4 所示。

图 4-4 所示的就是 InterFace Builder 界面。需要强调的一点是，在 Xcode 4.0 中，Interface Builde 已彻底整合至 Xcode IDE，而不再是独立的应用程序，这主要是为了让开发者能够在单窗口完成所有操作。图 4-4 就是 Xcode 4.0 的操作界面。在此读者可以与图 4-3 进行对比，这两张图正好是新旧两个版本的界面。在图 4-4 中标出了工具栏、状态栏、组与文件列表以及功能区，这些都属于 Xcode 的工作界面。与旧版的 Xcode 3.2 相比，除了在界面布局上有所变化之外，还加入了新的导航栏，这主要是为了让开发者不用切换窗口就可以完成所有操作。

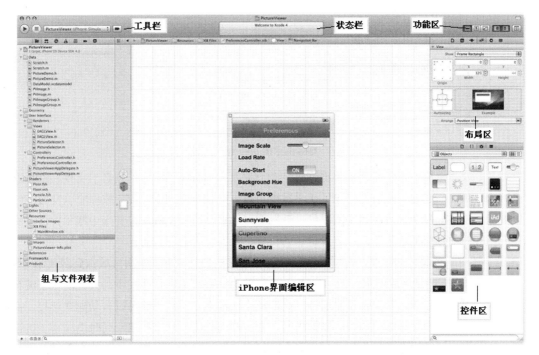

图 4-4　Interface Builder 界面

图 4-5 所示的顶部工具栏就是 Xcode 4.0 中新增的导航器，它包括一个工程文件列表、已排序的符号、一个居中的搜索界面、正在跟踪的问题、带有可压缩栈记录的调试数据、激活及未及激活的断点，以及一些可以长期保存的日志。通过这些导航器将多个操作界面联合在一起，用户便可对工程的内容以及搜索结果进行实时过滤，这样就可以把精力集中于当前的任务。

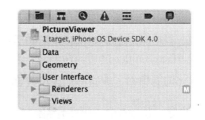

图 4-5　Xcode 当中的导航器

言归正传，我们继续介绍 Xcode 4.0 中整合的 Interface Builder。图 4-4 所示的组件区以及 iOS 界面编辑器都属于 Interface Builder 的工作界面。这里所说的组件既包括标准系统控件，如切换控件、文本字段及按键，也包括一些定制视图（用于表现应用程序特有的外观）。将控件放在界面编辑区的表面后，开发者还可以拽着它在四周移动，为其寻找合适的位置。同时，开发者可以使用 inspector 配置组件属性，并在对象和代码之间建立正确关联。当用户界面达到要求后，开发者可以将这些界面的内容保存到.nib 文件。这是一种 iOS 系统中定制的资源文件格式，专门用来表示界面的布局。

开发者在 Interface Builder 创建的.nib 文件包含 UIKit 在运行时为应用程序重建对象所需的一切信息。在加载.nib 文件的时候，系统会为保存在文件中的每个对象创建一份运行时版本，然后再对其进行配置，使之和 Interface Builder 中的状态保持一致。另外，系统还将根据开发者指定的关联信息为新建对象和应用程序已有对象建立关联。这些关联可以为代码提供指向.nib 文件包含的对象的指针，同时也为这些对象与代码中的用户动作进行通信提供必要信息。下面为读者简单介绍一下 Interface Builder 的使用方法，如图 4-6 所示。

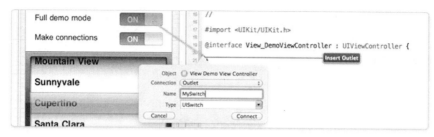

图 4-6　Interface Builder 使用方法

　　首先，开发者选取一份工程中的界面文件，也就是那些以.nib/.xib 为扩展名的文件，然后就能打开 Xcode 的 IB 编辑器，然后在右侧的工具区就可以看到整个界面观察器、控件库以及 UI 对象。在开发 Mac OS X 或者 iOS 应用程序的时候，开发者可以直接通过鼠标从控件库中拖出控件，将之放置在应用程序的编辑界面之上，并可设定它的位置，从而实现程序的布局。

　　IB 当中还有一个绝佳的功能，那就是开发者可以直接把控件从界面编辑区域拖到源代码区域，以此来建立代码与控件之间的连接。在 Xcode 4.0 新型的分隔式编辑器布局中，大大简化了编写和链接变量或者方法的工作，开发者只要通过鼠标拖动控件到现有的代码就可以自动建立连接。换句话说，只需开发者一个手势即可搞定。比如当开发者在界面摆放了一个按钮，同时也编写了按钮单击后的执行代码，只需通过鼠标将控件与代码之间建立连接，就可以发挥此按钮的作用了。

　　如果还没有编写连接所需要的代码，Xcode 将会为开发者创建一个新的变量或者动作。只要将连接拖动至源文件的空白区域，Xcode 就能生成相应代码。

　　总而言之，在创建应用程序用户界面的时候，使用 Interface Builder 可以节省大量的时间。使用 Interface Builder 之后，在创建、配置及摆放界面对象的时候就无须编写定制代码，因为它是一种可视化的编辑器，编辑时所见的界面即运行时所得。

4.2.3　Instruments 介绍

　　Instruments 是一款用来检测以及分析应用程序的工具。为确保软件具有最佳的用户体验，在 iOS 应用程序运行于模拟器或设备上时，开发者可以利用 Instruments 环境分析其开发的应用程序性能。Instruments 被开发者称为内存泄漏的杀手。Instruments 会收集应用程序运行的数据，并以时间线方式展现数据。它可以采集应用程序数据，包括应用程序内存使用情况、磁盘活动、网络活动以及图形性能。时间线视图可以同时显示不同类型的信息，这样，开发者就可以把整个应用程序的行为相互关联起来，而非仅看到某一特定方面的行为。开发者利用这些采集的信息，可以轻易而且直观地看到应用程序中存在的问题。发现和修改问题并不是开发中最有趣的部分，不过当读者真的做了这些后，结果是非常有益处的。Instruments 对于开发者的应用程序提供了线性的跟踪，帮助读者跟踪那些关心的程序中任何一部分内容。

　　从图 4-7 中我们就能看出 Instruments 所发挥的作用。它好比一个中转机制，可在应用程序与运行设备之间检测应用程序的运行状态。Instruments 中已经包含了以下 6 类分析工具。

- 用户事件：追踪用户交互动作的精确事件，如鼠标单击等。
- CPU 和进程：监视系统活动、采样、负载图表和线程。
- 内存：跟踪垃圾回收、对象分配和泄露。

- 文件活动：监视磁盘活动，读写和文件锁。
- 网络活动：衡量并记录网络流量。
- 图形：解释 OpenGL 驱动的内在工作。

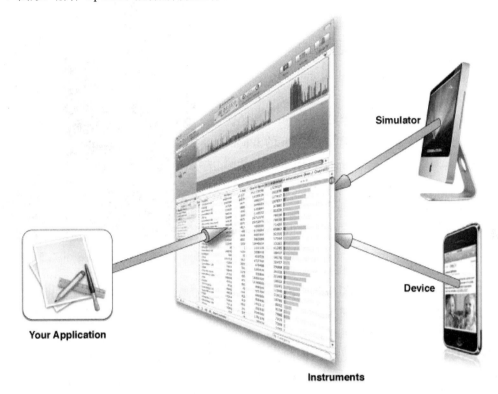

图 4-7　Instruments 的作用

除了时间线视图，Instruments 还提供了一些工具帮助开发者对不同时间的应用程序行为进行分析。举个例子，Instruments 窗口允许开发者将多次运行的数据保存起来，这样开发者就可以看到应用程序的行为是否确实有所改善，或仍需调整。开发者也可以把这些数据保存在一份 Instruments 文档中以备随时查看。

4.2.4　iPhone 模拟器

iPhone 模拟器是一款开发 iOS 平台的应用程序才会用到的工具。它是由 iOS SDK 提供的运行于 Mac 之上的应用软件。由于其只是一个运行在 Mac 上的软件，所以完全不具备 iOS 设备的硬件规则。但是，一旦开发者使用过 iPhone 模拟器，就一定会爱上它。它使得开发者的工作轻松了许多，因为无须将 iOS 设备通过 USB 连接 Mac，开发者也能够使用它替代真实的 iOS 设备来测试应用程序。

图 4-8 所示的正是 iPhone 模拟器，读者可以看出此应用程序的运行界面与真实的 iPhone 设备几乎没有差异。不仅如此，它还能够模拟 iPhone 4 Retain 屏幕以及 iPad。当然，iPhone 模拟器也允许开发者调试游戏产品。无论从用户界面、运行性能，还是操作方式、数据操作来看，都可以通过模拟的 iPhone 设备来完成一些基本的测试。模拟器可以运行大部分 iPhone 以及 iPad 应用程序，但是

它不支持一些硬件相关的功能。与真实的 iOS 设备相比，iPhone 模拟器具有以下优点：

- 比真实的设备要快上很多。
- 拥有足够的内存，其实为 Mac。
- 网络连接更加通畅。
- 拥有一个更大的显示屏幕。
- 不需要通过 iTunes 来同步。
- 触碰操作更加准确。

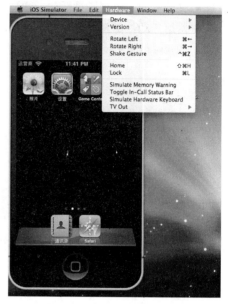

图 4-8　iPhone 模拟器

事物都具有两面性，iPhone 模拟器虽然有上述的优点，但也同时存在一些限制。基于 Macintosh 的 iPhone 模拟器的每个发布版在技术上都有持续的进步。虽然如此，模拟器也存在一些限制。在使用模拟器进行测试时，开发者必须予以考虑。

从软件兼容性到硬件，模拟器接近于实际设备的性能，但是不完全相同，其相似度大约有 60%。首先，模拟器使用了很多 Mac OS 当中的框架和库，并提供了一些 iOS 设备未实际提供的特性。那些在模拟器上能完美运行并通过所有调试的应用程序，在 iOS 设备上却可能无法运行或者崩溃。对此读者不用感到奇怪，这也正是模拟器无法替代真实 iOS 设备的原因所在。所以对于任何应用程序，不能仅使用模拟器调试后便认为它可以在 iOS 设备上完美地运行。

另外，模拟器还丧失了很多硬件特性。例如不能用模拟器来测试内置摄像头和加速计的反馈。虽然模拟器可以使用内置的紧急运动传感器（紧急运动观感器常用于笔记本电脑），但是并不适合用来测试 iOS 平台。这主要是因为读取来自 Mac 设备的感应器数据的方式不同于 iOS 设备，对于开发或者测试并不实用。同时，模拟器还不能振动，也不能提供多点触控输入，其位置信息也被固定在加利福尼亚的苹果公司总部的经纬坐标上。从软件的角度来看，模拟器上没有提供基本的密钥链（Key Chain）安全系统，它也不能注册一个应用程序来接受推送通知（Push Notification）。这些组件的缺失意味着所有使用此类型功能的应用程序部署到模拟器上时，只能以受限的方式来使用或者进行测试。

模拟器与设备之间的另一个不同点就是音频系统。模拟器上没有实现音频会话的功能。虽然多数 Mac 存在用于会话的多媒体硬件，如声卡以及麦克风，但是为了让模拟器借用麦克风来实现会话功能，就需要非常复杂的工作，因此模拟器的会话功能被取消。即时有些地方模拟器模拟了 iOS API，但是行为上仍然有所偏差。毕竟模拟器只是基于 Mac OS X Cocoa 框架来模拟 iOS 设备，并不具备真实的硬件或者软件环境。不过，这并不是告诉读者模拟器就变得毫无作用，对于测试应用程序也没有意义。在模拟器上测试程序比较便捷而且快速，通常比将编译好的应用程序传送到 iOS 设备上快得多。

Xcode 能够自动将已经编译完成的应用程序安装到模拟器之中。同时，借助于模拟器，开发者已经可以对一些 iOS 设备进行操作了。比如通过旋转虚拟设备来测试旋转，可以产生仿真的内存警告；还可以测试用户交互界面，就像用户在接听手机一样。在模拟器上测试文本处理要容易得多，因为可以使用键盘，这样可以简化一些重复的文本输入，如输入应用程序用于连接到网络的用户名和密码。

最后要说的是，模拟器有利有弊。使用模拟器可以方便测试，但并不意味着可以绕过实际的设备测试。借助 iOS 设备模拟器，可以在 Mac 上使用很多用户在实际设备上执行的操作来测试应用程序。由于 Mac 不是基于触摸的手持设备，所以必须使用菜单、快捷键和鼠标来通过模拟器执行这些任务。下面就介绍一些操作 iPhone 模拟器的方式。

- 改变设备：开发者可以从菜单栏中选择不同的硬件设备，其中包括了 iPhone 以及 iPhone Retain 和 iPad 的模拟器。
- 更改 iOS 版本：从菜单栏中可以选择不同的 iOS 操作系统。模拟器允许在不同版本的 iPhone 操作系统中测试应用程序。
- 旋转设备：在菜单栏中选择旋转模拟器。
- 晃动设备：Shake Gesture 使用移动事件来模拟晃动，读者需要注意这并不是模拟加速感应器的操作。
- Home 按钮：单击模拟器上的 Home 按钮，或者在菜单栏中选择。
- 锁住设备：此操作等同于用户按下 iPhone 设备顶部的"锁定"按钮。
- 单击或者双击：与用户在 iOS 设备的触屏操作一样，只是此时开发者使用的不是手指，而是鼠标进行操作。
- 拖动、快速划动和轻点：开发者同样可以使用鼠标在模拟器界面完成这些动作。
- 用双指缩小或者放大：按下并按住键盘上的 Option 按键。当出现两个点时，拖动它们，分别表示靠近或者远离。
- 发送运行的应用程序低内存警告：开发者可以通过菜单按键来发送一个虚拟的应用程序低内存警告。这是一个非常重要的功能，它可以使开发者看到游戏产品在真实 iOS 设备中一些潜在的问题。
- 通话状态：在 iPhone 设备中，可以在通话的同时运行应用程序。通话期间，屏幕顶端会显示通话中的图标。而开发者可以通过菜单来模拟电话。这也是在实际生活中用户会经常遇到的现象。
- 模拟键盘：将电脑的硬件键盘用于模拟器，开发者可以使用键盘来输入文字。

上述关于 iPhone 模拟器的操作内容，读者都可以通过图 4-8 所示的菜单栏中找到对应的选项。至此，我们已经介绍了模拟器的优缺点。在今后的游戏开发工作当中，读者将会经常使用它。为此，接下来讲述一下模拟器运行的原理。

由于模拟器在 Mac 上运行，所以 Xcode 针对 Intel 芯片来编译模拟的应用程序。用户的应用程序基本上在 Mac 本地的模拟器中运行，并使用了一组基于 Intel 的框架。它们反映了通过 iPhone OS 安装到实际设备上的框架。这些框架的模拟器版本位于 Xcode developer 目录中。

```
/Developer/Platforms/iPhoneSimulator.platform/Developer/SDKs/iPhoneSimulato
r3.0.sdk/System/Library
```

运行在模拟器当中的每个应用程序都被存储在一个单独的沙盒之中。沙盒的名字是随机的，使用一个唯一的代码来进行标识。在 iOS 3.0 之前，一个沙盒文件通常伴随着一个沙盒文件夹。它使用与.sb 文件相同的名称，并存储与该文件关联的许可。从 iOS 3.0 开始，这些扩展名为.sb 的沙盒许可文件似乎不再使用。在过去，为了与他人共享编译后的模拟器应用程序，必须同时提供文件夹和.sb 文件，而现在只需要压缩文件夹就可以在电脑之间共享。每个沙盒都隐藏了它所托管的应用程序，所以必须深入内部才能看到实际的东西。在内部可以看到应用程序束（扩展名为.app）、一个 Documents 文件夹、一个 Library 文件夹和一个 / tmp 文件夹。运行时，每个应用程序只能访问上述这些本地文件夹。如果想删除这些应用程序文件夹，同时就会将模拟器中的应用程序删除。开发者可以在模拟器没有运行时直接删除文件，或者按照 iOS 设备的删除方式——在模拟器上一直按压直到界面图标开始抖动。iPhone 用户一定非常熟悉这种删除应用程序的方法。按住任意图标数秒后，应用程序图标就开始晃动。进入编辑模式后，便可以移动图标，或者按角落处的 X 图标删除应用程序及其数据。按住 Home 键将会退出此编辑模式。另外，还可以通过选择 iPhone 设备当中的 Reset Contents and Settings 删除所有应用程序及其数据。虽然应用程序不能访问用户库文件，但是开发者可以。如果要编辑模拟器的库，文件存储在 Application Support 文件夹中的 iPhone Simulator/User/Libraray 文件夹中。例如通过编辑库，可以测试使用地址薄功能的应用程序。开发者可以将不同地址簿的.sqlitedb 文件加载到 Library/AddressBook 中，用少数或者很多联系人来测试代码。

最后，开发者可以通过代码来检测当前运行设备是否为模拟器。开发者可以通过下面的宏定义在代码中区分运行应用程序的设备 TARGET_IPHONE_SIMULATOR 和 TARGET_OS_IPHONE。具体代码如下：

```
#if TARGET_IPHONE_SIMULATOR
//模拟器测试
#else
//真机测试
#endif
```

4.3 Xcode 工程介绍

在 Xcode 中的所有活动，从文件的创建和编辑，到应用程序的连编和调试，都是围绕着工程来进行的。Xcode 工程对创建软件产品需要用到的文件和资源进行组织，并使开发者可以对其进行访问。无论开发者创建的是什么样的产品，Xcode 都会为开发者管理 3 种类型的信息。

- 源文件的引用：包含源代码、图像、本地化的字符串文件、数据模型以及更多的信息。
- 目标：定义要制作的产品。目标将制作产品需要的文件和指令组织为一个可以执行的连编动作序列。
- 执行环境：开发者可以在这个环境中运行和测试软件产品。执行环境定义了运行产品时使用的程序。在很多情况下，这个程序就是产品的本身，但是不一定是这样。另外，执行环境还可以定义命令行参数和需要用到的环境变量。

Xcode 广泛适用于各种不同规模的软件产品的开发，小到 iPhone 上的游戏，大至企业级的解决方案。Xcode 应用程序是 Xcode 工具集的主要组件。它在流线化、可交互的用户界面中集成了软件开发过程中所要用到的绝大部分工具。上述 Xcode 工程中的 3 个元素，将按图 4-9 所示的方式关联在一起。

图 4-9 Xcode 工程关系

图 4-9 中展示了 Xcode 工程中如何使用源文件，然后按照目标（Target）的编译方式，在执行环境中运行应用程序的过程。当开发者执行编译和运行命令（Command-R）时，Xcode 会对指定的目标进行处理，该目标则执行一系列对源代码进行操作的动作，并最终生成一个产品（Product）。然后，Xcode 就用当前活动的执行环境来运行该产品。

通过 Xcode 编译以及链接应用程序的时候，开发者可将其指向 iPhone 模拟器或 iOS 设备。模拟器将会为应用程序测试提供本地环境，开发者可以通过它来测试应用程序是否具有正确行为。当应用程序的基本行为符合预期后，再通过 Xcode 将其编译以及链接到真实的 iOS 设备上，然后在已连接至计算机的 iOS 设备上运行程序。在设备上运行应用程序是最终的测试。在这一测试过程中，Xcode 允许开发者将内建调试器绑定至设备上运行的代码，直接在设备上进行调试。接下来，我们主要利用 Xcode 来创建第一个 iPhone 应用程序，并进行一些基本的调试工作。

4.4　创 建 项 目

接下来我们将演示如何在 Xcode 创建一个简单的 iPhone 应用程序。本文不打算对 iPhone 目前可用的特性做全面介绍，这些内容将会在后续章节中为读者进行详细的介绍。此处只介绍一些 Xcode 使用技术，让读者对基础开发过程有初步了解。所以接下来的内容不是为了创建一个优雅漂亮的应用程序，也不是创建一个精彩丰富的游戏产品，而是为了向读者描述如何使用 Xcode 创建并管理一个工程。在接下来的内容中还会涉及一些 iPhone 开发的基本技术以及项目工程的组成内容介绍。

首先，请读者运行安装完成的 Xcode 项目。在菜单栏中选择 New→New Project 选项，这样就可以创建一个新工程。读者应该会看到一个新的窗口，它和图 4-10 十分相似。

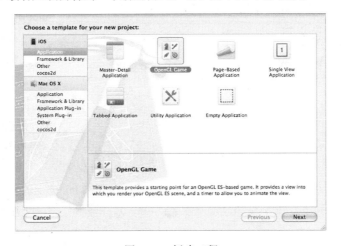

图 4-10　新建工程

在图 4-10 所示的新建工程界面，开发者可以建立许多类型的工程项目。读者需要注意图 4-10 所展示的为 Xcode 4.2 中 iOS 5 所示的工程项目。如果读者使用的是其他版本工具，在界面中将会有少许的内容差异。首先，可以在左侧的条目中选择需要的平台，然后在右侧的界面中选择工程项目的类型。毫无疑问，我们将要创建一个用于运行 iOS 平台游戏产品的项目工程，所以请选择 OpenGL Game 程序项目。此时读者不用担心对于项目工程中的内容完全不懂，因为这并不是本章节要介绍的内容。此时的项目工程只是为了进行简单的 Xcode 项目介绍，并不会就此开始游戏的编码制作。

在选择了合适的项目工程之后，单击 Next 按钮，进入下一个界面，如图 4-11 所示。

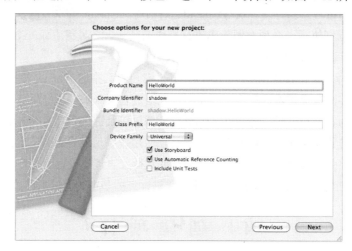

图 4-11　新建工程的属性

在图 4-11 所示的界面中，开发者需要输入一些工程项目的属性。按照从上到下的顺序，依次为工程项目的名称，以及其应用程序的名称。我们为工程添加一个名称：HelloWorld。填写完成上述步骤后，屏幕上会出现一个新的界面，提示选择工程的存储位置，可以将其放在桌面，也可以放在一个定制的工程目录当中。单击"保存"按钮。我们已经将工程命名为 HelloWorld，因此应用程序的委托类就叫做 HelloWorldAppDelegate。如果使用其他名称，则应用程序委托类的名称将为 YourProjectNameAppDelegate。这是在创建工程时由 Xcode 自动完成的内容。

完成上述步骤后，将看到图 4-12 所示的新工程窗口。

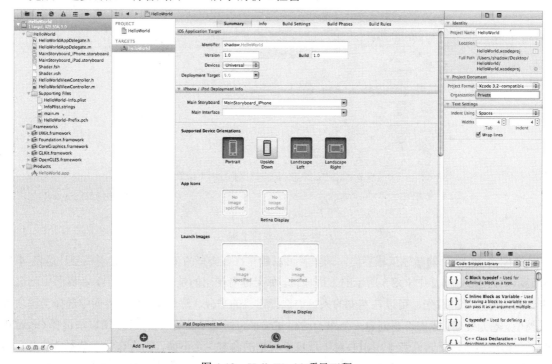

图 4-12　HelloWorld 项目工程

图 4-12 所示的窗口就是 HelloWorld 工程项目的操作界面，今后几乎所有的开发工作都将集中
于此。读者先不要着急来熟悉界面中的功能，在稍候章节将会进行介绍。此时，继续后续的工作。
接着在 Xcode 菜单栏中选择"编译（Build）"，然后选择"编译和运行（Build and Go (Run)）"，或者
直接单击工具栏中的 Build and Go 按钮。

在 Xcode 完成编译以及链接工作之后，iPhone 模拟器就会自动启动，应用程序也会自动运行，
然后读者就会在 iPhone 模拟器中看到 HelloWorld 项目的运行界面。如果读者看到了一个白色的屏幕，
这说明应用程序已经成功运行了，只是在应用程序当中没有任何的界面显示内容。如果希望了解白
色的屏幕从何而来，则读者需先了解应用程序如何启动。最后，退出模拟器。

我们先回到 HelloWorld 工程界面，在左侧的"组与文件列表"当中将会看到形形色色的资源文
件，这些文件都发挥着各自的作用。

4.4.1 工程项目介绍

一项工程包含设计、编译一个或多个产品时用到的元素，包括源代码文件、用户界面设计、
声音、图片，以及框架和库的链接。用 Xocde 创建的最显而易见的软件产品是一个应用程序，
但绝不仅限于此。当我们编译以及链接 iPhone 程序时，Xcode 会将它组织为程序包。程序包是文
件系统中的一个目录，用于将执行代码和相关资源集合在一个地方。iPhone 应用程序包中包含应
用程序的执行文件和应用程序需要用到的所有资源，如应用程序图标、其他图像和本地化内容。
而我们刚刚创建的 HelloWorld 项目只是为了演示，表中列出的一些文件并不是项目工程中必需的，
所以有可能并不会出现在一些应用程序包当中。同样，因为不同的 iOS SDK 版本，也会导致
HelloWorld 项目中的文件以及资源略有不同。限于篇幅，我们不能将所有版本的示例项目都展示

出来。下面将以 iOS SDK 5 为例，为读者讲解 iPhone 项目
工程的基本组成内容。

图 4-13 所示的就是 HelloWorld 工程中所有的文件。在
此图中显示就是 Xcode 工作区当中组与列表区的内容，开发
者将会在此工作区内自由地操作文件。正如前面所说的，此
HelloWorld 工程中包含了一些 iPhone 项目共有的内容以及
几个此项目特有的文件。比如扩展名为 .srotyboard 的文件，
这就是只有 iOS 5.0 才有的布局文件。它是最新版 iOS SDK
用来保存应用程序的布局文件，而之前此类文件的扩展名
为 .nib。另外，Shader.fsh 和 Shader.vsh 也不属于 iPhone 项
目工程中的必备文件，它们是此 HelloWorld 项目为了展示
OpenGL 渲染引擎而提供的数据文件。关于这一点，读者将
会在本书后续章节中加以熟悉。我们已经将 HelloWorld 项
目中一些特有的文件介绍完了，余下的内容就是一般 iPhone
项目工程都会具备的内容。接下来，将通过表 4-1 为读者介
绍这些文件的作用。

图 4-13 HelloWorld 项目组成

表4-1　工程内的文件描述

文件类型	描　　　　述	重要度
HelloWorld	当前项目工程的根结点，在此开发者可以配置工程属性	必需
HelloWorld.app	包含应用程序代码的执行文件，文件名是略去.app 扩展名的应用程序名。这个文件是需要编辑以及链接后生成的	必需
Settings.bundle	设置程序包是一个文件包，用于将应用程序的偏好设置加入到 Settings 程序中。这种程序包中包含一些属性列表和其他资源文件，用于配置和显示用户的偏好设置	可选
main.m	iPhone 应用程序入口文件，应用程序 jaingcong 从这里开始执行	必需
HelloWorldAppDelegate	程序源代码文件，应用程序委托类对象	必需
HelloWorldViewController	程序源代码文件，负责应用程序显示的界面控制器	可选
HelloWorld-Info.plist	这个文件也叫信息属性列表，它是一个定义应用程序键值的属性列表，如程序包 ID、版本号和显示名称	必需
InfoPlist.strings	多语言的配置文件	可选
Frameworks	当前应用程序所使用的程序开发库以及框架	必需
Icon.png	这是个 57×57 像素的图标，显示在设备的 Home 屏幕上，代表用户的应用程序。这个图标不应该包含任何光亮效果，系统会自动加入这些效果	可选
Icon-Settings.png	这是一个 29×29 像素的图标，用于在 Settings 程序中表示用户的应用程序。如果用户的应用程序包含设置程序包，则在 Settings 程序中这个图标会显示在用户的应用程序名的边上。如果用户没有指定这个图标文件，系统将会 Icon.png 文件按比例缩小，然后用做代替文件	可选
MainWindow.nib	这是应用程序的主.nib 文件，包含应用程序启动时装载的默认用户界面对象。典型情况下，这个.nib 文件包含应用程序的主窗口对象和一个应用程序委托对象实例。其他界面对象则或者从其他.nib 文件装载，或者在应用程序中以编程的方式创建	可选
Default.png	这是个 480×320 像素的图像，在应用程序启动的时候显示。系统使用这个文件作为临时的背景，直到应用程序完成窗口和用户界面的装载	可选
iTunesArtwork	这是个 512×512 的图标，用于通过 ad-hoc 方式发布的应用程序。这个图标通常由 App Store 来提供，但是通过 ad-hoc 方式分发的应用程序并不经由 App Store，所以在程序包中必须包含这个文件。iTunes 用这个图标来代表用户的应用程序。如果用户的应用程序在 App Store 上发布，则在这个属性上指定的文件应该和提交到 App Store 的文件保持一致（通常是 JPEG 或 PNG 文件），文件名必须和左边显示的一样，而且不带文件扩展名	可选
en.lproj es.lproj fr.lproj 其他语言的工程目录	本地化资源放在一些子目录下，子目录的名称是 ISO 639-1 定义的语言缩写加上.lproj 扩展名组成的（如 en.lproj、fr.lproj 和 es.lproj 目录分别包含英语、法语和西班牙语的本地化资源）	可选

　　iPhone 应用程序应该是国际化的。程序支持的每一种语言都有一个对应的语言.lproj 文件夹。除了为应用程序提供定制资源的本地化版本之外，开发者还可以本地化应用程序中的文件，如图标（Icon.png）、默认图像（Default.png）和 Settings 图标（Icon-Settings.png），只要将同名文件放到具体语言的工程目录就可以了。然而，即使开发者提供了本地化的版本，也还是应该在应用程序包的最上层包含这些文件的默认版本。当某些本地化版本不存在的时候，系统会使用默认版本。

　　我们已经将 HelloWorld 应用程序运行了，读者应该能够在模拟器当中看到两个进行公转与自转的立方体。至于 HelloWorld 是如何运行起来的，想必此时读者还是一知半解，下面的内容中将会介绍 iPhone 应用程序的运行机制。

4.4.2　iPhone 应用程序运行机制

我们刚刚利用 Xcode 创建的模板工程已设置了基本的应用程序环境。它创建一个应用程序对象，将应用程序和窗口界面连接起来，并同时建立一个运行循环以及其他显示内容等。而上述大部分的工作都开始于 UIApplicationMain 函数。在 main.m 文件中的 main 函数会调用 UIApplicationMain 函数。在 iPhone 的应用程序中，main 函数仅在最小程度上被使用，应用程序运行所需的大多数实际工作由 UIApplicationMain 函数来处理。因此，当开发者在 Xcode 中开始一个新的应用程序工程时，每个工程模板都会提供一个 main 函数的标准实现，该实现和"处理关键的应用程序任务"部分提供的实现是一样的。main 例程只做 3 件事：创建一个自动释放池、调用 UIApplicationMain 函数，以及使用自动释放池。除了少数的例外，读者应该永远不改变这个函数的实现。

```objc
#import <UIKit/UIKit.h>

#import "HelloWorldAppDelegate.h"

int main(int argc, char *argv[])
{
    @autoreleasepool {
        return UIApplicationMain(argc, argv, nil, NSStringFromClass([HelloWorld
        AppDelegate class]));
    }
}
```

上述代码就是 main.m 文件中的内容。该代码中将会通过函数 UIAoolicationMain 创建一个 UIApplicaion 类的实例，同时它会搜索应用程序的 Info.plist 属性列表文件。Info.plist 文件是一部字典，它包含诸如应用程序名称、图标这样的信息。读者可以在列与文件的工作区中查看具体内容。同时，它也包含了应用程序对象应该加载的.nib 文件的名称，该名称由 NSMainNibFile 键指定。.nib 文件含有一份用户界面布局及其他对象的档案。不过，从 iOS SDK 5.0 版本之后，.nib 文件就被 storyboard 所取代了。无论是.nib 文件，还是 storeboard 文件，开发者都可以通过双击工程窗口中的文件打开。Interface Builder 将会运行并打开该文件，进入编辑界面。上述代码中，我们还看到了一个 HellpWorldAppDelegate 类的调用，此类就是 Objective-C 编程语言当中的委托模式。"应用程序委托"，如果读者第一次听到这个名词，对此完全没有概念，也不用心急，因为在本书的后续章节中将会再次进行介绍。

监控应用程序的高级行为是应用程序委托对象的责任，而应用程序委托对象是开发者提供的定制类实例。委托是一种避免对复杂的 UIKit 对象（比如默认的 UIApplication 对象）进行子类化的机制。在这种机制下，开发者可以不进行子类化和方法重载，而是将自己的定制代码放到委托对象中，从而避免对复杂对象进行修改。当开发者感兴趣的事件发生时，复杂对象会将消息发送给开发者定制的委托对象。开发者可以通过这种"挂钩"执行自己的定制代码，实现需要的行为。应用程序的委托对象负责处理几个关键的系统消息。每个 iPhone 应用程序都必须有应用程序委托对象，它可以是开发者希望的任何类的实例，但需要遵循 UIApplicationDelegate 协议。该协议的方法定义了应用程序生命周期中的某些挂钩，开发者可以通过这些方法来实现定制的行为。虽然开发者不需要实现所有的方法，但是每个应用程序委托都应该实现"处理关键的应用程序任务"部分中描述的方法。

委托模式是一个对象周期性地向被指定为其委托的另一个对象发送消息，向其请求输入或者通知某件事情正在发生。该模式可替换类继承来对可复用对象的功能进行扩展。上述代码将要应用到程序中，应用程序对象会向其委托发送消息，通知它主要的启动例程已经完成，并且定制的配置执行的效果就是让为了建立并管理视图，委托会创建一个控制器实例。另外，当用户单击 Return 按钮后，文本字段也会通知它的委托（即所创建的控制器对象）。委托方法通常会集中在一起形成一份协议，一份协议基本上就是一个方法的列表。如果一个类遵循某个协议，则它要保证实现协议所要求的方法（有些方法可选择实现与否）。委托协议规定了一个对象可以发送给委托的所有消息。如果需要进一步了解协议及其在 Objective-C 中的作用，请查看后续章节中有关 Objective-C 编程语言的内容。

应用程序对象在完成启动后会向委托对象发送 applicationDidFinishLaunching:消息。除了上述消息之外，委托对象当中还可以接受许多消息。通常情况下，委托不是自己配置用户接口，而是创建一个视图控制器对象。在示例项目当中也就是 HelloWorldViewController 类。这是一种特定的控制器，它负责管理一个视图。视图控制器遵循"模型—视图—控制器"（MVC）描述的设计模式。然后委托会向视图控制器请求视图。视图对象，也就是应用程序的显示界面，它是由视图控制器根据要求创建的，并将其添加成 iOS 设备窗口中的子视图。

经过上面的介绍，我们已经清楚了 iPhone 应用程序的运行原理以及步骤。不过至此，HelloWorld 应用程序都是在 iPhone 模拟器上部署来运行的。想必此时读者已经准备了一台 iOS 设备，接下来将要使用此设备运行应用程序。

4.5　真机运行以及调试

经过前面的内容，我们已经顺利地建立了一个 HelloWorld 项目。在 iPhone 模拟器当中，此应用程序也能够顺利运行。现在该是在真实的 iOS 设备上运行应用程序的时间了。之前的章节中，我们已经做好了充足的准备。此时读者应该具备了一个开发者证书、一个授权文件、一台 iOS 设备以及一个可以运行的 iPhone 程序项目。

4.5.1　准备证书

让我们先来查看一下证书以及授权文件是否安装正确。在 Xcode 当中，单击右上角的 Organiztion 按钮，读者将会看到图 4-14 所示的界面。

图 4-14　Organiztion 界面

在图 4-14 所示的界面当中，可以看到已经安装的开发者证书以及授权文件。在界面中的上部分为开发者证书，而下部分为授权文件。读者可看到每一个授权文件都是有使用期限的，如果授权文件过期的话，则需要登录苹果网站重新激活。上述两个文件将是把应用程序部署到 iOS 设备的先决条件。如果读者在此界面没有看到任何信息内容的话，则需要重新安装开发者证书以及授权文件。安装的方法十分简单，只需双击下载得到的文件即可。如果在重启 Xcode 之后仍然无法看到对应的内容，读者只好返回第 3 章中重新制作上述两个文件了。

4.5.2　App ID

App ID 对于我们来说已经不再陌生，在第 3 章苹果公司的网站 iOS Provisioning Portal 的界面中曾经创建过 App ID。无论读者当时创建的是唯一的 App ID 名称，还是使用了通配符的名称，此时都需要将 App ID 添加到应用程序当中。在图 4-15 所示的界面中，将以 DNS 域名方式命名的 App ID 填写。

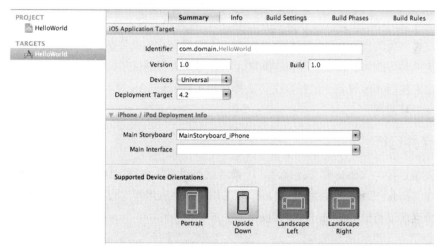

图 4-15　填写 App ID

读者要想看到图 4-15 所示的界面，首先需要在列与文件的工作区中选择项目工程文件，然后在详细操作区中就会看到当前项目工程的配置，最后选择 HelloWorld 目标（Targets）就可以进行编辑操作。在详细工作区中，读者可以看到许多与当前目标有关的属性，其中最为重要的就是 Identifier。此属性所要填写的内容就是之前在苹果网站建立的 App ID。读者最好在此处不要有任何的犹豫，如实填写正确的 App ID。在目标属性当中还包括其他一些配置信息，如当前应用程序的版本、适用平台以及目标 iOS 版本。在 iPhone / iPad 打包信息面板中，开发者也可以选择当前应用程序的视图控制器、图标、开始运行画面等属性。这与直接修改 Info.plist 文件有同样的效果。在正确填写 App ID 之后，剩下的就是部署应用程序至 iOS 设备了。

4.5.3　安装授权文件

此时，读者就可以将 iOS 设备通过 USB 数据线连接到 Mac 了。然后继续返回到 Organiztion 界面当中，此时可以看到图 4-16 所示的界面。

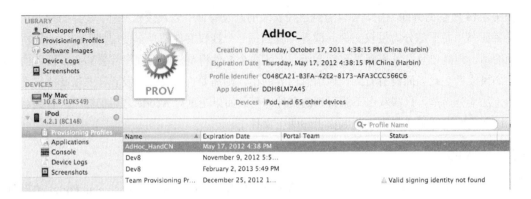

图 4-16　iOS 设备连接

在图 4-16 所示的界面当中，可以看到已经连接的 iOS 设备。当 iOS 设备第一次连接至 Xcode 中用于测试时，首先需要激活 iOS 设备的测试状态。在激活的过程中，Xcode 会收集 iOS 设备信息，其信息就是图 4-16 中所示的内容。在描述界面中，可以看到当前设备安装的应用程序以及授权证书。如果此时并没有所需的授权文件，可以在 LIBRARY 中选择它们来安装。在连接的设备出现绿色指示灯之后，就说明当前 iOS 设备已经没有问题，可以用来进行测试了。在 Organiztion 界面中，除了可以查看当前连接的 iOS 设备中的授权文件之外，也可以看到 iOS 设备中的应用程序、调试信息、设备日志以及屏幕截图。

4.5.4　编译并运行

在 iOS 设备已经与 Xcode 建立连接之后，读者就可以将应用程序运行的环境切换到 iOS 设备。此操作可以在 Xcode 工程界面中完成。最后一项工作就是为应用程序设置正确的开发者证书。此时，读者需要编辑当前项目的 Info.plist。具体操作如图 4-17 所示。

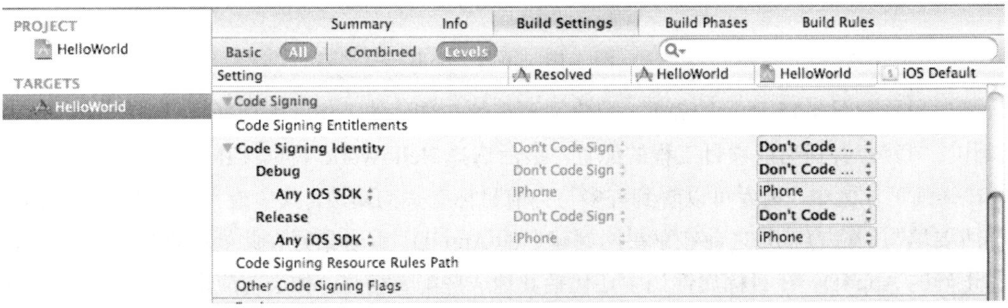

图 4-17　配置应用程序证书

选择编译设置（Build Settings）选项，然后在编译属性中查找代码签名标识（Code Signing Identity）。此时，在对应的测试版本（Debug）和发布版本（Release）中选择正确的开发者账号，然后就可以编译运行 HelloWorld 项目了。

在稍等片刻后，如果读者的 iOS 设备仍然没有执行 HelloWorld 应用程序，那就是某处出现了问题。读者可以在 Xcode 当中查看出错信息。在此强调一点，请读者一定要使用正确的开发者证书、App ID、iOS 设备以及授权证书。只要满足了上述条件，读者开发的应用程序就可以在 iOS 设备上测试了。

4.6 小　　结

至此，读者应该已经将实例项目部署到了 iPhone 模拟器以及 iOS 设备当中。否则，笔者奉劝大家最好返回之前的章节，继续完成此项工作。作为本章节的结尾，这也是本书中介绍 iOS 平台基础知识的完结处，这些基础内容虽然并未包含复杂的程序技术，但是最为基础，显得格外重要。越是简单的内容，越不应该发生错误，在后续章节中也不会再有重叠内容。因此，读者最好熟练掌握前面章节的基础知识。古语说得好，"温故而知新"。作为读者进入 iOS 平台开发的第一步，让我们迈得更稳妥一些吧！下面我们来回顾一下本章节的内容。

"万事俱备，只欠东风。"经过前两个章节的准备，读者已经拥有了开发证书、授权文件以及 iOS 设备。有了上述的准备，那么接下来我们就要求"东风"了。虽然孔明先生的东风来得有些运气成分，但是我们的"东风"是必然要到来的。

首先，建立 iOS 平台的开发环境。苹果公司为众多的 Mac 以及 iOS 系统的开发者提供了一个强大的开发工具 Xcode。今后，读者的游戏制作工作将会以此工具开发为主。除了 Xcode 之外，还介绍了其他一些在应用程序开发过程中所使用的工具。在熟知了各个开发工具的作用之后，读者需要通过一个实例项目亲自实验一下。按照章节中的内容，通过 Xcode 来创建一个 HelloWorld 实例项目。编译并运行此项目，读者只需要单击一个按钮。但此按钮所完成的工作读者还不清楚，因此，我们又继续介绍了 iOS 应用程序的编译以及连接的方式。此时读者应该清楚，一个普通的 iOS 应用程序是从哪里开始以及如何执行的。在明确了上述内容之后，就是将应用程序部署到真实的 iOS 设备之上了。

这也是验证之前准备的内容是否正确的时机。如果读者能够在 iOS 设备之中看到运行的应用程序，这说明读者的运气比孔明先生好多了，否则只能从头再来一次了。

在本章节中的内容，有些与 Objective-C 编程语言或者 iOS 平台应用程序的开发技术相关的内容并没有做出详尽的介绍，读者并不用担心，因为这些内容都将是后续章节介绍的重点。而在此处，为了保证内容的完整性，我们不得不涉及一些后续内容。比如说 HelloWorld 项目中与 OpenGL 渲染器有关的实现技术，这已经远远超越了本章节的范围。好在我们并不需要深究此事。如果读者善于钻研，那也只好赶快开始阅读后续的章节。当本书阅读完成之后，读者重新回顾此章的话，将会发现对于原本高深的技术，我们只是浅尝辄止而已。

下一个章节，就算是进入 iOS 开发的第二阶段了，希望读者能够跟上本书的速度。在已经完善了 iOS 平台的开发环境后，我们也通过实例项目顺利地将应用程序部署到了 iPhone 模拟器以及 iOS 设备，那么接下来的一步就是学习并掌握 Mac 平台上特有的一种编程语言：Objective-C。让我们来掀开 iOS 平台开发的下一个篇章吧！

第 5 章　Objective-C 语言基础

上一个章节中，我们已经顺利建立了 Mac 平台上 iOS 设备的开发环境。随后，我们成功运行了 HelloWorld 实例项目。如果读者之前未曾接触过苹果设备的开发，那么一定会对 HelloWorld 实例项目的代码感到奇怪。在苹果设备上开发应用程序时，开发者并不是使用常见的 Java 或者 C++程序语言，而是 Objective-C 程序语言。它是 C 语言的一个扩展集。从名字来理解，它就是一种面向对象的 C 语言扩展版本。许多使用 Mac OS 或者 iOS 操作系统的设备都是使用 Objective-C 语言来进行开发的。

苹果公司在 Objective-C 语言的基础上，为开发者提供了 Cocoa 程序工具包。它提供了用户界面、数组存储、硬件接口、文件系统等一系列的程序接口。当然，如果想使用 Cocoa 提供的程序接口，则必须首先掌握 Objective-C 程序语言。

本章节我们将全面地介绍 Objective-C 语言的基础知识，它将是读者成为 iPhone 游戏开发者的第一步。只有迈出这坚实的一步，做好充足的准备，读者才能顺利地完成游戏开发之旅。如果读者曾经熟悉某种程序开发语言，那么将会很快地掌握 Objective-C 程序语言，因为它具备了和其他面向对象程序语言相同的特点。

5.1　Objective-C 语言概述

目前，Objective-C 程序语言主要应用于 Mac OS X 和 iOS。这两个操作系统都是运行在苹果公司推出的硬件设备产品之上的，都是基于 NeXTStep 的派生系统。在早期发行的 NeXTStep 和 OpenStep 中，Objective-C 是其基本语言。我们首先来了解一下 Objective-C 语言的历史。

1980 年初，Stepstone 公司的 Brad Cox 和 Tom Love 发明了 Objective-C 程序语言，它的原型是一种叫做 SmallTalk-80 的语言。Objective-C 程序语言主要以 C 语言为基础，这意味着 Objective-C 是在 C 语言的基础上添加了扩展功能后创造出来的能够创建和操作对象的一门新的面向对象程序设计语言。1988 年，NeXT Software 公司获得了 Objective-C 语言的授权，并开发出了一套以 Objective-C 语言为基础的程序库。这个程序库被称为 NeXTStep，其中包括 App Kit 和 Foundation Kit（应用接口和基础框架接口）。随后，开发者提供了 Objective-C 语言对 GCC 编译器的扩展。但是由于失败的市场效应，Objective-C 语言并没有受到开发者的青睐。

1992 年，自由软件基金会的 GNU 开发环境增加了对 Objective-C 的支持。1994 年，NeXT Computer 公司和 Sun 公司联合发布了一个针对 NeXTStep 系统的标准典范，名为 OpenStep。OpenStep 在自由软件基金会的实现名称为 GNUStep。1996 年 12 月 20 日，苹果公司宣布收购 NeXT Software 公司，NeXTStep 与 OpenStep 环境成为苹果操作系统下一个主要发行的操作系统 OS X 的基础。这 个开发环境的版本被苹果公司称为 Cocoa，其中继承了许多程序类和方法。在这里多说一句，众所 周知的苹果公司领军人物 Steve Jobs 正是 NeXT Software 公司的创始人。

时至今日，Objective-C 成为创建 Mac OS X 应用和 iPhone 应用的主要语言。它优雅的面向 对象编程环境与方便快捷的编码方式造就了不俗的表现。它凭借与广泛普及的 C 语言珠联璧合， 吸引了众多开发者投入其中。

Objective-C 语言作为 C 语言的扩展，它严格遵循着 C 语言的语法。这就意味着任何原始的 C 语言程序都可以经由 Objective-C 编译器直接编译的，而无须任何的修改。同时，在开发者使用 Objective-C 语言编写代码时，也可以使用任何原始的 C 语言代码。读者可以将 Objective-C 形象地 理解为覆盖于 C 语言上的一层薄纱。从语言的名称中我们就可以领会它的含义，因为 Objective-C 的原意就是在原始 C 语言主体之上加入了面向对象的特性。Objective-C 的面向对象语法源于 Smalltalk 消息传递风格。所有其他非面向对象的语法，包括变量类型、前处理器（preprocessing）、 流程控制、函数声明与调用皆与 C 语言完全一致。当然，它也具备了和其他面向对象语言一样的抽 象、继承的特性。

5.2　面向对象的基本原理

从 20 世纪 90 年代之后，面向对象就成为了编程语言中非常流行的词语。它是一种软件程序的 编写方式，也是一种概念形式。读者可以把它当成是编写代码时的指导思想。不仅在计算机程序编 程领域，时至今日面向对象的行为理念也早已涉及了更为广阔的领域。

如果读者曾经是一位程序的开发者或者曾经接触过代码编写，多多少少都会对面向对象编程有 所熟悉。面向对象编程（Object-Oriented Programming，OOP）是一种编程技巧，最初是为了编写模 拟程序而开发的。在早期的程序编程中，开发者多是采用面向过程的理念，如 C 语言、BASIC 语言、 Pascal 语言等，在这些编程语言盛行的时候，流行的技术都是面向过程的实现方法。现如今，Java 语言、C++语言、C#语言，还有本章节介绍的 Objective-C 程序语言都是具备了明显的面向对象概念。 读者不要误以为程序语言本身就决定了技术实现的方式，这是一种错误的概念，甚至有一些程序开 发者也持有这样的看法。如果单纯从技术实现来说，C 语言也是可以使用面向对象观念来编写代码 的，只不过使用 C 语言来实现面向对象的编程技术将是一件痛苦的差事，因为原本 C 语言并不是为 面向对象设计的。所以为了能够更直接地诠释面向对象的编程理念，开发者最好选择一种得力的程 序语言。我们将要介绍的 Objective-C 程序语言正是一款专门为实现面向对象的技术而改良的 C 语 言版本。

面向对象编程，第一次听到这个名词的读者可能会感觉陌生，毕竟这是一个专有的计算机术 语，看起来十分神秘而难以理解。实际并非如此，只是有些计算机科学家喜欢创造这些冗长而又 夸张的词汇。为了能够帮助读者明白这个神秘的词语，我们通过一个生活中的例子解释面向对象 的编程理念。

　　衣食住行是人们日常生活中不可或缺的部分，相信每个人都有洗衣服的经历，不论是在家里还是在学校，读者至少见过或者用过洗衣机。早些年的洗衣机都是机械手动控制，而不是现在的全自动电脑控制。不过，在当下一些乡村的百货商店中，还出售一些老式的机械洗衣机，它们是依靠人工控制的。当人们使用机械洗衣机时，首先要在洗衣桶中放入水、衣服和洗衣粉；然后转动计时器，设定洗涤时间；最后将衣服放置到甩干桶，设定甩干时间。这样洗衣服就算完成了。这个洗衣的程序就可以理解为面向过程的。因为在洗涤和甩干的过程中，机器是按照任务的次序来执行的，或者说是按照一次洗衣流程来完成的。而现在家家户户中全自动洗衣机的运转方式大可理解为一种面向对象的概念。我们先来看看全自动的洗衣机是如何工作的。人们只需将衣服和洗衣粉放置洗衣桶，然后在电脑控板上设定数值。单击确定后，它就会自动完成洗衣过程。最后，洗衣机发出报警声会告诉我们衣服已经洗净并甩干完成。

　　经过前面的描述，估计大家都会认可全自动洗衣的便利，这也正是面向对象的好处。因为全自动洗衣机将洗衣和甩干定义为自己的行为，用户只需要提供基本资源（衣服和洗衣粉），设定一系列参数（洗涤和甩干时间），它就可以自动运转，人们并不需要参与或者控制洗衣的过程。相对地，在使用机械洗衣机的过程中，人们还需要手动注水和排水、将衣服放置在甩干桶中等操作。在这个讲究效率的时代，恐怕谁也不愿意眼睁睁地盯着洗衣机浪费时间吧！洗衣机的制造者先将进水、排水、洗涤、甩干等一系列日常中人们洗衣服的行为和工序规范化，将它们建立成为统一的标准洗衣步骤。然后将这些洗衣步骤集中在一台全自动洗衣机内，提供给人们使用。从机械洗衣机到全自动洗衣机的过程，正是运用了面向对象中的抽象与封装的概念。抽象，就是将物体对象的标准统一的行为或者动作抽离出来。封装，则是将抽象后的方法或者行为集中在一个普遍对象当中，隐藏内部属性和细节。正如生活中人们更喜欢选择全自动洗衣机、淘汰老式机械洗衣机一样，现在的程序开发者也更加倾向于面向对象编程。

　　上面通过生活中的例子，为读者引入了面向对象的概念。接下来，我们从程序开发的角度再进行详细的介绍。首先来看下面一段简单的代码。

　　代码 5-1　　打印数字方法 main.c

```
#import <Foundation/Foundation.h>
int main(int argc, const char*argv[])
{
    NSLog(@"打印出数字一到十");
    int i;
    for(i = 1;i <= 5; i++){
        NSLog(@"%d\n",i);
    }
    return (0);
}
```

　　代码 5-1 所显示的程序代码，其实现了一个单一的功能，那就是将数字 1～5 显示在控制台信息当中。在代码中有一个运行 5 次的 for 循环。在循环执行的过程中，通过调用 NSLog()方法来显示每次运行时整型变量 i 的数值。在 Cocoa 许多的类名称中都含有 NS 的名称标头，这正是来源于 NextStep 公司首字母的缩写。图 5-1 所示就是代码运行的效果。

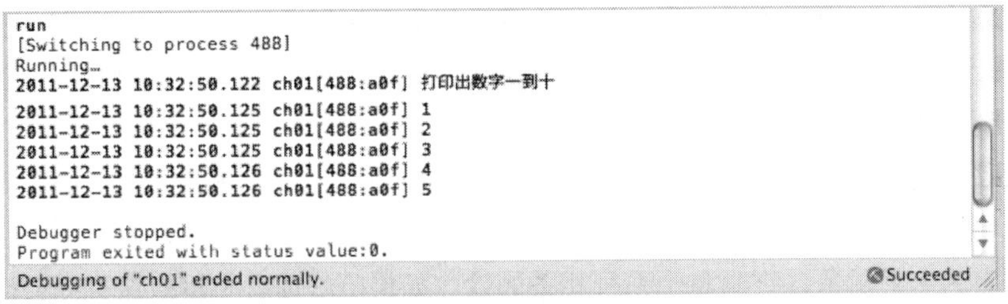

图 5-1　代码运行效果

读者可能并没有发现这段代码的不适之处。试想如果这时我们想要输出 1～100 的数字，该如何修改代码呢？读者可能会想到修改代码中循环的次数。如果需求再一次发生变化,想要输出 1～1 000 的数字呢？一段优秀的代码要具备适应性。所以按照面向对象的法则，我们将打印数字的代码抽象出来，封装为一个独立的方法，见下面的代码 5-2。

代码 5-2　修改后的代码

```
#import <Foundation/Foundation.h>
int main(int argc,  const char*argv[])
{
    NSLog(@"打印出数字一到十");
    printNumber(100);
    return (0);
}
void printNumber(int count)
{
    int i;
        for(i = 1;i <= count; i++){
            NSLog(@"%d\n",i);
        }
}
```

经过代码 5-2 中的修改，当每次需要输出连续的数字时，开发者只需调用方法，传递正确的参数就可以实现效果。我们将不再需要修改方法内部的程序代码。这正是一个鲜明的面向对象概念的表现。读者不要轻易以为已经掌握了面向对象的编程技术，我们只是刚刚开始。面向对象的技术主要在于操作数据，而不在于应对过程的方法。

通过上面的描述，读者已经接触了一些面向对象的基础概念，接下来我们将要感受 Objective-C 作为一门面向对象的编程语言是如何体现其特性的。

5.3　类、对象和方法

对象是面向对象编程的核心概念，也是程序开发者经常会提及的名词。在日常生活,"对象"是生活中男女朋友的代名词，但在计算机程序开发领域的含义较为特殊。对象的概念更接近于我们常说的"事物"。在程序中，对象能够代表一切事物。开发者在编写代码时，习惯于把现实世界的一类事物抽象为一种对象，并思考这种对象应具备的行为。面向对象编程的核心就是将事物抽象为对象。这正是当年 C 语言开发者不曾使用的方法。

　　早期开发者在利用 C 语言编写代码时,多数情况都是首先思考要进行什么工作、完成什么任务,然后才会想到工作或者任务需要的内容。相反,Objective-C 面向对象的编程语言则是首先思考事物是怎样的,它能够提供哪些功能、完成哪些工作。

　　我们继续使用前面洗衣机的例子。从面向对象的编程角度出发,首先要在程序中定义什么是洗衣机,这就是给对象一个描述。请读者思考一下,一台洗衣机具备哪些属性呢?通常在程序中我们会将洗衣机假定为一类对象,它具备一系列相关属性。如果恰好读者家里有这么一台洗衣机对象,不妨看看接下来我们定义的对象属性是否合适。一个洗衣机的对象需要具备出厂日期、制造厂商、容量和耗电量等属性。读者家里的洗衣机应该也具备这些属性的内容,它们就写在说明书上,不是吗?它可能是在 2009 年生产的,可能是海尔制造的等。读者可以从说明书中发现这些明确的信息。但是需要清楚这只是一个特定的对象。按照面向对象的编程语言的法则,读者所拥有的洗衣机属于洗衣机类,它是一个洗衣机类的对象实例。

　　前面这句话中我们提出了两个新的名词:"类"和"实例",它们都是面向对象编程语言的专业术语。"类"是指用程序代码来描述某一类事物的普遍性定义和行为。比如洗衣机,它就可以成为一个命名为 Washer 的类。"类"的概念是一种概括性的泛指,它并不代表某一具体事物,它是描述这一类事物共有的属性和行为的集合。"实例"则是具备了属性内容后的"类"的实例对象,它是一个具体性的特指物体。从程序代码的角度来说,"实例"就是一个具备了具体数据内容的实例对象。

　　我们再来看看在"类"的描述中,是如何定义对象行为的。我们继续使用洗衣机的例子。类的行为通常是指描述事物所提供的功能或者它本身能够完成的作用。我们看一下表 5-1 中罗列的洗衣机类的描述。

表 5-1　洗衣机类的属性和行为

洗衣机类			
属　　性	行　　为	属　　性	行　　为
所有者	洗涤	容积	甩干
制造厂商	进水	耗电量	烘干
生产日期	排水		

　　在表 5-1 中使用了一些基本信息来描述洗衣机类。其中洗衣机所具备的属性在前面已经介绍过了,我们来看洗衣机类中具备的行为:洗涤、进水、排水、甩干、烘干。这些都是日常中洗衣机能够帮助人们完成的工作,在程序代码中开发者把这些行为称为类的方法。从表 5-1 中读者可以看到罗列出的方法,也许会觉得其中有些自家的洗衣机并不具备的功能。这是在类定义中正常并且合理的情况,比如烘干功能就是很多洗衣机不具备的。另外一种可能是当洗衣机的某些部件坏了,导致原本的功能失效,比如甩干或者进水。上述这些情况都属于某个洗衣机特定发生的情况。还记得前面我们介绍的类的含义吗?它是指某一类事物的抽象概念的集合。所以在类的行为描述中,我们需要更多地考虑洗衣机通常会具备的功能,而不是只考虑特殊情况。而那些特定的洗衣机则是类在实例化之后的对象,它们是具备各自的特点的。在哲学领域有一句知名的话:世界上不存在两片完全相同的叶子。同样,在面向对象编程中也是如此。哪怕是同一个工厂、同一个工人制造的,使用的材料几乎一样的两台洗衣机,它们也是两个不同的洗衣机类的实例对象。

　　下面我们来看使用 Objective-C 程序语言如何实现一个洗衣机的类。按照编程语言的规则,一个类的描述通常会被分为两部分:声明和实现。

代码 5-3　洗衣机类的声明

```
#include <Foundation/Foundation.h>
//------类的声明------

@interface Washer:NSObject
    {
        NSString* owner;            //拥有者
        NSString* vendor;           //制造厂商
        int    produceData;         //生产日期
        int    capacity;            //容积
        int    powerConsume;        //耗电量
    }
    -(void) wash:(int) type;        //清洗
    -(BOOL)drain;                   //排水
    -(bool)inflow;                  //进水
    -(void)whirling;                //甩干
    -(void)drying;                  //烘干
    +( Washer*)createWasher;        //创建一台洗衣机
@end
```

　　代码 5-3 就是洗衣机类的声明。它的作用是告诉编译器洗衣机类是如何定义的。这些属性和行为的定义将来会成为对象的内容。根据代码中的注释，我们声明了洗衣机类的描述中所有的属性和方法。

　　定义一个新的类时，必须遵从 Objective-C 程序语言的规则。首先要明确类的名字，比如洗衣机的类名就是 Washer。其次，清楚地告知 Objective-C 编辑器类是来自于何处，也就是需要说明该类的父类是什么，代码 5-3 中 Washer 的父类就是 NSObject。然后，明确将来这个类的对象需要具备哪些属性。这样做的目的在于创建对象时，编译器能够根据属性的数据类型创建合理的内存空间，比如代码中的容积（capacity）、制造厂商（vendor）。最后，还必须定义在处理该类的对象时，将要用到的各种操作或者方法的定义。在代码中，上述工作都是在@interface 与@end 之内完成的，所以通常在 Objective-C 程序语言中定义一个类的通用格式为：

```
@interface 类名: 父类
{
    //对象属性定义
}
//对象方法定义
@end
```

　　上述格式正是 Objective-C 程序语言中声明一个类的标准结构。开发者需要使用 interface 关键字来告诉编译器，这段代码将要声明一个类，其后就是此类的名称，以及它的父类。所谓父类，就是此类是依照哪个类来构建的。读者可以通俗地理解为父类就是当前类的父亲，而当前类则可被称为子类，它将会保留许多父类的特性。按照 Objective-C 程序语言的要求，每一个类必须存在父类。在代码 5-3 中，我们声明洗衣机类的父类为 NSObject。它是一个根（Root）类，换句话来说，它就是所有 Objective-C 程序语言中类的鼻祖或者祖先。我们所设计的洗衣机类具备的所有属性都存在花括号之内，这部分内容被称为成员变量声明部分。此部分指定了哪些类型的数据将要存储在 Washer 类当中，以及这些数据类型的名称。可以看出，在代码中声明洗衣机类属性时，需要遵循特定的格式：

数据类型	成员变量名称

比如第一行用来存储洗衣生产厂商的成员变量，它是被命名为 vendor 的字符串指针。还有存储生产日期的整型变量 produceData。我们将声明洗衣机类所具备的 5 个属性。在每次创建新对象时，将同时会根据类的成员变量声明，创建一组新的实例变量，而且这将是实例对象中唯一的一组。因此，在实际程序代码运行的过程中，如果存在两个洗衣机类的实例对象 A 和 B，它们都将拥有独立的内存空间，用来存储各自的实例变量。这样做的好处是显而易见。每个类的实例对象都具备独立的成员变量，才能保证实例对象自身的特点，同时不会造成它们之间数据的交互和影响。至于Objective-C 程序语言具备了多少数据类型，将会在下面的章节为读者详细介绍。

代码 5-3 余下的部分就是对 Washer 类所具备的行为的声明内容。我们声明了甩干、排水、进水等洗衣机的行为，它们都是 Washer 类的成员方法。因为按照面向对象编程中封装的要求，开发者并不能直接访问类的成员变量，成员方法就成为了开发者操作类对象的途径。我们可以通过这些成员方法来实现对成员变量数据内容的操作。在 Objective-C 语言中，存在两种成员方法：

- 开头为减号（-）的被用来表示此方法是一个实例对象的方法。它是需要通过类的实例对象才能够访问的方法，比如排水方法 drain。
- 开头为加号（+）的被用来表示此方法是类的方法。类方法是对类本身执行某些操作的方法，比如创建一台洗衣机的方法 createWasher。

在编写代码时，开发者首先要通过类的方法来创建一个实例对象，然后通过对象来调用方法执行一些操作，比如进水、甩干等。我们来看看在 Objective-C 程序语言中是如何声明一个方法的。

方法类型（返回值类型）方法名称：(参数类型) 参数名称...；

按照上面的格式我们来详细解读一下 Washer 类中的 wash 清洗方法。首先清洗方法是一个实例对象方法，因为其开头为减号（-）。之后，此方法执行完成后的返回类型为 void，也就是不会返回任何数据。对于存在返回值的方法，在代码程序中将通过 return 方法发送方法的返回数值。然后方法名称定义为 wash。最后，调用方法时需要传递一个整数类型的参数，这个参数表示了清洗衣服时使用的方式。读者可以按照上面介绍的方法声明格式，自己解读一下余下的方法。需要注意的是，对于没有参数的方法声明时并不需要添加参数分割符 "："。

当开发者为类、属性或者方法定义名称时，需要遵循 Objective-C 程序语言命名规则。命名规则十分简单：名称不能使用系统保留字，同时必须以字母或者下画线（_）开始，之后可以是任何的字母（大写或者小写）、下画线或者 0～9 之间的数字组合。除了特定的规则之外，开发者之间还有一些习惯的约定，比如类名的首字母最好使用大写、方法名首字母最好小写等。为了保证读者编写的代码能够被其他人顺畅阅读，最好能够遵从大家普遍认可的名称约定。表 5-2 中列出了一些符合与不符合的命名规则。

表 5-2　命名规则

命名规则			
合　法	不合法	合　法	不合法
abc123	#abc	ABC123	(abc)
Ab1c	1abc	_1A2bc	D12$
aB_c	A abc		

另外一点需要留意的是，在 Objective-C 程序语言中，大小写字母是明确区分的。比如 3 个名称
All、all、ALL 分别代表了 3 个不同的对象。

读者在定义类名、变量名或者方法名时，必须注意名称的合法化，最好使用一些能够反映出变量或者对象本身的名称。这样做的好处十分明显。就好比在代码中添加注释语句一样，具有含义的名称可以提高代码的可读性，方便读者自己或者其他开发者理解程序。我们在将一个类的声明完成后，剩下的部分就是实现类的声明。

代码 5-4　洗衣机类的实现

```
#include "Washer.h"
@implementation Washer:NSObject
    -(void) wash:(int) type
    {
        //清洗
    }
    -(bool)drain
    {
        //排水
        return false;
    }
    -(BOOL)inflow
    {
        //进水
        return NO;
    }
    -(void)whirling
    {
        //甩干
    }
    -(void)drying
    {
        //烘干
    }
    +(Washer*)createWasher
    {
        return nil;
    }
@end
```

代码 5-4 中包含了类 Washer 声明的方法的实际代码内容。在 @interface 中声明，在
@implementation 中实现，这正是一个类的两部分内容。我们已经对类的声明部分做出详细的解释，接下来就是给出声明实际代码的内容了。

```
@implementation 类名
    方法实现
@end
```

上面的代码就是 Objective-C 程序语言中标准的类实现结构。开发者需要使用关键词
implementation，其后紧跟的就是类的名称。类的名称要与类声明中的名称保持一致。至于其是否标

明其父类则是可选的，不过为了提高代码的可读性，推荐读者写出类的父类，这样在类实现部分就可以清楚地知道此类的继承关系。

@implenmentation 与@end 之间的部分就是@interface 中曾经声明每个方法的实现方法。与@interface 类似，开发者需要遵循实现方法的固定模式。首先指定方法的类型、返回类型、名称、返回参数及其类型。然而，与声明部分有所区别的是，开发者并不需要用 ";" 作为结束符。我们需要将实现的代码放入花括号当中。在代码 5-4 中，并没有填写方法的具体执行代码，只是声明和实现了洗衣机类。所以我们就不运行这个空的框架，它的存在只是为了让读者明白 Objective-C 编程语言中类的实现格式。

5.4　Objective-C 的数据类型

每一种开发语言都有一些基本的数据类型，这些基本的数据类型是程序代码运行的基础。每种程序语言的基本数据类型大多一样，但也存在少许的差异。如果读者曾经熟悉一种开发语言，那么在阅读本小节内容时将会十分顺畅。我们已经知道 Objective-C 程序语言是来自 C 语言的扩展，所以在 Objective-C 程序语言中，开发者可以使用 C 语言的基本数据类型。首先来了解一下 C 语言中的基本数据类型，它们同时也是 Objective-C 程序语言的基本数据类型。

5.4.1　基本数据类型

在 5.3 节中，读者已经接触过一些数据类型，比如整型类型 int。我们先来回顾一下 5.3 节的代码。我们曾使用 int 来保存整数类型的数值。整型的数据类型并不能用来存储包含小数位的数据。如果开发者想在代码中存储小数，应该用什么数据类型呢？除了整型类型之外，Objective-C 程序语言中还提供了 float、double 和 char 类型。float 和 double 类型就是用来存储小数的数据类型，只不过前者的精度比后者小，只是其 1/2。最后一个类型 char 是用来存储单字符数据的，如数字 0~9、英文字母或者符号。表 5-3 中罗列了 Objective-C 程序语言中的 4 个基本数据类型。

表 5-3　基本数据类型

数据类型	关键字	比特数	取值范围
整型	int	32	$-2^{31}-(2^{31}-1)$
浮点型单精度	float	32	$10^{-37}-10^{38}$
浮点型双精度	double	64	$10^{-307}-10^{308}$
字符型	char	8	$0-(10^8-1)$

在 Objective-C 程序语言中，每一个数据类型，不管是整型、浮点型还是字符型，都有其对应的取值范围。在取值空间中存储数据的数值，它们同时关系着内存的分配。表 5-3 中比特数正是数据类型占用的内存空间。比特（bits）正是计算机设备最小的存储单位。需要读者注意的是，虽然表中列出了数据类型的比特数与取值范围，但是在不同的 Objective-C 编译器或者不同的计算机设备上，它们是有所变化的。甚至在同样的环境下，如果对基本类型采用了不同的限定符，也会影响其占用空间与取值范围的变化。

开发者在编写代码时使用最多的就是整型数据。整型数据通常由一个或者多个数字的序列组成，在序列前的负号表示该值就是一个负数。在代码中编写一个整型数据时，不能在数字中添加空格或者逗号，比如 699,000、10 000 000 就是不合法的数据。它可以有 3 种表现形式：

- 十进制整数，其每个数值位可使用的符号为 0～9，如 100、-200、0。
- 八进制整数，以 0 为开头的数字就是八进制数，其每个数值位可使用的符号为 0～7。比如 0100 表示八进制数字，将其转换为十进制数值为：$1×8^2=64$。这就意味 0100 的八进制数字与 64 的十进制数字的数值是相等的。负数也是同样的道理，-0100 与-64 是等同的数值。
- 十六进制整数，以 0x 为开头的数字就是十六进制数字，其每个数值为可使用的符号为 0～f。比如 0x123 或者 0X123 都代表了同一个十六进制数字，它的值转换为十进制数字为：$1×16^2+2×16^1+3×16^0=256+32+3=291$。同样道理，-0x21 等于十进制数-33。

浮点型数据类型就是能够存储包含小数位的数值。浮点类型的数据可以采用比较宽泛的编写方式。开发者可将小数数值中的小数点作为分隔符，既可以省略小数点之前的数字，也可以省略之后的数字，然而读者可不能尝试前后都省略的情况。比如值 68.、512.45、.3245，这些都是合法的数据。另外，开发者也可使用科学计数法的方式来编写浮点数据。比如 3.5e-2 或者 3.5E-2，它们都代表了小数数值 0.035。对于使用十六进制来表示浮点数，则需要采用以 0x 或者 0X 开头，尾部为 p 或者 P 加代数字的形式。比如 $0×0.4p-4$，它就是十进制 $4/16×2^{-4}=-0.5$。

浮点型数据按照取值精度分为单精度（float）和双精度（double）。这两个数据类型非常相似，只是双精度的取值范围为单精度的 2 倍。在单精度运算不能满足程序需求时，就可以使用双精度的数据类型。Objective-C 编译器默认的情况下会将所有的浮点数据均看做 double 值参与运算。如果开发者明确地需要单精度的数值，可以在数字后加 f 或者 F 来表明了比如 12.5f。

字符型数据（char）就是将字符放入一对单引号之中得到的数据，比如'a'、'A'、'0'。其中第一个字母 a 与第二个字母 A 是不同的字符，而第三个字符 0 也与数字 0 不同。读者需要注意，不能把单引号表示的字符与双引号表示的字符串等同。例如字符串"a"与字符'A'就是不同的数据。字符类型的数据是按照国际标准的 ASCII 来存储字符的，比如字符 0 在内存中的数值就是 48，字符 a 与字符 A 的数值分别为 97 和 65，这就是为什么它们代表着不同的数据。

除了这些常见的字符类型之外，Objective-C 程序语言中还存在一些比较特殊的字符。因为它们很难用一个字符表示出来，所以需要使用特别的格式说明，即转义字符，如表 5-4 所示。

表 5-4　转义字符及其含义

字符形式	含　　　　义	ASCII 代码
\n	换行符	10
\t	水平制表	9
\b	退格	8
\r	回车	13
\f	换页	12
\\	反斜杠字符"\"	92
\'	单引号	39
\"	双引号	34
\ddd	1～3 位的八进制数所代表的字符	
\xhh	1～2 位的十六进制数所代表的字符	

表 5-4 中罗列了这些转义字符的表示方法。比如当开发者在编写代码时需要使用回车符,就可以使用'\r'来表示。虽然在单引号之间存在两个字符,但是它只表示了一个回车符号。

另外一个比较特殊的基本类型是布尔型数据。Bool 型数据是 C 语言的 C99 之后添加的数据类型,它用于表示布尔值,也就是表示逻辑真(true)和逻辑假(false)。因为 C 语言中用 1 表示真数值(true),0 表示假数值(false)。读者可以在一些老式的电器开关上看到 0 与 1,它代表着同样的意思。按照取值的范围,Bool 数据类型只需要 1 比特(bit) 的存储单元,因为 1 比特就足以表示 0 和 1 两种数值变化。事实上,C 语言中 Bool 是一个无符号整型,一般占用 1 字节,也就是 16 比特。在后面的章节中,我们将会为读者介绍 Objective-C 程序语言中特有的布尔数据类型。

5.4.2 常量

在 Objective-C 程序语言中,任何整数、小数、单个字符或者字符串通常都被称为常量。常量还有另外一个含义,就是其数值在程序运行过程中不会发生变化。例如,"23"是一个整型常量;"2.3"是一个浮点型常量;"A"是一个字符常量。另外,完全由常量组成的表达式也被称为常量表达式。在命名习惯上,开发者会把常量名使用大写、变量名使用小写加以区分。

5.4.3 变量

变量就是与常量对立存在的一种数据类型,其数值可以发生改变。一个变量应该有一个名字,在内存中占据一定的存储空间。在存储空间中存放着变量的数值。

图 5-2 所示正是一个整型变量数据的存储情况。读者需要明确区分变量名和变量值。变量名只是一个符号地址,它提供给编译器一个变量数值的内存地址。变量在程序运行时,实际上编译器是由变量名找到相应的内存地址,然后读取存储空间中的数据。对于任何基本数据类型,都可以定义常量数据与变量数据。在编写程序时,定义一个变量的方式非常容易,与前面介绍的类成员变量具备相同的格式。

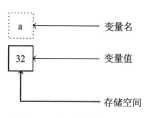

图 5-2 变量的存储形式

```
int i;
char temp;
float point;
```

在上面的代码中,我们就定义了一个整型变量 i、一个字符变量 temp 和一个单精度浮点变量 point。按照数据类型占据的内存空间,在定义它们的时候,分别建立了 32bit、8bit 和 32bit 的内存。

5.4.4 限定符

在声明某一数据类型的时候,开发者可以根据实际情况加入限定词。限定词的作用是扩充或者缩短数据类型的取值范围。比如一个整型数据 int 原本的取值范围为-2^{31}-(2^{31}-1),占用 32 比特的内存空间。当使用了 short 限定词之后,其取值范围将会缩小为-2^{15}-(2^{15}-1),占用 16 比特的内存空间。表 5-5 中列出了 Objective-C 程序语言的所有限定词,读者可以在实际开发中适当选择使用。

表 5-5 数据类型限定符

限　定　符	作　　　用	限　定　符	作　　　用
long	延长数据取值范围	signed	有符号
long long	延长数据取值范围	unsigned	无符号
short	缩短数据取值范围		

如果数据不指定 signed 或者 unsigned，其默认为有符号位的数据，也就是在它存储的内存空间中最高位代表符号（0 为正，1 为负）。如果指定为 unsigned 无符号数据，则其存储空间内的数值都用于存放数值。所以，读者需要注意无符号位的数据并不能用来保存负数，只能存放没有符号的数据，比如 123、400.56。开发者声明一个变量时也可使用限定词的组合方式，比如：

```
short int si;
unsigned short int usi;
```

在上面的代码中，声明了一个有符号位的短整型变量 si 和一个无符号位的短整型变量 usi。虽然它们占用了同样的 16 比特的内存空间，但是有不同的取值范围。前者的值域空间为-32 768～32 768，后者的值域空间为 0～65 535。变量 si 与变量 usi 在取值范围上的差异就是由于是否具有符号位造成的。

5.4.5　运算符

几乎每一种编程语言都存在一些运算符，它们的作用是使得数据类型的变量或者常量能够进行运算。在 Objective-C 程序语言中可以将字符型（char）、整型（包括 int、short、long）和浮点型（包括 float、double）数据进行混合运算。不过读者需要注意，在进行混合运算之前，对于值域空间相对较小的数据类型会被强制转换类型。因此，在多种数据类型参与的混合运算中，将会首先将数据转换为值域空间最大的类型，然后再参与运算。在明白了混合运算的原理后，我们来看看各个基本数据类型级别的高低。

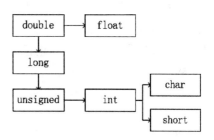

图 5-3　数据类型的转换级别

图 5-3 中描述了在进行混合运算时各个基本数据类型转换的优先级。图中所示的优先级最高的为 double 数据类型，按照箭头的方向级别逐层降低。假设有两个数据类型 long、int 变量参与运算，按照转换级别，首先 int 类型的数据将会被转换为 long 类型，然后再进行运算。细心的读者也许会问，如果是 float 与 int 类型的数据参与运算，如何进行类型转换呢？按照 Objective-C 程序语言的规定，当 float 数据类型参与运算时，则一律转换为 double 类型来提高精度。因此，只要是有 float 数据类型参与的混合运算，其他的数据类型也都会被转换为 double 数据类型。下面的算术表达式就是由多种数据类型参与的：

```
100+'a'-3.5+98943.43*'b'
```

如此复杂的算术表达式，因为存在 float 类型，所以表达式中的所有数据都会被转换为 double 类型来进行运算。在 Objective-C 程序语言中，运算符发挥着极大的作用。除了基本的语句之外，几乎所有代码的基本操作都是由运算符处理的。其中最常见的就是赋值运算符"=",它能够将数值赋值给变量。除了赋值运算符之外,Objective-C 程序语言中还有许多其他类型的运算符。

- 算术运算符:用于各类数值运算,包括加(+)、减(-)、乘(*)、除(/)、求余(或称模运算,%)、自增(++)、自减(--)共 7 种。需要注意的是,当两个整数进行除法运算时,将会采用整除的方式,运算结果将直接丢弃小数位,进行取整。另外,自增与自减运算符只能用于变量,而不能用于常量和表达式。它们将按照从左至右的顺序参与运算,比如++i 与 i++的区别就在于前者先进行自增的运算,而后者是参与其他运算之后再进行自增的运算。
- 关系运算符:用于比较运算各个数据类型,包括大于(>)、小于(<)、等于(==)、 大于等于(>=)、小于等于(<=)和不等于(!=)6 种。
- 逻辑运算符:用于逻辑运算,判断表达式的真与假,包括与(&&)、或(||)、非(!)3 种。
- 位操作运算符:参与运算的数值将按照二进制位进行运算,包括位与(&)、位或(|)、位非(~)、位异或(^)、左移(<<)、右移(>>)6 种。
- 赋值运算符:用于赋值运算,分为简单赋值(=)、复合算术赋值(+=、.=、*=、/=、%=)和复合位运算赋值(&=、|=、^=、>>=、<<=)3 类共 11 种。
- 条件运算符:这是一个三目运算符,用于条件求值(?:)。
- 逗号运算符:使用","把若干表达式组合成一个表达式。
- 指针运算符:用于取内容(*)和取地址(&)两种运算。
- 求字节数运算符:用于计算数据类型所占的字节数(sizeof)。
- 特殊运算符:有括号(())、下标([])、成员(.)等几种。

如此众多的运算符,在表达式中参与运算时具有不同的优先级,而且还有一个特点就是它的结合性。在表达式中,参与运算的先后顺序不仅要遵守运算符优先级别的规定,还要受运算符结合性的制约,以便确定是自左向右进行运算还是自右向左进行运算。不同的优先级或者运算顺序将会导致不同的结果。所以弄清运算符的优先级别和运算顺序,是成为一名 Objective-C 程序语言开发者的基本技能。表 5-6 中列出了 Objective-C 程序语言中所有的运算符优先级别、使用形式以及运算顺序。

表 5-6　运算符优先级

优先级	运算符	名称或含义	使用形式	结合方向
1	[]	数组下标	数组名[常量表达式]	从左到右
	()	圆括号	(表达式)/函数名(形参表)	
	.	成员选择(对象)	对象.成员名	
	->	成员选择(指针)	对象指针->成员名	
2	-	负号运算符	-表达式	从右到左
	(类型)	强制类型转换	(数据类型)表达式	
	++	自增运算符	++变量名/变量名++	
	--	自减运算符	--变量名/变量名--	
	*	取值运算符	*指针变量	
	&	取地址运算符	&变量名	
	!	逻辑非运算符	!表达式	

续表

优先级	运算符	名称或含义	使用形式	结合方向
2	~	按位取反运算符	~表达式	
	sizeof	长度运算符	sizeof(表达式)	
3	/	除	表达式/表达式	从左到右
	*	乘	表达式*表达式	
	%	余数（取模）	整型表达式/整型表达式	
4	+	加	表达式+表达式	从左到右
	-	减	表达式-表达式	
5	<<	左移	变量<<表达式	从左到右
	>>	右移	变量>>表达式	
6	>	大于	表达式>表达式	从左到右
	>=	大于等于	表达式>表达式 *	
	<	小于	表达式>表达式	
	<=	小于等于	表达式>表达式	
7	==	等于	表达式==表达式	从左到右
	!=	不等于	表达式!= 表达式	
8	&	按位与	表达式&表达式	从左到右
9	^	按位异或	表达式^表达式	从左到右
10	|	按位或	表达式|表达式	从左到右
11	&&	逻辑与	表达式&&表达式	从左到右
12	||	逻辑或	表达式||表达式	从左到右
13	?:	条件运算符	表达式 1? 表达式 2: 表达式 3	从右到左
14	=	赋值运算符	变量=表达式	从右到左
	/=	除后赋值	变量/=表达式	
	*=	乘后赋值	变量*=表达式	
	%=	取模后赋值	变量%=表达式	
	+=	加后赋值	变量+=表达式	
	-=	减后赋值	变量-=表达式	
	<<=	左移后赋值	变量<<=表达式	
	>>=	右移后赋值	变量>>=表达式	
	&=	按位与后赋值	变量&=表达式	
	^=	按位异或后赋值	变量^=表达式	
	|=	按位或后赋值	变量|=表达式	
15	,	逗号运算符	表达式,表达式,…	从左到右

在运算符参与运算时，编译器将按照各种运算符的结合方向来计算。运算符具备两种结合性：从左到右和从右到左。读者从字面意思就能理解运算符结合性的分类，它就是按照运算的方向来划分的。

5.4.6 字符串与 NSLog

前面已经介绍了 Objective-C 程序语言的基本数据类型，这些数据类型都是 Objective-C 语言从 C 语言中继承的。接下来，我们将要介绍的字符串类型（NSString）就是 Objective-C 程序语言特有的数据类型了。

在 C 语言中，我们曾介绍过字符类型（char），它是用来存储单个字符的。但在实际开发中，只能存储单个字符并不能满足编程的需要。多数情况下，开发者会用到一个字符串。它可能是一句话，也可能就是一串字符。比如我们常常看到的"Hello World！"。在 Objective-C 程序语言中，应该使用哪种数据类型来存储它呢？

Objective-C 程序语言提供了一个专门处理字符串的类 NSString。在实际编写代码的过程中，开发者只需使用一对双引号括住一组字符串就可以创建一个 NSString 类的实例。

```
NSString* str = @"Hello World!"
```

上面的代码中就是创建了一个字符串对象。首先，声明了一个字符串指针，它指向的内容就是一个字符串数据。然后，创建了字符串对象"Hello World"并将它的内存地址赋值给 str 指针。和其他基本数据类型不同，NSString 具备了一个 NS 的名称头。这正是我们曾经介绍过的 NextStep 公司的缩写，这也意味着 NSString 是 Cocoa Foundation 框架中的一个类。后续，我们将会接触到许多包含 NS 名称头的类，读者慢慢地就会被这些 NextStep 公司的工程师所折服。他们充满了自信，为 Foundation 中的每一个类都加入了公司的名称头。

C 语言中的字符类型（char）是按照 ASCII 编码的方式来存储数据的，然而，NSString 对象则是使用了 Unicode 编码来保存字符的。Unicode 编码方式是符合国际标准的多字节字符，它能够包含数百万字符的字符集，使得开发者编写的代码能够在全世界不同语言环境下运行。同时，开发者并不用担心 NSString 内部的实现，因为 NextStep 公司那些伟大的工程师们早已完成了这些工作。作为今天 Objective-C 程序语言的开发者，我们可以随意使用 NSString 类的对象，而不用考虑其内部运作是如何处理全世界各种各样字符的。

要使用 Objective-C 程序语言创建一个对象，代码十分简单，只需使用@符号，就会获得一个字符串常量。

代码 5-5 NSLog 使用

```
#improt <Foundation/Foundation.h>

int main(int argc, char *argv[])
{
    NSAutoreleasePool *pool = [[NSAutoreleasePool alloc]init];
    NSString *str1 = @"this is a string 1";
    NSString *str2 = @"this is a string 2";
    NSString *all;

    //输出字符串 1 的长度
    NSLog(@"Length of str1:%lu",[str1 length]);

    //复制字符串 1 到 all
    all = [NSString stringWithString:str1];
```

```
    NSLog(@"str1 copy:%@",all);

    //添加字符串 2 到 all
    all = [all stringByAppendingString:str2];
    NSLog(@"str1 copy:%@",all);

    //转换字符串为大写
    str1 = [str1 uppercaseString];
    NSLog(@"str1 Uppercase:%s",[str1 UTF8String]);

     [pool drain];
    return 0;
}
```

在代码 5-5 中，我们使用了一些 NSString 的方法来处理字符串变量，然后使用了 NSLog 方法将字符串内容输出在控制台。程序运行结果如图 5-4 所示。

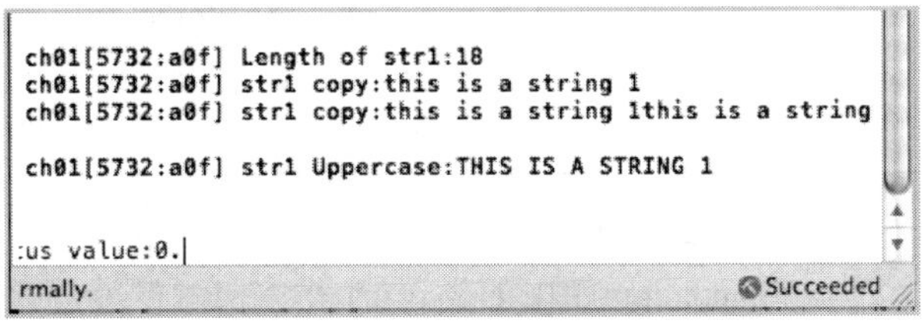

```
ch01[5732:a0f] Length of str1:18
ch01[5732:a0f] str1 copy:this is a string 1
ch01[5732:a0f] str1 copy:this is a string 1this is a string

ch01[5732:a0f] str1 Uppercase:THIS IS A STRING 1

:us value:0.|
rmally.                                              © Succeeded
```

图 5-4　NSString 运行效果

读者通过代码中的注释，就会轻易地明白 NSLog 方法的作用。下面将 NSString 中经常用到的方法罗列出来，如表 5-7 所示。

表 5-7　NSString 常用方法

常 见 方 法	描 　 述
+(id)stringWithContentsOfFile:path encoding:enc error:err	创建一个新字符串并将其设置为 path 指定的文件内容，使用字符编码 enc，如果非零则返回 err 中的错误
+(id)stringWithContentsOfURL:url encoding:enc error:err	创建一个新字符串并将其设置为 url 指定的文件内容，使用字符编码 enc，如果非零则返回 err 中的错误
+(id)string	创建一个新的空字符串
+(id)initWithString:nsstring	创建一个新的字符串，并将其值设定为 nsstring
-(id)initWithString:nsstring	将新分配的字符串设置为 nsstring
-(id)initWithWithContentsOfFile:path encoding:enc error:err	将字符串设置为 path 指定的文件内容，使用字符编码 enc，如果非零则返回 err 中的错误
-(id)initWithWithContentsOfURL:path encoding:enc error:err	将字符串设置为 url 指定的文件内容，使用字符编码 enc，如果非零则返回 err 中的错误
-(UNSIgned int)length	返回字符串的长度
-(unichar)characterAtIndex:i	返回索引 i 的 Unicode 字符
-(NSString*)substringFromIndex:i	返回从 i 开始直到结尾的子字符串
-(NSString*)substringWithRange:i	根据指定范围返回子字符串
-(NSString*)substringToIndex:i	返回从该字符串开始位置到索引位置 i 的子字符串

常 见 方 法	描 述
-(NSComparator*)caseInsensitiveCompare:nsstring	比较两个字符串，忽略大小写
-(NSComparator*)compare:nsstring	比较两个字符串
-(BOOL)hasPrefix:nsstring	测试字符串是否以 nsstring 开头
-(BOOL)hasSuffix:nsstring	测试字符串是否以 nsstring 结尾
-(BOOL)isEqualToString:nsstring	测试两个字符串是否相等
-(NSString*)capitalizedString	返回每个单词首字母大写的字符串
-(NSString*)lowercaseString	返回转换为小写的字符串
-(NSString*)uppercaseString	返回转换为大写的字符串
-(const char*)UTF8String	返回转换为 UTF-8 格式的字符串
-(double)doubleValue	返回转换为 double 的字符串
-(float)floatValue	返回转换为浮点值的字符串
-(NSInteger)integerValue	返回转换为 NSInteger 整数的字符串
-(int)intValue	返回转换为整数的字符串

　　表 5-7 中罗列了 NSString 类包含的 100 多个方法中一些经常被开发者使用的方法，还出现了许多其他 Objective-C 语言 Foundation 库中的类。url 是 NSURL 类，path 则是指明文件路径的 NSString 对象，i 是表示字符串中有效字符数的 NSUInteger 值，enc 是指明字符编码的 NSStringEncoding 对象，err 是描述所发生错误的 NSError 对象，rang 是字符串中有效范围的 NSRange 对象。如果读者在使用这些方法时遇到了疑问，可以查询开发指南，那里有详尽的说明和代码范例。

　　上面介绍的方法是用来处理不可变的字符串对象。在 Objective-C 程序语言中，除了 NSString 可以用来处理字符串之外，还存在一个 NSMutableString 类，它是专门用来创建可以改变字符的字符串对象的。它是 NSString 的子类，所以开发者可以使用所有 NSString 类的方法。

　　我们介绍了两个处理字符串对象的类，一个是不可变字符串 NSString 类，一个是可变字符串 NSMutableString 类。为了让读者理解它们之间的区别，我们通过代码 5-6 讲述如何更改字符串中的实际字符。

代码 5-6　可变与不可变字符串对象

```
#import <Foundation/NSObject.h>
#import <Foundation/NSString.h>
#import <Foundation/NSAutoreleasePool.h>

int main(int argc, char *argv[])
{
    NSAutoreleasePool *pool = [[NSSAutoreleasePool alloc] init];
    NSString *str1 = @"This is String A!"
    NSString *str2;
    NSMutableString *mstr;
```

```
//创建可变字符串对象
mstr = [NSMutableString stringWithString:str1];
NSLog(@"%@",mstr);

//插入字符串
mstr = [mstr insertString:@"With insertString.", atIndex:[mstr length]];
NSLog(@"%@",mstr);

//创建不可变字符串对象
str2 = [NSString initWithString:str1];
NSLog(@"%@",str2);
 [pool drain];
return 0;
}
```

任何一个可变或者不可变的字符串对象在程序执行期间总是可以被设置为完全不同的字符串对象。在代码 5-6 中，声明了两个字符串对象指针，分别为可变字符串对象指针 mstr 与不可变字符对象指针 str2。在代码中首先声明了一个不可变的字符串对象指针 str1，它存储的内容为 "This is String A!"。之后，先后使用 str1 创建了 mstr 与 str2 指向的对象。这两个对象创建时，在内存中开辟了新的空间，用来保存字符串的内容。这之后围绕它们所进行的任何程序方法将与 str1 不再存有任何关系。在后面的代码中对可变的字符串对象进行了插入操作，这样的操作本身并不会创建新的对象，而只是改变了 mstr 所指向的内存空间中的内容。在执行方法后，输出了 str2 对应的字符串内容。因为 str1 与 str2 都是不可变的字符串对象指针，所以在程序运行时，它们指向的内存空间中字符串的内容并未发生改变。代码运行的结果如图 5-5 所示。

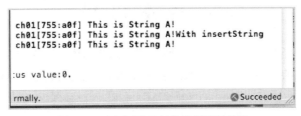

图 5-5　可变与不可变字符串运行效果

从图 5-5 中我们清楚地知道不可变字符与可变字符对象的区别。因为在后面的章节我们还将会遇到许多如此关系的对应类，所以读者需要铭记两者的区别，主要在于不可变的对象一旦创建并初始化后，其值并不能改变。

在介绍 Objective-C 程序语言中的字符串类时，为读者展示了一些样例代码。这些代码中存在有一些我们尚未接触的程序方法，但是它们并不会影响读者对本章节内容的理解。读者也不用过于担心，这些未知的内容在后续章节将会有更详尽的说明。在样例代码中，出现最为频繁的程序方法就是 NSLog。

NSLog 是 Objective-C 程序语言中专门用来格式化输出的方法，其不仅能用来输出字符串，也能用来显示其他对象，比如整型、浮点型。它将需要显示的内容输出到控制台。在今后的游戏开发过程中，我们将经常会使用这个方法。因为它可以帮助开发者查看变量信息、运行日志，而不需要暂停游戏的运行。下面来看一下在代码中是如何使用 NSLog 的。

```
NSString str = @ "NSLog Output";
NSLog(@"%@",str);
```

NSLog 的第一个参数为@"@"，表示在此处输出一个对象的描述。在 Objective-C 程序语言的根类 NSObject 中包含了一个-(NSString*)description 方法。在使用 "%@" 类型说明符来输出某种类型的对象时，就会调用这个方法，并在 "%@" 的对应位置输出-(NSString *)description 方法的返回值。此方法的返回值正是一个字符串对象。如果开发者需要描述创建的对象，那就可以重写-(NSString *)description 方法。然后，NSLog 方法将会输出这个字符串对象本身所包含的内容。

NSLog 方法的后续参数就是格式化输出的对象，它们可以是一个，也可以是多个。其主要依靠格式字符 "%@" 的替换功能。它能够显示对象、字符、数组、字典和集合的内容。除了输出对象描述之外，NSLog 还支持一些格式字符，它们用来替代一些基本的数据类型，其中有一些格式字符是来源于 C 语言中的格式化输出方法。表 5-8 列出了 NSLog 中经常用到的格式字符。

表 5-8 NSLog 常用的格式字符

类型说明符	代表类型	类型说明符	代表类型
%@	对象	%f	浮点型
%c	字符型	%u	无符号位整型
%i	整型	%p	id 类型

在今后的开发过程中，我们会经常用到 NSLog 来输出某个对象或者数值的描述。

5.5 基 本 语 句

前面的章节，我们已经介绍了 Objective-C 程序语言的基本数据类型。要想编写游戏，只有数据类型是不够的。任何一种高级编程语言都会提供一些程序语句，来提高开发者编写代码的效率。

5.5.1 循环

在编写代码过程中，无论是应用项目，还是游戏项目，开发者都会或多或少地需要重复执行某一个操作。比如逐个读取文件内容的时候、加载游戏中的音效等，这都需要用到循环操作。因此循环结构的代码是编写程序的基本结构单元。

在 Objective-C 程序语言中，有许多方法来重复执行一系列代码。从语句的角度可以分为 3 种：

● for 语句。
● while 语句。
● do 语句。

下面使用一个样例代码来为读者讲解这 3 种循环语句的用法。

代码 5-7 循环语句

```
#import <Foundation/NSObject.h>
```

```
int main(int argc, char *argv[])
{
    NSAutoreleasePool *pool = [[NSSAutoreleasePool alloc] init];
    int loopNum = 0;
    int i = 0;
    for(i = 0;i <= 100;i++)
    {
        loopNum += i;
    }
    NSLog("For Loop Value is:%d",loopNum);

    loopNum = 0;
    i = 0;
    while(i<100)
    {
        loopNum +=i;
        i++;
    }
    NSLog("While Loop Value is:%d",loopNum);

    loopNum = 0;
    i = 0;
    do
    {
        loopNum += i;
        i++;
    }while(i<100)
    NSLog("Do Loop Value is:%d",loopNum);

     [pool drain];
    return 0;
}
```

代码 5-7 中使用了 3 种循环方式，计算了从数字 0～100 的累加运算。我们先来看看 for 循环语句的格式：

```
for(初始化表达式;循环条件;循环增值)
{
    执行语句
}
```

Objective-C 语言的编译器将会按照 for 语句的格式来执行。首先，执行初始化表达式，它用于在循环开始之前设置初始值的。在代码 5-7 中则设置了整型变量 i 的数值为 0，随后 for 语句中的第二部分就是循环的条件。当满足这个条件时，循环将会继续执行。代码 5-7 中规定了循环的条件为 i 值小于 100。最后，for 语句的第三部分是每次循环的增量。当执行完成一次循环体内的程序代码后，将会执行一次 i++ 的操作。这将会是 i 的数值加 1。代码 5-7 中展示的 for 语句是最简单、最常见的一种方式。for 语句中的 3 个部分都可以使用任何表达式。甚至除了第二部分循环条件之外，开发者可以省略其他两部分。

for 语句通常比较简单、方便，多用于整型常量累加的循环。然而 while 循环则更多用于判断循环。while 循环语句的格式如下：

```
while(判断表达式)
{
    执行语句
}
```

从语句格式中可以看出，while 语句只有一部分内容，也就是判断表达式。如果表达式的值为真（TRUE），则循环将会执行。等待循环体内的代码语句执行完成后，将会再次判断表达式的值，如果为真则继续执行，如果为假则结束循环。在代码 5-7 中，我们设定了 while 语句循环的条件为变量 i 的数值小于 100，所以在表达式不再满足条件时，将会结束循环，那时变量 i 的数值将等于 100。所有使用 for 循环语句编写的代码，都可以用 while 来进行替代。不过实际开发中，读者最好根据需求，更合理地使用 while 和 for 循环语句。比如当循环的限定条件为某一个整型变量时，最好选择使用 for 语句。

do 循环语句算得上是 while 循环语句的另一种形式，我们来看看它的格式：

```
do
{
    执行语句
}while(判断表达式)
```

do 循环语句与前两种循环语句最大的区别在于，其是先执行循环体内的代码，然后再进行条件判断。从 do 语句的格式中我们就能够看出 while 的判断表达式被放在代码的结尾。因此在执行 do 循环语句时，无论判断表达式的结果如何，循环体内的语句都会被执行一次。这就是 do 循环语句的特点。在代码 5-7 中，do 循环语句的判断表达式同样是变量 i 值是否小于 100。但是按照之前的介绍，do 循环语句执行完成后，将会得到与其他两个循环不同的数值。

我们已经分别讲解了每一种循环语句的使用格式，读者在明白了其用法后，不妨猜测一下代码 5-7 的运行结果，然后再继续阅读。

图 5-6 显示的正是代码 5-7 的运行结果，不知是否与读者预期的一样。如果猜对了结果，那说明已经清楚了 3 种循环语句的方式。否则，还请回到本章节开始的部分再阅读一遍吧！循环语句是程序开发，尤其是游戏开发中非常重要的基础知识，如果这部分掌握得不够牢靠，后续工作进行起来将会十分艰难。所以打好语句基础，才能使将来做出优秀游戏有所保证。

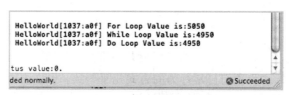

图 5-6   循环语句运行结果

在执行循环的过程中，开发者有时会因为某些特殊的条件希望能够结束循环或者跳过这次循环的执行语句。在 Objective-C 程序语言中，break 语句与 continue 语句正是用于实现这个目的的。只要执行 break 语句，循环程序将会立即退出。无论是 for、while 还是 do 的执行语句，在执行了 break 之后都会马上结束循环，转而执行循环之后的其他语句。continue 语句与 break 语句类似，但它并不会使循环结束。执行 continue 语句时，循环将会跳过该语句之后直到循环结尾之间的所有语句。换句话说，continue 语句会结束当前单次的循环语句执行，马上进入下一次循环周期。读者只有在熟悉了编写程序的需求之后，才能发挥 break 语句与 continue 语句的作用。通常使用这两条语句，会加大程序代码阅读的难度。尤其是开发者滥用的情况，则会使问题变得更加严重。

5.5.2　判断语句

对任何的计算机程序语言，判断选择语句都是不可或缺的。其实在前面介绍循环语句时，我们就已经接触到了判断语句。因为循环语句都需要具备一个判定循环是否执行的表达式，这正是一个判断语句的作用。在 Objective-C 程序语言中，也提供了几种用于构造选择判断的语句，接下来我们将逐一介绍它们的使用方法：

- if 语句。
- switch 语句。
- conditional 运算符。

if 语句是程序语言中最常见的选择判断语句。它使用起来非常容易理解，也符合人们的日常思维方式。if 语句的使用格式为：

```
if(判断表达式)
{
    执行语句 1
}
else
{
    执行语句 2
}
```

按照上面的结构，我们来编写一个生活中的判断语句：

```
if(饿了)
{
    去吃饭
}
else
{
    去打球
}
```

根据 if 语句的含义，上面这段代码的意思就是如果饿了的话，那么就去吃饭，否则就去打球。是不是很容易理解？这和我们日常行为的方式几乎一致。也许读者可能会说不饿的时候也可以去看书、逛街、游泳，生活中确实如此，但是当人们饿的时候，去吃饭却是常理。所以我们回顾一些 if 语句的用法，其作用就是根据判断表达式的真与假，来执行相应的程序代码。如果表达式的值为真（TRUE），则执行语句 1 当中的内容，否则就执行语句 2 的内容。读者需要注意 else 语句以及其执行语句 2 的内容并不是必需的。这就是说在编写代码时，我们只需编写条件成立后要执行的语句就可以。

if 语句在使用时还有几种复杂的结构，比如当存在许多判断条件时，就会需要执行更多的程序语句。我们还是以生活中的例子来编写一段代码，帮助读者理解复合式和嵌套式的 if 语句结构。

```
if(饿了)
{
    去吃饭
}
else if(渴了)
{
    去喝水
}
else
{
    If(累了)
    {
        去睡觉
    }
    else
    {
        去打球
    }
}
```

看上面这段实例代码已经变得有些复杂了。其实在生活中我们每天都要面对许多的选择，相信大多数人做出选择次数最多的就是"今天吃什么？"这个问题确实不太好回答。我们继续看这段实例代码。在代码中一共存在 3 个 if 语句，它们分别需要判断一个人是否饿了、是否渴了、是否累了，它们之间就存在两种结构关系。"是否饿了"与"是否渴了"是同一层级的判断语句，而"是否累了"则是嵌套于它们之内的判断语句。虽然在实际生活中人们会感觉到又渴、又饿、又累，但是按照我们刚刚完成的代码，则只能具有一个状态。如果饿了，那就去吃饭，后面的判断将不会执行。同样的道理，如果渴了，就去喝水，余下的代码也将不会执行。如果要想去打球的代码得到执行，那必须满足条件不饿、不渴，也不累。所以读者要明确 if 语句的执行效果。随着编程经验的积累，渐渐地你会觉得编写代码也是一种表达思维的过程。

在实际的开发中，难免会遇到使用 if 语句的一些复杂结构。为了方便开发者的编写，Objective-C 程序中为复式选择结构提供了一种更为简单的语句——switch。switch 语句其实就是 if-else 语句的复合结构，但其本身也存在一些变化。我们来看看其使用的格式：

```
switch(表达式值)
{
    case 数值1:
        执行语句
        …
        break;

    case 数值2:
        执行语句
        …
        break;
```

```
    case 数值 3:
        执行语句
        …
        break;
    default:
        执行语句
        …
        break;
}
```

switch 语句的格式非常适合多种条件选择的情况。编译器会根据 switch 语句之后括号内的表达式的值与数值 1、数值 2、数值 3 进行判断比较，如果存在相等的情况，就判断成立，执行其对应的程序语句。读者需要注意两点：第一，数值 1、数值 2、数值 3 必须是单个常量或者常量表达式；第二，每个 case 语句块的结尾都要加入 break 语句来结束 switch 语句。虽然这不是 Objective-C 语法的要求，但是为了避免错误、强化逻辑，在每个 case 语句的结束位置都写上 break 语句，是一种良好的编程风格。如果没有 break 语句，switch 语句将会继续执行。

最后一段 default 语句，其作用是当所有条件都不成立时所执行的程序语句。它算得上是一种默认可选的方式。它就像 if-else 结构中的 else 语句部分，它们都属于当没有任何一个判断条件达成时所执行的程序语句。

5.6　继承与多态

面向对象如此受到开发者的青睐，就是因为其具备了一个重要的原理，那就是继承与多态。在前面的章节中我们介绍过父类与子类的关系。子类来源于父类，它们之间的关系就称为继承。父类自身也可以有父类。当一类不再存有父类时，那么它就是位于类层次结构的最顶层，称为根（root）类。在 Objective-C 程序语言中，开发者可以定义自己的根类，但这并不是一个好方法，因为为了保持连续性，通常会直接利用现有的类。因此，在开发 Objective-C 程序语言的项目时，开发者定义的类几乎都是 NSObject 根类的派生子类。

5.6.1　来自父类的继承

继承关系是使用面向对象编程语言编程必然会用到的技术。继承的目的是为了加强代码的可重用性。继承是 Objective-C 编程语言中重要的一部分。前面我们介绍过一些类，它们包括了若干的成员方法和成员变量。下面我们来为读者介绍在继承关系中成员变量与方法是如何发挥作用的。

代码 5-8　类的继承

```
#import <Foundation/NSObject.h>

@interface ClassA: NSObject
{
    int x;
}
-(void) initVar;
```

```
@end

#import "ClassA.h"

@implementation ClassA
-(void) initVar
{
    x = 10;
}
@end

@interface ClassB:ClassA
-(void)printVar;
@end

@implementation ClassB
-(void)printVar
{
    NSLog(@"x=%i",x);
}
@end
int main(int argc,char* argv[])
{
    NSAutoreleasePool* pool = [[NSAutoreleasePool alloc] init];
    ClassB *b = [[ClassB alloc] init];
     [b initVar];
     [b printVar];
     [b release];
     [pool drain];
    return 0;
}
```

在代码 5-8 中声明了两个简单的 ClassA 类和 ClassB 类。ClassA 类存在一个成员变量 x 与一个方法 ininVar()，此方法是为 x 赋值为 10。ClassB 类继承 ClassA 类，自身包含一个成员方法 printVar()，用来输出变量 x 的数值。在最后的 main()方法中，我们创建了一个类 B 的对象 b，然后先后调用了 initVar()与 printVar()方法。读者可能会怀疑这段代码能不能通过编译，因为在 ClassB 类中并没有声明和实现 initVar()方法与 x 变量。这正是由于继承关系发挥的作用，子类 ClassB 继承自父类 ClassA。因为继承关系，子类将能够拥有父类的成员方法与变量。因此在 ClassB 中，可以使用 printVar()方法来输出变量 x。当然，在程序代码中也可以通过 ClassB 的对象来调用父类 ClassA 的方法。

5.6.2 继承后的扩展

继承关系除了能够让子类拥有父类的成员变量与方法，还有另外一个特点就是可以派生扩展。我们继续使用前面章节的例子，看下面的代码。

代码 5-9 继承的派生扩展

```
@interface ClassC:ClassB
{
```

```
        int y;
    }
    -(void)setVar:(int)_y;
    -(void)printVarY;
    @end

    @implementation ClassC
    -(void)setVar:(int)_y
    {
        y = _y;
    }
    -(void)printVarY
    {
        NSLog(@"y=%i",y);
    }
    @end

    int main(int argc,char* argv[])
    {
        NSAutoreleasePool* pool = [[NSAutoreleasePool alloc] init];
        ClassC *c = [[ClassC alloc] init];
        [c initVar];
        [c setVar:20];
        [c printVar];
        [c printVarY];
        [c release];
        [pool drain]
        return 0;
    }
```

在代码 5-9 中，声明和实现了一个 ClassB 类的子类 ClassC 类。在 ClassC 类中，添加了新的方法和变量。这就是所谓的派生扩展。子类在继承了父类的成员方法和变量之后，可以根据自身需求添加新的变量和方法。因此在 ClassC 类中，我们看到变量 y 和 setVar:(int)y 方法。在随后的 main() 方法中，为了演示子类继承和派生的特性，我们创建了一个 ClassC 类的对象，然后调用了 initVar() 方法。这是来源于 ClassB 父类 ClassA 中的方法，正好体现了继承自父类的传递性。也就是说子类会将继承自父类的方法和变量，再次继承给自身的子类。之后的代码调用了 ClassC 类中扩展的 setVar() 方法来赋值给变量 y。此方法和变量都是父类 ClassB 类与超父类 ClassA 类不具备的，它是来自 ClassC 的扩展。

图 5-7 显示的正是代码的运行结果。由此可以看出，所谓的继承关系，就是子类在保留父类特性的同时能够扩展自身的特性（特性是指成员方法与变量）。

图 5-7　类的继承与扩展

5.6.3　多态

多态，最直接的含义就是"多种状态"。在 Objective-C 程序语言中，接口、方法、协议的多种不同的实现方式即可以理解为多态。按照多态的含义，我们来修改一下 ClassC 类的声明，使其代码看起来更整洁。

代码5-10　展现多态的代码

```
@interface ClassC:ClassB
{
    int y;
}
-(void)setVar:(int)_x,(int)_y;
-(void)printVar;
@end
@implementation ClassC
-(void)setVal: (int)_x valueof:(int)_y
{
    x = _x;
    y = _y;
}
-(void)printVar
{
    NSLog(@"x=%i",x);
    NSLog(@"y=%i",y);
}
@end

int main(int argc,char* argv[])
{
    NSAutoreleasePool* pool = [[NSAutoreleasePool alloc] init];
    ClassC *c = [[ClassC alloc] init];
    [c setVar:100,100];
    [c printVar];
    [c release];
    [pool drain]
    return 0;
}
```

　　我们来看代码5-11，读者最好先将 ClassC 的声明和实现与代码5-8中对比一下，那么你将会发现，代码中重新声明了 printVar()方法，并改写了 setVar()方法的实现部分。这正体现了面向对象语言的多态。在 ClassC 的代码中重载了方法 printVar()，这就是 printVar()方法的多态情况。在 ClassC 类中的 printVar()方法将数值 x 与数值 y 都显示到了控制台。

5.7　内　存　管　理

　　内存管理是计算机编程语言中一项高深的技术。因为几乎所有的程序都会用到数据，而这些数据则是存储在内存当中。所谓的内存管理，就是合理地利用内存空间，让应用程序或者游戏产品能够顺畅稳定地运行。

　　为了保证应用程序的顺利运行，明智地使用内存就成为了开发者的必备技能。我们必须知道要在什么时候创建对象、什么时候负责释放对象，以及什么时候需要对象驻留内存。这些如果处理得不好，必将导致严重的内存问题，比如内存不足、内存泄漏。如果开发者不小心管理内容，这就意味着在程序执行的过程中，随时存在着崩溃的危险。

　　经过上面的描述，读者已经清楚了内存管理的重要性。可该如何做好内存管理呢？这并不是一件容易的工作。Objective-C 语言的编写者考虑到了开发者的难度，于是采用了一种简单却高效的内存管理方式——自动释放池技术。它能帮助大多数开发者摆脱内存管理的烦琐，为编写的程序提供稳固的运行环境。

5.7.1　自动释放池

虽然自动释放池这个名词是本书中第一次提及，但是在前面章节的样例代码中，我们早已经使用过许多次了。因为在每段程序开始之前，通常都会编写一句如下的代码：

```
NSAutoreleasePool *pool = [[NSSAutoreleasePool alloc] init];
```

这正是在建立一个自动释放池的实例对象。这里的自动释放池对象所管理的对象只局限于 Foundation 类中的对象。读者不用担心会受到限制，这范围已经足够我们制作一款精彩的游戏了。

在处理 Foundation 类构建的程序时，首先需要建立自动释放池的对象，它负责管理之后程序代码中所创建的数组、对象、字符串以及其他 Foundation 类的对象。系统将会使用这个自动释放池对象来跟踪对象，记录对象的使用情况，以便在方便的时候释放它们。在程序需要退出或者执行完毕后，需要通过代码来释放这个池：

```
[pool drain];
```

当这条语句执行时，所有自动释放池中的对象都将得到释放，并且这一过程都是自动完成的。另外，开发者可以根据需要在一个程序项目中创建许多的自动释放池。不过要记得在程序执行结束的时候，正确地释放所有自动释放池对象。

5.7.2　引用计数

我们已经介绍了 Objective-C 程序语言中自动释放池的作用，通过它的名字就能告诉开发者，它是一个能够自动释放对象的缓冲池。虽然我们可以使用自动释放池来管理程序中的对象，这样就可以轻易解决内存管理的问题，但是本着负责任的态度，我们还要为读者更深入地讲解一下自动释放池是如何做到自动释放其管理的对象的。自动释放池能够实现的基础就是引用计数技术。

引用计数是一种程序开发语言中被经常用来管理对象创建与释放的技术，它通常被用来控制程序运行的占用内存。不只是在 Objective-C 程序语言，其他诸如 Java、C#等高级语言也同样应用这项技术。

引用计数是一种非常巧妙的内存管理方式，它通过记录每个对象被引用的次数，来跟踪它的使用情况。它涉及的技术实现也十分清楚明确。在创建一个对象时，我们经常会使用 alloc 方法来进行内存分配。这时此对象的引用计数就会增加 1，也就是引用次数为 1。如果在程序执行的过程中，有其他地方需要使用此对象，比如对象被当做参数传递，那么它的引用计数会被再次加 1，变为 2。Objective-C 程序语言中增加一个对象的引用计数方法为：

```
[对象名 retain]
```

当程序不再需要此对象时，就可以调用释放方法：

```
[对象名 release];
```

此时，自动释放池就会进行判断。如果此对象引用计数的值恰好为 1，则释放此对象；如果引用计数的值大于 1，则将其减 1，其含义为减少一次引用。如此操作，所产生的效果就是当一个对象引用计数为零时，程序将不再需要它，它就会得到释放。

综上所述，开发者想要用好自动释放池，就必须能够控制对象的引用计数。明确地知道在何处需要将引用计数加 1，在何处需要将引用计数减 1，这并不是一项容易的工作，因此下面分享一下实际开发经验，来帮助读者提高对自动释放池的使用能力。

- 在程序中释放对象的目的就是为了释放对象所占用的内存。所以开发者要留意程序运行期间创建的对象。尽量保持内存空间的整洁，也就是在需要的时候创建对象，不需要的时候就释放它们。

- 自动释放池并不是万能的，虽然有了它的帮助，管理内存将会变得轻松容易，但并不代表开发者就可以随意申请内存空间。

- 调用引用计数的 release 方法并不是每次都可以释放对象的，还取决于此对象是否存在其他的引用。

- 如果在某个方法返回时需要传递对象，开发者可以将其设置为自动释放（autorelease）。消息 autorelease 并不影响此对象本身的引用计数，它只是允许方法返回者使用此对象，然后在方法执行之后放入自动释放池等待最后的回收。

- iOS 每一个应用程序在运行时系统都会为其开辟一段独立的空间，在程序执行结束之后，这块独立的内存空间就会得到释放。所以无论对象是否被添加到自动释放池当中，当应用程序终止时，都会释放程序所占用的所有内存空间。

- 在程序运行当中，可以创建多个自动释放池，当然也可以释放它们。不过，这需要开发者具备娴熟的技术，以便保证不会将程序运行时需要的对象释放，而导致空指针的错误。

- 在自动释放对象使用引用计数时，应确保 retain 与 release 方法的数目保持一致。它们是成对出现的，每当调用了一次 retain 就应该使用一次 release()或者 autorelease()方法。

5.7.3 垃圾回收

垃圾回收是一种更为高级的内存管理方式。从 Objective-C 2.0 开始，就为开发者提供了这种内存管理方式。它可以更加让开发者放心，无须顾虑有关引用计数是否合理，以及自动释放对象的时机。这些都会由垃圾回收机制来完成。在程序运行的过程中，系统会自动跟踪程序创建的对象，并及时掌握每个对象的引用关系。

不过读者也不要高兴得太早，以为可以将内存管理完全抛在脑后了。因为 iOS 设备的运行环境并不支持垃圾回收机制，所以开发该平台的游戏时我们是不能使用此功能的，只能够依靠自动释放池和引用计数的方式来管理对象内存。不过读者也不要因此气馁，对于 iOS 设备上的内存管理远没有大型应用项目复杂，只要正确使用 ratain、autorelease 和 release 方法调用，就可以实现内存合理化使用。

5.8 Objective-C 语言特性

本节将为读者介绍一些 Objective-C 编程语言特有的类型。在前面的章节中我们学习了对类的实例对象，随处可见的对象是程序运行的基础。大多数情况下，一个程序项目中都会包含许多的对象。到现在为止，我们只介绍过通过对象名来操作单个对象。当面对很多对象时，方法操作就会变得复杂。因此，Objective-C 语言提供了将对象管理得更有条理性的类。

　　Cocoa 程序库中存在许多集合类。所谓的集合类，就是能够容纳许多同一类型对象的集合或者容器，比如我们曾经见过的字符与字符串。读者姑且可以将字符串理解为字符的集合。前面章节在介绍字符串对象时讲解了两种字符串类，分别为不可变字符串 NSString 类与可变字符串 NSMuiltString 类。接下来要介绍的对象集合类也同样分为可变与不可变两种类型。如果读者已经清楚了字符串类的两种类型，以及它们之间的区别，将会更容易理解下面的内容。

5.8.1　可变与不可变数组

　　数组是编程语言中经常使用的一个类型。不仅在 Objective-C 语言，包括 Java、C#等高级语言中都包含数组类。它是专门用来存储一组数据对象的。NSArray 类正是 Objective-C 程序语言中用来存储对象的有序列表。开发者可以将任何对象类型的数据放置在 NSArray 之中，它们将会按照递增的顺序保存。

　　在使用 NSArray 类时，需要两点注意：首先，它只能用来存储 Objective-C 程序语言的对象，而不能存储 C 语言中的基本数据类型，比如 int、float、enum、struct 或者这些类型的指针。我们所谓的 Objective-C 程序语言的对象，就是意味着其根类应该为 NSObject。其次，NSArray 类的对象不能存储 nil（对象的零值或者 NULL 值），因为在 NSArray 对象中 nil 就意味着数组结束。如果某个位置存储了 nil，其后面的对象将会丢失。

　　除了上面提到的两点之外，NSArray 类是使用非常方便的对象容器，开发者可以通过 Cocoa 中的各种方法来操作它。比如在数组中添加、删除某个对象；将数组作为参数进行传递；获取数组的长度，也就是存储对象的数量；还可以对当前数组进行遍历查找，按照索引来获得某个对象，以及其他操作。下面让我们通过一段样例代码来熟悉一下数组的操作方法。

代码 5-11　数组类的对象

```
#import <Foundation/Foundation.h>
int main(int argc, const char*argv[])
{
    NSArray *array;
    array = [NSArray arrayWithObjects:@"Mon",@"Tus",@"Wed",@"Thu",@"Fri",@"Sat",
    @"sun",nil];
    int i;
    for(i = 0;i < [array count]; i++){
        NSLog(@"the %d day of week is %@",i,[array objectAtIndex:i]);
    }
}
```

　　在代码 5-11 中，首先声明了一个数组指针，它是用来指向一个数组的地址指针。然后，使用 [NSArray arrayWithObjects:]方法创建一个新的 NSArray 数组类的对象，并将其地址赋值给 array 指针。在初始化数组时，代码中按照星期的顺序先后创建了 7 个字符串对象。读者需要留意最后一个 nil 对象，它是数组的结束标志，并不会保存在数组当中。每一个数组对象都必须存在一个 nil 对象，用来标识数组的结尾。这也正是前面我们强调的，在开发中千万不要将 nil 当成数组的元素，因为它是数组结束的标识。数组 array 创建完成之后，我们通过一个循环语句，使用索引值将数组中的字符串对象顺序地显示输出。在这一系列的操作中，总共用到了两个与数组有关的方法操作：[array count]和[array objectAtIndex:i]。前者为获得数组长度的方法，它将返回数组内存储对象的数目；后者为根据数组序列的索引来获得字符串对象，需要注意的是数组索引是从零开始的。

与 NSString 类一样，Cocoa 程序库中提供了许多关于数组操作的方法，在这里我们不再一一列举，因为读者在帮助文档中可以很方便地查询到方法的说明与用法。按照前面讲解 NSString 类时曾使用的顺序，在介绍了不可变数组之后，就应该是可变数组的内容了。

与 NSString 类一样，数组集合类中也存在一个可以改变长度的数组类，那就是 NSMutableArray。NSArray 使用的特点在于，一旦用特定数量的对象创建了数组，那么它的长度就固定下来了，开发者将不能再为数组添加元素或者删除元素。不过，可以改变其中对象。所以 NSMutableArray 作为 NSArray 的补充，可以让开发者随意地改变数组长度。也就是说，由 NSMutableArray 创建的动态数组是可以随意添加和删除对象的。

代码 5-12　可变数组

```
#import <Foundation/Foundation.h>
int main(int argc, const char*argv[])
{
    NSArray *array;
    array = [NSArray arrayWithObjects:@"Mon",@"Tus",@"Wed",@"Thu",@"Fri",@"Sat",
    @"sun",nil];
    int i;
    for(i = 0;i < [array count]; i++){
        NSLog(@"the %d day of week is %@",i,[array objectAtIndex:i]);
    }
    NSMutableArray *arrayMu;
    arrayMu = [NSMutableArray arrayWithCapacity:7];
     [arrayMu addObject:[array objectAtIndex:5]];
     [arrayMu addObject:[array objectAtIndex:6]];
     [arrayMu addObject:[array objectAtIndex:7]];
     [arrayMu removeObjectAtIndex:0];
    for(i = 0;i < [arrayMu count]; i++){
        NSLog(@"the dayoff of week is %@",[arrayMu objectAtIndex:i]);
    }
}
```

代码 5-12 是代码 5-11 的升级版本，延续了之前创建 NSArray 数组的代码，然后创建了一个 NSMutableArray 可变数组类的对象 arrayMu。在 array 数组中，存放着从"周一"至"周日"的对象，而 arrayMU 数组用来存放休息日。代码中使用了[NSMutableArray arrayWithCapacity:7]来初始化一个可变数组对象，其中参数传递的数值"7"是一个数组容量的参考值，Objective-C 编译器会依据参考值为可变数组分配内存空间。此参考值就是对可变数组长度最大值的预估。因为申请内存空间是一件耗费时间的工作，所以开发者最好尽量选择合适的数组长度，避免将来加大数组占用的内存空间。然后，代码中使用了两个方法来操作可变数组：[arrayMu addObject:]和[arrayMu removeObjectAtIndex:0]。前者为将对象添加到可变数组，后者为根据数组的索引值来删除对象。这两个方法的作用很直接，不需要过多的解释了。下面来看代码 5-12 运行后的效果，如图 5-8 所示。

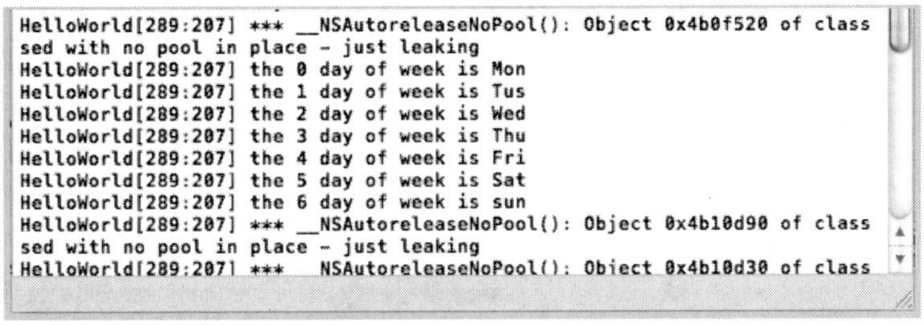

图 5-8　可变数组运行结果

图 5-8 所示的运行结果分别将不可变数组 array 中的对象与可变数组 arrayMu 中的对象先后输出在控制台。按照预先的设计，array 中存放着一周内的每天，arrayMu 中存放着每周的休息日。在代码中，将"周五"也当成休息日放入了 arrayMu，随后又通过索引将其删除，所以读者才会见到如上的运行结果。

可变数组类 NSMutableArray 还存在许多其他的方法，用来实现一些出色的操作。例如，在特定的索引处插入对象、用新对象替换某个索引处的旧对象，以及数组排序等方法。同时，作为 NSArray 的子类，它继承了其所有的操作方法。

5.8.2　可变与不可变字典类

新华字典在国内是一本家喻户晓的工具书，通过它，人们可以根据拼音、笔划或者部首来查询某个字的解释。在 Objective-C 中也存在一个字典类，用来保存一组对象的集合。字典类 NSDictionary 类是由键值与对象对应的方式组成的数据集合。正如开始时介绍的在新华字典中查找某个字一样，在使用 NSDictionary 类的对象时，开发者可以通过对象的键值从字典对象中获取需要的对象实例。作为字典的键值可以为任何对象类型，但是其必须是单值并且不能为 nil。开发者通常习惯使用字符串来表示键值。

与数组类似，字典也可分为可变与不可变两种类型。NSMutableDictionary 类是可变字典类，它是不可变字典类 NSDictionary 的子类。

代码 5-13　可变与不可变字典类

```
#import <Foundation/Foundation.h>
int main(int argc, const char*argv[])
{
    NSDictionary *dict;

    dict = [NSDictionary dictionaryWithObjectsAndKeys:
            @"Mon",
            @"1",
            @"Tus",
            @"2",
            @"Wed",
            @"3",
            @"Thu",
            @"4",
            @"Fri",
            @"5",
```

```
                   @"Sat",
                   @"6",
                   @"Sun",
                   @"7",
                   nil];
    for(NSString* key in dict){
        NSLog(@"the key: %@ of day is %@",key,[dict objectForKey:key]);
    }
    NSMutableDictionary *dictMu;
    dictMu = [NSMutableDictionary dictionary];
    [dictMu setObject:@"Sat"
               forKey:@"6"];
    [dictMu setObject:@"Fri"
               forKey:@"5"];
    [dictMu setObject:@"Sun"
               forKey:@"7"];
    [dictMu removeObjectForKey:@"5"];
    for(NSString* key in dictMu){
        NSLog(@"the dayoff of week key %@ is %@",key,[dictMu objectForKey:key]);
    }
}
```

代码 5-13 中展示了可变字典类与不可变字典类的使用方法，与前面介绍的数组类使用极为类似，我们同样以星期作为对象来填充字典类。dict 是一个不可变字典类的对象指针。在创建之初，就必须指定字典内存储对象的数目。代码中使用了[NSDictionary dictionaryWithObjectsandKeys:]方法来创建一个字典类。此方法的参数按照对象-键值的顺序来创建字典内的对象，最后使用 nil 作为结尾。在创建可变字典类对象之后，使用了方法[dictMu setObject: forKey:]，按照对象与键值的格式，将对象添加至字典对象当中。最后根据键值，使用[dictMu removeObjectForKey:@"5"]方法来删除对象。

在程序创建了字典对象之后，代码中设置了一组循环语句用于检索字典内容并输出至控制台。在检索字典时，我们并没有使用索引值，这是因为字典区别于数组，其内部的对象排列是没有顺序的，开发者只能按照一个键值对应一个对象的方式来获得字典内的对象。图 5-9 所示为程序的运行结果。

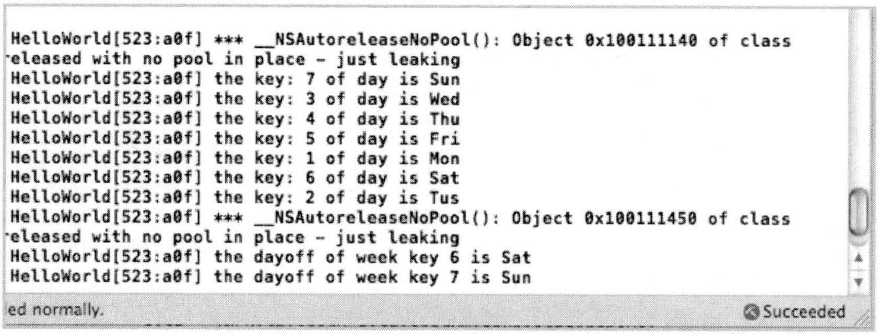

图 5-9　可变字典

5.9　小　　结

本章节我们为读者介绍了 Objective-C 程序语言的基础。此部分作为 iPhone 游戏开发中基础的基础，是十分重要的一部分，读者必须牢牢掌握本章节的内容才能继续后面的阅读。这就好比人们日常的学习，如果连基本的语言都不会，怎么能学会写作呢？制作游戏也是一样的道理，Objective-C程序语言是编写 iPhone 游戏项目必须使用的开发语言，只有熟练掌握了 Objective-C 程序语言的技术，才能开始制作游戏。

让我们来回顾一下刚刚学过的内容。作为一种比较小众的程序开发语言，Objective-C 程序语言是因为众多消费者拥有的苹果公司产品，而变成开发者青睐的热门编程语言。首先，我们介绍了Objective-C 程序语言的来历，以及其与苹果公司的密切关系。这之后读者就明白了为什么原本冷清的 Objective-C 程序语言，能在一夜之间成为程序开发的热门语言。

随后章节为读者介绍了面向对象的编程技术。面向对象编程技术区别以往面向过程的编程理念，它创建了类与对象的概念。类作为一种事物的统一描述，对象则是某个特定事物的数据实体，对象是类的一个实例。开发者可以在类中声明其成员变量与方法，用来操作程序中的数据。既然提到了数据，我们就要从 Objective-C 程序语言的基本数据类型开始，逐一介绍每个数据类型的特点与用法，它们都成了每个程序的基本数据内容。只具备数据类型的编码，还谈不上是一段程序，因为我们要对数据执行运算，所以就需要使用运算符。在运算数据的同时，还要使用一些包含逻辑规则的语句。

循环与判断语句是大多数编程语言都具备的。我们根据 Objective-C 程序语言的特点，通过样例代码，为读者介绍了这两种语句的用法。至此，读者应该已经掌握了构成 Objective-C 程序代码的基本元素。为了能够编写出执行顺畅、逻辑清晰的代码，我们还需要理解继承与多态的关系，它们是面向对象编程技术的关键。

因为在 Objective-C 程序语言中有其独特的内存管理机制，我们先后为读者介绍了自动释放池、引用计数以及看上去很好的"垃圾回收"机制，它们都是合理化使用内存空间的技术。在实际开发中，读者将会对这些技术拥有切身的体会。为了保持程序运行的稳定，内存管理将会成为一项必须掌握的技术。尤其是 iPhone 设备中的游戏产品，在受到内存硬件条件制约的条件下，开发者还要处理许多耗费内存资源的数据，比如图片、声音以及视频。在此我们只是介绍了一些内存管理中常用的技术，读者要想真正掌握它们，还需要在余下的章节中逐步积累经验。

本章节最后部分介绍了 Objective-C 程序语言的特性：数组与字典，它们作为存储对象的容器，方便开发者管理或者操作多个对象数据。我们已经十分熟悉了可变与不可变类型的区别，在今后的游戏开发中，读者可根据需要来选择。可变的类型节省内存空间，具备较高的操作速度；不可变的类型虽然操作自如，但是占据更多的内存以及耗费更多的时间。

下一个章节的内容是作为本章节知识的上层补充，我们将会为读者详尽地介绍 Cocoa 中的程序类库。其中包含了许多与 iPhone 开发息息相关的程序方法，比如窗口菜单、用户操作以及绘制图片等一系列更为高级的功能。在下一个章节，读者将不再是面对寥寥几行 Objective-C 程序语言的代码，而是一些功能完善，能够显示界面并且进行操作的程序项目。如果读者恰好存在 iPhone 设备的话，这正是第一次尝试针对它编程的机会。在完成了下一个章节的阅读后，相信在读者的 iPhone 设备上将会有几个自己开发的程序项目。这将是一件让人炫耀的事情，那就让我们开始吧！

第 **6** 章　iPhone 开发的基础

经过上个章节的内容，读者已经掌握了 Objective-C 编程语言的语法。在本章节中，读者将要学习的主要内容是 iPhone 开发的基础知识。这之后，我们就能够使用 Objective-C 来编写代码，并最终让其运行在设备之上。在开始介绍 iPhone 开发之前，读者先要熟悉 Mac 平台上的一些基本开发知识。这是一个非常简单的道理。如果开发者想要开发 iPhone 设备的应用程序，就必然首先要学会使用 Mac 进行程序开发，熟悉一些 Mac OS 中的程序类库。正如多数开发者熟悉的 MFC 是 Windows 编程中常用的程序库一样，Cocoa 正是苹果公司为 Mac OS X 所创建的原生面向对象的编程环境，它当中包含了许多程序运行所需要的底层框架。

如图 6-1 所示，iPhone 系统的实现可以看成是多个层次的集合。系统底层为其上层所有的应用程序提供基础服务，比如访问内存、硬件设备的驱动等，而高层则包含一些复杂巧妙、丰富多彩的服务和技术，比如多媒体功能、用户交互功能、网络功能。

当我们在编写 iPhone 应用程序的代码时，应该尽可能地使用较高层次框架所提供的功能，而不要使用底层框架。这

图 6-1　iPhone 系统的框架

是因为高层框架多数为底层构造提供面向对象的抽象，也就是更为简便容易的方法接口。这些抽象可以减少开发者编写的代码行数，同时还对诸如网络通信和线程或者内存操作等复杂功能进行封装，从而让编写代码变得更加容易、更加清晰。虽说高层框架是对底层功能进行抽象和封装，但是它并没有把底层技术屏蔽起来。如果开发需要一些高层框架不具备的功能提供接口时，则可以直接使用底层框架。

大多数使用过电脑的用户对微软的视窗操作系统都有所熟悉。因为市场细分的原因，导致多数用户之前并没有接触过 Mac OS 操作系统。不过好在前面的章节我们已经做了一些铺垫，曾经或多或少地提到过 Mac OS 操作系统与 Cocoa 框架。接下来，我们将会更为详细地介绍 Mac OS 系统中程序开发的方法，以及 Cocoa 框架为开发者提供的功能。当然，本章节讲述的内容主要是围绕 iPhone 设备的开发技术。毕竟，我们不是制作 Mac OS 上的应用软件。同时，为了给将来讲解游戏制作技术做好铺垫，当介绍相关知识时，我们会讲述一些游戏开发的经验和惯例。

6.1 iPhone 的框架结构

Cocoa 是苹果公司专门为 Mac OS X 所创建的一个开发环境。它需要开发者使用 Objective-C 编程语言，遵循面向对象的编程理念。在编程环境中，Cocoa 应用程序通常需要在苹果公司的开发工具 Xcode 和 Interface Builder 上进行开发。我们将要开始的 iPhone 应用程序正是运行于此体系之上。

在图 6-1 中，我们总共看到了 4 个层次的框架（framework）。苹果公司将大部分系统接口（程序方法）都发布在框架这种特殊的数据包中。一个框架就是一个目录（程序包），它包含一个动态共享库以及使用这个库所需的资源（如头文件、图像以及帮助应用程序等）。如果要使用某个框架，则需要将其链接到应用程序工程，这一点和使用其他共享库相似。在应用程序中链接了框架之后，开发者就可以随意使用框架中提供的程序方法。

6.1.1 Cocoa Touch 层框架

在最顶层的 Cocoa Touch 层包含了许多丰富巧妙的功能，它是创建 iOS 应用程序所需的关键框架。从实现应用程序可视界面、与用户进行交互，到与高级系统服务通信、与内部功能模块传递数据等，都需要该层框架中技术所提供的底层基础。在开发应用程序的时候，开发者应尽可能地使用该层的框架，而不要使用更底层的框架。只有当此层框架所提供的技术实现无法满足需求时才可以访问更深的层次。按照所实现的功能，Cocoa Touch 框架中又分为许多更小的框架，它们都具备一些特定的功能。随着 iOS 系统版本不断地推陈出新，Cocoa Touch 中包含的框架也越来越多，相对的功能也越来越丰富。接下来，为读者简要介绍一些突出的框架。

首先来介绍最为重要的 UIKit 框架（UIKit.framework）。User Interface Kit（简称 UIKit），它主要用于 iOS 设备的图形用户界面交互。此工具包中的类和常量使用了 UI 作为前缀。毫无疑问，作为将要成为 iPhone 游戏开发者的读者，最关注的应该是 UIKit，它正是我们接下来要详细讲解的内容。

UIKit 框架中提供了许多 Objective-C 方法接口，为 iOS 应用程序的图形及用户交互提供了关键基础支持。iOS 系统所有的应用程序都需要通过该框架来实现核心功能，由此可见 UIKit 框架的重要性。下面来看看其为应用程序提供的服务。

- 应用程序管理：负责应用程序的运行、切换、停止。
- 用户界面管理：将开发者设计的界面显示在屏幕，能被用户观看。
- 图形和窗口支持：提供了一系列基本的图形和显示窗口，方便开发者使用。
- 多任务支持：允许同时执行多个应用程序，来完成不同的任务。
- 处理触摸及移动事件：用户通过触碰操作，产生与应用程序的交互。
- 提供了标准系统视图和控件的对象，适用于所有 iOS 设备。
- 文本和 Web 内容相关的操作，比如剪切、复制以及粘贴。
- 支持动画方式来显示用户界面中的内容。
- 通过地址（URL）方式可以与其他应用程序相整合。
- 为开发者提供了系统后台的推送通知服务支持。
- 为残疾用户提供辅助功能，以及方便快捷的操作方式。

- 支持应用程序本地通知的调度和发送。
- 创建 PDF 文件格式。
- 使用定制输入视图，让用户输入文本，比如输入法中的键盘。
- 创建和系统键盘进行交互的定制文本视图。

除了上述对于应用程序所提供的基础功能，UIKit 还为开发者提供了一些更直接的程序接口，使得我们可以使用那些与设备紧密相连的功能。例如下面介绍的一些功能：

- 反馈加速器获得信息数据。
- 允许调用 iOS 设备的内置相机。
- 访问用户的图片库。
- 获得当前设备的名称和硬件信息。
- 查询当前电池状态的信息。
- 允许访问位置感应器获得的信息。
- 提供来自绑定听筒的远程控制信息。

经过上面的介绍，我们看到了许多 UIKi 框架为开发者提供的功能。限于篇幅，在此我们并不能逐一地为读者进行讲解，只好挑选其中一些有显著的特点，同时在游戏中被开发者经常使用的功能进行介绍。

UIKit 框架对于多任务的支持来自于 iPhone SDK 4.0 及其后续版本。如果应用程序运行于 iOS 4.0 及后续版本操作系统，则当用户单击 Home 键的时候，应用程序并不会如以前系统版本中被立即结束，而是切换到后台。对于大多数应用程序来说，进入后台意味着它们就会进入挂起状态。让应用程序驻留在后台，是为了避免以后的重新启动过程，应用程序可以直接将自己激活，这在很大程度上改善了整体用户体验。另外，将应用程序挂起也可以改善系统性能，因为挂起应用程序将进入节电模式，它消耗的电能为最小化的，同时也为前台应用程序提供了更多的执行时间。尽管应用程序进入后台就会被挂起，但可以通过以下技术让其在后台继续运行：

- 应用程序可以请求一定的时间完成某些重要的任务。
- 应用程序可以声明自身支持的某种服务，以此来申请获得定期后台执行时间。
- 应用程序可以通过本地通告的方式，在指定时间向用户发通知。这种方式对于应用程序是否运行没有要求。

不管应用程序是被挂起还是在后台运行，支持多任务不需要付出额外的工作，但是会占用更多的内存，在内存不足时应用程序可能会被系统强制结束运行。因此，开发者需要留意，处于挂起状态的应用程序并不绝对安全，其可能在任何时候退出。这就意味着许多在退出应用程序时需要执行的任务，必须改为在应用程序切换到后台的时候执行。这就要求开发者在应用程序委托中实现一些新的方法以响应程序的状态切换。

在苹果推送通知服务 iOS 3.0 及后续版本的系统中，不管应用程序是否运行，苹果推送通知服务都可用于通知用户某个应用程序具有新信息。利用这项服务，开发者可以向系统推送文本通知，可以触发声音提醒，或者在应用程序图标上添加一个数字化标记，提醒用户查看并且打开应用程序接收到的相关信息。

从设计角度看，让应用程序支持推送通知包含两个部分。首先，iOS 应用程序需要请求系统向其发送通知，然后合理配置应用程序委托使其可以对通知进行恰当处理。这些工作可以通过应用程序委托以及 UIApplication 对象合作完成。其次，开发者需要提供一个服务器端进程用于产生最初的通知。该进程运行在开发者的本地服务器，它和苹果推送通知服务协同工作以产生最初的通知。

除了推送通知服务之外，UIKit 框架自从 iOS 4.0 之后引入了本地通知的功能。本地通知是对已有推送通知的补充，通用程序可以通过它在本地生成通知，不再需要依赖外部服务器。当有重要的事件发生时，后台应用程序可以利用本地通知获得用户关注。举个例子，运行于后台的导航应用程序可以使用本地通知提醒用户要转弯。应用程序也可以安排在未来的某个时刻向用户发送本地通知，而且发送这些通知并不要求应用程序处于运行状态。本地通知的优点是它独立于开发者的应用程序，一旦某个通知被安排好后，系统就会负责发送通知。而且在发送通知的时候，应用程序无须处于运行状态。

自 iOS 3.2 引入的手势识别器也是 UIKit 框架中深受开发者喜爱的功能。手势识别器是一个绑定到视图的对象，用于检测常见的手势类型。将手势识别器绑定到视图后，开发者获得某个手势发生的事件，以此来执行某种动作或者任务。之后，手势识别器就可以对原始事件进行跟踪，根据系统定义的试探方式识别手势。在引入手势识别器前，如果要识别一个手势，开发者需要跟踪视图的原始触摸事件流，然后再使用复杂的试探方法来判断这些事件是否表示某种手势。

现在，UIKit 框架中包含一个 UIGestureRecognizer 类，它定义了所有手势识别器的基本行为。开发者可以使用自定义的手势识别器子类或者系统定义的某个子类，来处理以下这些标准手势：

- 拍击（任意次数的拍击）。
- 向里或向外捏（用于缩放）。
- 摇动或者拖动。
- 擦碰（以任意方向）。
- 旋转（手指朝相反方向移动）。
- 长按。

除了 UIKit 框架之外，Cocoa Touch 中还存在一些功能相对专一的基础框架。Address Book UI 框架（AddressBookUI.framework）同样提供了一套 Objective-C 的编程接口，此框架为开发者提供了显示、创建或者编辑联系人的标准系统界面。同时，它本身简化了在应用程序中显示联系人信息所需的工作，也可以确保应用程序使用的界面和其他应用程序相同，进而保证跨平台时的一致性。虽然对应用程序来说 Address Book UI 框架提供了简洁的界面，但是因为其本身的内容与游戏关系不大，所以在游戏制作时很少会用到此框架的功能。

Game Kit 框架（GameKit.framework）从名称看，就知道这是一个与游戏有着密切关系的框架。该框架是自 iOS 3.0 之后为开发者提供的，它包含了许多游戏中实用并且十分重要的功能。其最为突出的特点是，通过它游戏可以支持点对点连接及游戏内语音功能，开发者通过该框架为应用程序增加点对点的网络功能将变得轻而易举。点对点连接以及游戏内语音功能在多玩家的游戏中非常普遍，此框架通过一组建构于 Bonjour 之上的简单而强大的类提供网络功能，这些类将许多网络细节抽象出来，从而让没有网络编程经验的开发者可以更加容易地将网络功能整合到应用程序。开发者通过此框架，使用点对点连接启动与某个邻近设备的通信会话。虽然这是一个专门为游戏打造的框架，但是如果需要，开发者也可以考虑将其加入到非游戏应用程序。

在 iOS 3.0 推出时，新引入了 Message UI 框架（MessageUI.framework），它主要为开发者提供了一系列消息收发功能。开发者可以利用该框架撰写电子邮件，并将其放入到系统中用户的发件箱排队等候发送。该框架提供了一个简易的视图控制器界面，可以被显示在应用程序当中。这样，用户不需要退出当前应用程序，就可以在该界面撰写邮件。在应用程序中的界面，用户将会体验到与系统中邮件程序一样的功能。例如用户可以设置收件人、定义主题、编写邮件内容并为邮件添加附件。这个界面允许用户先对邮件进行编辑，然后再选择确认。在用户确认邮件内容和发送地址后，相应的邮件就会放入用户的发件箱排队等候发送。在 iOS 4.0 及其后续的系统中，该框架又提供了一个短消息（SMS）撰写界面控制器。开发者可以通过它在应用程序中直接创建并编辑短消息（SMS），同样无须离开当前的应用程序，在界面中也允许用户先编辑短消息（SMS）再发送。

iOS 4.0 引入了 iAd 框架（iAd.framework），此框架也算是与游戏产品息息相关的。开发者可以通过该框架在应用程序中发布横幅广告。广告会被放入到标准视图，这些视图可以加入到任何的用户界面，并根据开发者的设置在合适的时机向用户展现。这些视图和苹果的公告服务相互协作，自动处理广告内容的加载和展现，同时也可以响应用户对广告的单击。开发者凭借用户对广告的单击，可以获得一些收益。

通过对上述框架的介绍，读者不难发现 Cocoa Touch 层许多框架含有展现标准系统界面的视图控制器。其提倡开发者在应用程序中使用这些视图控制器，这样就可以让应用产品和苹果系统具有一致的用户体验，并方便简化不同设备的显示差异。

Cocoa Touch 框架为应用程序提供了文件分享的功能，开发者可以使用文件共享让用户访问程序的用户数据文件。文件共享允许应用程序通过 iTunes 向用户显露应用程序/Documents 目录的内容。这样，用户就可以在 iPad 和桌面计算机之间来回移动文件。但是，该功能不允许应用程序和同一设备上的其他应用程序共享文件。如果希望在程序间共享文件，请使用剪贴板或者文档交互控制器对象。那些与用户隐私数据打交道的应用程序可以使用设备内建加密功能（有些设备可能不提供内建加密功能）对数据进行保护。如果应用程序指定某个文件受保护，系统会以加密格式将该文件保存在磁盘。当设备锁住的时候，开发者的应用程序以及其他潜在的闯入者都不能访问该文件。而当用户解锁设备后，系统会生成一份密钥以便开发者的应用程序访问该文件。

6.1.2　Media 多媒体框架

顾名思义，多媒体框架就是用来为开发者提供 iOS 设备中的多媒体的功能。媒体框架层包含图形技术、音频技术和视频技术，这些技术相互结合就可以为移动设备带来最好的多媒体体验，更重要的是，它们让创建外观音效俱佳的应用程序变得更加容易。开发者可以使用 iOS 的高级框架更快速地创建高级的图形和动画，也可以通过底层框架访问必要的工具，从而以某种特定的方式完成某种任务。下面，我们先从多媒体的 3 个方面为读者进行简单的介绍。

1. 图形技术

高质量的图形是 iOS 应用程序的重要组成部分。创建应用程序最简单、最有效的方法是使用事先渲染或者绘制过的图片，搭配上标准视图以及 UIKit 框架的控件或者界面，然后把绘制任务交给系统来执行。但是在某些情况下，开发者可能需要一些 UIKit 所不具有的功能，而且需要定制某些行为。在游戏开发中，这是经常出现的情况。在这种情况下，我们就可以使用以下技术管理应用程序的图形内容。

- Core Graphics（也被称为 Quartz）：用于处理本地 2D 向量渲染和图片渲染。
- Core Animation（Quartz Core 框架的一部分）：为动画视图和其他内容提供更高级别支持。

- OpenGL ES：为使用硬件加速接口的 2D 和 3D 渲染提供支持。
- Core Text：提供一个精密的文本布局和渲染引擎。
- Image I/O：提供读取及编写大多数图形格式的接口。
- 资产库框架（Assets Library framework）：可用于访问用户照片库中的照片和视频。

大多数应用程序应该无须改动，或者只需做很少修改，便可运行在具备高分辨率屏幕的设备上。因为在绘图或者操作视图的时候，开发者所指定的坐标值会被映射到逻辑坐标系统，它和底层屏幕分辨率没有关联。而且绘制的内容会自动根据需要按比例缩放，以此来支持高分辨率屏幕。对基于向量进行绘制的代码来说，系统框架会自动使用额外的像素来改善图画的内容，使其变得更清晰。如果应用程序中使用了图片，则可以利用 UIKit 自动加载现有图片的高分辨率版本。

2. 音频技术

iOS 音频技术可帮助开发者为用户提供丰富多彩的音响体验。开发者可以使用音频技术来播放或录制高质量的音频，也可以用于触发设备的震动功能（具有震动功能的设备）。iOS 系统提供数种播放或录制音频的方式供开发者选用。在选择音频技术的时候，请记住，要尽可能地选取高级框架，因为它们可以简化播放音频所需的工作。下面列出的框架从高级到低级排列，媒体播放器框架（Media Player framwork）提供的是最高级的接口。

- 媒体播放器框架：该框架可以让访问用户的 iTune 库变得很容易，并且支持播放曲目和播放列表。
- AV Foundation 框架：它提供一组简单易用的 Objective-C 接口，可用于管理音频的播放或录制。
- OpenAL 框架：它提供一组跨平台，用于发布方位音频的接口。
- Core Audio 框架：它提供的接口简单而精密，可用于播放或录制音频内容。开发者可以使用这些接口播放系统的警报声音，触发设备的震动功能，管理多声道的缓冲和播放，对音频内容进行流化处理。

另外，需要读者注意的是，iOS 音频技术只能支持表 6-1 所示的音频格式。

表 6-1　iOS 支持的音频格式

AAC	Apple Lossless (ALAC)	AES3-2003
A-law	μ-law	DVI/Intel IMA ADPCM
IMA/ADPCM (IMA4)	Linear PCM	Microsoft GSM 6.10

3. 视频技术

iOS 系统中支持多种视频技术，可用于播放应用程序中的电影文件以及来自网络的数据流内容。如果设备具有合适的视频硬件，这些技术也可用于捕捉视频，并可将捕获到的视频集成到应用程序。系统提供了多种方法用于播放或录制视频内容，开发者可以根据需要进行选择。选择视频技术的时候，请尽可能选择高级框架，因为高级框架可以简化为提供对某种功能的支持所需的工作。下面列出的框架由高级到低级排列，其中，媒体播放器框架提供最高级的接口。

- 媒体播放器框架：它提供一组易于使用的接口，可用于播放应用程序中全屏或部分屏的电影。
- AV Foundation 框架：它提供一组 Objective-C 接口，可以对电影的捕捉和播放进行管理。
- Core Media 框架：它对较高级框架使用的底层类型进行描述，同时也提供一些底层接口，可用于对媒体进行处理。

- iOS 视频技术支持播放的电影文件应具有.mov、.mp4、.m4v 以及.3gp 文件扩展名，而且文件应使用下述的压缩标准：H.264 视频，多达 1.5 Mbps，640×480 像素，每秒 30 帧。H.264 Baseline Profile 的 Low-Complexity 版本支持 AAC-LC 音频（ .m4v、.mp4 以及.mov 文件格式中高达 160kbps ,48kHz 的立体音频）。H.264 视频，高达 68 kbps，320×240 像素，每秒 30 帧。达到 Level 1.3 的 Baseline Profile 支持 AAC-LC 音频（ .m4v、.mp4 以及.mov 文件格式中高达 160kbps ,48kHz 的立体音频）。MPEG-4 视频，高达 2.5 Mbps， 640×480 像素，每秒 30 帧。Simple Profile 支持 AAC-LC 音频（ .m4v、.mp4 以及.mov 文件格式中高达 160kbps ,48kHz 的立体音频）。

至此，我们已经熟悉了 iOS 系统中多媒体框架所支持的多媒体种类和格式。在上面介绍的内容中，也提及了一下多媒体 Media 框架层中的一些子框架。大多数的游戏产品中都包含了丰富的多媒体展示。因此为了加深读者对于它们的理解，接下来逐一介绍这些子框架。

1. AV Foundation 框架

iOS 2.2 引入了 AV Foundation 框架（AVFoundation.framework）。AV Foundation 框架是 iOS 中录制播放音频和视频的唯一框架，该框架还支持对媒体项进行管理和处理。

该框架包含的 Objective-C 类可用于播放音频内容。通过使用该框架，开发者可以播放声音文件或播放内存中的音频数据，也可以同时播放多个声音，并对各个声音的播放特定进行控制。在 iOS 4.0 及后续版本中，该框架提供的服务得到很大的扩展，下述的服务现在也包含在框架中：

- 媒体资源管理。
- 媒体编辑。
- 电影捕捉。
- 电影播放。
- 曲目管理。
- 媒体项的元数据管理。
- 立体声淘选。
- 不同声音的精确同步。
- 用于判断声音文件详细信息的 Objective-C 接口，如判断数据格式、采样率和声道数。

2. Core Audio 框架

表 6-2 所示的 Core Audio 框架家族为音频提供本地支持。Core Audio 框架提供 C 语言接口，可用于操作立体声音频。通过 iOS 系统的 Core Audio 框架，开发者可以在应用程序中生成、录制、混合或播放音频，也可通过该框架访问设备的震动功能（支持震动功能的设备）。

表 6-2　Core Audio 框架

框　　架	服　　务
CoreAudio.framework	定义 Core Audio 框架家族使用的音频数据类型
AudioToolbox.framework	播放或录制音频文件或数据流，也可用于管理音频文件，播放系统警告声音，触发某些设备的震动功能
AudioUnit.framework	为内置音频单元服务，内置音频单元是指音频处理模块

3．Core Graphics 框架

Core Graphics 框架（CoreGraphics.framework）包含 Quartz 2D 绘图 API 接口。Quartz 是 Mac OS X 系统使用的向量绘图引擎，它支持基于路径绘图、抗锯齿渲染、渐变、图片、颜色、坐标空间转换、PDF 文件的创建、显示和解析。虽然 API 基于 C 语言，但是它使用基于对象的抽象以表示基本绘图对象，这样可以让开发者可以更方便地保存并复用图像内容。

4．Core Text 框架

iOS 3.2 引入了 Core Text 框架（CoreText.framework），该框架包含一组简单高效的 C 接口，可用于对文本进行布局以及对字体进行处理。Core Text 框架提供一个完整的文本布局引擎，开发者可以通过它管理文本在屏幕上的摆放。所管理的文本也可以使用不同的字体和渲染属性。该框架专为诸如字处理程序这类需要具有精密文本处理功能的应用程序而设计。如果开发者的应用程序只需要一种文本输入和显示，则应使用 UIKit 框架中已有的类。

5．Image I/O 框架

iOS 4.0 引入 Image I/O 框架（ImageIO.framework），该框架的接口可用于导入或导出图像数据及图像元数据。该框架建构于 Core Graphics 数据类型和函数之上，能够支持 iOS 上所有的标准图像类型。

6．Core Video 框架

iOS 4.0 引入了 Core Video 框架（CoreVideo.framework），该框架为 Core Media 提供缓存和缓存池的支持。大多数应用程序都不应该直接使用该框架。

7．资产库框架

iOS 4.0 引入了资产库框架（AssetsLibrary.framework），该框架提供一个查询界面，开发者可以通过它查找用户照片和数据。通过使用该框架，开发者可以访问 Photos 管理的资产，包括用户保存的相册以及导入到设备中的图片或视频，也可以将照片或者视频保存到用户的相册。

8．媒体播放器框架

媒体播放器框架（MediaPlayer.framework）为应用程序播放视频和音频内容提供高级支持。通过该框架，开发者就可以使用标准系统界面播放视频。iOS 3.0 增加了对访问用户 iTune 库的支持。因此，开发者可以利用该框架播放音乐曲目、播放列表、搜索歌曲并向用户显示媒体选取界面。在 iOS 3.2 系统中，该框架发生了变化，开始支持在可改变尺寸的视图中播放视频（之前只支持全屏）。另外还新增数个界面用于支持配置和管理电影播放。

9．OpenAL 框架

除了 Core Audio 之外，iOS 还支持 Open Audio Library（OpenAL）。OpenAL 接口是在应用程序中发布方位音频的跨平台标准。通过使用该框架，开发者可以在游戏或者要求有方位音频输出的程序中实现高性能、高质量的音频。OpenAL 是跨平台的标准，iOS 平台使用 OpenAL 编写的代码模块可以移植到许多其他的平台运行。

10．OpenGL ES 框架

OpenGL ES 框架（OpenGLES.framework）提供的工具可用于绘制 2D 及 3D 内容。该框架基于 C 语言，能够和设备硬件紧密协作，为全屏游戏类型的应用程序提供很高的帧速率。OpenGL 框架

需要和 EAGL 接口结合使用。这些接口是 OpenGL ES 框架的一部分，是 OpenGL ES 绘图代码及应用程序中的窗口对象的接口。在 iOS 3.0 及其后续版本的系统中，OpenGL ES 框架同时支持 OpenGL ES 2.0 及 OpenGL ES 1.1 接口规范。2.0 规范支持分段和点着色，只有运行 iOS 3.0 及其后续版本的设备才支持 2.0。所有版本的 iOS 及 iOS 设备都支持 OpenGL ES 1.1 规范。

11．Quartz Core 框架

Quartz Core 框架（QuartzCore.framework)包含 Core Animation 接口。Core Animation 是高级动画制作和混合技术，它使用经过优化的渲染路径实现复杂的动画和视觉效果。它提供的高级 Objective-C 接口可对动画效果进行配置，然后在设备硬件中进行渲染，以此来提高程序的性能。Quartz Core 框架被整合到 iOS 的许多部分（包括 UIKit 框架中的许多类，如 UIView），可以为多种系统行为提供动画效果。开发者也可以使用该框架中的 Objective-C 接口直接创建定制动画。

6.1.3　Core Serivces 层框架

Core Services 层为所有的应用程序提供基础系统服务。可能应用程序并不直接使用这些服务，但它们是系统很多部分赖以建构的基础。

其中 SQLite 库允许开发者将一个轻量级 SQL 数据库嵌入到应用程序，而且开发者不需要运行独立的远程数据库服务器进程。在此之后，开发者可以在应用程序中创建本地数据库文件，管理文件中的表和记录。虽然 SQLite 数据库出于通用目的而设计，但它还是针对数据库记录的快速访问做过优化。

Core Services 层中的 oundation 框架支持使用 NSXMLParser 类从 XML 文档中解析元素，而 libXML2 库则为操作 XML 内容提供支持。libXML2 库是开源的，它可以让开发者快速地解析或写入任意的 XML 数据，也可将 XML 内容转换为 HTML 文件。

应用程序可使用 Core Location 框架提供的接口追踪用户位置。此框架利用当前可用的硬件无线电波（包括 Wi-Fi、蜂窝无线或者 GPS）定位用户的当前位置。应用程序可以对框架提供的信息进行裁剪，然后将其发送给客户，或用于实现某些特定功能。举个例子，社交应用程序允许开发者找到附近其他应用程序用户，然后再与之进行通信。

iOS 4.0 引入了 Grand Central Dispatch（GCD），它是 BSD 级别的技术，可用于在应用程序内管理多个任务的执行。GCD 技术将异步编程模型和高度优化内核结合在一起，可作为多线程的便捷（且更高效）替代。同时，它也为许多种底层任务（如读写文件描述符、实现定时器、监视信号、处理事件等）提供替代方案。

iOS 3.0 引入了应用程序内购买功能，通过该功能，开发者可以在应用程序内出售内容或服务。该功能使用 Store Kit 框架来实现，它可以为使用 iTunes 账户进行的财务交易的处理提供基础支持，应用程序只需处理用户体验及待售内容或服务的展现。

iOS 4.0 引入了块对象。块对象是 C 级别的构造，开发者可以在 C 或 Objective-C 代码中使用块对象。从本质上说，块对象是一个匿名函数加上该函数的伴随数据。有些时候，其他语言也称块对象为 closure 或者 lambda。块对象非常适用于回调函数。如果开发者需要有很便捷的方法将执行代码和相关数据组合在一起，块对象也是很好的选择。

在 iOS 系统中，块对象通常用于下述场合：

● 作为委托或委托方法的替代品。

- 作为回调函数的替代品。
- 用于实现一次性操作的完成处理器。
- 简化在群体所有子项上迭代执行某种任务的操作。
- 配合分发队列，可用于执行异步任务。

Address Book 框架（AddressBook.framework）支持编程访问存储于用户设备中的联系人信息。如果应用程序使用到联系人信息，则可通过该框架访问并修改用户联系人数据库的记录。举个例子，通过使用该框架，聊天程序可以获取一个联系人列表，利用此列表初始化聊天会话，并在联系人视图显示列表的联系人。

CFNetwork 框架（CFNetwork.framework）提供一组高性能基于 C 语言的接口，它们为使用网络协议提供面向对象抽象。通过这些抽象，开发者可以对协议栈进行更精细的控制，而且可以使用诸如 BSD socket 这类底层结构。开发者也可以通过该框架简化诸如与 FTP 或 HTTP 服务器通信以及 DNS 主机解析这类任务。下面列举一些可以使用 CFNetwork 框架执行的任务：

- 使用 BSD socket。
- 使用 SSL 或 TLS 创建加密连接。
- 解析 DNS 主机。
- 使用 HTTP，校验 HTTP 以及 HTTPS 服务器。
- 使用 FTP 服务器。
- 发布、解析并浏览 Bonjour 服务。
- CFNetwork 理论及实现都以 BSD socket 为基础。
- Core Data 框架。

iOS 3.0 引入 Core Data 框架（CoreData.framework）。Core Data 框架是一种管理模型-视图-控制器应用程序数据模型的技术，它适用于数据模型已经高度结构化的应用程序。通过此框架，开发者再也不需要通过编程定义数据结构，而是通过 Xcode 提供的图形工具构造一份代表数据模型的图表。在程序运行的时候，Core Data 框架就会创建并管理数据模型的实例，同时还对外提供数据模型访问接口。通过 Core Data 管理应用程序的数据模型，可以极大程度减少需编写的代码数量。除此之外，Core Data 还具有下述特征：

- 将对象数据存储在 SQLite 数据库以获得性能优化。
- 提供 NSFetchedResultsController 类用于管理表视图的数据。
- 管理 undo/redo 操作。
- 属性值校验支持。
- 支持对数据变化进行传播，并且不会改变对象间的关联。
- 支持对数据进行归类、过滤，并支持对内存数据进行管理。

如果开发者正在开发新应用程序或打算对某个现有的程序进行大幅度更新，请考虑使用 Core Data，它将会帮助你解决一切与数据相关的难题。

1. Core Foundation 框架

Core Foundation 框架（CoreFoundation.framework）是一组 C 语言接口，它为 iOS 应用程序提供基本数据管理和服务功能。下面列举该框架支持进行管理的数据以及可提供的服务：

- 群体数据类型（数组、集合等）。
- 程序包。
- 字符串管理。
- 日期和时间管理。
- 原始数据块管理。
- 偏好管理。
- URL 及数据流操作。
- 线程和 RunLoop。
- 端口和 socket 通信。

Core Foundation 框架和 Foundation 框架紧密相关，它们为相同功能提供接口，但 Foundation 框架提供 Objective-C 接口。如果开发者将 Foundation 对象和 Core Foundation 类型掺杂使用，则可利用两个框架之间的 toll-free bridging。所谓的 toll-free bridging 是说开发者可以在某个框架的方法或函数同时使用 Core Foundatio 和 Foundation 框架中的某些类型。很多数据类型支持这一特性，其中包括群体和字符串数据类型。每个框架的类和类型描述都会对某个对象是否为 toll-free bridging、应和什么对象桥接进行说明。

2．Core Location 框架

Core Location 框架（CoreLocation.framework）可用于定位某个设备当前经纬度。它可以利用设备具备的硬件，通过附近的 GPS、蜂窝基站或者 WiFi 信号等信息计算用户方位。Maps 应用程序就是利用此功能在地图上显示用户当前位置。开发者可以将此技术结合到应用程序，以此向用户提供方位信息。例如，应用程序可根据用户当前位置搜索附近饭店、商店或其他设施。在 iOS 3.0 系统中，该框架开始支持访问 iOS 设备（具有相应硬件的设备）的方向信息。在 iOS 4.0 系统中，该框架开始支持低能耗的方位监视服务，该服务利用蜂窝基站跟踪用户方位。

3．Core Media 框架

iOS 4.0 引入了 Core Media 框架（CoreMedia.framework），此框架提供 AV Foundation 框架使用的底层媒体类型。只有少数需要对音频或视频创建及展示进行精确控制的应用程序才会涉及该框架，其他大部分应用程序应该都用不上。

4．Core Telephony 框架

iOS 4.0 引入了 Core Telephony 框架（CoreTelephony.framework），此框架为访问具有蜂窝无线的设备上的电话信息提供接口，应用程序可通过它获取用户蜂窝无线服务的提供商信息。如果应用程序对于电话呼叫感兴趣，也可以在相应事件发生时得到通知。

5．Event Kit 框架

iOS 4.0 引入了 Event Kit 框架（EventKit.framework），此框架为访问用户设备的日历事件提供接口。开发者可以通过该框架访问用户日历中的现有事件，也可以增加新事件。日历事件可包含闹铃，而且可以配置闹铃激活规则。

6．Foundation 框架

Foundation 框架（Foundation.framework）为 Core Foundation 框架的许多功能提供 Objective-C

封装。开发者可以参考 Foundation 框架了解前面对 Core Foundation 框架的描述。 Foundation 框架为下述功能提供支持：

- 群体数据类型（数组、集合等）。
- 程序包。
- 字符串管理。
- 日期和时间管理。
- 原始数据块管理。
- 偏好管理。
- URL 及数据流操作。
- 线程和 RunLoop。
- Bonjour。
- 通讯端口管理。
- 国际化。
- 正则表达式匹配。
- 缓存支持。

Foundation 框架作为通用的面向对象的函数库，提供了所有基本数据类型、数值与变量的管理、容器及其枚举、分布式计算、事件循环等。除了与图形用户界面有关的功能之外，Foundation 提供了几乎所有开发者需要使用的程序库。它为开发者提供了数十种对象系列和数以百计的对象类，从保存数字、文档和日期的值对象，到字符串、数字和集合应有尽有，它们是构建应用程序的基本构建块。另外，所有来自 Foundation 框架中的类或者常数都使用 NS 作为前缀标识源自于 NeXTStep 公司。

7. Quick Look 框架

iOS 4.0 引入了 Quick Look 框架（QuickLook.framework），应用程序可以用过该框架预览无法直接支持查看的文件内容。如果应用程序从网络下载文件或者需处理来源未知的文件，则非常适合使用此框架。因为应用程序只要在获得文件后调用框架提供的视图控制器，就可以直接在界面中显示文件的内容。

8. Store Kit 框架

iOS 3.0 引入了 Store Kit 框架（StoreKit.framework），此框架为 iOS 应用程序内购买内容或服务提供支持。例如，开发者可以利用此框架允许用户解锁应用程序的额外功能。或者假设开发者是一名游戏开发人员，则可使用此特性向玩家出售附加游戏级别。在上述两种情况中，Store Kit 框架会处理交易过程中和财务相关的事件，包括处理用户通过 iTunes Store 账号发出的支付请求，并且向应用程序提供交易相关信息。

Store Kit 框架主要关注交易过程中和财务相关的事务，目的是为了确保交易安全、准确。应用程序需要处理交易事物的其他因素，包括购买界面和下载（或者解锁）恰当的内容。通过这种任务划分方式，开发者就拥有购买内容的控制权，可以决定希望展示给用户的购买界面以及何时向用户展示这些界面，同时也可以决定和应用程序最匹配的交付机制。

9. System Configuration 框架

System Configuration 框架（SystemConfiguration.framework）可用于确定设备的网络配置。开发者可以使用该框架判断 Wi-Fi 或者蜂窝连接是否正在使用中，也可以用于判断某个主机服务是否可以使用。

6.1.4 Core OS 层框架

Core OS 框架，又称系统层，其中包括内核环境、驱动及操作系统底层 UNIX 接口。内核以 Mach 为基础，负责操作系统的各个方面，包括管理系统的虚拟内存、线程、文件系统、网络以及进程间通信。这一层包含的驱动是系统硬件和系统框架的接口。出于安全方面的考虑，内核和驱动只允许少数系统框架和应用程序访问。

应用程序可以使用 iOS 提供的 LibSystem 库访问多种操作系统底层功能。LibSystem 库的接口基于 C 语言，可为下述功能提供支持：

- 线程（POSIX 线程）。
- 网络（BSD socket）。
- 文件系统访问。
- 标准 I/O。
- Bonjour 和 DNS 服务。
- 区域信息。
- 内存分配。
- 数学计算。

1. Security 框架

iOS 系统不但提供内建的安全功能，还提供 Security 框架（Security.framework）用于保证应用程序所管理的数据的安全。该框架提供的接口可用于管理证书、公钥、私钥以及信任策略。它支持生成加密的安全伪随机数。同时，它也支持对证书和 Keychain 密钥进行保存，是用户敏感数据的安全仓库。CommonCrypto 接口还支持对称加密、HMAC 以及 Digests。实际上，Digests 的功能和 OpenSSL 库常用的功能兼容，但是 iOS 无法使用 OpenSSL 库。

在 iOS 3.0 及其后续版本的系统中，开发者可以让所创建的多个应用程序共享某些 Keychain 项，这样可以让相同套件内的应用程序的互用更流畅。举个例子，开发者可以在应用程序间共享用户密码和及其他元素。通过这种方法，开发者就不需要在每个应用程序单独对用户做出提示。如应用程序需要共享数据，则每个应用程序的 Xcode 工程必须配备恰当的资格。

2. External Accessory 框架

iOS 3.0 引入了 External Accessory 框架（ExternalAccessory.framework），通过它来支持 iOS 设备与绑定附件通信。附件可以通过一个 30 针的基座接口和设备相连，也可通过蓝牙连接。通过 External Accessory 框架，开发者可以获得每个外设的信息并初始化一个通信会话。通信会话初始化完成之后，开发者可以使用设备支持的命令直接对其进行操作。

3. Accelerate 框架

iOS 4.0 引入了 Accelerate 框架（Accelerate.framework），该框架的接口可用于执行数学、大数字以及 DSP 运算。和开发者个人编写的库相比，该框架的优点在于它根据现存的各种 iOS 设备的硬件配置进行过优化。因此，开发者只需一次编码就可确保它在所有设备上高效运行。

6.1.5 iPhone 设备中的框架

上面按照从上到下的顺序介绍了 iOS 系统包含的框架，它们为编写 iOS 平台应用程序提供了必要的接口。接下来为读者展示一下在 iPhone 设备中这些框架的位置，如表 6-3 所示。

表 6-3　设备中的框架

名　称	引入版本	前　缀	描　述
Accelerate.framework	4.0	cblas, vDSP	包含加速数学和 DSP 函数
AddressBook.framework	2.0	AB	包含直接访问用户联系人数据库的函数
AddressBookUI.framework	2.0	AB	包含显示系统定义的联系人挑选界面和编辑界面的类
AssetsLibrary.framework	4.0	AL	包含显示用户照片和视频的类
AudioToolbox.framework	2.0	AU, Audio	包含处理音频流数据以及播放或录制音频的接口
AudioUnit.framework	2.0	AU, Audio	包含加载并使用音频单元的接口
AVFoundation.framework	2.2	AV	包含播放或录制音频的 Objective-C 接口
CFNetwork.framework	2.0	CF	包含通过 WiFi 或者蜂窝无线访问网络的接口
CoreAudio.framework	2.0	Audio	包含 Core Audio 框架使用的各种数据类型
CoreData.framework	3.0	NS	包含管理应用程序数据模型的接口
CoreFoundation.framework	2.0	CF	提供一些基本软件服务，包括常见数据类型抽象、字符串实用工具、群体类型实用工具、资源管理以及偏好设置
CoreGraphics.framework	2.0	CG	包含 Quartz 2D 接口
CoreLocation.framework	2.0	CL	包含确定用户方位信息的接口
CoreMedia.framework	4.0	CM	包含操作音频和视频的底层例程
CoreMotion.framework	4.0	CM	包含访问加速度计以及陀螺仪的数据的接口
CoreTelephony.framework	4.0	CT	包含访问电话相关的信息的例程
CoreText.framework	3.2	CT	包含一个文本的布局渲染引擎
CoreVideo.framework	4.0	CV	包含操作音频和视频的底层例程。请不要直接使用该框架
EventKit.framework	4.0	EK	包含访问用户日历事件数据的接口
EventKitUI.framework	4.0	EK	包含显示标准系统日历界面的类
ExternalAccessory.framework	3.0	EA	包含与外设进行通信的接口
Foundation.framework	2.0	NS	包含 Cocoa Foundation 层的类和方法
GameKit.framework	3.0	GK	包含点对点连接管理接口
iAd.framework	4.0	AD	包含在应用程序中显示广告的类
ImageIO.framework	4.0	CG	包含读取或写入图像数据的类
IOKit.framework	2.0	N/A	包含设备所使用的接口。请不要直接使用此框架
MapKit.framework	3.0	MK	包含将地图界面嵌入到应用程序的类，也可以用于查找地理编码反向坐标
MediaPlayer.framework	2.0	MP	包含显示全屏视频的接口
MessageUI.framework	3.0	MF	包含撰写和排队发送电子邮件信息的界面
MobileCoreServices.framework	3.0	UT	定义系统支持的统一类型标识符（UTIs）
OpenAL.framework	2.0	AL	包含 OpenAL 接口。OpenAL 是一个跨平台的方位音频库
OpenGLES.framework	2.0	EAGL, GL	包含 OpenGL ES 接口。OpenGL ES 框架是 OpenGL 2D 和 3D 渲染库的跨平台版本
QuartzCore.framework	2.0	CA	包含 Core Animation 接口
QuickLook.framework	4.0	QL	包含预览文件接口

名　　称	引入版本	前　　缀	描　　述
Security.framework	2.0	CSSM, Sec	包含管理证书、公钥私钥以及信任策略的接口
StoreKit.framework	3.0	SK	包含用于处理与应用程序内购买相关的财务交易
SystemConfiguration.framework	2.0	SC	包含用于处理设备网络配置的接口
UIKit.framework	2.0	UI	包含 iOS 应用程序用户界面层使用的类和方法

　　根据表 6-3 中列出的框架中的类、方法、函数、类型以及常量使用的关键前缀，请开发者避免在编写的代码或者项目名称中使用这些前缀。考虑到 iPhone 设备与模拟器存在不同的路径，因此，在模拟器中这些框架位于如下目录：

```
<Xcode>/Platforms/iPhoneOS.platform/Developer/SDKs/<iOS_SDK>/System/Library/
Frameworks
```

　　路径中的<Xcode>表示 Xcode 的安装目录，<iOS_SDK>则表示目标 SDK 版本。表 6-3 中标题为"引入版本"的那一列，表示首次引入相关框架的 iOS 系统版本。在其后续版本当中，开发者都可以调用并运行相关框架。虽然编写代码应该面向设备框架，但是在测试的过程中，开发者也需要针对模拟器编译代码。设备和模拟器的框架稍有区别。模拟器将几个 Mac OS X 框架作为其自身实现的一部分。另外，由于系统的限制，设备框架的确切接口有可能和模拟器框架稍有不同。请注意，iOS 系统可能没有将 Core OS 和 Core Services 层某些特殊的库打包成框架，而是将其作为动态库放在系统的/usr/lib 目录。动态共享库通过.dylib 扩展名标识，其相应的头文件位于/usr/include 目录。

　　所有版本的 iPhone SDK 都包含一份安装在系统的动态共享库本地副本，这些副本被安装在开发者的开发系统，开发者可以从 Xcode 工程进行链接。如果开发者需要查看某个版本的动态库列表，请查看：

```
<Xcode>/Platforms/iPhoneOS.platform/Developer/SDKs/<iOS_SDK>/usr/lib
```

　　在这个路径中，<Xcode>表示 Xcode 的安装目录，<iOS_SDK>表示开发者当时正在使用某个版本的 SDK。举个例子，iOS 3.0 SDK 的动态库位于目录：

```
/Developer/Platforms/iPhoneOS.platform/Developer/SDKs/iPhoneOS3.0.sdk/usr/lib
```

　　相应的头文件则位于目录：

```
/Developer/Platforms/iPhoneOS.platform/Developer/SDKs/iPhoneOS3.0.sdk/usr/include
```

6.2　iPhone SDK 介绍

　　到今天为止苹果公司已经推出了许多 iPhone SDK 版本，更确切地说应该是 iOS SDK。因为在 iPad 设备问世以后，开发者制作的应用程序不再只适用于一个 iPhone 终端设备，所以 iPhone SDK 的名称已经变为了过去时。2010 年 6 月，苹果公司正式将 iPhone OS 改名为 iOS。

　　iPhone SDK 为开发者创建 iPhone 设备中的本地应用程序提供必需的工具和资源。在用户的主屏幕上，iPhone 的应用程序表示为图标，用户可以通过单击它们来运行。它们和运行在 Safari 内部的 Web 应用程序不同。在基于 iPhone OS 的设备上，它们作为独立的执行程序来运行，具备独立的生命周期。应用程序大致可以被分为两种：本地和网络。本地就是安装在当前 iPhone 设备当中，其本身可能具备网络通信的功能。本地应用程序可以访问 iPhone 和 iPod touch 的所有特性，比如加速计、位置服务和多点触摸接口。正是这些特性使应用程序变得更加有趣，深受用户喜爱。本地应用程序还可以将数据保存在本地的文件系统中，甚至可以通过定制的 URL 类型和安装在设备上的其他程序进行通信。网络应用程序则是指主要运行机制存储在网络，当下最为先进的云端技术就是一种网络应用程序的实现技术。

iOS SDK 截止到本书编写时，已经发布至 iOS 5.0 版本了。它作为一个开发工具包，其中包含了界面开发工具、集成开发工具、框架工具、编译器、分析工具、开发样例和一个模拟器。iOS 的系统结构分为 4 个层次：核心操作系统（the Core OS layer）、核心服务层（the Core Services layer）、媒体层（the Media layer）和可轻触层（the Cocoa Touch layer）。

开发者可以从苹果开发者联盟获得 iOS SDK 最新版本。为 iPhone OS 开发本地应用程序需要使用 UIKit 框架，利用该框架提供的基础设施和默认行为，我们可以在几分钟内创建一个具有一定功能的应用程序。虽然它是完全免费的，不过读者至少需要注册一个账号才能够使用。从最初的 1.0 版本（于 2007 年 1 月 9 日发布）到现在的 5.0 版本，这期间 iOS SDK 不断丰富、完善，其中增加了许多新奇、实用、高效的功能，比如多点触碰、游戏连接与分享、游戏用户中心、定位服务。这些 iOS SDK 中提供的功能，也正是游戏制作不可或缺的内容。

通常一个版本的 iOS SDK 中包含下述几个重要组件，它们能够帮助开发者完成 iPhone 应用程序的开发与制作。

- Xcode 工具：是最基本的 iOS 应用程序开发工具。Xcode 本身是一个集成开发环境（IDE），与其他平台的 Eclipse、Visual Studio 类似，负责管理应用程序工程。开发者可以通过它来编辑、编译、运行以及调试代码。Xcode 还集成了许多其他工具，是开发过程中使用到的主要应用程序。

- Interface Builder：是属于 Xcode 中的一个以可视化方式设计用户交互界面的工具。开发者通过 Interface Builder 创建出来的交互界面将会保存到某种特定格式的资源文件，并且在运行时加载到应用程序。Interface Builder 工具的存在简化了开发者设计应用程序界面的工作。

- Instruments：Xcode 中配套的一款开发调试工具，它能够在应用程序运行时进行性能分析和调试。开发者可以通过 Instruments 收集应用程序运行时的行为和内存信息，并利用这些信息来确认可能存在的问题或者修改错误。

- iPhone 模拟器：这是为没有真实设备的开发者准备的利器。它本身是 Mac OS X 平台应用程序，对 iOS 设备运行系统进行模拟，以便于开发者可以在基于 Macintosh 上进行 iOS 应用程序的测试。不过，作为游戏开发者，本着对用户负责的态度，拥有一台真实的 iPhone 设备是不可或缺的。

- iOS 参考库：iOS SDK 中包含 iOS SDK 的参考文档。另外，如果文档库有更新，则更新会被自动下载到本地。开发者可以在 Xcode 的界面菜单中，通过选择 Help → Developer Documentation 查看参考库。

6.3　程序设计原则与 App 生命周期

阅读本书的读者都有一个非常明确的目标，那就是亲自制作一款 iPhone 游戏产品。游戏产品可被算作一款具备娱乐性，能为用户带来乐趣的应用产品。因此，作为一款应用产品，就必然具备一项至关重要的功能：与用户交互的能力。应用产品需要能够接受到用户的操作，并且能够响应操作。作为游戏产品，用户操作体验更显得尤为重要。如果没有良好的交互性，游戏功能将会受到极大的限制，甚至于失去价值。

在前面的章节中，我们已经运行过一些 iPhone 平台的应用项目，它们多少都具备了一定的功能，但是并未与用户产生任何的交互。所以从用户的角度来考量，之前的项目还算不上是一个完整的应用产品。接下来，我们从宏观的角度来介绍一个应用产品的基本组成。

iPhone 平台的开发者大都采用一种 MVC 的设计泛型作为制作的原则。所谓的 MVC 是指一款应用产品被分为了 3 部分：Model（模型）、View（显示）和 Controller（控制）。MVC 泛型在计算机软件设计中经常被使用。它将一款应用程序拆分为 3 部分，将软件的复杂度进行简化，使程序结构更加直观。软件通过对自身基本部分的分离，将各个基本部分独立，使其具备应有的功能。

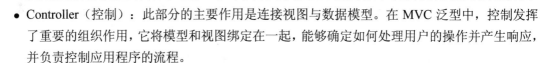

图 6-2 展示了 Cocoa 框架中所应用的 MVC 泛型。正如前面介绍的，MVC 将应用产品的功能分为 3 个部分。

图 6-2　MVC 泛型

- Model（模型）：其全称为"数据模型"，用于保存应用程序中所使用的数据。这些数据与应用产品的业务逻辑相关，它们并不依赖于"视图"和"控制器"。换句话说，数据模型并不在乎它是被如何显示或者是被用来做什么操作的。某些应用程序中的数据库，或者游戏中特殊的算法等都属于此部分。
- View（视图）：主要指用户可以直观地看到并产生交互的视窗、界面或者控件。视图的作用主要是根据数据模型的内容来进行显示，其本身不关注显示的内容，只是开发者用来设计的界面。
- Controller（控制）：此部分的主要作用是连接视图与数据模型。在 MVC 泛型中，控制发挥了重要的组织作用，它将模型和视图绑定在一起，能够确定如何处理用户的操作并产生响应，并负责控制应用程序的流程。

经过上面的描述，读者应该认识到，在设计一款应用产品时要尽量遵循 MVC 泛型，将产品的功能分割为 3 个尽可能独立的代码。

采用 MVC 泛型最大的好处就是代码具备非常高的重用性，因为被独立的功能部分很容易地就可以移植到其他应用程序当中。同时，由于各个功能间不存在依赖性，所以在进行修改或者升级时，所需的工作也将会变得简单、容易。比如在游戏当中我们需要实现一个"开始游戏"的按钮时，按照 MVC 方式，这个功能被分为了 3 部分：首先是如何显示这个按钮，按钮中的文字是什么？其次，按钮需要被单击，被单击后要执行什么功能？最后，游戏开始要执行哪些代码？就这样，我们将一个游戏开始的按钮分为了 3 部分。如果界面设计人员想要更换按钮的样式，将原本科幻的风格换为卡通的风格，那么只需更换视图（View）部分的按钮显示的代码，而其他两部分并不会受到影响。如果按钮的功能发生了改变，开发人员希望在开始游戏之前先要播放一段视频呢？也很简单，只需修改控制（Controller）部分的功能即可。最后，由于游戏开始时新加入了一段音乐来播放，这其实只需要开发者修改数据模型部分。

经过上面的举例，读者已经领悟了 MVC 泛型的好处，不妨在今后的设计与开发过程中试着去把握 MVC 泛型。因为 iPhone 系统已经具备了根深蒂固的 MVC 泛型设计理念，我们就不得不在编写代码时更多地去考虑某个类或者对象应该被划分为哪一部分，模型、视图还是控制？

接下来，我们将按照 MVC 泛型为读者逐一地介绍 iPhone 项目工程的基本组成。在开始 iPhone 应用项目制作之前，我们首先思考一个最为基础的问题，那就是一个 iPhone 设备上运行的程序从哪里开始？这个问题几乎是每一个可编程平台都需要解决的问题。换句话说，在我们编写了成百上千，甚至过万行代码中，被系统执行的第一行代码在哪里？开发者习惯把执行第一行代码的地方称为应用程序的"入口"。接下来，我们就来介绍 iPhone 应用程序的"入口"。

第 5 章中我们编写了许多 Objective-C 语言的程序。如果读者还留有印象，这些程序的入口为方法 main()。这是继承自 C 语言的特色。iPhone 程序的第一个入口也是来自于此方法。我们继续使用 HelloWorld 示例程序，来看看其 main() 方法中的代码内容。

代码 6-1　main() 方法中的代码

```
//
//  main.m
//  HelloWorld
//
//  Created by shadow on 12-1-5.
//  Copyright 2012 __MyCompanyName__. All rights reserved.
//
#import <UIKit/UIKit.h>

int main(int argc, char *argv[]) {

    NSAutoreleasePool * pool = [[NSAutoreleasePool alloc] init];
    int retVal = UIApplicationMain(argc, argv, nil, nil);
    [pool release];
    return retVal;
}
```

代码 6-1 展示的是 main.m 中的全部代码。这是一个完全自动生成的 HelloWorld 项目，与我们在前面章节介绍的工程一模一样。如果运行当前的程序，我们将会在模拟器的屏幕上看到一片空白。这是因为在此项目工程中我们并没有添加任何的显示界面，一切都是系统默认的。首先来看代码中的注释，这段注释也是由 Xcode 自动生成的。读者可以自主修改注释中的两部分信息，即开发者的名字和版权所有的公司。接下来就是 iPhone 程序的源自 Objective-C 编程语言的"入口"方法 main()。在此方法中，我们初始化了一个自动释放池的实例对象，然后调用了 UIApplicationMain(argc, argv, nil, nil)，此方法将会创建一个 iPhone 应用程序的实例。最后释放了自动释放池的实例对象。这个过程就好比一个人的生命，创建自动释放池对象意味着"出生"，然后通过一个 UIApplication 的对象来度过慢慢的"人生"，最后释放自动释放池的实例对象就离开了"尘世"。我们常常描述"人生就是一场旅行，不要在乎从哪里开始，不要考虑在哪里结束，重要的是沿途的风景和当时的心情"。同样的道理，作为 iPhone 设备的应用程序开发者，我们只需要慢慢体会 iPhone 系统所产生的实例对象 UIApplication。

每一个 iPhone 应用程序都有且仅有一个独立的 UIApplication 实例对象，此对象就是通过 main() 方法创建的。在程序项目中，我们必须通过一个应用程序委托来使用。"委托"是一个 iPhone SDK 中编程的专业术语，它被广泛地应用在 Cocoa 框架当中。它是负责为另一个对象处理特定事件的类。

委托是一种简单而强大的模式。在此模式中，程序中的一个对象代表另外一个对象执行某个动作，或者与之相互协作共同完成某个任务。发布委托的对象持有其他对象（委托）的引用。在适当的时候，它会向委托发送消息。消息用于通知委托对象发布委托的对象将要处理或者已经处理某个事件。作为响应，委托对象会更新外观或者更新自身或应用程序其他对象的状态。在某些情况下，委托对象也可以返回一个值，通过它来影响事件（即将被处理的事件）的处理方式。通过委托，我们可以以某个对象为中心，轻松定制周围的数个对象。

通俗一点来讲的话，它就好比一个代理。比如在现实生活中，当遇到一些涉及法律的官司时，人们会请一位代理律师来为自己辩护。在我们编写的代码中，"委托"就实现着"代理律师"的工作。UIApplication 的委托对象就负责应用程序的运行周期以及处理各种原始级别的功能，如画面翻转、当前屏幕显示权的转换等。UIApplication 作为 UIKit 中的重要组成部分，它代表了一个 iPhone 应用程序的生命后期。它主要在后台运行并接受 iOS 操作系统的管理。开发者并不需要关注它的运行机制，但是在某些特定时段或者行为时，它会通过自身的委托来调用特定的方法，比如当程序开始或者结束时调用的委托方法。

6.4　用户界面设计：视图和控件

无论是什么类型的应用程序，都有一个应用程序窗口，该窗口为开发者提供了一个能够呈现应用程序的需要显示信息的载体。同时，用户对这个窗口并没有概念，他们只是通过屏幕上的画面来体验应用程序提供的服务，并且通过对屏幕的一些触碰操作来获得应用程序的响应。虽然不是一个程序中的结构，但是读者仍可以认为每个屏幕对应着不同应用程序的可视化状态或模式。当用户浏览信息、切换标签页，或者单击"信息"按钮查看侧边弹出的配置信息时，他们看到的都是单个独立的屏幕。采用这样的界面组成方式是为了方便开发者，将每个屏幕的显示内容与获得用户操作单独进行处理。

由于存在许多类型的应用程序，所以开发者制作的应用程序中拥有的屏幕数目并不确定。例如，邮件应用程序中就可显示一个账户屏幕、各个账户中的邮箱列表屏幕、各个邮箱内容的屏幕和显示一条消息的屏幕，还有一个写邮件的屏幕。然而，股票应用程序只显示两个屏幕：一个屏幕显示公司列表和股票走势图，另一个屏幕显示应用程序的配置信息。通常，用户会把应用程序屏幕和设备屏幕当成是一回事。然而，应用程序屏幕的内容可能会超出设备屏幕的边界，这就需要用户滚动屏幕。例如，电话应用程序中的联系人只有一个单独屏幕，即使它的内容是设备屏幕的好几倍。上面列举了许多不同的应用程序拥有的屏幕，这些屏幕在 iOS 系统中被称为窗口或者视图。

iPhone 系统通过窗口（Windows）和视图（View）在屏幕上为用户展现图形图像的内容。虽然窗口和视图对象之间在两个平台上有很多相似性，但是具体到每个平台上，它们的作用都有轻微的差别。窗口和视图是为 iPhone 应用程序构造用户界面的可视组件。窗口为内容显示提供背景平台，而视图负责绝大部分的内容描述和绘画，并负责响应用户的交互。虽然本节中我们要讨论的概念与窗口及视图相关联，但是我们更加关注视图，因为视图对系统更为重要，尤其是游戏产品。视图和窗口对 iPhone 应用程序是如此的重要，以至于在一个小节中详细介绍视图和窗口的所有方面是不可能的。所以，我们将关注窗口和视图的基本属性、各个属性之间的关系，以及在应用程序中如何创建和操作这些属性。

iPhone 设备中应用程序拥有种类繁多、琳琅满目的屏幕，它们都是由各种各样的视图和控件组合而来的。某些视图会包含一些特定的控件，而有些控件则可以用于很多不同的视图当中。iPhone 设备显示的视图就像一个小画布，读者可以使用颜色、图片和按钮在上面作画。当然，也可以在屏幕中四处拖动它们，调整大小、划分分层。视图提供了用户界面的主题，而控件则丰富了界面的功能。因此，iPhone 界面设计的原则是：一个窗口中包含多个视图或者空间。在读者明确了这一点后，iPhone 界面设计将会变得非常简化。我们列举一个简单的例子：窗口就好比电视机，而视窗则是观众喜爱的节目。它们可以在屏幕上四处移动、出现和消失，开发者可以不断改变它们的外观和行为方式。从另一个角度来理解，虽然用户可以通过电视机看到广袤无垠的世界，但是它往往被固定不动，它的屏幕大小也是不可以改变的。虽然我们可以在屋子里放置许多台电视，但只有一双眼睛的我们也只能看一台电视的显示内容。

iPhone 应用程序通常只有一个窗口（UIWindow），表示为一个 UIWindow 类的实例。应用程序在启动时创建这个窗口（或者从.nib 文件进行装载），并往窗口中加入一个或多个视图，然后将它显示出来。窗口显示出来之后，开发者很少需要再次引用它。在 iPhone 系统中，窗口对象并没有任何美化视觉的装饰或者触碰按钮，用户不能直接对其进行关闭或其他操作。所有对窗口的操作都需要通过其编程代码接口来实现。应用程序可以借助窗口对象来进行事件传递。窗口对象会持续跟踪当前的第一响应者对象，并在应用程序提出请求时将事件传递给它。

在创建应用程序窗口时，应该总是将其初始的边框尺寸设置为整个屏幕的大小。如果应用程序的窗口是从.nib 文件装载得到的，Interface Builder 并不允许创建比屏幕尺寸小的窗口；然而，如果窗口对象是通过代码编程方式创建的，则必须在创建时传入期望的边框矩形作为参数。除了屏幕矩形之外，没有理由传入其他边框矩形。屏幕矩形可以通过 UIScreen 对象来取得，具体代码如下：

```
UIWindow* aWindow = [[[UIWindow alloc] initWithFrame:[[UIScreen mainScreen]
bounds]] autorelease];
```

上面这行代码，在前面章节中的 HelloWorld 示例项目中，我们已经介绍过。读者需要留意的一点是，虽然 iPhone 支持将一个窗口叠放在其他窗口的上方，但是开发者的应用程序永远不应该也不可以创建多个窗口。如果需要更多的窗口来显示内容，则可通过系统自身配带的额外窗口来显示应用程序的状态条、重要的警告，以及位于应用程序窗口上方的其他消息。比如当开发者希望在应用程序界面的上方显示警告时，则可以使用 UIKit 提供的警告视图，而不应创建额外的窗口。

视窗（UIView）是用户界面的构建组件，它们提供屏幕上显示的可视化元素并吸引用户交互。每个 iPhone 应用程序显示的用户界面都是由嵌套在窗口（UIWindows）内的视窗（UIView）构建的。窗口作为容器使用，它是显示层次中最基础的根部。它容纳自身所有可见的应用程序组件。除了 UIView 和 UIWindows，还有许多专门化的组件和视图。比如 UIImageView 和 UITextView，通过它们，开发者可以使用预先设计完善的空间来构建用户界面。视图完成的最重要的一项任务就是提供数据、信息的可视化显示。

在 iPhone 的应用程序中，视图在展示用户界面及响应用户界面交互方面发挥着关键作用。每个视图对象都要负责渲染视图矩形区域中的内容，并响应该区域中发生的触碰事件。这一双重行为意味着视图是应用程序与用户交互的重要机制。在一个基于前面介绍的 MVC 结构（模型-视图-控制器）的应用程序中，视图对象明显属于视图显示部分。除了显示内容和处理事件之外，视图还可以用于管理一个或多个子视图。子视图是指嵌入到另一视图对象边框内部的视图对象，而被嵌入的视图则被称为父视图或超视图。视图的这种布局方式称为视图层次，一个视图可以包含任意数量的子视图，通过为视图添加子视图的方式，视图可以实现任意深度的嵌套。视图在视图层次中的组织方式决定了在屏幕上显示的内容，原因是子视图总是被显示在其父视图的上方；这个组织方法还决定了视图如何响应事件和变化。每个父视图都负责管理其直接的子视图，即根据需要调整它们的位置和尺寸，以及响应它们没有处理的事件。

UIView 类定义了视图的基本行为，但并不定义其视觉表示。相反，UIKit 通过其子类来为像文本框、按键及工具条这样的标准界面元素定义具体的外观和行为。图 6-3 显示了所有 UIKit 视图类的层次框图。除了 UIView 和 UIControl 类是例外，这个框图中的大多数视图都设计为可直接使用，或者和委托对象结合使用。

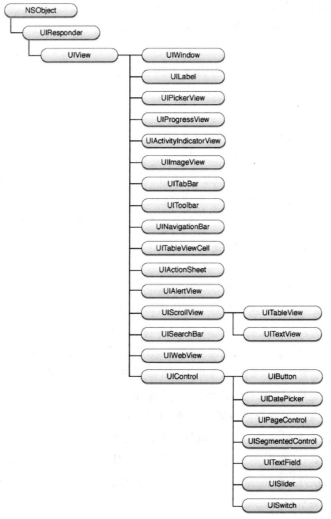

图 6-3　视图与控件

图 6-3 显示了视图类中所具备的众多子类。在 iPhone 系统中，UIKit 决定了视图以及子类控件的行为和默认外观。开发者应该尽可能地使用 UIKit 所提供的标准用户界面元素，并遵循它们的使用建议。这样做对于应用程序有两点明显的好处：

- 因为用户已经习惯了标准视图和控件的外观和行为，当开发者使用相似的用户界面元素时，用户之前的经验对于学习使用我们的应用程序有所帮助。这样的话，用户将会更容易掌握应用程序的操作方式。
- 即使 iPhone 系统改变了标准视图或控件的外观或行为，开发者的应用程序也能够继续工作，并且只需要少许改动就能自动更新。如此轻易地就能够适配系统换代升级所带来的变化。

许多控件支持某种程度上是由用户自定义的，如颜色或者内容（比如添加一个文本标签或一幅图像）方面。如果开发者想要开发一个能使用户沉醉其中的应用程序，一个好的做法就是，在应用程序中所创建的控件完全不同于默认控件。尤其是在游戏当中，那些独特、包装精美而绚丽的控件深受玩家的喜爱。这是因为创造了一个独特的环境，而去探索如何操控这个环境正是用户在优秀的应用程序中所期待的体验。但是需要注意，应避免彻底改变标准行为控件的外观。如果应用程序使用了用户不熟悉的控件执行或者操作行为方式，则用户不得不花时间熟悉如何使用它们，并且好奇这些控件具有哪些标准控件不具备的功能。这必然会造成用户的学习时间消耗，并不是所有用户都有足够的耐心来学习一款应用产品该如何操作。下面，根据图 6-3 所示的内容，按照层次可以将子类控件分为如下几个大类。

1. 容器

容器视图用于增强其他视图的功能，或者为视图内容提供额外的视觉分隔。例如，UIScrollView 类可以用于显示因内容太大而无法显示在一个屏幕上的视图。UITableView 类是 UIScrollView 类的子类，用于管理数据列表。表格的行可以支持选择，所以通常也用于层次数据的导航，比如用于挖掘一组有层次结构的对象。UIToolbar 对象则是一个特殊类型的容器，用于为一个或多个类似于按键的项提供视觉分组。工具条通常出现在屏幕的底部。Safari、Mail 和 Photos 程序都使用工具条来显示一些按键，这些按键代表经常使用的命令。工具条可以一直显示，也可以根据应用程序的需要进行显示。

2. 控件

控件用于创建大多数应用程序的用户界面。控件是一种特殊类型的视图，继承自 UIControl 超类，通常用于显示一个具体的值，并处理修改这个值所需要的所有用户交互。控件通常使用标准的系统范式（比如目标-动作模式和委托模式）来通知应用程序发生了用户交互。控件包括按键、文本框、滑块和切换开关。

3. 显示视图

控件和很多其他类型的视图都提供了交互行为，而另外一些视图则只是用于简单地显示信息。具有这种行为的 UIKit 类包括 UIImageView、UILabel、UIProgressView、UIActivityIndicatorView。

4. 文本和 Web 视图

文本和 Web 视图为应用程序提供更为高级的显示多行文本的方法。UITextView 类支持在滚动区域内显示和编辑多行文本；而 UIWebView 类则提供了显示 HTML 内容的方法，通过这个类，用户可以将图形和高级的文本格式选项集成到应用程序中，并以定制的方式对内容进行布局。

5. 警告视图和动作表单

警告视图和动作表单用于即刻取得用户的注意。它们向用户显示一条消息，同时还有一个或多个可选的按键，用户通过这些按键来响应消息。警告视图和动作表单的功能类似，但是外观和行为不同。举例来说，UIAlertView 类在屏幕上弹出一个蓝色的警告框，而 UIActionSheet 类则从屏幕的底部滑出动作框。

6. 导航视图

页签条和导航条与视图控制器结合使用，为用户提供从一个屏幕到另一个屏幕的导航工具。在使用时，用户通常不必直接创建 UITabBar 和 UINavigationBar 的项，而是通过恰当的控制器接口或 Interface Builder 来对其进行配置。

7. 窗口

窗口提供一个描画内容的表面，是所有其他视图的根容器。每个应用程序通常都只有一个窗口。

经过上面的分类介绍，我们已经对视窗和控件有了基本的认识。在清楚了它们的分类后，读者在开发应用程序时可以按照需要随意地使用它们。接下来我们挑选一些经常被开发者使用、为用户所熟悉的控件为读者介绍。

图 6-4 UITextView 类的对象

- UITextView 将文本段落呈现给用户并允许用户使用键盘输入自己的文本，可以选择是否将文本视图设置为可编辑。文本视图使用单一字号的单一字体。图 6-4 就展示了一个此控件的对象。UITextField 是一种允许输入文字的控件。这些字段只提供了一行用于输入，意味着只能从用户处接受较短的文本项目。

- UILabel 实例呈现较短的只读文本视图，此类类似静态的形式给屏幕上的项加标签，可以通过设置视图属性为标签选择颜色、字号和字体。

- UIImageView 显示图片，可通过 UIImage 对象加载它们。UIImage 对象是抽象图像存储类的实例。加载后，用户可以指定视图的位置和大小。UIImage 会自动调整其内容的大小以适应边界。此类的一个特殊功能是支持加载一个图片序列，而不是一张图片，而且可以按需将其制作成动画。

- UIWebView 类提供了显示 HTML、PDF 或者其他高级的 Web 内容，提供了对显示功能的强大支持，通过该类可以展现内置 Safari 浏览器支持的几乎所有数据类型。这些视图提供了带有内置历史记录的简单 Web 浏览，实质上为用户预先准备好了随时可用的 Safari 支持的对象，以便插入程序中使用。它支持缩放和滚动操作，无须额外的工作。

- MKMapViews 向应用程序中潜入地图。用户可以查看地图信息并与地图内容交互，就像使用地图应用程序一样。可以自定义信息注释地图，必须为 3.0 以上。

- UIScrollView 实例支持呈现比正常应用程序窗口大一些的内容。用户可以使用水平和竖直滚动条来查看全部内容。滚动视图支持缩放，因此可以使用标准的 iPhone 手指缩放动作调整内容大小。

用户界面的空间总共有 3 种模式：活动的、静态的和被动的。上面所介绍的大多是静态或者被动的，例如标签（UILabel）就是一个明显的静态控件。开发者可以通过代码修改一些它的属性，然后添加到界面之中，但是用户并不能对其产生任何的操作。被动控件的典型例子就是网页中显示的文字或者图片（UIWebView）。网页上大多数的文本或者图像都只是用来保存数据的容器，这些数据在用户单击"提交"按钮后，被提交给服务器，用于显示的 UIWebView 本身并不能触发任何的代码。

下面为读者介绍一些控件，它们都是活动控件。用户可以在界面上进行一些操作，来触发一些事件或者代码。这些控件是将用户触摸转换为回调触发器的屏幕对象。它们还可能提供应用程序使用的数字或者文本值。控件包括按钮、开关和滑块等。它们与台式机编程中使用的同种空间类紧密对应。在界面当中，它们与用户产生交互。下面简要介绍 Cocoa Touch 提供的主要类和每个控件提供的功能。

iPhone 提供了两个核心类向用户提供选择。UIAlterView 类为弹出窗口，可以定制现实的信息和按钮，询问用户并做出回答。例如在游戏中，经常会询问玩家是否要保存游戏，这时就可以使用一个包含"是"与"否"两个按钮的 UIAlterView 来询问用户。另外，此类的实例对象还可以用来向用户呈现信息，只有一个"确定"按钮。此类提醒的对象还可以用来作为警告。例如在游戏中，偶尔会出现提醒用户的游戏时间过长，需要休息的信息。

第二个基于选择的类是 UIActionSheet，它提供了从屏幕底部向上滚动的菜单。操作表单显示一条信息并提供按钮使用户从中选择。尽管这些表单看起来和警告视图不同，但它们执行功能的方式是相似的。作为一般的规则，当应用程序中有大量选项供用户选择时，最好的方式就是使用操作表单。当最多也只是需要展现两三个选项时，则可以使用警告视图。它们要求用户在继续操作之前做出选择，因此，最好在选择中提供取消选项。

UIButton 实例是最为常见的一种屏幕按钮，用户可以通过单击明确目标（按钮本身）来触发已经编写好的功能。类似日常中我们按下开关按钮，就可以打开电视。当用户按下界面中的 UIButton 实例时，就会触发方法函数来执行一段程序。开发者可以自由地指定按钮和外观、上面现实的文本，以及按钮的触发方式。在游戏制作中，最常用的触发器就是 touch up inside，按照字面的解释就是"触摸按钮内部"。是不是听起来有点奇怪？这是由于 iPhone 系统的编程标准定制的。如此命名，是为了能够更确切地描述用户的操作。当用户按下按钮时，在其抬起手指之前，可以将手指滑离按钮。而这样的操作，正好是取消按下按钮的操作。因此我们不得不使用更为准确的描述来明确按钮被按下的行为。

UISegmentededControl 控件提供了一行大小相等的按钮，读者可以把它看成是一排按钮的集合，就像许多网页上的单选按钮一样。此控件的对象在用户一次操作中只能选择一个按钮。这些按钮中呈现为图像和文字。此类的对象经常被用来获得最后只有一个选择结果的界面。例如，在输入个人信息时关于用户性别的选项。通过它，开发者可以轻易地使用某个样式替换，来创建这些单项选择按钮。不过，读者需要留意，在界面中并不会显示出用户选择的过程，也就是说并不保存用户上一次操作所选择的按钮。

UISwitch 类的对象是一个简单的二进制控件。所谓的二进制就是该类只能呈现两种状态，即开与关。当然，用户也只能在它们之间做出选择。这就好像墙上标准的电灯开关，要么打开，要么关闭，没有半开半关的状态。

UISlider 类为用户提供了一个水平滑动指示器。用户通过手指的滑动操作，就可以从一个指定方位拖动滑块。在其程序内部，用户滑动的行为则是选择一个变化的值。滑动槽中的指示器代表拇指，也就控件当前的位置，该数值根据拇指的相对位置进行变化。最为明显的例子就是音量滑块，在指示器滑到一半时，正好是音量大小的一半。

如图 6-5 所示，UIScrollView 控件最大的属性就是可以滚动。用户非常喜爱那种随意拖动的效果，所以这个可以拖动的控件无论在应用还是游戏开发中都会经常用到。

图 6-5　UISlider 实例显示

UITable 控件通过表格为用户呈现一个可以滚动的选择列表。UITableView 类提供了多种常用的表格样式，比如联系人或者邮件地址、语言选择等。表格是一种较为集中的显示控件，它提供了多行信息，用户可以自动在其中滚动并选择。

UIPickerView 类提供了一种比较特殊的表格，用户可以通过滚动滚轮做出选择。该类的专门的版本就是 UIDataPicker，它带有预先加载的日期和时间特有的行为，广泛应用在日历和时钟应用程序当中，如图 6-6 所示。

图 6-6　UIPickerView 对象

除了上面介绍的视图和控件外，在 iPhone 设备上还存在一个与显示界面相关的类。虽然它并不能够承载任何的显示内容，比如文字或者图片，但其发挥的作用是非常大的。正如前面介绍的如此众多的视窗与控件对象，难免让开发者感觉混乱，这时就需要一个能够管理界面中众多控件和视图的类。视图控制器（UIViewController）可以集中管理某些视图对象，它为开发者提供了实用的工具和方法将视图连接到设备的真实用例当中。视图控制器被用来处理一些用户事件，比如用户翻转 iPhone 时需要进入横向模式，此时视图控制器就可以通过程序方法来响应。在处理到导航的问题时，视图控制器也发挥着重要作用，比如将用户的注意力从一个视图转向另一个视图。在 iPhone 应用程序中，视图和视图控制器紧密协作，管理各个方面的视图行为。视图控制器的作用是处理视图的装载与卸载，处理由于设备旋转而导致的界面旋转，以及和用于构建复杂用户界面的高级导航对象进行交互。

首先，读者需要明确视图控制器并不是视图，它们是没有可视化表示的抽象类，只有视图才能提供可视画布用来显示文字或者图片。视图控制器帮助视图显示在设备之中，存在于应用程序设计环境中，开发者最好通过视图控制器来显示界面，而不要用直接使用普通 UIView 的方式设置视图。从代码的角度来说，UiView 自身使用 initFrame 方法，而 UIViewController 使用 init 方法来进行初始化。

其次，iPhone SDK 中提供了许多视图控制器类，这些类从一般到特殊。使用专门的控制器有利有弊。有利的一个面是它们都能提供一些有针对性并且丰富的功能，没有额外的编程负担。不好的一面就是它们太专业，以至于没有很好的适用性。因此开发人员更喜欢使用完全自我定制核心功能的控制器，在游戏制作当中更是如此。

UIViewController 是视图控制器的父类，使用它来管理主视图，它是视图控制器的主力。因为是父类，它只包含了一些基本功能。开发者可能会花费很大一部分时间来定制这个类。基本的 UIViewController 类实例包含了一个主视图的生命期，我们必须考虑从开始到结束以及视图在生命期内可能要响应的变化。视图控制器还为某些标准的系统行为提供自动响应。例如，在响应设备方向变化时，如果应用程序支持该方向，则视图控制器可以对其管理的视图进行尺寸调整，使其适应新的方向。另外，开发者也可以通过视图控制器来将新的视图以模式框的方式显示在当前视图的上方。

UIViewController 实例负责设置视图的外观和显示它的子视图，通常它们会在开始运行应用程序时依靠系统来加载。.xib 文件正是存储这些视图管理器的专属文件。iOS SDK 中有很多种程序方法，比如 loadView 和 viewdidload。它们允许开发者在设置视图时或者设置视图之后，添加需要的代码来执行程序行为。除了在开始加载时需要编程响应之外，正在显示或者消失的视图也是视图控制器负责的另一项重要的工作。这些任务会出现在较大的或者内容较多的应用程序中，游戏恰好属于此类。方法 ViewDidAppear 和方法 viewWillDisappear 正是帮助开发完成与视图对象行为响应的途径。我们可能会在视图将要显示之前预加载一些数据，或者在视图从屏幕上消失之后清空不使用的内存。

最后，运行在 iPhone OS 上的应用程序在如何组织内容和如何将内容呈现给用户方面有很多选择。含有很多内容的应用程序可以将内容分为多个屏幕。在运行时，每个屏幕的背后都是一组视图对象，负责显示该屏幕的数据。一个屏幕的视图后面是一个视图控制器其作用是管理那些视图上显示的数据，并协调它们和应用程序其他部分的关系。除了基础的 UIViewController 类之外，UIKit 还包含很多高级子类，用于处理平台共有的某些高级接口。特别需要提到的是，导航控制器用于显示多屏具有一定层次结构的内容；而页签条控制器则支持用户在一组不同的屏幕之间切换，每个屏幕都代表应用程序的一种不同的操作模式。

6.5　用户交互：轻击、触摸、手势

当用户第一次使用 iPhone 设备时，大多数人都会被其便捷、快速的操作方式所吸引。虽然 iPhone 设备不是世界上第一台使用触屏操作的设备，但其作为推广普及触摸屏幕的操作方式起到了里程碑的作用。iPhone 设备为用户提供的多点触碰、电容屏幕、手势滑动等，毫无疑问地产生了一种全新的操作方式。原本老式的按键键盘已经不再讨人喜欢，相对的各大手机生产厂商也紧跟随苹果公司的脚步相继推出自家的全屏触摸手机。iPhone 手机作为第一台完美诠释了触屏手机魅力的设备，在全球具备了庞大的用户群体。现如今只要苹果公司推出新款设备，都必然会有一群为之兴奋、期待的用户。

触摸屏幕在为用户带来新奇体验的同时，也为开发者创造了一个新的机会。相信大家已经听过了许多 App Store 成功的案例。最为成功的作品无疑是"愤怒的小鸟"（Angry Bird），它获得了众多用户数以千万级的下载，同时也为制造商带来了丰厚的利润。此款游戏的主要操作方式就是触屏单击。用户几次简单的单击、滑动，就能享受到游戏中充满趣味的快乐。所以在摆脱了原本键盘的束缚后，用户的操作习惯早已发生了变化。同时，iPhone 设备也没有专门的游戏手柄，游戏开发者不得不适应这一变化。因此我们要利用这个契机，为手持设备用户带来前所未有的游戏体验。接下来，我们将要为读者介绍 iPhone 系统为开发者提供的处理用户触屏操作的程序方法，这将是游戏制作最为关键的开始。一款游戏的手感正来源于此，它也是游戏成败的关键。没有良好的操作体验，就算再精美的画面、绚丽的特效也留不住玩家的心。

代码6-2　触屏示例程序

```
#import "TouchView.h"

@implementation TouchView

-(id) initWithFrame:(CGRect)frame {
    if((self = [super initWithFrame:frame])) {
        messageLabel= [[UILabel alloc]initWithFrame:CGRectMake(0.0f, 0.0f, 320.0f,
        30.f)];
        messageLabel.text = NSLocalizedString(@"messageLabel",nil);
```

```
            messageLabel.center = self.center;
            messageLabel.textAlignment = UITextAlignmentCenter;
            messageLabel.backgroundColor = [UIColor clearColor];

            tapsLabel= [[UILabel alloc]initWithFrame:CGRectMake(0.0f, 0.0f, 320.0f,
            30.f)];
            tapsLabel.text = NSLocalizedString(@"tapsLabel",nil);
            tapsLabel.center = CGPointMake(self.center.x,200.0f);
            tapsLabel.textAlignment = UITextAlignmentCenter;
            tapsLabel.backgroundColor = [UIColor clearColor];

            touchesLabel= [[UILabel alloc]initWithFrame:CGRectMake(0.0f, 0.0f,
            320.0f, 30.f)];
            touchesLabel.text = NSLocalizedString(@"touchesLabel",nil);
            touchesLabel.center = CGPointMake(self.center.x,160.0f);
            touchesLabel.textAlignment = UITextAlignmentCenter;
            touchesLabel.backgroundColor = [UIColor clearColor];

            [self addSubview:messageLabel];
            [self addSubview:tapsLabel];
            [self addSubview:touchesLabel];
        }

    return self;
    }


- (void)updateLabelsFromTouches:(NSSet *)touches {
    NSUInteger numTaps = [[touches anyObject] tapCount];
    NSString *tapsMessage = [[NSString alloc] initWithFormat:@"检测到%d 次连续
    单击", numTaps];
    tapsLabel.text = tapsMessage;
    [tapsMessage release];

    NSUInteger numTouches = [touches count];
    NSString *touchesMessage = [[NSString alloc] initWithFormat:@"检测到%d 个触
    碰点", numTouches];
    touchesLabel.text = touchesMessage;
    [touchesMessage release];
    }
-
(BOOL)shouldAutorotateToInterfaceOrientation:(UIInterfaceOrientation)interface
Orientation {
    // Return YES for supported orientations
    return (interfaceOrientation == UIInterfaceOrientationPortrait);
    }

- (void)dealloc {
    [messageLabel release];
```

```
    [tapsLabel release];
    [touchesLabel release];
    [super dealloc];
}
#pragma mark -
- (void)touchesBegan:(NSSet *)touches withEvent:(UIEvent *)event {

    messageLabel.text = @"单击开始";
    [self updateLabelsFromTouches:touches];

}
- (void)touchesCancelled:(NSSet *)touches withEvent:(UIEvent *)event{

    messageLabel.text = @"单击取消";
    [self updateLabelsFromTouches:touches];

}
- (void)touchesEnded:(NSSet *)touches withEvent:(UIEvent *)event {

    messageLabel.text = @"单击停止";
    [self updateLabelsFromTouches:touches];
}
- (void)touchesMoved:(NSSet *)touches withEvent:(UIEvent *)event {

    messageLabel.text = @"滑动检测";
    [self updateLabelsFromTouches:touches];

}
@end
```

　　代码 6-2 展示了 iPhone 设备的触碰屏幕功能。类 TouchView 是 UIView 的子类,在其初始化方法 initWithFrame:中创建了 3 个显示标签对象:messageLabel、tapsLabel 和 touchesLabel,它们将以字符串来显示用户触碰屏幕的状态。messageLabel:用于显示当前用户操作,其中包括单击开始、单击取消、单击完成和拖动手势。tapsLabel:用来显示当前连续单击的次数。touchesLabel:是表示用户此次触碰的接触点数目。在代码中我们将通过 4 个方法来检测用户对屏幕的触碰。这 4 个方法继承自 UIView,它们会是由 iPhone 系统在检测到用户操作时进行方法调用的。在代码中,有一条重要的语句:[self setMultipleTouchEnabled:YES],它是用来设置当前 View 窗口是否支持多点触碰的,其默认值为不支持。

　　方法 touchesBegan:withEvent:是在设备检测到用户触碰屏幕时调用的方法。此方法初始获得用户触碰的位置,多数情况会作为用户操作的开始来处理游戏逻辑。方法 touchesEnded:withEvent:是在用户的手指离开屏幕之后调用的方法,此方法作为用户触碰操作的结束,按照游戏通常的逻辑相当于用户完成了一次操作。方法 touchesCancelled:withEvent:是当用户的触碰操作因为意外时间而被打断时调用的方法,开发者习惯在此方法内释放资源。touchesMoved:withEvent:方法是在用户触碰屏幕后,进行滑动行为时调用的方法。这 4 个方法传递的参数均为 NSSet 对象指针和 UIEvent 对象指针。NSSet 对象指针中包含了触碰点的数目以及次数。UIEvent 包含了触碰事件本身的属性,比如响应此次触碰的界面或者窗口。图 6-7 显示的内容为示例项目的运行结果。

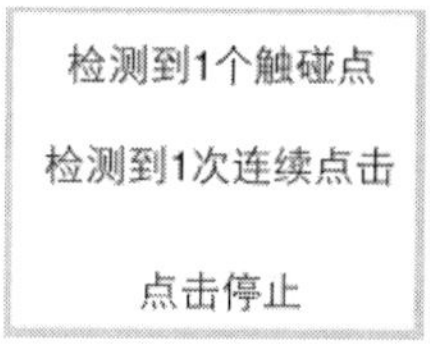

上面的代码只是展示了 iPhone 设备用户最基本的触碰操作。得益于苹果公司多点触碰的专利技术，除了单击和拖动，用户还可以进行两点或者多点的捏合或张开操作，甚至多点的拖动也可以被检测到。但是当项目运行在 iPhone 模拟器中时，读者将会发现很难进行多点触碰的操

作。毕竟只有一个鼠标指针，读者可以通过键盘按键来配合鼠标单击。当按下 Option 或者【Shift】键时可以在模拟器的屏幕上增加一个触碰点，然后读者就可以进行捏合或者张开的操作行为。

经过前面的例子，我们已经知道了 iPhone 的界面窗口同时支持单点触摸和多点触摸。在游戏开发当中，该如何选择呢？对于单点触摸的界面，在程序运行的任何时候都只需要处理一个触摸事件。这样做的好处是免于处理用户过多的操作，使程序逻辑变得条理清晰。代码中检测到的当前触碰事件就是游戏中逻辑需要处理的一个事件。开发者只需要使用获得触碰点信息来做出反应，然后等待处理下一个触碰事件。处理多点触碰时，iPhone 系统会反馈给程序一个触碰事件的集合，开发者需要根据集合中触碰事件的数目以及个数来确定是否需要处理。这时仅仅依靠一个触碰事件来运行游戏逻辑已经显得不合时宜，在此开发者应该尽可能地利用多个触碰事件的信息，才能丰富与用户的交互行为。一个最为简单例子就是游戏场景的放大和缩小，玩家可以依靠两个手指的分开或者闭合滑动动作，来操作游戏画面的放大和缩小。

综上所述，在之后的游戏制作过程中，我们将会根据实际的内容来确定与用户交互的处理方式。不过从用户体验和游戏效果来考虑的话，多点触碰操作的新鲜感总能吸引更多玩家的兴趣。

6.6 绘图功能：Quartz 2D 与 OpenGL

绘图几乎成为应用程序中最主要的一个部分，尤其是在游戏当中，用户更关注的是画面表现的效果。之前的章节我们介绍了一些常规的方法，这些方法是指开发者使用 iPhone 系统提供的界面或者控件用于现实。借助这些系统控件，开发者可以完成许多操作，构建各种各样的应用程序界面，实现一些丰富的功能。但对于游戏来说只有用户界面是不够的，用户已经变为了玩家，他们需要更为强烈地与应用程序进行交互。这样的话，那些老版、固定的空间或者界面就不能满足开发者的需求。这时就需要游戏制作人员自我发挥来制作更为精美、迷人的界面。

幸运的是，iOS 系统中提供了专门为开发者准备的绘图程序框架，开发者可以依靠两个不同的程序库来满足上述需求，为玩家绘制一个精彩绝伦的画面。Quartz 2D 和 OpenGL ES 是专门用于绘图的两个程序库，虽然它们都具备一些相似的功能，但彼此之间还是存在许多区别。接下来，我们将逐一为读者介绍它们的使用方法。

Quartz 2D 是 Core Graphics 框架的一部分，它包括了一系列的函数方法、数据类型以及对象，被专门用来直接在内存中对视图和图像进行绘制。开发者在使用 Quartz 时，需要将视图或者图像假想为一个虚拟的画布，而开发者本身就是绘画者。这正是所谓的绘画者模型。如果读者学过油画的话，应该明白一个绘画者的基本能力就是能够使用画笔蘸取某种颜色，然后绘制在画布上，好比在幼儿园时用蜡笔在白纸上涂鸦一样。开发者选择颜色，然后绘制在画布之上，最终画布会被系统呈现在用户眼前。

图 6-7 触屏程序运行效果

OpenGL ES 则相对复杂一些，但它却十分强大。首先，OpenGL 是一个跨平台的 3D 图形渲染库，它经过专门的设计和优化，能够充分利用硬件加速绘图速度，同时提供了二维和三维空间的绘制方法。由于其强大的功能，OpenGL 技术几乎成为编写游戏或者其他较为复杂的图形图像程序的必需品。其次，我们将要使用的绘图库是其简化版本 OpenGL ES。它是 OpenGL 图形库的子集，是专门为类似 iPhone 手持设备或者嵌入式机器设计的。OpenGL ES 图形渲染库是以状态机和流水线的工作方式来进行的。读者第一次听到这些名词可能会觉得有些难以理解。但这无关紧要，因为 OpenGL ES 图形库在游戏开发当中具有不可替代的重要作用。在此，我们只会进行简单的介绍，在后续的章节中，读者将会通过游戏开发实例来进一步地掌握它。OpenGL ES 与 Quartz 2D 最大的区别就是其本身是一个 3D 图形渲染库。开发者在使用 OpenGL ES 绘制画面时，不再是针对视图、窗口或者图像，而是创建一个三维虚拟空间，将需要绘制的物体创建出来。这听上去有点像是造物主，实际确实如此。比如我们想绘制一个球，那么就需要在三维虚拟空间中创建一个球体。这是设备的显示窗口或者视图，只是一个进入或者观察三维虚拟空间的窗口。

Quartz 2D 与 OpenGL ES 提供了 iPhone 设备中开发者自定义绘制的程序方法。很显然，相比三维空间的 OpenGL ES，Quartz 2D 图形框架更容易理解和使用。它提供了基本几何图形的绘制方法，如各种直线、多边形和图像。同时由于其只限于二维画面，则能更好地使读者理解。接下来的内容，我们将从简单的学习开始，然后再来熟悉 OpneGL ES 提供的图形绘制技术。

下面我们将通过一个样例程序为读者展示 Quartz 2D 的基本绘图功能。首先需要建立一个新的工程，命名为 Quartz。在项目工程当中，需要建立一个 UIView 的子类 QuartzView。因为 Quartz 2D 绘图库属于 Core Graphics 框架中的一部分，所以需要为项目导入此框架。在 QuartzView 类当中，我们声明一个方法 drawRect:，它是每次需要重新绘制时都会调用的方法。这正是我们要编写代码的地方。下面来看在此方法中编写的代码。

代码 6-3　Quartz 2D 绘图方法

```
//
// QuartzView.m
// Quartz
//
// Created by shadow on 11-12-27
// Copyright 2011 __MyCompanyName__. All rights reserved
//
#import <UIKit/UIKit.h>
#import "QuartzView.h"


@implementation QuartzView

@synthesize drawImage;
-(id)initWithFrame:(CGRect)frame {
    //加载图片
    drawImage = [UIImage imageNamed:@"iphone.png"];
    return [super initWithFrame:frame];
}
```

```
- (void)drawRect:(CGRect)rect {
    //获得绘制上下文
    CGContextRef context = UIGraphicsGetCurrentContext();
    //设置线宽
    CGContextSetLineWidth(context, 2.0);
    //设置绘制颜色
    CGContextSetStrokeColorWithColor(context, [UIColor whiteColor].CGColor);
    //设置填充颜色
    CGContextSetFillColorWithColor(context, [UIColor redColor].CGColor);
    //Draw Line
    CGContextMoveToPoint(context, 100, 100);
    CGContextAddLineToPoint(context, 200, 200);
    CGContextStrokePath(context);

    //Draw Rect
    CGRect theRect = CGRectMake(0,0,80,80);
    CGContextAddRect(context, theRect);
    CGContextDrawPath(context, kCGPathFillStroke);

    //Draw Ellipse
    CGContextAddEllipseInRect(context, CGRectMake(100,0,80,80));
    CGContextDrawPath(context, kCGPathFillStroke);

    //Draw Image
    CGPoint drawPoint = CGPointMake(0,100);
    [drawImage drawAtPoint:drawPoint];
}
@end
```

代码 6-3 中使用 Quartz 2D 进行了一些简单的绘制，主要的代码都集中在 drawRect:方法之中。在 QuartzView 初始化时，加载了一张名称为 iPhone.png 的图片。之后，在屏幕窗口每次重新绘制时，系统都会调用 drawRect:方法。在此方法中，首先获得了一个用于绘图的上下文对象，用来绘制各种图形。读者可以将"上下文"就可以理解为画笔，它将被绘画者用来在画布上绘制图案。画布就是 QuartzView 子类。每一个视图对象都存在对应的上下文用来绘制。在获得上下文对象 context 之后，我们设置了"画笔"的一些属性，其中包括线宽、绘制颜色、填充颜色。接下来的 4 部分代码，则是真正地开始绘制图像。按照代码中的先后顺序，我们依次在画布上绘制了一条从点（100,100）到

（200,200）的直线，一个从（0,0）开始、长度和宽度为 80 的矩形，一个位置在（100,0）、半径为 80 的填充圆形，以及一张在（0,100）显示的图片。这 4 个基本图形图像的绘制都依靠了 Quartz 2D 中提供的绘制方法。

图 6-8 所示正是程序运行后的结果。代码中绘制的从（100,100）至（200,200）的线段处在画面的右下角。由此可见 Quartz 2D 的坐标系原点在 iPhone 设备的左上角，XY 正轴方向沿屏幕区域，X 轴沿右方向增加，Y 轴沿下方向增加。虽然在 CGContentLineToPoint()方法中传递了两个整型数据，其实

图 6-8　Quartz 2D 绘制程序运行结果

Quartz 2D 坐标系是以浮点数为基础的。在今后的开发过程中，读者将会发现许多用来表示长度、坐标、矩形、点等类型的变量，都是基于浮点数据类型的。

另外一个从图 6-8 中获得的信息就是我们绘制的矩形或者圆形，其边缘是白色，宽度为 2.0 的线，内部为红色填充。这正好符合了代码中的设置。这里需要强调的是，在设置上下文的绘制颜色时，也可以设置其透明值（Alpha）。在计算机图形图像技术中，一种颜色通常可用千个数值来表示，即红色（R）、绿色（G）、蓝色（B）、透明度（Alpha）。此种颜色的表示方法是基于三原色模型。在美术课上我们就学过，现实世界中任何一种颜色都可以使用 3 种原色混合呈现出来。因此，在计算机图形图像领域，就习惯地采用了 3 个数值来表示一种颜色，这方式被习惯地称为颜色的 RGB 值。

在 iPhone 设备中为了给用户呈现更加丰富、绚丽多彩的画面，在三原色的基础上又加入了透明度，它用来描述绘制颜色时的透明程度。这种使用 4 个数值来表示颜色的方式为 RGBA 颜色模型。作为 RGBA 的数值，它们使用浮点类型来存储数值，并且取值在 0～1 之间。在图 6-8 中，我们所设置的红色其 RGBA 值就为（1,0,0,1）。最后一个数值就为颜色的透明度。1 代表此颜色不透明，这就意味者用户将不会看到此颜色覆盖区域底层的图形或者图像。

除了样例程序中介绍的方法之外，Quartz 2D 还可以绘制更为复杂图形，比如渐变梯形、五角星、曲线等，但是这些内容已经超出了本章节的介绍范围。由于 Quartz 2D 的适用范围、运行效率以及独特的程序方法等，受到了 iPhone 设备自身的限制。所以在游戏开发中，开发者很少选择使用 Quartz 2D 绘图库来进行画面绘制，这也是本章节不过多介绍其功能的原因。如果读者感兴趣，可以查看一下 iOS SDK 中配套的样例程序。开发者仅仅依靠 Quartz 2D 提供的方法来制作游戏还是不够的。相对地，OpenGL ES 提供的强大的绘制功能成为了游戏开发者的首选。

如前所述，OpenGL ES 使用了一套与 Quartz 2D 完全不同的绘制引擎。首先，它是一个 3D 绘制程序库；其次，它是具备开放标准支持多平台的 C\C++语言程序库；最后，它采用了流水线和状态机的工作方式。市场上早已经有数不胜数的游戏使用 OpenGL 作为渲染引擎，所以 OpenGL ES 绝对是一个颇具背景、历史悠久、应用广泛的图形图像绘制引擎。要想彻底地学习和掌握它，估计要超越本书的所有章节。但是在此我们只需迈出简单的第一步，对 OpenGL ES 有一个简单的理解。下面的一段代码，其实现的功能与 Quartz 2D 中的样例一样。如果读者对比来看，在差别中寻找共同点，将会更容易理解本章节的内容。

代码 6-4　OpenGL 绘图方法

```
#import "OpenGLES2DView.h"


@implementation OpenGLES2DView

+ (Class) layerClass
{
    return [CAEAGLLayer class];
}


#pragma mark -
- (BOOL)createFramebuffer {
```

```
    glGenFramebuffersOES(1, &viewFramebuffer);
    glGenRenderbuffersOES(1, &viewRenderbuffer);

    glBindFramebufferOES(GL_FRAMEBUFFER_OES, viewFramebuffer);
    glBindRenderbufferOES(GL_RENDERBUFFER_OES, viewRenderbuffer);
    [context renderbufferStorage:GL_RENDERBUFFER_OES fromDrawable:(CAEAGLLayer*)
    self.layer];
    glFramebufferRenderbufferOES(GL_FRAMEBUFFER_OES, GL_COLOR_ATTACHMENT0_OES,
    GL_RENDERBUFFER_OES, viewRenderbuffer);

    glGetRenderbufferParameterivOES(GL_RENDERBUFFER_OES, GL_RENDERBUFFER_WIDTH_OES,
    &backingWidth);
    glGetRenderbufferParameterivOES(GL_RENDERBUFFER_OES, GL_RENDERBUFFER_HEIGHT_OES,
    &backingHeight);

    if(glCheckFramebufferStatusOES(GL_FRAMEBUFFER_OES) != GL_FRAMEBUFFER_COMPLETE_OES)
    {
        NSLog(@"failed to make complete framebuffer object %x", glCheckFramebuffer
        StatusOES(GL_FRAMEBUFFER_OES));
        return NO;
    }

    return YES;
}
- (id)initWithFrame:(CGRect)frame
{
    if((self = [super initWithFrame:frame])) {
        //Get the layer
        CAEAGLLayer *eaglLayer = (CAEAGLLayer*) self.layer;
        eaglLayer.opaque = YES;
        eaglLayer.drawableProperties = [NSDictionary dictionaryWithObjectsAndKeys:
                                [NSNumber numberWithBool:NO], kEAGLDrawable
                                PropertyRetainedBacking, kEAGLColorFormatRGB565,
                                kEAGLDrawablePropertyColorFormat, nil];
        context = [[EAGLContext alloc] initWithAPI:kEAGLRenderingAPIOpenGLES1];

        if(!context || ![EAGLContext setCurrentContext:context] || ![self
        createFramebuffer]) {
            [self release];
            return nil;
        }

        glBindFramebufferOES(GL_FRAMEBUFFER_OES, viewFramebuffer);
        glViewport(0, 0, backingWidth, backingHeight);

        glMatrixMode(GL_PROJECTION);
        glLoadIdentity();
        glOrthof(0, self.frame.size.width, 0, self.frame.size.height, -1, 1);
        glMatrixMode(GL_MODELVIEW);
        glClearColor(1.0f, 1.0f, 1.0f, 1.0f);
```

```
        glClear(GL_COLOR_BUFFER_BIT);
        glEnableClientState (GL_VERTEX_ARRAY);
        glBindRenderbufferOES(GL_RENDERBUFFER_OES, viewRenderbuffer);
        [context presentRenderbuffer:GL_RENDERBUFFER_OES];


        glBlendFunc(GL_ONE, GL_ONE_MINUS_SRC_ALPHA);
        glEnable(GL_TEXTURE_2D);
        glEnableClientState(GL_VERTEX_ARRAY);
        [self draw];
    }

    return self;
}
- (void)draw
{

    glLoadIdentity();

    glClearColor(1.0f, 1.0f, 1.0f, 1.0f);
    glClear(GL_COLOR_BUFFER_BIT);

    CGColorRef color = [UIColor blackColor].CGColor;
    const CGFloat *components = CGColorGetComponents(color);
    CGFloat red = components[0];
    CGFloat green = components[1];
    CGFloat blue = components[2];

    glColor4f(red,green, blue, 1.0);

    //Draw Line

    GLfloat vertices[4];

    //Convert coordinates
    vertices[0] = 100.0f;
    vertices[1] = 0.0f;
    vertices[2] = 200.0f;
    vertices[3] = 100.0f;
    glLineWidth(2.0);
    glVertexPointer (2, GL_FLOAT , 0, vertices);
    glDrawArrays (GL_LINES, 0, 2);
    //Draw Rect

    //Calculate bounding rect and store in vertices
    GLfloat verticesRect[8];

    verticesRect[0] = 100.0f;
    verticesRect[1] = 200.0f;
    verticesRect[2] = 0.0f;
```

```
    verticesRect[3] = 200.0f;
    verticesRect[4] = 0.0f;
    verticesRect[5] = 100.0f;
    verticesRect[6] = 100.0f;
    verticesRect[7] = 100.0f;

    glVertexPointer (2, GL_FLOAT , 0, verticesRect);
    glDrawArrays (GL_TRIANGLE_FAN, 0, 4);
    //Draw Ellipse
    GLfloat verticesEllipse[720];
    GLfloat xradius = 50.0f;
    GLfloat yradius = 50.0f;
    for (int i = 0; i <= 720; i+=2)
    {
        GLfloat xOffset = 150.0f;
        GLfloat yOffset = 150.0f;
        verticesEllipse[i] = (cos(degreesToRadian(i))*xradius) + xOffset;
        verticesEllipse[i+1] = (sin(degreesToRadian(i))*yradius) + yOffset;

    }
    glVertexPointer (2, GL_FLOAT , 0, verticesEllipse);
    glDrawArrays (GL_TRIANGLE_FAN, 0, 360);

    //Draw Image

    drawImage = [[Texture2D alloc] initWithImage: [UIImage imageNamed:@"iphone.png"]];
    glBindTexture(GL_TEXTURE_2D, drawImage.name);

     [drawImage drawAtPoint:CGPointMake(50.0f,50.0f)];


    glBindRenderbufferOES(GL_RENDERBUFFER_OES, viewRenderbuffer);
     [context presentRenderbuffer:GL_RENDERBUFFER_OES];
}

- (void)dealloc {
    [super dealloc];
}
@end
```

代码 6-4 只列出了片段，读者可以在本章节的 OpenGL ES 样例项目中查看所有代码。代码 6-4
中显示的是 OpenGLES2DView.m 中的 3 个方法，这也是项目中最主要的方法。首先来看大家都很
熟悉的 initWithFrame:方法。此方法是 UIView 初始化时调用的方法，因此代码第一句就调用了
UIView 父类的构造方法。在成功创建了显示窗口的实例对象之后，就要初始化 OpenGL ES 图片
绘制库了。

当前类 OpenGLES2DView 是 UIView 的子类，为了能够顺利地使用 OpenGL ES 进行绘制，在
代码中需要对 Layer 进行一系列的设置。对象 eaglLayer 就是当前 View 的层对象，我们设置它的两
个属性 opaque 和 drawableproperties。前者为窗口中显示界面的透明属性，参数为 YES 代表着底色

不透明。后者是显示界面的颜色属性，参数为 RGBA8。按照前面介绍的 iPhone 系统对于颜色采用的格式 RGBA8，就是每种颜色和透明度使用 8 字节来存储的数据格式。接下来的代码用于设置上下文和绘制的缓冲帧。这里的上下文与 Quartz 2D 中被我们比喻成"画布"的上下文对象发挥着同样的作用。它负责告知系统，为当前代码提供绘制的环境。所谓的缓冲帧，是一种开发者经常使用的方法，它主要目的是为了提高绘制速度和避免画面闪烁。

因为 OpenGL ES 绘制库具备了直接访问硬件设备的能力，所以其才能有强大的绘图能力。但是我们都知道每一次的操作硬件设备都是比较耗时、耗电的工作，因此为了减少频繁地访问显卡，开发者会事先创建一个与屏幕尺寸大小差不多的缓冲区域，将所有需要绘制的图形图像都先绘制在缓冲区域内，然后一次性地将缓冲区交付给显卡完成显示界面上的绘制。很明显，采用缓冲帧的方式可以提高图形图像的绘制速度，但本身缓冲帧需要占用更多的内容。这就好比在夏日里吃西瓜，如果先用勺子把西瓜子都拨出，那么同一块西瓜吃起来肯定要比边吃边吐西瓜子快很多。缓冲帧也正是依靠这个道理。在这之后的代码，我们设置了三维空间投影到二维空间的方式和方法。如果想要给读者详尽地讲清楚三维空间投影二维平面的技术，至少需要再开立一个篇章，这也不是游戏开发者必须关注的知识。不过读者可以利用生活中的事物来理解这个简单的效果。

相信每个人都有过照相的经历，这恰好是一个将三维空间投影到二维平面的过程，原本活生生的世界变成了色彩艳丽的照片。想想拍照的时候，我们都要进行哪些操作。首先，要找到一个合适的焦距才能将人物和景色囊括在视境框当中。代码中方法 glOrthof 就实现了确定焦距的功能，方法 glViewport 则规定了视境框的尺寸大小。随后代码是为了最后进行图形图像绘制进行一些前期设置。下面我们来看核心方法 draw，它完成了 Quratz 2D 样例程序中 darwRect:同样的功能，那就是在显示界面上绘制一个矩形、一条直线、一个圆形和一张图片。

接下来为读者详解 draw 方法是如何绘制图形图像的。从代码中读者就能发现 OpenGL ES 提供的程序方法并没有 Quartz 2D 那么简洁。鱼与熊掌不可兼得，对于绘图库也同样如此。虽然 OpenGL ES 功能强大，不过其使用起来就会复杂一些。在绘制图形时，OpenGL ES 主要是依据顶点数组来进行绘制的。无论是直线、矩形还是圆形，都是通过绘制顶点数组来进行的。glVertexPointer 和 glDrawArrays 是主要用来绘制图形的两个方法。前者是用来传递顶点参数的，后者是根据 OpenGL ES 状态机的当前属性来进行绘制的。绘制时所需要的当前属性，不仅包括 glVertexPointer 的顶点数据，还包括一些其他的属性值，如颜色、线宽、光照等。所谓的 OpenGL ES 状态机流水线的工作方式，读者可简单理解为：OpenGL ES 在绘制图形图像时，都会使用当前的设置状态，逐步完成绘制过程。如果开发者不修改当前设置状态和属性，那么 OpenGL ES 下一次绘制时将会使用同样的配置参数。所以在示例项目的代码中，每次进行绘制图形之前，我们只是修改了顶点数据，使用了不同的顶点绘制方式，并没有修改其他数据，因此绘制的图形都具备相同的颜色，之后绘制图片也进行了转换。在 OpenGL ES 的范围内，图片资源更习惯地被开发者称为纹理（Texture）。正如在代码 6-4 中的 drawImage 对象，它就是一个二维纹理图片。在绘制它之前，需要将纹理对象绑定给 OpenGL ES 绘制库，最后使用 drawAtPoint:方法将图片绘制在参数指定的位置。

因为 OpenGL ES 是一个 3D 绘制程序库，所以其坐标系必然与 Quartz 2D 有所区别。它们之间坐标系的区别与平面几何和立体几何的区别类似。OpenGL ES 本身具备了 3 个坐标轴 X、Y、Z。读者需要留意虽然视图中已经将三维空间映射到了二维平面，但是其 Y 坐标轴的方向是翻转的。与 Quartz 2D 竖直向下相反，OpenGL ES 映射后的 Y 轴正半轴方向为由下向上。从另一个角度来说，其原点是处在屏幕左下角，并不是之前 Quartz 2D 的左上角。按照映射后的坐标系，样例项目的运行结果将会发生改变，如图 6-9 所示。

按照前面说过的坐标系，一条从顶点(100.0f,0.0f)到(200.0f,100.0f)的直线，其方向已经与 Quartz 2D 产生了明显的变化。这正是因为 OpenGL ES 与 Quartz 2D 具备了不同的坐标轴原点导致的差异。读者在选择使用绘制程序库时，需要留意屏幕坐标轴的差异。

作为总结，如果读者只是应用产品的开发者，基本上 Quartz 2D 提供的绘图功能已经可以满足工作需要了，它包含的程序方法接口使用简单并且易于理解。不过，作为本

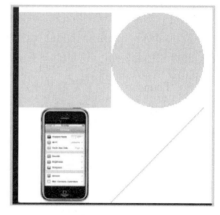

图 6-9 OpenGL ES 实例项目运行结果

书的读者，是不会满足于绘制一些界面 UI 的，我们需要更为动态的效果，能够及时响应用户的操作。游戏产品不再强调画面的简洁易用，而是给玩家绚丽多彩的体验效果。所以为了能制作出让玩家喜爱的游戏产品，OpenGL ES 几乎成为了游戏开发者必然的选择。不过读者也不用过多担心 OpenGL ES 带来的技术门槛，有许多优秀的开发者其本身并不精通 OpenGL ES 的三维渲染技术，他们大多凭借的是游戏引擎。游戏引擎是帮助开发者制作游戏产品的法宝。请读者耐心等着，在后面的章节游戏引擎将作为重要的章节详细介绍。

6.7　多媒体支持

为用户提供多媒体功能一直都是苹果公司专注的服务。从最初的随身音响设备 iPod，到如今书本大小的 iPad，都具备了非常出众的多媒体功能。许多用户第一次接触苹果产品，就是其生产的 iPad 随身听。同样，作为苹果公司新一代的产品，虽然 iPhone 设备加入了移动电话的功能，但其仍然是一个多媒体中心。iOS 操作系统不仅为用户提供了内容丰富的功能，也为开发者提供了良好的程序接口。我们可以轻易地在应用程序当中播放音乐或者视频。在传统的应用程序当中，音乐或者视频并不是与生俱来的，它们多数作为辅助作用出现。比如当用户操作错误时，弹出警报的同时会伴随提醒的音效。又或者播放一段视频作为帮助，教导用户使用应用软件。无论多媒体功能在应用程序中所处的地位如何，iPhone 设备及其系统已经为用户提供了完善的支持。为了满足用户的需求，一款完善的应用产品必然会提供一定数量的音频效果，因为音乐或者视频能够给用户带来更直观、更贴切的体验。为了让应用程序更能引人注目，尤其是我们之后将要制作的游戏产品，更是不能缺少音频或者视频的润色，它们在游戏产品中具备不可估量的作用。

开发者可以利用 iPhone OS 提供的多媒体框架，它正是前面章节为读者介绍过的 Core Audio 框架。此框架中为开发者提供了高品质的音频或者视频的播放和录制。开发者可以使用设备中音乐库的音频资源，也可以使用单独制作的音频文件。通常在游戏当中开发者都会利用生动的游戏声音来吸引用户，甚至会加入一些更精彩的功能。例如实时的语音聊天，或者录制用户的声音。那么接下来，我们将逐步为读者介绍如何利用 iPhone SDK 的多媒体功能，为应用程序添加音频播放功能。

6.7.1　iPhone 多媒体技术

随着 iOS 操作系统不断更新换代，为开发者提供了许多方式来使用多媒体资源。这些丰富的声音处理工具由于发布的时间不同，各自存在不同的框架当中。

AV Foundation 框架是最基础的多媒体控制工具，它提供了简单的 Objective-C 程序接口，开发者利用它们就可以播放或者录制音频资源。另外，Media Player 框架中提供给开发者的 iPod 媒体库访问程序接口，是用来播放用户设备的 iPod 库中的歌曲、音频或者视频的。如果要播放和录制带有同步能力的音频、解析音频流，或者进行音频格式转换，则开发者可以使用 Audio Toolbox 框架。以上提及的都是 iOS 直接提供给开发者使用的多媒体技术以及工具。它们都是苹果公司的工程师开发完成的，不能脱离苹果操作系统平台。

OpenAL 则是一个可独立于 iOS 系统之外的多媒体技术，它与 OpenGL 具备类似的属性。它同样遵从开源开放的协议，并且支持跨平台开发。此外，OpenAL 还可以进行混音，因为其内核使用 C 语言编写而成，提供全部功能的音频回放，其中包括立体声定位、音量控制和同期声。开源的 OpenAL 音频 API 位于 iPhone OS 系统的 OpenAL 框架中，它提供了一系列优化的程序接口，用于定位正在回放的立体声场中的声音。使用 OpenAL 进行声音的播放、定位和移动也是很简单的。开发者在使用 OpenAL 播放音频资源时，其工作方式与其他平台没有差异。因为 OpenAL 是通过 Core Audio 的 I/O 单元进行播放的，因而在对音频文件操作上来说，其具备最低的操作延迟。iPhone OS 对 OpenAL 1.1 的支持是构建在 Core Audio 之上的。

基于这些原因，OpenAL 是 iPhone OS 设备中游戏程序的最好选择。当然，OpenAL 也是一般的 iPhone OS 应用程序进行音频播放的良好选择。通常游戏中会存在许多的音频资源，它们大多需要及时、快速地播放给玩家。另外，由于 OpenAL 具有跨平台开发优势，游戏开发者几乎不需要任何修改，就可以将其他平台已经完成的代码拿来使用。考虑到这些因素，OpenAL 早已成为了游戏制作唯一指定的多媒体开发程序。

6.7.2　iPhone 支持的多媒体格式

在介绍了 iOS 设备中开发者可以使用的多媒体工具之后，接下来我们来熟悉一下 iOS 设备所支持的多媒体格式。在 iPhone OS 的应用程序中，开发者可以使用种类繁多的音频数据格式。在这些众多的音频格式当中，按照其解码的方式可分为硬件解码（简称硬解码）与软件解码（简称软解码）。硬件解码是通过设备中专有的硬件芯片来进行音频解码。顾名思义，软件解码就是通过程序运算对音频进行解码操作。硬解码由于存在设备芯片的支持，其解码的速度是软解码无法比拟的。但是因为在计算机领域中有太多的音频数据格式，作为一款便携的移动设备，iPhone 是不可能针对每个音频格式都嵌入一个音频解码芯片的。因此，在 iPhone 支持的大多数音频格式当中，多数是基于软件的编解码。如果开发者需要同时播放多种格式的声音，这类情况在游戏产品中是司空见惯的事情。开发者需要出于性能和内存的考虑，针对给定的环境选择出最佳的格式。通常情况下，硬件解码带来的性能影响比软件解码要小，因为其依靠专有的解码芯片，而软件解码则是当前内存与 CPU 运算。

iPhone 设备至今为止，只为下面 3 种音频格式提供了硬件解码格式。

● AAC：Advanced Audio Coding，称为高级音频编码，基于 MPEG-2，用于取代 MP3 格式。

- MP3：Moving Picture Experts Group Audio Layer III，简称为 MP3，世界上流行最为广泛的有损音频压缩格式，能够在很大程度上降低音频格式的存储容量。
- ALAC：Lossless Audio Codec，是无损音频格式编码，由苹果公司在 2004 年推出，它可以让音频文件无损压缩 40%～60%。

读者一定要注意，因为 AAC、MP3 和 ALAC 的播放需要共用同一硬件路径，所以会对一些需要同时播放两个以上音频文件的应用程序（比如一些乐器模仿类的应用程序）产生影响。当遇到上述情况时，开发者可以巧妙地采用软硬兼施的方法来同时播放音频。例如，如果用户在 iPod 程序上播放上述 3 种格式之一的音频，则在应用程序中需要使用软件解码来播放其他音频格式。当在同一个应用程序当中，通过硬件，我们每次也只能播放上述格式中的一种。举例来说，如果此时应用程序中正在播放的是 MP3 立体声，则第二个同时播放的 MP3 声音就只能使用软件解码。类似地，也不能通过硬件同时播放一个 AAC 声音和一个 ALAC 声音。如果 iPod 应用程序正在后台播放 AAC 声音，则应用程序只能使用软件解码来播放 ALAC 和 MP3 音频。这也是硬件解码最明显的缺陷。为了以最佳性能播放多种声音，或者为了在 iPod 程序播放音乐的同时能更有效地播放声音，开发者通常会在游戏中使用硬件编码的方式来播放背景音乐，而对于音效或者警告音等短促快捷的音频则使用软解码的方式。

除了上述 3 种硬件解码方式之外，下面列出了 iPhone 设备支持的软件解码音频格式：

- AAC。
- HE-AAC。
- AMR。
- ALAC。
- iLBC。
- IMA4。
- 线性 PCM。
- μ-law 和 a-law。
- MP3。

读者可能已经发现，硬件解码中支持的 3 种音频格式同样也存在于软件解码，这正是充分考虑应用程序中同时播放多个音频解码时的使用情况。在选择使用软解码音频格式时，开发者通常不用顾虑同时播放多个音频资源的问题。由于苹果工程师杰出的工作，在播放音频文件时，通常不会导致 CPU 资源不足的问题。不过由于使用了不同的音频压缩格式，为满足品质的需要，开发者需要自主选择。

在明确了需要使用的音频格式之后，开发者就需要选择使用哪种多媒体工具来播放。这就要求我们考虑如下的几个问题：

- 是否支持音量控制？
- 是否能够立即播放？
- 是否支持立体声效果或者环绕播放？
- 播放声音的长度是多少？

这些问题将在接下来的小节中为读者解答。

6.7.3　利用 AVAudioPlayer 类播放声音

前面我们已经下了定论，OpenAL 就是游戏开发中选择无二的多媒体开发工具。但在本章节，我们还没有踏入游戏制作当中。因此，为了让读者更全面地掌握 iPhone 应用程序开发的细枝末节，OpenAL 的使用方法将会在游戏制作的章节中与读者再次相遇。在这里，我们将使用 AVAudioPlayer 作为示例代码，因为它只需少量的代码就可以播放一段音频，这对于初次接触多媒体功能的读者是再合适不过的入门教程了。

AVAudioPlayer 类提供了一系列简单的 Objective-C 接口，用于播放声音。因为简单，所以有所损失。AVAudioPlayer 并不支持立体声或精确同步，且不能播放来自网络数据流中的音频。不过它具备如下的一些特点：

- 支持播放任意长度的声音。
- 可以播放文件或内存缓冲区中的声音。
- 同时播放多路声音（虽然不能精确同步）。
- 循环播放声音。
- 控制每个正在播放声音的相对音量。
- 跳到声音文件的特定点上，这可以为需要快进和反绕的应用程序提供支持。
- 取得音频强度数据，用于测量音量，也就说开发者可以控制音量。

正如 AVAudioPlayer 类为开发者提供了简单的程序接口，用来播放音频资源，它可以实现许多对于声音资源的控制，比如播放、暂停、停止，以及在特定位置开始播放或者调节音量。这些对音频的操作简便而快捷。接下来我们将通过示例项目为读者讲解 AVAudioPlayer 的用法，来看下面的代码 6-5。

代码 6-5　使用 AVAudioPlayer 播放音乐

```
#import <UIKit/UIKit.h>
#import <AVFoundation/AVFoundation.h>

@interface AudioPlayerViewController : UIViewController <AVAudioPlayerDelegate> {

    AVAudioPlayer *player;
    UIButton *stopBtn;
    UIButton *playBtn;
}
@property (retain) AVAudioPlayer *player;
- (BOOL) prepAudio;
@end

#import "AudioPlayerViewController.h"

@implementation AudioPlayerViewController
@synthesize player;

// Implement loadView to create a view hierarchy programmatically, without using a nib
- (void)loadView {
```

```
    UIView *contentView = [[UIView alloc] initWithFrame:[[UIScreen mainScreen]
    applicationFrame]];
    contentView.backgroundColor = [UIColor lightGrayColor];
    UILabel* label = [[UILabel alloc]initWithFrame:CGRectMake(0.0f, 0.0f, 320.0f,
    30.f)];
    label.text = @"AudioPlayer";
    label.center = contentView.center;
    label.textAlignment = UITextAlignmentCenter;
    label.backgroundColor = [UIColor clearColor];
     [contentView addSubview:label];
     [label release];
    //加入播放按钮
    playBtn = [UIButton buttonWithType:UIButtonTypeRoundedRect];
    playBtn.frame = CGRectMake(30, 300, 90, 35);

    [playBtn setTitle:@"Play" forState:UIControlStateNormal];
    [playBtn setBackgroundColor:[UIColor clearColor]];
    [playBtn setTitleColor:[UIColor blackColor] forState:UIControlStateNormal];
    [playBtn addTarget:self action:@selector(pressPlayBtn:) forControlEvents:
    UIControlEventTouchUpInside];
    [contentView addSubview:playBtn];

    //加入停止按钮
    stopBtn = [UIButton buttonWithType:UIButtonTypeRoundedRect];
    stopBtn.frame = CGRectMake(200, 300, 90, 35);

    [stopBtn setTitle:@"Stop" forState:UIControlStateNormal];
    [stopBtn setBackgroundColor:[UIColor clearColor]];
    [stopBtn setTitleColor:[UIColor blackColor] forState:UIControlStateNormal];
    [stopBtn addTarget:self action:@selector(pressStopBtn:) forControl
    Events:UIControl EventTouchUpInside];
    [contentView addSubview:stopBtn];


    self.view = contentView;
    [contentView release];
}

-(void)pressPlayBtn:(id)sender
{
    //播放音乐
    [self.player play];
}
-(void)pressStopBtn:(id)sender
{
    [self.player stop];
}

- (void)viewDidLoad {
    [self prepAudio];
```

```
    //Check for previous interruption
    if ([[NSUserDefaults standardUserDefaults] objectForKey:@"Interruption"])
    {
        self.player.currentTime = [[NSUserDefaults standardUserDefaults] float
        ForKey:@"Interruption"];
          [[NSUserDefaults standardUserDefaults] removeObjectForKey:@"Interruption"];
    }
}


- (BOOL) prepAudio
{
    NSError *error;
    NSString *path = [[NSBundle mainBundle] pathForResource:@"audio" ofType:@"mp3"];
    if (![[NSFileManager defaultManager] fileExistsAtPath:path]) return NO;

    //初始化播放对象
    self.player = [[AVAudioPlayer alloc] initWithContentsOfURL:[NSURL file
    URLWithPath:path] error:&error];
    self.player.delegate = self;
    if (!self.player)
    {
        NSLog(@"Error: %@", [error localizedDescription]);
        return NO;
    }

    [self.player prepareToPlay];

    return YES;
}

- (void)audioPlayerDidFinishPlaying:(AVAudioPlayer *)player successfully:(BOOL)flag
{
    //再次播放音乐
    [self.player play];
}

- (void)audioPlayerBeginInterruption:(AVAudioPlayer *)player
{
    //处理设备中断，将音乐播放至的位置保存下来
    printf("Interruption Detected\n");
    [[NSUserDefaults standardUserDefaults] setFloat:[self.player currentTime]
forKey:@"Interruption"];
}

- (void)audioPlayerEndInterruption:(AVAudioPlayer *)player
{
    //中断结束后，重新播放音乐
    printf("Interruption ended\n");
    float interruptionTime = [[NSUserDefaults standardUserDefaults] floatForKey:
```

```
        @"Interruption"];
    [self.player playAtTime:interruptionTime];

    //移除保存的音乐播放记录
    [[NSUserDefaults standardUserDefaults] removeObjectForKey:@"Interruption"];
}

- (void)didReceiveMemoryWarning {
    // Releases the view if it doesn't have a superview
    [super didReceiveMemoryWarning];

    // Release any cached data, images, etc that aren't in use
}

- (void)viewDidUnload {
    // Release any retained subviews of the main view
    // e.g. self.myOutlet = nil;
}


- (void)dealloc {
    [playBtn release];
    [stopBtn release];
    [super dealloc];
}

@end
```

　　上述代码展示了许多关于 AVAudioPlayer 类操作音频资源的程序方法。在示例项目中，我们首先创建了一个 AudioPlayerViewController 类。根据前面章节介绍过的知识，我们知道此类是一个视窗控制类，主要用来在设备窗口中显示界面。如同其他示例项目一样，这是项目显示的基础。之后，因为我们要使用 AVAudioPlayer 类播放一个音频资源，如果开发者想要在应用程序中使用 AVAudioPlayer 类，那么必须将 AVFoundation 框架引入当前应用的程序，随后还需要在头文件中引入 AVFoundation/AVFoundation.h 文件。上述操作的具体步骤就不再赘述了，读者如有不详之处，请去前面的小节回顾相关内容吧！当然，为了能够演示 AVAudioPlayer 的功能，还需要准备一个音频文件 Audio.mp3。它已经放置在工程的目录之下，并添加至 Resources 当中。

　　在 AudioPlayerViewController 类的头文件当中，声明了 3 个成员变量。毫无疑问，它们当中的主角就是 AVAudioPlayer 的对象指针，另外两个是 UIButton 按钮空间的对象指针，它们将会在被用户按下时播放和暂停声音。另外一个需要引起读者注意的是此类的继承关系。它继承了委托类 AVAudioPlayerDelegate，这是用来控制 AVAudioPlayer 对象指针 player，以便能够响应委托对象的回调方法。最后，定义的成员方法 prepAudio 用来初始化 player 所指向的对象，当成功完成音频资源的准备工作后，此方法将会返回布尔类型的数据"真"值。至此我们已经讲述了头文件中的每一行代码。

　　在 AudioPlayerViewController 类的实现文件中，有许多读者已经非常熟悉的方法，比如 ViewDidLoad、loadView，但也有一些第一次遇到的方法。旧的方法我们不再重述了，相信读者也将更关注新加入的方法内容。在方法 prepAudio 中，我们加载了事先准备好的 Audio.mp3 文件。只用了一行代码，就将音频文件加载并创建了 AVAudioPlayer 对象。这正是得益于 AVFoundation 框架所提供的简单快捷的程序方法。不过，在加载音频文件时出于严谨编程的考虑，我们使用了 NSFileManager 检查音频文件是否存在，之后 prepareToPlay 就是用来做声音播放之前的准备工作。在 6.7.2 节中，我们曾介绍了硬件编码和软件编码的区别。因为我们使用了 MP3 的音频格式同时支持软、硬解码方式，所以此方法将会根据设备当前条件进行选择。

图 6-10　AudioPlayer 运行效果

方法 pressPlayBtn 和方法 pressStopBtn 分别对应了两个 UIButton 对象被按下后的响应操作。这两个方法中的代码并不复杂，简单到只有一行代码。先来看看应用程序运行后显示的界面，如图 6-10 所示。

在图 6-10 中，读者看到了两个按钮。左边按钮为播放音乐。当用户按下此按钮之后，就会调用 pressPlayBtn 方法中的代码。同样的，右边按钮为停止播放。用户按下此按钮之后，就会调用 pressStopBtn 方法中的代码。可惜本书并不具备发出声音的功能，否则在单击"播放"按钮后，读者将会听到一段悠扬的音乐。要想听到这段音乐，只好由读者亲自运行配套的示例程序来检查应用程序的运行效果了。在开始播放一个音频文件之后，开发者还需要做出哪些操作呢？还记得在前面介绍过此类的头文件中所继承的委托类 AVAudioPlayerDelegate，接下来就到它发挥作用的时候了。当音频文件播放完成之后，委托对象也就是当前类的本身，将会回调方法 audioPlayerDidFinishPlaying:。在此方法中，我们将播放完成的音乐再次播放。利用这种简单的方法，就能够实现一个音频文件的循环播放。

代码中还存在另两个相互对应的程序方法 audioPlayerBeginInterruption:和 audioPlayerEndInterruption:，它们是在当前应用程序受到中断时，由委托对象回调的方法。所谓的中断，就是设备中由系统发出，打断应用程序运行的情况。最为常见的中断情况就是 iPhone 设备有电话呼入。为了避免在用户与朋友通话时听到应用程序配上背景音乐，系统会打断当前音乐的播放。此时，我们在中断开始时记录当前音频资源播放的时间，以便在中断结束后能够在同一时间继续播放之前的音乐。

经过上面详细的介绍，是不是验证了本章开始的话语？依靠 iOS 系统所提供的多媒体工具，开发者只需使用一些简单的代码，就可以为应用程序添加引人入胜的音乐。不过，这里仅仅是一个开始。正如本章的主旨，我们只是通过框架中提供的一些简单基础功能来熟悉 iPhone 平台，这将为以后制作绚丽、丰富的游戏产品做好准备。游戏中的多媒体功能可不是仅仅播放一个音频文件这样简单。

6.8　位 置 信 息

通过手持设备来获得用户当前的位置信息，这早已不是什么让人大吃一惊的高科技。iPhone 设备中也同样提供了此功能，开发者习惯将此功能称为位置服务。Core Location 框架正是 iPhone 系统提供给开发者用来确定设备的地理位置的程序框架。实际上，Core Location 并不仅仅是一套由代码构成的程序框架，它还包含了其对应的设备或者硬件模块。

日常生活中大家可能听过 GPS 定位，它是一种全球卫星定位服务。如果用户想要使用此功能，则至少要有一个 GPS 硬件模块在其设备上。恰好 iPhone 设备上正有此模块，并且对开发者开放了定位服务的程序接口。此程序接口正是前面提到的 Core Location 框架。实际上，Core Location 将通过 3 种方式（技术实现）来确认设备的地理位置信息。这 3 种方式根据获得信息的准确度、覆盖范围、实现条件，依次为 GPS、蜂窝基站和 WiFi 定位。

GPS 获得信息是最为精确的，但其需要的条件也最为苛刻。毕竟事无完美，要想获得准确无误的地理位置信息，则设备需要连接至卫星，GPS 将会从多个卫星读取微波信号来确定当前位置。有过卫星电话使用经验的人就会知道卫星信号并不是十分稳定，因为设备与卫星之间相隔几千公里以上，所以它们之间难免会产生隔阂，偶尔失去联系也就是常有的事情了。但是无可厚非的是，GPS 能够提供最为准确的位置信息，并且不用考虑设备本身所处的环境。

蜂窝基站是依据三角网定位的方式，根据设备所属范围内的信号基站的位置进行计算来确定地理位置信息的。信号基站的数目及其覆盖范围是由移动运营商提供和确认的。因此，在不同的国家和地区，蜂窝基站的定位效果是不一样的。在国内的话，用户就要依靠移动或者电信的服务了。一个最为简单的道理，蜂窝基站三角网定位在城市或者其他移动用户较多的区域，其配置的密度也相对高，这样开发者获得的位置信息也更为精确，而在基站服务较为稀疏的地区则不太精确。可有时不正是在人烟稀少的区域人们才会迷路，才需要定位服务。可惜这并不是移动运营商建立蜂窝基站的原因。

最后一种方式为 WiFi 定位，这是一种最为简陋的定位方式了。iPhone 通过 WiFi 连接的 IP 地址，然后参考已知网络服务商及其服务的区域来确定设备的地理位置。不用多说，读者也清楚依靠此方法获得的位置信息将会有多大误差。比如现在许多的餐厅或者娱乐场所，都提供了免费的 WiFi 服务。如果此时通过 WiFi 定位来获得设备的地理位置的话，其产生的误差不仅是技术上造成的数百米，还有可能是网络提供商本身导致的。最常见的一种情况就是通过拨号方式来连接互联网的 WiFi 站点。多数情况下，WiFi 站点所使用的并不一定是本地的 IP 地址，它通常是由运营商分配的。所以当用户身在北京城内，其 WiFi 定位的地理信息却显示为广州时，不要都怪罪于 WiFi 定位技术的误差，还有可能是互联网服务商的功劳。

以上介绍的 3 种方式都会显著地消耗 iPhone 设备的电池，因此在开发者使用 Core Location 服务时需要留意这一点。除非绝对必要，否则最好不要频繁地获取设备的地理信息。另外，对于上述 3 种定位技术的实现，是由设备操作系统根据当前网络条件来自动选择的。开发者在使用 Core Location 时，可以指定需要的精度，但不能选择使用哪种特定的技术来获取位置信息。这就意味着 Core Location 所依赖的技术是隐藏在系统内部的，开发者不能为应用程序选择使用 GPS、蜂窝基站或者 WiFi 的定位服务。我们只是告知系统所需要的精度级别，它将决定通过哪样技术来更好地提供符合的地理位置信息。

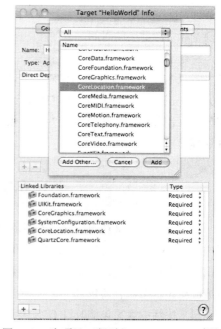

Core Location 非常易于使用，接下来我们将逐步地为读者介绍在程序中使用它来请求地理位置数据的过程。

首先，为了能够在程序中使用 Core Location 程序框架，我们要将其添加至工程当中，如图 6-11 所示。

图 6-11　为项目工程引入 Core Location 框架

　　然后，在代码中创建位置器，其主类为 CLLocationManager，开发者称其为位置管理器（Location Manager）。为了能够获得设备的地理位置信息，我们需要在代码中创建一个位置管理器的对象实例。在获得了位置管理器之后，创建一个委托用来调用框架中提供的程序接口。当位置管理器开始运行后，将通过委托来调用程序中的方法。此时，系统才开始轮询设备的地理位置，当然这可能会花费一些时间，甚至需要几秒钟的停顿。所建立委托的对象，需要继承自 CLLocationManagerDelegate 协议，因为在此协议当中定义了许多资源管理器将要调用的程序方法接口。

　　接着，开发者将根据需要设置地理位置信息的精度和范围。前面已经讲过，使用 iPhone 位置服务是一个非常耗费设备电量的操作，所以对于精度和范围的设定需要十分谨慎，只要满足实际需求即可，不要过于强调准确。另外，也不要过于依靠精度和范围，在用户实际的使用过程中，它们并不能保证提供准确的数据。

　　如果只需要确定当前位置而不需要连续获得地理位置的话，最好的方式就是在获取应用程序所需的信息之后，立刻关闭位置管理器，以便为用户节省电量。如果读者就是要开发一个跟踪记录的应用程序，除了在一开始提醒用户准备随时充电之外，还需要在确保可能时停止轮询地理位置信息。

　　最后，如果用户在设备设置中开启了 Core Location 服务，我们所做的就是等待，等待着位置管理器调用代码中的方法，返回设备的地理信息。读者需要注意一点，位置信息服务并不能在 iPhone 模拟器上进行测试，因为 Core Location 框架在模拟器中永远都是返回苹果公司总部的地理位置信息。接下来的代码将会展示使用 Core Location 来获得位置信息的整个过程。

代码 6-6　获得设备的地理位置信息

```
#import <UIKit/UIKit.h>
#import <CoreLocation/CoreLocation.h>
#import <QuartzCore/QuartzCore.h>

@interface LocViewController : UIViewController <CLLocationManagerDelegate>
{
    NSMutableString *log;
    IBOutlet UITextView *textView;
    CLLocationManager *locManager;
}
@property (retain) NSMutableString *log;
@property (retain) CLLocationManager *locManager;
@end

@implementation LocViewController
@synthesize log;
@synthesize locManager;

- (void) printLog: (NSString *) formatstring, ...
{
    va_list arglist;
    if (!formatstring) return;
    va_start(arglist, formatstring);
```

```
    NSString *outstring = [[[NSString alloc] initWithFormat:formatstring
    arguments:arglist] autorelease];
    va_end(arglist);
    [self.log appendString:outstring];
    [self.log appendString:@"\n"];
    textView.text = self.log;
}

- (void)locationManager:(CLLocationManager *)manager didFailWithError:(NSError *)error
{
    [self printLog:@"Location manager error: %@", [error description]];
    return;
}

- (void)locationManager:(CLLocationManager *)manager didUpdateToLocation:
(CLLocation *)newLocation fromLocation:(CLLocation *)oldLocation
{
    [self printLog:@"%@\n", [newLocation description]];
}

- (void) viewDidLoad
{
    self.log = [NSMutableString string];
    [self printLog:@"Starting location manager"];

    self.locManager = [[[CLLocationManager alloc] init] autorelease];
    if (![CLLocationManager locationServicesEnabled])
    {
        [self printLog:@"User has opted out of location services"];
        return;
    }

    self.locManager.delegate = self;
    self.locManager.desiredAccuracy = kCLLocationAccuracyBest;

    self.locManager.distanceFilter = 5.0f; //in meters
    [self.locManager startUpdatingLocation];
}
@end

@interface LocAppDelegate : NSObject <UIApplicationDelegate>
@end

@implementation LocAppDelegate
- (void)applicationDidFinishLaunching:(UIApplication *)application {
    UIWindow *window = [[UIWindow alloc] initWithFrame:[[UIScreen mainScreen]
    bounds]];
```

```
    UINavigationController *nav = [[UINavigationController alloc] initWithRoot
    ViewController:[[LocViewController alloc] init]];
    [window addSubview:nav.view];
    [window makeKeyAndVisible];
}
@end

int main(int argc, char *argv[])
{
    NSAutoreleasePool * pool = [[NSAutoreleasePool alloc] init];
    int retVal = UIApplicationMain(argc, argv, nil, @"LocAppDelegate");
    [pool release];
    return retVal;
}
```

在代码 6-6 中，先创建了一个 CLLocationManager 的对象实例 locManager。为了能够获得位置管理器的回调方法中的位置信息，我们需要创建一个委托对象。当然，此对象必须继承 CLLocationManagerDelegate 类。LocViewController 本身就是一个继承了此协议的对象。在确认用户在设置中已经开启了位置服务之后，我们将类对象本身作为委托对象传递给了信息管理器，之后就需要设置应用程序所需要的位置信息。换句话说，就是设置位置信息的精度以及范围。在代码中，我们设置的为最高精度和 5 米的范围。最高精度意味着通知系统最好使用 GPS 来获得地理信息，但这是一项不能被保证的设置。5 米范围是指当设备移动距离超过 5 米之后，就立刻通过委托来回调方法。最后一行代码就是开启位置服务器，它将会按照开发者的设置，进行地理位置的轮询以及方法回调。方法 locationManager:didUpdateToLocation:fromLocation:将会由位置管理器通过委托回调执行。当位置管理器获得了地理位置信息时，就会第一时间传递给委托对象。方法 locationManager:didFailwithError:则是在位置管理器获取位置失败时回调的方法。Location Manager 唯一支持的错误代码为 kCLErrorLocationUnknow，它表示无法获得当前位置信息，但还会再次尝试。不过在此阶段中应用程序无法访问位置管理器。方法 startUpdatingLocation 与方法 stopUpdatingLocation 还是开发者用来开启和关闭位置管理器的方法。

委托方法中将会返回设备的地理位置信息类的对象 newLocation。此对象实例包含了一组属性，而代码中所调用的 description 属性输出了当前位置信息的描述，这条描述信息正是这一组信息的文本内容。表 6-4 所示为位置信息的属性及其描述。

表 6-4　位置信息的属性

属　　性	描　　述
altitude	该属性返回当前位置信息的海拔。所谓的海拔正是一个以海平面为基准的浮点数，其数值单位为米（m）
coordinate	该属性返回设备已经探测的地理位置。此坐标由两个字段组成：经度（latitude）和纬度（longitude）。经度和纬度都使用一个浮点数值来表示。纬度的正值表示位于赤道以北，而负值代表赤道以南。经度的正值表示位于子午线以东，而负值表示位于子午线以西
course	该属性返回设备的行进方向。返回值为 0° 时表示朝北，90° 表示朝东，180° 表示朝南，270° 表示朝西。大致与行进方向保持一致
horizontalAccuracy	该属性表明当前水平坐标的精确度。它将返回的坐标视为圆心，并将水平精确度视为半径。真正设备的地理信息位置则坐落在此圆内的某处。此圆越小，则位置越位精确。如果返回负值，则代表测量失败
verticalAccuracy	该属性表示海拔的精确度。它的返回值与海拔的精确度计算有关。其单位为米

属　　性	描　　述
speed	该属性的返回值为设备的移动速度，其单位为米/秒（m/s）
timestamp	该属性为标识进行位置测量时的时间，它将返回位置管理器确定设备地理信息的时间，格式为 NSDate

根据表 6-4 所述的属性，开发者可以获得许多与设备当前地理位置有关的信息，这些都可以作为应用程序或者游戏产品中的内容。由于获得了设备当前的地理位置信息，就相当于获得了用户所在的位置，如果能够再与地图服务框架（MapKit）进行紧密的结合，就能为用户提供基于地图服务的更多丰富内容，比如导航、指路、搜索餐馆、查找医院等。如果读者对此功能有更多的设想，不妨通过其他途径获取更深层的知识。作为游戏的开发者，我们已经获得了足够的地理位置信息。

6.9　加速度感应器

加速度感应器算得上是 iPhone 提供给用户最酷的一个功能了。在 iPhone 面市之前，很少有用户体验过加速度感应器为移动设备带来的乐趣。iPhone 的产生可以说是为移动设备带来了变革。其最为突出的两个特点就是前面章节已经介绍过的触碰，以及接下来要为大家介绍的加速度感应器。

加速度感应器，简称为加速度计，它是一个硬件设备，iPhone 能够通过这个设备知道当前设备所处的方向。从另一个角度来说，开发者可以通过加速度计返回的数值得知当前用户握持设备的角度和方式。另外，通过加速度计，我们也能知道设备是否移动以及旋转。这个功能对于游戏来说是一种新的操作方式，这无疑将能提升游戏的乐趣，更能吸引用户投入游戏之中。

加速度计的工作原理为通过感知特定方向的惯性力总量，然后将惯性力总量进行数字化，就变成了可以测量的加速度和重力。iPhone 设备当中配置了一个三轴的加速度计，这意味着它能够检测到 3 个方向中的加速度或者重力。3 个方向相互垂直正好构成了一个三维空间。也就是说，通过加速度计不仅能够知道其前后左右的加速度，也能知道其上下的加速度。比如当用户手握 iPhone 设备时，开发者就可以通过加速度计获得三轴数据来判断其处在的角度以及正反面。

加速度计使用重力 g 作为其参考标准量。正常情况下将 iPhone 平放在水平的桌子上，其所受到重力就为 1g。这正是加速度计返回的数值。如果将 iPhone 竖直站立地放置在桌子上，其同样受到 1g 的重力，只是受力的方向发生了改变。如果以一定角度放置的话，1g 的重力将会分布到不同轴上，开发者就可根据不同轴所反映的数值来判断 iPhone 设备当前摆放的角度。当加速度计的数值大于 1g 时，就可以判断此时 iPhone 设备在运动当中。数值越大，说明运动越突然。如果摇动、掉落或者投掷，那么加速度计便会在一个或者多个轴上检测到远远大于 1g 的数值。

图 6-12 所示正是 iPhone 设备中加速度计的 3 个方向的轴。因为 3 个轴的交点正好处在设备的中心，所以 3 轴空间的原点就在设备中心，每个轴的正负半轴代表了相对的两个方向。

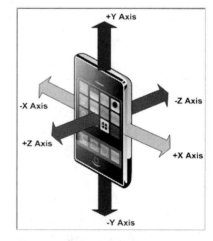

图 6-12　iPhone 设备的三轴加速度计

开发者访问加速度计的方法非常容易，这与 6.8 节介绍的获得设备的位置信息十分类似，它们都需要通过委托来调用特定的程序接口。在回调方法中，将由参数返回设备获得的测试信息，在定位服务中返回的为地理位置信息，加速度计返回的则是每个轴的受力情况。

UIAccelerometer 类是以单例的形式存在的，开发者需要调用其 sharedAccelerometer 来获得对象实例，然后将创建的委托对象传递给加速度计的实例。在分配了委托对象之后，加速度计类的实例将会回调一些特定的方法。至于回调的时机，就是由开发者设置的参数。加速度计将会按照开发者设置的频率获取每个轴所反映的数据。iPhone 设备的加速度计最高能以每秒 100 次的频率来轮询数据。不过读者需要注意，此最高频率只是理想数据，iOS 系统并不能够保证达到或者维持稳定获取这么多次的更新。关于加速度计的工作原理以及使用方法，我们已经描述过了，下面通过实际的代码来学习如何使用它。

代码6-7 加速度计的使用

```
//
//  HelloWorldViewController.m
//  HelloWorld
//
//  Created by shadow.liu on 12/19/11
//  Copyright 2011 __MyCompanyName__. All rights reserved
//

#import "HelloWorldViewController.h"

@implementation HelloWorldViewController

- (BOOL)shouldAutorotateToInterfaceOrientation:(UIInterfaceOrientation)interface
Orientation {
    //Return YES for supported orientations
    return (interfaceOrientation == UIInterfaceOrientationPortrait);
}


- (void)loadView {
    UIView *contentView = [[UIView alloc] initWithFrame:[[UIScreen mainScreen]
applicationFrame]];
    contentView.backgroundColor = [UIColor lightGrayColor];
    label = [[UILabel alloc]initWithFrame:CGRectMake(0.0f, 0.0f, 320.0f, 30.f)];
    label.text = @"Accelerometer Test";
    label.center = contentView.center;
    label.textAlignment = UITextAlignmentCenter;
    label.backgroundColor = [UIColor clearColor];
    [contentView addSubview:label];
    [label release];
    self.view = contentView;
    [contentView release];
}

- (void)viewDidLoad {
```

```
    UIAccelerometer *accelerometer = [UIAccelerometer sharedAccelerometer];
    accelerometer.delegate = self;
    accelerometer.updateInterval = kUpdateInterval;
    [super viewDidLoad];
}

- (void)accelerometer:(UIAccelerometer *)accelerometer didAccelerate:(UIAcceleration
*)acceleration {
    NSString *newtext = [[NSString alloc] initWithFormat:@"Accelerometer
    X:%g\tY:%g\tZ:%g",
                        acceleration.x,acceleration.y,acceleration.z];
    label.text = newtext;
     [newtext release];
}

- (void)didReceiveMemoryWarning {
    // Releases the view if it doesn't have a superview
    [super didReceiveMemoryWarning];

    // Release any cached data, images, etc that aren't in use
}

- (void)viewDidUnload {
    // Release any retained subviews of the main view
    // e.g. self.myOutlet = nil;
}



- (void)dealloc {
    [super dealloc];
}

@end
```

在代码 6-7 中，首先通过[UIAccelerometer sharedAccelerometer]
来获得加速计的单例对象，然后设置单例对象的委托对象，这就是
AccViewController 类本身。之后，设置加速度计的更新频率为 1/60
m/s。最后，加速度计就会按照此频率回调方法 accelerometer:
didAccelerate:将三轴信息作为参数传递。最终通过一个 UILabel
对象将三轴加速度计的信息以文本的方式显示出来。

为了能够顺利运行程序，与位置服务一样，读者需要一个真
实的 iPhone 设备，因为加速度计的功能并不能够在模拟器上运
行。程序运行的效果如图 6-13 所示。

图 6-13　显示加速度计的信息

6.10 多语言版本的本地化

苹果产品的热潮早已席卷全球，各个国家、各个区域的人们正在享受着 iPhone 设备所带来的乐趣和快捷。甚至在中国，还出现了"果粉"，他们是一帮崇拜苹果产品及其公司理念的粉丝们。苹果公司产品在全球热卖的同时，也为开发者带了一个挑战。因为不同国家、不同区域的人们，拥有不同的文化，交流时使用不同的语言。如果发布的应用程序能适合全部或者大多数的国家或区域，这是一个显而易见的优势。任何一款程序项目，无论应用还是游戏，如果其包含了多种语言模式，必将能够面对更多的用户。同时，用户也更青睐于融入了本土文化的产品。所以发布一款支持多语言版本的应用程序，几乎成为了开发者的基本工作。

如今为 iOS 用户提供程序产品的 App Store 早已遍及 70 多个不同的国家和地区，由此可见多语言的支持功能对于一个 iPhone 产品是多么重要。读者也不用过多担心，这是一件令开发者头疼的技术难题。在接下来的内容当中，我们将要介绍 iOS SDK 中所提供的专门处理程序中多语言版本的方法。只要已经正确地编写了程序代码，同时具备了翻译正确的资料，将现有的程序改变为多语言版本，就是一件轻松的工作。

iOS SDK 中应对多语言的方法被称为本地化（localization）体系结构。首先在原本的项目中，我们所显示的信息主要为英语。这是世界上流通最广泛的语言，也是主要的交流语言。那么，接下来为了照顾大家，我们将加入简体中文语言的支持。

iOS SDK 中提供了一种便捷的本地化方案。当开发者决定为应用程序添加多语言，打算实施本地化时，只需为每种语言建立单独的一个子目录，用来存储特定语言的资源。每个支持语言的目录被称为本地化目录，它们采用了统一标准的命名方式。本地化目录要以.lproj 作为其扩展名。在此目录中，可以包含图像、文字、属性等文件。当应用程序运行时，iOS 系统将根据当前用户的语言和区域设置，来查找对应语言和区域的本地化目录。如果找到了相应的文件夹，那么将会加载此资源的本地化版本，否则加载此资源的默认版本。iOS SDK 将会按照 ISO 标准来查询支持国家的本地化目录，这就是用来命名目录的缩写字母。表 6-5 中列出了通常应用产品支持的国家或区域。

表 6-5 ISO 国家缩写标准

名　　称	国家或区域	两字母简写	三字母简写
United States	美国	us	usa
French	法国	fr	fra
Germany	德国	de	deu
Spanish	西班牙	es	esp
Italian	意大利	it	ita
Portuguese	葡萄牙	pt	prt
Russian	俄罗斯	ru	rus
Polish	波兰	pl	pol
Japanese	日本	ja	jpn
Korean	韩国	ko	kor
Chinaese	中国	cn	chn

在命名本地化目录时按照如下格式：语言名称_国家或区域名称.lproj。比如在美国使用的英语用户，就应该命名为 en_us.lproj。在表 6-5 中，同时列出了国家或区域的三字母简写，iOS 系统也会根据它来检索本地化目录。

由于不同的 iOS 版本升级，造成了对本地化目录的命名规则变化。iOS 系统在搜索本地化目录时会进行一系列的查找工作，直至找到匹配的目录或者最后使用基本配置的目录。首先，iOS 系统会寻找采用二字母简写加上国家或区域简写的目录；其次，查找三字母简写加上国家或区域简写的目录；然后，查找只有语言简写的本地化目录；最后，查找使用语言全称的本地化目录。看起来这将是一个烦琐的过程，好在并不需要读者自己来处理，开发者只需按照标准来命名，就可以实现资源的本地化。接下来我们将通过下面的操作，带领读者为程序项目添加汉语的本地化支持。

打开 HelloWorld 项目后，需要重新编写 HelloWorldViewController.m 中的 loadView 方法。

代码6-8　本地化 HelloWorld

```
- (void)loadView {
   UIView *contentView = [[UIView alloc] initWithFrame:[[UIScreen mainScreen]
   applicationFrame]];
   contentView.backgroundColor = [UIColor lightGrayColor];
   UILabel* label = [[UILabel alloc]initWithFrame:CGRectMake(0.0f, 0.0f,
   320.0f, 30.f)];
   label.text = NSLocalizedString(@"labelText",nil);
   label.center = contentView.center;
   label.textAlignment = UITextAlignmentCenter;
   label.backgroundColor = [UIColor clearColor];

   [contentView addSubview:label];
   [label release];
   self.view = contentView;
   [contentView release];
}
```

在代码 6-8 中，首先声明了一个 UILabel 类的对象 label。读者对此类的对象应该已经十分熟悉了，因为之前章节我们已经多次使用过它了。与之前的代码相比，有所区别的就是 label 所显示的字符串内容是通过 NSLocalizedString()方法来获得的。此方法正是用来实现字符串多语言本地化的关键。

NSLocalizedString()是一个宏定义，它需要传递两个参数。第一个参数是字符串文件中的关键值，主要用来查找对应的字符串内容。第二个参数是作为字符串文件中的注释，用来给开发人员阅读使用的，在程序运行中并不发挥作用。NSLocalizedString()宏定义在调用的时候，系统会在应用程序项目的本地化目录中搜索字符串文件 Localizable.strings。下面就来创建这个多语言版本的字符串文件。在 Resource 目录中右击，在弹出的界面中选择添加 Strings File 选项。

如图 6-14 所示，选择 Strings File 类型，然后输入文件名称为 Loclizable.strings，这样就得到一个字符串文件。在创建完成后，先不要急于添加文件的内容。我们先要为这个文件增加更多的语言版本，然后系统将会自动生成同名文件，添加到对应的本地化目录当中。

选择字符串文件的属性，在图 6-15 所示的界面中，单击 Make File Localizable 按钮。几乎每一个项目中的文件都可以通过单击此按钮来添加本地化功能。在它的右侧显示为灰色的按钮，是将文件本地化之后用来再次添加语言版本时使用的。因为我们是第一次为字符串文件添加语言版本，所以图中所示为不可单击的灰色状态。在确认要为 localizable.strings 字符串文件添加语言版本后，将会弹出图 6-16 所示的界面。

图 6-14　添加字符串文件　　　　　　　　图 6-15　为字符串文件添加语言版本

在图 6-16 所示的界面中，我们将会为字符串文件添加中文的本地化版本。字符串文件的默认版本为英语 English。在单击添加语言后的弹出框中，输入 zh_CN，Xcode 开发工具将会自动为项目创建 zh_CN 本地化目录，并将默认版本的字符串文件复制到本地化目录中。完成了语言添加之后，在 Xcode 的资源浏览窗口中将会看到一个 Localizable.strings 文件产生了两个分支，分别为 English 和 zh_CN。

图 6-17 所示的正是经过本地化后的字符串文件，它本身其实只是两个文件名相同的文件，存放在不同的本地化目录而已。按照前面介绍过的原则，当应用程序运行时，iOS 系统会根据当前设备来加载对应的本地化目录中的文件。而在字符串文件中，则需要存储着不同语言版本的字符串内容。由此，开发者就能够实现一个应用程序对应多个语言版本的方式。

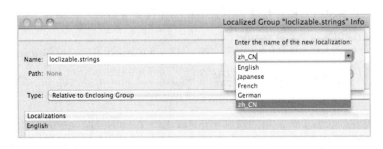

图 6-16　添加中文-中国大陆本地化目录　　　　图 6-17　本地化的字符串文件

代码 6-9　不同本地化目录中的字符串文件

```
//HelloWorld\zh_CN.lproj\Localizable.strings
/*
   loclizable.strings
   HelloWorld

   Created by shadow.liu on 12/19/11.
   Copyright 2011 __MyCompanyName__. All rights reserved.
 */
"labelText" = "你好 世界";
//HelloWorld\English.lproj\Localizable.strings
/*
   loclizable.strings
   HelloWorld

   Created by shadow.liu on 12/19/11.
   Copyright 2011 __MyCompanyName__. All rights reserved.
 */
"labelText" = "Hello World";
```

代码 6-9 的内容十分容易理解，其列出了两个本地化目录中的字符串文件的内容。在字符串文件当中，按照关键值与内容值对应的关系，分别存储了 labelText 对应的两种不同语言的字符串。至此，我们就完成了为字符串文件添加中文语言的工作。按照前面的代码，NSLocalizedString()方法将会根据用户设备的语言和区域的设置，加载对应内容的字符串用来显示。不过在开发中读者需要注意，如果 iOS 系统没有找到合适的本地化目录，将会使用默认的英语目录下的内容。在找到了本地化文件后，系统将会返回正确的数据。如果在字符串文件中未找到与键值相匹配的字符串内容，则会将字符串键值（宏定义方法的第一个参数）返回，作为查找的结果。

读者可以通过运行本章节附带的样例程序，来观看本地化项目的运行结果。在首次运行项目之后，可在设备的设置选项当中来修改使用语言，以便观看到不同语言字符的显示结果。作为 iPhone 游戏开发者，若想让游戏产品获得良好的销售效果，则需要尽可能地将它本地化。越多的本地化版本，就意味着越多的用户。幸运的是本地化所需的工作并不复杂，按照我们前面介绍的步骤，开发者可以轻易地使游戏产品支持多种语言，甚至是一种语言的多种形式，比如针对中国用户常常使用的简体与繁体不同的版本。

在本小节中，我们只是以字符串文件来为读者讲解 iOS 提供的本地化方法。这只是一个开始，除了字符串文件之外，图片、声音、视频甚至是应用项目的图标都可以进行本地化，来区分不同的语言版本。所以在开发游戏时，开发者可以自由地选择需要本地化的文件或者资源，其操作过程和实现效果与我们所介绍的字符串文件相同。

6.11　小　　结

本章节的覆盖面广、内容比较多，介绍了许多新的概念和技术。由于篇幅的限制，在为读者介绍 iPhone 开发基础时，我们并没有抱着面面俱到、刨根问底的姿态。作为 iPhone 应用程序开发的基础，所有今后在游戏开发中将要用到的技术一个都没有疏漏。如果读者想成为一个应用程序的开发者，那么本章节的内容还不够，但是作为游戏开发者却绰绰有余了。下面让我们来回顾一下本章节中学习过的知识。

我们都知道 iPhone 设备是苹果公司知名的产品，其中包含了一套 iOS 的操作系统。此操作系统提供了一系列开发套件，正是我们用来制作游戏的工具。iPhone SDK 正是开发者所使用的程序接口。围绕着它，我们了解到 iPhone 系统的来历及其各个版本。iOS 是 iPhone 升级版本后新的名称。在 iOS 系统中存在多个程序框架，它们按照层次从下至上衔接而成。在本章节中，我们对每层次框架发挥的作用及其中包含的子框架，都逐一地做出了介绍，这正是构建应用程序的基础。之后，无论是应用程序还是游戏产品，都必然会使用这些框架中的功能。因此读者必须了解每层框架包含的内容，以便在需要时能够信手拈来、运用自如。iOS 除了为开发者提供了众多具有强大功能的程序框架之外，还规定了一套 iPhone 应用程序设计原则。读者还记得是怎样的模式吗？

MVC（模型-视图-控制）并不是源自 iPhone 设备平台的一种专有组成模式，MVC 泛型早早就出现在计算机编程领域。只不过，在 iPhone 平台，它被发挥得淋漓尽致。按照模型应对数据、视图用于显示、控制负责传递与衔接的方式，我们熟悉了应用程序的基本生命周期。在 iOS 系统支持多任务的条件下，一个应用程序生命周期变得复杂多样。当用户单击 Home 键退出时，当前应用程序就进入了挂起状态。虽然，在挂起状态，系统可以轻易、快速地将应用程序重新运行起来。但请读者切记，挂起状态是不具备安全性的。在内存紧张或者其他意外情况下，系统也会选择关闭挂起状态的应用程序。这时，将会导致被关闭的应用程序失去当前数据。所以在应用程序进入挂起状态时，一定要做好它不会运行的准备工作。

iPhone 应用程序只能有一个窗口用于显示内容。此话初看，可能读者会感觉 iPhone 窗口界面存在一定的限制。相信经过本章节的内容介绍后，读者不仅感觉不到界面设计的局限性，反而觉得如此种类繁多、功能丰富的视图与控件让人无所适从。不管是哪方面的担心，都不必放在心上，毕竟苹果公司没有明确要求必须使用系统提供的显示界面。只是从用户操作习惯性的角度，推荐开发者使用与系统中程序一样的窗口界面。可游戏产品恰恰不能如此，它作为具备娱乐性的程序，通常代表着画面精美与操作流畅，为用户带来特别的体验。这正好与 iOS 系统提供的视图与控件相违背。因此，读者并不用掌握所有控件和视图的用法，只需了解它们所能提供的功能即可。至于与游戏相关的重要内容，则是之后章节中需要学习和掌握的。

在随后的章节中，介绍了一些与游戏紧密相关的功能。其中不仅配有代码，还有运行之后的效果图。用户交互、绘图和多媒体功能，这些都是一款游戏不可缺少的部分。因此读者有必要熟练掌握这些技术，在后续的章节中，才能利用它们制作精良的游戏产品。

经过前几章对于开发 iPhone 应用程序的基础介绍，我们已经成功地迈出了坚实的一步，那么接下来就会带领读者进入游戏开发与制作的内容。后面的内容将会更加精彩，甚至让人兴奋，因为读者将有机会亲自制作一款 iPhone 游戏产品。这款游戏产品可能是曾经为读者带来愉快体验的游戏，可能是代表着童年美好回忆的游戏，可能是能够获得众人称赞、被广大玩家喜爱的游戏。这一切的可能都将从下一章开始。让我们打开游戏制作的大门，尽情享受制作游戏所带来的乐趣吧！

第 2 篇　iPhone 游戏开发提升篇

　　自本篇开始，我们正式进入 iPhone 游戏开发的学习阶段，我们会用 5 个章节的内容向各位读者呈现 iPhone 游戏开发阶段的完整流程；从游戏设计的最初想法到游戏的基础结构；到引擎的使用，再到 iOS 游戏的特性。

　　本篇内容是本书的重点，更是作者多年的经验体现，作者用朴实的文字将晦涩难懂的内容通俗化，大大缩短读者的理解时间，提升学习效率。

第 **7** 章　如何设计一款游戏

经过前几个章节知识的铺垫，读者已经对 iPhone 系统中的应用程序开发有了初步认知。从本书的名称，我们十分清楚本书的主要内容就是游戏开发，争取让每一位阅读过此书的读者都有能力开发一款优秀的 iPhone 游戏。在计算机领域中，电子游戏算得上是一种具备娱乐性质的应用程序，可它又与传统的应用程序存在很多的差异。首先，在制作环节上就有所区分；其次，针对的不同用户群体；最后，其具有独特的商业模式。因此游戏产品经常作为一个独立的领域引起用户和开发者的关注。随着全球游戏产业不断地壮大，它已经能够与软件行业相提并论、并驾齐驱了。游戏产品与传统软件最大的区别就是其自身的娱乐性。这就好比电影、舞蹈、话剧，它们都能引起观看者的兴趣，获得用户的喜好。在人们欣赏上述表演形式时，除了获得身心的愉悦，还能领悟人生的道理。所以说电影、舞蹈、话剧是一门艺术，肯定是没有人持有任何反对意见的。但是如果说游戏也是一门艺术，可能有些人就很难摆脱对于游戏只是玩物丧志的印象，这也是多数人对于游戏的看法。其实游戏有千千万万，其中不乏一些内容高尚、教人向善的，也有一些是为了满足人们的某种欲望。总的来说，游戏产品算得上是大千世界中的一个潘朵拉魔盒，至于读者能从这个鱼龙混杂的魔盒中获得什么，那就要看各位的造化了。

在进入游戏开发之前，我们首先来掌握如何设计出一款有创意的 iPhone 游戏。本书的题目强调的重点在于游戏的开发和制作，这其中包含了游戏制作的方方面面。与制作软件的应用程序不同，游戏制作过程中存在许多特别之处。如果读者曾经是一个软件开发人员，那么本章节的内容将会为你敞开游戏大门。在阅读的过程中，读者就会深刻地体会到游戏制作的魅力和乐趣。凭借前几章内容，我们已经为了开发游戏做好了准备。接下来的几个章节，将会讲述与游戏开发相关的内容，这也是本书的精华所在。所以本章节是一个里程碑式的开始，这之后我们只谈论和游戏有关的内容了。

制作一款完整的游戏项目，代码编写并不是第一步要做的，软件制作也是如此。这就好比写作文，开始时是创意阶段，书写只是一个表达的过程。游戏制作也是同样的道理，虽然开发是占据时间和精力最长的，但却不是最重要的。尤其是在刚刚起步的手持设备领域，游戏的实现技术水平并不是限制开发者的瓶颈。因为游戏行业发展的几十年中，类似 iPhone 的掌上设备才刚刚起步，其应用和实现的内容也只是十几年以前早已完善的技术。所以一款游戏最重要的可能就是创意，它就好比一个游戏的灵魂，而制作过程只是依照灵魂来构建躯体。没有好的灵魂，再完美的躯体也没用。

当然只有灵魂却没有躯体，也是一个无用之才。

　　一款游戏产品的成功，是离不开灵魂与躯体的结合的。例如全球知名游戏的"愤怒的小鸟"，这款游戏的成功也不是依靠别人无法企及的高深开发技术，而是游戏的趣味性，这才是让无数玩家喜爱它的原因，这也正是此款游戏的灵魂。所以一个好的创意才是开始。当开发者决定要制作一款游戏项目的时候，首先要考虑的是怎样才能是一款好玩的游戏。和传统软件应用制作不同，游戏项目的制作需要开发者具备更多的创造性和娱乐精神。制作一款娱乐性好、让玩家迷恋的游戏，并不是一件容易的事情。读者想好自己要做一款怎样的游戏了吗？不用心急，通过下面的章节，你就会找到灵感了！

7.1　人们为什么玩游戏

　　人们为什么玩游戏？

　　这个问题很难回答。每个人都有自己的解释，也许是因为无聊，也许是因为喜爱，也许是因为交流。当下班回家或者周末假期时，为什么人们总是打开电脑玩起喜欢的游戏？比如在等地铁或者排队的时候，为什么有些人会掏出手机娱乐一会？相对于其他娱乐项目，如电视、电影、体育运动，电子游戏的乐趣在哪里？相对于电子游戏，我们将要制作的 iPhone 游戏的趣味又在哪里？依照通常的理解，游戏吸引人的是它可以使人们融入其中，享受情感带来的共鸣。同时，它具备了其他艺术表现形式所不具备的交互性。为了能够获得成功，我们的游戏需要利用这些独特之处，使之升华，以此来创造出最优秀的游戏产品。

　　纯粹地说游戏是为了给人们带来乐趣。这句话是有些片面的。就好比电影中依靠观众眼泪来评价好坏的悲剧，它反而就为人们带来的是悲伤。在众多的游戏产品中，也存在一些让用户体验并不是轻松愉快的。所以总的来说人们为什么玩游戏，多数是出于一种需求，获得一种情感体验，通过体验游戏的过程来获得满足。这种需求可能来自于某种情感的共鸣、宣泄或者接纳。我们来看看通常一款游戏能为玩家带来哪些体验。

1．挑战的需求

　　游戏要富于挑战性，挑战后要设有结果，结果存在不确定性的达成目标。通常游戏要具备一定的难度，它应该能够让玩家在游玩的过程中存在一定的困难。玩家会在一次次战胜挑战或者顺利度过难关时，获得极大的成就感和满足感。这种强烈的自我认知会使得玩家喜爱游戏。人们都喜欢能够自我控制的事物。也正是因此，有许多顶尖玩家偏爱难度极大的游戏。同时，当一个人面对挑战并且取得胜利时，这就是一个学习的过程。这是一个潜移默化的过程，大多数玩家并没有意识到这一点。挑战的过程就是一个学习知识和积累经验的过程。一款优秀的游戏不仅为玩家带来了无限的乐趣，同时还能教会玩家经验和知识，并应用于生活的其他方面。

图 7-1　大航海时代

　　图 7-1 所示的正是日本光荣公司出品的经典游戏系列"大航海时代"。它是一款具有悠久历史、受众广泛的航海类游戏。从历史角度来

说，"大航海时代"是 15 世纪末到 16 世纪初，由欧洲人开辟横渡大西洋到达美洲、绕道非洲南端到达印度的新航线以及第一次环球航行的成功。大航海时代是人类文明进程中最重要的历史之一。在游戏中玩家置身于当时激情澎湃的年代，充当一位航海家来周游世界。在游玩的过程中，玩家不仅体会到了周游大海的乐趣，不知不觉中还学习了世界地理以及各地文化与风土人情。玩家将会知道"好望角"的位置，将会知道哪里盛产"陶瓷"，哪个国家的造船术最厉害，这些都是在游戏中学习到的知识，它们并不是虚构，而是来自于真实的历史。这正是一款优秀的游戏需要具备的品质。

2. 交流的需求

从小时候起我们就知道和朋友一起游玩是最快乐的。快乐在于分享。这里所说的交流，可能是代表着两人或者多人之间的合作，也可能是对抗。比如说一些棋牌类的游戏，就需要联合自己的队友一起对抗对方。电子游戏也不例外，对于大多数人来说，游戏的魅力就是能够与朋友或者家人进行交流，一起分享情感。在游戏世界中，玩家可以体会到协作时带来的默契，也可以体会到对抗时的紧张感，让用户从游戏的交互中实现和强化潜在交流。一款好的游戏应该让用户们在游戏过程中交流、表达他们的想法并享受其中的乐趣。随着社交化网络社区的日益盛行，玩家们找到了一种与世界各个角落的同伴们进行交流的平台，或者说社交类的游戏为玩家提供了另一种与身边的朋友交流的途径。作为游戏开发者应该记住，游戏的根源以及其吸引力中重要的部分就是社会性。但是如何在游戏中实现交流呢？考虑到一些已经上市的游戏，其中多数都是单人游戏，但是更多人期待的是多人游戏。这也是为什么当下网络游戏能够拥有众多的玩家群体，这是因为人们喜欢群体游戏时的感受。中国有句古话："独乐乐，不如众乐乐。"说到交流，尤其是家庭成员之间的交流，我们必须提到任天堂出品的家用游戏机 Wii，它已经被称为家庭娱乐的"可爱多"。在 Wii 游戏机平台上，最为著名的交互性游戏就是运动会。图 7-2 所示的正是风靡全球、老少皆宜的 *Wii Sports* 游戏。

图 7-2　Wii Sports

3. 融入感的需求

不论是何种艺术表现形式，都要能够吸引人们。比如电影就需要精彩的画面、创意巧妙的剧情来吸引观众，小说则需要跌宕起伏、环环相扣的剧情来抓住读者的兴趣。同样，游戏也需要为玩家提供融入感。在玩家体验游戏的内容时，有一种身临奇境的感觉。游戏最为显著的特点就是能够与玩家产生交互，游戏本身就能够与玩家进行交流。举一个简单的例子，当站在海边的沙滩上，脚下踩着软软的细沙，海风从头发穿过，天空中偶尔传来鸟儿的叫声，这时你可以捡起一块石头，在海中打出一片水花。描述中的一切都可以在游戏中得到实现。画面、声音、动作都将成为吸引玩家融入游戏的因素。除了那些存在于显式世界的事物，游戏中还可以创建另类的世界来迷住玩家。游戏中的虚拟世界是可以比现实世界还要夸张、离奇、让人不可思议的。玩家可以成为星球大战中驾驶飞船的机器人，也可以成为中欧世界骑着扫帚漫天飞舞的法师，也可以成为刀剑武林中武功盖世的少侠，还可以成为原始时代中前所未见的怪物。这些都是因为让玩家融入了一个别样的环境所带来的乐趣。就好比一句话中所说的，"不想当士兵的将军不是好士兵"。但不是每个士兵都可以成为将军，可在游戏当中，别说是将军，哪怕是帝王，也是每一个玩家都能体验一把的。说到游戏的体验，就不得不提到 EA 公司出品的"模拟人生"。它是迄今为止游戏史上最畅销的电子游戏产品，其销售量早已超过了 1 亿套。

　　图 7-3 所示的正是游戏"模拟人生"PC 版本的封面。此款游戏的魅力就在于融入感。在游戏当中，玩家可以扮演一个人，这个人可以是科学家、救火员、厨师、兽医、马戏团表演者、教师等。甚至玩家也可在游戏中就扮演一个普通人。在游戏中邀请邻居参加聚会，和朋友一起打球，与异性朋友谈情说爱、结婚生子。正如这款游戏的名字"模拟人生"，让玩家在游戏中度过一段充满乐趣的人生。

4．炫耀的需求

　　有些玩家之所以投入游戏当中，是因为对现实生活的乏味、平淡。他们试图在游戏中获得一种值得骄傲的成功。成就者总是追求得分或者其他能够衡量游戏成功的元素。这种成功转而就会成为炫耀的资本。还记得笔者年少时那些让小学生留连忘返的"街机"游戏厅。图 7-4 所示的正是当时非常流行的"三国志"的游戏场景画面。

图 7-3　模拟人生

图 7-4　三国志

　　在这些街机游戏中，大多会存在一个游戏排行榜。只有那些打通全关并且获得高分的玩家，才有机会将自己的名字留在排行榜中。要是谁有幸成为某个游戏排行榜的第一名，这必然会成为整个学校的新闻。除非有人创造新的记录，否则这个幸运儿就会被小伙伴们一遍遍地提起，那些冠军的头上也就总会闪烁着犹如奥运冠军的光环。由此可见玩家对于炫耀游戏中获得成就的心理。炫耀心理同时还会导致另外一个现象就是攀比。对于高分的攀比，这就好比福布斯的富豪排行榜，那些进入榜单的人总有沾沾自喜的，总有无数人羡慕的眼光。有些玩家很少有机会在日常生活中吹嘘自己的能力，或者在工作和学习时取得良好的成绩。但是在游戏当中，他们有机会超越别人，站立在众人之上。人都会喜欢自己能够控制的事物。当玩家在一款游戏中获得让他人羡慕的成绩时，必然也会喜爱上这款游戏。正是这种良好的自我感觉，让玩家迷上了游戏。彰显地位的游戏排行榜成为了玩家们永恒的追求，尤其是有众多玩家参与的游戏，追求名利成为了玩家的一种心理活动。如果游戏制作者善加利用，精心设计游戏难度，在游戏中让玩家能够获得心理满足，那就找到了制作游戏的精髓。

5．玩家需要情感体验

　　在讲故事方面，游戏比起其他艺术形式拥有鲜明的优势，但是开发者却未完全挖掘出这个优点。

所有讲故事的过程都要求一定量的叙述说明。对于编剧家和剧作家来说，他们如何做才能有效地阐述故事情节。这一问题应该在他们开始真正描述故事之前就已经有了足够的创意。而在游戏中，开发者很容易在玩家体验游戏时安置故事因素或者线索。将游戏中的探索转变成一种主动的方式，帮助玩家更好地理解故事情节。情感是角色扮演类游戏的关键，也是许多传统游戏开发商所擅长的。各大开发商不只专注于游戏的视觉效果，更侧重于那些想要带给玩家的情感体验。所以游戏设计一定要有一个好的故事。故事能够结合游戏的方式，让玩家体验到不同于电影和小说的情感旅程。既然说到了情感体验，就要提到最能让玩家感情涌动的角色扮演类游戏。

图 7-5 所示的是一款 20 年前的经典游戏"最终幻想"。它是由日本 Square 软件公司设计的电子游戏，此游戏系列已经成为了游戏史上最畅销的电子游戏之一。今天看来当年的技术手法有些老套，但其故事情节却有其独特的一面。正是这款古朴的游戏，牵动了无数玩家的心。一个好的游戏，其精髓就在于故事。

图 7-5 最终幻想

6. 幻想的需求

电子游戏比其他娱乐项目更有魔力，它能够让玩家沉浸其中。想必读者都知道，武侠小说之所以风靡全国，原因在于人们喜爱武侠小说的形形色色、个性鲜明的角色。这与当下席卷全球热潮，吸引无数少年热衷的哈里波特系列丛书有着同样的道理。相信有不少小读者们都曾幻想着成为魔法学徒，武侠小说读者则会想象自己成为一代大侠，独闯江湖。在游戏中，玩家有机会去扮演那些辉煌的人物，比如勇敢的冒险家、武功高超的侠客或是拯救世界的英雄。观众或者读者只能够在电影或者小说中看到一些精彩、完美的人物，而游戏则可以让玩家去扮演人物，进行一些行为。甚至玩家就是上帝，他们可以在游戏中建造一个世界。这个世界可以与现实一模一样，也可以超于现实，仅凭想象建造一个自由自在的世界。毫无疑问，当下全球最火爆的世界建造游戏就是"当个创世神"Minecraft，如图 7-6 所示。

图 7-6 "当个创世神"Minecraft

在游戏中玩家充当世界的创作者，可以尽情地发挥想象力来创建世界。建造秦朝的阿房宫？没问题。建造万里长城？没问题。建造自家的后花园？也没问题。甚至在建造完成之后，玩家可置身其中。仅仅一款游戏就实现了玩家各种各样幻想的生活。因此在一个设计良好的游戏中，玩家能够真正有机会过上幻想中的生活。更美妙的是，这些虚拟生活与现实生活不可同日而语。在大多数游戏中，玩家不用担心吃喝睡觉或者打工挣钱的琐事。他们可以是智慧超群的领袖，也可以是无所不能的超人，更可以是四处破坏的怪兽。这些都是满足了玩家的某种幻想。

不管怎么说，游戏设计的终极理念还在于让玩家获得足够的乐趣，以及从玩家的消费中获得合理的经营回报。这就必然涉及开发者如何设置游戏机制，才能让玩家在游戏中充分释放情绪，不仅获得愉悦性，还能从消费中获得更大的游戏满足感。希望读者已经有了对游戏概念的理解，清楚了玩家对于一款游戏的期待。在游戏业内有一个共识，那就是对于游戏的发展已经确定为两个方向：一个是对于现实世界的真实模拟，强调硬件性能的发掘，为玩家带来最真实的体验；另一个是对游戏本身趣味性的挖掘，提高游戏娱乐性来取悦玩家。这是游戏设计的两大方向。当然，如果想要同时满足上面所有的需求，将是一件很难的事。同时，面对着众口难调的全球用户，设计出一款满足所有人喜好的游戏，几乎变成了不可能的任务。不过，读者也不用因此心灰意冷。由于 App Store 在全球风行，只要我们制作出的游戏能够满足一类玩家的口味，就已经是不错的成绩了。在我们明确了玩家的需求之后，应该如何设计游戏？

7.2　如何设计游戏来满足玩家的期望

电子游戏设计对于大众来说原本是很难理解的一项工作，人们总觉得设计都来源于天才设计师的灵感，但现在设计领域早已演变成与其他领域共享技术和方法论的一种行为，只是在设计的行为当中包含了许多设计师的直觉。各个领域包括界面设计、心理学、仿生学、复杂系统和物理学等的术语，开始逐渐地被应用在游戏设计领域中。游戏不仅仅是一种艺术表现形式，还是一种需要玩家参与的交互式活动，如此广泛的空间和交互的自己，就给了创作人员发挥创造力的机会。我们列举几个简单的例子，比如当下时兴的穿越题材类的电视剧，这在游戏领域这早已是司空见惯的事情。再比如三维立体电影的火爆，其实早在而十几年前三维立体技术就出现在了众多游戏产品当中。

7.2.1　如何获得游戏创意

我们这里讨论的游戏并不是指儿时的游戏活动或者牌桌上的娱乐，而是指电子游戏。玩乐是人们的天性。十多年来，电子游戏一直都比人们所见过的任何游戏都要精致和丰富。随着科技的发展和物质的丰富，人们每天劳作的时间逐渐变短，对余出的空闲时间就需要一些娱乐项目来填补。从电视、电影、电脑发展到今天的手持设备，电子游戏一直都伴随其中，为人们带来了许多的欢声笑语。估计读者早已经听过或者玩过数不胜数的知名游戏。在现代的城市人群当中，没有接触过电子设备的人几乎已经绝迹。游戏为许许多多的人们带来了愉快的体验，同时，它们也为开发者们创造了巨大的商业价值。有许多的经典游戏至今还为人们所津津乐道，甚至成为了新一代人们的成长岁月中的标志。虽然电子游戏可以通过画面、声音、文字、真实感觉等来传递思想、表达情感，但至今它并不算是一种被人们广泛认可的艺术表现形式，但是游戏已经被认为是一种新的传播媒介。在老一辈人的眼里，电子游戏成为了玩物丧志的代名词，甚至一度被称为电子鸦片。经过时间的考验，当今人们早已转变了对游戏的片面看法。

　　玩游戏能够使人变得更加睿智，这并不局限于那些纯粹的教育游戏。因为在玩游戏的过程中，玩家需要集中注意力，具备较高的反应能力与分析能力。所以对于思维与反应的锻炼，使得玩家变得更加聪慧。另外，游戏产业创造了许多辉煌并且经久不衰的，甚至在经济低迷时期，它依然能够提供许多新的工作机会，更不要说那些因为游戏而进入高薪职业的人们。游戏能够产生关联性学习，玩家能够实实在在地从中获得新知识。比如那些模拟驾驶、经营，甚至医疗，人们在游玩的过程中就学会了很多相关的知识。我们也不能忽视游戏在创造性方面对于玩家的提高。这就好比小时候的积木，在游戏世界中，玩家可以充分发挥想象力，哪怕是创造一个崭新的地球都是有可能的事情。游戏有助于人们彼此之间的交流，它能够培养玩家高超的社交技能。如今的社会节奏越来越快，人们很少有机会交谈，社交类的游戏则成为了联系的纽带，它也是一种结交朋友、扩大交际圈的绝佳环境。更夸张一点的话，我们可以相信游戏能够帮助终止战争，就好比奥林匹克运动会通常被认为是终止战争的一种方式。然而，这其实更多是运动健将之间的较量，具有浓重的民族色彩。尽管如此，奥林匹克运动会背后的原始理念依旧十分牢固。该盛会促使来自不同文化背景的人们汇集一堂，相互学习。和其他媒介不同，游戏也让不同国家、不同政治、宗教信仰的人们共同参与体验。不是因为他们是精英，不是因为他们是观众，而是因为他们唯有共同协作方能解决问题。

　　游戏是一个有趣的媒介。和音乐、文学、电影和戏剧一样，游戏让我们的生活更富价值。从第一个乒乓游戏开始至今，电子游戏只有短短的三十多年的历史。在这期间，电子游戏并没有固定的模式可以传承成为经典，它一直都在变化发展当中。我们看其他艺术形式，如绘画、音乐等，其所使用的工具与媒介都相对稳定，几百年前人们使的画笔画布透视原理，用的钢琴五线谱对位法，到现在依旧如此。莎士比亚的戏剧经典不衰，蒙太奇的电影手法沿用至今，但电子游戏就不一样，从最早的黑白矢量图像技术，到 8 位机的字符型活动块，到 PC 早期的 CGA / EGA 色彩表，到今天 iPhone 第四代的 Retina 屏幕，几乎每隔几年技术或者设备就会翻新一次，而前一阶段积累的技术基本被完全推翻，经验基本不适用于新的条件。这一切都使得电子游戏的概念更加的宽泛、更加的多变。所以要如何定义电子游戏，就不得不因人而异了。

　　就好比电影是开始于剧本的创作，游戏则开始于设计案，而设计案则开始于创意。游戏开发者们的创意来自于生活的方方面面。比如来自于其他游戏中启发的灵感，或者开发者童年天真的幻想，或者电视节目、电影、身边的朋友和熟人，甚至那些现实世界已经存在的游戏种类。说到这里，我们最好举几个例子。宫本茂是日本游戏设计的大师，他早已获得了游戏设计的终身成就奖。他在谈到 Wii Fit 的创意灵感时，提到其最初的想法就是来自日常家庭使用的体重计。由此他想到了利用人体自身的重力作为游戏操控手法，为用户带来一种新的感觉。

　　图 7-7 所示就是 Wii Fit 设备。一个简单的创意，就为玩家带来了一种全新的游戏类型。当玩家站在 Wii Fit 上时，可以做瑜伽、冲浪，甚至真的可以称称体重。所以说灵感就像一颗很细微的种子，许多人并没有估量到其生长壮大的力量。如果读者没有灵光一现的想法，又该如何进行游戏设计呢？这也不是一个难题。大多数创意或许不是新颖的，或许还不成熟，但至

图 7-7　Wii Fit 带来游戏类型

少值得开发者努力使它们在游戏中展现原始的样子，尽量去丰富它，使它变得完整。纸牌相信大家都玩过，其实在电子游戏产品中，纸牌类的游戏始终占据了一定的市场份额。它并不是因为某个破天窗的创意而产生，而是日常中人们娱乐方式的延伸。这也是制作电子游戏产品的一个很好的方式。

不知读者是否知道 iPhone 平台上非常流行的"捕鱼达人"游戏，它就是一款街机游戏的翻版，其中并没有什么新的创意，如图 7-8 所示。

所以当读者正焦头烂额地寻找创意灵感时，不如借鉴一些在其他领域已经成功的游戏，然后用技术的手法，在 iPhone 平台上重新诠释或者表达创意，努力不要让最初的创意成为简单的原型，然后尽力去丰富它的内容，但要记得保持最初的特色。其中最重要的就是，只瞄准一个创意，别无其他，然后专心致志，无论这个创意多么粗糙、稚嫩。开始着手你所选择的游戏创意，

图 7-8　"捕鱼达人"街机游戏

将所有资源都投入其中。我们所有人都存在某些人性优点，这令我们能在全心投入时更清楚地把握整体创意。

读者要能抓住那些突如其来的创意，尽量详尽地记录下每一个闪过的思绪。在这之后，开发者就需要考虑将来制作完成的游戏是针对的哪些客户？游戏产品要依靠什么特点来满足这些客户的需求？由于本书的讨论范围局限在 iPhone 手持设备的游戏项目，那么开发者首先需要了解具备 iPhone 手持设备的人会是怎样的群体？在从性别、年龄、收入、喜好划分了用户群体之后，还要思考这些人具备的业余时间多少以及他们在游戏产品上所耗费的时间。

我们所面对的是全球 2 亿台 iOS 设备（包括 iPhone、iPad 和 iTouch），以及现在 App Store 中已经存在四十多万应用可供下载。至今为止 App Store 应用程序下载总量达到 140 亿次之多。这些数字每天都在增长，作为准备成为 iOS 应用程序开发者的读者们要如何考虑呢？现今中国作为世界第二大苹果应用市场，总下载量仅次于美国。可与此同时，各类排行榜霸占榜首的应用大多出品自国外开发商。国内用户一边抱怨应用不支持中文，一边对国内应用开发者基于厚望。所以，我们需要仔细分析将来游戏产品的目标群体，努力打造中国品牌。

只有真正了解了用户需求，才能制作出精品。按照移动市场研究公司 Distimo 发表的报告称，按营收最高的 200 款应用的总营收计算，游戏是应用数量最多的移动应用类别。在 iPhone App Store 中，游戏数量为 79 077 款，iPad 游戏数量分别为 28 683 款。Distimo 表示，今年移动应用的最大赢家是"愤怒的小鸟"，其次依次是 Facebook、Skype、"愤怒的小鸟之里约大冒险"、iBooks、"愤怒的小鸟节日版"、"水果忍者"、"会说话的汤姆猫"和 Twitter。在 iPhone App Store 中营收最高的 200 款应用中，半数营收来自采用免费增值模式的应用。手机平台将是未来游戏的主战场之一。放眼全球市场，游戏依然是智能机平台最受欢迎的应用。美国知名市场调查机构尼尔森（Nielsen）年中针对美国智能机用户进行了一项调查，结果显示，64%的用户下载了游戏应用程序。毫无疑问，游戏产品占据了用户下载应用程序比率的首位，这些用户平均每月玩游戏的时间达 8 小时。用这些数字结合不久前甲骨文发布的研究报告，会更有说服力——全球范围内近 70%的手机用户在使用智能机。用户群特征也发生着变化。虽然全球大部分移动互联网的新用户是年轻男性，但从全球范围来看，移动网络的女性用户正在增长——在英国（49%）、泰国（43%）和南非（40%）的移动互联网用户

中男女比例基本持平。紧随这 3 个国家之后的是法国、德国、墨西哥、菲律宾、美国和沙特阿拉伯，在这几个国家的移动网络用户中至少有 1/3 的是女性用户。全球成熟用户的比例在增长：15%的用户年龄在 35 岁以上。这部分用户在移动交易方面却显示出了超出其比例的影响力。在过去的 6 个月里，35 岁以上人群的移动交易中有 19%与旅游相关，23%是百货类交易，21%用于家庭账单的缴费。市场调查机构 Flurry 最近发布的报告指出，在美国用户花在移动应用的时间中，游戏占去了约一半的比例。Flurry 对网络中的 14 万个应用进行了跟踪调查，其中美国用户花在游戏上的时间占到移动应用使用时间的 49%，花在社交网络应用的时间占到 30%，接下来则是娱乐和新闻。

这些信息就会成为开发者制定游戏产品方向的指导。这时，回顾之前得到的创意，从更多的角度去思考其是否适合。拥有了不错的创意灵感仅仅是第一步，之后就是去分析它的可行性。

7.2.2　游戏创意的可行性

接下来我们要讨论的游戏设计，将会限制在移动设备平台或者掌上游戏机平台。至于那些动辄上千万美元的预算、全球各地几万人的参与、开发周期需要许多年的 AAA 级别游戏大作，仅仅靠本章节的几页纸是说不清楚这些游戏业的航母们是如何设计出来的。我们关注的是开发过程中的创意层面，即想法和灵感。毫无疑问，制作游戏本身就是一个艰苦的工作，开发者至少需要付出 3 个月以上的时间才能完成一款游戏。况且，要再想从游戏中盈利又是一件困难的事情。然而，当看到玩家从游戏中获得乐趣，看到那些会心、纯正的欢笑，再艰辛的付出也是值得的。经过前面的章节，读者大致会产生一些游戏创意，如何选择适合的创意来着手制作呢？以笔者的经验，选择游戏创意是一个既兴奋又沮丧的过程，有时不得不因为客观条件放弃那些最初的想法，而这恰恰是对设计人员创造力的损耗。另一个方面，一个创意被众人所认可，确实有一种从心底溢于表情的高兴。下面，根据一些已经成功的案例以及过往的经验，为读者筛选创意时提供一些参考。首先需要明确，玩家体验游戏的目的不是为了完成游戏，就好比读者阅读书籍的目的不是为了看完整部书籍一样。除了那些要考试的科目课本，不知有多少的书被读者扫扫几眼后就成了垫铺箱底的道具。同样的道理，玩家玩游戏是为了获得情感体验。游戏设计过程便是以情感工程为目标的体验构建，并能够让这种体验保持连续性。一些好的游戏，甚至可以让玩家多玩几遍，每一次都有不一样的收获。

从本质上来说，任何与设计有关的内容都将是一件困难的事情。常常听说剧本、小说的创作者采用各种不同的方式来寻找灵感，游戏设计师有时也需要创作的灵感。但只有灵感是不够的，因为一本小说或者剧本可以一个人独立完成，通常一款游戏却很难由一人完成。一款游戏除了最初的创意，还需要制作能够生成游戏状态的互动规则，能够让玩家参与到互动中，导致玩家产生情感。

正如图 7-9 描述的情况，在我们具备了足够多的游戏创意之后，很快就会步入下一个阶段：需要开始着手落实内容，执行那些看上去不错的想法。对于缺乏实践经验的读者，这将会是一件无从下手的工作。接下来我们主要探讨在大量游戏创意中选择最合适的技巧以及如何去粗取精，教会读者分辨哪些创意一文不值、哪些创意本身就意味着成功。

图 7-9　脑海中的游戏创意

经常被开发者忽略的就是游戏产品的商业机制。如果读者只是一厢情愿的理想主义者，将制作游戏看成一种自我表达的方式，那么接下来的文字内容大致就可以跳过了。否则，就让我们讨论一下从商业价值的角度来看，游戏创意的可行性。其实，在游戏产品问世之前，多数的创意是毫无意义的，没有市场的创意就是失败的。创意的真正价值是在落实过程中形成的，要实现创意的价值，就要创造满足需求的产品或服务，然后开展相应的营销活动，从中获利。这才是一款游戏产品的制作过程。永远不要认为自己的创意有多么的新奇独特、标新立异，单单一个创意并不值得夸耀，开发者的能力在于将创意付诸执行，能够将创意的价值转变为产品的价值。

首先，开发者要根据当前所具有的工作时间、资源和技能，给自己的游戏项目确定正确的创意，并预估游戏产品的开发周期。无论是半年，还是一年，相关的情境都有可能发生变化。因此制定开发计划，使得我们可以预估游戏的周期，在发生变化时能够采取措施应对。所谓的变化最为常见的就是人员的变更。一款游戏拖得时间越长，人员变更潜在的风险越大。因此要尽量保证游戏产品的原始版本能够在较短的时间内完成。就算后期还需要更改或者加入新的内容，也非常容易交付给别人来完成。与其说是选择，不如说是放弃。放弃那些不适合的因素，要切实看待自己所能取得的成就。这和做人一个道理，要重视那些所拥有的、擅长的，不要在乎那些不具备的、生疏的。多数人选择游戏创意时，都是基于自己的预期、热情或者兴趣。将那些游戏项目罗列出来，在经过简要的分析后，就开始着手制作应用。依靠这种方法制作出的产品，要么一鸣惊人，要么石沉大海。同时，那些一举成名的游戏产品概率只有不到 10%。对于如此草率的游戏创意筛选，随之而来的就是残酷实况。投入了众多的时间和金钱，最后的游戏产品甚至保持收支平衡都是一种奢求。除了获得些许经验外，对于开发者真是一无所获了。

不妨为读者列举几个问题，作为筛选创意的参考。只要一个创意足够答复下述诸多的问题，那么此款游戏就已经成功了一半：

- 从直觉出发，考虑这是一个值得去做的游戏吗？它能够激发开发者的热情吗？
- 站在用户的角度去考虑，玩家会真心喜欢吗？他们会乐于消费来体验这款游戏的乐趣吗？
- 创意是否过于肤浅？除了自己，其他人也很容易想到吗？
- 将创意付诸实践，是一件能够完成的事吗？这是要花费多少时间和金钱才能够得到的作品？
- 有没有瞄准玩家群体以及满足他们的需求，玩家能够理解创意或者产品的价值吗？
- 此创意能够为玩家带来一种独特的体验吗？

经过上面这些问题，相信读者都能够清楚地思考。一款创意本身对于游戏制作意味什么？毫无疑问，它将会是一个起点。中国有句古话"万事开头难"，还有另外一句"一个好的开始，就是成功的一半"。如果读者犹豫不决的话，不妨看看那些已经上市并获得成功的游戏，其中都不乏一些颇具原因的细节。比如有一个年轻的女性玩家曾经问道："为什么愤怒的小鸟是一个椭圆的形状呢？"我们都知道现实中的小鸟可没有椭圆或者三角形状的。普通的玩家通常会以为这是美术人员所设计的可爱卡通形象。这仅仅回答了问题的一个方面。另一个方面，从游戏开发者的角度来说，采用规则的图形更容易进行碰撞检测，可以加速游戏的运算速率，同时避免意外的错误。由此可见，如果单单从创意出发，更形象、更清晰的轮廓必然能获得更多玩家的喜爱，但却损失了游戏的体验感。"愤怒的小鸟"的开发者很好地处理了这个问题，在满足创意的同时，在画面上达到了风趣可爱的效果，在程序上符合运算的要求，这才是经典游戏中我们需要借鉴的东西。

为了制作一款成功的 iPhone 游戏，开发者最需要的便是投入热情。我们可以减少对于功能、内容、市场营销、网站甚至是游戏设置平衡性的关注，因为这些内容都可以在游戏发行后继续添加并完善，但是对于能否给玩家留下好的第一印象，游戏体验和风格甚为关键。当没有创意时，设计人员会感觉苦恼。但当有许多的创意摆在开发人员面前时，更是一个艰苦的过程。因为这是一个自我否定的过程。自我反省总是最深刻的，为了最后能够得出一个值得去完成的创意，这是开发人员必须做出的抉择。

7.2.3 好的创意就是要千锤百炼

经过对创意草案的可行性分析，读者可能会有些气馁。其实大可不必，这是一款优秀的游戏产品所必经的阶段。图 7-10 展示了游戏开发前期工作流程是如何展开的。首先，公司或者个人想要制作游戏产品，也就是制定产品计划。产品计划的内容主要包括游戏的平台、开发周期、资源配置等基本信息。当然，如果只是几个人的独立游戏开发团队，可能并没有起初的准备工作。接下来就是创意草案，是由策划人员将创意以书面形式表述出来的文章，为了更加直观，也可以配上图片或者视频。然后，将创意书发给相关的人员进行讨论，大家商讨是否可行。如果不能得到大多数人的认可，策划则需要继续修改创意说明书。这就是一个对游戏创意进行千锤百炼的过程。我们有足够的时间反复试验糟糕的想法，直至它们变得可行。在初始阶段无论怎样的推敲，都比最后的弥补要让人感觉舒服。在其通过审核后，再由策划人员完成相关设计文案的细节。然后根据游戏的规模来配置资源，最后就是成立游戏项目制作的小组。在策划案、资源、人员都筹备到位之后，制定游戏的开发计划，整个团队就进入了游戏制作阶段。

图 7-10 创意流程

7.3 如何制作游戏

游戏开发制作过程，就是一次对创意的洗礼或者浴火重生。每一年，都有着成千上万的人怀着梦想，如候鸟般飞进游戏产业。然而 5 年后，其中大约半数人选择了离开。这些人大多数是输在了游戏制作阶段，就连暴雪这种全球顶尖的游戏公司，也有因为开发问题，数次延期发布游戏产品的情况，更不用说我们这些作坊式的小制作团队了。任何行业中人员流动的商业成本都是巨大的。游戏开发过程中培养的人才，没有坚持到最后，因为各种原因离开了行业，整个团队失去了栋梁，对游戏产品更是造成毁灭性的打击。当初人们怀着憧憬踏入这片游戏生长的土地，最后却带着破灭的幻想离开。在游戏行业里觅得一份差事似乎不是难事，真正难的是如何将这份差事转化为事业。我们每个人都认为应该做"有意义的工作"，但在游戏行业这样一个残酷又苛刻的领域，做"有意义"的工作，同时还要获得自我满足感、成就理想，这绝非易事。

上面的一段话，并不是要打击读者们对游戏制作抱有的热情，而是此刻我们需要将热情暂缓，冷静地思考接下来的内容。

经过上一章节中层层的分析和考虑，我们已经获得了一些可行的创意，接下来的内容就是考验开发者的执行力。开发者不得不凭借执行创意的决心，相信游戏能够获得玩家青睐的超强信念，在各种挣扎、各种困难中坚持到最后。因为事实上，游戏产品在没有面向市场以前，没有人能够坚韧地相信最终能够为玩家所喜爱，而作为开发者又不得不一遍遍地鼓励自己。他们时刻想象着游戏产品在市场上一举成功的盛况。不管是来自开发者内部的质疑也好，还是来自外部环境的负面评估，又或是出资方的压力，对于开发者来讲，坚定地把创意实践出来，成为一款托付给市场的产品才是他们应该做的，除此之外所有的环节都只能退居其次。所以一款游戏产品的问世，坚持不懈其实比创意更为实际。

7.3.1　确定开发人员

　　游戏制作由 3 部分组成：游戏设计；呈现设计的图片和音效；将前两者融合起来的编程。按照这 3 种分工，游戏行业中所通行的一种人员划分的方法是将所有的开发人员分为 3 部分。也许读者听过某些大型游戏参与开发的人员多达上万。按照游戏开发的内容来说，不算那些纯粹的管理和服务人员，所有的游戏开发项目都是由美术、程序、策划 3 种人组成的。随着制作游戏的规模不断壮大，可能每个部分的工作被细分，也对应出现了相应的针对工作的职位，比如数值策划师、原画设计师或者引擎构建师，但是这些职位依然没有脱离原本游戏制作的 3 个主要部分。另外，随着游戏实现技术的提高，其包含的内容也越来越丰富。之后就出现了专门为游戏提供音乐、音效和视频的工作人员，他们经常被作为一个独立的团队来辅助游戏制作。这些音乐或者视频的制作人员原本是来自各个领域，是因为玩家对于游戏多媒体效果的需求，他们才加入其中。通常，这些制作人员因为其较短的工作周期，多数会同时参与多个项目的工作内容。到现在为止，音乐和视频在游戏当中也具备了举足轻重的地位。不过，因为本书所探讨的内容是以 iPhone 设备为主，受到手持设备音响和视频效果的影响，游戏产品的音乐和视频目前为止还只是游戏的辅助功能，多数开发团队都会采用外包的形式来完成音乐或者视频的制作。所以正如开头说到的，我们将游戏制作分为了 3 部分：策划、美术和程序，如图 7-11 所示。

图 7-11　游戏人员组成

　　游戏业经过多年发展，其借鉴了许多其他娱乐产业的经验，如电影、体育等，多年积累，形成了一种行而有效的项目人员组织结构。不过读者需要注意的是，这种结构只代表了一个单一游戏项目的人员组成，并不代表着一个公司。因为在游戏制作的过程中，每个职位的人所承担的工作内容不同，需要工作的时长不一样。所以从高效率开发的角度来说，一个游戏制作人可能会涉及多个制作项目。

7.3.2　参与人员的工作内容

　　我们十分清楚，一个游戏的诞生，肯定是由某个人或者某几个人的创意产生的。在创意中，描述了游戏是什么样的、如何玩法、适合哪些玩家以及可行性等。游戏的创意只是游戏产品的雏形，可能会包含一些相关的文档，但也属于草案。至于最后展现在玩家面前的游戏将是什么样的，是需要游戏制作中各个身份的开发者来完成的。接下来，我们就逐一地为读者介绍游戏制作中每个参与开发者所承担的工作内容。

　　游戏的设计者们，也就是策划，他们所要做就是把原本虚无飘渺的创意，以语言、文字或者图片的方式表达出来。创意经过策划人员的诠释，来传达给美术和程序的制作人员。如果说创意是一个游戏的灵魂，那么策划就是为灵魂赋予生命的人。由此可见，策划将是整个开发团队的主导者。在许多游戏制作团队中，把握游戏生命的人被称为"制作人"，是由制作人将创意进行物质化与实体化的。在一个游戏开发团队中，负责设计策划的人员将会是游戏开发的核心。因此，承担此职位的人，必须具备优秀的表达能力、对于游戏的独到见解、丰富的电子游戏资质、敏锐的洞察力及缜密的分析能力。读者难免会产生怀疑，为什么对于一个策划人员的要求竟然如此之高？这是因为策划的工作内容决定了其人员的工作。下面我们来看看一个策划需要承担的工作，如图 7-12 所示。

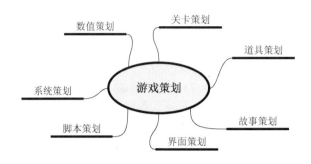

图 7-12　策划的工作分类

作为游戏的策划，需要设计游戏的方方面面，比如游戏的故事背景、游戏中的胜负规则、用户交互环节、游戏中的数值公式、关卡道具摆放以及游戏的测试工作。除了上述这些内容，他还需要具备鉴赏美术、程序、音乐的能力。甚至于一个合格的策划需要懂得绘制图片、编写代码的技术。经过这些介绍，策划人员已经被推放到了神坛之上，貌似只有那些十项全能的人才能承担如此重任。虽然游戏开发者们一再强调策划的重要性，但是一个优秀的策划都是经过漫长的时间与经验积累后，才能胜任所有工作的。尤其是在 iPhone 平台中，多数游戏产品具备较低的复杂度，策划的职责也变得轻便许多。最为明显的例子就是 iPhone 平台的游戏策划当中，很少出现那些在大型游戏项目中才有的专设职位，比如关卡策划、数值策划、剧情策划等。这并不代表 iPhone 游戏产品缺失了这些策划内容，只是因为工作量较少，使得以上的工作完全可以由一两个人来承担。

在具体执行的过程中，策划人员的工作内容就是书写文案，进行详细设计，给出游戏的描述和制作要求。例如，与美术人员交流来创造人物形象和创建场景，与程序人员商讨游戏规则和技术的表现。在创意与实际效果之间，需要寻求最和谐的平衡点。所以游戏的策划人员是整个游戏开发过程的出发点，是沟通交接的关键，也是游戏整体风格的制定者。

游戏制作中的美术人员，也就是人们通常所说的艺术家。不过作为电子游戏的制作人员，他们所使用的绘画工具也由传统的画笔变为了电子设备。美术人员就是那些为游戏提供精美画面、为玩家带来视觉享受的"画家"。按照游戏制作的流程，美术人员首先要理解整款游戏的风格以及故事背景，然后进行游戏前期的设定。这个设定的过程包括对人物、场景、界面绘制多份草稿，这些草稿需要符合策划对于游戏的想法。最终将会由美术人员与策划人员一起确定游戏中的美术风格。游戏美术人员的配合与协作才是做好游戏的首要因素。因为游戏产品中，玩家需要较强的交互性，并不需要领悟图片中的美感。这就与传统艺术品之间产生了根本区别。所以，美术人员其实要体现策划或者程序所要表达的各种要素。说到这里，对于那些准备踏入游戏制作行业的美术人员略感沮丧。实际的情况也正是如此，毕竟游戏制作是一个团队协作的工作，而不是个人的艺术品展现。这就对美术做出了非常多的限制。一个很好的游戏，必然是在美术、策划、程序良好的协同工作下共同完成的。另外，由于一个游戏产品包含的内容很多，所以美术所承担的工作也非常多，各个分工之间的配合、协调是很重要的因素。比如除了那些绚丽多彩的背景、个性鲜明的人物之外，游戏中的按钮、菜单或者特效也需要美术人员付出努力。艺术想象具有高度的自由性，但这并不意味着它毫无限制。真正的艺术家，是要在困境中依旧才华横溢的天才。

美术人员除了基本的绘制图片外，同时还要在尺寸、色彩、容量、文件格式等技术指标上满足程序的要求。另外，美术人员的工作并不局限于游戏本身的资源制作，可能还包括相关的宣传材料和边缘产品的设计与制作。一个行而有效的美术团体必须有明确的分工，以及规范的制作流程。只有这样，才能在与程序人员对接工作时避免出现差错，更好地去协调工作。美术人员的分工可分为原画制作、像素制作、人物制作、场景制作、动画制作、界面制作、图标制作、地图制作，如图 7-13 所示。

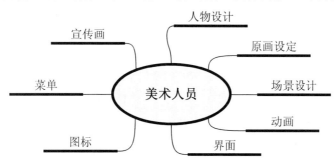

图 7-13　美术人员的分工

除了图 7-13 所示的美术人员分工之外，也可以按照游戏的空间来划分。二维平面和三维立体对于美术制作也存在很大的差异。这些都是根据工作内容来划分的具体职位。这些具体的职位则是由游戏制作团队中的首席美术师，也就是我们常说的"主美"进行安排和管理的。

程序人员是游戏框架的搭建者，同时也是整个游戏开发进度的时间主轴。通常一款游戏中编程的开发周期决定了游戏制作周期中 80% 的时间。程序人员的工作与其他两种职位一样，也存在许多的分工。如果继续将游戏比作一个人的话，我们知道其灵魂是来自创意，生命来自策划，外表来自美术，而其内在的骨骼、经络、器官则来自于程序。

作为游戏产品的编程人员，并不是只负责游戏内容的制作，其还需要制作游戏中其他制作人员所使用的工具。比如为策划人员准备的关卡编辑器、为美术人员准备的特效编辑器，这些工具也是由程序人员去制作、去维护，并教授给相关人员来使用的。除此以外，配合商务的推广需求也属于程序人员的工作内容。同时，程序人员另一个重要的工作就是告知策划人员在现有设备的基础上所能展现内容的瓶颈，帮助其有效地、可行地去展现游戏内容。另外，在与美术人员进行工作的衔接前，首先要双方协商，以便建立规范明确的交付标准，减少工作失误。编程人员的工作分类如图 7-14 所示。

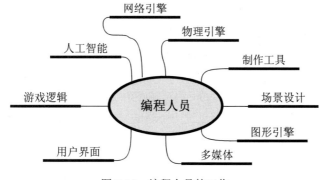

图 7-14　编程人员的工作

编程人员在游戏公司中的岗位划分与其他两个职位略有不同。编程人员很少会按照工作内容来划分职位，通常是按照其能力的高低，分为技术总监（Director）、主程序员（Main Programmer）、程序员（Programmer）。在许多的小公司，尤其是制作 iPhone 游戏产品的团队，负责游戏制作的编程人员随时都可能是身兼数职，比如说主程序员除了负责整个游戏的逻辑与运行系统以外，可能还要负责图形、网络或多媒体引擎开发等。普通的程序员除了人工智能、物理碰撞以外，还有菜单制作、游戏工作等的开发任务。这也正是为什么程序开发人员占据了游戏制作周期的主要时间，因为他们几乎是从始至终都在忙碌的一群人。相信本书读者大多数都将会成为他们中的一员，不要害怕辛苦，因为你的付出通常能够换来丰厚的回报。在游戏行业中相比策划和美术，程序开发人员的薪资待遇总是最高的。

我们已经知道了游戏制作时主要的人员组成，这些人员几乎承担了游戏开发工作的 80%。随着游戏规模不断扩大，美术、策划、程序所承担的工作越来越多，分工也变得更加明晰，彼此之间的交流也会更加频繁。而整个游戏产品从创意开发到上市销售，是要经过很多人的共同协作来完成的，不仅仅是这 3 种人员的合作。下面再来为大家介绍一些经常在游戏开发中出现的角色。

游戏团队的管理与协调人员。这些人的工作主要是为了团队的其他人员提供服务。其工作的主要内容就是跟进游戏开发的进度，能够及时发现游戏制作过程中出现的问题。他们需要有敏锐的观察力和良好的沟通能力。在发现了问题之后，能够传达给正在参与游戏制作的人员。读者绝对不能忽视这些人存在的价值，他们所起到的作用就好比汽车引擎中的润滑剂。只有他们的存在才能促使游戏开发团队高质量、高效率地完成工作。因为当人们进入创作阶段的时候，总是希望把工作进行得尽善尽美。于是，制作人员便一头扎进了精益求精的工作当中，将开发进度完全抛在脑后。这时，管理与协调的人员需要及时站出来提醒开发者，要估计整个项目的进度，不能因为一个环节的耽误而影响整个游戏制作的周期。另外颇为重要的一点就是，管理与协调人员还负责了游戏开发中记录的文案工作，这对于在项目完成后的积累总结起到了重要的作用。

以玩电子游戏谋生听起来像是每个狂热玩家的梦想。对于测试游戏人员，这种测试所代表的绝不仅仅是游戏开发的另一个例行流程。发行前的游戏测试可以让游戏开发者深入到玩家体验，帮助他们确认游戏的质量和杜绝潜在问题。我们现在所看到的游戏不只是一个简单的成品——这是一种能以不同方式影响个人的主观体验。因此，电子游戏测试不仅要比其他行业的产品测试来得更加严格、更加普遍，而且要更加精确。感觉可以测量吗？为什么一个玩家喜欢这类游戏，而另一个玩家不喜欢？用户反馈如何改良游戏？

测试人员，他们的任务是根据游戏程序的特点，参与制定一整套测试、报告、修改、审核机制，编制测试报表，制定测试计划。这是一群以玩游戏为工作、以玩游戏为生的人。人们肯定会说：整天一边玩游戏一边挣钱，这是多么理想的职业啊！可事实却与人们的普遍认识相反，以测试的目的来玩游戏并不是一件轻松愉快的事情。对游戏测试员来说，玩游戏已经不是一项乐趣，而是一项必须完成的任务。

这项任务必须在严格的时间限制内完成，测试员必须找到程序中的错误，完成细致的记录工作，并及时将报告反馈给程序开发人员。我曾见过一个测试人员为了验证一个交接任务的错误，与同一个游戏人物对话上百遍的情况。所以测试是很磨练意志的，是需要很大的耐心和毅力才能完成的工作。一般来说，游戏公司内有长期雇用的专业测试员，也有临时雇用的短期测试员。长期测试员参与一个游戏自始至终的测试，临时测试员是在项目后期测试任务加重的时候加入的，测试完成后离去。长期测试员不仅测试游戏中的任务，也可以根据游玩的经历提出对游戏的改进意见。而短期测试员只是为了分担测试人员的工作压力，验证程序修改的错误，而临时雇佣的。

这对游戏产业而言，还是一个较新的研究视角。虽然游戏测试已经被当做游戏开发过程中极其重要的一部分，逐渐被游戏开发团队或者公司所重视，但在形成最终用户体验方面的作用从未像现在这样重要。一般来说，游戏测试被划分为两部分：功能性测试与体验性测试。

所谓功能性测试，是来源于软件行业的测试方法。主要用于游戏项目正常运行的需要，比如性能测试（检索游戏整体设计的一般问题）、验证测试（检查游戏是否遵守发行商的技术和法律要件）、兼容性测试（在不同的配置、硬件和软件上测试）、定位测试（确定设备所处的地理位置）、暴力测试（采用一些非常规操作手段来体验游戏）、公开测试（由用户找出开发者未发现的错误）、回归测试（确保之前报告的错误已被清除）等，这些方法论已经成为行业惯例。

体验性测试如今登上了更高的位置，它被认为是验证一款游戏是否获得成功的法宝。相比功能性测试，往往只是单纯地由开发团队自己测试，但用户反馈的问题也大多被限定在突出游戏设计的客观性问题，如编码错误、不能操作或者游戏漏洞。但在探索游戏中能实现的体验方面，并未过多地涉及。因此，为了能够更好地销售游戏，获得更多的游玩体验，就出现了体验性测试的工作。由于电子游戏变得更加复杂，游戏公司或者发行商开始雇用一些专业的测试团队。其游戏测试方法强调电子游戏作为产品而不是能够以不同方式影响玩家的多样性体验。随着游戏人群的成长，推动更加多样化的游戏体验已经促使发行商反思传统的测试方法的局限性。游戏行业的发展方向是：利用更加创新的方法来收集数据，乐意在积累数据上花更多的时间、精力和资源。越来越多的公司开始意识到此种体验性测试的价值所在，它们雇用具有心理学背景或针对提取有效测试数据的技能的人群。对我们来说，游戏测试是关键，因为这是确认产品的最有效、最诚实的方式。如果我们几乎没做什么测试就发行游戏，那就是一种十分愚蠢、老套的做法了。这可能是因为我们对游戏的质量没有任何信心，没有对它进行严格的检验，并且这样产品不再具备旧时代的好运，必然会一败涂地。为此，只要我们在游戏中加入什么有趣的东西，就进行测试。因为我们在发行后要不断地更新产品，所以基本上我们从来没有停止过游戏测试。

游戏测试对于开发周期，就相当于设计讨论或编码复核，虽然执行方式不同，但应该成为每天的必修课。我们要让不同人用各种技术进行测试；我们乐于接受建设性批评；我们的唯一目的就是把游戏做得尽可能完美。开发者在一个项目上工作了这么久，难免会产生糊涂的时候。我们产生了一些无所谓、无法分辨或者容易迷失的观点。如果没有真正的反馈形式，开发者就有可能会因此留下陷阱，习惯于项目的无效和缺陷，这会导致在开发出更理想的路径方面停滞不前。到那时，制作团队只能是在原地徘徊。而因为游戏测试人员并不需要具备什么专业知识，甚至于有些观点经常是由那些从来没有玩过电子游戏的人提供的，所以开发者决定采用哪类人群做测试时，人群定位都非常广，从资深玩家到从来没有玩过射击游戏的玩家，甚至是非游戏玩家。随着游戏人群日益增多，开发者已经渐渐意识到，触及所有游戏技术级别的人群和保留现有玩家的同时开发新玩家的重要性。

音效师，这也是游戏不可或缺的因素。试想一款没有音乐烘托的游戏会多么的枯燥无味啊！在游戏中，声音被分为了两类：音乐和音效。以"超级玛丽"为例，贯穿整个关卡的就是背景音乐，而当人物获得金币或者死亡时播放的就是音效。和电影产业一样，游戏业内也有专门负责制作声音的工作人员，他们的工作主要受到策划人员的指导。开始时，根据策划人员对于游戏的描述和声音的需求来进行创作。之后，将完成的音乐交接给程序人员。有些卖座的游戏，也会把背景中的音乐单独销售。其中不乏一些经典曲目为玩家们所熟知，比如魂斗罗、超级玛丽、最终幻想等，当音乐响起时玩家很快就能想到其代表的游戏，这未尝不是一件妙事。由于 iPhone 平台的游戏产品的规模小，大多游戏团队都会将音乐制作以外包的形式来完成。外包时，开发者需要提供游戏背景描述、画面风格、同类型游戏的展示，帮助音效人员理解游戏内容。之后提出对音乐的播放位置、长度、数目、格式等的详细要求，最后由音效师制作完成。

7.3.3　独立游戏制作人

前面的章节已经讲过制作游戏的 3 个主要因素：程序、策划、美术。也许读者会问，只有一个人时，该如何制作游戏呢？从整个游戏行业来看，不论是欧美还是日韩，担当游戏制作的人大多来自程序人员。程序开发作为游戏的主干是不可或缺的，相信阅读这本书的你，首先会是一个程序开发者。而开发中另外的两个因素工作是可以缩减或者替代的。策划的主要工作是对游戏的设计工作，这是任何有游戏经验的人都可以尝试去做的事情。至于美术的工作，除非文字类的游戏，否则也是必不可少的。但像贪吃蛇类型的游戏，我相信每个人都能轻松画出一条直线小蛇吧！这时候就需要你发挥小时候的涂鸦本领了，不要小看涂鸦的风格，市场上排名前十的游戏曾出现过很多种涂鸦风格。如果有一个人担当了游戏制作中的 3 部分的工作，业内习惯叫做"独立游戏制作人"。就国外来说，在没有商业资金的影响或者不以商业发行为目的独立完成制作，都可认为是独立游戏制作行为。你肯定会怀疑独立制作人的能力吧？完全由一个人或者几个人做出的游戏会是什么样子呢？听了下面的例子，你就会相信一切皆有可能了。

图 7-15　"仙剑奇侠传"中的林月如

20 年前的游戏开发，制作者大多身兼数职，程序编写、关卡设计、剧本编撰、美工、音乐等，凭借自己的聪明才智创作出了很多风靡一时的作品。可以说，早期的开发者必须会程序，但是他们也做过策划设计、美术制作，经历过一个项目的所有方面。比如仙剑之父姚壮宪，不仅自己编程，还为仙剑剧本编写对白，也曾自己绘制出了李逍遥和林月如的人物设计，图 7-15 所示就是游戏中的林月如。

随着游戏规模的日渐壮大，现如今很少有独立制作人能有此功底和机遇。但手持设备为我们带来了机会，你不妨去看看市场中已上线的游戏，有多少是由一个人来完成的。看看那些已经售出上万份的游戏，相信你会得到一个不错的答案。由于手持设备硬件性能的限制，导致大规模的游戏开发方式是不可行的，这也为独立游戏制作人带来了生存空间，他们可以不用和"大家伙们"去对抗来争抢用户。手持设备的平台本身就决定了只适合开发规模和容量相对较小的游戏，例如出品了众多经典小游戏的 PopCap 公司的前身就是独立制作人。

独立游戏制作人的盛会就是独立游戏节（Independent Games Festival，IGF）。IGF 是美国《游戏开发者》杂志和"游戏开发者大会"（GDC）主办的针对于个人游戏开发者的活动，第一届是在 1998 年，主要关注那些个人（学生）游戏开发者，希望鼓励他们不断创新，开发出优秀的游戏作品。所以不用再等待，你一个人就可以完成游戏开发工作了。

7.3.4　游戏的开发周期

我们有了创意，安排了开发人员，游戏开发之前的准备就已经足够充分了。马上开始了吗?不，还需要制定一份开发计划。

首先，开发者需要认识到游戏产品也是一款软件，几乎所有软件工程中的方法同样适用于游戏项目。例如经典的瀑布式、原型式、迭代式开发模式都可以运用到游戏开发当中。同时，软件规模的评估方法 CMM（Carnegie Mellon University）也可以用于游戏开发企业。上述的内容并不是我们要讨论的，如果你对这些内容不熟悉，大可找一本软件工程方面的书籍作为辅助阅读。在这里我们并不是要讨论软件开发过程中的项目如何管理，而是要讨论游戏产品的开发计划中所特有的环节。

游戏类的软件，与传统商业软件为用户提供某种功能不同，是以游戏性来满足用户，也就是玩家需求的。在设计阶段，虽然游戏也可分为概念设计与详细设计，但就其中的内容却与商业软件有很大的区别。商业软件设计阶段，主要是定义软件的功能。游戏则是设计游戏的可玩性、趣味性，也就是之前章节提到的游戏性。虽然游戏性是很难把握的准则，但它却是决定游戏成败的关键。很多游戏都是在制作的后期，才去调节游戏的平衡性来满足玩家的。在制作游戏的过程中，也与商业软件存在区别。商业软件中美术和声音大多为辅助作用，而游戏产品中这两者却是重要的内容。这就决定了游戏开发进度不能依据软件产品的进度，同时还要遵循上述艺术人员的创作进度。最后，游戏的测试阶段也与商业软件存在区别。游戏开发完成后，首先测试游戏的并不是测试人员，而是策划人员。他们要去检验的是：游戏是否准确实现了起初的设计？这些设计是否展现了游戏性？如何根据已有游戏内容去调节游戏的平衡性和节奏？之后，游戏才会被交付给专门测试人员进行功能、界面、声音等详尽的测试流程。

合理的项目计划安排，不仅可以缩短项目开发的时间，更能让项目中的各个参与者充分发挥作用，加强协作，提高项目开发的效率。一款游戏通常遵循图 7-16 所示的开发模式。

创意草案产生后，要经过几轮的讨论与审核。在获得大多数人的认可后，就可以进入概要设计阶段。在这步，游戏的大体形态就已经确定了，策划人员的工作内容是以文档的形式将游戏内容表述出来。

之后，提交需求表由程序和美术人员进行前期的演示（Demo）版本制作，音乐与音效也是在这个阶段开始制作的。演示版本的游戏可能并不完整，图片也

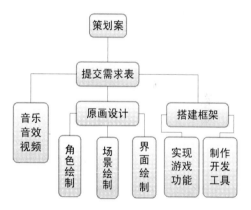

图 7-16　基本游戏开发模式

不够精美，就好比歌手录制歌曲的"小样"，其主要目的是帮助开发人员建立游戏概念，加深项目中每个人对游戏的理解，验证前期策划人员的设计。这一阶段也是会经常重复的部分，因为一款好的游戏就是要经过不断地修改、调试才能保证其品质。在演示版确认后，就要进入规模化开发阶段了，策划、美术、程序各司其职，按照工作内容安排开发进度。在这一阶段，协调工作是最重要的。有很多失败的经验告诉我们，只是低头蛮干是不行的，多交流、多协商才能使游戏丰富，减少错误。游戏是一个多元化的产品，玩家获得的乐趣是来自文字、声音、画面、逻辑、操作多方面因素的组合。然后，规模化开发结束的里程碑就是稳定版本发布。在稳定版本制作完成之后，后期的工作主要集中在测试修改错误、多语言版本的制作和适配不同的手持设备。因为稳定版本已经包含游戏所有的元素，所以多数公司在制作完成之后将会减少人员的投入，或者将后续工作外包给其他公司。表 7-1 罗列了游戏开发中主要的版本。

iPhone 手机游戏开发从入门到精通

表 7-1　游戏开发中的版本

版本号	版本名称	版本要求
1.0.0	Demo（演示版）	具备完整的结构，展现游戏世界
2.0.0	Stable（稳定版）	修正游戏 BUG，完成游戏全部内容
3.0.0	Release（发行版）	通过测试的版本，修改游戏
4.0.0	Complete（完全版）	适配多语言、多机型的版本

　　测试环节，游戏大致分为 3 个级别的测试。首先是由策划人员来验证游戏，这一步主要测试游戏性。因为在最初的设计阶段，策划人员只是凭借想象和以往经验来构建游戏世界。有些游戏本身设计就存在的疏漏，也只有在制作完成后才能发现。这不仅需要程序人员耐心负责的态度，更需要制作人员在开发进度上的时间安排，这个过程通常被叫做"调优"，就是将已制作出的游戏进行游戏性优化的处理。第二步就是程序测试，这部分工作可参照商业软件的测试方法，是为了发现游戏中程序存在的错误，比如内存溢出、数据错乱等问题。在程序测试阶段，需要专业的测试人员。他们会提出系统、详细的测试计划，并仔细记录下发现的问题，然后将其反馈给程序开发者。需要强调的是，游戏中程序测试不仅仅是寻找程序的错误，还包括美术和策划的错误，游戏难度是否合适，尤其是针对手持设备特点的测试都是必需的。程序人员会根据问题本身，将其分发给自己或者美术、策划人员来解决。第三步是玩家测试。这需要一些纯粹的玩家，完全依靠游玩来进行测试，并从玩家的角度提出意见，从而使开发人员对游戏进行改进。表 7-2 中罗列出了测试标准。

表 7-2　测试标准

启动游戏		从网络下载时不应出现错误
		查看详情中游戏名称、游戏描述、应用程序版本、应用程序大小是否正确
		游戏名称和启动的游戏名称是否一致
		在游戏 LOGO 界面接短信（查看或忽略）后是否出现异常现象
		在游戏 LOGO 界面接电话（对方挂断／接听／拒绝）后是否出现异常现象
基本操作	UI 一致性	有没有游戏图标
		游戏名称显示语言是否正确
		持续 1 秒时间，要使用动画效果，是否按任意键都可以跳过
		总的过度画面应在 6 秒之内（不包括滚动条载入时间）
		游戏中的文本是否全部以对应语言显示
		在标题界面的菜单和开始是否按照开发规范设定
		选择开始时游戏是否正常运行
		游戏中的主菜单如果没有特殊的需要，按照"开始－帮助－高分榜－选项－关于－退出"的顺序显示
		游戏中弹出的菜单应按"继续/帮助/高分榜/选项/关于/退出"显示
		数字键"2/4/6/8/5"实现"上/左/右/下/中间键"的功能
		各菜单中操作杆中间键、数字键 5 有相同的功能
		在游戏标题界面接短信（查看或忽略）后是否出现异常现象
		在游戏标题界面接电话（对方挂断/接听/拒绝）后是否出现异常现象
		在游戏主菜单界面接短信（查看或忽略）后是否出现异常现象
		在游戏主菜单界面接电话（对方挂断/接听/拒绝）后是否出现异常现象

182

游戏菜单	Instructions（帮助）	帮助是否符合游戏实际情况
		有没有游戏描述、操作方法和使用规则
		语言是否统一（防止中英文混淆的情况）
		游戏按键规则和帮助文档描述是否一致
		在帮助的操作方法中若没有说明的键，则该键不能使用（游戏中有没有在说明中没有标注，但在游戏中能正常使用的键，有没有作弊键等）
		文字显示是否完整，有没有出现被切断的现象（如文字对齐方式不合适、错别字、字体大小不合适、重叠等）
	Score（高分榜）	高分榜的名称显示是否正确
		游戏存取记录是否正常
		退出游戏后再次执行时分数记录是否仍保存着
		打破纪录时是否及时更新（显示最高记录）
	Setting（选项）	选项的名称显示是否正确
		存在两个以上的菜单时，是否能够上下移动
		退出游戏后再次执行时 Settings 是否仍保存着
	About（关于）	关于名称的显示是否正确
		公司信息显示是否正确
		客服邮件是不是正确
		客服电话是不是正确
执行游戏	Game Play	游戏进行过程中有没有暂停或重新启动的现象
		操作方法是否与"说明"中的陈述相一致
		游戏过程中是否任意时间都可以返回主菜单
		是否存在无法持续游戏的情况
		是否与选择的模式内容一致
		操作是否与"选项"中所设定的内容相一致
		在游戏进行过程中接短信（查看或忽略）后是否出现异常现象
		在游戏进行过程中接电话（对方挂断/接听/拒绝）后是否出现异常现象
	Game Pause	图片是否清晰可见（重叠或重复现象）
		游戏运行阶段的弹出菜单设置是否正确
		弹出菜单中不应该有开始，选择返回时是否返回游戏界面
		当返回到游戏时是否出现异常现象
		在游戏中任何状态或操作都不应死机或死程序或程序跳出
退出	Game Exit	非正常退出时是否出现异常现象
		选择此菜单时是否退出游戏

7.3.5　游戏产品预期的效果

苹果 iPhone 及其他 iOS 设备中的 App Store（应用商店）绝对可以称得上是成功之作。仅仅 3

年的时间里，该商店中的应用数量从 500 急速飞升至 40 多万。Mac OS X 10.6.6 也含有其 App Store 功能。这种新销售模式有个良好的开端，系统发布首日便获得了 100 万的下载量。苹果 Mac App Store 对开发商的主要吸引力在于，目前共有 2 亿个苹果 ID 账户，而且绑定信用卡，用户单击便可购买。售价 60 美元的图片编辑工具 Pixelmater 的开发商意识到了这一点，在 Mac App Store 发布 20 天内就获得了 100 万美元的收入。但如果要进驻这个市场，开发商就必须为每个应用商店设立独立的付款、下载和更新机制。以苹果应用商店为例，开发商的应用需要经过多重审核，这是一个质量控制的过程。

按照 App Sotre 商店的规定，应用产品的开发商可以自己随意设定价格。虽然许多应用的价格都在 10 美元以下，但仍有少数应用的售价高达数百美元。但是，苹果削减了 Mac App Store 中自有产品 Apple Remote 和 Aperture 应用的价格，以此来暗示 App Store 用户选择较低价格的产品。苹果还将原本售价 80 美元的 iWork 包裹拆分成为各个版本，只有售价 20 美元的应用来单卖。但是，价格低廉并不一定意味着开发商的净利润减少了。与实体零售店或邮购销售等实体产品销售相比，使用 App Store 可以使开发商的销售成本降低数个百分点。至少对那些不是很昂贵的程序而言，使用应用商店可以省下大笔成本。使用 App Store 后我们可以获得更多盈利。从本质上来说，我们认为 App Store 会取代零售渠道，其销售面比零售要广，但仍无法替代 Web 渠道。

苹果的 iOS App Store 吸引了大量开发新手的关注，他们有机会在开发上花更多时间，而不是销售。苹果同样也能够从中获利，Mac 开发者处理销售循环、产品销售、连载更新和 DRM 的时间大量减少。然而，苹果此类销售过程并没有取代广告。苹果从其应用商店的所有销售中抽成 30%。这个比例比 PayPal 和 Kagi 等传统电子商务销售渠道和 AquaticPrime 等开源数字权利管理渠道都要高。但是，这个比例在传统零售渠道中很常见，因而苹果应用商店并没有受到众多开发商的谴责。

对开发商而言另一个不利因素在于苹果保留 App Store 销售的用户数据。苹果会为开发商提供每日销售报告和收入，但顾客的姓名、邮箱地址及其他相关数据并没有提供给开发商。然而，零售商店也同样不会有上述做法。尽管 Mac 应用开发商可以选择要求用户在打开应用时填写信息来注册应用，但不担保用户会填写些虚假的数据。也有不少的开发商就曾抱怨称，苹果不应该在抽成 30% 的同时还保留顾客信息。

30% 的抽成似乎并不适合那些售价较高和比较复杂的应用。对开发商而言，提供更多功能需要耗费许多时间和精力。但苹果对复杂应用的销售并不需要做额外的工作，这种恒定的抽成比例显然不合理。Adobe 和微软等大型应用开发商似乎也颇有微词，在 Mac App Store 运营的 5 个月的时间里，这两家公司的产品仍未进入应用商店。当然，除了分成之外的原因，可能是由于这两家公司素来就有的恩怨。

上面介绍了 App Store 在线商城的大致情况，为了能够更好地去销售游戏产品，开发团队要有一个明确的目标，只有这样我们才能认清脚下的路。作为一个团队，各个开发人员要保持一致，团结协作才能做好游戏。对于一款游戏的预期效果，要有明确的估计。虽然预期的效果可能不会十分准确，但不至于差之千里。预期效果的作用在于得到团队中每个人的认同，是游戏开发基本的参考标准。这样的预期也有助于运营和市场人员开展工作。预期效果的另一个作用就是要求开发者思考游戏产品将来的市场空间。在既定的开发计划执行后，游戏推出市场时，是否能填补市场空白？是否存在同类型的竞争？这些问题都会帮助开发者更好地去定位游戏。因此这个预期要包括具体的游戏售价以及期望的下载量。作为参考，表 7-3 列出了 App Store 2011 年度应用产品下载的前十位。此排名榜单是由苹果官方根据应用产品的下载量、用户评价以及专家评定得出的结果。

表 7-3　2011 App Store　中国区排行前十

	iPhone 付费	iPhone 免费	iPad 付费	iPad 免费
		2011 App Store　中国区榜单		
1	水果忍者	QQ 2011	水果忍者 HD	QQ HD 2011
2	愤怒的小鸟	微信	植物大战僵尸 HD	水果忍者 HD Lite
3	植物大战僵尸（英文版）	水果忍者 Lite	愤怒的小鸟 HD	PPTV 网络电视
4	高德导航	QQ 音乐	GarageBand	优酷 HD
5	电池医生专业版	微博	愤怒的小鸟节日版 HD	迅雷看看 HD
6	植物大战僵尸（中文版）	UC 浏览器	愤怒的小鸟里约版 HD	QQ 音乐 HD
7	凯立德 7.6	会说话的汤姆猫 2	极品飞车：热血追踪 iPad	愤怒的小鸟 HD 免费版
8	愤怒的小鸟里约版	淘宝	地牢猎手 2HD	捕鱼达人 HD
9	切绳子	会说话的汤姆猫	AirAttackHD	微博 HD
10	WhatsAppMessenger	捕鱼达人 iPhone	GoodReader for iPad	会说话的汤姆猫 2iPad 版

7.4　游戏产品的类型

　　什么是游戏的类型？这又是一个很难确定的答案。虽然大多数玩家都可以如数家珍地举出一大堆游戏类型和它们的代表作，如 RPG（角色扮演类）代表《最终幻想》系列、《仙剑奇侠传》系列，FPS（第一视角射击游戏）代表反恐精英系列、Doom 系列。但要仔细地将所有游戏划分类型，是一件困难的事情。简而言之，游戏类型是一种分类法，是按照游戏制作手法、表现形式、涵盖内容进行归类而得来的概念。由于技术上的局限性，游戏设计者不可能把真实世界呈现出来，他们必须将世界、社会、人生的各种错综复杂的内容抽象化，在一个较小的范围内，利用现有的可行的技术来予以表现，这样各种游戏类型就诞生了。电子游戏的类型有很多是沿用了早期游戏的分类，比如棋牌类、经营类的游戏，早在纸牌阶段就是已经存在的类型了。表 7-4 列出了电子游戏的类型。

表 7-4　游戏的类型

类　　　型	描　　　述	典　型　游　戏
RPG	角色扮演	仙剑奇侠传，最终幻想
ACT	动作类型	超级玛丽，塞尔达传说
FPS	第一人称射击	反恐精英，Doom
RTS	即时战略	命令与征服，魔兽争霸
SLG	策略类	三国志，大战略
FTG	格斗类	街头霸王，拳皇
TBS	回合制类	魔法门之英勇无敌，文明
AVG	冒险解谜类	博德之门，神秘岛
SIM	模拟经营类	模拟人生，模拟医院
SPT	体育类	实况足球，Wii 运动会

续表

类　　型	描　　述	典　型　游　戏
RAC	竞速类	极品飞车，马里奥赛车
PUZ	益智类	祖玛，愤怒的小鸟
RYG	音乐类	吉他英雄，太鼓达人

　　总之，游戏类型的划分是一种习惯和约定俗成，并没有确定规范的分类，其实用性大于理论性。正如任何行业都有自己的行话一样，游戏类型及其各种古怪的缩写的主要作用是有利于业界人士之间和业界与玩家之间的沟通。甚至有些游戏很难为其划分类型，或者游戏本身包含了多种类型。但对于每种类型的特点和其典型的代表游戏，是游戏开发者要熟悉的知识。游戏分类的好处有两个方面，一方面方便用户查找自己喜爱的游戏类型，另一方面为开发者在众多的游戏产品中提供了展露的空间。图 7-17 所示为 App Store 游戏应用的分类。

图 7-17　App Sotre 游戏应用的分类

7.5　游戏的可玩性

　　这里所说的游戏性，就是指娱乐性，换言之就是进行游戏的玩家可以从中获得多少娱乐。日本的游戏制作厂商也习惯称其为游戏的可玩性。总之，都是指玩家在游玩过程中所获得快乐，让玩家为游戏着迷的地方。那么游戏性内容又是什么呢?其实这个问题的讨论重点在于，游戏该通过什么样的方法和手段，将娱乐感传达给玩家来打动玩家，并且如何增加娱乐感的持久力，让进行过一次游戏的玩家有积极性去进行第二次、第三次。如果一款游戏在上述两个方面做得很好，那么就算是一款游戏性很强的好产品。然而，影响上述两方面结果的要素其实很多，并一直在不断变化，这也是游戏研究者一直在追寻探讨的问题。知名游戏制作人小岛秀夫曾经说过，游戏这项活动最初其实就是小朋友们一起在阳光下追逐嬉戏的那份快乐。所谓游戏本能，是我们每一个人都具备的，即使没有平台或设备，我们也可以游戏得起来。作为一款游戏的开发者，首先要感动自己，才能感动玩家，用游戏的方式把所有人内心的喜悦激发出来。还记得前面章节提到的电影和戏剧吗？在游戏制作领域，玩家就是观众，开发者要制作出能获得满堂喝彩的游戏，就必须深入人心。至于如何做出游戏性高的产品，就请继续往下看吧！

7.5.1　用户黏性

　　在社区网站火爆的同时，用户黏性也变成了业内比较流行的一个词语。其本意是指一些非游戏的社区网站，为了增加用户的访问率和在页面的停留时间而加入游戏内容，以此来提高网站的用户黏性。游戏内容被广泛地作为提高用户黏性的有效手段，由此可见用户黏性对于游戏的重要性。接下来，我们就要讨论如何增强游戏产品的黏性，让玩家喜欢你制作的产品，愿意投入时间和精力。

　　在游戏当中要充分考虑到 iPhone 手持设备的特性，比如加速度计、陀螺仪、GPS 定位、摄像头等只有手持设备才具备的功能。开发者要尽量使游戏中的元素利用这些特有功能，来给用户提供独特的玩法。这种新鲜感是用户在其他平台不能体验到的。比如赛车类的游戏在手持设备上游玩时，就可以利用加速度计的功能，让用户转动手机来控制汽车行驶的方向。

　　让游戏的风格面对更广大的用户群体。根据已有的市场调查，分析出手持设备用户对游戏类型的喜好度。强调一点，开发者绝对不能根据以往其他的平台经验，对用户群体来进行推测。因为手持设备的用户群体更为广阔，他们其中很多人都是未曾接触过电子游戏的人。手持设备的游戏市场还处于初级阶段，随着用户群体对于游戏认知度的提高将会有更多的需要。那时，开发者可以根据市场规模和营收情况，来指引成熟玩家进入新的领域，将市场细分。有一条捷径就是将其他平台上已经成功的游戏产品移植到手持设备。这样做不仅能够吸引已有玩家群体，还可以依靠品牌效应来获得更多的新玩家加入。比如 EA 产品的极品飞车系列，其推向手机市场时，就已经注定了会获得不俗的成绩。

　　如今的手持设备市场，游戏产品分为收费版和免费版来发布。不管是付费下载游戏还是免费模式游戏，用户下载基数都是应用获得关注的前提，因此应尽可能在游戏的设计上让不同层次和需求的人都能获得一样的满足。游戏需要匹配用户的某种需求才会获得足够的认可。通常免费版会对收费版起到促销的作用。这就要求在游戏设计阶段，开发者就要考虑到版本之间的衔接关系，既能充分展现收费版的优势，又不失免费版的趣味。记住免费版的目的在于对收费版本的宣传和促销，免费版需要符合玩家的尝试需求，又要能引发其消费的心理。也有另外一种免费版，是完全开放给玩家体验游戏内容，之后依靠玩广告单击来获得营收的方式。

　　另外有一个提高游戏黏度的方法，就是使游戏具有不断重复的可玩性，能够让玩家在每一次体验时都有新鲜的感触，也为游戏升级提供空间，比如图 7-18 展示的"愤怒的小鸟"。

图 7-18　"愤怒的小鸟"关卡

　　游戏中虽然关卡有限，但同一关卡中，玩家每一次的体验都会有细微的差别。过关后的评级机制又能促进玩家去追求更好、更完美的通过关卡成绩。好的游戏产品能够获得用户的情感投入，让玩家能在游戏胜利时获得喜悦，在失败时充满遗憾。让用户不断返回游戏的决定性方式就是让玩家对游戏具有好感，这是一个培养感情的过程。同时，游戏中要存在一些为玩家准备的惊喜，比如"超级玛丽"中隐藏的关卡、"仙剑奇侠传"中的特殊道具。这些东西的出现，不仅增加了游戏的趣味，也可成为玩家互相分享的成就。游戏设计人员要将游戏定位于体验，而是任务执行。也就是说游戏对于玩家而言更多的意义在于娱乐，而不在于达到什么结果。如果能够让玩家在游戏执行中体验到整个过程的美好，将很大程度上提高游戏的体验和品位。

游戏中最好具备让玩家之间能够比较的功能，这是增加用户黏着度一个必须要考虑的问题。早期的游戏中都会有积分榜来记录高分的玩家，以此来促进玩家之间的交流。后来发展到网络排名，如今则成为了社区分享。玩家在获得游戏所带来乐趣的同时，还能与朋友分享，这是游戏产品发展的趋势。将一些社区功能加入游戏之中，不仅能扩大用户群体，而且能增加游戏趣味。记住这句名言吧："快乐在于分享。"

7.5.2　游戏的节奏

游戏的节奏是指从玩家刚刚开始游戏直至通关的韵律。你可以用其他的艺术形式来理解游戏的节奏。在电影开始的时候，导演会缓缓将观众带入情节，循序渐进地发展到故事的高潮。又或者使用倒叙的方式，直接将结果表现出来，然后逐步为观众诠释剧情。这些表现手法在游戏中也适用，而这一切都是由游戏设计者来把握的。如同乐章一般，每一款游戏都有游戏自身的节奏，这种节奏有的是游戏类型本身所赋予的，而有的则是游戏设计所带来的。而玩家在游戏过程中则能够体会到这种潜在的节奏感，同时对于设计者来说，把握和控制游戏节奏将影响到游戏产品的品质和特性。

在 iPhone 手持设备领域，游戏用户游戏时间并不固定，属于有空就玩。从每次玩游戏的时长来看，大多数每次集中在 10～30 分钟之间。因此要求设计者要把握游戏节奏，开始不能有过多的陈述，要能很快地将用户引入游戏。之后，游戏的内容要有梯度，每一次情节过度要迅速，能在短时间为玩家带来趣味。经过以上的叙述，可见休闲类的游戏是最适合手持设备平台的。事实也是如此，不论在 App Store，还是 iPhone Market，销量前十位中休闲游戏占据多数席位，它以快速、短小的节奏赢得用户的喜爱。

一款节奏好的游戏，能让玩家在逐步完成游戏的过程中沉浸其中，去迎接挑战，以此获得成就，而这些成就也可成为玩家炫耀的资本。

7.6　小　　结

在阅读本书之前，读者可能或多或少地听过有关 App Store 一夜暴富的神话，比如下面几条：

市场上有足够多的 iPhone 和 iPad，以至于任何能够上线的游戏都能让开发者致富。因为 App Store 上总共有 2 亿用户，而我们只需要获得其中千分之一的用户就足够了。不妨假设一下，如果一个应用卖 1 美元，那么你就能轻轻松松赚到二十万美元！

上面这段话听起来确实十分诱人。虽然数据与分析都颇有道理，但是却故意忽略许多重要的细节，而且有夸大的成分。所谓的 2 亿用户，其中许多用户没有信用卡，比如拥有 iPod 的儿童和青少年。同时，那些绑定信用卡的用户，他们也只是下载免费的应用产品。在所有下载的游戏数目中有 88%是免费的。而当人们说"愤怒的小鸟"已达到 2 亿下载量时，请记住这之中包括精简和免费版。另外，决不要忘记苹果的 30%分成。原本 20 万美元在被抽走一些后，实际到手的为 14 万美元。因此比较客观的观点是，或许用户基数很大，但许多人从不在 App Store 里花钱购买任何东西，所以请不要被美好的收益前景给蒙蔽，保持住理性，客观看待 App Store 中的用户群体。

经过本章的阅读，游戏项目初期的准备工作已经完成了。我们讨论了游戏项目的创意从何而来，有了创意之后，开发者需要考虑它是否具备游戏性？是否能够符合玩家的需求？是否能够发挥手持设备的特点？游戏产品针对的用户群体在哪里？产品发布时是否存在市场空间？开发者在找到了上述几个问题的答案后，就可以安排制作人员了。通过对一款游戏内容的介绍，我们知道了制作人员的分工。策划、美术和程序承担了游戏开发中的主要工作。这是制作一款游戏核心开发的团队。除了他们之外，还需要管理协调人员、音乐制作人员以及测试人员共同的努力，才能完成一款品质兼优的游戏产品。当然，如果读者具备足够的实力与自信，利用 iPhone 手持设备的市场所提供的机会，成为一个独立制作人也是一件不错的事情，通过自己的努力来制作一款个性鲜明、风格独特的游戏展现给玩家。要想赢得满堂喝彩，坚持不懈将是开发者最需要的品质。无论是团队开发，还是独自制作，在明确了游戏产品的制作人员后，就要保证最终出品的游戏能够受到玩家的喜爱。当面对上百万的玩家时，满足所有的喜好，这是一件很难做到的事情，但还是有方法可以让我们尽量地做好。开发者需要根据 iPhone 平台的特点，把握循序渐进的游戏节奏，采用多种方式来增加用户黏度，充分发挥游戏性，以此来提高一个游戏的品质。与传统商业软件开发计划不同，制定游戏开发计划时有很多特有的环节。比如游戏演示（Demo）版本，它是用来验证初期游戏性的最佳方式。甚至有些游戏会将演示版本发布给玩家体验，以此获得真实的反馈。之后再对游戏进行调整，直至最后开发出令玩家满意的游戏。

　　既然我们已经做好了制作游戏的准备，那么接下来就是制作游戏的具体步骤和内容。制作一款游戏的工序与制作一辆汽车有些类似。不要误解，我所说的不是汽车的机械制作过程，只是工序步骤很相似。游戏制作也是先从内部结构开始，比如发动机、变速箱、底盘框架；之后是外部功能，比如车轮、排气、转轴；最后是外部设施，比如车窗、顶棚、车门。同时，一辆汽车的性能主要取决于配置的引擎是否强劲，游戏也同样如此，引擎是游戏的核心部分，是游戏程序开发中的第一步。也许你已经听过了一些著名的引擎，比如 id Software 的 Quake 引擎，Epic 的虚幻（unreal）引擎，见识过搭载这些引擎的游戏的绚丽。但遗憾的是在 iPhone 手持设备盛行的今天，并没有一款成熟的商业引擎可以让我们来使用。所以，下面的章节将会教你如何一步步地构建属于自己的游戏引擎。

第 8 章 游戏基础结构

　　经过前几个章节的内容，读者已经熟知了一些有关游戏的基础知识，这些都是接下来我们将要学习内容的基础。如果读者是直接跳跃到本章的话，那么要想无障碍地阅读下面的内容，就不得不事先具备一些才能了。首先，要有一个完善的 iOS 开发环境，能够熟练地操作 Xcode 来编写Objective-C 程序语言；其次，需要掌握 iPhone 应用开发的基础知识，熟知 iOS 各个框架以及程序包的功能；最后，要知道所谓的游戏产品是什么。只有掌握了上述知识，才可能顺畅地继续接下来的内容。在游戏的制作过程中最好能够保持思绪的连续性。遇到问题就去查找前面章节的内容，断断续续的阅读过程会消磨读者的兴趣。如果读者对于这些内容还略有模糊的话，最好借此机会回顾一下前面的内容，运行一两个程序。学习基础知识是一个缓慢、略感枯燥的过程，但这又是每个开发者必须经历的过程。好在读者是将要成为游戏开发者的工程师，与传统软件行业相比，大家算得上是一只脚踩在娱乐圈的人。接下来的内容将变得充满趣味，也更具挑战。

　　在本章节终于要带领大家进入游戏制作的编码工作了。这将是一个艰苦的过程，也是游戏制作流程中最为耗费时间的地方。不过之前的努力，不正是为了此时的绽放吗？如果此时读者已经具备了一个不错的游戏创意，那正是机会，不妨跟随本章节的顺序来逐步制作游戏产品。甚至可以借用示例程序中的代码，来完成游戏处女作吧！

　　之前所说"不错"的游戏创意，是那些意味着能够拿来"制作"的游戏创意。凭借第 7 章的内容，读者至少应该具备了自我判断一个游戏创意可行性的能力。那么它是否可以制作成为一款产品，还是由读者自己决定吧！就算暂时不适合也无关紧要，好的游戏总是要经过千锤百炼。读者也不用担心没有创意，就无法完成本章节的阅读。由于本章节中的内容是由一个实际的游戏项目贯穿始终的，因此结束时，我们将会获得一个完整的游戏项目。这个游戏项目的名字姑且叫做"打地鼠（Hits Mole）"吧！这算是我们踏入游戏开发大门的第一步。

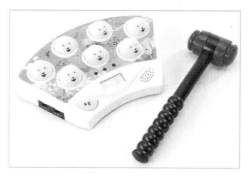

图 8-1　打地鼠游戏机

　　图 8-1 所示的正是一台打地鼠的游戏机，会不会勾起了一些读者年少的记忆呢？手握重锤、挥汗如雨般的砸扁那些蹦蹦跳跳的地鼠！可不要小看这

台简单的街边游戏机，鼎鼎大名的捕鱼达人，也正是来自街边那些令人欢欣的游戏机。接下来我们会将这款经典的"打地鼠（Hits Mole）"游戏移植到 iPhone 游戏产品。当然，这并不是什么创新的项目，也不是准备上线用来赚钱的产品，但它非常适合用来讲解游戏制作的技术。首先，大多数人的童年记忆中都曾有过这样的场景，体验此款游戏的玩家既能强身健体，还能渲泄情绪，更不要说所带来的欢声笑语。这无疑是一款成功的游戏。选择它作为样例，我们就不用过多地描述大家已经熟知的游戏规则以及玩法。其次，游戏本身的设计也十分适合 iPhone 平台，锤子可以由玩家的手指来替代。这不仅提高了游戏的手感，同时还加快了游戏的节凑，让玩家更能体会到地鼠的猖獗。不过没有了锤子，原本酣畅琳琳的感觉是很难找到的。但是由于 iPhone 设备的便携性，偶尔拿来排解一下对老板的不满，也是一件令人心情愉悦的事情。最后，由于此游戏产品足够简单却不失功能，它包含游戏制作的方方面面，比如用户的交互、精灵动画、游戏逻辑、背景地图以及声音效果，这些都是游戏产品制作中必需并且重要的环节。所以，依靠前面学到的 iPhone 开发的基础知识以及本章节的游戏制作技巧，相信读者很快就能成为一位的游戏开发工程师，能够使用 Objective-C 来编写代码，并最终让其运行在设备之上。这必将是一个良好的开端。

8.1　游戏核心引擎

引擎的概念最早来自汽车或者飞机制造行业，也有人把引擎称为发动机。但是在游戏领域，很少听到谁说出"游戏发动机"的词语。在游戏领域，之所以采用"引擎"这个名词，是因为其功能与汽车或者飞机的引擎有许多的类似之处。在汽车和飞机中，引擎是提供动力的设备，它可以被看成是这些交通机器的核心，就好比人类的心脏。引擎能够为所有依附于它的部件提供能量。一旦汽车引擎出了问题，必然就无法行驶了。不过出了问题的引擎是可以更换的，就好比心脏可以搭桥一样。通常一款游戏的引擎也可以进行升级换代，它也是一款游戏产品的核心部件，提供了游戏中所需要的各种各样的功能。在现实中，汽车没有了引擎，只能依靠人推马拉；人类要是没有心脏，只能变成僵尸了，还要躲开那些阳光般的植物。一款游戏没有了引擎的支持，将会逊色许多，游戏产品的命运也会因此变得灰暗，最终被用户抛弃，成为程序中的"游魂野鬼"，在电子芯片的阴暗角落徘徊。经过前面的描述，相信读者清楚了引擎对于游戏产品的重要意义。按照一般的常识来判断，一款顶级跑车必然会有一个能够嗡嗡作响的引擎。同样，一款优秀的游戏产品，其内部也会存在一个性能卓越的引擎。

工业革命为人类社会带来了内燃机，它就是现在汽车引擎的鼻祖。由于工业革命的影响，出现了一系列技术变革，引起了从手工劳动向动力机器生产转变的重大飞跃。1885 年德国人卡尔·佛里特立奇·奔驰研制出世界上第一辆马车式三轮汽车，并于 1886 年 1 月 29 日获得世界第一项汽车发明专利。这之后，汽车走进了千家万户，成为人们的代步工具。当然，奔驰牌汽车至今依然是行业的领跑者、经久不衰的汽车王国。由内燃机发展至汽车引擎，用了 20 年的时间。按照历史学者的观点，人类世界的每一次变革都不是突然发生、毫无根据的。正如汽车引擎产生的过程，游戏引擎也是在游戏制作行业发展到一定基础才出现的。它并不是上帝赐给人们的礼物，也不是来源于自然的神奇生命，而是人们知识的结晶。时至今日，无论是汽车引擎，还是游戏引擎，其制作技术仍然在不断地推陈出新。从早期的简单、局限、低效，到如今的丰富、开放、高效，经过了许许多多开发者的辛勤工作。更少的损耗、更高的性能，这正是引擎设计与制作者一直追求的目标。不过，这个目标估计是永远不可能达到，毕竟人类知识的发展从未止步不前，那么引擎的发展也就不会停歇，正应了那句"只有更好，没有最好"。

8.1.1 游戏引擎发展的历史

图 8-2 所示的汽车引擎，是不是看起来很酷！我们不得不佩服现代工业设计与制作。就算没有跑车流线型的外壳，单独的机械引擎也是看起来如此迷人，摆在家里也算得上一件艺术品。游戏引擎可就没有这么华丽美观的外表和冷峻的金属外壳。毕竟游戏产品属于计算机软件，可不是变形金刚。毫无疑问，无论是多么强大的游戏引擎，它看上去都是一堆代码。不过，这堆代码将会帮助开发者制作出令人惊叹的、沉迷的、称赞的游戏产品。另外，引擎对于多数人来说并不例外，我们知道多数的引擎依靠汽油驱动。汽油是由深藏地下的石油提炼而来的，为了争夺石油，引发了不少战争。好在游戏引擎在人们生活中还没有达

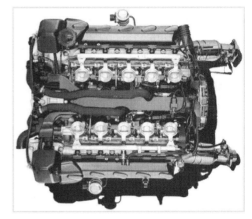

图 8-2　汽车引擎

到举足轻重的地位，更不需要消耗什么紧缺资源，只是为人们在平淡的生活中添加点乐趣。

在计算机领域，读者也许听过一些耳熟能详的名词，比如搜索引擎、图形引擎、物理引擎等。这通常都代表着一种功能相对集中、具备良好的可移植性并且性能优越的程序开发包。在游戏制作中，引擎发挥着极其重要的作用，它几乎提供了所有游戏所需的功能。换句话说，如果一个开发者拥有一款强大的游戏引擎，那么在制作游戏时，就会与使用 Photoshop 或者 Word 等软件一样的畅快感，一样的简单上手。只需要在可视化的界面拖动鼠标，敲入一些数据，就可以制作出一款产品。稍等一下，事情可不会那么简单，还是不要高兴得太早。接下来的内容可不会为大家提供一个游戏引擎，然后介绍一些使用方法，读者就可以闭门造车，独自完成一款游戏产品了。作为一个游戏开发者，可不仅仅是会使用某个游戏引擎而已，而是要能够亲自打造一款游戏引擎。至于使用一些功能完善的游戏引擎，那是后续章节才介绍的知识。所谓万事开头难，制作游戏的畅快感还是下个章节再去体验吧！

正如前面所说，游戏引擎并不是一开始就有的，也经过了技术发展与革新。游戏引擎的概念首次出现在 1990 年 id Software 发行的 Doom 游戏当中。为了更好地展现游戏魅力，Doom 开发者约翰·卡马克将其建立在一个性能优秀的内核之上。当时的游戏内核具备 3 个主要功能：游戏中画面的渲染、物体之间的碰撞以及音乐音效的播放。正因如此，约翰·卡马克习惯被大家称为游戏引擎之父。卡马克意识到内核所提供的功能完全可以脱离游戏而独立存在，内核可以被重复利用，作为今后其他游戏产品的内核。于是，他就把游戏中给玩家带来直观感觉的内容剥离掉，其中包括图片数据、逻辑运算、游戏规则等，那么余下的内容就是可以重复利用的核心部分。这个核心部分就被定义为"引擎"。当然，具体工作可不是两句话这么简单。卡马克凭借计算机编程的天赋以及自身的严谨性，完成了第一个游戏引擎。从那时起，游戏制作领域就进入了一个崭新的时代。Doom 不单单是一款经典畅销的游戏的名字，它同时也是一款游戏引擎的名字。由于它的诞生，开创了一种全新的游戏开发模式：游戏"引擎"开发。

"引擎"开发方式逐渐取代了原本一体化的开发方式。早期游戏制作时，一款游戏由许多的模块构成，它们紧密地结合，很难单独拆分出来。这就导致原本的游戏产品除了升级优化，推出后续版本之外，别无他用了。当需要准备制作新的游戏时，并没有多少可以再次利用的功能。而引擎化的开发方式则克服了低利用率的缺陷，充分利用开发者的工作成果。这种模块化、封装化以及良好扩展性的游戏开发方式逐渐成为了主流，也将游戏制作的过程进行了分工。从 20 世纪 80 年代中期，一款引擎只能制作一款游戏，比如"马里奥兄弟"、"大金刚"、"吃豆人"；随后的 20 世纪 90 年代，同一款引擎可以制作相同类型的游戏，比如"文明"、"山脊赛车"、"沙丘"；最终当 3D 游戏进入玩家的世界后，引擎技术也被独立成材。一款引擎可以被用来制作不同类型的游戏。现如今的引擎则更为全面，除了原本制作游戏需要的功能之外，还提供了多平台、网络在线以及交互社区的技术支持。在游戏制作领域几十年的演变发展中，游戏厂商大致可被划分为两派。就如江湖中的武当与少林，此消彼长，各领风骚。其中一派为专注于制作游戏的引擎，它们具备强劲的技术实力，充分挖掘硬件性能。之后，凭借引擎优秀的品质，出售授权来获得丰厚的利润。比如 id Software 的 id Tech 引擎、Epic 的虚幻（Unreal）引擎、CryTek 公司的 CryENGINE 引擎，大都是如此。另一派主要制作游戏产品，它们以给玩家提供无尽的乐趣为目的，充分发挥游戏的可玩性。通过开发者巧妙的设计为玩家带来丰富多彩、无穷无尽的乐趣，比如 Konami、EA、育碧等。不过，随着游戏厂商积累的资金越来越多，其规模也不断壮大。上述的游戏厂商多数在研发引擎的同时还会制作发行游戏产品。因此，单纯的引擎开发与游戏制作的区别则存在于各个厂商内部。随着引擎的功能越来越强大、越来越完善，市场上也涌现出一批知名的引擎。这些引擎不仅在游戏开发者中广为流传，甚至已经成为游戏玩家之间交流的常用语。

随着引擎开发方式的推广，市场中的玩家与开发者也产生了变化。时至今日，游戏引擎已从早期游戏开发的附属变成了今日的当家角色。玩家根据游戏采用的引擎，就能够对游戏有大致的评判。出于节约成本、缩短周期和降低风险这 3 方面的考虑，越来越多的开发者或者厂商倾向于使用第三方的现成引擎制作游戏，因此一个庞大的引擎授权市场早已经形成。现今的游戏制作商中，有不少公司或者团队只是制作游戏引擎用于销售。而游戏产品的开发者也不必再关注游戏的核心是如何实现的。开发者只需用新的模型、图片和声音，制定游戏规则与逻辑，之后凭借引擎的功能就可以创造出新的游戏。这与汽车制作行业一样，一旦制作工艺分工明确，各个环节的技术人员就可专攻特定领域。众人拾柴火焰高，一款精品游戏都是通过许多人共同努力而产生的。

游戏引擎的发展历史要比 iOS 设备更为久远。iOS 设备在全球火爆销售，带来了庞大的用户市场。App Store 的消费方式缩短了客户与厂商之间的距离。于是，众多游戏引擎制作商以及游戏界的从业人员逐渐进入了这个市场。它们不仅带来了深厚的游戏制作技术，同时将许多的游戏引擎扩展到了 iOS 设备。因此，现如今在 iPhone 平台也存在许多专用于游戏制作的引擎，它们有的背景显赫、有的灿若新星。下面，让我们来逐一地为读者介绍。

8.1.2　游戏知名引擎介绍

引擎作为游戏的核心，但它并不是游戏产品。这是需要读者明确的一点。因为有许多引擎为了宣传的效果，经常会采用与游戏产品相同的名字。当游戏销售火爆时，开发者也能熟知其应用的引擎内核。比如众所周知的雷神之锤（Quake），这个名字在玩家眼里就是一款游戏，而在开发者眼里则是一款游戏引擎。

iPhone 平台设备上的游戏产品，在全球游戏产业中只能算是冰山一角，但它本身蕴涵的能量却不能被忽视。几乎所有的知名游戏厂商都十分注重甚至已经进入了这个新兴市场。短短几年的发展，iOS 设备全球扩张的速度，足以威胁到了原本的游戏产业。我们都知道 iOS 设备推出之初并不是为游戏打造的，但是根据 App Store 的数据显示，人们最热衷的依然是游戏类的产品。所以众多的游戏厂商也纷纷进入了这个市场。因此，iPhone 也有一些适用的游戏引擎，其中包括拥有悠久历史的、深厚背景的虚幻引擎，也有初出茅庐、深得拥戴的 Cocos2D。表 8-1 中列出了一些知名的游戏引擎。

表 8-1 知名游戏引擎

引 擎 名 称	类 型	技 术	适 用 平 台
虚幻	授权	3D	多平台
Unity	授权	3D/2D	多平台
Cocos2D	开源	2D	iOS
Cocos2D-x	开源	2D	手持设备
极品飞车系列	自主	3D	多平台
IW	自主	3D	多平台

按照类型来区分，游戏引擎大致可以分为 3 类：授权、开源、自主。授权类的引擎由具备深厚技术实力的引擎厂商开发，通过授权的方式出售给游戏制造商。开源引擎是通过将引擎的源代码在网络分享，以不谋取任何商业利益为基础，公开发布的方式提供给开发者。自主类引擎通常是一些游戏制作公司用于本公司制作游戏的需要而开发的引擎。面对如此众多的游戏引擎，敢问游戏开发者，路在何方？

如果开发者已经有了良好的销售渠道和丰富的游戏资源，比如图片或者版本授权，那么一款商业授权引擎将会是最佳选择。因为当在一切都准备妥当，开发者所欠缺的只是一款游戏产品时，完善的商业引擎可以帮助开发者更快地制作出稳定而优越的游戏产品。毕竟一款引擎从无到有的过程，是需要很长时间的。同时，还存在着延期或者失败的风向。不过开发者需要考虑到商业引擎的价格，这就是所谓的花钱买了时间和保险。当下为了迎合手持设备的时代步伐，很多原本的引擎制作商都将自家引擎进行了平台移植，而且针对手持设备平台，价格相对其他平台也会更低廉一些，如虚幻、Unity、Torque 等。有了这些已经成功的引擎的支持，开发者在游戏功能的制作上就不用投入太多的精力，只需专心地制作游戏内容。并且有些引擎支持跨平台开发模式，这就意味着一次制作可以同时发布多个平台。授权引擎虽然可以提高开发速度，保证游戏品质，但其缺点也十分明显。

授权引擎中的源代码和工具并不是开放的。当开发者遇到一些致命问题时，自己是很难解决的。唯一可行的办法就是依靠引擎提供方的技术支持。这可是一项耗时耗力的沟通工作啊！除了语言上的交流困难之外，还会因为距离、时差等因素导致沟通周期很长。另外，由于引擎提供的功能是早已定制好的，虽然可以扩展相关的模块，但也是在有限的指定范围内。如果开发者需要为自己的游戏加入新的特有功能，这也将会是一件难事。最后，由于引擎并不属于游戏制作商，导致游戏产品本身缺乏核心的价值。再加上同一商业引擎可能已经被应用许多的游戏当中，这就导致游戏之间同质化的现象是十分明显的，游戏的特色就不能依靠引擎来体现。如果没有时间以及能力开发一个新的引擎，就不要介意花钱使用第三方的引擎，去购买一个吧！商业引擎包含游戏开发的所有技术方面的组织严密的框架：渲染、编辑工具、物理体系、人工智能、网络通信等。读者需要明确，购买一个商业引擎并不意味着在游戏制作的过程中不再需要技术人员了。虽然引擎完成了许多的编码工作，但是游戏中的逻辑或者规则还是需要编写代码。它们可能是某种程序脚本，也可能是某种编程语言。它们针对那些想要一个成功的、现成的解决方案的开发者，以便他们能够把精力集中在游戏可玩性和内容上。商业引擎几乎用最优化的方法解决了游戏开发中的技术问题，但开发者需要注意到每一款商业引擎都存在局限性，可能是游戏类型的限制，也可能是游戏平台的限制，开发者在购买之前需要仔细考虑。

自主研发引擎的方式适合已经具备了游戏开发经验、有一定技术实力的开发者团队。自主研发引擎需要时间、人力和资金投入的。其实，商业引擎的前身都属于自主研发引擎的范畴。引擎制作商最初的引擎都是用来制作自己发行的游戏。在游戏产生良好市场效益并获得了开发者和玩家认可后，才转为商业引擎的。这些引擎多半是因为一款成功游戏而被人们所熟知。自主研发引擎是最传统的游戏开发方式，也是使用最为广泛的。对于一个游戏团队的可信价值，也正是这种自主开发的能力。这种方式的好处不言而喻。游戏开发者可以按照自己的意图去构建引擎来制作游戏，引擎相关的制作工具也可按照开发团队的工作流程以及人员配备来制作。自主研发的方式可以让开发者充分发挥自由，量身定做属于自己的游戏引擎。不仅在技术上具有自主的产权，也可以打造出独具特色的游戏，令他人无法模仿。这种方式的缺点更是不言而喻的。自主研发的方式必须具备一定的技术实力，这就意味着游戏制作要从最基本的地方开始。从"无"到"有"的制作过程，加大了项目开发的时间周期，也存在着失败的风险。自主研发引擎，制作游戏的开发者需要有足够的耐心和不屈的毅力才能坚持到最后环节，将游戏产品推向市场。所以开发者如果选择这样的方式，就要有足够的信心和毅力，依靠对市场销售的预估来完成游戏产品。在漫长的游戏开发阶段是没有利益回报的，那种一气呵成的美好愿望是行不通的。开发者不妨选择逐步去完善游戏引擎，先推出初期版本，而不是制作一款完美无缺的游戏引擎。

开源引擎是一些游戏爱好者将成功引擎的源代码在网络中分享。开源引擎最大的好处就是可以让全球各地的同好者参与其中。他们可以贡献自己的代码，可以协助测试引擎，也可以书写样例教程。通常这都是开发者们喜爱的一种方式。开源引擎最重要的一点就是分享精神，这就好比人类文明是由几千年来的人们共同创造而来的一样。这些开源引擎被暴露在大庭广众之下，人人都可以提出修改意见。在哲学上有句名言"真理总是越辩越明"，很适合用来描述开源的游戏引擎。所以那些存在越为长久、被人们关注越多的游戏引擎，其完整程度更高。但是无论如何，业余的总是和专业级存在差距，开源引擎与授权引擎之间总是存在一道无法逾越的鸿沟。游戏制作者可以免费使用开源引擎来制作商业用途。开源引擎为很多独立或者小型的游戏制作团队提供了便利。市场上也不乏许多使用开源引擎作为基础的优秀游戏。尤其是短小精干的 iOS 平台，开源引擎提供了施展身手的舞台。据笔者所知，一些业界知名的游戏厂商也会使用开源引擎来制作游戏产品，比如 Gameloft、glu、EA 等。开源引擎是基于自主研发和授权引擎之间的一种方式。首先，开源引擎免费开放了源代码和工具，并提供了相关的技术文档，开发者完全可以对它进行修改，来打造一款属于自己的游戏引擎。其次，开源引擎的使用缩短了开发周期，开发者不需要再从零开始。这些都是开源引擎为开发者带来的便利之处。

而相反的一面，由于开源引擎是网络分享的，是许多人共同协作贡献代码而产生出来的。这些人可能来自全球各地，使用不同的语言，具备高低不一的技术水平，这样的制作方式使引擎在性能和稳定性方面是没有保障的。在互联网上存在着许多开源引擎，它们的质量也是良莠不齐的。开发者应尽量选择获得多数人认可的、更新频繁的、历史悠久的开源引擎。同时，要想使用开源引擎也需要开发者具备一定的技术实力，遇到问题能够自己解决。开源引擎贫乏的技术支持也是其缺点的之一。它并没有完善详细的技术文档和范例，也没有制作人员来帮你解决问题。开源引擎的产生大多是出于制作者本身的兴趣和技术分享的精神来完成的。由于制作者时间和精力上受限，所以多数的开源引擎并不存在配套工具。不过有一点值得肯定，那就是开源引擎在游戏技术的推广上起到了极大的作用。任何开发者在开始制作游戏之前都可以参考，从它们之中学习技术、汲取经验。开源引擎大多遵从某一个开源许可证。符合开源软件定义的许可证有 GNU GPL、BSD、X Consortiun、Artistic 等，它们之间存在一些细微的差异，在使用开源游戏引擎之前最好仔细地阅读一下。随着时间的推延，不少旧商业版本的引擎也已经在网络上开源分享了，比如 Quake 引擎和虚幻 I 引擎。这些开源的商业引擎绝对是开发者初期学习的典范。

经过对上面 3 种引擎方式的分析，开发者需要根据实际情况来选择。相信本书的读者大多数是游戏制作的编程人员，自主类的引擎就不用奢望了，除非能够成为游戏公司中的一员，否则是无法接触的。直接购买商业引擎也是行不通的。由于人员有限，资金匮乏，此类引擎并不适合刚刚进入游戏制作行业的开发者。所以最后选择的列表中就只剩下开源引擎，虽然网络上存在着许多开发者贡献的开源游戏引擎，给了我们很多的选择，但是它们之中也是良莠不齐、水平不一。如何选择，就成为了开发者首要考虑的问题。其实这个问题很好回答。就好比门庭若市的餐馆，总是不缺少顾客一样。最好不要选择那些无人问津的个人之作，尽量跟随多数人的选择。这样做的好处是，无论是在遇到引擎升级更新、还是技术答疑等问题时，都会有人提供帮助。另外，从引擎制作的角度也很容易理解。当自己的作品被更多人使用时，原作者会有更多的成就感，也就会付出更多的动力和努力来改善引擎。说到这里，就要给大家推荐一款被 iOS 游戏开发者推崇的开源游戏引擎 Cocos2D，如图 8-3 所示。

App Store 中早已有了许多热销游戏是依据它作为核心制作而来。不过，对于 Cocos2D 的介绍并不是本章节的内容。虽然作为刚刚起步的开发者，直接使用别人提供的引擎将是一件轻松惬意的事情。依靠别人提供的基础，读者将会快速入门，并且可以很快地推出一款游戏。姑且不说由此而来的游戏品质如何，此种方式对于一个新人的成长可以说是毁灭性的。知其然而不知其所以然，可不是一个优秀的游戏制作人员的状态。

图 8-3　Cocos2D for iPhone 游戏引擎

所以想要成为游戏制作大师的人，最好先不要用"拿来主义"了。

"授人以鱼，不如授人以渔。"接下来，为了让读者掌握引擎的制作技巧，后续的内容将会更为详尽地介绍游戏引擎制作的技术。换句话说，我们将会通过自主研发的方式，带领读者从零开始构建一款游戏引擎。当然，最后我们完成的引擎只适合作为本书的样例，是无法与那些市场上流行多年的开源引擎相提并论的。虽然存在许多的差距，但是这将成为读者作为游戏开发者的生涯中坚实的第一步。

8.2　游戏引擎的框架

经过前面章节的介绍，相信读者已经对引擎的产生、发展、历史有了足够清晰的认识，引擎在游戏制作中充当的地位想必大家也十分清楚。一款优秀的游戏引擎应该具备完善的功能，能为游戏开发者提供便利的工具，简化实际的编码工作。游戏依赖于引擎，它可以被看成是游戏的心脏。游戏产品的质量好坏跟引擎有很大的关系。引擎的制作通常称为游戏制作的第一环节，也是最为重要的部分。引擎的开发往往是由设计人员协助程序人员完成的，所以引擎设计得是否合理就从某种程度上反映了游戏的水平。我们先来看看游戏引擎要具备哪些特点。

8.2.1　游戏引擎的特性

稳定压倒一切！一款优秀的游戏引擎的首要标准就是稳定，必须保证游戏产品的顺畅运行。引擎需要保证游戏产品的质量，为玩家提供稳定连续的游玩体验，不能随随便便地出现中断、崩溃或者画面错乱的问题。玩家总是会为游戏中的种种错误而感到苦恼。另外，由于引擎的开发者与游戏制作者不是同一人，不要让别人来弥补自己的错误。首先，游戏制作者并不熟悉引擎的编码；其次，由于引擎大多进行封装，隐藏了内部的逻辑与调试信息，所以一个问题是由引擎内部产生的话，接下来的修补工作将是很难进行的。所以通常制作游戏引擎的人员都是一些高级游戏开发工程师，他们具备了丰富的开发经验，熟悉多种游戏体系，能够运用各种测试方法来保证游戏引擎的稳定性。所以，稳定性是游戏引擎制作的首要标准。就算性能再强劲的引擎，如果问题重重的话，估计也没有开发者选用。

性能，一方面是指游戏运行时的流畅度，实际的技术参数就是指每秒屏幕的刷新率；另一方面就是指引擎能够承载的运算量，比如是否可以进行复杂的物理模拟运算、能够支持多少个画面层次。它通常用来衡量一个引擎的好坏。这就好比汽车引擎的功率，游戏配备了性能强劲的引擎，就能够表现给玩家更多、更丰富的内容。如果把引擎比作心脏的话，一款好的游戏必须拥有强劲、节奏均匀的心跳。所以性能好坏，通常是开发者选用引擎的标准。

好的引擎还应该为开发者提供完整的游戏功能。随着玩家对游戏的需求和硬件设备性能的日渐提高，现在的游戏引擎不再是一个简单的渲染引擎。它需要涵盖更多的功能，比如二维图形绘制、三维图形绘制、多声道处理能力、人工智能、物理碰撞、文件存取、社区分享等。丰富的功能为开发者提供了更多的原则，更能发挥游戏制作者的创造力。为了满足这种需求，在引擎设计上就要做到模块化、多平台、扩展性好。除此之外，对于可以拆分的引擎体系，开发者也可以按照需要去购买对应的组件或者针对平台。

引擎是被用来制作游戏的内核，那么必然要提供一些可视化的编辑器或者第三方插件。实际开发过程中，只依靠引擎制作游戏是不够的，开发者还需要各种各样的工具来提高开发速度。优秀的游戏引擎需要具备丰富的可视化编辑器，包括场景编辑、模型编辑、动画编辑、精灵编辑等。编辑器的功能越强大，内容越丰富，不仅会加快制作的速度，也能保证游戏的品质，减少开发人员的错误。这些编辑器或者工具不仅仅是为编程人员准备的，而是所有游戏参与人员都有可能使用它们。例如，当策划人员使用编辑器制作地图时，采用了所见即所得的设计方式，可以非常直观地看到设计的关卡将来在游戏中展现的方式。如此方便、快捷的操作，很利于设计人员调整方案。第三方插件也是为了游戏设计人员所提供的工具，它们通常是一些软件的辅助工具。例如游戏开发中美术人员经常会用到的第三方软件 3DS Max、Maya、Photoshop 等绘图工具。引擎中提供了与其对接的插件。在第三方插件中，美术人员所制作的游戏资源不再需要其他工具的辅助，可直接将资源转换为引擎需要的格式。当美术人员用编辑器调整人物动画时，可发挥的余地就更大，做出的效果也越多。除了开发人员使用编辑器外，玩家也会对编辑器情有独钟。比如最为著名的游戏编辑器，想必就是魔兽争霸的地图编辑器了，如图 8-4 所示。

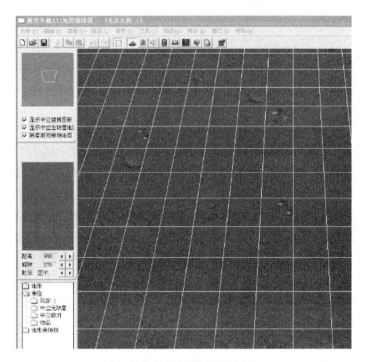

图 8-4　魔兽争霸地图编辑器

在国内非常火爆的 Dota 游戏版本，就是利用这款工具制作而来的。由此可见，除了制作人员，编辑器在玩家手中也能够发挥巨大的价值。

因为开发者要使用引擎来编写部分代码，所以那些具备了简洁高效的程序接口、完善的技术支持文档的引擎将会更受到开发者的青睐。虽然开发者要求引擎必须具备丰富的功能，但是也同样希望它使用起来能够简单明了。这好像是所有消费者的心理。现代科技就是把一些复杂的事情简单化，游戏引擎也是如此。就好比按一下开关，洗衣机就会自动进水、洗涤、甩干等。对开发者来说，也许只需一行简单的命令，就可以让游戏中的人物完成跳跃、奔跑、站立的动作。引擎会把复杂的图像算法、物理模拟等功能封装在模块内部，对外提供的则是简洁高效的程序接口，这样有助于游戏开发人员迅速上手。这一点就如各种编程语言一样，越高级的语言功能越丰富，越容易使用。

拥有一台 iPhone 手机，成为人们流行的时尚。一款引擎如果不能够支持多平台，绝对算得上落伍了。仅仅是手持设备平台，开发者就要面对众多操作系统、硬件设备。手持设备新兴的 3 个平台：Android、iOS、Windows Phone 7，它们之间存在着千差万别。如果一款引擎能够遮盖它们之间的差异，开发者只需一次制作，就可以同时适配 3 个平台。这岂不是一桩美事？正是因此，许多的游戏引擎提供了多平台的支持，减去了开发者适配的烦恼。为了有更多的销售渠道与市场，多平台支持也成为了引擎制作的硬性要求。

8.2.2　游戏引擎的架构

在前面的章节中，我们介绍过 iOS 系统严谨而清晰的层次结构，游戏引擎中的结构也是如此，因为其是处于游戏与系统之间的协调者。

在图 8-5 中可以看出，游戏的引擎处于金字塔结构的中间位置。它下面的两层分别为硬件接口和系统层。这两层并不需要开发者参与，它们是由设备制造商和操作系统提供商来完成的。在 iOS

平台，分别是 iPhone 设备与 iOS 操作系统。硬件接口层是指连接硬件的驱动运行库，也就是直接操作硬件的应用方法接口（API），比如 OpenGL 和 DirectX 就是操作显卡的 API。系统层则是前面章节介绍过的 iOS 系统中的各个框架，它们为游戏引擎的运行提供了基础支持。游戏引擎处在中间的位置，在使用一款完善的引擎时，游戏开发者需要的功能能够被满足，他们只需负责制作游戏引擎以上的内容。游戏中的逻辑与规则，它们正是展现游戏世界的地方。在这一层，开发者去制定规则，构建游戏内容，如人物、背景、菜单等。最后的游戏内容则是呈现在玩家眼前的。这两部分所包含的内容将会是后续章节中我们要介绍的，在此我们依旧关注游戏引擎所处的位置。

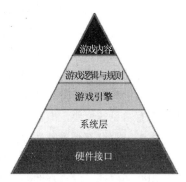

图 8-5　游戏引擎的架构

　　这种金字塔的方式，除了表现出层次之外，其大小还代表了工作量和难度。越是接近底层，就越为基础，其开发的难度越高。不知讲到这里，读者是否有一种站在巨人肩膀的感觉。确实如此，之所以游戏产品能够被玩家体验，多数是出于平台中的硬件与系统的支持，然后才是引擎的支持，最后才是游戏内容，这塔顶的部分才来自开发者的工作成果。因为引擎将游戏内容与设备、系统完全隔离，致使游戏产品具备了运行于不同平台的可能性。如果引擎支持更多的平台，那么开发者不需要做出更多的工作，就可以轻易运行于其他平台。这就要依靠引擎开发人员的工作成果了。

8.2.3　游戏引擎具备的功能

　　图 8-6 中显示了游戏引擎的组成结构。这并不是一个标准的引擎内部组成图，因为在游戏引擎制作中并没有标准可言。游戏业内有很多书都描述了引擎的结构，但没有一本书中承认的结构被认为是统一的标准规范。引擎必须由哪些部件组成？引擎要具备几层的结构？这是谁都无法下定论的。所以可以说没有标准的引擎结构，只要能为游戏提供动力，就可以称得上是引擎。所以当读者打算制作引擎时，可以不按照图 8-6 所示的结构模块来逐一完成。它并不是教科书中的标准视图，只是作为参考图中罗列出大多数引擎所包含的内容。

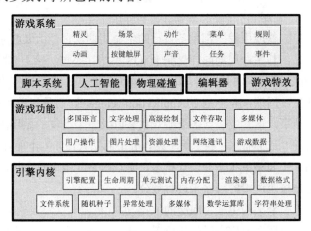

图 8-6　引擎内部结构

从图 8-6 中可以看出，引擎采用了层次的架构方式，大致可以分为 3 层。这种结构上下层之间存在依赖关系，由于分层的关系，引擎的更新也变得十分容易。除了图中展示的引擎内核、游戏功能和游戏系统之外，游戏引擎还包括另外一部分重要的内容，就是开发工具，如地图编辑器、动作编辑器、打包工具等。在稍后的章节，我们将会详细讨论游戏制作中经常使用的工具。继续观看引擎的内部结构，其中 3 个主要组成部分引擎内核、游戏功能、游戏系统都包含了许多各自的模块。看上去引擎的内容显得十分庞大，正如开始所说的，为了能够为读者展示游戏引擎的全貌，图中列出了所有常见的模块，但是这些模块并不都是引擎制作的必需品。尤其是在 iOS 移动设备之中，运算、容量、内存都受到硬件限制的情况下，这种无所不包的引擎并不是适合，相反我们需要的是那种游刃有余、灵活自由的引擎。所以在构建引擎之前，首先要考虑清楚将来的游戏产品需求，按需配置引擎的组件，满足预期游戏产品即可。

在本章节开始之初，我们就确定了将要制作的游戏产品"打地鼠"。首先，这是一款二维平面角度的游戏，那么引擎中一切与三维绘制有关的模块就可以去除了，我们只需在游戏中建立一个平面的二维坐标。其次，由于是一款休闲益智类型的游戏，所以复杂的物理模块也并不需要。读者需要留意，不需要物理模块，并不代表着游戏中不需要解决碰撞检测的问题。毕竟当锤子击打到地鼠时，玩家是要获得奖励的。除此之外，比如人工智能、网络通信、多平台技术等，也是游戏中暂时不需要的模块。所以总的来说，当开发者计划自主研发引擎时，第一步最好根据预期的游戏来实现基本的功能。千万不要想一口就吃成胖子，一步步来，才不至于将风险放在最后。最后，还要提醒读者，自主开发的引擎也同样可以引入一些开源的程序作为内部模块，比如物理系统、网络通信、编辑工具等。这也是大多数开源引擎所使用的方法。去其糟粕、取其精华，将那些开源的、具有完善功能的程序库加入到自主研发的引擎当中，既可以省去自主开发的时间，还能保证引擎的效果，绝对是一件厚礼颇丰的事情。

我们已经清楚了引擎的结构及其内部组成，那么接下来就按照层次中由低至高的顺序，来逐步地开发各个功能。下面的内容在介绍引擎开发技术的同时，还会逐步地完善原本设计的游戏，余下章节中所出现的代码，读者都可以在样例项目中找到。

8.3　游戏中的状态机制

在 iOS 设备当中，每一款应用程序都具备自己的生命周期，它是由 iOS 系统进行管理的。游戏毫无疑问也属于应用产品，其生命周期同样受制于 iOS 系统。不过，接下来我们所说的并不是 iOS 系统管理应用程序。按照前面章节的内容，UIApplicationDelegate 是负责应用程序运转的。而接下来我们将要介绍的游戏生命周期，并不是 UIApplicationDelegate，而是指游戏本身自主的生命周期。它代表着游戏从开始到结束，这其中包含多个游戏状态以及一个反复的循环周期。这些游戏状态就好比人的一生中每个时期"三十而立，四十而不惑，五十而知天命，六十而耳顺"。在游戏中，通常也具备一些特定的时期，比如菜单状态、设置状态、游戏状态、结束状态等，它们之间存在明显的差异，因此开发者应习惯按照逻辑的顺序来进行划分。

游戏的生命周期位于引擎架构中最为底层的位置。也就是说一款游戏的运行是由引擎来控制的。如果读者了解游戏的生命周期在架构中所处的位置，就会清楚引擎的运行机制。由于游戏的内容以及逻辑的部分都是位于引擎之上的位置，那么游戏的运行周期就不会再由 iOS 系统来进行控制。在引擎当中就存在一个体系或者模块，用来控制游戏的生命周期。

8.3.1　游戏生命周期

既然在描述游戏的运行周期时，我们使用了生命来形容，其必然有其蕴含的道理。游戏的运行周期正如生命，有始有终，开发者也要做到让游戏善始善终。我们先从玩家的角度来分析一下游戏从哪里开始、从哪里结束，如图 8-7 所示。

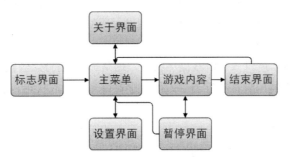

图 8-7　游戏生命周期

图 8-7 只是一个简单的游戏生命周期，其中每一个状态都可以更加细分。接下来，我们从头开始，逐一地介绍它们。玩家运行一款电子游戏的时候，首先看到的是什么？标志界面就是游戏显示的第一个画面。当游戏处于此状态时，会显示开发厂商的标志。有些游戏大作，还有播放游戏开始的动画。这些动画都有着极其绚丽的效果，为的就是吸引玩家继续游戏。通常在动画中还可能介绍一些与游戏内容有关的剧情。这是从玩家角度来理解游戏开始。作为游戏的开发者，我们所看到的并不只如此。

在游戏开始阶段，需要进行一系列的初始化动作（initialize）。一款游戏要想呈现内容给玩家，必须首先加载内容至内存当中。这都是在运行之初需要完成的。从代码中体现来说就是在构造函数中调用初始化的方法。初始化的工作最好只进行一次，因为同一张图片并不需要在内存中创建两份。另外，那些只显示一次的画面，在加载之后需要很快释放，以免占用内存空间。比如游戏开始时的标志界面，游戏厂商的标志只需要展示一次，之后将不会再次出现。不过为了显示画面，必须先加载到内存。除了图片，还有许多其他内容需要加载。下面介绍一些常见的初始化过程中加载的游戏资源：

- 读取图片资源。
- 读取声音资源。
- 读取游戏数据。
- 创造游戏内的对象。
- 初始化游戏状态。

不要把这当成标准的规范，每个开发者都有自己的习惯。同时，每款游戏也都有自己的特定。如果开始时有太长的加载等待时间，会让玩家感到厌烦。最好在不同的时间段加载需要的资源。读者需要明确的是初始化工作是游戏开发的第一步，主要是加载游戏资源和设置游戏状态。并且，初始化的工作最好只进行一次。

对于初始化的时机，开发者都有不同的选择方式。有些人可能会在一开始就加载许多的数据，这样玩家只需等待一次进度条滚动的过程。也有人想更快地将画面展现给玩家，在开始时并不会加载过多的资源，只是加载接下来需要显示的界面中的资源。等玩家进入游戏时，再显示读取进度条进入游戏。这种情况，玩家每次进入游戏都需要等待读取进度，好处是对内存的占用不高，利用率却很高。而前一种方式在开始就把游戏的所有资源都加载了，属于一步到位的方法，需要占用很大的内存空间。开发者需要明确每做一件事，最好只追求一个最在乎的目标。至于读者的选择，就看最在乎什么了。记住鱼与熊掌不可兼得。当然，有时由于游戏的规模较大，开发者不得不加入一个读取界面来加载资源。这种情况在 3D 类型的游戏当中最为常见。而在平面类的游戏中，由于资源相对减少，玩家很少会感觉到资源加载时的停顿。按照科学数据显示，那些少于 14 秒的等待，是能够被用户所接受的尺度。

初始化工作完成之后，就进入了游戏循环状态。这是一个在持续运行的线程，从游戏开始运行至结束。这个线程自始至终地处在执行当中。虽然存在许多的游戏状态，但它们都会依据这个线程中的步骤来运转。

从图 8-8 中可以看出游戏循环中包括 3 个模块：游戏逻辑、用户输入和画面绘制。下面分别介绍这 3 个模块的作用。

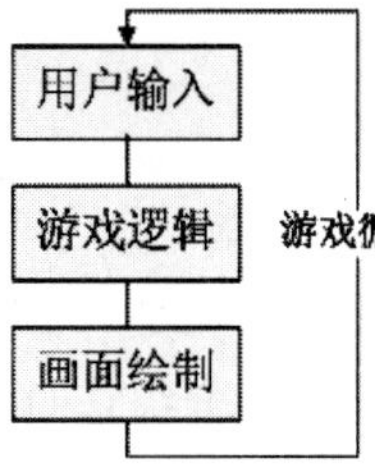

- 用户输入：就是将接收到的玩家操作转化为游戏中的事件。比如玩家按下左键后，先被记录下来。当游戏循环进入处理用户输入阶段，左键的操作就会被转换为游戏主角向左移动的事件。但这时并没有真正地发生移动，因为发生移动的行为将会在下一步骤中进行处理。
- 游戏逻辑：处理游戏中一切的逻辑运算。这是游戏中最复杂的部分，也是和游戏内容最紧密相关的。以前面主角移动为例。在这个环节，逻辑模块将分析主角移动的事件是否可行。有可能主角左边就是墙壁，又或者主角因为掉落陷阱而不能移动。这些都是需要逻辑来处理的情况。
- 画面绘制：根据逻辑处理的结果，获得界面上需要显示的物体坐标，并将它们绘制在屏幕上。还以前面主角移动为例。如果向左移动的事件被执行了，那么绘制模块就会得到被左移后的主角坐标，然后找到主角的图片坐标进行绘制。

图 8-8　游戏循环周期

游戏生命周期中包含的 3 个部分，它们的功能你已经都清楚了，需要明白的是游戏的循环伴随着整个游戏生命周期。如果将一款游戏比喻为人的话，那么游戏循环就是人的心跳。心跳开始就是生命的开端，心跳结束则生命终结。从标志界面开始，游戏就进入了不断循环当中。因为每个游戏状态中绘制的内容和逻辑运算多少是不同的，这就导致了每次生命周期循环的耗时都会有所不同，不同耗时就会使游戏速度不均匀。比如在菜单界面运行速度快，进入游戏后速度会变慢。为了保证游戏中画面稳定的刷新速率，我们会加入一个计时功能，记录下每次循环所耗费的时间，然后与设定的刷新时间相减，差值就是让线程休眠的时间。

8.3.2　有限状态机

我们已经知道了游戏中存在许多的状态，它们相互平等，彼此之间可以进行转换。每个状态具备了最基本的游戏循环周期。无论从逻辑上还是显示的界面上，游戏内容都会按照这些状态进行划分。也就是说这是一个具有平等地位、享有平等权利的组织结构。当然其中总会需要一个管理者。就比好每个班级都会有一个班长，至于班长是一人一票推选出来的，还是由老师指定的，貌似无关紧要了。在游戏中负责管理状态的机制必然是由开发者指定的。在游戏当中，负责状态管理的被称为状态机，它的主要任务是负责转换状态时的操作，将运行新的状态，卸载旧的状态。在新旧交替时，进行内存的更新。下面让我们先来明确状态机制的官方解释。

有限状态机（finite-state machine，FSM），又称为有限状态自动机，昵称状态机，其含义为表示有限个状态以及在这些状态之间的转移和动作等行为的数学模型。这个词最早来源于数字电路系统中一种十分重要的时序逻辑电路模块。举一个简单的例子，大家就会更为明白其运行的机制。在霹雳舞盛行的 20 世纪七八十时代，那时的潮男潮女们，戴着蛤蟆镜，穿着喇叭裤，肩膀总会扛着一台录音机。记得有一个传遍大街小巷、家喻户晓的电视广告，宣传了一款"燕舞"收录机。

图 8-9 所示就是当时著名的家电燕舞收录机。读者细心观察就会发现在机器正中间靠下的位置存在一排按钮，它们正是此台录音机的各个状态，而控制这些状态的正是用户。这种有限状态机制被计算机学者借鉴到了程序开发当中。之后，在游戏设计中其发挥了极其重要的作用。有限状态机可以理解为，当系统的行为在不同时间或者环境下时，其从事的工作也有所不同。对于不同的时间和环境，就是不同的状态。这些状态是离散的，彼此之间不存在叠加关系。有限的修饰意味着状态的数目总数是确定的，也就是在状态机制变化的范围是在控制之内。

图 8-9　燕舞收录机

有限状态机制应用在游戏技术当中，已经有了非常久远的历史。虽然一直以来此项技术都没有太多的革新，一些大型的或者复杂的游戏项目已经不再使用，但在手持设备领域仍然被广泛应用，在许多游戏里是很常见的，其简单易用的方式仍然受到开发者的推崇。有限状态机是早期计算机游戏程序设计年代曾经辉煌的一个名词。由于相当容易理解、实现以及调试，使得有限状态机在 iOS 手持设备游戏开发中再次发挥了作用。下面我们来看看在 HitsMole 游戏当中是如何定制游戏状态的，如图 8-10 所示。

8.3.3　定制游戏状态

从图 8-10 中我们可以看出定制了 4 个游戏状态，分别为声音设置（SoundOption）、关于（About）、主菜单（MainMenu）和游戏界面（HitsMoleState）。在代码中，因为将游戏中的状态需要进行统一的管理，所以这 4 个状态都需要继承类 GameState。

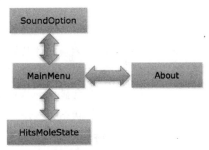

图 8-10　HitsMole 游戏状态

代码 8-1　游戏状态类

```
//
//  GameState.h
//  Game Framework
//
//  Created by shadow on 2/11/12.
//  Copyright 2012 __MyCompanyName__. All rights reserved.
//


#import <UIKit/UIKit.h>
#import <UIKit/UIView.h>
#import "GameStateManager.h"
```

```
/*  游戏中的状态，其中包含了显示界面
 */

@interface GameState : UIView {
_GameStateManager* m_pManager;
}
//初始化显示界面
-(id) initWithFrame:(CGRect)frame andManager:(GameStateManager*)pManager;
//绘制游戏画面
-(void) Render;
//更新逻辑
-(void) Update;
//处理用户交互
- (void)touchesBegan:(NSSet *)touches withEvent:(UIEvent *)event;
- (void)touchesMoved:(NSSet *)touches withEvent:(UIEvent *)event;
-(void)touchesEnded:(NSSet*) touches withEvent:(UIEvent*) event;
@end
```

　　代码 8-1 中的游戏状态类继承自 UIView。这是因为在使用有限状态来划分游戏内容时，不仅将游戏中的逻辑以及数据进行了划分，同时也将显示界面进行了区分。在 GameState 类中，我们能够看出其包含的方法，正好构成了游戏循环周期的 3 个要素：绘制、逻辑、交互处理。到此为止不知读者是否领悟了有限状态机的魅力。因为状态的划分，它们各自能够独立承担游戏的生命周期。这就意味着在游戏生命周期运行期间，只能激活一个状态，并且这个状态能够满足游戏中绘制、运算以及用户交互的需求。因为进行了状态的划分，游戏资源也被有效地管理。比如在主菜单状态中，不需要加载游戏界面中的内容。开发者也可以专注于一个状态，而无须估计其他内容。上面的状态类只是作为游戏引擎的基本框架，游戏中实际的状态类需要实现继承而来的方法。比如在关于状态之中，至少会显示一些有关开发者或者厂商的信息，然后会有一个能够跳转到其他状态的按钮。

图 8-11　设置界面

　　图 8-11 所示为游戏中的设置界面，与我们所介绍的例子正好相符。界面当中包含了一个声音设置的按钮和一个返回主菜单的按钮。此界面是通过 InterfaceBuilder 来设计和实现的。看下面的代码，读者就会明白我们是如何实现一个状态类的。

代码 8-2　设置状态类

```
//
//  SoundOption.h
//  HitsMole
//
//  Created by shadow on 12-2-12.
//  Copyright 2012 __MyCompanyName__. All rights reserved.
//

#import <Foundation/Foundation.h>
```

```objc
#import "GameState.h"

@interface SoundOption : GameState {
    UIView* subview;
    BOOL _isSound;
}
@property (nonatomic, retain) IBOutlet UIView* subview;
- (IBAction) backMenu;
- (IBAction) switchChanged: (UISwitch *) aSwitch;
@end
//
//  SoundOption.m
//  HitsMole
//
//  Created by shadow on 12-2-12.
//  Copyright 2012 __MyCompanyName__. All rights reserved.
//

#import "SoundOption.h"
#import "MainMenu.h"

@implementation SoundOption
@synthesize subview;
-(SoundOption*) initWithFrame:(CGRect)frame andManager:(GameStateManager*)pManager
{
    if (self = [super initWithFrame:frame andManager:pManager]) {
        NSLog(@"SoundOption Menu init");
        //load the uitest.xib file here.  this will instantiate the 'subview' uiview.
        [[NSBundle mainBundle] loadNibNamed:@"SoundOption" owner:self options:nil];
        //add subview as... a subview.  This will let everything from the nib file
        show up on screen.
        [self addSubview:subview];
    }

    return self;
}
- (IBAction) backMenu {
    [m_pManager doStateChange:[MainMenu class]];
}
- (IBAction) switchChanged: (UISwitch *) aSwitch
{

    _isSound = aSwitch.on;


}
@end
```

　　首先作为一个游戏中的状态，必然要继承引擎内核中的 GameState 类，这之后就是实现状态类的方法。因为设置界面并没有过多的逻辑或者复杂的绘图，因此，在代码中并没有看到游戏循环周期的踪影。这并不代表游戏周期并不存在，只是因为在设置状态中并不需要它们而已。因为所有的按钮操作都可以通过 InterfaceBuiler 来完成，我们又何必多此一举，偏偏要亲自编写代码呢？不过对于那些准备上市销售的游戏产品，如此简陋的设置界面，必然会招致客户的不满。最好的效果则是游戏中的每一个界面都要体现出游戏的特色，不能草草了事。在上述代码当中，存在一个比较特殊的对象 m_pManager，它正是负责管理状态切换的状态机类，也是接下来要为读者介绍的内容。

8.3.4 定制有限状态机

在定制了游戏状态之后，就需要定制一个各个状态的管理者，也就是状态机，状态之间的转换将由它来负责。

代码8-3 状态管理机类

```
//
//  GameStateManager.h
//  Game Framework
//
//  Created by shadow on 2/11/12.
//  Copyright 2012 __MyCompanyName__. All rights reserved.
//

#import <UIKit/UIKit.h>

@interface GameStateManager : NSObject {

}
//状态切换
- (void) doStateChange: (Class) state;

@end
```

代码 8-3 十分简单，在类 GameStateManager 中只有一个方法 doStateChange:，这个方法就是用来进行状态转换的，其传递的参数正是要转换的状态。在定义状态机管理类时，我们并没有实现其中的代码。这可不是因为笔者偷懒或是疏漏，而是由于在不同的平台对于窗口显示的权利交接是不一样的。因此，在保证状态机的编程机构的同时，最好是由开发者来定制其中的内容。因此在 HitsMoleAppDelegate 类中我们继承了状态机类，并实现了状态转换的方法。具体参看下面的代码。

代码8-4 状态管理机类

```
//有限状态机切换状态
- (void) doStateChange: (Class) state
{

    //设置新的状态以及显示画面
    viewController.view = [[state alloc] initWithFrame:CGRectMake(0, 0, SCREEN_
    WIDTH, SCREEN_HEIGHT) andManager:self];

    //将显示窗口设为可见
    [window addSubview:viewController.view];
    [window makeKeyAndVisible];

}
```

看过了上面的代码，不知读者是否明白其中的奥妙。让我们再来回顾一下之前的巧妙安排，以便读者明白其中的用意。在本小节开始时，我们介绍了一种常用的游戏开发技术——有限状态机，它是一种简单高效的实用技术。利用有限状态机制，开发者可以将游戏划分为若干个平等的状态。这些状态各自独立，具有自主的逻辑、用户交互以及绘图。这是一条游戏开发的主线，在我们的代码当中还存在一条暗藏的辅线。游戏有其自身的生命周期，同时 iOS 系统的应用程序也有其生命周期。游戏的生命周期通过一个独立的循环线程来体现，而应用程序的生命周期则通过继承 UIAppliactionDelegate 来实现。在 iOS 系统中界面的显示依靠的是 UIView。说到这里，读者已经能够明白其中的奥妙了吧！我们将状态机管理类与 UIApplicationDelegate 相结合得到了游戏运行主类 HitsMoleAppDelegate，将状态类与 UIView 相结合得到了游戏中的各个状态。这样做不仅减少了编码工作，同时还使思维变得更为清晰。

8.4　渲　染　器

引擎的内核首要提供的就是渲染器，在二维平面的游戏世界里也被称为绘制器。这是任何一款游戏引擎都不可缺少的部分，由此可见其重要地位。先来解释一下渲染器在引擎中发挥的作用，读者就会明白为什么它是如此重要。一款游戏引擎如果没有包含渲染器（在笔者的职业生涯中还没见过如此的引擎），玩家将什么也看不到。换句话来说，渲染器是用来将游戏内的物体绘制在屏幕当中的。为了让玩家可以看见场景、人物、菜单和特效，渲染器发挥着极大作用，它会将内存中的图片显示到屏幕之上，这样玩家才能进行操作。通常评判一款引擎的优劣首要的指标就是渲染器的性能。因此当要准备制作引擎之时，开发者脑海中首先浮现的就应该是引擎当中的渲染器。

当开始制作一款游戏引擎时，建造一个优秀的渲染器成为了最为重要的工作。因为就算没有有限状态机制，开发者依然可以制作游戏。但是如果在界面看不见任何东西，游戏也就无法称之为游戏了。就好比没有画面的电视节目，那就成为了电台广播。所以没有渲染器的引擎是无法进行游戏开发的。另外，在一个游戏产品中，几乎超过 50% 的运行时间都将消耗在渲染器上面。这也是为什么在硬件设备中会出现一些独立的芯片，用于专门处理渲染运算，这些芯片就是通常所说的显卡。无论从玩家游玩的角度，还是从开发者制作的角度，渲染器的性能强劲与否都是评定一个游戏引擎好坏的决定因素。在引擎技术当中，再次的更新以及竞争也是最为迅速和激烈的。渲染器完全称得上是"核中之核"的地位。如果渲染器的表现很差，事情将会变得非常糟糕。不仅是程序人员，就连游戏本身都会遭遇失败。评价渲染器的技术参数为刷新率（FPS），它是指单位时间内游戏画面刷新的速度。玩家是不能接受总是以慢镜头的方式去体验游戏的。"卡"，将会成为他们对游戏的唯一评价。渲染器是引擎内核层中最大、最复杂的模块。如此说来，建造一个渲染器确实不是一件简单的事情。

我们得知渲染器在引擎中所处的重要地位，其对应的技术也是突飞猛进、日新月异。在此章节中，我们并不是要研发深邃的渲染技术，而是为读者介绍一些游戏引擎中渲染器经常具备的内容。首先，渲染器的作用是将内存当中的图片以某种方式显示到屏幕之上。iOS 设备中为开发者配置了许多用于绘制的程序框架，其中一些我们已经在前面的章节为读者介绍过，比如 Cocoa 中用于显示图片的 UIImage 以及 Quartz Core Graphics 中绘制二维图形的程序方法。虽然这些框架都已实现了渲染器的基本需求，就是将图片显示到屏幕之上，但是因为游戏并不是一般的应用产品，其所需要的绘制效率以及复杂度，是要依靠更为高级的绘图框架的。因此，为了更好地表现游戏效果，大多数开发者以及那些游戏引擎都会选择 OpenGL ES 作为渲染器。

OpenGL ES（OpenGL for Embedded Systems）是 OpenGL 三维图形 API 的子集，针对个人电脑、手机、PDA 和游戏主机等嵌入式设备而设计。该 API 由 Khronos 集团定义推广，Khronos 是一个图形软硬件行业协会，该协会主要关注图形和多媒体方面的开放标准。OpenGL（Open Graphics Library）是一个定义了跨编程语言、跨平台的编程接口的规格，它用于三维图象（二维的亦可）。OpenGL 是一个专业的图形程序接口，也是一个功能强大、调用方便的底层图形库。

OpenGL ES 是免授权费、多平台、功能完善的 2D 和 3D 图形应用程序接口（API），它针对多种嵌入式系统专门设计，包括控制台、移动电话、手持设备、家电设备和汽车。它由精心定义的桌面 OpenGL 子集组成，创造了软件与图形加速硬件间灵活强大的底层交互接口。OpenGL ES 包含浮点运算和定点运算系统描述以及 EGL 针对便携设备的本地视窗系统规范。OpenGL ES 1.X 面向功能固定的硬件所设计并提供加速支持、图形质量及性能标准。OpenGL ES 2.X 则提供包括遮盖器技术在内的全可编程 3D 图形算法。OpenGL ES 是专门针对手持设备的一个 OpenGL ES 的子集。换句话说，假设开发者使用 OpenGL ES 程序库制作了一款游戏产品，则其必然可以运行在支持 OpenGL 渲染库的计算机设备之上。但是如果将情况反过来的话，则使用 OpenGL 开发的游戏未必可以在 OpenGL ES 的基础上运行。作为 OpenGL 的子集，ES 版本中只是保留了基本的三维绘制方法，去掉了一些复杂的功能。

OpenGL ES 是从 OpenGL 版本中裁剪定制而来的，去除了 glBegin/glEnd、四边形（GL_QUADS）、多边形（GL_POLYGONS）等不必要的复杂图元特性。经过多年发展，现在主要有两个版本，OpenGL ES 1.x 针对固定管线硬件，OpenGL ES 2.x 针对可编程管线硬件。OpenGL ES 1.0 是以 OpenGL 1.3 规范为基础的，OpenGL ES 1.1 是以 OpenGL 1.5 规范为基础的，它们又分别支持 common 和 common lite 两种 profile。lite profile 只支持定点实数，而 common profile 既支持定点数又支持浮点数。 OpenGL ES 2.0 则是参照 OpenGL 2.0 规范定义的，common profile 发布于 2005 年 8 月，引入了对可编程管线的支持。现在的 iOS 设备已经提供了对 OpenGL 2.0 版本的支持。

OpenGL ES 本身是一个 3D 渲染器，但这并不意味着我们将要制作一款三维游戏。读者不要感觉奇怪，这与大多数 iOS 平台引擎一样，它们都具备了一颗三维的心，却做着二维的事情。因为我们将要制作的引擎是基于 OpenGL ES 渲染器的，所以不得不使用一些对应的技术。读者不用过于担心自己缺乏三维空间的知识。为了降低开发者的门槛，在引擎当中我们再次封装了程序接口，省去了开发者亲自配置 OpenGL ES 的烦琐。不过本着负责的态度，对于喜欢一探究竟的读者，我们还是要说个明白。

代码 8-5　GLESGameState 类

```
//
//  GLESGameState.h
//  Game Engine
//
//  Created by shadow on 2/11/12.
//  Copyright 2012 __MyCompanyName__. All rights reserved.
//
```

```
#import <Foundation/Foundation.h>
#import "GameState.h"
//游戏胜利
#define WINNING 1
//游戏失败
#define LOSING 2

@interface GLESGameState : GameState {
    //游戏结束的状态
    int gameEndState;
@private
    //游戏结束状态计时器
    float gameEndTimeCount;
}

- (void) startDraw;
- (void) swapBuffers;
- (BOOL) bindLayer;
+ (void) initOpenGL;

-(id) initWithFrame:(CGRect)frame andManager:(GameStateManager*)pManager;


- (void) onWin;
- (void) onFail;
- (void) renderEndgame;
- (void) updateFinish:(float)time;

@end
```

代码 8-5 中正是封装之后的 GameState 状态子类。它集合了 OpenGL ES 与游戏状态两部分内容。在其头文件声明中，读者可以看到 4 个方法：startDraw、swapBuffers、bindLayer 和 initOpenGL，这便是用于初始化以及使用 OpenGL 渲染器的方法，其后的 initWithFrame:方法是从游戏状态类中继承而来，用于初始化游戏状态的。最后的 4 个方法属于游戏当中的逻辑部分，主要用于处理游戏结束时的画面显示以及逻辑更新。我们需要关注的是与 OpenGL ES 相关的 4 个方法。下面逐一地为读者介绍方法中的实现代码，要提醒读者的是，以下内容并不是本书涵盖的重点知识。如果单纯地讲解 OpenGL ES 技术，至少还需要另外一本书。所以倘若读者对下面的内容不甚理解，也在情理之中。同时，这并不会影响后续引擎的开发以及游戏产品的制作工作。

代码 8-6 GLESGameState 类的实现

```
//
//  GLESGameState.m
//  Game Engine
//
//  Created by shadow on 2/11/12.
//  Copyright 2012 __MyCompanyName__. All rights reserved.
//
```

```
#import "GLESGameState.h"
#import <OpenGLES/EAGLDrawable.h>
#import <QuartzCore/QuartzCore.h>
#import "ResourceManager.h"
#import "pointmath.h"

//游戏资源管理对象
#import "ResourceManager.h" //for getting savefile


//用于控制所有与 OpenGL 操作有关的上下文对象指针
EAGLContext* gles_context;


//OpenGL 渲染器中的帧缓冲
GLuint                    gles_framebuffer;
//OpenGL 渲染器中的绘制缓冲
GLuint                    gles_renderbuffer;
//OpenGL 渲染器绘制的视窗尺寸
CGSize                    _size;

@implementation GLESGameState
//返回 GL 显示界面
+ (Class)layerClass {
    return [CAEAGLLayer class];
}

-(id) initWithFrame:(CGRect)frame andManager:(GameStateManager*)pManager;
{
    if (self = [super initWithFrame:frame andManager:pManager]) {
        //将 OpenGL 渲染器的绘制界面绑定给 iOS 窗口
        [self bindLayer];
        gameEndState = 0;
        gameEndTimeCount = 0.0f;
    }
    return self;
}

//类的 class 方法将会调用的实例初始化方法
+ (void)initialize
{
    static BOOL initialized = NO;
    if(!initialized)
    {
        initialized = YES;
        //初始化 OpenGL
        [GLESGameState initOpenGL];
    }
}
```

```
//初始化 OpenGL 渲染器,设置二维绘制的环境
+ (void) initOpenGL {
    //创建 OpenGL 渲染的上下文句柄,这将是渲染器开始的第一步
    gles_context = [[EAGLContext alloc] initWithAPI:kEAGLRenderingAPIOpenGLES1];
    [EAGLContext setCurrentContext:gles_context];
    //创建并绑定渲染器的绘制缓冲
    glGenRenderbuffersOES(1, &gles_renderbuffer);
    glBindRenderbufferOES(GL_RENDERBUFFER_OES, gles_renderbuffer);
    //创建并绑定渲染器的帧缓冲
    glGenFramebuffersOES(1, &gles_framebuffer);
    glBindFramebufferOES(GL_FRAMEBUFFER_OES, gles_framebuffer);
    glFramebufferRenderbufferOES(GL_FRAMEBUFFER_OES, GL_COLOR_ATTACHMENT0_OES,
    GL_RENDERBUFFER_OES, gles_renderbuffer);

    //初始化 OpenGL 渲染器的状态
    glBlendFunc(GL_ONE, GL_ONE_MINUS_SRC_ALPHA);
    glEnable(GL_BLEND);
    glEnable(GL_TEXTURE_2D);
    glTexEnvi(GL_TEXTURE_ENV, GL_TEXTURE_ENV_MODE, GL_REPLACE);
    glEnableClientState(GL_VERTEX_ARRAY);
    glEnableClientState(GL_TEXTURE_COORD_ARRAY);

    CGSize                    newSize;

    //设置 OpenGL 渲染界面的尺寸
    newSize = CGSizeMake(320, 480) ;
    newSize.width = roundf(newSize.width);
    newSize.height = roundf(newSize.height);

    NSLog(@"dimension %f x %f", newSize.width, newSize.height);

    _size = newSize;
    glViewport(0, 0, newSize.width, newSize.height);
    glScissor(0, 0, newSize.width, newSize.height);

    //设置 OpenGL 渲染器的投影方式
    glMatrixMode(GL_PROJECTION);
    glOrthof(0, _size.width, 0, _size.height, -1, 1);
    glMatrixMode(GL_MODELVIEW);
}
```

在上述代码中添加了许多注释来帮助读者理解。一旦进入到三维绘制,问题的复杂度就会提升一倍。在 iOS 平台中,OpenGL ES 渲染器需要使用 GLContext 对象来进行控制。GLContext 对象会将游戏内容绘制在 OpenGL Layer 之上。然后,更新缓冲层次将游戏内容显示在 iOS 屏幕中。

其中,initOpenGL 方法是用来初始化 OpenGL ES 渲染器的。在此方法中,首先创建了 glContext 对象,并将其设置给当前的 OpenGL ES 渲染器。然后,创建了渲染器所使用的两个绘制缓冲,它们的作用主要是为了提高绘制速度。其原理非常容易理解,因为一次次地将部分游戏内容显示在屏幕上所耗费的时间,不如一次性显示所有内容用时短。这就好比在自动提款机中取钱一样,如果想取

iPhone 手机游戏开发从入门到精通

出 500 元，想必大家都会一次性地取出所有的钱，很少有好事者会一张张地从提款机取出。在绘制游戏界面时也是如此，先将需要显示的内容绘制在缓冲区当中，此时屏幕上并未有任何的画面，然后将缓冲区整体交付给屏幕用来显示。这样的操作方式能够提升绘制速度，同时优化显示内容。对于那些被遮挡住的画面，将不用进行绘制。我们已经将 OpenGL 渲染器初始化完成，余下的内容就是使用它来绘制游戏内容。

代码 8-7　渲染器的使用

```
//将当前类的绘制界面绑定至渲染器
- (BOOL) bindLayer {
    CAEAGLLayer* eaglLayer = (CAEAGLLayer*)[self layer];


    //设置渲染器的属性，使用更适合的方式来绘制内容
    [eaglLayer setDrawableProperties:[NSDictionary dictionaryWithObjects
    AndKeys:[NSNumber numberWithBool:NO], kEAGLDrawablePropertyRetainedBacking,
    kEAGLColorFormatRGB565, kEAGLDrawablePropertyColorFormat, nil]];
    //设置此类的上下文句柄对象至 OpenGL 渲染器
    if(![EAGLContext setCurrentContext:gles_context]) {
        return NO;
    }

    //清空之前存在的绘制界面
    [gles_context renderbufferStorage:GL_RENDERBUFFER_OES fromDrawable:nil];

    //为 OpenGL 渲染器设置绘制界面
    if(![gles_context renderbufferStorage:GL_RENDERBUFFER_OES fromDrawable:eaglLayer]) {
        glDeleteRenderbuffersOES(1, &gles_renderbuffer);
        return NO;
    }

    return YES;
}
//OpenGL 渲染器开始绘制内容，绑定两个缓冲
- (void) startDraw{
    glBindRenderbufferOES(GL_RENDERBUFFER_OES, gles_renderbuffer);
    glBindFramebufferOES(GL_FRAMEBUFFER_OES, gles_framebuffer);
}

//渲染结束后，刷新当前界面，更替缓冲区
- (void) swapBuffers
{
    EAGLContext *oldContext = [EAGLContext currentContext];
    GLuint oldRenderbuffer;

    if(oldContext != gles_context)
        [EAGLContext setCurrentContext:gles_context];

    glGetIntegerv(GL_RENDERBUFFER_BINDING_OES, (GLint *) &oldRenderbuffer);
    glBindRenderbufferOES(GL_RENDERBUFFER_OES, gles_renderbuffer);
```

```
//NSLog(@"oldrenderbuffer %d, renderbuffer %d", oldRenderbuffer, _renderbuffer);

glFinish();

if(![gles_context presentRenderbuffer:GL_RENDERBUFFER_OES])
    printf("Failed to swap renderbuffer in %s\n", __FUNCTION__);

}
```

在建立了渲染器所用的缓冲区之后，代码中设置了一些渲染器的状态，比如开启混合效果、支持二维的纹理、设定图片混合方式、纹理缩放方式以及开启对纹理数组和定点数组的支持。这些都是与渲染器绘制方式有关的系数设定，对于它们的介绍已经超出了本章节要讨论的范围。最后，为了能够正确地将三维空间内的游戏内容显示在 iOS 设备的屏幕之上，代码中设定了显示画面的窗口以及三维空间的投影方式。

另外一个需要读者理解的方法就是 swapBuffers。正如前面所介绍的，OpenGL ES 渲染器使用了缓冲区的技术来提高绘制速度，而 swapBuffers 方法正是告知渲染器将缓冲区的内容显示至屏幕。此方法的最佳调用时机正是在每次游戏生命周期中游戏内容绘制完成之后。

最后，作为游戏中的基本状态，GLESGameState 类中还预先设定了一些内容。这出于节省开发者的制作时间，减低编码工作量。因为在大多数游戏当中，都会存在游戏胜利以及失败的结束状态。因此，我们直接将此部分内容封装在 GLESGameState 类当中。

代码 8-8　与游戏有关的逻辑

```
//游戏胜利
- (void) onWin{
    if(gameEndState == 0){
        gameEndState = WINNING;
        [[ResourceManager sharedInstance] stopMusic];
        [[ResourceManager sharedInstance] playMusic:@"win.mp3"];
    }
}
//游戏失败
- (void) onFail{
    if(gameEndState == 0){
        gameEndState = LOSING;
        [[ResourceManager sharedInstance] stopMusic];
        [[ResourceManager sharedInstance] playMusic:@"lost.mp3"];
    }
}
//绘制游戏结束画面
- (void) renderEndgame{
    if(gameEndState == WINNING) {
    //绘制游戏胜利画面
    } else if (gameEndState == LOSING) {
    //绘制游戏失败画面
    }
    if(gameEndTimeCount > 2.0f){
```

```
      //游戏失败时的自动计数器，用于游戏跳转
      }
   }
   //更新游戏结束计时器
   - (void) updateFinish:(float) time{
      if(gameEndState != 0){
         gameEndTimeCount += time;
      }
   }
   @end
```

从上述代码中我们能够看出引擎中提供了两种游戏结束的状态，一种是游戏胜利，一种是游戏失败，对应的每个状态都存在需要绘制的屏幕。如果读者仔细观察，就能察觉出此处代码有点类似一个缩水版的有限状态机制。除了具备两个有限状态之外，在游戏结束时我们还加入了一个计时器，用来当结束画面显示一定时间后，自动跳回主菜单或者重新开始游戏。因为游戏产品具备了丰富的内容，因此在引擎中预先定义一些与游戏相关的功能是存在一定风险的。如果预定义的功能在开发者制作的游戏产品中并无用武之地，那就属于无用的代码。而从游戏引擎需要严谨的结构来看，这就是一种浪费。就算将大多数开发者使用的功能放置到游戏引擎当中占用资源，对于少数开发者来说也算是无用的代码。所以读者看到的上述代码可以算是一个反面教材的典型。

希望经过上面的介绍，读者对于 OpenGL ES 渲染器有了足够的认识。至此对于引擎内核层的构建已经完成了，这之后将在现在的基础之上完成引擎当中更为高级的功能，它们也会更为接近游戏内容。在明确了引擎所用的渲染器之后，我们就从其使用的图片资源说起。

8.4.1 纹理

纹理（Texture）一词主要用在三维空间当中，它是渲染器用来包装物体的。由于我们所制作的游戏只是一个二维平面类型的，所以读者可以将纹理理解为图片。纹理表示了一张在内存当中的图片，它将会被用来显示在 iOS 设备之上。渲染器只是提供了纹理的显示方式，并未提供加载图片进入内存的方式。因此，为了能够顺利地将图片传递给渲染器，我们需要找到一种方式将图片资源加载到内存之中。这时就需要使用 iOS 系统中为开发者提供了文件读取以及图片格式的支持。

在引擎当中我们建立了一个 GLTexture 类（此类是由 iOS 系统提供的），它可以将 UIImage 加载至内存当中，成为渲染器可以使用的纹理资源。同时，在类的方法中还提供了一些用于绘制图片的方法。

代码 8-9　Texture 纹理类的头文件

```
#import <UIKit/UIKit.h>
#import <OpenGLES/ES1/gl.h>

//CONSTANTS:

typedef enum {
    kGLTexturePixelFormat_Automatic = 0,
    kGLTexturePixelFormat_RGBA8888,
    kGLTexturePixelFormat_RGB565,
    kGLTexturePixelFormat_A8,
```

```
    } GLTexturePixelFormat;

    //CLASS INTERFACES:

    /*
    This class allows to easily create OpenGL 2D textures from images, text or raw data.
    The created GLTexture object will always have power-of-two dimensions.
    Depending on how you create the GLTexture object, the actual image area of the
texture might be smaller than the texture dimensions i.e. "contentSize" !=
(pixelsWide, pixelsHigh) and (maxS, maxT) != (1.0, 1.0).
    Be aware that the content of the generated textures will be upside-down!
    */
    @interface GLTexture : NSObject
    {
    @private
        GLuint                          _name;
        CGSize                          _size;
        NSUInteger                      _width,
                                        _height;
        GLTexturePixelFormat            _format;
        GLfloat                         _maxS,
                                        _maxT;
    }
    - (id) initWithData:(const void*)data pixelFormat:(GLTexturePixelFormat)
pixelFormat pixelsWide:(NSUInteger)width pixelsHigh:(NSUInteger)height content
Size:(CGSize)size;

    @property(readonly) GLTexturePixelFormat pixelFormat;
    @property(readonly) NSUInteger pixelsWide;
    @property(readonly) NSUInteger pixelsHigh;

    @property(readonly) GLuint name;

    @property(readonly, nonatomic) CGSize contentSize;
    @property(readonly) GLfloat maxS;
    @property(readonly) GLfloat maxT;

    @property(readonly) float width;
    @property(readonly) float height;
    @end

    /*
    Drawing extensions to make it easy to draw basic quads using a GLTexture object.
    These functions require GL_TEXTURE_2D and both GL_VERTEX_ARRAY and GL_TEXTURE_
COORD_ARRAY client states to be enabled.
    */
    @interface GLTexture (Drawing)
    - (void) drawAtPoint:(CGPoint)point;
    - (void) drawAtPoint:(CGPoint)point withRotation:(CGFloat)rotation withScale:
```

```
(CGFloat)scale;
  - (void) drawInRect:(CGRect)dest withClip:(CGRect)src withRotation:(CGFloat)
rotation;
  - (void) drawInRect:(CGRect)rect;
  - (void) drawInVertices:(GLfloat*) vertices;
  @end

  /*
  Extensions to make it easy to create a GLTexture object from an image file.
  Note that RGBA type textures will have their alpha premultiplied - use the blending
mode (GL_ONE, GL_ONE_MINUS_SRC_ALPHA).
  */
  @interface GLTexture (Image)
  - (id) initWithImage:(UIImage *)uiImage;
  @end
```

代码 8-9 中展示了纹理类的头文件，读者只需要关注代码末尾部分的几个方法即可。initWithImage:正是将 UIImage 对象加载至内存转换为渲染器可以使用的纹理资源。至于转换的方法，则来自苹果官方提供的代码。对于这部分代码内容，我们大可放心使用。在纹理类中提供了许多绘制纹理的方法，如 drawAtPoint:、drawInRect:、darwInVertices:等，它们之间存在一些细微的差异，因为使用了不同的绘制参数，指定了纹理绘制的位置、范围以及旋转角度。将图片加载至内存只是第一步，在游戏当中并不只是几张图片而已。要想让游戏的内容动起来，我们还需要进一步的编码工作，也就是能够就将图片组成一个系列，成为动画。

8.4.2　动画

游戏中的动画功能几乎成为了 2D 游戏引擎必须配备的功能。在游戏制作领域，动画播放技术早已成熟，以至于没有什么可挖掘的。动画技术由于太古老了，我们已经很难说出第一个研究出它的人是谁。不过，笔者依稀记得小时候每逢元宵节灯会那些精心制作、流光溢彩的走马灯，它们给我留下了深刻的印象。原本静止的图片，在灯的旋转运动之后，画中的人物就活泛起来。另外一件印象深刻的动画就是儿时第一次看到米老鼠的动画节目。那只可爱、活泼的米老鼠在电视中就像具有生命一般，活蹦乱跳的，不亦乐乎。游戏中动画播放的原理正是与走马灯或者动画片类似，都是利用了人眼的视觉残像而产生的错觉，让人们误以为画面中的事物具有活动的状态。

游戏中的动画技术通常是由许多静止的帧（由图片构成），以一定的速率在屏幕中连续绘制，玩家会因为肉眼的视觉残像而感觉到画面中的物体在运动。一般在游戏中制作动画的流程是：首先，美术人员制作一系列连续动画的单帧图片；然后由策划人员或者美术人员在动画编辑器中进行编辑创建，并保存与动画播放有关的数据；最后，程序人员将动画文件与图片加载至游戏当中，呈现在玩家眼前。

图 8-12 显示的正是在 HitsMole 游戏当中我们所使用的地鼠动画的图片。这是一个包含了 5 帧的动画图片，它们可以用来表示两个地鼠的动画。一个动画为地鼠钻出地面的效果，一个为地鼠缩回地下的效果。按照图片从左到右的顺序，读者很容易想象地鼠钻出地面的效果。因此，

图 8-12　动画图片

将图片一张张顺序地显示出来，就会让玩家感觉到地鼠钻出的效果。动画模块处于引擎结构中较为高层的部分，这意味着它将会直接表现给用户，也是开发者频繁使用的程序方法。明白了动画技术的原理之后，让我们来看看实现的代码。理论理解起来固然简单，但实践的过程还是充满坎坷的。

代码 8-10　动画类

```
//   Animation.h
// Game Engine
//
// Created by shadow on 2/11/12.
// Copyright 2012 __MyCompanyName__. All rights reserved.
//
#import <Foundation/Foundation.h>

@interface AnimationSequence : NSObject
{
    @public
    //动画序列的帧总数
    int frameCount;
    //动画序列的帧数据
    CGRect* frames;
    //动画序列的后续
    NSString* next;
}
//动画序列的初始化方法
- (AnimationSequence*) initWithFrames:(NSString*) animData width:(float) width
height:(float) height;

@end


@interface Animation : NSObject {
    //动画图片
    NSString* image;
    //动画序列，按照 value-key 的存储方式
    NSMutableDictionary* sequences;
}

//动画对象初始化方法
- (Animation*) initWithAnim:(NSString*) img;
//依据动画帧序列来绘制动画
- (void) drawAtPoint:(CGPoint) point withSequence:(NSString*) sequence withFrame:
(int) frame;
//获得当前帧序列的数目
-(int) getFrameCount:(NSString*) sequence;
-(NSString*) firstSequence;
//获得对应的动画序列
-(AnimationSequence*) get:(NSString*) sequence;
-(void) setSequence:(AnimationSequence*)seq key:(NSString*)key;

@end
```

代码 8-10 正是游戏引擎中的动画类文件。在此文件当中存在两个类，一个用来存储动画播放序列，另一个就是动画本身。我们先来介绍动画序列的概念。按照之前的描述，二维动画是由一系列静止的动画帧组成的。为了使读者避免混淆，我们通过图 8-13 来描述一下动画模块的组成方式。

图 8-13　动画模块的组成

在图 8-13 中清楚地描述了动画模块的组成。一个动画的制作过程正是从左至右逐步完成的。图片无疑是来自美术人员的工作。然后利用图片组成单帧。读者需要留意，在 HitsMole 当中，地鼠的动画帧都是由单个图块组成的。在图 8-12 中总共存在 5 个尺寸相同的图块，它们对应了 5 个静止帧。这只是动画帧的一般情况。从动画结构的角度来看，一个静止帧当中允许存在多个图块。况且这种情况也是非常普遍的。假设设计人员希望给地鼠加上几种颜色的安全帽，用来表示不同的颜色等级。这时美术人员只需将各种颜色的安全帽单独绘制成图片，然后在动画静止帧当中拼接。所以用数量来描述图片与静止帧的关系应该为多对一。不仅图片与帧的关系如此，在动画模块组成的图中，左侧的结构与右侧的结构之间也是一对多的关系。以此来理解动画序列，就变得容易许多。动画序列中描述了静止帧的播放顺序。如果按照帧的顺序，地鼠钻出地面的动画序列就是 0,1,2,3,4。别忘了这只是一个动画序列，动画才是真正用于绘制的对象。动画当中可以存在许多的动画序列，但在某一时刻只能绘制一个动画。

明白了动画模块的组成，再回头看代码就会清楚很多。在代码 8-10 中声明了动画序列类 AnimationSequence，它主要用于记录动画帧的播放顺序。在此类的属性当中，除了保存动画帧的序列数组之外，还有静止帧的总数以及当前动画序列播放完成后需要播放的序列。在帧序列对象中并未采用数组来存储帧的标号。为了减少在绘制时的运算，使用了 CGRect 矩形的信息来表明每一个静止帧。CGRect 当中存储了 X 坐标、Y 坐标、宽度和高度。当绘制动画帧时，将依据这 4 个参数对图片进行切割（并非真正将图片切开，只是不绘制矩形之外的内容）。动画帧序列发挥的作用，想必读者已经十分清楚了。在动画模块中，只剩下动画类本身的实现方法了。还记得在本节开始时所提到的动画技术实现的原理吗？只有简单几句话，实现起来却需要多行代码。

代码 8-11　动画类的实现

```
//
//  Animation.m
//  Game Engine
//
//  Created by shadow on 2/11/12.
//  Copyright 2012 __MyCompanyName__. All rights reserved.
//
#import "Animation.h"
#import "ResourceManager.h"
//动画序列类
@implementation AnimationSequence
//初始化方法，参数为动画文件名称、帧宽度以及高度
- (AnimationSequence*) initWithFrames:(NSString*) animData width:(float) width
```

```
height:(float) height{
    [super init];
    NSArray* framesData = [animData componentsSeparatedByString:@","];
    frameCount = [framesData count];
    frames = malloc(frameCount*sizeof(CGRect));
    for(int i=0;i<frameCount;i++){
        int frame = [[framesData objectAtIndex:i] intValue];
        int x = (frame * (int)width) % 1024;
        int row = (( frame * width ) - x) / 1024;
        int y = row * height;
        frames[i] = CGRectMake(x, y, width, height);
    }

    return self;
}

- (void) dealloc {
    free(frames);
    [self->next release];
    [super dealloc];
}

@end

//动画类
@implementation Animation
//动画初始化方法，参数为纹理图片名称
//初始化默认长度为 10 的可变字典
- (Animation*) initWithAnim:(NSString*) img{
    image = img;
    sequences = [[NSMutableDictionary dictionaryWithCapacity:10] retain];
    return self;
}
//得到当前帧总数
-(int) getFrameCount:(NSString*) key{
    return ((AnimationSequence*)[sequences valueForKey:key])->frameCount;
}
//根据键值返回动画帧序列
-(AnimationSequence*) get:(NSString*) key {
    return (AnimationSequence*)[sequences valueForKey:key];
}
//将键值用于设置动画帧序列
-(void) setSequence:(AnimationSequence*)seq key:(NSString*)key
{
    [sequences setObject:seq forKey:key];

}
-(NSString*) firstSequence {
    return [[sequences allKeys] objectAtIndex:0];
}
```

```
//在指定的位置绘制参数中传递的动画帧
- (void) drawAtPoint:(CGPoint) point withSequence:(NSString*) key withFrame:
(int) frame{
    AnimationSequence* seq = [sequences valueForKey:key];
    CGRect currframe = seq->frames[frame];
    [[[ResourceManager sharedInstance] getTexture:image]
    drawInRect:CGRectMake(
                        point.x,
                        point.y,
                        currframe.size.width,
                        currframe.size.height)
    withClip:currframe
    withRotation:0];
}

- (void) dealloc {
    [sequences removeAllObjects];
    [sequences release];
    [super dealloc];
}

@end
```

在上述代码中描述了动画类的实现方法。在众多的方法中有两个较为重要。一个是 setSequence: 方法，它是用来向动画对象中添加帧序列的。这就好比是一个注册的过程。在动画类对象当中，开发者可以为每一个动画序列想一个好听并且易懂的名字。这就好比新生儿要去派出所登记户口一样。为了在之后的游戏当中能够快速并且方便地设置需要的动画，在动画类当中创建了一个 NSMutableDictionary 类的对象 sequence 用来存储动画序列。在需要绘制动画的时候，只需要通过参数将序列帧的名字传递给动画类就可以播放了。另一个就是 drawAtPoint:方法，此方法是用来绘制动画帧的。根据方法传递的参数在一个指定的点，也就是坐标位置上，绘制动画序列的指定帧。在此方法中的实现代码没有复杂的逻辑。按照动画模块的组成，首先根据帧序列的名称获得正确的帧序列，然后获得帧序列中要求绘制的静止帧，最后获得纹理图片进行绘制。

8.4.3　精灵

不知读者有没有觉察到，随着本节内容的深入，我们所进行的工作也越来越趋向游戏引擎的顶端。引擎的制作过程正是由低到高逐步来完成的。我们已经进入了游戏引擎功能模块的编写部分，接下来将开始制作一些与游戏内容有着密切联系的功能。为了避免读者误解，再次提醒一下，引擎内核的开发暂时还没有全部完成，原本还有一些内核中需要制作的内容，暂时放到后续内容当中。现在考虑到打铁要趁热，继续完善引擎中与绘制有关的内容。在完成了动画模块之后，我们继续编写动画的持有对象：精灵。

我们这里所说的精灵可不是《哈利波特》中有着尖尖耳朵、身材矮小并且外貌奇特的人形生物，也不是彼得潘身旁挥舞着一双透明的翅膀，在花丛中飞舞的小叮当。在游戏中的精灵是一个抽象的概念，它通常代表了一类特定的事物。精灵能够以图像或者动画的方式出现在屏幕之中。它本身还包含一系列的数据与方法。比如在游戏中，一辆汽车、一个人物、一颗子弹、一棵树木或者一只小狗，它们都可以成为精灵。精灵的主要作用是成为了图像以及数据的载体。它可以具备许多属性，如大小、位置、状态、角度、生命力等。虽然精灵具备一个很广泛的定义，但在游戏当中它却是不可或缺的。除了提供绘制功能外，精灵总是有自己的行为。一个跳动的小球、一个飞舞的蝴蝶，这些精灵的行为由开发者在精灵类中实现。这些行为可能会以动画的形式表现出来，再配以位置的改变，精灵就变成了在代码中具有生命力的事物。因此，一个精灵对象不但封装了精灵的显示，还包含了精灵的逻辑和动作，而这些对精灵的操作逻辑由动画来体现。

代码 8-12 精灵类

```
//
//  Sprite.h
//  Game Engine
//
//  Created by shadow on 2/11/12.
//  Copyright 2012 __MyCompanyName__. All rights reserved.
//

#import <Foundation/Foundation.h>

#import "Animation.h";

@interface Sprite : NSObject {
    Animation* anim;
    NSString* sequenceKey;
    int currentFrame;
}

@property (nonatomic, retain) Animation* anim;
@property (nonatomic, retain) NSString* sequenceKey;
@property (nonatomic, readonly) int currentFrame; //made accessible for Rideable

+ (Sprite*) spriteWithAnimation:(Animation*) anim;
- (void) drawAtPoint:(CGPoint) point;
- (void) update:(float) time;
- (void) setSequence:(NSString*) seq;

@end
//
//  Sprite.h
//  Game Engine
//
//  Created by shadow on 2/11/12.
//  Copyright 2012 __MyCompanyName__. All rights reserved.
//

#import "Sprite.h"
#import "ResourceManager.h"
#import "Animation.h"
```

```
@implementation Sprite

@synthesize anim;
@synthesize sequenceKey;
@synthesize currentFrame;

+ (Sprite*) spriteWithAnimation:(Animation*) anim {
    Sprite* retval = [[Sprite alloc] init];

    retval.anim = anim;
    //retval.sequenceKey = [retval.anim firstSequence];

    [retval autorelease];
    return retval;
}

- (void) drawAtPoint:(CGPoint) point {
    [anim drawAtPoint:point withSequence:sequenceKey withFrame:currentFrame];
}

- (void) update:(float) time{
    currentFrame++;
    if(currentFrame >= [anim getFrameCount:sequenceKey]) currentFrame = 0;
}

- (void) setSequence:(NSString*) seq {
    [seq retain];
    [self->sequenceKey release];
    self->sequenceKey = seq;
    currentFrame = 0;
    //sequence_time = 0;
}

- (void) dealloc {
    [anim release];
    [self->sequenceKey release];
    [super dealloc];
}

@end
```

在代码 8-12 中我们定义了精灵的基类。从类中提供的方法可以看出，精灵对象都有自己的生命。换句话说，其具备了自己的更新周期。创建一个精灵类需要使用静态方法 spriteWithAnimation:。在使用这个方法创建精灵对象时必须传递一个动画对象作为参数。因为一个毫无内容的精灵，在游戏当中是没有价值的。开发者之所以创建精灵，就是需要显示它。因此在精灵类的属性当中，就存在一个动画指针对象，用来持有当前精灵的动画。既然持有动画，那么就需要一个表示当前播放动画的序列以及序列帧。这 3 个变量分别为 anim、sequenceKey 和 currentFrame。结合之前已经完成的动画功能模块，来看看在精灵当中是如何绘制动画的。

setSequence:方法的参数正是将要播放动画序列的名字。同时在 update:方法中，不断地更新当前序列要显示的帧序号。方法 update:正是精灵类的逻辑更新方法，它将会在游戏声明周期当中被调用。在与动画有关的数据都准备妥当之后，就要调用绘制方法 drawAtPoint:。在此方法的内部将调用动画对象，并通过参数传递序列帧的名字以及当前帧。由此可以看出，精灵类的内容只是对动画功能的再一次升级，将动画绘制的功能与游戏生命周期相结合。

此时，我们应该回顾一下前面的内容了。从开始介绍引擎中的游戏生命周期，到刚刚编码完成的精灵类，两者进行了一次衔接。请读者回忆一下，我们是如何将一张简单的图片一步步变成游戏中有生命力的物体的。按照游戏"打地鼠"的具体模型，我们来阐述一遍演变的过程。一开始，美术人员绘制了几张地鼠钻出地面的图片，接着由设计人员将这些图片拼接在一张图片当中。从游戏引擎的角度来说，这张图片被称为纹理。然后建立一个图片播放序列，它还有另外一个名字叫做帧序列。在有了帧序列之后，就可以创建动画了。最后，创建一个叫做"地鼠"的精灵。那么这个精灵就可以在屏幕上执行一个从地面钻出的动作，其实其本质就是按照帧序列的顺序播放了一串静止的图片。

8.4.4　地图背景

这里所谓的"地图"并不是大家理解的地图，它不再是日常生活中为人们指引方向、出行导航的参考。在游戏开发者的词汇里，地图通常代表了游戏中的背景。首先，作为背景，它会是一张面积比较大的图片；其次，区别于精灵，地图本身很少包含动作；最后，地图的绘制存在一定的特点。不知读者是否玩过一款叫做"坦克大战"的游戏，此款游戏中的地图特点就表现得很鲜明。接下来，我们以它为例讲解游戏中一种通用的地图形式——砖块地图（Tile Map）。

坦克大战是 20 世纪 90 年代在任天堂红白机上非常火爆的一款射击类游戏，此游戏的地图背景（在游戏画面中除去坦克之外的）就是典型的砖块地图。细心观察图 8-14 中的游戏画面，读者很容易就会发现一些相同的图片，比如画面中的河流、草地和砖墙，它们都是地图背景当中的砖块元素。游戏中的地图背景就是由这些砖块元素拼接而成的。单从图 8-14 中分析，我们能够得到大约 4 种正方形的图块，分别为蓝色的河流、绿色的草地、灰色的土墙和白色的砖墙。在坦克大战游戏当中，至少存在 100 多个关卡。读者不妨假设一下，如果每个关卡都保存一张背景图片的话，那么仅仅只有 64KB 内存的红白机早就爆掉了。至于 100 多个关卡数据

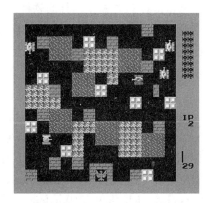

图 8-14　坦克大战

是如何保存的，就要靠砖块地图了。正如我们刚刚从图中分析的，地图背景是由一些特定的图块元素组成的。这些图块元素具有相同的尺寸，可以被重复地利用来拼接地图背景。这正是拼块地图的好处，它能够有效地减少图片数量，同时保证地图背景的多样性。不过，其存在的问题也是非常明显的。图块地图由于都是由一些列数目固定的图块拼接而成的，其样式较为单一。虽然可以拼接出各种不同布局的地图背景，但其显示的内容样式却十分有限。另外，图块地图对美术人员的创作也有一定的限制。因为需要考虑图块的尺寸以及重复利用的效果，美术人员不得不尽量减少图块的数目，同时还要损失一些图片效果。这是为了让图块元素可以随意拼接。

　　事物总是具有两面性，就好比有白天就会有黑夜。图块地图的作用也是如此，如果游戏产品中更在乎美术画面的表现效果，那么它不会是最佳的选择。如果游戏产品更需要丰富的关卡，那么它会是一个不错的解决方法。现在，我们回到游戏引擎的编写当中。由图块拼接地图的技术在游戏开发中是最为常见的方法，所以大多数的游戏引擎中都会提供模块来支持，以便开发者使用。我们设计的引擎也不例外。接下来，我们就为打地鼠游戏来拼接一个图块地图。

　　拼接地图这项工作并不复杂，但是却有点烦琐。设计人员可以用笔写下一个个图块在地图中的位置，然后由程序人员来实现。这将会是一个效率很低的工作方式。这时开发者们就需要一个工具来简化操作、提高效率。这个工具就是接下来为大家介绍的地图编辑器。

　　地图（或者场景）编辑器是用来制作游戏画面中的背景或者地图的工具。正如前面所说的《坦克大战》，此游戏当中的地图背景正是由地图编辑器制作而来的。在有些游戏引擎当中，地图编辑器还存在一个升级版本，为开发者提供了更多的编辑功能，称为关卡编辑器。关卡编辑器中增加了摆放游戏精灵的功能。例如"超级玛丽"游戏中的背景地图，就是使用关卡编辑器制作出来的。设计人员在编辑器中将砖块、怪物、花盆、蘑菇等道具或者精灵摆放在关卡中适当的位置。设计人员可以很直观地就看到摆放的效果，而不需要程序人员将数据导入游戏再运行后才能检验结果。这样的方式，可以更快地让设计人员修正、调整关卡内容。无论是地图编辑器，还是关卡编辑器，都属于游戏内容之外的制作工具。换句话说，作为工具它们是可有可无的。这就好比吃饭的筷子，就算没有筷子，用手抓也能吃饭。编辑器的作用就是为了提高工作效率，减少人工错误。通常在游戏产品当中只会用到编辑器导出的数据。这些数据可以是各种格式的文件，如文本文件、二进制文件或者 XML 文件。由此可见，只要编辑器与游戏产品之间遵从一致的文件格式即可。至于编辑器本身的编码语言或者运行环境，与游戏产品没有直接的关系。因此，多数游戏引擎的编辑器都是在 Windows 操作系统运行的软件，这也是因为大多数设计人员都是使用的个人电脑。而对于编辑器开发所使用的编程语言，也是没有要求的，开发者可以随意选择自己擅长的编程语言来完成。在众多编辑器中，C#是被开发者选用频率最高的编程语言。笔者估计是由于 C#程序语言易于使用、技术实现简单。

　　出于章节的限制，我们并没有足够的篇章来讲述如何制作一款编辑器。不过读者不用担心会错过地图编辑器，笔者已经选好了一款开源的游戏编辑器 Tile（QT）Map Editor。这是一款被开发者熟知并且历史悠久的游戏编辑器。它的第一个版本可以追溯到 10 年前的某一天。并且在 10 年间，Tile Map Editor 的版本并未止步不前，反而是紧跟时尚。在手持设备平台的游戏产品当中，它的身影总会出现。读者可以从 http://www.mapeditor.org/下载它的运行版本或者源码。它是一款独立的地图编辑器，同时推出了 Windows 系统与 Mac 系统两个版本。它的主要功能是将图片资源作为图块元素，然后由设计人员使用这些元素来拼接游戏中的地图背景画面。它支持正向、斜向以及正六边形 3 种地图拼接方式，这 3 种拼接方式对应的图块形状分别为矩形、菱形和正六边形。它还提供了一些其他的功能，例如在地图添加事物元素并可以设置它们的属性、可以将地图划分为不同的层次、支持多层地图和碰撞层信息。它还提供了多个语言版本，其中就有我们喜闻乐见的简体中文。还犹豫什么，没有比它更适合的地图编辑器了。赶快下载并安装吧！否则，你将需要拿出尺子和铅笔，自己去画一张地图了。

　　图 8-15 中展示了 Tile Map 编辑器中一个演示的样例，这正是打地鼠游戏的地图背景。这种地图的拼接方式与"超级玛丽"、"魂斗罗"、"坦克大战"、"塞尔达传说"、"星际争霸"、"文明"等知名

的游戏一样。看到这里，读者是不是感觉到了略微的成就感。这才刚刚开始，不要骄傲。要想制作一款全球知名的畅销游戏，可不只是使用和它们相同的技术就行的。虽然它们都是典型的砖块拼接游戏，但是要想达到如此的水平，我们还有很多工作要做。

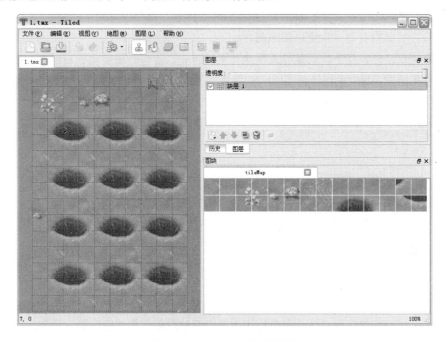

图 8-15　Tile Map 地图编辑器

先来分析一下图 8-15 中展示的内容。在打地鼠游戏的制作中使用了一种常见的，以砖块拼接地图或者游戏背景的方式。这种方法的好处是能够节省图片，在有限的图块元素基础上，设计人员可以随意地拼接富于变化的地图背景。我们观察图中左边显示的画面正是将来在 iOS 设备中将要显示的游戏背景，而右边显示的正是两排尺寸大小相同，由多个图块组成的一张图片。无须置疑，左边界面中的图片是由右边的图块元素拼接而成的。从游戏背景中我们可以轻易地看到那些被重复使用的图块，是如何拼凑出了更大的画面区域。图块拼接地图的优点也体现得非常明显。每个图块在场景地图中都可以被重复利用，同时其在内存中只占有一份空间。设计人员在有限的图块上也得到了足够的发挥空间。他们利用图块间不同的组合和摆放位置，营造出了许许多多内容不同的地图背景。在画面中，我们共制作了 12 个地洞，它们都由相同的图块组成。在地洞的周围还铺上了一些杂草、花朵和石头来点缀游戏画面。

拼接方式是它的优点，同时也是缺点。为了能够拼接背景地图，美术人员的创作就会受到限制，他们不能再绘制那些风格独特、形状复杂的事物，因为要考虑图块必须能够被重复利用以及拼接之后的画面效果。同时拼接的地图背景还存在一定的重复性。例如画面中那 20 个一模一样的地洞，就是很好的例子。在明确图块地图的优缺点之后，读者就可以自主做出适当的选择。

我们已经看过了图块地图的效果，接下来就要学习如何制作地图背景。首先，运行 Tile Map 的编辑器，在菜单栏中选择新建地图，就会弹出图 8-16 所示的界面。

在图 8-16 所示的界面中，设置与地图背景相关的属性。第一个下拉列表框用于设置地图的方向。之前曾经提到过 Tile Map 编辑器支持两种地图方向：正面和斜 45 度。根据打地鼠游戏的视角，我们选择"正常"的地图方向。"正常"意味着拼接地图的图块元素的形状是矩形的,"45 度"则可以使用菱形的图块。地图大小是指由多少图块来组成背景地图。宽度代表了横向的图块数目,高度代表了纵向的图块数目。图块的大小是指每个图块的像素尺寸。因为 iPhone 设备的屏幕尺寸为 320×480 像素,所以我们就设定了一张 10×15 像素的地图背景,每个图块的尺寸为 32×32 像素。单击确认后,就会在界面中看到一张空白的地图。

地图建立完成之后,接下来就是导入图块元素。首先,要有一张美术人员绘制的图片,而且图片要符合尺寸的要求。我们使用一张 448×64 像素的 PNG 图片,其中包括了两排 28 个图块。然后,在窗口菜单中选择"新图块"选项,就会出现图 8-17 所示的画面。

图 8-16　新建地图

图 8-17　导入图块

图 8-17 中显示的界面分为两个区域。上部区域中是关于图片的属性,其中包括名称以及图片文件。透明度是一个特殊的选项,这是用来标识图片中哪种颜色代表透明度的。因为一些设备本身不支持透明图片的格式,所以开发者会通过程序来处理透明图片。这就需要美术人员将图片中透明的区域用一种颜色标明出来,以便区分。页面中下部分区域是与图块元素有关的尺寸。在这里可以输入图块元素的尺寸以及在图片中图块元素排放的边距和间距。由于之前创建的地图背景中每个单元的尺寸就是 32×32 像素,所以在图块高度与宽度的输入框中输入的也是 32×32 像素。读者需要注意,这两个数值并一定总是相等的。首先,图块可以采用长宽不等的矩形;其次,地图背景中最小单元尺寸可以与图块的尺寸不同。至此,我们已经完成了地图背景的准备工作,接下来就是使用编辑器的功能来拼接地图。拼接地图背景的过程就不用语言为读者描述了。在 Tile Map 中提供了中文版本,想必大家很快都能够熟练掌握。值得注意的是,打地鼠游戏所用的地图背景只存在一个层次。

当读者完成了地图背景的拼接之后,接下来的工作就是在游戏当中来实现它们。虽然打地鼠的地图背景看起来并不是那么完美,但是并不会影响我们对于技术的学习。为了能够将地图背景原样显示出来,我们需要将拼接数据以及使用的图片导出。通常编辑器会提供一些数据导出的功能。地图的拼接数据可以被存储为一种通用的数据格式。Tile Map 也不例外,它为开发者提供了多种导出格式,不过这些格式都不是打地鼠游戏需要的。

游戏中的开发工具都具有独立性,它们作为一个软件产品而被开发者使用。之前介绍 Tile Map 时曾提到过它是一款具有悠久历史的开源编辑器,所以其提供的导出格式多是为一些知名游戏引擎准备的。不过读者也不要就此心灰意冷,条条大路通罗马。因为编辑器所导出的文件是要为游戏引擎使用的数据。无论是什么样的文件格式,都只是通过统一的数据格式来进行信息资源的传递。因此,我们只需将需要的数据保存起来,就可以为引擎所用了。Tile Map 地图编辑器使用了 XML 格式的文件来保存当前编辑的项目，从其项目文件当中我们就可以得到地图背景的拼接数据。所以只需调整一些参数，就可以得到打地鼠游戏中需要的数据了。在菜单栏中选择"编辑"，然后选择"参数"选项，就会显示出图 8-18 所示的界面。

图 8-18　设置项目保存的文件格式

我们需要将数据存储为 CSV 格式，这是一种用逗号来分隔地图数据的格式。最后保存文件，在输入文件的名称后，就会将拼接完成的项目保存为 XML 文件了。使用 Windows 系统的文本编辑器或者其他的文本编辑器打开保存的地图文件，读者就能够看到所保存的信息。

代码 8-13　地图文件（map.tmx）

```xml
<?xml version="1.0" encoding="UTF-8"?>
<map version="1.0" orientation="orthogonal" width="10" height="15" tilewidth=
"32" tileheight="32">
 <tileset firstgid="1" name="tileMap" tilewidth="32" tileheight="32">
  <image source="tileMap.png" width="448" height="64"/>
 </tileset>
 <layer name="块层 1" width="10" height="15">
  <data encoding="csv">
15,15,15,15,15,15,15,15,7,8,
3,4,15,5,6,15,15,15,21,22,
17,18,10,19,20,10,11,9,10,11,
15,23,24,25,23,24,25,23,24,25,
15,27,28,13,27,28,13,27,28,13,
1,2,10,1,2,10,2,9,1,2,
15,23,24,25,23,24,25,23,24,25,
15,27,28,13,27,28,13,27,28,13,
5,9,10,21,9,10,2,2,10,11,
19,23,24,25,23,24,25,23,24,25,
15,27,28,13,27,28,13,27,28,13,
15,1,2,11,9,10,21,9,1,2,
15,23,24,25,23,24,25,23,24,25,
15,27,28,13,27,28,13,27,28,13,
15,15,15,1,2,15,1,2,15,15
</data>
 </layer>
</map>
```

代码 8-13 显示的正是项目文件的内容，从文件头的介绍我们得知 Tile Map 的存储文件为 XML 数据格式。这是一种在程序开发领域广泛应用的数据格式。XML 是 eXtensible Markup Language 的缩写。扩展标记语言 XML 是一种简单的数据存储语言，使用一系列简单的标记描述数据，而这些标记可以用方便的方式建立。虽然 XML 比二进制数据要占用更多的空间，但 XML 极其简单，易于掌握和使用。XML 最初用做互联网上的一种数据格式，其文件格式经常被开发者使用。XML 文件格式简单，使得其易于在任何应用程序中读写数据。这使得 XML 很快成为数据交换的一种公共语言，逐渐成为了文件格式的首选。其实在 iOS 系统当中也存在许多 XML 格式的文件，最为常见的就是 InterfaceBuilder 创建的布局文件。由于 XML 的易用和普遍，原本支持其他数据交换格式的不同的应用软件，慢慢地都开始支持 XML。一些刚刚推出的软件，甚至只支持 XML 文件的格式。另外，用 XML 文件格式的程序可以更容易地在 Windows、Mac OS、Linux 以及其他平台下产生信息交流。因为 XML 格式的标准化，所以在任何平台都可以很容易加载 XML 数据到程序中并分析，最终也可以使用 XML 格式输出结果。这将是读者在今后的游戏开发工作中最经常听到和使用的一种数据格式。

我们再返回得到的地图项目文件，从文件中可以看到之前设置的地图属性，其中包括地图的方向、宽度、高度以及图块元素的尺寸。每个图块的信息中也包含所用图片的名称、尺寸及其序号。最后一部分则是地图拼接的信息。我们看到了一段用逗号区分的数据，它就是地图背景中图块拼接的信息。早先我们将地图背景设计为 10×15 的尺寸。图块元素则是由一张图片中分割出的 28 个矩形。数据当中的每个数据值就代表了对应地图位置上图块的序号。如果为 0，则表示不存在图块。第一个数据 15 则表示在地图中(0,0)的位置应该绘制第 15 个图块。这个用逗号分隔的数组正是我们需要的数据，直接将其复制粘贴出来即可。读者需要注意，不要删除数组中的换行，也不要再添加多余的换行。首先，在文本编辑器当中创建一个新的文本文件，在第一行输入地图的宽度与高度；其次，换行后粘贴数组数据；最后，保存为 TXT 文件。具体的文件内容读者可以查看实例项目中的 tileData.txt 文件。

至此，我们已经完成了打地鼠游戏中地图背景数据以及图片的准备工作。要想在 iOS 设备显示出编辑完成的地图背景，我们还需要进一步的编码。因为多数游戏都会用到地图背景，所以这部分的编码功能也将会成为游戏引擎中高级层次的组成功能。

代码 8-14　地图背景类

```
//
//  Tile.h
//  Game Engine
//
//  Created by shadow on 2/11/12.
//  Copyright 2012 __MyCompanyName__. All rights reserved.
//

#import <Foundation/Foundation.h>

@interface Tile : NSObject {
    //图块图片
    NSString* textureName;
    //代表图块大小的矩形
    CGRect frame;
}

@property (nonatomic, retain) NSString* textureName;
@property (nonatomic) CGRect frame;
//绘制图块元素的方法
- (void) drawInRect:(CGRect)rect;
//初始化地图背景
- (Tile*) initWithTexture:(NSString*)texture withFrame:(CGRect) _frame;
```

```
@end
//
//    Tile.m
//  Game Engine
//
// Created by shadow on 2/11/12.
// Copyright 2012 __MyCompanyName__. All rights reserved.
//

#import "Tile.h"
#import "Sprite.h"
#import "ResourceManager.h"

@implementation Tile

@synthesize textureName;
@synthesize frame;

- (Tile*) init {
    [super init];
    return self;
}

- (Tile*) initWithTexture:(NSString*)texture withFrame:(CGRect) _frame
{
    [self init];
    self.textureName = texture;
    self.frame = _frame;
    return self;
}

- (void) drawInRect:(CGRect)rect {
    [[[ResourceManager sharedInstance] getTexture:textureName] drawInRect:rect
    withClip:frame withRotation:0];
}

- (void) dealloc {
    [super dealloc];
}

@end
```

代码 8-14 显示了地图中用来表示一个图块的类及其实现的方法。此类的对象代表了地图背景中每一个单元对应的图块。换句话说，按照打地鼠游戏地图背景的设计，在内存当中应该存在 15×10，至少 150 个此类的对象。Tile 类中只有两个属性，其一用来存储图块所使用的纹理图片名称，其二则是表示图块尺寸大小的矩形。这两个属性变量都是为了绘制图块而特有的数据。在初始化一个图块对象时，需要对这两个属性变量赋值。drawInRect:方法是用来在指定区域绘制图块的。下面让我们来看看在"打地鼠"游戏当中，如何通过地图数据文件来创建图块对象。

代码 8-15　解析地图数据

```
- (void) loadLevel:(NSString*) levelFilename withTiles:(NSString*)imageFilename{
    NSData* filedata = [[ResourceManager sharedInstance] getBundleData:level
    Filename];
    NSString* dush = [[NSString alloc] initWithData:filedata encoding:NSASCIIString
    Encoding];

    //地图文件的格式：
    //地图图块列数×图块行数，比如 15×25，表示 15 列×25 行
    //依靠逗号分割的图块信息

    NSArray* rows = [dush componentsSeparatedByString:@"\n"];
    int rowindex = 0;
    NSArray* wh = [[rows objectAtIndex:rowindex] componentsSeparatedByString:@"x"];
    int width = [[wh objectAtIndex:0] intValue];
    int height = [[wh objectAtIndex:1] intValue];
    //初始化地图图块数组
    [self allocateWidth:width height:height];
    rowindex++;

    NSLog(@"loadlevel data %dx%d", width, height);
    //读取图块信息
    for(int y=0;y<world_height;y++){
        NSArray* row = [[rows objectAtIndex:rowindex] componentsSeparated
        ByString:@","];
        for(int x=0;x<world_width;x++){
            int tile = [[row objectAtIndex:x] intValue]-1;
            int tx = (tile * (int)TILE_SIZE) % 1024;
            int row = (( tile * TILE_SIZE ) - tx) / 1024;
            int ty = row * TILE_SIZE;
            [tiles[x][world_height-y-1] initWithTexture:imageFilename withFrame:
            CGRectMake(tx, ty, TILE_SIZE, TILE_SIZE)];
        }
        rowindex++;
    }
    [dush release];
}
```

代码 8-15 只是游戏代码中的一个方法，它主要实现了将 Tile Map 中得到的地图背景数据转变为图块对象的功能。首先，需要将地图数据文件加载到内存当中。此文件正是我们刚刚编辑完成的文本文件。如果读者记不清文件的内容，最好退回前面查看一下。代码中使用 **NSData** 对象将文件加载到字符串对象 dush 当中。然后，使用字符串分隔的方法，按照换行将文本文件的内容划分到 rows 数组当中。rows 数组第一个元素就是第一行"15×10"字符串。按照"×"进行分隔后，就能够得到地图的宽度 width 与高度 height。最后，利用循环语句将余下的数组元素以"，"分隔，将得到的数据用于创建 Tile 对象。结尾处别忘了释放 dush 字符串。至于绘制地图背景的代码非常简单，只需循环调用各个图块对象的绘制方法即可。

8.4.5　文字

经过前面的内容，我们已经完成了引擎中绘制功能的大部分内容，其中还有一些功能涉及游戏

内容。在绘制模块当中还剩下一个功能，就是在游戏当中对于字体的绘制。文字绘制也是开发者制作游戏时经常会使用的功能。在游戏当中，界面、帮助、关于、按钮、剧情等都会用到文字的绘制。文字绘制与图片绘制存在一些明显的差异。首先，世界上存在许多种文字，它们来自不同的语言。英文是国际通用的语言，在计算机编程领域也不例外。比如开发者所使用的各种编程语言，它们都是以英文单词作为关键字的。所以在计算机应用程序中，支持最早、最完善的语言也就是英语。英语相比一些亚洲文字要简单许多，它主要由 26 个字母组成，这就为在计算机中显示或者存储英语的文字提供了许多便利。要知道为了显示中文，很多设备不得不存储一个庞大的中文字库。英文则十分简单，只需保留 26 个字母的大小写，就可以应对所有的词语了。

　　在"打地鼠"游戏当中，我们需要使用字体来绘制游戏分数。当玩家打中一只地鼠时，就会获得 10 分的奖励。在游戏界面当中，需要在右上角显示出当前玩家获得的分数。按照之前介绍的文字显示方法，我们编写了如下的字体类，专门用于处理游戏中文字的现实。

代码 8-16　字体类头文件（GLFont.h）

```
//
//  GLFont.h
//  Game Engine
//
// Created by shadow on 2/11/12.
// Copyright 2012 __MyCompanyName__. All rights reserved.
//
#import <Foundation/Foundation.h>
#import "GLTexture.h"

//字体对齐方式
#define GRAPHICS_TOP 16
#define GRAPHICS_BOTTOM 32
#define GRAPHICS_VCENTER 2

#define GRAPHICS_LEFT 4
#define GRAPHICS_RIGHT 8
#define GRAPHICS_HCENTER 1

typedef struct {
    unichar character;
    //字体纹理的位置
    GLfloat tx, ty, tx2, ty2;
    //字体纹理的宽度、高度
    GLfloat pw, ph;
} Glyph;

@interface GLFont : GLTexture {
    //字体的长度
    int fontdata_length;
    //字体的字母内容
    Glyph* fontdata;
    //字母间隔
    GLfloat charspacing;
```

```
    //字体高度
    float fontheight;
}
//文字绘制的方法
- (void) drawString:(NSString*)string atPoint:(CGPoint)point;
- (void) drawString:(NSString*)string atPoint:(CGPoint)point withAnchor:(int)
anchor;
//文字初始化方法
- (id) initWithString:(NSString*)string fontName:(NSString*)name fontSize:
(CGFloat)size;
- (id) initWithString:(NSString*)string fontName:(NSString*)name fontSize:
(CGFloat)size strokeWidth:(CGFloat)strokeWidth fillColor:(UIColor*)fillColor
strokeColor:(UIColor*)strokeColor;

@end
```

代码 8-16 中展示了字体类的头文件。GLFont 类继承自 GLTexture。从这一点上来说，GLFont 具备了纹理图片的属性。但是其对纹理类进行了扩展，更适合于显示文字。根据前面的介绍，我们知道纹理类的作用就是用来在界面中显示图片。按照此含义的延伸，字体也是通过图片显示在屏幕之上的。可是由于文字的多样性，在程序当中，我们不可能为每一个单词或者句子都创建一张与之对应的图片。这并不是因为技术上不能够实现，而是这种很傻、很天真的想法不可行。试想如果仅仅一段简单的文字描述，就需要使用多张图片来实现，不仅浪费内存资源，还要耗费更多的运算。那么该如何处理游戏中的文字呢?这个问题，我们的先辈们在 11 世纪早已提出了一套完美的解决方案，即"活字印刷"，中国四大发明之一。虽然今天看来"活字印刷"并无神奇之处，不过活字印刷算得上是印刷界一次伟大的技术革命。先辈们使用可以移动的金属或胶泥字块，用来取代传统的抄写，或是无法重复使用的印刷版。只是一个创意就不知节省了多少人力和资源。下面，让我们来领略一下前辈留下的智慧结晶吧！

在游戏当中，对于文字的显示大致分为两种：美术字和排版字。美术字是指由美术人员直接绘制文字，通常被用来描述游戏的标题、菜单或者符号。它们看起来比排版字更为美观，形式更加自由。因为美术人员可以在文字上加入各种绚丽效果、光影以及改变排版。在程序中，美术字本身与一张纹理图片并无差异，唯一的区别可能在于纹理图片的内容，美术字的图片中显示的是一段文字。排版字，顾名思义就是通过排版而得来的文字，这正是来自中华民族的先辈毕升所发明的泥活字。现在我们只是通过现代的手法，再一次诠释了活字印刷技术。万变不离其宗。要知道当年毕前辈使用的是泥土来制作每个文字，现在我们则通过纹理图片来表示每个文字，然后用拼接的方式将单个的文字或者符号组成一句话，这样就节省了许多的资源和工序。在"打地鼠"游戏当中，同时使用了上述两种文字显示方式。美术字的实现很容易理解，而排版字的技术就要细细与各位道来了。

当年由泥巴做成的活字，估计博物馆里也找不到了。不过，在笔者的童年记忆里，还留存着学校旁那家铅字印刷工厂。年代久远，有些记忆早已模糊。不知是因为上课走神，才听到那些固定韵律的嗡嗡声，还是那原本印刷机滚轴发出的嗡嗡声音扰乱了一个勤奋好学的心思。但是那一双双被铅块染黑的双手，依旧清晰。读者不要误会，那一双双黑手不是来自辛勤劳作的工人，而是来自教室里那一代祖国的花朵们。出于内在的调皮气质的散发，那时的我们手里总是把玩一两个活字铅块。至于铅块的来历，必然是出自旁边的印刷厂了。

在图 8-19 中，正是排版完成后，准备印刷的字板。虽然经历了几个世纪的岁月变迁，但是毕升前辈的技术依然与我们同在。在图中每个字块具有相同的大小。它们曾被用泥巴或者铅块做成，现在则使用纹理。按照词句的位置，将文字排列，然后印刷在纸张之上。对于游戏开发者，则是显示在界面之上。在印刷厂，排版是一件非常低效耗时的工作，并且大多的排版工作是由人工来完成的。姑且不说铅块对劳动者带来的身体损伤，仅仅是能够完成如此烦琐细致的工作，就是十分考验耐心的。在排版过程中，工人还要尽量避免出错。在游戏引擎中，我们编写代码来替代原本的工人，将活字排版的过程交由程序来执行。在计算机的帮助下，虽然提高了工作效率、避免了人工误差，但是所应用的技术方法依然如旧。本着换汤不换药的原则，下面让我们来看看字体类的实现方法。

图 8-19　活字印刷

代码 8-17　字体类实现 GLFont.m

```
//
//   GLFont.m
//  Game Engine
//
// Created by shadow on 2/11/12.
// Copyright 2012 __MyCompanyName__ . All rights reserved.
//

#import "GLFont.h"

@implementation GLFont

- (void) dealloc
{
    if(fontdata) free(fontdata);
    [super dealloc];
}

- (float) stringWidth:(NSString*)string {
    GLfloat xoff = 0.0f;
    for(int j=0;j<[string length];j++){
        int index=-1;
        unichar ch = [string characterAtIndex:j];
        for(int i=0;i<fontdata_length;i++){
            if(fontdata[i].character == ch){
                index = i;
                break;
            }
        }
        if(index == -1){
            //加入文字间空白
            xoff += fontdata[0].pw + charspacing;
```

```
                continue;
            }
        Glyph g = fontdata[index];
        xoff += g.pw + charspacing;
    }
    return xoff;
}


- (void) drawString:(NSString*)string atPoint:(CGPoint)point withAnchor:(int)
anchor{
    //计算文字的偏移
    if( (anchor & (GRAPHICS_RIGHT | GRAPHICS_HCENTER)) != 0){
        float w = [self stringWidth:string];
        if( (anchor & GRAPHICS_RIGHT) != 0)
            point.x -= w;
        if( (anchor & GRAPHICS_HCENTER) != 0)
            point.x -= w/2;
    }
    if( (anchor & GRAPHICS_TOP) != 0)
        point.y -= fontheight;
    if( (anchor & GRAPHICS_VCENTER) != 0)
        point.y -= fontheight/2;
    [self drawString:string atPoint:point];
}
//绘制字体，默认的对齐点为左下角
- (void) drawString:(NSString*)string atPoint:(CGPoint)point {
    if(fontdata == NULL) return;
    glBindTexture(GL_TEXTURE_2D, self.name);

    GLfloat xoff = 0.0f;
    for(int j=0;j<[string length];j++){
        int index=-1;
        unichar ch = [string characterAtIndex:j];
        for(int i=0;i<fontdata_length;i++){
            if(fontdata[i].character == ch){
                index = i;
                break;
            }
        }
        if(index == -1){
            xoff += fontdata[0].pw + charspacing;
            continue;
        }
        Glyph g = fontdata[index];
        //建立纹理坐标
        GLfloat         coordinates[] = {
            g.tx, g.ty2,
            g.tx2,g.ty2,
            g.tx, g.ty,
            g.tx2, g.ty
```

```
    };
    GLfloat        width = g.pw,
    height = g.ph;
    //建立顶点坐标
    GLfloat        vertices[] = {
        0,0,  0.0,
        width, 0,  0.0,
        0, height, 0.0,
        width, height, 0.0
    };
    glVertexPointer(3, GL_FLOAT, 0, vertices);
    glTexCoordPointer(2, GL_FLOAT, 0, coordinates);

    glPushMatrix();
    glTranslatef(point.x+xoff, point.y, 0);
    glDrawArrays(GL_TRIANGLE_STRIP, 0, 4);
    glPopMatrix();
    xoff += g.pw + charspacing;
    }
}
```

　　上述代码中，包含了两个字体的绘制方法。位置靠前的 drawString:方法具有 3 个参数：第一个参数是需要绘制的文字内容，第二个参数是绘制的位置坐标，第三个参数是绘制字体的对齐点。对于对齐点的概念，读者可能第一次听说。其实这是一个在二维绘图中经常使用的概念。因为在进行图片绘制时，方法参数只给定了一个绘制点坐标，而图片通常是一个矩形，这就需要一个信息来确认绘制点与图片矩形之间的关系。通俗地说，就是绘制的点处在图片的什么位置。按照通常的做法，绘制点就是图片的中心，此时绘制锚点也就是图片中心。如果绘制锚点在图片左上角，则渲染器在绘制图片时会将其左上角与绘制点重合。在 drawString:方法中，就是根据锚点来计算绘制字体图片的位置。然后调用后面的 drawString:方法。位置靠后的 drawString:方法中，将会使用字体图片来绘制文字内容。按照预先设定的字库内容，将需要绘制的文字与字库中的文字一一比对，然后绘制字库中存在的文字图片。绘制的方法是使用了 OpenGL ES 中顶点贴敷纹理的方式。也就是使用一个矩形的 4 个顶点，然后将纹理图片贴敷到 4 个顶点所构成的矩形之上，这样画面中就会显示出绘制的文字。下面，我们来看看字库中的文字图片是如何初始化的。

　　代码8-18　初始化字体方法

```
- (id) initWithString:(NSString*)string fontName:(NSString*)name fontSize:
(CGFloat)size
{
    return [self initWithString:string fontName:name fontSize:size
            strokeWidth:0.0f fillColor:[UIColor whiteColor] strokeColor:
            [UIColor colorWithRed:1.0f green:0.796f blue:0.597f alpha:1.0f]];
}


- (id) initWithString:(NSString*)string fontName:(NSString*)name fontSize:
(CGFloat)size  strokeWidth:(CGFloat)strokeWidth  fillColor:(UIColor*)fillColor
strokeColor:(UIColor*)strokeColor
{
```

```
NSUInteger           width,
height,
i;
CGContextRef         context;
void*                data;
CGColorSpaceRef      colorSpace;
UIFont *             font;
CGSize               dimensions;

font = [UIFont fontWithName:name size:size];
charspacing = -strokeWidth - 1;
//分配文字的内存空间
Glyph* font_data = malloc(sizeof(Glyph) * [string length]);
//存储字库中的文字
float length = 0.0f;
for(int i=0;i<[string length];i++){
    CGSize size = [[string substringWithRange:NSMakeRange(i, 1)] sizeWith
    Font:font];
    size.width += strokeWidth*2 + 1;
    size.height += strokeWidth;
    length += size.width;
    dimensions.height = size.height;
    font_data[i].character = [string characterAtIndex:i];
    font_data[i].pw = size.width;
    font_data[i].ph = size.height;
}
dimensions.width = length;

width = dimensions.width;
if((width != 1) && (width & (width - 1))) {
i = 1;
    while(i < width)
        i *= 2;
    width = i;
}

fontheight = font.ascender + font.descender;

height = dimensions.height;
if((height != 1) && (height & (height - 1))) {
    i = 1;
    while(i < height)
        i *= 2;
    height = i;
}

NSLog(@"allocating font texture, dimensions %dx%d", width, height);
//创建每个文字的纹理
colorSpace = CGColorSpaceCreateDeviceRGB();
data = malloc(height * width * 4);
```

```
context = CGBitmapContextCreate(data, width, height, 8, 4 * width, colorSpace,
kCGImageAlphaPremultipliedLast | kCGBitmapByteOrder32Big);
CGColorSpaceRelease(colorSpace);

CGContextSetFillColorWithColor(context, [fillColor CGColor]);
CGTextDrawingMode drawingMode;
if(strokeWidth == 0.0f){
    drawingMode = kCGTextFill;
} else {
    CGContextSetStrokeColorWithColor(context, [strokeColor CGColor]);
    CGContextSetLineWidth(context, strokeWidth);
    drawingMode = kCGTextFillStroke;
}
CGContextTranslateCTM(context, 0.0, height);
CGContextScaleCTM(context, 1.0, -1.0);
UIGraphicsPushContext(context);
CGContextSetTextDrawingMode(context, drawingMode);
length = 0.0f;
//将单个文字绘制在纹理中，建立字库
for(int i=0;i<[string length];i++){

    CGSize size = CGSizeMake(font_data[i].pw, font_data[i].ph);
    [[string substringWithRange:NSMakeRange(i, 1)]
    drawInRect:CGRectMake(length, 0.0f, size.width, size.height)
    withFont:font
    lineBreakMode:UILineBreakModeClip
    alignment:UITextAlignmentCenter
    ];
    length += size.width;
}
UIGraphicsPopContext();

self = [self initWithData:data pixelFormat:kGLTexturePixelFormat_RGBA8888
pixelsWide:width pixelsHigh:height contentSize:dimensions];

CGContextRelease(context);
free(data);

length = 0.0f;
for(int i=0;i<[string length];i++){
    font_data[i].ty=0;
    font_data[i].tx = length;
    font_data[i].ty2 = self.maxT;
    font_data[i].tx2 = length+font_data[i].pw/self.pixelsWide;
    length = font_data[i].tx2;
}

if(fontdata) free(fontdata);
fontdata = font_data;
fontdata_length = [string length];
```

iPhone 手机游戏开发从入门到精通

```
    return self;
}

@end
```

代码 8-18 中的内容很多，要想在游戏界面中使用某个字体，首先要创建它的对象，调用前面介绍的 initWithString:方法。此方法的内部代码算得上是整个 GLFont 类的核心了。在此方法中，我们做了两件重要的事情：其一，按照参数中的字符来创建字库；其二，调用系统的字体将字库中的字符全部绘制在一张纹理图片中。上述两件事单独看起来并不复杂，根据之前的内容读者大致可以摸索明白，不明之处也可通过代码注释来理解。如果只是创建一个字体的话，到这里已经足够了。不过，相信没有哪个开发者创建了对象而不使用，只是拿来观赏吧！所以很快，程序中将会使用字体对象来绘制文字。换句话说也就是调用 drawString:来绘制字符串。这就会遇到一个问题：怎样将需要绘制的字符与纹理图片联系起来呢？为了建立这种联系，代码就变得复杂起来了。这就好比原本简单的世界，却因为事物间纷纷扰扰的关系而变得错综复杂。所以在 GLFont 类的头文件中我们声明了一个 Glyph 结构体，通过它将纹理与字符之间联系起来。一个 Glyph 对象中会保存一个字符，还会保存此字符在纹理图片中的位置以及尺寸信息。所谓的字库也正是由一个个 Glyph 对象组成的。在需要绘制一个字符串时，逐一地将字符串中的字符取出与字库中的 Glyph 对象进行比对。数值相等的话，进行纹理绘制；如果不相等，则跳过这个字符。不能够在字库中匹配的字符，将不被显示。切记在初始化字体时，一定要将所有游戏中用的字符作为参数，用来建立一个完整的字库。

上述与字体有关的代码可以细分为两部分，前者是用来初始化文字的方法 initWithString:；后者是用来绘制文字的方法 drawString:。除了在代码中标识的注释之外，我们还要为读者介绍字体类的使用方法。initWithString:方法是根据一个字符串对象来创建游戏中用到的字库。字库具体内容就是将字符串中的字母或者符号绘制在一张纹理图片之上，然后记录下每个文字在纹理图片中所处的位置。这样建立的字库，就可以被用来在游戏界面中绘制文字。来看看创建的代码：

```
- (GLFont *) defaultFont {
    //初始化字体对象，设置会用到的字符
    if(_defaultFont == nil){
        _defaultFont = [[GLFont alloc] initWithString:@"0123456789scoreSCORE,.?!@/: "
            fontName:@"Helvetica"
            fontSize:24.0f
            strokeWidth:1.0f
            fillColor:[UIColor whiteColor]
            strokeColor:[UIColor grayColor]];
    }
    return _defaultFont;
}
```

上述代码中调用了 initWithString:方法来创建一个字体，用于在游戏界面显示文字。我们来看方法的参数，第一个参数是字库中所需要的字母以及符号。根据"打地鼠"游戏的需求，只需要显示游戏分数。所以参数中的字符串为数字、符号以及英文单词 score。这有点为游戏产品打造一个专属字库的感觉。为了将节约的精神发挥到极致，哪怕是多一个字符，在我们的引擎当中都是不允许的。

因此，在初始化一个字体对象时，需要将游戏中预计会显示的所有字母、符号以及数字组成一个字符作为参数传递。如果漏掉了某个字符，在游戏中将会无法显示。方法中的第二个参数是字体的名字。此字体的名字表示了 iOS 系统中已经存在的字体。因为在创建字库之初，我们并不是凭空造物，而是利用 iOS 系统中的字体来创建引擎字体所用的纹理图片。这一点从代码中也能够体现出来。余下的参数都是与字体绘制有关的属性，依次为字体大小、字体外框的大小、字体颜色以及外框的颜色。

游戏中的文字，引擎可以处理；游戏中的图片，引擎可以处理；引擎还提供了游戏中的精灵以及地图背景。从这一点来看，引擎中最重要的绘制核心我们已经制作完成了。此时的引擎已经初具规模。因为具备了完整的绘制功能，就可以在 iOS 设备的画面中看到一些游戏内容了。虽然我们已经迈出了坚实的一步，但距离完成一款游戏产品还有好几步呢。按捺住心中的喜悦，让我们继续前行吧！

8.5 碰 撞 检 测

此章节的标题为碰撞检测，这也是游戏中经常出现的一个名词。它代表了一个深远的话题，不过现在我们并不会走那么远。先来解释一下游戏中的碰撞检测概念。所谓碰撞检测，就是指游戏中的人物、物体、道具等一系列的精灵之间发生的相互接触。另外，物体间接触并不局限在游戏中的内容，还有玩家的单击屏幕获得坐标、代表屏幕尺寸的矩形。所以概括起来说，碰撞检测是指游戏当中用来判断事物之间是否接触的一种技术。

为了便于读者理解，接下来通过一些例子来解释碰撞检测的概念。还记得曾经介绍过的"坦克大战"游戏吗？在游戏中，玩家控制坦克发射炮弹。当这些炮弹接触到敌方坦克时，就会使它们爆炸。子弹与坦克之间的接触就属于碰撞检测。如果将事物抽离概念，转化为数学模型，我们所看到的就是一个直线运动的点（炮弹），是否在一个移动矩形（坦克）之中。这正是一个检测的过程，要知道玩家不是神枪手，一发炮弹消灭一个敌人。所以并不是所有发射出的炮弹都会击中敌方坦克，砖墙也是炮弹的最终归宿之一。另外，在游戏当中玩家也不用考虑军费开支，可以完全忽略每发炮弹的成本。所以多数玩家都会把自己当成电影中的"兰博"，面对敌人一通狂射。这无疑增加了游戏运算的复杂度。参与碰撞的事物增多后，就不再是一个点与一个矩形之间是否接触，而是许多点与矩形碰撞检测的问题。

碰撞检测不仅仅是做以上这些事物之间的检测，还需要检测事物与屏幕各边界或者玩家手指的碰撞。"坦克大战"中是存在关卡边界的，玩家并不能将坦克开出屏幕，同时坦克也不能开过地图背景中砖墙的地方。这也是一种游戏地图背景的碰撞检测。在 iOS 设备之上，除了前面说过的碰撞检测之外，还需要判断玩家的手指是否点中了游戏中的内容。这也属于碰撞检测的范畴。比如接下来将要制作的"打地鼠"游戏，正是需要判断玩家的手指是否击中了地鼠。

在读者明白了碰撞检测在游戏中的作用之后，就会认识到几乎每一款游戏都会用到它，就连俄罗斯方块，甚至一些棋牌类游戏也在所难免。由此可见，碰撞检测在游戏中的重要性，所以接下来让我们为游戏引擎添加碰撞检测功能吧！

8.5.1 平面几何在碰撞检测中的应用

前面在介绍"坦克大战"游戏时，我们已经将游戏内容抽离，将碰撞检测的问题简化为点与矩形之间的关系。透过事物，看其本质。将游戏中元素的画面效果去掉，也就是不会再有颜色或者图片的精灵，开发者所面对就是众多点和线组成的集合画面。在经过转化后的游戏元素，就成了只需要点和线就能够表示的形态。我们将游戏中物体的形态简化，是为了更方便地讨论碰撞检测。在只有点和线组成的世界中，碰撞检测的问题变得非常明了。这样无论是二维游戏还是三维游戏，都可以通过判断点和线的关系来解决碰撞检测的问题。那就是判断点是否与线组成的形状发生碰撞或者两个几何图形之间是否发生碰撞。比如在游戏中，需要检测一个矩形与另一个矩形是否发生碰撞。至此，并不需要知道这两个矩形代表着坦克，还是那只地鼠。判断一个点是否在矩形内的方法是数学中平面几何的基础。每个好学的读者，只需运用初中的几何知识就可以判断点是否在矩形之内。但是读者不要以为，如此简单的就解决了游戏碰撞检测的问题。下面我们来看一下在具体实现碰撞方法时会遇到哪些问题。

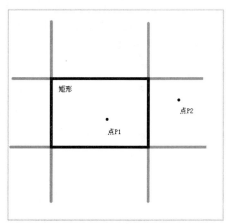

图 8-20　点和矩形之间碰撞检测

在图 8-20 中显示了两个点与一个矩形。读者可以很直观地观察出，点 P1 位于矩形之内，而点 P2 位于矩形之外。如果是在游戏"打地鼠"当中，点 P1 与点 P2 将代表着玩家两次单击的位置，而矩形则代表着地鼠。由此我们可以得知，点 P1 是可以为玩家获得分数的打中点。在 iOS 的 API 中，提供了一个方法来判断点与矩形的碰撞：

```
CGRectContainsPoint(bounds, point);
```

此方法的具体实现代码非常简单。方法的参数分别为：点的 X 坐标、点的 Y 坐标、矩形的 X 坐标、矩形的 Y 坐标、矩形的宽度和矩形的高度。如果点确实在矩形之内，则此方法的返回值为真，反之亦然。

这种方法适用于游戏中的物体可以被近似为矩形，比如"坦克大战"以及"打地鼠"。或者虽然不是矩形，但是碰撞精度要求不高的情况下，将游戏中的每个物体看似一个矩形，在程序中记录能够将物体包围的最小矩形。碰撞检测的问题就简化为判断矩形与矩形之间是否重叠。这很简单，确实依照这个方法，我们已经可以解决游戏中"打地鼠"的碰撞检测。不过，读者的水平可不能只局限于此。

想必大家已经体验过"疯狂的小鸟"游戏的乐趣，按照前面介绍的碰撞检测概念，不妨试想一下，如果读者成为此款游戏的开发者，要如何处理碰撞检测的问题呢？先将游戏画面抽离，变成点与线描绘的世界。但当面对如此众多的边边框框，碰撞检测又该从何开始呢？

8.5.2　AABB 碰撞检测技术

大自然具备神奇的创造力，它创建了种类繁多、形状各异的事物，有生命的、无生命的，静态的、动态的。那么这些事物如何在游戏中表现出来呢？当游戏中出现如此复杂的事物时，又该如何进行碰撞检测呢？

"疯狂的小鸟"为玩家带来了无穷的乐趣，也为我们带了一些技术的思考。它是如何进行碰撞检测的呢？因为在游戏中存在许多形状各异的事物，所以仅仅用点平面几何知识是不能解决问题的。

面对这些复杂的几何图形，也许一些数学天才能够找到数学公式。但那些 iOS 平台设备的芯片是经不住那些复杂的数学运算的。另外，当需要检测的物体增多之后，其运算量也是开发者需要考虑的。为了更好地解决这些问题，强化游戏的效果，接下来为大家介绍一种开发者经常在游戏中使用的碰撞检测方法——AABB。

　　AABB 碰撞检测方法，即轴对齐包围盒（axis-aligned bounding box）检测方法。AABB 技术的核心在于使用一个矩形将物体包围起来。开发者习惯将这个包围物体的矩形称为包围盒。从平面几何角度来看，包围盒就是物体形状的最小外接矩形。另外一点需要强调的是，此矩形的两个边与坐标轴是垂直的关系。这样的话，经过 AABB 处理的游戏画面，在开发者眼里就会变成一个非常规矩的平面坐标世界。因为游戏中所有的元素都被矩形包围起来，使得 AABB 盒子之间的碰撞检测更容易。

　　图 8-21 中显示了 AABB 碰撞检测方法的实现技术。在图中显示了 3 个物体 A、B 和 C。从图中读者可以清楚地看到 A 和 B 之间产生了碰撞，而 C 并没有和任何物体发生碰撞。按照 AABB 的检测方法，首先需要将物体的包围盒投影到坐标轴之上，正如我们所看到的 A、B、C 3 个矩形。它们符合 AABB 技术实现的准则：是矩形并且两个边与坐标轴垂直。在图 8-21 中的坐标轴上，用红色线段标出了重叠的区域。这是 AABB 判断是否碰撞的方法，即通过观察物体在坐标轴投影的重叠区域。在竖直的坐标轴上有两条红色线段，分别表示 A 和 B 的重叠、A 和 C 的重叠。

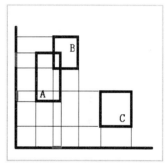

图 8-21　AABB 检测方法

在水平的坐标轴上只存在一个红色区域，那就是 A 和 B 的重叠区域。根据 AABB 碰撞检测的原则，只有在两个坐标轴都发生重叠的情况下，两个物体才意味着发生了碰撞。所以最终的结论就是 A 与 B 发生了碰撞，C 并未发生碰撞。

　　经过数学的演算，只需要进行一些简单的数值大小判断，就很容易判断出两个矩形是否发生碰撞。比如将矩形 A 与 B 的纵轴坐标进行点与线段的判断，就能够得出二者在纵轴上是否重叠。我们可以看出 AABB 是一种快速、有效且运算消耗低的碰撞检测算法，它甚至只需要加减运算就可以解决碰撞检测的问题。所以 AABB 碰撞检测的方法会大幅降低碰撞检测的运算消耗，开发者只需要比对物体的包围盒在坐标轴上是否有重叠，就能知道物体是否发生碰撞。

　　尤其是在二维游戏当中，AABB 碰撞检测方法最为高效。假设存在两个 AABB 的包围盒 M 和 N，只需要进行两次在一维坐标轴的比较就能知道它们是否发生碰撞。我们只需看它们在两个坐标的投影是否存在重叠。如果在两个坐标轴上都有重叠，则物体之间发生碰撞。若没有重叠或者只有一个坐标轴发生重叠，则没有发生碰撞。如此快速简单的计算并不会为游戏画面的绘制产生负担，可以为游戏逻辑提供更多的 CPU 资源。所以 AABB 的碰撞检测方法被大多游戏开发者选用，适合一些对检测精确度不高的 iOS 游戏。

　　经过对 AABB 碰撞检测方法的介绍，读者需要明白一个道理，并不是所有用数学运算来解决问题的方法都适合通过编写代码来实现。在游戏编程领域，比得到结果更为重要的是运行的效率。毕竟游戏不是运行在大型计算机上，而是一些手持设备当中。因此，在数学运算的准确率与游戏运行的速率两者之间，开发者的选择更倾向于后者。

　　至此，我们虽然解决了游戏中存在众多物体时的碰撞检测问题，可要想做出如"疯狂的小鸟"

般的游戏产品，仅仅依靠碰撞检测还不够的。这还要另外一项技术，那就是物理模拟。当小鸟飞向天空，然后毁坏房子。这些依靠的是牛顿定律的物理模拟运算。与这个话题有关的内容，将会在下一章中为读者详细介绍。

8.6　用户交互

　　游戏产品是与用户交互最为频繁与紧凑的应用产品。通常玩家体验游戏时会借用手柄或者键盘。而随着体感设备与手持设备的逐渐普及，游戏产品与用户交互的方式变得更为丰富。体感设备可以通过观察用户的动作来进行游戏操作，手持设备则可以借用设备中的加速度计来感应用户操作。每当有新的技术出现，总会来带新的变革，引起玩家的热衷。在 iOS 设备中也包含了两种全新的操作方式。相比其他平台的游戏，iOS 游戏产品存在一些特殊性，受迫于移动终端的小屏幕以及有限的运算效率，要想制作一款操作复杂的游戏十分困难。在手持设备平台，开发者需具备将游戏化繁为简的能力。先来看看在市场上已经取得成功的作品是如何处理用户交互的。"愤怒的小鸟"、"割绳子"、"水果忍者"、"植物大战僵尸"这些成功的产品拥有能够令广大用户喜爱的多种元素。它们能获得玩家青睐，并不仅仅是具备了良好的用户交互体验，其他诸如卡通视觉风格在移动终端上能够更明显地吸引用户眼球。不断完善更新的游戏体验，还有铺天盖地的宣传攻势，都是其获得丰厚回报的原因之一。所以要想制作一款优秀的游戏，必须关注到每个方面。做好每一点不一定成功，但失败往往都是因为一点点的疏忽。

　　通过分析，从这些成功的游戏中我们可以总结出一点：玩家使用简单的输入方式便能够获得充足的信息反馈，如"愤怒的小鸟"中小鸟被弹出后的连锁反应、"割绳子"中需要用户考虑计算绳子断开后的效果、"水果忍者"中切水果时带来的爆炸效果以及"植物大战僵尸"中攻击、防御的变化。以上这些获得市场认可、用户青睐的产品充分利用了移动终端的触控屏技术，结合硬件以及系统最新功能，如摄像头捕捉、WiFi 局域网对战等已出现。不过读者需要留意，新的技术最好不要用做游戏产品中重点的前沿技术，它们只可用来有针对性地创新。这样既能够保证风险，同时有利于提高游戏应用的成活率，提高玩家对游戏的好感。

　　在学习了市场上的成功产品之后，我们再回到"打地鼠"游戏的设计上。记得将复杂变为简单的准则。"打地鼠"游戏本身并没有复杂的操作，玩家只需拿起锤子砸向那些跳出的地鼠。所以如果我们想在这上面做出一些花样，首先就会改变其原汁原味的风格；其次，玩家就是喜欢快速疯狂乱砸一通的感觉；最后，笔者实在没有太好的创意，所以我们直接实现"打地鼠"原版本中的玩家操作。

```
-(void)touchesEnded:(NSSet*)touches withEvent:(UIEvent*)event
{
    UITouch* touch = [touches anyObject];
    CGPoint point = [touch locationInView:self];
    hummerPos = point;
}
```

　　只有这简单的几行代码。在学习 iOS 系统时，我们已经知道了 UIView 当中处理用户触屏操作的 3 个方法：

```
- (void)touchesBegan:(NSSet *)touches withEvent:(UIEvent *)event
- (void)touchesMoved:(NSSet *)touches withEvent:(UIEvent *)event
-(void)touchesEnded:(NSSet*) touches withEvent:(UIEvent*) event
```

希望读者还记得这 3 个方法的作用，它们代表了用户触碰屏幕时的 3 个动作。当用户手指碰触到 iOS 屏幕时将会调用第一个方法。如果手指在屏幕上滑动，则 iOS 系统就会调用第二个方法。最后，当用户手指离开屏幕就会调用最后一个方法。在"打地鼠"游戏当中，我们只使用了一个最后的方法，也就是在玩家手指离开屏幕时，将坐标保存下来。

从代码中读者可以清楚地看到，对于玩家操作的响应，只是保存了其最后接触屏幕的坐标点，并没有其他的工作。至于玩家的操作会带来怎样的反馈，这将会放在游戏的逻辑处理当中。将操作与响应分离开的方式，在游戏制作中经常会用到。至于为什么，还是那句老话，游戏与软件设计不同，在响应用户操作时总有一些特别之处。我们并没有准确的数字来反映玩家的手指在一秒内能够单击多少次。但按照人的神经反应速度 0.1 秒来算，一个正常人至少能够单击 20 次以上。这样的高频率单击，足以让游戏的线程受阻。如果开发者将玩家的操作响应处理放置在上述 3 个方法之中的话，当玩家高速度单击屏幕时，很有可能会导致画面更新较慢或者音乐播放暂停等。所以通常的解决办法就是将用户的操作记录下来。

这么做有两个好处。首先，在游戏逻辑中处理玩家操作响应，可以很好地控制游戏节奏。在游戏处理上达到线性的处理方式，而不是之前随时响应操作的方式。其次，保存的玩家操作，可以用来分析处理。比如一些游戏中需要的玩家连续单击或者组合操作，另外也可将一些重复或者错误的操作排除在外。"打地鼠"游戏正是如此，想必有过亲身体验的读者一定能够领会其中的奥妙。在地鼠开始疯狂出现时，人们就开始不顾一切地乱打了。这其中难免会有一些无效的操作，它们正是不需要游戏来响应的玩家操作。

8.7　声　音　引　擎

在这个多元化的世界，没有声音的游戏就好比吃方便面没有调料包，总是少了那么一种味道。所以不论是开发者，还是玩家，都不能接受没有声音效果的游戏产品。一款没有声音效果的游戏，只存于 20 年前的时代。这与电影工业十分类似，如果读者看过"卓别林"时期的无声电影，那些经典电影看起来依旧韵味十足。但是现在的电影工业制作的影片再也找不到无声的版本了。在 20 年前多媒体技术以及硬件还没有如现在这般普及，个人电脑的用户需要单独配备一块用于处理音频的声卡才可以听到声音，所以那个时代的游戏产品也有一些是没有声音的。不过当多媒体技术进入千家万户的那一刻，游戏产品也就告别了无声时代。现在的个人电脑主板中一块音频芯片已经变成了必需的配置，游戏产品中声音效果也就成为了不可或缺的元素。声音效果可以让玩家融入游戏，感觉游戏中的氛围。人类是一种感官动物，通过触觉、嗅觉、味觉、听觉、视觉来感知这个世界。依照当今的技术，在电子游戏当中人们可以通过触觉、听觉以及视觉来体验游戏。相比每一种感觉对人们来说，都是无法替代的。所以在游戏当中，每增加一种感觉，必然能够提高玩家的体验感，让玩家更加融入游戏当中。想必在不久的将来，一旦人们可以通过电子设备充分感知味觉与嗅觉的时候，更能够带来无与伦比的快感。这就好像电影"阿凡达"中描绘的感觉。未来的游戏机发展到一定程度，玩家不再是手握游戏手柄或是触摸屏幕，取而代之的则是一张床。玩家躺在床上，就会完全融入游戏世界。有点科幻电影的味道，这将会是一件很酷的事情。先不要幻想未来，我们需要着眼于当下。既然已经知道了声音效果在游戏中的重要度，游戏引擎当中就要提供这样的功能。让我们开始吧！

在一款游戏中存在很多声音效果，但是大致可以分为两类：音乐和音效，二者之间并没有明确

iPhone 手机游戏开发从入门到精通

的划分。游戏开发者通常用对比的方法来区分它们。容量小、数据格式简单、播放时间短、在游戏中需要频繁播放的声音都被视为音效。相对应地，容量较大、数据格式复杂、播放时间长、在游戏中只需要播放几次的声音则是音乐。我们也只能这样简单地划分，因为确实很难定义它们之间的差异。但是从代码处理方法中，开发者还是能够区分的。按照游戏中声音的种类，在代码中我们定义了两个方法：playSound:和 playMusic:。

代码 8-19　声音播放方法

```
//初始化声音模块
- (void) setupSound;
//根据名字从缓冲区中获得声音资源
- (UInt32) getSound:(NSString*) filename;
//释放声音资源
- (void) purgeSounds;
//播放一个音效，并将其缓冲至内存
- (void) playSound:(NSString*) filename;
//循环播放一个音乐
-(void) playMusic:(NSString*)filename;
//停止音乐播放，并释放资源
-(void) stopMusic
//加载声音并将其加入缓冲区当中
-(UInt32) getSound:(NSString*)filename{
    NSNumber* retval = [_sounds valueForKey:filename];
    if(retval != nil)
        return [retval intValue];
    NSString *fullpath = [[[NSBundle mainBundle] bundlePath] stringByAppending
    PathComponent:filename];
    UInt32 loadedsound;
    SoundEngine_LoadEffect([fullpath UTF8String], &loadedsound);
    [_sounds setValue:[NSNumber numberWithInt:loadedsound] forKey:filename];
    NSLog(@"loaded %@", filename);
    return loadedsound;
}
//释放音效
- (void) purgeSounds
{
    NSEnumerator* e = [_sounds objectEnumerator];
    NSNumber* snd;
    while(snd = [e nextObject]){
        SoundEngine_UnloadEffect([snd intValue]);
    }
    [_sounds removeAllObjects];
}

-(void) playSound:(NSString*)filename{
    //if(!soundOn)return;
    if(DEBUG_SOUND_ENABLED)
        SoundEngine_StartEffect([self getSound:filename]);
}
//播放音乐
```

244

```
-(void) playMusic:(NSString*)filename{
    NSString *fullpath = [[[NSBundle mainBundle] bundlePath] stringByAppending
    PathComponent:filename];
    SoundEngine_StopBackgroundMusic(FALSE);
    SoundEngine_UnloadBackgroundMusicTrack();
    SoundEngine_LoadBackgroundMusicTrack([fullpath UTF8String], false, false);
    SoundEngine_StartBackgroundMusic();
}
//停止音乐
-(void) stopMusic {
    SoundEngine_StopBackgroundMusic(FALSE);
    SoundEngine_UnloadBackgroundMusicTrack();
}
//初始化声音引擎
-(void) setupSound{
    if(DEBUG_SOUND_ENABLED){
        SoundEngine_Initialize(44100);
        SoundEngine_SetListenerPosition(0.0, 0.0, 1.0);
    }
}
```

在代码 8-19 中，读者看到了几个与声音音效有关的方法。在代码中已经加入注释，之前我们也详细讲解过 iOS 系统中有关音乐播放的内容，就不在此赘述了，如果读者有不明白之处，返回对应章节回顾一下吧！我们需要强调的是游戏中声音播放的两种类型，也就是音乐与音效的区别。从代码中可以看到所有音效被放置在一个 NSMutableDictionary* _sounds 指针当中。这里并不是保存了音效文件的数据内容，而只是将每个文件的 ID 保存了下来。当然，这些音效文件依然是存在内存当中的。将音效文件保存在此，是为了下次播放时能够快速产生效果。每当播放一个音效时，首先会在缓存区中查询是否有留存，这是通过 getSound:方法来实现的。如果存在则直接使用内存中的音效资源，否则将其加载缓存并开始播放。正如开始所述，音效就是指那些在游戏中短小却被频繁播放的。从其实现技术我们也可以得知音效文件不易过大，因为它们都是内存当中的"常住居民"。而在"打地鼠"游戏当中，集中地鼠的声音正是如此。相对地，播放音乐的方法中没有将声音文件缓存在内存。一旦音乐开始播放，它就会循环不停，直至调用 stopMusic:方法停止音乐并释放资源。这正是我们用来处理"打地鼠"游戏中背景音乐的方法。读者可以想象音乐就好比是内存中的"暂住居民"，它们大多庞大，并被持续地循环播放。但在内存当中，游戏引擎只为一个音乐文件解决了居住问题。这些所显示的代码并未包含声音资源的处理方法，对于声音文件功能的支持，是来自于 Apple 公司的代码。其应用的技术为 OpenAL，此内容我们已经介绍过了。不过为了让开发者更方便地使用，在游戏引擎当中优化了方法接口，正如在代码 8-14 中所看到的。

8.8　游戏界面

对于游戏引擎的制作工作，我们已经完成了，游戏引擎中的功能已经足够了。我们并不是要制作一款举世无双的游戏引擎，一是笔者没有那种实力，这不是一个人的任务；二是读者也没有时间，慢慢积累技术吧！所以对于我们的第一个作品，要包含宽容的心。这仅仅是小试身手，后面的路才是大展宏图的时候。作为一个新人一路走来，想必收获颇丰。记得笔者年轻时，每当遇到新的知识，总会有一种手足无措的感觉，后来慢慢就变成了常态。当面对新的知识或者技术时，许多人都会感到恐惧或者紧张。直到我们将这些内容了然于胸、熟练运用，那时满足感所带来的喜悦将是溢于言表的。这就好比登山的人一路艰辛，只有在山顶才会拍照纪念一样。至此，我们可以留念一张。

我们只是完成了游戏引擎的制作。游戏"打地鼠"还没有制作好，所以先不要想着解放，同志们仍需努力啊！在介绍游戏状态机制时，我们已经清楚了游戏"打地鼠"所具有的状态，每一个状态就代表了一个游戏界面。按照游戏状态的划分，我们将会获得 4 个界面：游戏界面、菜单界面、设置界面以及关于界面。前两个是游戏的重要内容，至于后两个界面只是作为辅助。对于已经不再是游戏开发新手的读者，就不再重复那些简单的内容了。下面，让我们重点来看看游戏界面与菜单界面吧！

图 8-22 所示的正是菜单界面。游戏当中是使用 Interface Builder 来构建此界面的。在界面当中有 3 个按钮，对应了 3 个方法，这 3 个方法分别跳转到游戏中另外的 3 个状态。真是简单的没什么内容可说了。来看看图 8-23 中按钮与方法的对应关系吧。

图 8-22 菜单界面

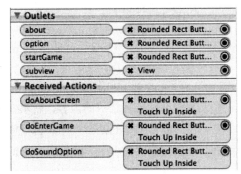

图 8-23 Interface Builder 链接的关系

图 8-23 中显示了 3 个按钮对应的方法，从方法名字上读者就可以看出哪个方法对应哪个按钮。下面来看看方法中的代码。

代码 8-20 菜单实现类

```
//
// MainMenu.m
// HitsMole
//
// Created by shadow on 12-2-11.
// Copyright 2012 __MyCompanyName__. All rights reserved.
//

#import "MainMenu.h"
#import "About.h"
#import "SoundOption.h"
#import "HitsMoleState.h"
#import "ResourceManager.h"

@implementation MainMenu
@synthesize startGame, option, about;
-(MainMenu*) initWithFrame:(CGRect)frame andManager:(GameStateManager*)pManager
```

```
{
    if (self = [super initWithFrame:frame andManager:pManager]) {
        NSLog(@"MainMenu init");
        //加载 xib 初始化游戏主菜单界面
        [[NSBundle mainBundle] loadNibNamed:@"MainMenu" owner:self options:nil];
        //将主菜单界面显示到屏幕之上
        [self addSubview:subview];
    }
    return self;
}
//进入游戏状态
- (IBAction) doEnterGame{
    [m_pManager doStateChange:[HitsMoleState class]];
}
//进入关于界面
- (IBAction) doAboutScreen{
    [m_pManager doStateChange:[About class]];
}
//进入设置界面
- (IBAction) doSoundOption{
    [m_pManager doStateChange:[SoundOption class]];
}
@end
```

代码 8-20 中包括 3 个方法，其内容大致相同。通过调用游戏状态机对象的 doStateChange:方法来进行状态转换。与游戏画面相比，菜单界面中的内容就变得简单多了。下面我们来着重看看游戏界面的内容。当玩家在菜单界面单击 Start 按钮时，就会进入游戏画面。在此界面当中，将会验证许多我们完成的引擎功能。让我们拭目以待，看看之前编码工作的成果吧！

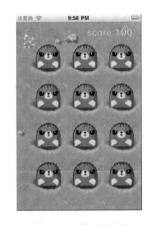

图 8-24　游戏界面

图 8-24 显示了一个极为夸张的游戏画面。每个洞里都有地鼠，估计玩家就算用上双手，也不能打掉所有地鼠。况其，玩家还需要一只手拿着 iPhone。下面我们来进行一个查找游戏。来看看在图 8-23 所示的图片当中，读者能看出多少引擎所带来的功能。

下面来为大家公布答案。首先，地图背景是依靠游戏引擎来完成的。"打地鼠"游戏使用了图块拼接的地图背景，这完全是按照之前所完成的工作来实现的。在 Tile Map 中编辑地图背景，然后将地图数据与图块图片导出后成为游戏引擎需要的格式。一个地图拼接的文本文件和一张图块组成的纹理图片，再加上引擎当中的 Tile 类，使得游戏画面中展现出精美画面。绿草葱葱，间或一朵小花，偶尔一块石头，这都得益于图块拼接技术。

其次，最为引人注目的想必就是满屏幕的地鼠了。有点地鼠成灾的感觉吗？这是游戏，可不是什么除四害的居委会活动。读者思考一下，地鼠是如何显示在界面中的？下面的几个名词能帮助读者回顾一些内容。纹理、帧序列、动画、精灵，这都是我们曾经介绍过的内容。它们组成的绘制功能，使得地鼠能够在屏幕中活灵活现。它们能够突然地跳出来，然后再迅速地缩回去。此处省略就省略一千字，让读者自己来回顾一下游戏引擎当中是如何实现这个效果的。

最后，还有一个细节，不知读者是否注意到了。那就是在界面的右上角显示的"score:100"文字。这也是来自于引擎所提供的功能。因为引擎支持绘制字体，所以我们才能够在游戏中绘制这些文字。提醒一句，如果想要在游戏中绘制文字，首先要初始化一种字体。在初始化字体时，最为重要的一点就是此字体所包含的字库。在字库当中需要包含所有游戏中显示的字符，否则，结果将会是一片空白。

我们已经看过了游戏中最为重要的两个界面，它们看上去并没有那么复杂，这主要得益于制作游戏之前的准备工作。我们制作了一款游戏引擎，它所提供的一些功能帮助开发者完成了游戏内容的制作。在实际编码过程中，读者就会领略到使用游戏引擎制作游戏的便利。比如我们刚刚用过的地图背景功能。在下一款游戏当中，我们还可以继续使用。这看起来非常不错，因为开发者并不用修改该代码，只需编辑游戏数据，然后调用引擎中的程序方法，所需要的内容就会绘制在界面之上。这就是游戏引擎开发模式的魅力，只需一次编码，就可以重复利用。就算将来需要进行技术升级更新的时候，也将会是一件轻松的事情。因为所有使用此引擎开发游戏，都是使用了一样的接口方法。换句话说，游戏内容并不在乎引擎内部是如何实现技术的，它们只需要引擎能够完成交付的工作即可。"打地鼠"游戏还剩下最后一部分内容，让我们一点点来享受劳动的果实吧！

8.9 创建游戏世界

接下来我们要完成的内容是与游戏紧密相关的。我们已经看到了游戏的界面，也清楚了游戏中的状态，但还有一些游戏内容并未完成，其中包括游戏中的规则、操作以及管理。所谓的规则，就是玩法。地鼠要在什么时候出来，一次要出来几只？随着游戏时间延长，怎么来增加难度？游戏中如何计算玩家分数？这些都是要通过代码来实现的游戏规则。从游戏制作难度来看，"打地鼠"游戏所包含的规则并不多。只要我们通过编码解决了上面的几个问题，游戏的规则就基本上完成了。

至于玩家操作也是如此，并没有多么复杂的方式，只需要获得玩家单击的坐标，然后来判断是否在合适时间打中了地鼠而已。依据引擎中提供的功能，这是很容易实现的。我们需要使用用户交互模块与碰撞检测模块，这两部分内容都是刚刚介绍的，使用起来并没有什么难度。

最后就是游戏中的管理。通常这将是游戏内容的关键。我们已经熟知了游戏所具备的生命周期。此时，我们需要建立一个虚拟的游戏世界，它将成为实现游戏生命周期的循环，如图 8-25 所示的方式。

从图 8-25 中能够看出，在循环周期当中存在 3 个主要内容：操作处理、逻辑更新以及绘制画面。这几乎就是游戏内容的主体了。另外与管理有关的内容就是游戏资源的管理。因为在游戏当中存在许多的资源，其中包括图片、数据以及声音文件。这些需要一个统一的管理者，以便在程序中使用它们。下面让我们逐步来完成上述内容。

图 8-25 游戏世界的循环

8.9.1 游戏世界

游戏世界，通常被开发者用来描述一款游戏当中的组织者。它的地位非常重要，因为它就好比读者身处的现实世界。在现实世界当中，存在白昼与黑夜。人们白天工作，晚上睡觉，作息交替。

游戏中的世界也是如此，它掌管着游戏当中的一切事物，其中包括游戏的背景地图以及精灵。在中国神话故事当中，有这么一位名人，他就是掌管着天庭的玉皇大帝，当然人间世界也是由他管辖的。如果大家最近又看热播的"西游记"的话，其中有一个场景，为观众描绘了工作中的玉皇大帝日理万机的情景。人在做，天在看。要知道玉皇大帝可是总在天上坐着的，从来不亲自下人间转转的。那么他是如果来视察人间百态的呢？正是通过地面上的一个窗口。说了这么多，就是想告诉读者，在游戏世界类当中也存在一个这样的窗口，它负责让观察者来查看游戏世界。在神话故事中，窗口后的观察者是玉皇大帝，在游戏当中观察者就是玩家了。下面来看看此类的头文件。

代码 8-21　游戏世界类的声明

```
//
//   GameWorld.h
//  Game Engine
//
// Created by shadow on 2/11/12.
// Copyright 2012 __MyCompanyName__. All rights reserved.
//

#import <Foundation/Foundation.h>

//地图图块尺寸
#define TILE_SIZE 32

@class Tile;
@class Entity;
//游戏世界类
@interface GameWorld : NSObject {
    //游戏背景
    Tile*** tiles;
    //游戏中的物体
    NSMutableArray* entities;
    //游戏世界观察窗口
    CGRect view;
    //游戏世界的大小
    int world_width, world_height;
    //观察的位置
    int camera_x, camera_y;
}
//加载地图背景
- (void) loadLevel:(NSString*) levelFilename withTiles:(NSString*)imageFilename;
//初始化游戏世界
- (GameWorld*) initWithFrame:(CGRect) frame;
//绘制世界
- (void) draw;
//设置观察的位置
- (void) setCamera:(CGPoint)position;
- (CGPoint) worldPosition:(CGPoint)screenPosition;
//在游戏世界中加入物体
- (void) addEntity:(Entity*) entity;
```

```
//在游戏世界中移除物体
- (void) removeEntity:(Entity*) entity;
//获得某个位置中的地图块
- (Tile*) tileAt:(CGPoint)worldPosition;


@property (readonly) int world_width, world_height;
//@property (readonly) Tile*** tiles;


@end
```

代码 8-21 所示的正是游戏世界类的头文件。在此类的方法中，我们可以看到几个属性。首先是 Tile 数组指针，这是用来存储游戏地图背景的。Tile 类正是我们之前在游戏引擎阶段编写的拼接图块类，它将会被用来显示设计人员拼接完成的地图。在我们的游戏中，就是那一片绿茵丛丛、布满地洞的草地。接下来的可变数组 entities 用来存储游戏世界中的实体。这些实体只是一个概念化的抽象，其具体内容下个小节再详细介绍。接下来的几个变量都是与游戏世界的观察窗口有关的。游戏世界的大小经常会超过 iOS 设备的屏幕尺寸。因此，玩家就需要一个观察游戏世界的窗口，同时这个窗口应该是可以移动的。否则玩家就成了井底之蛙，只能看到那一点点游戏界面了。在类的方法中都是与属性相关的。比如设置观察窗口大小，观察的位置等程序方法并没有复杂的内容，读者直接查看实例程序的代码就会明白。其中加载地图背景的方法 loadLevel:在介绍游戏地图的章节也为读者介绍过了。因此，这里提及的游戏世界类，就是一个掌管着游戏中所有内容的管理者。它持有的对象包含了所有游戏中需要显示的实体。对于这些实体，类中提供了两个方法：一个是用来添加实体的方法 addEntitiy:，另一个是用来移除实体的方法 removeEntity:。读者需注意"移除"与"删除"的区别，移除只是脱离游戏世界，而不是从内存中删除。至于游戏世界的实体具体含义，请看下节内容吧！

8.9.2　游戏世界中的居民

我们都是现实世界的居民，当大家都在为嗷嗷上涨的房价而拼命工作的时候，也别忘了停下来享受生活。在游戏世界当中的居民可就轻松多了，它们并不需要为自己的生存空间努力奋斗，不过它们也是要专心工作的。这些所谓的游戏世界居民，正是游戏世界中的实体。在程序运行时，它们将会被游戏世界类的对象来管理。在类对象中，将会按照先后添加顺序，来调用实体的绘制方法。既然提到了绘制，读者也能猜出游戏世界的实体必然会包含一个精灵了。没错，这些实体本身的属性当中持有了一个精灵对象指针。在"打地鼠"游戏当中，这些实体就代表着游戏画面中的地鼠。说到此时读者会问，为什么不直接使用精灵呢？反而要多此一举，加入一个新的抽象概念。让我们先来看看实体类的头文件，从这里面读者可以找到问题的答案。

代码 8-22　实体类的头文件

```
//
//   Entity.h
//  Game Engine
//
//  Created by shadow on 2/11/12.
//  Copyright 2012 __MyCompanyName__. All rights reserved.
//
```

```
#import <Foundation/Foundation.h>

#import "Sprite.h"
#import "GameWorld.h"

@interface Entity : NSObject {

  CGPoint worldPos; //specifies origin for physical representation in the game
world.  in pixels.
    //持有的精灵
    Sprite* sprite;
    //实体属于的世界
    GameWorld* world;
    //是否可见
    BOOL isVisable;
}

@property (nonatomic, retain) Sprite* sprite;
@property (nonatomic) CGPoint position;
@property (nonatomic) BOOL isVisable;

- (id) initWithPos:(CGPoint) pos sprite:(Sprite*)sprite;
- (void) drawAtPoint:(CGPoint) offset;
- (void) update:(CGFloat) time;
- (void) setWorld:(GameWorld*) newWorld;
- (void) forceToPos:(CGPoint) pos;

@end
```

从代码 8-22 所示的内容来看，Entity 并不是继承自游戏引擎中的某个类。它只是一个概念类，其本身代表一种游戏中的内容。在其属性当中，我们可以看到坐标、精灵、游戏世界。这些正是一个实体的属性。坐标代表了实体在游戏世界中的位置，精灵代表了实体的外貌或者形象，游戏世界则用于表示实体的归属。为了让读者容易理解，还是以生活为例子吧！生活中每个人都有自己的身份，你可能是工人，可能是商人，也可能是教师，这些都是一个人的职业。除了职业还会有许多其他关于一个人的属性，如住址、相貌、身份证等。当然这些属性都集中在一个人当中，人则作为世界中的一员存在着。我们再回过头来看游戏世界，将"人"看成"实体"。在游戏当中，一个实体的属性则少了许多，我们只是定义了它所在的位置（worldPos）、相貌（Sprite）以及工作单位（world）。

经过上面的解释，读者可以知道精灵不能够被直接用来充当游戏世界中的实体，因为精灵只是负责了一个实体的绘制。在游戏当中，一个实体还有许多其他的属性。就以"打地鼠"游戏为例，毫无疑问在游戏当中唯一的实体就是"地鼠"。除了精灵类中包含的动画之外，地鼠还有一些其他的属性，比如在游戏画面中的位置、是否可见等。因此，只是针对"打地鼠"游戏，我们还要继续来继承实体类，加入一些地鼠特有的属性。

代码 8-23　地鼠实体的类

```
//
// MoleEntity.h
// HitsMole
```

```
//
// Created by shadow on 12-2-19.
// Copyright 2012 __MyCompanyName__. All rights reserved.
//

#import <Foundation/Foundation.h>
#import "Entity.h"
typedef enum{
    Mole_State_Init =0,
    Mole_State_Show,
    Mole_State_Hide,
    Mole_State_Dead
}MoleState;

@interface MoleEntity : Entity {
  CGRect bounds;
  MoleState moleState;
  float stayTime;
  float overTime;
}
-(id)   initWithPos:(CGPoint) pos sprite:(Sprite*)spr;
-(BOOL) isInBounds:(CGPoint)point;
-(void) setState:(MoleState)state;
@end
```

　　在代码 8-23 中声明了一个枚举类型 MoleState，用来表示当前地鼠对象的状态。一个地鼠的实体对象总共包含了 4 种状态，分别为：初始化状态、出现状态、隐藏状态以及死亡状态。不知读者是否感觉到，随着游戏制作的工作逐渐深入，我们所编写的类所具备的属性也更加明确和具体。这里的地鼠实体类，就包含了许多只有地鼠才具备的属性。这些状态正是地鼠的逻辑过程。在游戏运行中，地鼠实体对象将会在这些状态中切换。

　　图 8-26 展示了地鼠的状态转换关系。从图中可以看出，在经过初始化之后，地鼠实体首先进入初始化状态，然后切换到出现状态。至于状态切换的条件，应该是由逻辑触发的。之后，如果此时玩家打中了地鼠，则会进入死亡状态。否则，在等待一段时间后，将会进入隐藏状态。无论是死亡状态还是隐藏状态，最终都会回到初始化状态。在游戏运行当中，地鼠实体对象就是进行如此反复的状态转换。在图中用黑线表明的关系都是通过程序逻辑来进行的条件转换，而灰色表示的线则是由玩家操作触发的状态切换。在地鼠实体类的头文件中，

图 8-26　地鼠状态转换

还整合了另外一个信息，那就是地鼠精灵的碰撞框，也就是所谓的包围盒 bounds。它是被用来检测此地鼠实体对象是否被玩家击中的。下面让我们来看看此类的具体实现代码。

代码 8-24　地鼠实体类的实现

```
//
// MoleEntity.m
// HitsMole
//
```

```
// Created by shadow on 12-2-19.
// Copyright 2012 __MyCompanyName__. All rights reserved.
//

#import "MoleEntity.h"


@implementation MoleEntity
//设置状态
-(void)setState:(MoleState)state
{
    switch (state) {
        case Mole_State_Dead:
            self.isVisable = false;
            stayTime = 0.0f;
            overTime = 2.0f;
            break;
        case Mole_State_Show:
            if(moleState != Mole_State_Init)
            {
                return;
            }
            [sprite setSequence:@"show"];
            stayTime = 0;
            //获得 1～3 之间的随机数
            overTime = abs(random()%3);
            NSLog(@"Mole_State_Show");
            break;
        case Mole_State_Hide:
            [sprite setSequence:@"hide"];
            break;
        case Mole_State_Init:
            break;

        default:
            break;
        }
    moleState = state;


}
//更新地鼠的逻辑，通过时间来控制状态切换
-(void)update:(CGFloat)time
{
    if(moleState == Mole_State_Show)
    {
        stayTime += time;
        if(stayTime >= overTime)
        {
            NSLog(@"Mole_State_Hide");
```

```
            [self setState:Mole_State_Hide];
            stayTime = 0.0f;
            overTime = 0.5f;
        }
    }else if(moleState == Mole_State_Hide)
    {
        stayTime += time;
        if(stayTime >= overTime){
            [self setState:Mole_State_Init];
        }
    }else if(moleState == Mole_State_Dead)
    {
        stayTime += time;
        if(stayTime >= overTime){
            [self setState:Mole_State_Init];
        }
    }
    [super update:time];
}
- (id) initWithPos:(CGPoint) pos sprite:(Sprite*)spr {
        [super initWithPos:pos sprite:spr];
        //碰撞框
        bounds = CGRectMake(pos.x,pos.y, 64, 90);
    //动画序列
    NSArray *arrayState = [[NSArray alloc] initWithObjects:
        @"0,1,2,3,4",@"4,3,2,1,0",nil];
    NSArray *arrayStateName = [[NSArray alloc] initWithObjects:
                        @"show",@"hide",nil];
    int i=0;
        //设置精灵动画
        for(NSString *string in arrayState)
    {
        Animation* anim = sprite.anim;
        AnimationSequence* seq = [[AnimationSequence alloc] initWithFrames:string
        width:64 height:90];
        [anim setSequence:seq key:[arrayStateName objectAtIndex:i]];
        i++;
    }
    [self setState:Mole_State_Init];

    return self;
}
//检测是否击中
-(BOOL)isInBounds:(CGPoint)point
{
    //加入游戏逻辑
    if (moleState == Mole_State_Init ||moleState == Mole_State_Dead) {
        return NO;
    }
    //转换坐标系至 OpenGL
```

```
    point.y = 480 - point.y;
    return CGRectContainsPoint(bounds, point);
}
@end
```

代码 8-24 主要实现了地鼠实体的逻辑。我们从代码开头来介绍。方法 setState:用来设置地鼠实体当前的状态。在每个状态之中我们需要初始化一些参数的数值，其中经常用到的就是 stayTime 和 overTime 两个变量。这是一个计时触发器。stayTime 会保存每次逻辑更新的时间，当其数值大于 overTime 时，就会执行一些系列的方法。这些方法的作用就是实现地鼠的逻辑来转换状态。比如当地鼠钻出地洞之后，需要在画面中等待一段时间，然后就会钻回地洞。那么其等待的时间以及状态切换就是通过计时触发器来控制的。

在接下来的 update:方法中，就实现了这样的逻辑。此方法的参数正是每次逻辑循环所用的时间。在代码中，将每次时间累加。当计时器数值大于限定数值时，就会执行相应的代码。所以说 update:方法正是地鼠实体对象思考的过程，它就好比人类的智能，在思考执行的过程中来决定地鼠要执行的动作。这些动作是通过不同的状态来反映的。

然后的方法 initWithPos:则是用来初始化地鼠实体对象的。其中包含了地鼠的动画信息、碰撞框以及在游戏世界中所处的位置。这些属性信息用来显示地鼠实体对象。

最后的 isInBounds:方法则是通过参数中传递的玩家触屏位置，来判断此时是否击中地鼠。在此方法内，并非之前所讲的只是纯粹的平面几何运算。在检测是否击中地鼠时，代码中还加入了一定的逻辑。比如当地鼠藏在地洞中时，用户是无法击中它的。这正好体现了游戏实体不再是引擎中的类，而是处在引擎之上，包含了游戏内容的类。

到现在为止，游戏中的基本元素已经具备了。接下来，就要将这些元素整合，组成游戏的整体。

8.9.3　资源处理中心

游戏引擎现在对于我们已经不再陌生了。在制作引擎的过程中，我们提供了许多处理资源的方法。这些资源包括纹理图片、声音文件以及游戏数据。这些文件大多是由设计人员制作完成的。他们可能使用软件，也可能是通过引擎中的工具来完成工作的。无论怎样的出身，在游戏当中它们都被划分为一类。因为从程序的角度来说，这些文件将会以二进制的方式加载进入内存。由于这些文件资源的不同格式，它们才发挥了不同的作用。

以"打地鼠"游戏为例，我们来看看总共包含多少资源。

图 8-27 中列出了"打地鼠"游戏中所用到的游戏资源。声音资源中总共有两个文件，bdg.mp3 是游戏背景音乐，hit.mp3 是打中地鼠的音效。纹理图片也存在两张：一张是 tileMap.png，用于拼接游戏的地图背景；另一张是 moleAnimation.png，用于展示游戏中地鼠的动画。最后则是地图背景的拼接信息。可见在"打地鼠"游戏当中，一共存在 5 个需要加载的资源文件。为了方便管理，在游戏当中需要设立一个资源管理中心，所有需要加载的文件都将通过资源管理类来处理。这样做的好处在

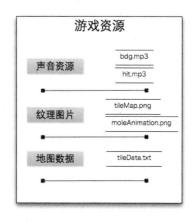

图 8-27　打地鼠游戏资源

于集中化管理。作为一个程序开发人员，是要始终贯彻抽象、封装的面向对象思想的。资源类的存在，恰好整合了游戏当中所有与资源文件操作有关的内容。同时为了方便调用，我们将游戏资源类进行了单例化。下面来看资源类的头文件。

代码 8-25　游戏资源类的头文件

```objc
//
//   ResourceManager.h
//  Game Framework
//
// Created by shadow on 2/11/12.
// Copyright 2012 __MyCompanyName__. All rights reserved.
//

#import <OpenGLES/EAGL.h>
#import <OpenGLES/EAGLDrawable.h>
#import <OpenGLES/ES1/gl.h>
#import <OpenGLES/ES1/glext.h>
#import <Foundation/Foundation.h>
#import "GLTexture.h"
#import "GLFont.h"
@class GLESGameState;
@class ResourceManager;

#define STORAGE_FILENAME @"HitsMole"

@interface ResourceManager : NSObject {
    //纹理资源的动态数组
    NSMutableDictionary* _textures;

    //声音资源的动态数组
    NSMutableDictionary* _sounds;

    NSMutableDictionary* _storage;
    BOOL storage_dirty;
    NSString* storage_path;

    GLFont* _defaultFont;
    BOOL soundOn;
}

+ (ResourceManager *)sharedInstance;

- (void) shutdown;
- (void) setSound:(BOOL)sound;
//加载纹理图片
- (GLTexture*) getTexture: (NSString*) filename;
//清空纹理图片
- (void) purgeTextures;
```

```
//设置声音
- (void) setupSound;
//获得声音文件
- (UInt32) getSound:(NSString*) filename;
//清空声音文件
- (void) purgeSounds;
//播放音效资源
- (void) playSound:(NSString*) filename;
//播放声音资源
-(void) playMusic:(NSString*)filename;
//停止播放声音资源
-(void) stopMusic;


//获得资源文件
- (NSData*) getBundleData:(NSString*) filename;


//保存游戏数据
- (BOOL) storeUserData:(id) data toFile:(NSString*) filename;
//获得游戏数据
- (id) getUserData:(NSString*) filename;
- (BOOL) userDataExists:(NSString*) filename;
+ (NSString*) appendStorePath:(NSString*) filename;
//获得默认字体
- (GLFont *) defaultFont;
- (void) setDefaultFont: (GLFont *) newValue;
@end
```

在上述代码中，已经为每个变量以及方法都加入了注释，在此不再赘述。资源类是一个整合类，提供了对游戏中所有资源的加载与清空方法。至于方法的具体实现内容，读者可以在样例项目中查看。在其实现文件当中，也已经加入了详细注释代码。留下这些内容，让读者来自己摸索吧！

在上述代码当中，还有一对方法是我们没有介绍过的，那就是与游戏数据保存有关的一对方法，它们提供了简单的文件保存与读取功能。开发者可以将游戏中的数据以二进制文件的方式保存起来。在实现代码中，我们使用 iOS 系统提供的 NSUserDefaults 类来保存数据。具体实现代码如下：

```
//保存游戏数据
- (BOOL) storeUserData:(id) data toFile:(NSString*) filename {
  [[NSUserDefaults standardUserDefaults] setObject:data forKey:filename];
  return YES;
}

//读取游戏数据
- (id) getUserData:(NSString*) filename {
  return [[NSUserDefaults standardUserDefaults] objectForKey:filename];
}

- (BOOL) userDataExists:(NSString*) filename{
  return [self getUserData:filename] != nil;
}
```

上述的 3 段代码并没有复杂的内容，其中的语句读者也都熟悉。但是作为游戏中数据的存取内容还是第一次，不过这并没有新的内容，我们只是使用一种格式保存游戏中的数据而已。在制作游戏的过程中，我们已经完成了许多的工作。此时所做的，就是利用之前完成的功能逐步完善游戏内容。读者在编写游戏时，要注意整合游戏中的资源。首先，让它们符合游戏内容，换句话说就是要具备一定的条理，将代码与逻辑按照一定的属性进行归纳。其次，为了将来修改游戏内容预留准备。要知道一款优秀的游戏，必然是经过千锤百炼才能成材。所谓之，玉不琢，不成器。为了减少日后修改时的麻烦，要做好充足的准备，将游戏内容进行整合。采用良好的机构，尽量独立功能模块。切断代码之间千丝万缕的关系，一种功能只提供一条康庄大道。比如我们刚刚完成的资源类。假如需要修改资源加载方式，就当使用最新的云技术吧！如果资源加载的方法分散在程序中的各个地方，开发者首先要拾起这些散落在代码中的方法，再逐一进行修改。修改后能否可用，还要看这些与方法有着密切联系的其他代码。面对这种错综复杂的情况，想必读者也会感觉无从下手。好比月老牵线，感情过于丰富的人，就会红线太多，难免出现差错。

8.9.4　游戏状态

引擎中的有限状态机制，在前面的章节中我们已经介绍过了。为了承载引擎中的绘制功能，我们已经创建了一个新的状态类。它引用了一些 OpenGL 中的渲染方法。在为读者讲解渲染模块时，已经做过详细的介绍了。接下来，我们要利用前阶段所完成的工作，继续完善游戏状态。

不知读者是否有种感觉，游戏制作的过程就好比建楼。先从地基开始，然后打造框架，最后一层层来建设，直至封顶完工。从建筑的角度来看，游戏状态类至少也是一个三层结构的别墅了。首先是引擎中有限状态机的状态类；然后是加入 OpenGL 渲染器之后的类；最后则是我们将要开始的工作，即加入游戏内容以及逻辑的游戏状态类。

代码 8-26　游戏状态类的实现

```
//
// GameState.m
// HitsMole
//
// Created by shadow on 12-2-16.
// Copyright 2012 __MyCompanyName__. All rights reserved.
//

#import "HitsMoleState.h"
#import "ResourceManager.h"
#import "Animation.h"


@implementation HitsMoleState
- (void) initGame{
    gameWorld = [[GameWorld alloc] initWithFrame:self.frame];
    [gameWorld loadLevel:@"tileData.txt" withTiles:@"tileMap.png"];


    Animation* moleAni = [[Animation alloc] initWithAnim:@"moleAnimation.png"];
    moleArray = [[NSMutableArray arrayWithCapacity:12] retain];
    for (int i =0; i<12; i++) {
```

```objc
        MoleEntity* mole = [[MoleEntity alloc]
                            initWithPos:CGPointMake(50.0f+i%3*94, 60.0f+i/3*96)
                            sprite:[Sprite spriteWithAnimation:moleAni]];
        [gameWorld addEntity:mole];
        [moleArray addObject:mole];
        [mole autorelease];
    }

    [gameWorld setCamera:CGPointMake(100, 100)];
    gameScore = 0;
    gameRunTime = 0.0f;
    moleRate = 0.0f;
    moleRateMax = 3;

    [[ResourceManager sharedInstance] stopMusic];
    [[ResourceManager sharedInstance] playMusic:@"bdg.mp3"];
}
//游戏逻辑处理
- (void) Update:(float)dt {

    moleRate += dt;
    gameRunTime +=dt;
    if(moleRate >moleRateMax*1.5f)
    {
        int index = abs(random()%12);
        MoleEntity* mole = (MoleEntity*)[moleArray objectAtIndex:index];
        [mole setState:Mole_State_Show];
        moleRate = 0.0f;
    }
    if(gameRunTime > 60.0f)
    {
        moleRateMax = moleRateMax >1 ? moleRateMax- 1 : 2;
        gameRunTime = 0.0f;
    }

    for(MoleEntity* mole in moleArray)
    {
        if([mole isInBounds:hummerPos])
          {
              [mole setState:Mole_State_Dead];
              gameScore += 10;
              [[ResourceManager sharedInstance] playSound:@"hit.mp3"];
          }
        [mole update:dt];
    }
    hummerPos = CGPointMake(0, 0);
    [super updateFinish:dt];
}

- (void) Render {
```

```
    //清空上一界面的绘制内容
    glClearColor(0xff/256.0f, 0x66/256.0f, 0x00/256.0f, 1.0f);
    glClear(GL_COLOR_BUFFER_BIT);
    //调用游戏世界的绘制
    [gameWorld draw];
    //游戏结束画面
    [super renderEndgame];
    //绘制游戏分数
    NSString* temp = [NSString stringWithFormat:@"score:%d",gameScore];
    [[[ResourceManager    sharedInstance]    defaultFont]    drawString:temp
atPoint:CGPointMake(180, 420)];
    //将渲染器绘制的界面显示到屏幕之上
    [self swapBuffers];
}

-(id) initWithFrame:(CGRect)frame andManager:(GameStateManager*)pManager;
{
    if (self = [super initWithFrame:frame andManager:pManager]) {
        [self initGame];
    }
    return self;
}

-(void)touchesEnded:(NSSet*)touches withEvent:(UIEvent*)event
{
    UITouch* touch = [touches anyObject];
    CGPoint point = [touch locationInView:self];
    hummerPos = point;
}

- (void) dealloc {
    [gameWorld release];
    [moleArray removeAllObjects];
    [moleArray release];
    [super dealloc];
}
@end
```

在代码 8-26 中，没有为读者列出此类的头文件。因为除了继承自父类的方法之外，游戏状态类中并没有添加新的方法。因为之前我们已经做好了状态类的框架以及方法接口，现在所做的就是内部装修，将游戏内容以及逻辑编写到需要的地方。

还是按照从上到下的方式为读者来解释代码。这是游戏制作的最后一步了。就比好许多小说或者电影的结尾，只有坚持到最后的人才能明白事情真相。读者将会在此类的实现代码中，看到之前我们完成工作的成果。读者也将体会到，在游戏引擎的协助下，制作一款游戏将会变得简单。

方法 initGame 是进行游戏初始化的。在介绍游戏组成时，我们说过一个游戏就是一个世界，世界中的居民就是游戏中的实体。因此，在初始化代码中，创建了一个游戏世界对象 gameWorld，然后为世界添加了一些实体。此时的开发者就成为了游戏世界的造物者。我们创造了一个地图背景。

背景中的绿草葱葱，地面上整齐的排列着 12 个地洞。这是一个多么奇怪的世界啊！之后，我们又创建了在地洞中的 12 只地鼠。不过，要想让地鼠能够活灵活现地在玩家眼前钻进钻出，还需要动画文件。初始化方法中余下的代码设置了游戏世界观察窗口的位置，初始化一些游戏变量数据以及播放背景音乐。

下面我们来看游戏状态类中最为重要的方法 Update:。此方法可以看成是游戏状态类的思想。思想对于一个人来说是最为崇高的，在此该方法则用来实现了游戏的逻辑。在"打地鼠"游戏中，游戏的规则比较简单。需要一个计时触发器，来随机选择一只地鼠让它出洞。在明白了方法的实现逻辑之后，再逐行为读者介绍就没必要了。代码本身就是一种语言，各位细心体会吧！余下的 4 个方法分别为：Render 绘制方法、initWithFrame:状态类初始化方法、用户按键处理、释放资源方法。这 4 个方法或多或少地在前面章节已经为读者介绍过了，它们实现的代码也只有短短几行而已。

至此，"打地鼠"游戏已经制作完成了。是时候该收尾了。相比前面的章节，本章节的内容多，代码也多。一口气读下来，会有些吃力。为了避免读者忘掉，让我们来回顾一下曾经走过的路吧！

8.10　小　　结

生活需要游戏，但不能游戏人生。这句话的道理看似简单，实则深奥。人们要对生活持有乐观的态度，才能持之以恒、坚持到底。制作游戏也是如此。作为游戏的开发者，我们在制作快乐的同时，还要付出劳动。这并不是一件容易的工作。我们完成的作品要能够为用户带来乐趣，排解生活的无聊。但是作为一份工作，制作游戏产品的过程并不轻松。每一款游戏背后，都有为之辛勤奋斗的开发者。所以这不仅仅是一份维持生计的工作，而是需要投入激情的工作。

本章节的内容比较多，阅读之后的感觉中夹杂着疲惫与充实。想必读者已经领略到制作游戏的各种滋味。这项工作并没有外人看起来那么轻松自在。况其，这只是成为游戏开发新手的第一步。在这一步中，我们制作了一个全面的引擎。虽然在制作引擎的过程中，我们接触了方方面面，但是每个方面并没有深入地研究。对于新入门的读者来说，还没有能力去掌握深奥的技术。

荣誉与辛苦并存，正是游戏制作工作中最大的体会。这种充实能为开发者带来成就，而疲惫总是让人感觉劳累。一口气看完的话，除非读者有过目不忘的本领，否则有可能忘掉一些内容。作为小结，让我们来从头回顾一下吧！

计算机指令本身十分简单，可要以某种速度，比方说每秒 100 万次运行，结果就像是魔法。从本章节开始直至结束，我们就表演了一次魔法。看看现在我们获得了什么？一个可以重复利用的引擎和一个看上去还不错的游戏。在这个从无到有的过程中，我们是如何从一砖一瓦来构建起这个游戏大厦的呢？

在计算机领域中，习惯采用建筑行业的方式来举例，甚至有一些计算机领域的技术就是来自于建筑领域的知识。在本章节的开头，我们就明确了一个目标——制作一款游戏。制作游戏的首要任务是构建游戏引擎。这毕竟不是 30 年前开发者自我摸索游戏制作技术的时期，现如今，我们有很多借用的成熟经验，我们知道一款游戏从何开始。

首先，构建应用程序的框架。所谓的框架就是为将要完成的作品定制一个模型，明确它所在的位置。事先预想，需要制作哪些模块、这些模块将会被放在哪里等一些系列的问题。在游戏框架之中，我们了解到游戏产品的核心是引擎。游戏的引擎与汽车或者飞机的引擎起到同样重要的作用。

它能够为游戏提供动力，让游戏运转起来。为了让读者熟悉引擎的重要性，章节中介绍了引擎的形成过程以及发展历史。然后，还为玩家介绍了一些知名的游戏引擎。在游戏领域，引擎大致存在 3 种：授权引擎、自制引擎和开源引擎。如果读者熟读了这部分内容，应该能够根据自己的需求来选择合适的引擎。不过，无论将来读者选择怎样的引擎，在本章节当中我们已经制作了一款游戏引擎。采用游戏引擎来制作游戏产品，已经成为了多数开发者的首选。它的优点不言而喻。提高游戏开发效率高、编码可以被重复利用、具有良好的可移植性等，都是开发者选择此种方式来制作游戏的原因。但是要想制作一款优秀的游戏引擎绝非易事。游戏引擎要具备绝对的稳定性、强劲的性能、完善的功能。游戏引擎还要能够提供给制作人员便利的工具以及第三方插件。虽然我们还不具备制作顶级引擎的能力，但是有句老话"一天垒不出长城，一口也吃不成胖子"，所以抱着尝试的态度，我们开始了游戏引擎制作。

游戏引擎具备了丰富的功能，这些功能按照一定规则被划分为 3 层：引擎的内核层、功能层和游戏系统层。这是一个从内而外的划分，越靠近内部的实现技术越为原始与纯粹。其外部的游戏系统层，则是提供给游戏开发者使用的功能，这些功能大多与游戏内容有着密切的关系。功能层则像是一个为游戏系统层服务的工人，它将一些功能简化、封装，为游戏系统层提供了简洁有效的程序方法。引擎内核则是一些最为重要的内容，它们决定了引擎的性能。在内核当中，我们介绍了两个重要的概念：有限状态机与渲染器。结合游戏的生命周期，我们为读者介绍了游戏中的有限状态机制。它几乎成为了每个游戏引擎必备的功能，其简单有效的方式深受各种水平开发者的喜爱。

在引擎内核当中，衡量一个引擎是否优秀的关键就是其所用的渲染器。我们从底层开始，逐步完善渲染器的功能，直到能够实现游戏内容。没有渲染器之前，仅仅凭借 iOS 系统中的方法，我们只能将一张图片显示在界面之上。而在完成了与渲染器一系列有关的功能之后，开发者就可以利用动画让玩家感受一个动态的画面。这也正是渲染器在内核中占据重要地位的原因。因为游戏的首要内容就是为玩家呈现一个精妙绝伦的画面。绘制功能正是渲染器带给开发者的利器。在实现了纹理、帧序列以及动画技术之后，章节中还为读者介绍了一种游戏背景的显示技术，即图块拼接地图背景。凭借开源工具 Tile Map 的鼎力协助，我们轻松地完成了"打地鼠"游戏中的地图背景。游戏中需要绘制的内容除了图片之外，还有另外一部分内容——字体绘制，它用来显示游戏当中的字符。我们介绍了两种文字的处理方法：美术字与排版字。这两种方式在游戏中经常出现。美术字相对简单一些，只需美术人员按照文字的内容来绘制图片，而排版字则是依靠先辈们杰出的智慧结晶——中国的四大发明之一的活字印刷术。

引擎中的渲染功能完成之后，所剩下的就都属于引擎功能层中的内容了。随后的章节中介绍了一些与游戏内容有着密切关系的功能。碰撞检测的功能是用于判断游戏中的物体是否发生接触。用户交互是游戏中用来接收玩家操作，并及时做出响应的模块。声音引擎很简单，当开发者想为游戏产品加入音乐与音效时就会用到的功能。到此为止，游戏引擎的编码工作就基本完成了。此时得到的内容是将来可以被重复利用的编码。虽然我们已经完成了引擎的制作，但最初的任务是制作一款"打地鼠"游戏。所以接下来的内容，读者将会继续学习游戏产品的制作方法。

按照游戏的状态来设计游戏界面。一个游戏产品中包含着一个游戏世界。这有点魔幻的色彩，好比潘朵拉魔盒中存在一个世界。在游戏世界中存在许多居民，它们被称为实体。"打地鼠"游戏中的实体就是"地鼠"！地鼠有一定的思维，它知道要时不时地钻出地面透透气，但是不能耽搁太长时间，否则将会被打。至于如何通过代码来实现这有趣的逻辑，读者可以回顾当时的内容。游戏世界中还存在一个资源处理中心，用来管理游戏中所有资源的加载与清除。之所以设立资源管理中心，只是为了让游戏世界更加有序整洁。最后通过重写继承两次的游戏状态类，实现了打地鼠中的游戏规则。

虽然"打地鼠"游戏还有许多不尽人意的地方，但是作为第一款游戏作品，它已经让我们领略了游戏开发的魅力，读者通过它掌握了许多游戏制作的技术。如果读者非常享受制作游戏的过程，并能够游刃有余地掌握本章知识，在普及了游戏基础知识之后，我们就不会再玩弄这些小儿科的东西了，接下来的章节将会满足你学习的欲望。因为读者将有机会接触全球使用最为广泛一款的 iOS 游戏引擎，跟随章节的内容亲自打造一款游戏。这款游戏的水准将会比"打地鼠"更上一个台阶。

第 **9** 章　Cocos2D 引擎使用指南

Cocos2D 是一款不错的游戏引擎。之所以说它是不错的引擎，那是因为它要比我们在上一个章节亲手制作完成的游戏引擎要强上百倍。如果读者还沉浸在上个章节获得的成就当中，沾沾自喜的话，那么是时候认清自己的能力了。前面章节中，我们曾介绍过一些 iOS 平台的游戏引擎，它们被划分为 3 类：授权引擎、自主研发引擎以及开源引擎。Cocos2D 是一款免费开源引擎，任何人都可从网络上下载。为什么在众多的游戏引擎当中，我们会选择它作为本章的内容？因为它可以帮助开发者们实现梦想。在未来的某一天，能够将自己制作的游戏作品在全球出售。如果每天让读者起床的不是闹钟，而是如此的梦想，那么 Cocos2D 绝对是不能错过的选择。因为在苹果公司的应用商店（App Store）早已有使用 Cocos2D 游戏引擎制作的热销游戏，其中一些游戏产品的销售数量甚至已经超过了千万份。如此成功的案例摆在读者面前，试问谁能不心动啊！

虽然 Cocos2D 引擎为开发者制作游戏提供了强大的支持，但是要想熟练掌握它，仍然需要一段时间的学习。因为编写游戏不是一件容易的事情，读者还要学习许多游戏开发中的技巧以及编程的知识才行。不过已经阅读到此章节的读者们，相信你们已经决定参与到游戏开发中来，你们具备对游戏产品的热情。也许你现在已经有了一些不错的游戏创意，那么凭借 Cocos2D 引擎为开发者带来的便利，读者将会更容易、更快速地实现这些创意。利用它制作一款完整的游戏产品，然后上线销售，在获得丰厚收益的同时，还能博得赞许。

已经有很多开发者使用 Cocos2D 游戏引擎来制作游戏产品。他们来自全球各地，有着各自的语言和文化。他们有着很多不同的背景，就连技术水平也有所不同。在开发者当中，有些人是刚刚接触游戏编程的菜鸟，有些人是具备多年经验的老手。所以不管开发者本身的水平如何，都可以随意使用 Cocos2D 引擎。当然，作为新入门的读者，还是要通过本书学到一些内容，这些内容并不局限于 Cocos2D 引擎。在读者学习的过程中，除了掌握 Cocos2D 引擎的使用方法外，还要提高对游戏制作的认知。读者要理解 Cocos2D 引擎的原理，知其然更知其所以然，达到举一反三的水平，才能为将来制作游戏引擎时打下深厚的内功啊！

本章的内容主要以 Cocos2D 游戏引擎的 iPhone 版本作为介绍，所以在接下来的内容中，笔者会带领大家理解 Cocos2D 引擎的运作原理，掌握 Cocos2D 引擎的使用方法。因为 Cocos2D 引擎的 iPhone

版本是基于 Objective-C 编程语言开发的，本章节的样例代码也将由 Objective-C 语言编写而来。所以如果没有经过前面章节内容的铺垫，那么阅读本章节的内容将会感觉非常吃力。阅读本章节的读者要具备一定的 iOS 系统以及 Objective-C 编程语言的开发技术。另外，读者还要熟悉游戏制作的基础知识，知道游戏产品的基本架构都有哪些、什么是纹理、动画功能是如何实现的。这些问题在之前章节我们已经有过正确的答案。在有了充足的准备之后，读者就可以仔细阅读本章节的内容了。我们已经迈上通往游戏制作大师的台阶，而这次则是打开一扇通向顶端的大门。门后是一部电梯，这部电梯让我们不用再一步一个台阶式地攀登，它将会让我们直达游戏开发者的王座。

下面就让我们来领略一下 Cocos2D 游戏引擎的魅力吧！阅读完本章节之后，读者就会知道 Cocos2D 引擎强在哪里，为什么会比我们做的引擎好上百倍。话说在前头，我们已经选择了一个最有趣的游戏引擎。

9.1　Cocos2D 引擎介绍

相信阅读此书的读者中，每一个人都喜欢游戏，也喜欢创造和编写游戏。既然我们将要借用别人的工作成果，而且这些人分文不取，纯粹是为了游戏产业做奉献。如此精神，不由地让人肃然起敬。尊重他人的劳动果实，是中华民族的传统美德。借由本书，向此游戏引擎的开发者们表示敬意。本章节中除了为读者介绍Cocos2D引擎之外，我们还会提及许多与游戏有关的制作工具以及程序库。这些工具或者程序库也同样来自于开发者们的无私分享。我们要怀着万分的敬意对上述开发者表示感谢。没有他们的分享精神，是不会有游戏产业的蓬勃发展的。人人都喜欢爱分享的人，但并不是人人都爱分享。其实分享行为是非常稀有的美德。虽然按劳分配获取自己的劳动所得在人类社会是理所当然的普世公理，但放眼整个生物界，不得不说这是人类的伟大"发明"。在科学研究中指出，人类之所以会做出大量其他动物所不会的利他行为，主要是因为人类重视名誉并且懂得互惠。不论是出于伟大的博爱，还是自私的名誉和互惠，分享都极大地提高了人类的生产效率。人类懂得分享，懂得牺牲当下换取未来。成熟的人类从来不是活在当下的动物，从我们的祖先颤颤巍巍地抬起前肢试图看得更远的那一刻起，到现在我们凝结全球人的智慧飞向外太空探索未来。所以眼下的利益不算什么，对明天的向往才是我们前进的动力。我们愿意用一时的损失换来长久的发展。分享精神除了让那些一无所有的人不用再自力更生之外，有了分享的约定，人类才可以放心地分工合作，让一部分人外出打猎，另一部分人守护家园。

如果读者觉得上述洋溢赞美之词只是流于表面、过于肤浅，那么读者可以考虑向 Cocos2D 的开发者捐款，或者购买一些他们制作的收费源代码项目。捐助的钱财将给予他们支持，用来进一步开发完善 Cocos2D 引擎，造福更多的开发者。

9.1.1　Cocos2D 的来历

最早的 Cocos2D 引擎版本发布于 2008 年，至今已经有 5 个年头了。在最初的两年间，Cocos2D 的名字并没有多少开发者知道。在 2008 年 3 月 Cocos2D 发布第一个版本时，只有 235 份的下载量。当时，Cocos2D 引擎的定位为平面游戏框架，使用的开发语言为 Python 脚本语言。直到 2010 年 9 月，Cocos2D 引擎才小有名气。这主要是因为 iPhone 系统的 Objective-C 语言版本的发布，吸引了许多开发者。许多开发者第一次听说 Cocos2D 引擎，也是来自 iOS 平台的版本。此版本是整个 Cocos2D 引擎当中的明星产品，它被广泛传播、使用，同时此版本的功能也是最为完善和成熟的。本章节中我们也将围绕 Cocos2D 引擎的 iPhone 版本介绍。所以为了简略一些，在后续的内容当中，如果没有特殊表明，我们所介绍的都是 iPhone 版本的 Cocos2D 引擎。在 iPhone 版本发布之前，Cocos2D 引擎只被少数开发者用来制作个人电脑平台上的游戏，这些游戏中又以 Flash 类型的居多。因为在个人电脑平台上存在着许多优秀的游戏引擎，所以 Cocos2D 引擎并没有大放异彩的机会。直到现在也是如此，在个人电脑平台之上，它并不是开发者热衷的游戏引擎。但是因为其在 iOS 系统中获得的认可，已经变成了开发者的首选。换句话说，Cocos2D 游戏引擎对于 iOS 系统的开发者来说，几乎是人见人爱、花见花开。至于 Cocos2D 引擎为什么会获得如此的美称，让我们来慢慢地了解吧！

9.1.2　免费开源

免费开源是 Cocos2D 引擎最迷人的地方，也是众多开发者选择它的主要原因。简单地讲，开发者完全可以免费把它用在自己的游戏产品当中，就算将来游戏产品销售获得利润，也无须支付任何费用。俗话说，天下没有免费的午餐，但这次却是例外。开发者可以使用 Cocos2D 引擎来进行商业开发并获得收益，这正是因为 Cocos2D 引擎是免费的。开发者可以用它为 iPhone、iPod touch 和 iPad 编写免费或收费的应用程序，却不需要支付任何版税或者使用费用。如果读者有些过意不去，毕竟也是用了别人的成果，让自己赚到了钱，那么也可以为 Cocos2D 引擎的开发者捐献一些费用。由于 Cocos2D 基本上是由 Ricardo Quesada 一个人创造的产品，偶尔也会有其他的开发者贡献一些代码。不过，读者只需向 Ricardo Quesada 捐款就足够了。一来可以抚平我们内心的不安，二来这些捐助也会支持制作者进一步开发 Cocos2D 引擎以及其他的维护工作。

详细来说的话，Cocos2D-iPhone 的引擎版本是针对 iOS 系统的 Objective-C 程序语言编写的，它是基于 GNU LGPL v3 免费开源协议的。GNU 宽通用公共许可证（GNU Lesser General Public License，LGPL）被用于一些（但不是全部）GNU 程序库。这个许可证的前身被称为 GNU 通用公共许可证。此许可证最新版本为"版本 3"，由自由软件基金会（Free Software Foundation，FSF）于 2007 年 6 月 29 日发布。此基金会是一个致力于推广自由软件的美国民间非营利性组织，于 1985 年 10 月由理查德·斯托曼建立，其主要工作是执行 GNU 计划，开发更多的自由软件。图 9-1 所示的正是 GNU 免费开源协议的图标。

由于在 iPhone 的平台上无法实现发布第三方动态链接库，因此制作者扩展了上述协议，允许其他开发者在应用程序中通过静态链接库或者直接使用源代码的方式对上述协议进行扩展。另一方面，就算应用程序当中使用了 Cocos2D 引擎，也无须公开应用程序的源代码。

图 9-1　GNU LGPL v3 标志

开源的含义就是开放源代码。一些人将开放源代码认为是一种哲学思想，另一些人则把它当成一种实用主义。开放源代码意味着制作者将其在互联网发布，来获得广泛使用。在发布之后，其他的开发者也有机会成为游戏引擎制作的参加者。地球上的任何人都可以提出对源代码的修改或者建议。同时，应用程序的开发者也可以通过阅读 Cocos2D 引擎的源代码来进行学习，甚至可以在必要的时候去修改引擎中的代码。这并不是每一款引擎都可以提供的功能。多数授权引擎并不会为开发者开放源码。当开发者使用授权引擎制作游戏时，总有一种雾里看花、不知真假的感觉。如果读者喜欢阅读代码，那么就算是想给 Cocos2D 引擎来个解剖手术，对其内部结构搞得清清楚楚、明明白白，也不是一件不可能的事情。读者完全可以放心地使用这个开源引擎，不用顾虑其可能存在的内在限制或者法律约束。

使用 Cocos2D-iPhone 游戏引擎，可以让大家尽快投入到 iOS 游戏开发的状态之中。随着对苹果开发平台经验的不断丰富，以及对游戏引擎的数量掌握，甚至于再进一步深入了解 OpneGL ES 渲染库。当读者比较全面地掌握了整个游戏应用中开发的各种技术、框架、工具以及设计理念后，Cocos2D 引擎将会助一臂之力，帮助读者成为游戏开发的高手。

9.1.3　游戏引擎的功能

Cocos2D 引擎的功能算得上是应有尽有，包含了动画功能、碰撞检测、音乐音效、操作响应、内存控制、粒子效果等。这些功能与内容将在本章节后续的内容中为大家介绍。其实读者只要看看本章节的目录，就会知道 Cocos2D 引擎为开发者提供了哪些功能。Cocos2D 引擎除了自身提供了丰富的功能之外，还支持许多其他工具与程序库，比如物理模拟库、动画工具、地图工具，开发者可以自由选择在游戏制作的过程中使用它们。Cocos2D 被广泛地使用，其中包括 Zynga、Namco、GLU 等国际知名游戏公司。Cocos2D 引擎不仅仅只是一个 2D 图形引擎库，它还提供了一些对游戏逻辑以及管理支持的系统。Cocos2D 提供了一个简单的声音引擎，支持播放 MP3、WAV、OGG 等文件格式的音乐。下面简单地为读者列举一些 Cocos2D 引擎中的功能。读者只需熟悉一下各个名词，后续将会逐一地进行详细讲解。

- 场景管理：采用工作流的方式来绘制游戏界面。
- 场景切换：提供了丰富的场景切换效果，比如滚轴、翻页、淡进淡出。
- 精灵以及精灵列表：精灵是游戏内容的基本元素，它被用来表现游戏中的各个物体。
- 特殊效果：画面的透明、波纹、波动、液态效果等。
- 动作功能：引擎中的精灵具备丰富的动作或者行为，比如移动、旋转、伸缩等。
- UI 界面：引擎中提供了一些简单的菜单以及按钮组件。
- 支持物理功能：引擎外接了两款物理引擎，即 Box2D 与 Chipmunk。
- 粒子系统：用于游戏中的火焰、雪花、爆炸等特殊效果。
- 字体功能：可快速地对可编辑字体进行绘制，支持 TTF 标准字体。
- 支持纹理集合：引擎支持将多张纹理整合为一张纹理的功能。此功能用于节省内存，提高绘制速度。
- 地图背景功能：支持 3 种地图图块拼接方式，即矩形、菱形和正六边形。
- 动态影片：支持播放动态影片的功能。
- 绘制到纹理：这是一个三维渲染技术，类似于二维平面中的绘制缓冲区技术。
- 用户交互：引擎可以响应 iOS 设备中的触碰以及加速度计，和 Mac 平台的触碰、鼠标以及键盘。
- 支持各种 iOS 设备屏幕以及屏幕的角度，比如支持 iPhone 4 设备的 Reina 高清屏幕，支持 Portrait 和 Landscape 的屏幕角度。
- 声音模块：提供了丰富的声音播放功能，支持多种音频格式。

我们知道 Objective-C 编程语言是苹果用来编写 iPhone 应用程序的原生编程语言，同时 iOS 系统所提供的 SDK 也都是使用的 Objective-C 编程语言，所以 Cocos2D 引擎开发者同样也采用了 Objective-C 编程语言。这样当开发者使用 Cocos2D 引擎时，就可以更容易地理解和使用 iOS 系统的技术以及 SDK 的功能。其他一些诸如 Facebook Connect 和 OpenFeint，在国内的社区中，比如微博和人人网都提供了针对 iOS 平台的 SDK 开发包，同样是用 Objective-C 编写的，因此这些社交功能也可以很容易地整合到 Cocos2D 引擎里面。得益于 Objective-C 编程语言，Cocos2D 游戏引擎并不只适合 iOS 设备。如果开发者有兴趣，它也可以被用来制作 Mac 平台的游戏。

虽然 Cocos2D 是一款用来制作二维平面游戏的引擎，但是其底层的渲染器却是选用的 OpenGL ES。究其原因，这与第 8 章中我们自制的引擎是一样的道理。iOS 系统中提供了其他与绘制有关的程序库，如 Core Graphics 或者 Quartz Core，但是它们都无法满足游戏中丰富的绘制内容，此时就是 OpenGL ES 登场的时候。OpenGL ES 可以说是专门为移动设备打造的游戏渲染器。不过，其本身世界是基于三维空间。不过读者并不用担心自己缺乏对三维空间技术的理解，因为 Cosos2D 引擎已经为开发者降低了技术复杂度。大多数 Cocos2D 使得游戏中的图形由简单的 Sprite 类利用图片文件生成，开发者并不需要关心这些效果是怎样用 OpenGL ES 代码来实现的。一般来说，2D 游戏更容易开发，也更容易让人理解。而且多数情况下，2D 游戏产品对设备硬件的要求更小，这样就允许开发者创建更生动和拥有更多细节的画面。开发者哪怕对 OpenGL ES 的技术一点不知，也仍然能够运用 Cocos2D 引擎制作出优秀的游戏。现实情况也是如此，笔者曾经问过一些开发者，他们并不懂得任何三维空间的技术，却也做出了令人称赞的游戏。这就好比我们所使用的手机，很多人并不知道它是通过怎样的技术来接听电话或者发送信号的，但依旧是人手一台，聊得不亦乐乎。

9.1.4 版本发展

Cocos2D-iPhone 游戏引擎自 2008 年 6 月发布了第一版本 0.1 至今已经度过了 4 年，4 年的时间正好是一届奥运会的间隔。虽然 Cocos2D 引擎没有与其他的引擎竞赛，但其版本更新的速度毫不逊色。能保持如此频率的更新升级，除了来自开发者辛勤的工作之外，还得益于人们对此款游戏引擎的喜爱。正是因为有了众多开发者的关注，才促使它成长到今天的地步。在 4 年的时间里，Cocos2D 引擎至少推出了 10 个版本，每个版本都存在一些变化：修正了一些存在的问题，加入了新的功能等。量的积累达到质的变化。在 0.90 版本的时候发生了一次重大升级，采用了全新的类名体系，这也标志着这个平台变得越来越成熟、越来越可用。这就好比一个孩子的成长，总是在慢慢长大，而成熟却是在一夜之后。从 0.99.0 版本开始，Cocos2D 引擎就登上了 iOS 系统游戏引擎的王座。凭借它强大的性能，使得开发者在制作游戏时挥洒自如、随心所欲。同时 Cocos2D 引擎要求苹果的 iOS 系统版本为 3.0 以上。另外，该系统版本需要运行在 Mac OS-10.5.7 版本上。这些都是技术变革带来的版本升级。在下个章节中，将会为读者介绍安装 Cocos2D 引擎的运行环境。

如今在 Cosos2D-iPhone 的官方网站上，提供了稳定版本为 1.0.1。稳定版本是开发者的首选，它是已经经过迭代测试，被用于一些上线游戏当中的引擎版本。除此之外，对于那些有冒险精神、喜欢尝试新鲜事物的开发者，网站上还提供了测试版本 1.1 以及 2.0。说到此处读者有些疑惑，为什么 1.1 的版本还没有完成，就直奔 2.0 版本的开发呢？这是因为正在制作的 Cocos2D 2.0 版本并不是来自于之前版本的升级。2.0 版本将不再兼容旧的系统，只有 iPhone 3GS 及其以后版本才支持。除了对操作系统的要求有所提升之外，开发环境也仅仅支持 XCode 4.0 之后的版本。这是因为在 2.0 版本中应用了 OpenGL ES 2.0，渲染器将会直接使用 Shader 操作 GPU 进行绘制。这将在性能与效果上都带来更大的提升，用它做出的游戏也会更酷些。

　　在此还需要提及一下 Cocos2d-X 版本，这算是我们国人的骄傲了。它是一个基于 Cocos2D 引擎结构的 C++版本，因为其采用了 C++语言编写，可以同时支持多个手持设备平台。

9.1.5　成功游戏

　　在 App Store 上已经有超过 3 000 多个游戏是使用 Cocos2D 引擎制作的，所以说到应用 Cocos2D 引擎而获得成功游戏，那真是数不胜数。其中不少游戏都曾是 TOP 10 排名的常客。让笔者印象最深的是 StickWars，它曾经连续几周排名第一。在 Cocos2D 引擎的官方网站列举了一些使用 Cocos2D 引擎制作的游戏。在官网列出的游戏产品实在是太多了，这还仅仅是开发者主动申报的，还有一些隐姓埋名的游戏并不在统计当中。所以如果赋予 Cocos2D 是 iOS 平台引擎之王，也是毫不夸张的事。图 9-2 所示的正是来自官网游戏列表中一部分游戏的截图，这些游戏都已经在 App Store 中上线销售。有兴趣体验一下的读者，也可以登录 iTunes 下载这些游戏。先来领略一下 Cocos2D 游戏引擎的魅力，然后在制作自己的游戏时就能得心应手、无所担忧了。

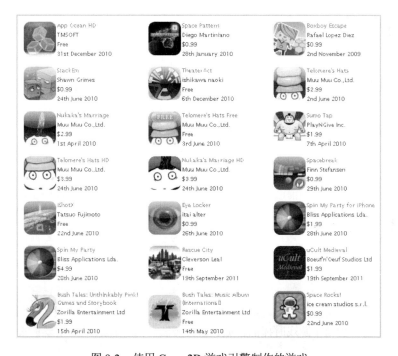

图 9-2　使用 Cocos2D 游戏引擎制作的游戏

　　图 9-2 展示的就是使用 Cocos2D 引擎制作的游戏产品，不知其中是否有读者熟悉的知名游戏？如果有兴趣，可以亲自去 Cocos2D 官网查询这些游戏。网址如下：

http://www.cocos2d-iphone.org/games/

　　看看当中是否有你认识的知名游戏？这个答案想必是肯定的。读者可以下载一些免费的版本，来体验体验 Cocos2D 引擎的效果。然后不妨思考，当自己使用 Cocos2D 引擎制作游戏时，该如何利用这些功能？因为我们马上就要开始熟悉 Cocos2D 引擎了。

9.2　Cocos2D 引擎基础知识

经过前面的介绍，读者已经对 Cocos2D 引擎有了一些认识，但这距离我们熟练地使用它来制作游戏，还有一定的差距。Cocos2D 引擎是 iOS 平台上最为知名的游戏引擎，不仅被众多的开发者推崇，同时也有多款成功游戏就是使用它来制作的。

接下来，读者将会领略 Cocos2D 引擎的魅力。我们将从基础开始，逐步地熟悉和掌握 Cocos2D 引擎的内容。不过在此章节中，还不会使用引擎来制作游戏产品。这是要在读者了解了引擎结构以及组成之后，才能够完成的工作。在熟悉 Cocos2D 引擎基础知识时，我们将会运行一个简单的示例项目，通过它来印证 Cocos2D 引擎的开始。无论怎样，要想开始后续的内容，第一步就是要获得一个 Cocos2D 引擎的稳定版本。

9.2.1　Cocos2D 官方网站

Cocos2D 的最新版本可以从官方网站来下载，网址如下：

http://www.cocos2d-iphone.org/download

图 9-3 所示正是 Cocos2D 的官方网站。在网站的页面中，依次为博客、商店、论坛、游戏、下载、文档、关于、备份。这些都是与 Cocos2D 相关的内容。在博客当中会发布最新的引擎动向、技术变化以及版本更新，有时也有开发者日常生活中一些琐事。在商店页面中是一些开发者出售的开源项目，以及捐款地址。除了这些之外，你会发现一些与 Cocos2D 相关的周边，比如杯子或者 T 恤。如果读者觉得有必要，可以奉献一点银子。论坛页面是世界各地开发者讨论的中心，我们在这里交流、沟通、分享。论坛可以帮助读者解决技术难度，可以发现与 Cocos2D 配套的工具，可以看到别人的作品，可以找技术高手请教，还可以向别人传授经验。总之，在论坛中，我们讨论一切与 Cocos2D 有关的内容。游戏界面则是我们前面介绍的，展示的是那些使用了 Cocos2D 引擎制作的游戏，这些游戏是由其开发者上传的。下载页面则是提供给开发者下载各个版本的 Cocos2D 引擎。关于界面则是介绍 Cocos2D 引擎的开发者。最后一个存档界面是为了让访问的人来查询之前的网站内容而留存的备份页面。

图 9-3　Cocos2D 官方网站

Cocos2D 的官方网站是一切信息的来源，这应该是读者经常登录的网站。虽然网站是英文基础，但是读者也不用担心自己英文不好。记得有一次笔者尝试打了一些中文，没想到竟这样结交了不少国内同仁。Cocos2D 网站将会成为读者今后工作中主要的活动站点。在这里可以获得引擎最新的消息；可以结交志同道合的朋友；可以解疑答惑、获得帮助；可以分享自己的成就，看到别人的作品；可以找到高效的工具；可以找一些游戏产品的源码；还可以找到技术文档。所以要想成为 Cocos2D 引擎的使用者，官方网站必将是读者频繁访问的地方。

9.2.2　Cocos2D 下载与安装

在 Cocos2D 的官方网站中我们已经看到了下载项目。读者先不用着急下载 Cocos2D 引擎，引擎总在那里，不论你下与不下，它就在那里，不离不弃。我们首先要做的是要检查一下当前的环境是否适合使用 Cocos2D 引擎。Cocos2D 引擎的不同版本，对于开发环境也有不同的要求。根据前面介绍的内容，我们将会选择稳定的 1.X 版本 Cocos2D 引擎。这并不代表着其他版本存在多么严重的问题，它们都是经过测试的可运行版本，那些尚在开发中的版本，只是有一些暂时未确定的方法接口或者部分未添加的功能。读者需要明白每一个版本都是经过了测试之后，才会变为稳定版本的。但是考虑到我们只是来学习 Cocos2D 引擎，并不打算通过制作一款新颖的游戏产品来吸引玩家，所以在稳定的引擎版本与先进高效的技术之间，我们必然会选择前者。虽然不稳定版本并不意味着程序崩溃，但是要把它当成测试版，可能会有一些不完善的地方和未经测试的功能。

Cocos2D 引擎的运行是需要一定的软硬件环境的，读者请先准备好开发环境，再继续后面的内容吧！以下是开发 iOS 程序对软硬件的最低要求：

- 基于英特尔 CPU 的苹果电脑，至少要有 1GB 内存。
- Mac OS X 10.6（Snow Leopard）或者更高版本。
- 任何一台 iOS 设备。
- 已经安装了 Xcode 3.2 以上版本。
- 已经安装了 iOS SDK 3.2 以上版本。

在网站的下载页面会看到图 9-4 所示的页面内容。

按照之前的约定，单击下载稳定版本。在本章节中，我们将会使用 Cocos2D 引擎 1.0.1 版本。当下载完成后，双击下载好的文件，iOS 系统将会自动将文件解压缩到与文件同名的目录当中。单击进入解压后的目录，这将是我们与 Cocos2D 引擎的初次见面。

图 9-4　Cocos2D 下载界面

图 9-5 所示的就是下载包解压缩后引擎提供的所有文件以及目录。在此目录当中，读者会看到许多的文件与子目录。是不是会感觉内容多得有点应接不暇？不用着急，这只是第一印象。哪有人只通过一面之缘，就能摸清对方底细的。让我们逐一地为读者介绍吧！

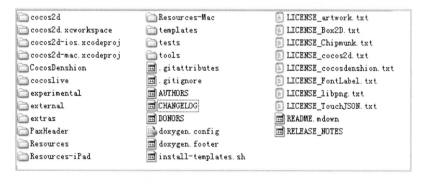

图 9-5　Cocos2D 引擎的内容

在目录当中有多个版本说明的文本文件，这其中包括了 Cocos2D 引擎及其使用的其他程序开发包的版权声明。如果读者不想研究法律，就不必查看了。其他的文件则是制作者介绍、版本说明、更新说明以及发布介绍。这些内容与制作游戏并没有太多的联系，直接跳过吧！在目录中有 3 个重要的文件，即在图 9-5 中间一列的最后 3 个：doxygen.config、doxgen.footer 以及 install-templates.sh。前两个用于生成引擎帮助文档，稍后将会介绍使用方法。而余下的文件 install-templates.sh 则是 Mac 平台的命令文件。这与 Windows 平台的.bat 批处理执行文件十分类似。它是用来安装 Cocos2D 引擎在 Xcode 开发工具中的项目模板。

安装 Cocos2D 引擎 Xcode 项目模板，需要使用 Mac 系统中的一个应用软件。"终端"（Terminal）程序放在实用工具目录当中，读者可以直接双击它的图标，也可以在 Finder 中查找它的名字，然后单击执行。图 9-6 所示正是"终端"程序的图标。

Terminal.app

终端运行之后，将会进入 Shell 模式。在弹出的黑色界面当中，读者可以输入一些 Shell 命令。install-templates.sh 文件正是在终端中执行的脚本文件。首先进入 Cocos2D 引擎的目录当中，然后输入如下的命令来执行脚本：

图 9-6　终端程序图标

```
sudo /cocos2d-iphone-1.0.1 /install-templates.sh
```

这里有一个小技巧。在终端窗口输入执行语句时，读者可以先输入 sudo 的命令，然后紧跟着输入一个空格。最后，在 Cocos2D 文件夹中找到 install-templates.sh 文件，将其拖动到终端窗口，这样将把文件的路径和文件名直接添加到 sudo 命令的后面。

按下回车键，因为执行脚本，系统会要求用户具备 root 权限。此时终端会要求读者输入系统密码。在密码得到确认之后，终端窗口中会打印出几行反馈文字，来显示安装的进度。当反馈文字停止更新，再次看到">_" Shell 输入符时，就说明模板已经成功安装。

如果在安装模板的过程中遇到任何的出错信息，读者最好检查一下 sudo 与文件路径之间是否留有空白，并且确保 install-template.sh 脚本的路径是正确的。如果反馈信息告诉模板已经被安装，在命令行后面加上-f 参数就会再次安装模板。需要注意的是，这将会覆盖之前已安装的旧版本的项目模板。最后，哪怕是项目模板安装失败，也无关紧要，因为这并不影响我们使用 Cocos2D 引擎来制作游戏，只不过对读者来说会增加一些繁琐的操作。项目模板的好处就是在 Xcode 当中可以直接创建包含 Cocos2D 引擎的项目工程。

9.2.3　实例程序

按照前面的步骤，读者此时已经具备了 Cocos2D 引擎 1.0.1 版本，同时正确安装了 Cocos2D 项目模板。那么接下来依旧是老规矩，执行第一个应用程序 HelloWorld。它可是计算机领域最为知名的入门样例。每当开发者学习一个新的语言或者程序包，或者掌握一门新的技术，HelloWorld 都是入门的首选。首先，我们来建立一个 HelloWorld 项目工程。运行 Xcode 应用程序，然后在菜单栏中选择"文件（File）→新建工程（New Project）"命令，之后将会弹出图 9-7 所示的界面。

在新建工程的目录当中，读者会看到刚刚安装的项目模板。这些可爱的黄色头像就是 Cocos2D 引擎的标志。它们被分为两个版本：高兴的与愤怒的，分别代表了运行在 iOS 设备和 Mac 设备上的项目模板。我们肯定是选择 iOS 设备的版本啦！不过 iOS 版本的模板一共存在 3 个模板，分别为基本版、搭配 Box2D 物理引擎的版本和搭配 Chipmunk 物理引擎的版本。这就好像肯德基或者麦当劳中为每个顾客准备不同搭配的套餐，顾客可以根据自己的喜爱来选择。由此看见 Cocos2D 引擎的制作者也提供了如此周到的服务，让开发者感觉非常贴心，记得给个好评吧！由于还未介绍过上述两个物理引擎，就不要先勉强自己了，驾驭那些不能控制的代码。先从最简单的开始，稍后再来学习有关物理引擎的技术。

图 9-7　Xcode 工程文件

选择 cocos2d Application 并确认后，将会要求我们输入项目工程名称。此时，请读者输入 HelloWorld。需要注意这两个单词之间没有空格。空格在计算机编程中总会带来或多或少的麻烦，有时它会使系统处理不当，导致一些错误。所以为了避免潜在的危机，在一开始我们就不使用空格了。然后选择一个工程放置的路径，保存后我们就得到了一个基于 Cocos2D 引擎的项目工程。

此时 Xcode 将会自动打开新建的 HelloWorld 工程。不用做任何的修改，直接单击"编译运行"按钮。在程序运行之后，读者就会看到一个在 iPhone 模拟器界面中显示的 HelloWorld 字样，如图 9-8 所示。

图 9-8　HelloWorld 运行界面

如果读者看到图 9-8 所示的画面，就意味着大功告成了。当然也有一些可能，导致 HelloWorld 项目并未运行。此时读者只需检查一下 Cocos2D 引擎所需要的 iOS 系统版本是否与 Xcode 中相匹配。别总盯着 iPhone 模拟器的屏幕，这里并没有内容需要读者研究。暂时退出 iPhone 模拟器，重新回到 HelloWorld 项目中。我们来看一下整个工程的结构。

图 9-9 展示了 HelloWorld 项目工程的整体内容。先来简单熟悉一下其中的内容。这已经不是我们面对的第一个 Xcode 项目了，所以我们将不会再介绍 Xcode 项目。来看看 Cocos2D 工程中的整体框架。对于已经有一些开发经验的读者，此结构看起来将会十分明朗。按照从上至下的顺序，前两个文件是引擎中的授权文件，直接跳过吧！紧接着就是 Cocos2D 引擎中的源代码，可见制作者是十分大方的人，毫无保留地将游戏引擎的源代码放置在 HelloWorld 工程当中。在 cocos2d Sources 当中存在几个子目录，让我们通过下面的表格来认识一下吧！

表 9-1 列出了每个子目录的大致功能。在子目录中存放的也都是程序源代码。需要读者留意的 TouchJSON 是一

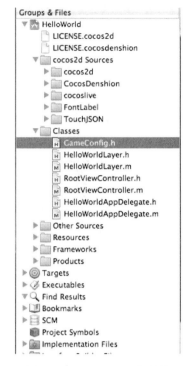

图 9-9　HelloWorld 工程结构

种轻量级的数据交换格式，并不是由 Cocos2D 引擎制作者编写的，它也是来自于网络中免费开源的项目。

表 9-1　cocos2d Sources 子目录介绍

目　录　名　字	内　　　容
cocos2d	引擎代码
CocosDenshion	声音引擎代码
cocoslive	社区与网络功能
FontLabel	字体标签功能
TouchJSON	网络通信格式

我们继续介绍余下的内容，在 Class 目录当中存放着应用程序的代码。从图 9-9 中我们可以看到一共有 7 个代码文件构成的 4 个部分，其含义分别为游戏配置头文件、HelloWorld 画面层、视窗控制器以及应用程序委托。后两个类文件是我们已经熟悉的 iOS 应用程序的基础，而游戏配置头文件与 HelloWorld 画面层则是由 Cocos2D 引擎生成的。最后 4 个目录的内容为：

- Other Sources，包含了应用程序入口 main 文件。
- Resources 用于存放游戏项目中的图片、声音、数据等资源文件。
- Frameworks 中是项目当前调用的 iOS 系统应用库。
- Product，存放着应用程序编译之后的执行文件。

对于 HelloWorld 工程的介绍，就到此为止了。话说，某资深程序员退休后，对书法非常感兴趣，于是买来了上好的文房四宝，准备好好地练习练习。他铺开宣纸，提起毛笔，郑重地写下一行字：

"Hello World"。作为入门项目，HelloWorld 已经让我们略微地领略了 Cocos2D 引擎，但是仅仅一个入门项目还是不能满足我们的求知欲望。

9.2.4　引擎结构和组成

接下来将要介绍Cocos2D游戏引擎的构成要素，读者将会在每一个编写的游戏里用到这些代码。所以熟悉它们是怎样的类与方法，提供了哪些功能，将会帮助读者写出更优秀的游戏。此时我们就不能再使用 HelloWorld 作为样例项目，因为它过于简单，不适合全面来讲解引擎结构与组成。通过下面的介绍，读者会发现 Cocos2D 引擎具备了丰富的功能，同时提供了简单高效的程序接口，用它来制作游戏将会是一件十分容易的事。不过，读者至少要掌握 Objective-C 编程语言。我们将以讨论 Cocos2D 引擎结构作为开始。每个游戏引擎在管理和呈现屏幕上的游戏内容所采用的方式都是不一样的。在 Cocos2D 引擎的目录当中存在一个 cocos2d-ios.xcodeproj 文件，这正是 Cocos2D 引擎的 iOS 平台工程文件。双击将其打开，读者就会看到图 9-10 所示的界面。

从图 9-10 中我们看到了比 HelloWorld 更多的内容。依然跳过那些版权说明文件以及帮助文档，它们是不会作为游戏内容出现的。然后 Cocos2D 引擎被分为了若干目录。下面依次介绍每个目录中的内容。

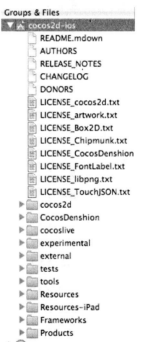

图 9-10　Cocos2D 引擎样例程序

- cocos2d/：Cocos2D 引擎内核源代码，其中包括了绘制功能、用户交互、文件系统、粒子效果、图块地图 UI 界面等一系列为开发者准备的功能。
- cocoslive/：高分榜客户端，用于连接 App Store 中的 Score Server。
- CocosDenshion/：声音引擎的程序库，支持多种声音格式，用于播放游戏中的背景音乐与音效。
- tests/：样例项目，向开发者展示 Cocos2D 引擎的功能。此项目是开发者学习以及掌握 Cocos2D 引擎的利器。
- templates/：模板目录，保存 Xcode 中所使用的新建项目的模板。
- experimental/：实验功能，此目录暂时存放一些尝试性的功能。
- external/：额外目录，此目录存放着 Cocos2D 引擎中所使用第三方程序库。
- Chipmunk/：基于 C 语言的物理引擎。
- Box2d/：基于 C++语言的物理引擎。
- TouchJSON/：JSON 的 Objective-C 语言版本的解释器。
- Tremor/：OGG 声音格式的解码器。
- Resources/：iPhone 游戏资源目录。
- Resources-iPad/：iPad 游戏资源目录。
- Resources-Mac/：Mac 游戏资源目录。
- tools/：Cocos2D 引擎中使用的工具。

通过上面对每个目录的介绍，想必大家明白了每个目录的作用。在游戏制作过程中，需根据游戏内容选择需要的内容。比如有些游戏并不需要物理引擎或者上传积分的功能，那么游戏项目工程中则不需要加入此类代码。不过，作为 Cocos2D 引擎的内核程序，它是每一个游戏开发者都必须掌握的，否则制作游戏就无从谈起了。所以接下来，我们主要使用的引擎代码将会集中在 Cocos2D 目录当中。在此项目工程中，存在许多的项目程序（Target），如图 9-11 所示。

在图 9-11 中，我们看到了许多程序，它们可以被分为 3 种。第一种是静态链接库，它们是被其他程序运行时调用的程序库，比如 Cocos2D 引擎、TouchJSON 程序库以及 FontLabel 程序库等。第二种则是用来展示 Cocos2D 引擎功能的示例程序，比如 ActionTest、ActionManagerTest、Box2dTestBed 和 cocosLiveTest 等，这些示例程序为开发者提供了 Cocos2D 引擎如何使用的源代码，开发者可以根据程序的名字来学习针对的功能。每一个程序都是可以在 iOS 设备运行的，这些示例程序是开发者自学的最佳帮手。读者只需要阅读其中的代码就会明白，在游戏当中该如何使用引擎功能。示例程序的另一个作用就是帮助 Cocos2D 引擎制作者测试以及修改错误。在项目当中包含了多达 48 个示例程序，它们几乎涵盖了所有 Cocos2D 引擎中的程序方法。对于一些熟练的开发者，如此众多的示例程序也提供了很大的帮助。在制作游戏的过程中，它们成为了用于查询引擎功能的字典，而且这个字典不仅解释了代码功能，还提供了具体的运行代码。综上所述，笔者强烈建议大家将每个示例程序都运行

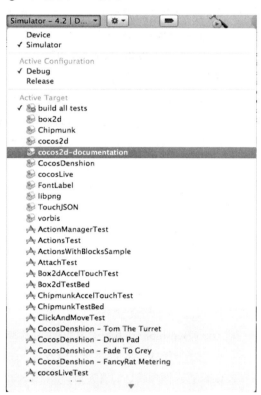

图 9-11　Cocos2D 引擎示例项目中的 Target

一下，它们将会帮助读者全面地了解 Cocos2D 引擎。然后继续阅读本章节的内容时，读者就会有一种似曾相识的感觉。这样不仅能够加深学习的效果，还能够激发读者思考的行为。

第三种项目程序只有一个，那就是 coco2d-doucmentation。它是提供给开发者将 Cocos2D 引擎的帮助文档安装至 Xcode 中而使用的程序。安装帮助文档，还是需要花费一些功夫的。在下面的章节中，将手把手地指导读者安装这个帮助文档。

9.2.5　帮助文档

为了方便开发者查询 Cocos2D 引擎中代码的类以及规范，确保在制作游戏的过程中随时随地都能查阅最新的帮助文档，我们将通过 Cocos2D 引擎中的项目程序 coco2d-doucmentation 来编译生成帮助文档，并将其安装至 Xcode 当中。

首先为了生成帮助文档，需要下载并安装 Doxygen 工具。Doxygen 是一个编写软件参考文档的工具，也是一个 C++、C、Java、Objective-C、Python、IDL（CORBA 和 Microsoft flavors）、Fortran、VHDL、PHP、C#和 D 语言的文档生成器，可以运行在大多数类 UNIX 系统，以及 Mac OS X 操作

系统和 Microsoft Windows 中。在下面的链接地址中下载 Mac OX 10.5（Leopard）版本的二进制安装程序：

http://www.stack.nl/~dimitri/doxygen/download.html#latestsrc

笔者下载的是 Doxygen 1.5.8 版本。当读者下载时，可能已经推出了更新的版本。暂时不要使用

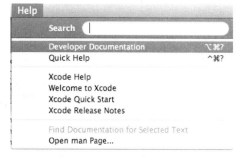

更新的版本，因为新版本有可能会导致一些错误。使用旧的版本，这并不会影响我们安装帮助文档。双击下载得到的 DMG 文件。将 Doxygen 安装到 Mac 平台的应用程序当中，然后运行在菜单栏，选择编译程序，在编译成功之后，读者就可在 Xcode 帮助环境中查阅帮助文档了。

在 Xcode 菜单栏的"帮助"选项中，选择图 9-12 所示的选项。之后，读者就会看到编译生成的 Cocos2D 引擎的帮助文档。如果读者希望直接使用帮助文档，也可以在如下的路径中查看：

图 9-12　Xcode 帮助菜单

```
Cocos2d-iPhone-1.0.1/build/cocos2d-iPhone.biuld/Debug-iphonesimulator/cocos
2d-documentation.build/doxygen_output/html/
```

在帮助界面中读者可以查询所有 Cocos2D 引擎中的类以及它们的属性和方法。帮助文档中介绍了每个类中的属性和方法的作用、使用方法以及适用版本，这些都将帮助读者学习 Cocos2D 引擎的使用技术。不过对于英文不好的读者来说，阅读起来会有些吃力。不过，帮助文档中没有提供类或者方法的使用代码，这就需要本书来为读者介绍了。

图 9-13 所示为 Cocos2D 引擎的帮助文档。在文档中除了提供每个类的介绍之外，还提供了类图来表示类之间的关系。图 9-14 所示为 Cocos2D 引擎中各个类之间的继承关系。

图 9-13　Cocos2D 帮助文档

在此我们就不进行逐一的介绍，因为如果按照代码结构为读者讲解 Cocos2D 引擎，将会使得引擎很难理解。纯粹代码结构，很难看出其代表的游戏内容。这就好比将只看到事物之间的关系，却不注重事物本身的含义。所以说 Cocos2D 引擎所提供的帮助文档，最好的用途是游戏制作中的一个查询工具，它能够帮助开发者迅速找到正确的类以及方法名称。开发者通过帮助文档中的简单介绍，就能够知道类或者方法的作用。要想在游戏当中熟练地使用 Cocos2D 引擎的功能，我们依旧要从游戏制作的角度来理解它。

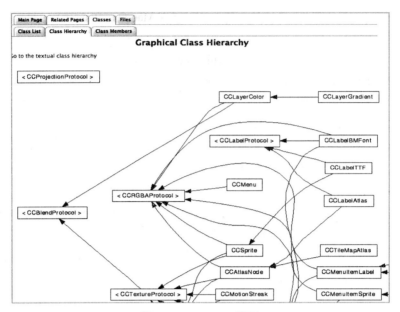

图 9-14　Cocos2D 类图

9.3　Cocos2D 引擎中的游戏因素

在本章节中，将会为读者介绍 Cocos2D 游戏引擎的构成因素，这些因素都具备了一些游戏当中的属性。Cocos2D 引擎中的类，除了其包含的程序代码之外，它们通常具有一定的具体含义。比如导演类，它就是一个负责游戏中场景指挥的管理者。所以接下来我们介绍的类，就好比在游戏世界当中一些有身份的人。除了介绍代码编写方式之外，还要让读者明白其中蕴涵的游戏设计理念。毕竟，在第 8 章中，我们已经设计并制作了一款简单的游戏引擎。虽然我们制作的游戏引擎处女作不能跟 Cocos2D 引擎一较高下，但是两者之间存在许多相似的游戏设计理念。一个成熟的游戏开发者，在其职业生涯当中是不可能只应用一款游戏引擎的。Cocos2D 引擎有其迷人之处，也有需要改进的地方。所以读者在掌握了其使用方法之后，需要将对游戏引擎的理解上升到一个新的高度，通过对比来区分游戏引擎之间的优劣。这也正是开源引擎为开发者带来的最大好处。因为开发者可以看到引擎的源代码，就可以看到引擎的内部是如何组织以及架构的。这对于我们将来亲手打造属于自己的游戏引擎，将会积累丰富的经验。

引擎的核心就是绘制引擎。所以接下来我们将从绘制功能入手，来为读者讲解 Cocos2D 引擎中的核心功能。

9.3.1　引擎中的游戏画面

在一个游戏产品当中，最为重要的就是显示画面，它是玩家体验游戏的最直观方式。凭借之前制作完成的"打地鼠"游戏，我们大概了解了一个游戏画面当中都具备哪些内容。虽然游戏产品中需要显示的内容大致相同，但是每个游戏引擎都有其独特的方式来处理游戏中显示的画面。在 Cocos2D 引擎当中又是采用怎样的方式来管理游戏画面的呢？

Cocos2D 引擎将游戏画面加以细分，按照层次的逻辑来绘制游戏内容。游戏的画面是由不同的场景组成的，同时不同的场景是由不同的层次组成的，每个层次又包括许多的精灵。从图 9-15 中读者可以清楚地看出它们之间的关系。

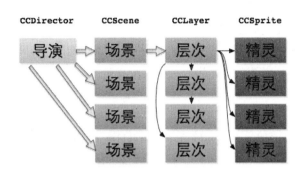

图 9-15　Cocos2D 引擎中的游戏画面

在图 9-15 中共显示了 4 个游戏概念，从左到右分别为：导演、场景、层次和精灵。它们对应了引擎当中的 4 个类：CCDirector、CCScene、CCLayer 和 CCSprite。从游戏的角度来说，在一款游戏产品当中，只存在一个导演，它来负责游戏中场景的切换以及游戏流程。游戏中存在多个被导演管理的场景，这些场景有些类似于我们在之前章节中介绍过的有限状态机。每一个场景代表了游戏中的一个状态。在这个状态之下，游戏将会显示对应的界面。由此可知，虽然游戏当中存在许多场景，但是只有一个场景处于激活的状态。读者已经留有印象，在有限状态机中也是如此。在游戏运行过程中，无论存在多少个状态，只能有一个当前的状态处在运行当中。比如大多数游戏都会具备菜单场景、游戏场景和结束场景等。这些场景除了含有需要绘制的内容外，也包含对应的游戏内容。比如在游戏中才会出现的人物，那么人物资源则一定会包含在游戏场景对象之中。

在场景的左侧则是用于显示画面的层次。层次是比场景低一级的显示画面，它们可以彼此包含，也可以同时处在一个场景当中。在层次之中，就是用于表现游戏物体的精灵。精灵的名字对读者来说已经不再陌生，它是游戏设计理念中一个十分重要的概念。在我们自制的引擎当中，也曾经包含精灵的定义。正应了在本章开头时所说的那句话，无论怎样的游戏引擎，其应用的游戏设计理念都有大同小异的地方。

玩家在体验游戏时，就是在操作每个层次中的精灵或者菜单选项，以此来与整个游戏产生交互响应，而导演则负责在不同的场景中切换。

经过上面的介绍，我们已经了解到 Cocos2D 引擎对于游戏画面的细分方式，有些面向对象编程基础的读者应该理解得更为深刻。从程序设计的角度来看这种划分的方式也是非常合理的。Cocos2D 引擎很好地体现了抽象封装的面向对象法则。也就是说，按照面向对象的设计原则和反向依赖原则，类要独立存在，高内聚、低耦合。所以我们可以看到精灵不依赖层次、层次不依赖场景、场景不依赖于导演。导演对象则是整个游戏流程的管理则，它负责游戏全过程的场景切换、视角转换以及窗口显示。接下来，我们按照 Cocos2D 引擎划分的游戏画面关系，从大到小、从低到高、从左到右逐个为读者进行介绍。

9.3.2　游戏中的导演

提到"导演"一词，想必读者最先联想到的是电影。在游戏设计理念中，导演的概念经常被借用来描述游戏因素。在开始介绍 Cocos2D 引擎中的"导演"之前，请读者先想想在电影行业中的导演，通常在一部电影中具备什么样的地位？

希望读者没有想到"潜规则"这个词，这可是与我们接下来要讨论的技术问题毫无关系。在电影行业中，导演几乎是在电影制作中地位最高的角色。想必读者能够随口说出一些知名导演的名字，但对于他们所做的工作却知之甚少。导演通常负责联系制片方、招聘演员、拍摄电影等事项。导演是用演员、影片来表达自己思想的人。其实我们也是用游戏产品来表达思想的开发者。有一点读者首先要意识到，一部电影通常只会有一个总导演。这与 Cocos2D 引擎中对于导演概念的定义非常贴切。

CCDirector 类，简称 Director（导演），是 Cocos2D 游戏引擎的核心。Direct 对象的作用类似于在微软 Windows 编程中的主窗口对象（不同之处在于该对象并不可见），它负责创建、管理应用程序／游戏的主窗口，在特定的条件下显示执行某个场景（Windows 编程中的某个视图——View）。Director 是一个单例对象，换句话说就是，一个游戏当中只存在一个导演的角色，它保存着 Cocos2D 引擎的全局配置设定，同时管理着 Cocos2D 的场景，以及负责与渲染器 OpenGL ES 保持联系。因为在游戏中导演通常只有一个，如果有哪位仁兄想尝试一下两个导演，通过代码也是可以实现的，不过很快就会领略到什么叫做一山不容二虎了。在 Cocos2D 引擎当中，已经为开发者预先定义了导演类的单例对象，开发者只需调用方法 SharedDirector 就会得到一个导演类的单例对象。单例的好处是它可以在任何时间、任何地点被任何类所调用。它接近于全局类的作用，更像一个全局变量。如果开发者需要在任何地方都能用到某些数据或者方法，单例是很好的选择。或者某些特有的对象在游戏产品中只需存在一份，也是非常适合使用单例模式的。除了导演类之外，在今后的内容当中，我们还会遇到许多的单例对象。比如音频就是一个很好的例子：因为任何一个对象，不管是玩家、敌人、菜单按钮，还是过场动画，都可能需要播放声效或者改变背景音乐。因此，使用单例来播放音频是很好的选择，这样开发者就可以随意地调用此对象来执行播放的方法。

打开在前面创建的 HelloWorld 工程文件，我们来看看在代码中导演类是如何使用的。

代码 9-1　HelloWorld 应用程序启动方法

```
- (void) applicationDidFinishLaunching:(UIApplication*)application
{
//初始化窗口
window = [[UIWindow alloc] initWithFrame:[[UIScreen mainScreen] bounds]];

//设置导演类单例对象的类型
if( ! [CCDirector setDirectorType:kCCDirectorTypeDisplayLink] )
    [CCDirector setDirectorType:kCCDirectorTypeDefault];

//创建单例对象
CCDirector *director = [CCDirector sharedDirector];

//初始化视窗控制器
viewController = [[RootViewController alloc] initWithNibName:nil bundle:nil];
viewController.wantsFullScreenLayout = YES;

// 通过代码来创建一个EAGLView对象
// 使用RGB565颜色方案，深度为0
```

```
EAGLView *glView = [EAGLView viewWithFrame:[window bounds]
                                pixelFormat:kEAGLColorFormatRGB565
                                               // kEAGLColorFormatRGBA8
                                depthFormat:0
                                               // GL_DEPTH_COMPONENT16_OES
                 ];

//将 OpenGLView 对象传递给导演
[director setOpenGLView:glView];

//    //是否支持 iPhone 4 的高清屏幕(Retina Display)
//    if( ! [director enableRetinaDisplay:YES] )
//        CCLOG(@"Retina Display Not supported");

//
// 设置画面显示的角度
#if GAME_AUTOROTATION == kGameAutorotationUIViewController
[director setDeviceOrientation:kCCDeviceOrientationPortrait];
#else
[director setDeviceOrientation:kCCDeviceOrientationLandscapeLeft];
#endif
//动画更新速率
[director setAnimationInterval:1.0/60];
//是否开启 FPS 显示
[director setDisplayFPS:YES];


//将显示界面传递至设备窗口，并开始显示画面
[viewController setView:glView];

[window addSubview: viewController.view];

[window makeKeyAndVisible];

//设置纹理格式
//支持 PNG/BMP/TIFF/JPEG/GIF 图片
//颜色方案支持 RGBA8888, RGBA4444, RGB5_A1, RGB565
[CCTexture2D setDefaultAlphaPixelFormat:kCCTexture2DPixelFormat_RGBA8888];


//清除启动时的临时数据
[self removeStartupFlicker];

//进入游戏场景
[[CCDirector sharedDirector] runWithScene: [HelloWorldLayer scene]];
}
```

　　代码 9-1 中显示了 HelloWorld 项目中的应用程序启动时，调用的方法 applicationDid FinishLaunching:。在此方法内，几乎为每行代码都加入了注释，来方便读者理解它们的作用。按照代码执行的顺序，首先进行的操作就是设置导演对象的类型。实际上导演类的实例对象存在 4 种类型的 Director，它们在细节上有所不同。最常用的 Director 是 CCDisplayLinkDirector，它的内部使用了苹果的 CADisplayLink

类。它是最好的选择，但是只在 iOS 3.1 以上的版本中才能使用。其次，可以使用 CCFastDirector。如果想让 Cocoa Touch 视图和 Cocos2D 一同工作，开发者则必须转到 CCThreadedFastDirector，因为只有这个 Director 才能完全支持。CCThreadedFastDirector 不好的一面是，使用它会很耗电。最后的选择是 CCTimerDirector，但这是没有办法的选择，因为它是 4 种 Director 里面最慢的。在代码中，我们已经设置了最好的导演类对象的类型。之后，通过[CCDirector sharedDirector]方法来创建导演类的单例对象。在此方法调用一次之后，单例对象就会按照预先的定义来创建。在之后的代码中，开发者再次使用此方法来获得导演类对象，这回都是首次创建的单例对象。

为了能够显示游戏内容，代码中又创建了一个 EAGLView 对象。这是一个使用 OpenGL ES 绘制的界面。至于选择此类界面来绘制游戏内容的原因，这与我们自制引擎一样，读者可以回顾一下。将创建的 OpenGLView 对象传递给导演对象。这个过程就好比将摄像机交给导演，这之后所有与拍摄有关的操作都是由导演来负责的。在接下来的代码中，设置了 iOS 设备的屏幕方位：横向或者竖向；开启了显示游戏画面刷新率；将显示界面传递至设备窗口；设置了纹理图片的格式；最后一行则是调用导演对象来运行场景。

导演对象接受开发者编写的代码，来进行场景的切换要求。按照预先设计好的流程来终止、压栈或者激活当前场景，引导下一个场景进入等待。

通过上面的介绍，我们来总结一下 CCDirector 导演类在引擎中发挥的主要作用：

- 管理和切换游戏场景。
- 持有 Cocos2D 引擎的配置细节。
- 维持与设备窗口、OpenGL 视窗对象的联系。
- 反馈 iOS 系统中的响应，比如暂停、恢复和结束游戏。
- 在 UIKit 和 OpenGL 之间进行转换坐标。
- 管理、显示场景。

在前面的介绍中，我们已经强调过导演与场景的关系。一个导演对象可以持有多个场景对象，但是只有一个场景对象处在激活的状态。在 CCDirector 类的代码中，为了便于管理场景对象，采用了队列方式来管理场景。队列最为显著的特点就是先进后出，只有在队列顶端的场景对象才能够被激活。下面列出了 CCDirector 对象中用于管理场景对象的方法以及属性。

在 CCDirector 类的实现代码中，Scene *runningScene_表示当前正在显示的场景；Scene *nextScene 表示下一个将要显示的场景。而用于存储场景队列的对象则是一个动态可变数组：NSMutableArray *scenesStack_。同时，CCDirector 对象管理场景的方法主要有以下几个。

- 游戏启动时，显示第一个场景的方法：(void) runWithScene:(Scene*) scene。
- 游戏暂停，需要停止当前正在运行的场景并压栈入场景队列，将传入场景设置为当前执行场景：(void) pushScene:(Scene*) scene。
- 恢复压入场景队列中的最后一个场景，当前队列顶端的场景将被释放：(void) popScene。如果当前队列中没有等待执行的场景时，系统自动退出，调用 end 方法。
- 直接用一个场景取代当前场景并释放的方法：(void) replaceScene: (Scene*) scene。在游戏当中，此方法经常被开发者用于场景的切换。
- 结束场景运行的方法：(void) end。
- 暂停场景运行的方法：(void) pause。执行后游戏画面暂时停止更新，游戏循环周期停止运行。

- 恢复场景运行：(void) resume。

到此为止，读者已经非常熟悉导演类在游戏引擎中发挥的作用。当然，我们也掌握了场景类在代码中的使用方式。作为一个单例对象，只需在程序启动时创建。除了进行场景切换时需要用到导演类的实例对象之外，在游戏代码当中就很少再看到了。

9.3.3　代表游戏状态的场景（CCScene）

被导演持有的场景对象，属于层次较低的绘制画面。因为就其本身来说，并不包含任何实际的绘制图片。读者可以将场景看成是 Cocos2D 引擎中游戏画面划分当中一个重要的容器，它只是在游戏界面管理中发挥了重要作用。场景通常不包含游戏逻辑，仅仅是作为一个容器，将不同的图层组合到一起，最终呈现给玩家一个完整的画面。而图层是更小一级的容器，包含了游戏逻辑和需要呈现的精灵（CCSprite）。我们得知导演类的对象就是通过切换场景对象来实现游戏状态跳转的，所以笔者更习惯将场景对象称为场景状态。在游戏制作当中，出于面向对象的封装法则，开发者也习惯于将游戏状态与对应的场景相结合。

不知读者是否对"打地鼠"游戏还留有印象。在"打地鼠"游戏当中，总共涉及了 4 个游戏状态。如果再次使用 Cocos2D 引擎来重新制作此游戏的话，估计 4 个状态就会变为 4 个场景。在这 4个场景中，有 3 个是显示菜单和按钮的界面：主菜单场景、设置场景和关于场景，另一个是用于显示游戏内容的游戏界面。由此我们可以看出，根据场景包含的游戏内容可以将其进行分类。在Cocos2D 引擎当中，共存在 3 种场景对象。

- 展示类场景：播放视频或者简单地在图像上输出文字，来实现游戏的开场介绍、胜利、失败提示、帮助界面。
- 选项类场景：主菜单、设置游戏参数等。
- 游戏内容场景：主要显示游戏中的内容，除了游戏场景对象是由开发者完全定制的外，其他类场景基本上都是引擎中通过架构实现的。

按照场景的类型划分，开发者可以针对不同的界面要求创建场景对象。下面我们来看看HelloWorld 当中是如何创建场景的。

代码 9-2　HelloWorld 场景类

```
+(CCScene *) scene
{
//创建一个场景类，此对象将会自动释放
CCScene *scene = [CCScene node];

//创建一个层次对象，将会自动释放
HelloWorldLayer *layer = [HelloWorldLayer node];

//将层次添加至场景当中
[scene addChild: layer];

//返回场景对象
return scene;
}
```

代码 9-2 所示的正是在 HelloWorld 中所创建的场景对象方法。代码并不复杂，而且每行都添加了注释。就不再啰嗦地介绍一遍了，还是来说说隐藏在代码之下的内容吧！在创建场景对象时，使用了此类的 node 方法，该方法将返回一个当前类的对象。node 方法来自于节点类 CCNode，它是场景类的父类。另外，接下来将要介绍的层次类（CCLayer）和精灵类（CCSprite）都是继承自 CCNode 节点类。它可以被看成是游戏画面中的基本类，所有与显示有关的类都继承自 CCNode 类。CCNode 类中提供了一种单一链表关系，也就是每一个 CCNode 的节点都可以拥有并且只有一个父节点。同时，可以拥有任意数量的子节点。在代码 9-2 中，我们将就将层次对象 layer 作为了场景对象的子节点。此行代码的含义在于，当开发者将子节点添加到其他节点中时，就相当于构建一个节点场景链接关系。当父节点被绘制在界面当中时，所有其拥有的子节点也将会被绘制在界面当中。由此我们可以看出节点的链表关系主要是用于表示绘制关系的。

需要特别说明的是，任何时间，只有一个 CCScene 对象实例处于运行激活状态。该场景对象就是当前游戏内容的显示界面，其将作为一个其他对象的容器。容器的关系是通过父子节点来链接的。在容器中的子节点也会按照一定的顺序被显示在界面当中。

另外一点需要读者注意的是，HelloWorld 项目所展示的代码存在一个问题。在代码中，创建了一个 CCSence 类的对象来作为游戏界面，此对象在创建完成之后并没有被其他对象持有。换句话说，如果要想再次切换到此场景的话，则需要重新创建，这必然会浪费一定的运行时间与内存空间。笔者并不推荐直接使用 layer 来进行场景的变换。CCSence 类的对象虽然没有包含具体的图片或者其他用于显示的内容，但其存在的作用十分重要。比如当游戏中进行场景切换时，开发者想要实现各种动画效果的场景，那么持有基于 CCSence 类的对象是必不可少的条件。另外，在 Cocos2D 引擎当中提供了丰富的场景切换特效，如表 9-2 所示。

表 9-2　场景转换特效

类　名　称	解　　释
CCTransitionFade	淡进淡出
CCTransitionFadeBL	从右上开始的图块反转效果
CCTransitionFadeTR	从左下开始的图块反转效果
CTransitionTurnOffTiles	图块关闭
CCTransitionJumpZoom	跳出缩小效果
CCTransitionMoveInL	从左侧移出
CCTransitionPageTurn	翻页
CCTransitionRadialCCW	雷达转针效果（逆时针）
CCTransitionRotoZoom	旋转缩小
CCTransitionShrinkGrow	变大效果
CCTransitionSlideInL	从左侧推动
CCTransitionCrossFade	交叉淡进淡出效果
CCTransitionRadialCW	雷达转针效果（顺时针）
CCTransitionPageForward	前翻页效果
CCTransitionPageBackward	后翻页效果

表 9-2 中列出了一些场景切换的效果，它们实在有太多种特效被用来进行场景切换了。因为有些特效很难用语言为读者来描述，所以并没有列出所有的场景转换特效。如果读者需要使用某种转换特效的话，不妨去查询一下帮助文档，或者干脆运行 Cocos2D 引擎中的 TransitionsTest 样例程序。在此程序当中，展示了所有场景的转换特效，并提供了使用它们的代码。读者只需选择一种认为合适的，就可以添加到游戏当中。需要注意的是，当在游戏中进行场景切换时，内存中都会留有两个场景类对象。因为在切换的时候，画面中会先后交替地显示场景对象，所以内存中占用的空间通常是正常运行时的两倍。因此，读者需要留意内存的情况，避免在切换场景时导致内存不足。

那么，不同的场景是如何实现不同的功能的呢？每个场景都是通过不同图层（CCLayer）的叠加和组合协作来实现不同的内容的。因此，通常每个场景都是由一个或者几个图层组成的，用 CCSence 来进行场景切换以及图层的管理。图层才是将要显示的游戏内容。

9.3.4　游戏图层

CCLayer 图层是游戏开发者经常使用的一个类。图层的尺寸通常与屏幕尺寸大小相当。所以它是在 Cocos2D 引擎中，最高层次的全尺寸绘制画面。同时，它也是游戏制作的重点。游戏内容中有大约 90%的内容都是在图层对象当中。相比场景类，图层更加靠近玩家的视线。图层中提供了丰富的功能，它包含了用于绘制的游戏内容。在一个场景当中可以同时存在多个图层。图层之间可以叠加，也可以彼此包含。图 9-16 所示就是一个简单的主菜单画面，它是由 3 个图层叠加来实现的。

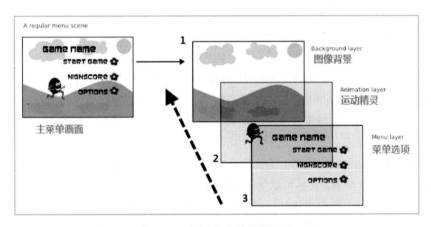

图 9-16　图层叠加的游戏画面

从图 9-16 中读者可以清楚地看出图层叠加的效果。左侧的游戏画面是由右侧 3 个图层重叠而成的。在这里需要读者留意一点，在 3 个图层当中，"菜单选项"图层位于最前面，中间的则是显示动画的图层，最后的图层包含了游戏中的背景。细心的读者可能已经注意到，为了让不同的图层能够叠加产生整体的画面效果，这些图层基本上都是透明或者半透明的，否则处于上面的图层将会挡住下面图层中的内容。

在图层叠加时，除了对图层的透明度有要求之外，图层的叠加顺序也是可以设置的。如图 9-16 所示，编号为 1 的图像背景层在最下面，2 号图层则处在中间，3 号图层最上面显示游戏菜单。在代码中，也是按照 1、2、3 的次序来设置图层顺序的。而且 Cocos2D 引擎也是按照这个次序来叠加画面进行绘制的。

CCLayer 图层类的主要功能在于：

- 接收 iOS 设备上玩家的屏幕触摸操作。
- 接收加速计反馈（Accelerometer）。
- 作为游戏内容元素的容器，用于显示游戏画面，承载精灵类、字体文本等对象。

除此之外，CCLayer 对象本身并没有提供更多的功能。加速计反馈与用户的触碰操作会按照图层的顺序来响应。按照之前说过的次序，即编号 3 的图层最先接收到系统事件（加速度计或者触碰时间），然后是编号 2 的图层，最后传递给编号 1 的图层。在系统事件传递的过程中，排在前面的图层具有优先处理的权利。换句话说，如果有一个图层处理了系统事件，不再进行传递，则排在其后面的图层将不再接收到该事件。

为了方便开发者在游戏制作中快速编写代码，Cocos2D 引擎按照游戏中通用的内容提供了一些特殊图层类。比如专门用于处理菜单的菜单层（CCMenu）和处理颜色显示的颜色层（CCColorLayer）等。每一图层又可以包含各式各样的游戏内容，如文本（Label）、链接（HTMLLabel）、精灵（Sprite）、地图等。来看一下 Cocos2D 引擎中直接提供的 3 个层次。

- ColorLayer 颜色层。这是背景透明的层，可以按照 RGB 设置填充颜色的层。可以通过 setContentSize 设置层大小，改变颜色块的尺寸。在游戏当中，此图层通常被当做背景来使用。比如在游戏进行当中，需要暂停时就可以创建一个半透明的颜色层来遮挡游戏内容，显示暂停菜单。此图层也支持动作，开发者通过编写代码，令其移动、闪烁或者渐变。
- Menu 菜单层。这是一个以 Menu 对象为集合的类，专门用于处理玩家之间的交互。Menu 类的对象用来承载多种类型的 MenuItem 子类，它们的实例能够组成各式各样的按钮。由按钮组成的菜单经常出现在游戏中需要用户选择的界面，比如游戏开始时的主菜单或者关卡选择界面。Menu 类中提供的方法主要用来按照横向、竖向或者行列方式来布局。除了按钮之外，Cocos2D 引擎当中并没有提供其他高级的组件。但是在制作按钮时，开发者有很大的自由度。为了实现不同的按钮效果，Cocos2D 引擎当中提供了多种类型的 MenueItem。每个按钮都有 3 个基本状态：正常、选中、禁止。如果查看按钮的实现效果，这 3 个状态其实就代表了 3 个精灵。这是我们稍后会为大家介绍的。
- MultiplexLayer 复合层。它是可以包含多个层的混合层，通常被用来制作游戏内容的主画面。因为在游戏内容的主画面中需要显示游戏元素，也就是一些精灵。同时，在界面中还存在一些按钮，比如暂停、返回等。因此复合层几乎成为了开发者工作的重点，因为它承担了游戏中大部分的内容。

Cocos2D 的引擎中同样也提供了图层的演示程序 LayerTest。其实在 HelloWorld 示例项目中，我们已经使用了一些与图层有关的代码。因为 Cocos2D 引擎简洁的程序接口，让开发者省去了许多麻烦，也降低了技术难度。图 9-17 所示正是引擎中提供的演示程序运行效果，玩家可以通过运行它，来熟悉一些图层的画面效果。

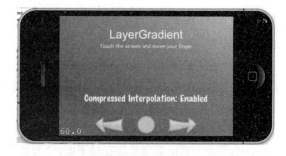

图 9-17　图层的演示程序运行效果

　　图 9-17 展示了图层类的变化效果。CCScene 场景类只是一个空无一物的容器，CCLayer 图层则是包含了一些绘制内容的。下面我们就来借用 Cocos2D 引擎开源的特点，为读者粘贴一些 CCLayer 类头文件中的内容，并进行详细的介绍。

代码 9-3　CCLayer 头文件的代码片段

```
@interface CCLayer : CCNode <UIAccelerometerDelegate, CCStandardTouchDelegate,
CCTargetedTouchDelegate>
{
 BOOL isTouchEnabled_;
 BOOL isAccelerometerEnabled_;
}
@property(nonatomic,assign) BOOL isTouchEnabled;
@property(nonatomic,assign) BOOL isAccelerometerEnabled;
@interface CCLayer : CCNode <CCKeyboardEventDelegate, CCMouseEventDelegate,
CCTouchEventDelegate>
{
 BOOL     isMouseEnabled_;
 BOOL     isKeyboardEnabled_;
 BOOL     isTouchEnabled_;
}
@property (nonatomic, readwrite) BOOL isMouseEnabled;
@property (nonatomic, readwrite) BOOL isKeyboardEnabled;
@property (nonatomic, readwrite) BOOL isTouchEnabled;
-(NSInteger) touchDelegatePriority;
-(NSInteger) mouseDelegatePriority;
-(NSInteger) keyboardDelegatePriority;
@interface CCLayerColor : CCLayer <CCRGBAProtocol, CCBlendProtocol>
{
 GLubyte     opacity_;
 ccColor3B   color_;
 ccVertex2F  squareVertices_[4];
 ccColor4B   squareColors_[4];


 ccBlendFunc blendFunc_;
}
@property (nonatomic,readonly) GLubyte opacity;
@property (nonatomic,readonly) ccColor3B color;
@property (nonatomic,readwrite) ccBlendFunc blendFunc;
+ (id) layerWithColor: (ccColor4B)color width:(GLfloat)w height:(GLfloat)h;
+ (id) layerWithColor: (ccColor4B)color;
-(void) changeWidth:(GLfloat)w height:(GLfloat)h;
@interface CCLayerGradient : CCLayerColor
{
 ccColor3B endColor_;
 GLubyte startOpacity_;
 GLubyte endOpacity_;
 CGPoint vector_;
 BOOL     compressedInterpolation_;
}
```

```
  + (id) layerWithColor: (ccColor4B) start fadingTo: (ccColor4B) end;
  + (id) layerWithColor: (ccColor4B) start fadingTo: (ccColor4B) end alongVector:
(CGPoint) v;
  @interface CCLayerMultiplex : CCLayer
  {
  unsigned int enabledLayer_;
  NSMutableArray *layers_;
  }
+(id) layerWithLayers: (CCLayer*) layer, ... NS_REQUIRES_NIL_TERMINATION;
```

代码 9-3 中列出了一些 CCLayer 类的头文件代码，这并不是头文件中所有的内容，只是将一些读者经常用到的方法罗列出来，方便进行讲解。此时，我们已经领略到了一些 Cocos2D 引擎开源的魅力，毕竟非常轻松就看到了引擎中的源代码。如果开发者具备足够的能力，甚至可以动手来改造一些功能。不过要想达到这样的水平，首先要对 Cocos2D 引擎摸清底细。让我们从代码中的第一行开始吧！

从代码中我们看到了 CCLayer 是继承自 CCNode，同时实现了 3 个委托定义的协议，其功能是让图层对象能够接收到来自 iOS 系统的用户操作，比如屏幕的触碰与加速度计的感应。在类 CCLayer 当中，定义了两个布尔数值变量，用于表示当前图层是否支持触屏以及加速度计的操作响应。二者的默认值为 NO，也就是说如果开发者未开启响应操作的话，图层是不能反馈用户操作的。这需要读者在编码时注意一下。我们继续看代码。在接下来的 CCLayer 类的分类定义中，又继承了 3 个委托定义的协议，这是为了处理 Mac 平台的用户操作。由于本书主要是围绕 iPhone 设备的游戏开发，此处就不再深入介绍了。它们是用于接收用户在 Mac 中的键盘、鼠标以及触碰操作，然后做出响应的属性。

然后，我们看到了 CCLayerColor 类的定义。它则是作为 CCLayer 的子类，同时增加了颜色以及混合委托协议的继承关系。还记得我们刚刚介绍过的颜色图层的作用吗？这些新继承的协议，正是为了发挥颜色图层的特殊效果而存在的。方法+ (id) layerWithColor:用于初始化一个 CCColorLayer 类的对象，该方法提供了两种参数形式：只有一个参数的方法，传递了一个颜色值作为当前图层的颜色；另外一个多参数的方法，则传递除了颜色值外图层的宽度与高度。在创建了颜色图层对象之后，开发者也可以通过方法 changeWidth:(GLfloat)w height:(GLfloat)h 来修改图层的尺寸。颜色图层比其父类图层多出了 3 个属性值，分别代表颜色图层的透明度、混合方式以及颜色。代码中还列出了一个颜色图层的特殊子类，这也是 Cocos2D 引擎的制作者出于为开发者提供便利的接口代码考虑而预先编写的一种特殊的颜色图层。CCLayerGradient 类的图像对象显示效果正是图 9-17 中所示的内容。读者可以看出此颜色图层的特点在于可以进行颜色的变化。从代码中我们也能够看出，此类具备了其父类 CCLayerColor 所没有的几个属性：startColor、endColor、startOpacity、endOpacity。这 4 个属性就是 CCLayerGradient 类的对象用于变换颜色的属性，其含义分别为开始颜色、结束颜色、起始透明度以及末尾透明度。

最后，我们看到了混合图层类 CCLayerMultiplex，它依旧是 CCLayer 类的子类，其属性当中多出了一个可变数组 layers_，用于存储包含的图层。在使用此类对象时，开发者可以通过方法 layerWithLayers:进行创建，传递的参数为需要加入混合图层的图层对象。

在介绍图层功能时，我们曾提过其首要的功能就是接受用户的操作。从代码中，读者也看到了其继承的委托协议接口：UIAccelerometerDelegate、CCStandardTouchDelegate 和 CCTargetedTouchDelegate。

下面我们来看看 CCLayer 图层类是通过哪些方法来接受用户操作的。

Cocos2D 引擎中提供了两种不同的方法来处理用户触碰的操作，其中一种为标准触碰协议（Standard Touch Delegate），来看协议中定义的方法：

```
@protocol CCStandardTouchDelegate <NSObject>
@optional
- (void)ccTouchesBegan:(NSSet *)touches withEvent:(UIEvent *)event;
- (void)ccTouchesMoved:(NSSet *)touches withEvent:(UIEvent *)event;
- (void)ccTouchesEnded:(NSSet *)touches withEvent:(UIEvent *)event;
- (void)ccTouchesCancelled:(NSSet *)touches withEvent:(UIEvent *)event;
@end
```

从上面的代码中可以看出 CCStandardTouchDelegate 中总共有 3 个可选择的方法来接受用户的触碰信息。这些操作事件来自于标准的 Cocoa Touch 当中的数据。开发者通过 3 个方法的参数可以获得用户所有的触碰点以及操作时间。如果开发者想在游戏当中支持玩家多点触碰的操作，那么这些方法将会用来响应游戏逻辑。3 个方法的触发时机分别为：手指触碰屏幕时、手指滑动操作时以及手指离开屏幕时。开发者需要根据具体的游戏内容来响应用户操作。为了在图层类中能够获得上述 3 个方法的调用，开发者需要打开触碰响应的开关。实际的代码如下：

```
self.isTouchEnabled = YES;
```

另外，读者需要注意一点：要想在游戏中支持多点触碰，还需要使用代码来设置 OpenGL ES View 的属性，这是因为 iOS 系统中的需求与 Cocos2D 引擎并无关系。下面是开启 GLView 对多点触碰支持功能的代码：

```
[glView setMultipleTouchEnabled:YES];
```

图层中另外一种处理用户触碰的协议为目标触碰协议（Targeted Touch Delegate），来看看此协议的定义：

```
@protocol CCTargetedTouchDelegate <NSObject>
- (BOOL)ccTouchBegan:(UITouch *)touch withEvent:(UIEvent *)event;
@optional
// touch updates:
- (void)ccTouchMoved:(UITouch *)touch withEvent:(UIEvent *)event;
- (void)ccTouchEnded:(UITouch *)touch withEvent:(UIEvent *)event;
- (void)ccTouchCancelled:(UITouch *)touch withEvent:(UIEvent *)event;
@end
```

在上述代码中，我们看到了 4 个可选方法，它们都属于 CCTargetedTouchDelegate 协议。这 4 个方法与之前介绍的标准触碰协议有一些类似之处。比如前 3 个方法的触发时机，都是在手指触碰屏幕时、手指滑动操作时以及手指离开屏幕时。而最后的 ccTouchCancelled:方法则是用于响应用户取消操作。除了比标准触碰协议多出一个方法之外，目标触碰协议还有两个重要的区别：

● 协议中的 4 个方法只能够在一次响应中返回一个触碰点信息。换句话说，如果使用了目标触碰协议，那么在游戏当中一次只能响应一个玩家操作。这是为了保证游戏运行的次序，防止由于触碰点太多，导致游戏错乱的隐患。读者可以回忆一下，是不是多数游戏产品都是采用的目标触碰协议。

- ccTouchBegan 需要返回一个布尔数值，此数值的作用在于告知 Cocos2D 引擎，是否将触碰信息继续传递给下一个图层。如果为 YES，则后续的图层将会继续使用此信息来处理游戏内容。

为了能够在代码中使用目标触碰协议，依然需要实现在图层中进行设置。

```
-(void) registerWithTouchDispatcher
{
  [[CCTouchDispatcher sharedDispatcher] addTargetedDelegate:self priority:0 swallowsTouches:YES];
}
```

上述方法就是将当前图层注册到 Cocos2D 引擎中处理用户触碰的模块。告知此模块，当前图层需要获得用户的单次触碰的信息。

通过上面的介绍，读者可以明显区分出两种触碰协议的区别。在制作游戏当中，如果游戏的功能支持用户多点触碰的操作，那必然是使用标准触碰协议来响应。加速度计 UIAccelerometerDelegate 的内容我们已经在 iOS 系统框架中介绍过了，这里并没有任何的变化。接收加速计事件和触摸输入一样，加速计必须在启用以后才能接收加速计事件：

```
self.isAccelerometerEnabled = YES;
```

同样的，层里面要加入一个特定的方法来接收加速计事件：

```
-(void) accelerometer:(UIAccelerometer *)accelerometer
didAccelerate:(UIAcceleration *)acceleration
{
CCLOG(@"acceleration: x:%f / y:%f / z:%f", acceleration.x, acceleration.y, acceleration.z);
}
```

开发者可以通过加速参数来决定任意 3 个方向的加速度值。

如果游戏画面中仅仅存在图层的话，依然是空无一物的。开发者要想表现游戏内容，还需要依靠精灵对象。在我们自制的游戏引擎当中，已经为读者介绍过了精灵的概念。几乎在所有的游戏引擎中，都会存在精灵对象。这正是多年来游戏开发者留下的设计理念。下面我们重点介绍游戏的核心内容：精灵。

9.3.5 精灵

精灵是整个游戏开发中处理的主要对象。比如在游戏当中的飞机、坦克是游戏逻辑控制的精灵对象，哪怕是由玩家控制的飞机也是精灵对象，甚至天上飞过的一片云、一只鸟都是精灵。读者已经在"打地鼠"游戏中领略了精灵的动画技术。换句话说，从技术上讲，精灵就是一个可以不断变化的图片，当然这张图片还具备一些的属性，如尺寸、大小、帧数或者透明度。另外，精灵作为游戏内容中的基本元素，它通常还会被赋予以下与游戏相关的属性。比如在坦克大战中，当玩家的坦克击毁敌方坦克时多少都会获得一定的分数，这个分数就可以被当做精灵的属性存储在坦克精灵对象当中。另外，精灵还具备了丰富的变化，比如位置的移动、自身的旋转、放大缩小、淡进淡出以及动画效果。

我们一再强调精灵就是游戏的核心。根据上一个章节中我们完成的"打地鼠"游戏，想必读者深有体会。实现了地鼠精灵的逻辑、绘制以及碰撞，几乎就实现了整个游戏。所以所谓的游戏，就是玩家操作一个或多个精灵对象，与一个或者若干个有游戏逻辑控制的精灵进行互动的过程。下面来看看 Cocos2D 引擎对于精灵的定义。图 9-18 所示为精灵类的继承关系。

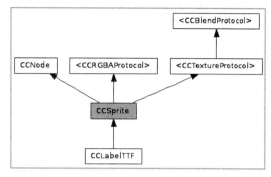

图 9-18　精灵类的继承关系

由于游戏产品大多具备了丰富的内容，而精灵类又是主要用来展现游戏元素的，所以精灵类算得上是 Cocos2D 引擎当中功能最丰富并且代码最多的一个比较复杂的类。如果把精灵类中所有的代码都粘贴过来，那估计需要十几页才能够。为了方便读者阅读，我们尽量逐层分离，使用图解的方式来介绍各个知识点。在图 9-18 中，我们看到了精灵类的继承关系。精灵类作为游戏内容的展现对象，其首要的功能就是使用图片的方式来表现游戏元素。所以从其类的继承关系当中，我们也能够看出它的功能。精灵类 CCSprite 继承自 CCNode，这与其持有者 CCLayer 类以及图层的容器 CCScene 类一样。这种代码结构良好地体现了面向对象的编程理念。除了单一的关系之外，CCSprtie 类还继承了两个协议类，分别为 CCRGBAProtocol 和 CCTextureProtocol。这两个协议用于处理精灵类中的纹理图片，前者负责颜色的管理，后者用于纹理图片的管理。读者此时看到的只是冰山一角，下面让我们开始来层层分析精灵类的内容吧！

图 9-19 列出了精灵类的定义属性，这些属性都是与精灵类的绘制有关的内容。按照 Cocos2D 引擎制作者的介绍，精灵类可以被看成是一张二维的纹理图片，只不过这张二维纹理图片有着各种各样的表现方式。同时，在创建这张纹理图片时，开发者也可以通过各种各样的方法。在属性当中，我们看到的第一个为 BOOL dirty（脏的精灵对象），是什么意思呢？读者可先回想一下，在日常生活中桌子脏了，人们会怎么办？当然是用抹布擦擦了。所以这里脏的精灵对象就意味需要重新绘制其纹理。属性

Properties	
BOOL	dirty
ccV3F_C4B_T2F_Quad	quad
NSUInteger	atlasIndex
CGRect	textureRect
BOOL	textureRectRotated
BOOL	flipX
BOOL	flipY
GLubyte	opacity
ccColor3B	color
BOOL	usesBatchNode
CCTextureAtlas *	textureAtlas
CCSpriteBatchNode *	batchNode
ccHonorParentTransform	honorParentTransform
CGPoint	offsetPositionInPixels
ccBlendFunc	blendFunc

图 9-19　精灵类的属性

atlasIndex 用来表示精灵所用纹理在纹理集合中的序号。至于什么是纹理集合，这是后面才会介绍的内容。属性 textureRect 存储了精灵所用纹理的尺寸。其下面的 3 个布尔数值的属性则代表了纹理是否旋转、是否按照 X 轴翻转、是否按照 Y 轴翻转。属性值 opacity 与 color 代表了精灵对象的透明度以及颜色。属性 usesBatchNode 有一个将要在后续章节中介绍的内容，它用于表示精灵是否处于某个精灵集合当中。接下来的两个指针对象，CCTextureAtlas 表示纹理集合，CCSpriteBatchNode 表示精灵集合，都用来表示当前精灵对象归属。最后 3 个是与精灵绘制有关的属性，分别为父类的坐标转换、纹理绘制的坐标偏移量和混合方式。通过这些属性，读者大致能够推测出一些精灵的方法以及能够实现的功能。不要忘记一开始的那句话：精灵从其本质来看就是一张纹理图片而已。下面，让我们来看看精灵的创建方法。

图 9-20 中列出了所有用于创建精灵的静态方法，这些方法的返回参数都是一个精灵指针，它们

的区别在于通过不同的参数方式来创建精灵对象。我们已知精灵是游戏内容的核心。换句话说，核心就意味了将会是被使用最多的功能。所以 Cocos2D 引擎提供了如此丰富的方法接口，就是为开发者提供编码时的便利。

Static Public Member Functions

(id)	+ spriteWithTexture:
(id)	+ spriteWithTexture:rect:
(id)	+ spriteWithSpriteFrame:
(id)	+ spriteWithSpriteFrameName:
(id)	+ spriteWithFile:
(id)	+ spriteWithFile:rect:
(id)	+ spriteWithCGImage:key:
(id)	+ spriteWithBatchNode:rect:

图 9-20　精灵类的创建方法

从上至下，依次来为读者介绍这些方法。方法 sprtieWithTexture:传递了一张纹理图片作为参数，这张纹理就是作为精灵对象的显示内容。此方法还提供了一种多参数的形式。除了参数纹理图片之外，还传递了一个矩形，此矩形代表了纹理图片中的一个区域。也就是说纹理图片并不是所有的内容都被用来显示当前精灵对象，其中的一部分（矩形区域）用于显示纹理图片。

继续接下来的一对精灵初始化的方法：spriteWithSpriteFrame:，此方法是使用图片帧来初始化精灵的。图片帧的概念在介绍精灵动画时我们已经解释过了。至于方法 spriteWithSpriteFrameName:只是传递了不同的参数。前者使用的是一个图片帧对象的指针，后者则是一个图片帧对象的名字。所谓换汤不换药，其内部都是一样的。在 Cocos2D 引擎当中，存在一个专门管理图片帧对象的容器，这将会在本章节后续的内容再次遇到。

再看接下来的方法，希望读者不觉得烦琐，因为现在的麻烦是为了将来的方便。试想如果开发者都觉得麻烦，为什么 Cocos2D 引擎的制作者却能够不厌其烦，提供这么多的方法接口呢？还不是为开发者提供更多的途径来使用精灵类，并且在实际开发的过程中也确实需要这样做。所以接下来的一对方法，同样是为了创建一个精灵对象。区别之处在于，传递的参数不同。它们则是直接通过图片名称来创建精灵。在方法的内部，也是通过文件名先创建一张图片纹理，然后再用来创建精灵对象。

余下的两个方法也有其独到之处。方法 spriteWithCGImage:，经过学习后的读者，通过名字就能看出此方法的特别之处。此方法是通过 CGImage 来创建一个精灵对象。这是为了方便那些原本的 iOS 系统的开发者，可以直接使用它们习惯的 CGImage。最后一个方法就是 spriteWithBatchNode:，从方法名字中我们看到了一个熟悉的词 BatchNode。这是一个 Cocos2D 引擎中的特色，它能够加快精灵绘制的速度，可以算是一个众多精灵的集合，不过这些精灵需要具备一个共同的特点。此处先留下伏笔，稍候 BatchNode 将会作为 Cocos2D 引擎中重要的一环来为大家讲解。

上述方法创建的精灵对象都会自动释放。介绍了如此多的精灵初始化方法，我们不妨来看看如何在代码中使用它们吧！下面列出了代码的使用方法：

```
//使用一张图片文件来创建精灵 (png, jpg):
CCSprite *mySprite = [CCSprite spriteWithFile:@"mySprite.png"];

//设置精灵的位置
```

```
mySprite.position = ccp(240,180);

//添加到场景之中
[self addChild: mySprite];
```

上面的代码只有短短的三行，配上注释后读者很容易理解。需要提醒的一点是，别忘了将 mySprite.png 文件添加到项目工程里，否则将会出现找不到文件的错误。再来看一下这个方法的升级版本是如何使用的：

```
//从一定区域中创建图片
CCSprite *mySprite = [CCSprite spriteWithFile:@"spritesheet.png" rect:CGRectMake
(0,0,100,100)];
```

所谓的升级版本，无非是多传递了一个参数。方法中的第二个参数传递的信息为一个矩形，用于表明精灵对象并不是使用图片的所有区域，而只是需要矩形表示的区域。这两个方法算是创建精灵对象最简单、最直接的办法。简单直接换来的就是效率低下，换句话说，直接通过文件名的方式来创建精灵，其效率是最慢的一种。不过，只有一两行代码并感觉不出什么差异。代码的魅力就在于，虽然每一行都很简单，但当其执行成百上千遍之后，就会产生神奇的效果。所以直接使用图片文件来创建精灵对象，并不是一种理想的状态。下面还有一个更好一点的方法，不过这也意味着需要编写更多的代码。从图片帧来创建精灵：

```
//通过纹理图片来创建一个图片帧对象
CCSpriteFrame *spiteFrame = [CCSpriteFrame frameWithTexture:texture rect:rect];
//使用图片帧对象来创建精灵
CCSprite *mySprite = [CCSprite spriteWithSpriteFrame:spriteFrame];

//使用图片帧对象的名字来创建精灵
CCSprite *mySprite = [CCSprite spriteWithSpriteFrameName:@"sprite_frame_name"];
```

上述代码通过一个新的类将图片文件与精灵对象进行过渡。在前面我们已经知道了一对精灵对象的创建方法，即通过图片文件的名称来创建它，当然事先要将图片文件加载到工程当中。在上述代码中，使用了一个精灵帧的类。首先，使用图片文件来创建一个精灵帧；然后，使用精灵帧来创建精灵对象。读者可能会有所疑惑，这并没有什么改善，只是多加了一道工序而已。从表面来看确实如此，但就是因为多出了一道工序，将精灵对象的初始化分为了两步操作。由于第一步操作需要加载图片文件到内存当中，通常情况下这是比较耗费时间的。反而第二步，创建精灵对象的操作却十分快速。在游戏当中，这种分两步走的方式非常有用。我们举一个最简单的例子：当玩家点下开始游戏之后，就会立刻进入游戏画面当中。如果游戏的内容比较少，那么资源加载的时间也许只需10 秒左右。但是当游戏内容非常多的时候，加载图片资源需要耗费一定的时间，而玩家也能够感觉到加载资源时游戏的停滞。这时，就需要将精灵的创建分为两步了。这也就是通常一些复杂游戏在进入游戏画面之前都会有一个加载界面的原因。为了能够一进入游戏画面就将所有展示的内容完整地呈现在玩家眼前，而不是存在停滞或者显示不全的情况，需要事先将耗时的工作完成，然后就可以直接显示精灵了。

9.3.6　精灵集合

是时候为读者来揭开谜底了。在前面介绍精灵时，我们或多或少地提到过精灵的集合。这是一

个特殊的类，它包含了许多的精灵对象，这些精灵对象具有一
个共同的特点。这个精灵类的集合就是 CCSpriteBatchNode。
Batch 就是一批、一群的意思，所以可以得知 CCSpriteBatchNode
类的对象将会是一个精灵的集合。我们先来看看此类的血脉
关系。

图 9-21 中显示了 CCBatchNode 类的继承关系。首先它也
是来自于 CCNode，这使得它可以犹如精灵、图层、场景一样，
用于游戏内容的现实。其次，我们看到此类还实现了
CCTextureProtocol 纹理协议。这个协议在 CCSprite 类当中也曾
遇到过，用来实现一些与绘制纹理图片有关的方法。然后

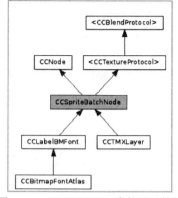

图 9-21   CCBatchNode 类的继承关系

CCSpriteBatchNode 类的子类有两个分支，分别为 CCLabelBMFont 类与 CCTMXLayer 类。这是本章
节的后续内容中将要为读者介绍的字体类以及地图背景类。曾经在我们的自制引擎当中也存在这样
的两个类：字体类和地图类。读者来回忆一下，这两个类有什么共性？如果它们继承自同一父类，
又会具备哪些共同的方法呢？无论是字体类还是地图类，它们都有一个共同的特点，那就是它们都
包含了一张内容丰富的纹理图片。所谓"内容丰富"并不是图片多么绚丽，而是指图片包含了更多
的内容。在字体类中，我们知道它的纹理图片中会保存许多文字。在地图类中，其纹理图片则是包
含了许多图块。单从这一点，我们就能够推测出 CCSpriteBatchNode 类的特性。

CCSpriteBatchNode 类用来表示一群精灵的集合，其包含的子节点为精灵对象。当需要绘制这些
对象时，只需 OpenGL ES 渲染器绘制一次。此时，读者估计会问是如何做到将众多的精灵绘制操作
合并为一次的呢？并且 CCSpriteBatchNode 类只能够包含一张纹理图片。只有那些使用这张纹理图
片的精灵对象才能够被加载至 CCSpriteBatchNode 类当中成为子节点。如果精灵对象没有被加载到
CCSpriteBatchNode 类对象当中，那么每次绘制都要 OpenGL ES 渲染器操作一次。反之，当绘制
CCSpriteBatchNode 类对象时，渲染器只需一次操作，却能够将所有使用这张纹理图片的精灵全部绘
制出来。由此我们可以看出，CCSpriteBatchNode 类的特性就是能够加快精灵的绘制速度。这是一个
非常有效的特点。因为游戏内容当中数目最多的就算是精灵对象了，绘制它们也是最为耗时的。所
以有效地使用 CCSpriteBatchNode 类对象，可以减少精灵对象的绘制次数，这就从根本上提高了游
戏运行速率。不过，CCSpriteBatchNode 类也存在明显的限制。

- 只能接受精灵对象成为它的子节点。
- 所有的精灵对象必须使用同一张纹理图片，并且不能期待这些精灵对象的图片混合效果。

CCSpriteBatchNode 类是用于提高精灵对象渲染速度的技术。它可以提高渲染大量使用相同精灵
对象的速度，不过它同精灵帧缓冲配合使用的效率最高。如果开发者将精灵帧缓冲与精灵集合配合
使用的话，只要调用一次渲染方法就可以完成精灵帧缓冲里所有图片的渲染。

我们知道 OpenGL ES 渲染器的工作原理是把必要的信息传递给图形处理硬件以完成整个或者
部分图片渲染的过程。当开发者使用 CCSprite 精灵对象的时候，每生成一个 CCSprite 对象及进行绘
制时都会调用一次渲染方法。每一次渲染方法都会调用渲染器工作，这就会导致系统开销的叠加。
通常这种操作会使游戏的刷新率大约降低 15%或者更多。好在开发者可以使用 CCSpriteBatchNode，
它的作用是作为一个图片的集合用于添加多个精灵对象节点。不过，前提是这些精灵节点使用的是
同一张纹理贴图。

　　CCSpriteBatchNode 类基于的原理是节省了渲染器的硬件操作。每次渲染器在屏幕上绘制一张贴图时，图形处理的硬件必须首先准备渲染，然后渲染图形，最后在完成渲染以后进行清理。上述过程是每一次在启动渲染和结束渲染之间存在的固定系统开销。如果图形处理硬件知道开发者需要使用同一张纹理贴图渲染一组精灵的话，图形处理硬件将只需要为这一组精灵执行一次准备、渲染、最后清理的过程。这种批量渲染精灵对象的方法在游戏中经常出现。比如在"打地鼠"游戏当中，可以看到在游戏界面中一共存在 12 只地鼠精灵对象。如果我们编写的代码是逐个来渲染它们的话，游戏刷新率变化并不明显。不过，读者试想如果是一款射击类的游戏，游戏中存在成百上千的子弹精灵对象，此时的刷新率将会下降至少 15%。如果开发者使用了 CCSpriteBatchNode 类的处理方法，就可以避免刷新率的下降。

　　我们已经知道了 CCSpriteBatchNode 类的好处，那么什么时候应该使用这项技术呢？首先，当游戏中需要显示两个或者更多个相同的 CCSprite 精灵对象时，可以使用 CCSpriteBatchNode 类将精灵对象组合在一起。在 CCSpriteBatchNode 类对象的节点中精灵对象越多，效率提升就越大。不过，也有一些限制，即不能将游戏中所有的精灵都拼接在一张图片中。首先，在使用 CCSpriteBatchNode 类的技术时对游戏层次有所限制。因为所有的精灵对象都是同一个 CCSpriteBatchNode 类对象的节点，所以当绘制时，所有精灵对象节点都会存在于相同的层次当中，如果想在画面层次当中加入其他精灵对象的话就不再可能。比如在射击类游戏中，当满屏幕是子弹的时候，如果玩家操作的飞机需要在自己发射的子弹与敌人发射的子弹之间穿梭，就不能将两种子弹精灵对象放置在同一个精灵集合对象中。

　　另外，还存在的一个限制是对纹理图片的尺寸。只是简单地给精灵加载需要用到的图片文件，在内存当中加载的图片将会变成精灵的纹理。而此纹理除了包含具体的图片之外，还存在一定的空白区域。这是因为 OpenGL ES 渲染器要求纹理的大小尺寸必须满足"2 的 n 次方规则"，例如一张纹理的尺寸为 64×128 或者 256×512 像素，绝对不会出现 28×66 的情况。如果贴图尺寸不符合上述规则的话，系统会自动调节它们的大小，这样就有可能是占用比图片本身尺寸还要大的图片。例如，140×600 像素的图片如果被放到内存中，将会变为 256×1 024 像素。刚开始这些浪费掉的内存并不会导致很大问题，但是如果将它们一个个加载进单独的贴图文件中，这个浪费的效果就明显了。对于一些低端的 iOS 系统（3.0 以下），只能支持小于 1 024×1 024 像素的纹理尺寸。这些都将成为使用 CCSpriteBatchNode 类的限制。

　　关于纹理图片所占的内存，我们要特别提醒一下读者。纹理图片的大小在 OpenGL ES 渲染器中比较特殊。目前可用于 iOS 设备的纹理图片必须符合"2 的 n 次方"规定，所以贴图的宽和高必须是 2,4,8,16,32,64,128,256,512,1 024…这样的像素尺寸。当然，在苹果的第三代设备之后，像素尺寸可以达到 2 048 像素。纹理图片的尺寸可以为一个矩形，而不一定是正方形的宽度与长度相等，所以 8×1 024 像素的贴图完全没有问题。在读者制作纹理图片的时候要考虑到 iOS 设备中对上述尺寸的要求。这是一点不容忽视的准则。为了让读者明确纹理图片尺寸的重要性，通过一个例子来看看最坏的情况会怎么样。用数据来说明问题，更容易让人信服。假设在游戏中存在一张图片尺寸为 280×260 像素，使用的是 32 位颜色，那么在内存里，贴图本来只占 290KB 左右的空间，但是根据 OpenGL ES 渲染器的准则，却需要 1MB 左右的内存空间。这几乎是原图片尺寸 4 倍的内存占用。由此我们可以看出对于内存浪费有多大。

这主要是因为 iOS 设备要求任何贴图的尺寸必须符合"2 的 n 次方"规定。280×260 像素的贴图到了 iOS 设备中以后，iOS 系统会自动生成一张与 280×260 尺寸最相近的符合"2 的 n 次方"规定的图片，即一张 512×512 像素的图片。这是为了把纹理图片放进这个符合规定的"容器"当中，提供给渲染器。所以这张 512×512 像素的纹理图片占用了 1MB 左右的内存空间。为了解决这个问题，开发者唯一能够做的是确保任何制作的图片尺寸符合"2 的 n 次方"规定，因为毕竟我们没有办法去修改 iOS 系统中的程序代码。将原本 280×260 像素的纹理图片做成 256×256 像素，这样就不会浪费这么多的内存。当然游戏当中并不会所有图片都按照规定的尺寸，所以另一种解决方案就是将图片组合，尽量拼接到一张符合规则的纹理图片当中。这就是我们接下来要为大家介绍的精灵帧缓冲。

9.3.7 精灵帧缓冲

精灵帧 CCSpriteFrame 是一个非常简单的类，从图 9-22 所示的继承关系，读者就能明白它的作用。

图 9-22 显示了精灵帧 CCSpriteFrame 类的继承关系，它只有一个父类就是纹理类。由此读者可以猜测此类的对象就是纹理图片的一种特殊子类。确实如此，精灵帧 CCSpriteFrame 类就是一张纹理图片，它主要用来构建精灵对象。我们已经为读者介绍了一对使用精灵帧来创建对象的方法。精灵帧类中还有一个明显的属性，就是包含了一个矩形参数。这是用来标明纹理图片中一个个矩形区域的。初始化一个精灵帧对象则需要传递这两个参数，看如下的代码：

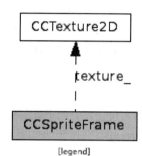

图 9-22 精灵帧类的继承关系

```
CCSpriteFrame *frame = [CCSpriteFrame frameWithTexture:texture rect:rect offset:
offset];
```

这行代码就是通过纹理图片、矩形区域以及位置偏移来创建一个精灵帧。之前，我们已经介绍了精灵帧的一个优点。由于精灵帧的存在，将纹理图片初始化为精灵对象的过程分为了两步，这样就将加载图片信息进入内存与创建精灵对象分开了，开发者可以更加自由地控制精灵对象创建。接下来，我们来说另一个优点，也就是精灵帧如何节省纹理图片在内存中的占用空间。

这也是为什么要用精灵帧缓冲的原因了。精灵帧缓冲中包含了所有当前游戏中的精灵帧。其中有些纹理图片是由多个图片组成的大图片，同时这张大图片满足 iOS 系统要求的"2 的 n 次方"规则。好了，接下来为了方便读者理解，我们将这张大图片称为纹理图片集合。每一张包含于纹理图片集合中的图片都有一个精灵帧对象与之对应。这些精灵帧凭借在一张纹理图片集合中的矩形区域，来确定需要绘制的纹理图片。换句话说，精灵帧就是一个 CGRect 结构，此结构定义了各个图片在纹理图片中所处的位置。精灵帧缓冲区类中提供了一种方法，可以将这些精灵帧保存在一个单独的.plist 文件中，Cosos2D 引擎直接利用.plist 文件以及对应的图片来创建精灵帧对象。在游戏制作的过程中，如果单纯靠手工来制作纹理图片集合和记录各个精灵帧位置的话，那将是一项浩大的工程。不仅浪费制作人员的工作时间，还会消磨他们的激情。因为这项工作成就感非常低。这时就会有开发者考虑将这项工作交给程序来完成。所以接下来，读者将会接触到第一个与 Cocos2D 引擎配套的编辑器：Zwoptex。

Zwoptex 是一个 2D 精灵纹理图片包装工具。目前的 Mac 桌面版本售价是 15 美元。如果不想花钱，也可以使用免费版本。登录网站：

http://zwopple.com/zwoptex/

下载最新版本。本章节中介绍的是 1.5.2 版本，可能存在一些细微的差异，请读者注意区分。在其官方网站中，单击 Download 按钮，如图 9-23 所示。在下载完成后，运行下载文件。

图 9-23　Zwoptex 网站

如果可能的话，开发者应该把所有和游戏相关的纹理图片都打包到一个纹理图片集合。这样可以尽可能少地浪费内存空间，游戏运行起来将会更有效率。但是现实总是和理想存在差距。

对于代码来说，开发者可以把它们分散到不同的地方去。但是对于纹理图片集合，只好尽可能多地将纹理图片打包到同一个图片中去，同时尽量减少图片上空白空间的存在。因为图片资源跟游戏内容有着密切关系。这其中还涉及游戏资源加载的时间。比如在游戏开始时，通常会加载一些游戏的内容。但这并不代表着需要将游戏主角的图片与菜单的图片放置在同一个纹理集合当中。开发者可以按照自己的习惯来分配纹理图片集合的组成。比如把所有菜单和按钮放进同一个纹理图片集合，另一个纹理图片集合放置所有的精灵以及它们的动画。不过有一种情况可能适合将图片分开放置到不同的纹理图片集合中，比如一个由很多不同关卡组成的游戏，里面分成很多个世界，每个世界都有不同的敌人。这样的话，最好把不同的世界和敌人分开放置到不同的纹理图片集合中去。所以对于纹理集合的划分方法，只需记住一句话：尽量整合那些在一个画面或者游戏状态中需要显示的图片，作为一个纹理图片的集合。

一旦整个游戏内容被划分为了几个 1 024×1 024 像素的纹理图片集合，读者就可以在游戏开始之前将它们加载进内存。这样不仅有效地使用了 iOS 设备的内存，还使得开发者可以很好地把握游戏节奏。不过这些纹理图片集合也将一直保存在内存当中。

此时，想必读者已经安装完成了 Zwpotex 工具，接下来介绍一下如何使用这款便利的工具。首先来看一下工具的操作界面，如图 9-24 所示。

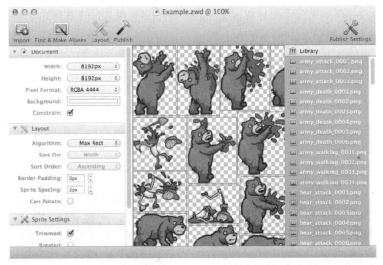

图 9-24　Zwpotex 工具界面

　　在图片显示的画面，左侧的区域是属性区，中间显示的是纹理集合，右侧则是单张图片的列表。属性区是工具使用的重点，稍后再说。在中间显示的纹理图片集合只不过是一张尺寸很大的纹理图片，读者可以直接使用鼠标单击拖动图片来调整布局。右侧则列出了被添加到纹理图片集合的单张图片名称。读者可以直接将图片拖进工具界面当中，也可以通过菜单栏中的选项来加载纹理图片。不过，读者想要紧密地把图片排列到一起的话，是要花费一些工夫的。下面我们回到左侧的属性菜单，先来看一张高清的图。

　　在图 9-25 中列出了工具的属性面板的内容。按照从上到下的顺序，逐一为读者做下介绍。第一行的 4 个按钮是 Zwpotex 工具提供的功能快捷按钮，这些功能在菜单栏中都可以找到对应的选项。第一个按钮为添加纹理图片；第二个按钮是去除那些重复的纹理图片；第三个按钮则是按照一定的方法来排列纹理图片。有了这个功能，制作人员就不用再手工排列纹理图片了。只需轻轻一点，就会完成所有的任务；最后一个锤子的按钮则是用来发布编辑好的纹理图片集合的，不过在发布之前需要配置一些属性。读者可以试着单击一下按钮，看看效果。如果开发者使用的是未注册版本，则需要等待一段时间才可以看到结果。

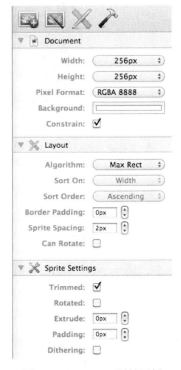

图 9-25　ZWpotex 属性面板

　　属性面板中的 Docment 栏目列出了 5 个选项。前两个选项是纹理图片集合的尺寸，也就是宽度和高度。然后是纹理图片集合的颜色格式以及背景颜色，这两个属性通常不用修改。最后一个复选框则是用来约束纹理图片集合的。我们再来看下一个 Layout 栏目。在此栏目当中，显示了与纹理图片排列方式有关的配置属性。第一个选项用来设置采用哪种方式来排列，图中所示为按照最大矩形来排列。读者也可以换成其他的方式来观察一些不同排列算法排列后的效果。紧接的两个属性也是与纹理图片的排列算法有关的内容，大多是排列方式中优先考虑的细节设定。就算介绍得再详细，也比不上亲自尝试排列一下。接下来的两个输入框，分别为纹理集合的边框以及集合当中各个纹理图片的间隔。最后一个是设置在排列的过程中是否可以旋转精灵。

图中最后的一个栏目 Sprite Settings 是用来配置精灵属性的。这里所谓的精灵并不是 Cocos2D 引擎中的精灵，而是代表了一张纹理图片。虽然这些纹理图片将来会被用来创建精灵 CCSprite 对象，但是此时它们只表示纹理图片。在 Sprite Settings 栏目当中，前两个勾选的选项分别表示是否自动去除图片中多余的透明区域，以及是否旋转图片。接下来的两个以像素为单位的输入框分别为图片的边缘透明像素的长度和突出部分的像素长度。最后一个选项则表示纹理图片是否抖动。经过介绍，读者可以尝试导入一些图片，拼接一张纹理图片集合。然后继续阅读下面的内容，来看看如何在代码中使用已经拼接好的纹理图片集合。

为了能够在引擎当中使用刚刚用 Zwoptex 工具拼接好的纹理图片集合，我们需要将其导出为两个文件。一个为属性文件.plist，一个为纹理图片.png。导出的按钮就是之前介绍的用锤子图标的 Public。读者先不要着急单击此按钮，因为在导出之前还需要配置一下导出的参数。单击工具界面左上角的按钮（螺丝刀与扳子组合），将会弹出图 9-26 所示的界面。

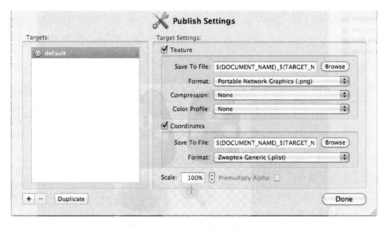

图 9-26　Public 的配置界面

在图 9-26 的左边为导出文件当前的默认配置。读者可随意添加新的配置。图中右侧的部分就是导出文件的配置。首先是导出纹理图片设置。在设置的属性当中，第一行为纹理图片的名称，读者可以指定输出文件的名称，也可以使用一些工具中的定义字段。接下来的是导出纹理图片的格式：.png。由于.png 图片格式占用存储空间相比其他图片格式较小，所以这是一种经常在 Cocos2D 引擎当中使用的图片格式。除了.png 文件格式之外，读者还可以选择其他的两种格式：.rgba 或者.pvr。随后的两个设置为图片是否使用压缩以及颜色表。这些都是与纹理图片属性相关的配置。在接下来的面板当中，是关于纹理图片集合的数据信息文件。第一行依然是导出文件的名称，笔者建议使用与纹理图片一样的名称。然后是导出的格式。文件格式默认的设置一共有 5 种：Zwoptex 普通版、Zwoptex Flash 版本、cocos2d 版本、CoronaSDK 版本以及 Sparrow 版本。毫无疑问，我们需要的数据文件格式是 cocos2d 引擎的版本。这些版本都是针对不同的引擎或者工具而设置的。具体的文件内容以及格式，读者可以在 Zwoptex 的设置界面中查看，如图 9-27 所示。

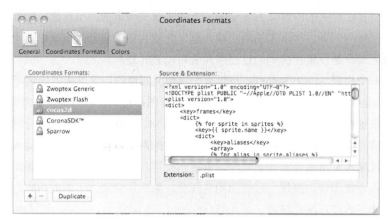

图 9-27　导出文件格式

图 9-27 中所示的正是导出数据文件的内容以及格式。图中左侧的是已经预先完成的导出设置，右侧就是导出的文件格式。如果读者没有特殊的需求，暂且不要修改这些默认的属性。不过可以通过复制一个设置，根据游戏内容做出略微的改造。

在配置完成了导出文件的格式以及名称后，我们就可以单击 Public 按钮，来导出游戏中需要的纹理图片以及数据文件了。下面为大家展示一下如何在代码中使用纹理图片集合以及精灵帧缓冲。

代码9-4　纹理图片集合的使用

```
-(id) init
{
  if( (self=[super init]) ) {
    //获得屏幕尺寸
    CGSize s = [[CCDirector sharedDirector] winSize];
    //将纹理图片集合添加至精灵帧缓冲
    [[CCSpriteFrameCache sharedSpriteFrameCache] addSpriteFramesWithFile:
@"zwoptex/grossini.plist"];
    [[CCSpriteFrameCache sharedSpriteFrameCache] addSpriteFramesWithFile:
@"zwoptex/grossini-generic.plist"];
    //创建一个颜色层
    CCLayerColor *layer1 = [CCLayerColor layerWithColor:ccc4(255, 0, 0, 255)
width:85 height:121];
    layer1.position = ccp(s.width/2-80 - (85.0f * 0.5f), s.height/2 - (121.0f
* 0.5f));
    [self addChild:layer1];
    //使用精灵帧来初始化精灵对象
    sprite1 = [CCSprite spriteWithSpriteFrame:[[CCSpriteFrameCache shared
SpriteFrameCache] spriteFrameByName:@"grossini_dance_01.png"]];
    sprite1.position = ccp( s.width/2-80, s.height/2);
    //添加精灵至图层
    [self addChild:sprite1];

    sprite1.flipX = NO;
    sprite1.flipY = NO;
```

```
        CCLayerColor *layer2 = [CCLayerColor layerWithColor:ccc4(255, 0, 0, 255)
width:85 height:121];
        layer2.position = ccp(s.width/2+80 - (85.0f * 0.5f), s.height/2 - (121.0f
* 0.5f));
        [self addChild:layer2];

        sprite2 = [CCSprite spriteWithSpriteFrame:[[CCSpriteFrameCache shared
SpriteFrameCache] spriteFrameByName:@"grossini_dance_generic_01.png"]];
        sprite2.position = ccp( s.width/2 + 80, s.height/2);
        [self addChild:sprite2];

        sprite2.flipX = NO;
        sprite2.flipY = NO;

        [self schedule:@selector(startIn05Secs:) interval:1.0f];

        [sprite1 retain];
        [sprite2 retain];

        counter = 0;

    }
    return self;
}
```

代码 9-4 是来自 Cocos2D 引擎中示例项目 Zwoptex 中的代码，笔者为代码添加了注释。从代码中我们可以看出这是一个图层的初始化方法。在此方法中，加载了两个图片纹理集合：grossini.plist 和 grossini-generic.plist。实例中只用了一行代码，就将纹理图片集合加载到了精灵帧缓冲当中。这正好体现了 Cocos2D 引擎简单易用的特点。读者只需调用方法 addSpriteFramesWithFile:，然后将数据文件（.plist）作为参数进行传递。Cocos2D 引擎将会根据文件名来自动加载同名的纹理图片集合，然后将其读取到精灵帧缓冲当中以备后续使用。接下来，创建了一个颜色图层。这只是为了画面的显示效果，就不再介绍。然后，在代码中创建了一个精灵对象 sprite1。此精灵对象的创建方法使用了 spriteFrameByName:，也就是通过精灵帧的名字来创建。此处精灵帧的名字也就是在纹理图片集合当中单张的纹理图片名称。因为在精灵帧缓冲当中，总共存在两张纹理图片集合，所以余下的代码则是利用第二张创建了一个精灵对象 sprite2。图 9-28 所示为实例项目的运行画面。

经过对上述代码的讲解，读者将会发现在游戏项目中使用纹理图片集合配合精灵帧的方式来创建精灵对象，不仅能够提高游戏的绘制效率，在代码上也能够有所节省。这都是得益于 Cocos2D 引擎以及 Zwoptex 工具的开发者，正是他们的工作，使得 Cocos2D 引擎开发者节省了许多时间。我们已经为读者介绍了如何将纹理图片集合加载至精灵帧缓冲当中。根据前面的内容，在一款游戏产品当中，通常只存在一个精灵帧缓冲对象。也

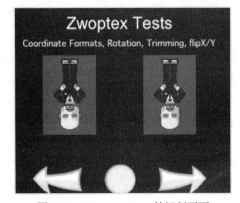

图 9-28　Zwoptex Tests 的运行画面

就是说无论加载多少个纹理图片集合，它们都将放在同一精灵帧缓冲区当中。这样就会导致一些问题，需要读者注意。首先，虽然是处于不同纹理图片集合的两张纹理图片，但是它们最终将会被放置在同一个精灵帧缓冲区当中。因为在创建精灵对象时，只需使用纹理图片的名称。为了避免造成资源的混乱，所以读者要为每一张纹理图片都用一个唯一的名字。其次，由于在游戏运行的过程中，只存在一个有限空间的精灵帧缓冲区，所以读者最好在适当的时机清理帧缓冲区当中不再使用的纹理图片集合。所谓适当的时机，通常都是指在游戏场景切换的时候。比如当玩家由主菜单进入游戏画面时，有可能在游戏画面当中不再使用任何在菜单界面显示的纹理图片，这时正是将它们从精灵帧缓冲当中清除的最好时机，以便加载游戏后续的资源。下面为读者介绍一些与精灵帧缓冲清除有关的方法。

当我们使用 addSpriteFramesWithFile:加载纹理图片集合之后，Cocos2D 引擎将会自动生成所有图片的帧缓存。在游戏的运行当中，会有许多资源需要加载至精灵帧缓冲当中。此时开发者就会需要一个方法来卸载不再使用的纹理图片。大多数情况下，开发者可以依赖 Cocos2D 引擎中的方法来卸载：

```
[[CCSpriteFrameCache sharedSpriteFrameCache] removeUnusedSpriteFrames];
[[CCTextureCache sharedTextureCache] removeUnusedTextures];
```

上述两种方法将会清除缓冲区中不再使用的对象。很显然，这又是一个简单易用的方法。Cocos2D 引擎会帮助开发者来区分哪些纹理图片正在使用，而哪些是可以被清空的。在发现了不需要用到的纹理图片时，将会自动将它们从精灵帧缓冲区中清除。所以开发者要谨慎地调用上述方法，因为很有可能 Cocos2D 引擎将一些现在未用到，但是将会使用的纹理图片也一起清除掉。通常清除精灵帧缓冲的操作在完成场景转换以后才做，而不是在游戏运行的过程中进行。请记住，在场景转换的过程中，只有在完成新场景初始化以后，之前的场景才会被卸载。这意味着开发者不能在一个场景的 init 方法中使用 removeUnused 等方法。下面的两个方法效果更为绝对。之前只是清除那些不用的纹理图片，而这两个方法将会把缓冲区清理得干净如初。换句话说，将不会再留下任何一张纹理图片。提醒读者，一定要明确此方法的作用并在适当的时机使用它们。

```
[CCSpriteFrameCache purgeSharedSpriteFrameCache];
[CCTextureCache purgeSharedTextureCache];
```

9.3.8　根源种子

对于 CCNode 类读者应该已经不再陌生了，它作为 Cocos2D 引擎中的父类已经出现了许多次，几乎上面我们介绍的所有类都是继承自 CCNode 类。由此可见，CCNode 类在 Cocos2D 引擎当中的重要性是无可替代的。场景 CCScene、层次 CCLayer、精灵 CCSprite 以及精灵集合 CCSpriteBatchNode 的父类都是 CCNode 类。根据面向对象的编程语言法则，所有子类都有一个共同的父类：CCNode 类，就必然会拥有许多来自父类的属性以及方法。根据我们之前的介绍，大多数类对象都与引擎的绘制有关。CCNode 类可算得上是 Cocos2D 引擎当中的基础绘制种子类。除了显示功能之外，它还定义了开发者常用的属性和方法。图 9-29 展示了继承自 CCNode 的一些最重要的类，这些类是游戏制作过程中最常用到的。其实即使只用这些类，我们也可以创造出很有意思的游戏。

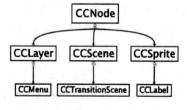

图 9-29　CCNode 类的继承关系

图 9-29 所示的正是类 CCNode 的继承关系，可以看到几乎所有与显示有关的类都继承自它。由此可知，它是 Cocos2D 引擎中最重要的类。CCNode 类中定义了一些通用的属性和方法。CCNode 类是所有节点的基类。它是一个抽象类，没有具体的显示内容。但是它定义了所有用于显示的类都通用的属性和方法。我们先来看看一些属性，如表 9-3 所示。

表 9-3　CCNode 类的属性

属　　　性	默 认 值	属　　　性	默 认 值
position	0, 0	size	1, 1
scale (x, y)	1, 1	visible	TRUE
rotation (in degrees, clockwise)	0	z-order	0
anchor point	0, 0	openGL z position	0

虽然 CCNode 类的对象并不持有任何的纹理图片，但是它的属性中却有许多与绘制有关的变量。在表 9-3 中，读者可以看到一些 CCNode 类对象经常使用的属性。这些属性由上到下分别为位置、伸缩、旋转角度、锚点、尺寸、是否可见、屏幕 Z 坐标以及渲染器 Z 坐标。前面一些属性从字面就能够知道其含义，唯有后两个 Z 坐标，对于只接触过二维平面世界的读者来说算是新的知识了。其实，在二维平面世界中，也存在一个三维坐标系，这就是除了 X 和 Y 坐标轴之外的 Z 坐标轴。它一个由屏幕里指向屏幕外的坐标轴。在二维平面游戏当中，Z 坐标被用来描述物体之间的遮挡关系。比如某个精灵其 Z 坐标越小，就会离玩家越远，这个精灵遮挡的可能性也就越大。CCNode 类因为具备了这些属性，才能够提供丰富的方法来实现一些功能。下面我们通过具体的方法来熟悉这些属性的作用。

CCNode 类以及它的子类都有 3 个明显的特点：
- 它们可以包含 CCNode 类对象作为子节点。对应的方法为 addChild、getChildByTag、removeChild 等。
- 每一个 CCNode 类以及子类都可以使用定时器。对应的方法为 schedule、unschedule 等。
- 所有的 CCNode 类以及子类都能够执行动作。对应的方法为 runAction、stopAction 等。

除了上述 3 点之外，各个子类还包含额外的属性与方法，这在前面内容中我们已经介绍过了，比如 CCLayer 具备了一些用于绘制的方法。CCNode 类中的方法是每个子类都可以调用的。CCNode 类本身包括了许多的方法，我们将会按照功能加以区分。下面从第一个特性开始，为读者详细介绍它们的方法以及使用技巧。

图 9-30 中列出了 9 个与节点有关的方法，其中一些方法只是因为参数不同，略有差异。还有一些方法，在前面内容当中已经为读者介绍过了，比如第一个方法，在 CCScene 类中我们已经使用过了。它的作用是将一个图层对象添加到当前场景之中。与其类似的还有另外两个。为了方便，我们只介绍参数最多的一个方法，另外

图 9-30　CCNode 类中与节点有关的方法

一个方法的参数作用是一样的。方法 addChild:z:tag:是为当前节点添加一个子节点，只要是 CCNode 子类就可以被添加。不过，这只是代码层面的条件，读者在使用时还要考虑引擎中的游戏结构。比如为一个精灵添加一个场景节点，就毫无必要。此方法的 3 个参数为添加的子节点对象、Z 坐标以

及标志值。前两个参数我们已经非常熟悉。标志值是一个 int 数据类型的变量，被用来标志一个 CCNode 对象。但是 Cocos2D 引擎并不会检查对象标志值的唯一性。换句话说，在一个 CCNode 类当中，存在多个标志为"10"的子节点是可以的，引擎并不会认为这会产生什么错误。至于标志值的作用，当然是用来获得子节点对象。这就是方法 getChildByTag:的作用。开发者只需将 CCNode 节点的标志值作为参数传递，此方法就会返回对应的子节点对象。如果存在多个具有相同标志值的 CCNode 对象，则会返回第一个被添加的子节点。

有了添加的方法，就会有移除的方法。这就好比有了光明，就必然有黑暗。在图 9-30 中列出了 4 个以 remove 开始的方法，它们都是用来移除 CCNode 对象的。方法 removeFromParentAnd Cleanup: 是将当前 CCNode 对象从其父节点中移除，并且同时停止当前动作。如果不想让 CCNode 对象自我销毁的话，就不要调用此方法。方法 removeChild:cleanup:与方法 removeChildByTag:cleanup:都是用于清空当前 CCNode 对象中包含的子节点。前者的参数为子节点对象，而后者的参数则是子节点的标志值。如果存在相同标志值的话，将会全部清空。第二个参数为是否将移除其自身的所有执行动作。如果开发者将要移除的子节点将不会再使用，那么就可以传递 YES 来停止当前动作。最后一个移除的方法 removeAllChildrenWithCleanup:是一次性将当前 CCNode 对象中的子节点全部清除并且停止当前动作。此方法通常被用来删除当前 CCNode 对象。图 9-30 中最后的方法，准确地说应该是与节点操作无关的方法，它是用来重新排列某一指定 Z 坐标的子节点。

我们介绍了一些 CCNode 类中操作节点的方法，其中有添加、获取和删除子节点的方法。以下是一段代码，可帮助读者快速地掌握：

代码 9-5　CCNode 类的节点操作

```
//生成一个新的节点
CCNode* childNode = [CCNode node];
//将新节点添加为子节点
[myNode addChild:childNode z:0 tag:100];
//获取子节点
CCNode* retrievedNode = [myNode getChildByTag:100];
//通过 tag 删除子节点; cleanup 会停止任何运行中的动作
[myNode removeChildByTag:100 cleanup:YES];
//通过节点指针删除节点
[myNode removeChild:retrievedNode];
```

代码 9-5 展示了如何使用 CCNode 类的方法来进行节点操作。首先，要拥有一个父节点 myNode 对象指针，然后创建了一个新的节点对象 childNode，这就是被用来添加的子节点 CCNode 对象。接着使用 addChild:方法来添加子节点。在调用添加节点的方法时，代码中传递了两个参数，分别设定了子节点的 Z 坐标值以及标志值。然后，根据标志值"100"又再次获得了这个子节点。最后，通过移除方法将子节点 CCNode 对象从 myNode 中移除。不过读者需要注意，在代码的最后部分使用了两次移除节点的方法。这里只是为了展示不同的移除方法使用代码，其实如果同时执行两个方法将会出现错误。毕竟在子节点被移除后，再一次移除它是会出错的。

CCNode 的第二个特性就是定时器。先来解释一下定时器的概念。不知读者是否有过做面包的生活体验。因为面包在发酵或者烤制时都需要精确地掌握时间，厨师通常会借助一个工具即定时器。

图 9-31 所示为在厨房中使用的定时器。厨师只需旋转到指定的时间，定时器就会自动计时。当时间归零时，就会发出"叮"的一声作为提醒。CCNode 类中也提供了一个类似定时器的功能。在功能上与厨房中所用定时器最大的区别就是，一旦用户开启了 CCNode 的定时器，它就会持续执行，直到开发者通过代码来停止它。换句话说，CCNode 类中的定时器是循环执行的。这有点类似于游戏中的循环周期，只不过定时器是按照固定的时间节奏来调用某一个指定方法。其实在场景类当中，开发者确实是通过定时器来实现游戏逻辑循环的。让我们来看看在 CCNode 类中与定时器有关的方法吧！

图 9-31　厨房中使用的定时器

图 9-32 中展示了一些与定时器有关的方法。以单词 schedule 打头的方法，就是创建一个新的计时器。只是因为参数不同，创建的计时器略有不同罢了。方法 scheduleUpdate:是一个 Cocos2D 引擎中默认的计时器，其编号为 0。"0"的含义是它的优先级是最高的。当存在多个计时器都在同一个时间点触发时，就会首先调用编号最小的。计时器编号最小的数值就是 0。方法 scheduleUpdateWithPriority:就是将默认定时器的

```
(void)  - scheduleUpdate
(void)  - scheduleUpdateWithPriority:
(void)  - schedule:
(void)  - schedule:interval:
(void)  - unschedule:
(void)  - unscheduleAllSelectors
(void)  - resumeSchedulerAndActions
(void)  - pauseSchedulerAndActions
```

图 9-32　CCNode 类中与定时器有关的方法

优先级改变为参数传递的数值。Cocos2D 引擎中默认的定时器，时间间隔为 0。也就是说定时器调用的 Update()方法，将会在每次引擎循环周期中都被调用。同时，开发者需要留意，在一个 CCNode 类当中只能够存在一个 Update()方法。接下来的两个方法 schedule:和 schedule:interval:是开发者设置的定时器，它们的执行级别通常会低于引擎默认的定时器。后者多出的 interval:参数用来表示计时器的时间间隔，它是以秒为单位的浮点数值。如果使用第一个方法来创建定时器，那么也将会在每次引擎循环周期中调用方法。此方法就是开发者定义的，然后作为方法参数进行传递。

创建定时器的方法已经有了，接下来就是取消定时器的方法。我们在一开始曾说过，CCNode 类中的定时器是永不停歇的，一旦通过代码设定了之后，在规定的时间间隔中，它总会准时地调用对应方法。如果想取消定时器，就必须使用方法 unschedule:来取消参数传递的定时器，或者使用方法 unscheduleAllSelectors:取消当前类中所有的定时器。

在图 9-32 当中还有最后两个方法没有介绍。它们不仅与定时器有关，还与 CCNode 类的动作有关。这涉及了本章节后续的内容，此处暂且提及一下而已。这两个方法是成对的。方法 resumeSchedulerAndActions 用来恢复当前 CCNode 对象的定时器以及动作，方法 pauseSchedulerAndActions 则是暂停当前 CCNode 对象的所有定时器以及方法的执行。

CCNode 类的特性当中还剩一个没有为读者介绍，它就是与动作（Action）有关的方法。首先，我们先来了解一下在 Cocos2D 引擎中动作（Action）的概念。根据前面的知识，读者知道了 Cocos2D 引擎当中游戏界面是如何产生的。首先，需要有一个场景类对象作为显示的容器；然后，需要有一个或者多个图层重叠来组成游戏画面；最后，有多个精灵对象充当游戏中的实体。动作就是专门针对精灵对象来设计的。要知道，在游戏当中那些精灵对象并不是静止不动的。比如射击类游戏中玩家控制的飞机，可以被自由地控制以便来回移动；坦克大战中对方的坦克也会根据游戏逻辑来四处

移动。这些都属于精灵的动作。在读者掌握的知识当中，还一个比较特别的精灵动作就是动画。Cocos2D 引擎将动画也作为精灵对象动作中的一员。在读者明白了动作与精灵的关系之后，让我们来看看 CCNode 类中与动作相关的方法，如图 9-33 所示。

要想让精灵执行某个动作，首先要创建一个动作。Cocos2D 引擎当中提供了相当丰富的动作种类，而且动作之间还存在各种各样的组合关系。由于内容较多，将其归为单独的内容，在后续章节将会为读者详解，所以创建动作对象的部分暂且跳过。此时读者已经理解了动作与 CCNode 类的关系。因为 CCNode 类有多个子类，

```
(CCAction *)  - runAction:
       (void)  - stopAllActions
       (void)  - stopAction:
       (void)  - stopActionByTag:
(CCAction *)  - getActionByTag:
  (NSUInteger) - numberOfRunningActions
```

图 9-33   CCNode 中与动作有关的方法

并不仅仅是精灵类一个，所以包括图层、精灵集合、场景等子类都可以执行动作，只是有些动作并不适合。比如让一个图层对象来播放动画，那不就成了播放视频了吗？所以对于动作类，使用最多的仍然是精灵类。

在图 9-33 所列出的方法中，第一个方法 runAction:就是来执行一个动作，具体被执行的动作则是由参数传递的。这个动作有可能是让 CCNode 对象移动，也有可能是让它消失。这些都与动作的具体内容有关。之后的 3 个方法都是用来停止 CCNode 对象执行的动作的。方法 stopAllActions 用于停止当前 CCNode 对象的所有动作。方法 stopAction:和 stopActionByTag:都是停止一个指定的当前动作。前者是通过动作对象，后者是通过动作的标志值来确定具体要停止的动作。方法 getActionByTag:是利用传递的标志值参数来获得对应的动作对象。方法 numberOfRunningActions 可以将当前 CCNode 对象所运行的动作数量返回。

除了上面介绍的 3 个 CCNode 特性之外，还有 3 个方法需要为读者单独讲解一下。其他余下的方法一类是与坐标系转换有关的，一类是与碰撞判断有关的。前一部分没有什么技术难度，感兴趣的读者可以查询 Cocos2D 引擎的文档。后一部分将会在后续内容中作为单独的章节出现。接下来要介绍的 3 个方法是与游戏的生命周期相关的。

图 9-34 中显示了 3 个函数方法。当在游戏中使用 CCDirector（导演类）的方法 replaceScene 切换场景时，

```
(void)  - onEnter
(void)  - onEnterTransitionDidFinish
(void)  - onExit
```

图 9-34   与运行周期相关的方法

每个节点都会调用 CCNode 类中所带的这 3 个方法：onEnter、onEnterTransitionDidFinish 和 onExit。其中 onEnterTransitionDidFinish 方法是否被调用，取决于是否使用了场景切换的特效 CCTransitionScene。onEnter 和 onExit 则必然会在场景转换过程中的某个时间点被调用。对于这 3 个方法，读者在使用时需要注意。在每个方法当中必须调用它们父类中相同的方法以避免导致用户触碰的输入以及内存泄漏的问题。从下面的代码中，读者可以看到这 3 个方法是如何使用的。

代码 9-6   onEnter、onEnterTransitionDidFinish 和 onExit 方法

```
-(void) onEnter
{
//节点调用 init 方法以后将会调用此方法
//如果使用了 CCTransitionScene，将会在过渡效果开始以后调用此方法


[super onEnter];
NSLog(@"Scene 1 onEnter");
}
```

```
-(void) onEnterTransitionDidFinish
{
//调用 onEnter 以后将会调用此方法
//如果使用了 CCTransitionScene，将会在过渡效果结束以后调用此方法

 [super onEnterTransitionDidFinish];
 NSLog(@"Scene 1: transition did finish");
}

-(void) onExit
{
//节点调用 dealloc 方法之前将会调用此方法
//如果使用了 CCTransitionScene，将会在过渡效果结束以后调用此方法

 [super onExit];
 NSLog(@"Scene 1 onExit");
}
```

上述的代码是来自 Cocos2D 引擎当中的示例项目 TransitionsTest。我们可以看到在每个方法当中，都调用了父类中相同的方法。如果读者不在 onEnter 方法里调用它的 super 方法的话，在新的场景中可能就不会对触摸或者加速计的输入有任何反应。同样，如果不在 onExit 方法里调用它的 super 方法，当前场景可能不会从内存里释放。因为很容易忘记添加 super 方法，而且在发生问题以后也很难与没有调用 super 方法联系起来，所以笔者在这里特别强调这一点。读者可以在场景转换之前或者之后，通过使用上述方法在节点中完成一些特定的操作。因为在程序进入 onEnter 方法的时候，场景中的所有节点都已经设置完成了；同时，在 onExit 方法中，所有节点都还存在于内存中。

9.3.9　文字与字体

本小结的标题是"文字与字体"，这并不是我们第一次介绍这个内容。在第 8 章中，在我们已经完成的自制引擎当中也存在一个字体类，它是专门用来绘制游戏当中的文字内容。读者不妨在此时回忆一下，我们是通过怎样的方法将文字按照顺序来使用纹理图片显示在游戏界面中的。作为游戏引擎中的一部分，很少有哪款游戏产品中不包含文字内容的。我们已经介绍了游戏内容中存在的两种文字方式：美术字以及排版字。美术字是由美术人员制作完成的纹理图片，在程序中使用它们与一般的纹理图片没有区别。而排版字的技术原理是来自我们勤劳而睿智的祖先。接下来，我们将为读者介绍 Cocos2D 引擎当中存在哪些类以及方法可以用来绘制文字。

图 9-35 中显示了 3 个类：CCLabelAtlas、CCLabelBMFont 和 CCLabelTTF。这 3 个类都是通过不同的方式来显示游戏内容当中的文字。从图中我们可以看出，这 3 个类都是继承了 CCLabelProtocol 协议，并没有标明它们的父类。从类的名字中，读者不难发现 3 个类都是以 CCLabel 开始的。CCLabel 表示了在 Cocos2D 引擎中一个文字标签的概念。这 3 个类都是引擎绘制体系中的成

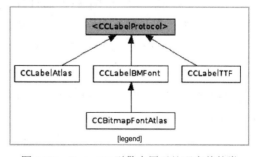

图 9-35　Cocos2D 引擎中用于处理字体的类

员，所以它们都有一个共同的祖先，也就是 CCNode 类。所以如果从绘制组成来说，CCLabel 文字标签与之前我们介绍的图层或者精灵等都属于一个用于显示游戏内容的对象。只不过，字体标签只是用来显示文字。

　　Cocos2D 引擎当中同时支持两种文字处理的方式。第一种就是 TTF（True Type Fonts）格式，比如在 Windows 操作系统当中，文字的显示就是通过 TTF 格式字体。这是一种在计算机领域中通用的字体格式，是由美国苹果公司和微软公司共同开发的一种电脑轮廓字体类型标准。这种类型字体文件的扩展名是.ttf，类型代码是 tfil。另外一种就是使用纹理集合方式来显示文字。这正是我们在自制引擎当中所使用的方法。这两种方法在 Cocos2D 引擎当中都提供了良好易用的程序接口，开发者可以根据游戏的需求来选择使用。不过要想做出恰当的选择，就先要熟悉一下它们各自的优点。

　　CCLabelTTF 就是 Cocos2D 引擎中使用 TTF 字体的文字标签，此类标签的优缺点在于：
- 任何一种 TTF 字体都包含了某种语言当中所有的字母以及符号，开发者可以随意调整字体的大小、颜色以及样式。
- 因为在 iOS 系统中已经提供了多种字体，所以开发者无须任何编辑就可以直接使用。
- 创建和更新的过程将会比较缓慢。这是由于字体包含的内容较多，并且初始化时需要创建纹理图片。

　　CCLabelAtlas 类和 CCBMFont 类则是使用了纹理图集的字体方式，它们的优缺点在于：
- 在创建以及更新的过程当中速度比较快，因为并不需要建立新的纹理图片。
- 自制的字体方式，开发者可以自定义其中的字母以及符号，甚至阴影、外框以及花纹都可以随意编辑。
- 需要借用额外的工具来编辑字体纹理图集。

　　经过上面的介绍，想必读者明白了这两种字体绘制方式之间的差异。从大体上来看，这两种字体绘制方式是一种互补的关系。凭借 Cocos2D 引擎所提供的良好支持，在一个游戏产品当中开发者可以随意使用它们。下面按照从简单到复杂的顺序，来认识一下 CCLabelTTF 类。

　　CCLabelTTF 类继承自 CCSprite 类。换句话说，开发者可以把此类的对象当做一个精灵对象，它通过 TTF 字体格式来显示文字。下面我们来看看用于初始化此类对象的方法，如图 9-36 所示。

```
(id)  + labelWithString:dimensions:alignment:lineBreakMode:fontName:fontSize:
(id)  + labelWithString:dimensions:alignment:fontName:fontSize:
(id)  + labelWithString:fontName:fontSize:
```

图 9-36　CCLabelTTF 创建方法

　　图 9-36 中列出了 3 个创建 CCLabelTTF 类对象的方法，它们之间的区别只在于方法的参数。接下来，将会为读者介绍参数最多的一个，因为余下的两个都是相同的含义。当开发者需要在屏幕上显示文字的时候，CCLabelTTF 是最直接的选择。因为它并不需要任何的准备工作，直接通过几行代码就可以将文字内容显示在游戏界面当中。我们来看下面的代码。

代码 9-7　CCLabelTTF 的使用

```
//显示文字标签
- (void)showFont:(NSString *)aFont
{
 //移除文字标签对象
```

```
[self removeChildByTag:kTagLabel1 cleanup:YES];
[self removeChildByTag:kTagLabel2 cleanup:YES];
[self removeChildByTag:kTagLabel3 cleanup:YES];
[self removeChildByTag:kTagLabel4 cleanup:YES];

//创建文字标签
CCLabelTTF *top = [CCLabelTTF labelWithString:aFont fontName:aFont fontSize:24];
CCLabelTTF *left = [CCLabelTTF labelWithString:@"alignment left" dimensions:
CGSizeMake(480,50) alignment:CCTextAlignmentLeft fontName:aFont fontSize:32];
CCLabelTTF *center = [CCLabelTTF labelWithString:@"alignment center" dimensions:
CGSizeMake(480,50) alignment:CCTextAlignmentCenter fontName:aFont fontSize:32];
CCLabelTTF *right = [CCLabelTTF labelWithString:@"alignment right" dimensions:
CGSizeMake(480,50) alignment:CCTextAlignmentRight fontName:aFont fontSize:32];

CGSize s = [[CCDirector sharedDirector] winSize];
//设置标签的位置
top.position = ccp(s.width/2,250);
left.position = ccp(s.width/2,200);
center.position = ccp(s.width/2,150);
right.position = ccp(s.width/2,100);
//将标签加入显示界面
[self addChild:left z:0 tag:kTagLabel1];
[self addChild:right z:0 tag:kTagLabel2];
[self addChild:center z:0 tag:kTagLabel3];
[self addChild:top z:0 tag:kTagLabel4];
}
```

上述代码来自 Cocos2D 引擎 FontTest 的示例项目。在代码中，总共创建了 4 个 CCLabelTTF 类的标签对象。来看看方法 labelWithString:dimensions:alignment:lineBreakMode:fontName:fontSize:每个参数的含义。第一个参数是将要显示的文字内容，它是一个 NSString 对象。第二个参数是字体显示标签的尺寸。如果读者对 CCLabelTTF 类的父类留有印象，这就是其父类 CCSprite 中纹理图片的尺寸。所以此参数就是一个 CGRect 矩形数值。开发者需要为当前将要显示的文字内容选择一个合适的尺寸大小。过大就会浪费内存空间，过小则不能显示完整的内容。接下来的参数表示了文字绘制时的对齐方式。不同的对齐方式，将会导致绘制的文字内容产生位置的变化。这一点，读者可以从实例项目的运行结果中看出。在 Cocos2D 引擎当中共存在 3 种字体对齐的方式，分别为左对齐、居中对齐和右对齐。这 3 种方式在代码中都有体现。

图 9-37 所示的正是 FontTest 示例项目的运行画面。从画面中，读者就会明白 3 种对齐方式对于字体位置的影响。我们继续介绍余下的方法参数。第 4 个参数表示了文字换行的方法。不过在 Cocos2D 引擎的当前版本中，只提供了一种换行方法，开发者并没有过多的选择。当需要绘制的文字内容长度超过字体类对象的矩形宽度时，引擎就会进行换行。最后的两个方法参数分别为字体的名字以及大小。这很容易，字体的名字是由系统中提供的。比如在图 9-37 中，读者看到的 Marker Felt 就

图 9-37　FontTest 实例项目的运行画面

iPhone 手机游戏开发从入门到精通

是一种字体。在示例程序中一共展示了 8 种字体。其实在 iOS 系统当中不止这些，并且随着 iOS 系统的升级，其所提供的字体也越来越多，笔者实在无法给出一个固定的字体数目或者展示出每个字体的样子。如果读者需要选择一个适合的字体用在游戏当中，可以去查看苹果公司的技术支持文档，在此我们就不再介绍了。另外，除了使用系统字体之外，开发者还可以在游戏中引入独特的 TTF 字体。这只需要一个标准的 TTF 文件就可以实现。将 TTF 加载到游戏项目的工程当中，然后就像使用系统当中的 TTF 字体一样，通过字体名称来创建 CCLabelTTF 即可。

读者还需要了解一下 TTF 字体的使用原理。在生成文字时，TTF 字体被用于 CCTexture2D 贴图上渲染出文字。因为每次文字改变都会导致系统重新渲染一遍，所以开发者不应该经常改变文字。因为每一次重建文字标签，都需要建立一张纹理图片，这将会非常耗时，同时还有可能导致内存空间的浪费。

接下来为读者介绍 CCLabelAtlas 类，它的父类是 CCAtlasNode，这是一个纹理图集的类。此类是与第 8 章中我们自制引擎中的字体类最为相似的一个。与之前介绍的 CCLabelTTF 类相比，它有了更大的灵活性。

CCLabelAtlas 类对象的创建速度是要远远超过 CCLabelTTF 的。这两种字体的技术原理我们都已经为读者介绍过了，但从纹理图片创建，就能体现出它们之间运行效率的差异。另外，CCLabelAtlas 类中的每一个字母或者符号都是独特的，它们可以有灵活可变的样式以及尺寸。这是因为用于显示字体的纹理图片是由美术人员制作完成的。最后一点，CCLabelAtlas 类中的字母或者符号也是可以由开发者定制的。就拿英文举例，并不是每一个 CCLabelAtlas 类的对象都必须包含 26 个英文字母，按照开发者的意愿，也可以是只有 10 个字母的字体。我们来看看在代码中是如何使用 CCLabelAtlas 类的。

代码 9-8　CCLabelAtlas 类的使用

```
-(id) init
{
 if( (self=[super init] )) {

    CCLabelAtlas *label1 = [CCLabelAtlas labelWithString:@"123 Test" charMapFile:
@"tuffy_bold_italic-charmap.png" itemWidth:48 itemHeight:64 startCharMap:' '];
    [self addChild:label1 z:0 tag:kTagSprite1];
    label1.position = ccp(10,100);
    label1.opacity = 200;

    CCLabelAtlas *label2 = [CCLabelAtlas labelWithString:@"0123456789" charMapFile:
@"tuffy_bold_italic-charmap.png" itemWidth:48 itemHeight:64 startCharMap:' '];
    [self addChild:label2 z:0 tag:kTagSprite2];
    label2.position = ccp(10,200);
    label2.opacity = 32;

    [self schedule:@selector(step:)];
  }
  return self;
}
```

代码 9-8 来自 Cocos2D 引擎当中的 LabelTest 实例项目。在代码创建了两个 CCLabelAtlas 类的

对象，它们都使用了同一张纹理图集。CCLabelAtlas 类初始化的方法为 labelWithString:
charMapFile:itemWidth:itemHeight:startCharMap:，下面依次为读者介绍每个参数的含义。第一个参数
是用于显示的文字内容，第二个参数是字体所使用的纹理图集文件的名称，接着的两个参数表示了
每个字母或者符号的宽度与高度，最后是字体中字母或者符号的开始位置，此位置信息将会按照
ASCII 表格的顺序来排列。明白了每个参数的具体含
义，我们来看看 CCLabelAtlas 类是基于何种原理来显
示文字的。

　　图 9-38 所示为代码中所使用的字体纹理图集。不
过原本的纹理图片是透明的，为了便于查看，笔者加
入了灰色的背景。不知读者看到此图是不是有种似曾
相识的感觉？在第 8 章中介绍活体印刷术时，我们也
见过一张类似的图。在这张图中排列了各种字母以及
符号。它们就好比是一个个尺寸相同的字块。其实这
些字块就是一个矩形区域的纹理图片。字块纹理图片
的尺寸正是代码中用于初始化的参数。这些字母以及
符号是按照一定顺序来排列的，并不是随意地组合。
它们是按照 ASCII 表中的顺序从左到右、从上到下依
次排列的。这是一个对 CCLabelAtlas 类的限制，在其

图 9-38　tuffy_bold_italic-charmap.png

初始化的方法中最后一个参数就是用来标志字块开始的位置。这与我们在自制引擎当中所使用的
技术有着异曲同工的效果。之所以 CCLabelAtlas 类所使用的纹理图集中的字块需要按照 ASCII 表
中的顺序来排列，就是为了在显示文字时能够根据文字的 ASCII 数值来找到对应的纹理图块。为
了摆脱这种束缚，开发者可以使用 CCLabelBMFont 类。

　　CCLabelBMFont 类是 Cocos2D 引擎当中最快速、最自由的字体类，它继承自 CCSpiteBatchNode
类。不过，这也意味着它是使用起来最麻烦的。要想在游戏中使用 CCLabelBMFont 类来绘制文字，
开发者至少要有一个编辑器。我们先来看看 CCLabelBMFont 类的特点：

- 需要一个图片编辑器，用于编辑字体的纹理图集。
- 具备很快的创建以及更新速度。
- 自由度非常高，每一个字母或者符号都是单独的精灵。

　　Cocos2D 引擎的官方网站提供了一些用于 CCLabelBMFont 类的纹理图集编辑的工具，其中包含
了免费版本、收费版本、PC 平台以及 Mac 平台，如图 9-39 所示。CCLabelBMFont 类的实现是基于
Angel Code Font 字体格式的。

- ■　◎http://www.n4te.com/hiero/hiero.jnlp (java version)
- ■　◎http://slick.cokeandcode.com/demos/hiero.jnlp (java version)
- ■　◎http://www.angelcode.com/products/bmfont/ (windows only)
- ■　◎http://glyphdesigner.71squared.com/ (Mac only)
- ■　◎http://www.bmglyph.com (Mac only)

图 9-39　CCLabelBMFont 类的字体编辑器

　　图 9-39 中展示了 5 个用于编辑 Angel Code Font 字体的编辑器。这并不是所有支持 CCLabel

iPhone 手机游戏开发从入门到精通

BMFont 类的编辑器，限于篇幅，我们并不能够逐一为读者介绍。其实这些字体编辑器的功能大同小异，只要读者熟练地掌握了其中的一个，其他的也能够用得得心应手。所以接下来为读者介绍 Angle Code 的官方网站提供的编辑器。读者可以从如下的地址来下载编辑器的最新版本：

http://www.angelcode.com/products/bmfont/

此编辑器的主要功能就是能够简化 TTF 字体。通过开发者自定义的方式，将其转化为纹理图片。其实这就是一个去繁为简的过程。我们来看看编辑器的操作界面，读者就会明白了，如图 9-40 所示。

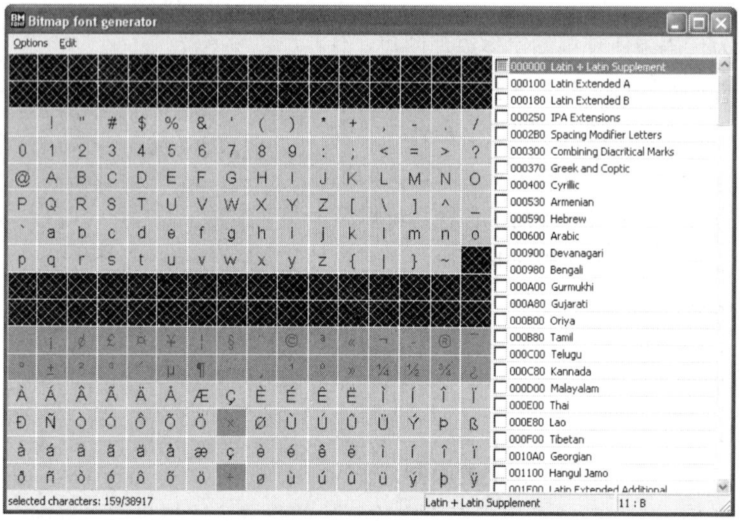

图 9-40　字体编辑器

图 9-40 所示的就是字体编辑器的操作界面，开发者可以导入任何 TTF 字体，然后在工具界面当中就会显示出字体中包含的所有字母以及符号。接下来，开发者所要做的就是选择游戏当中需要出现的字母以及符号。在选择过程中，可以修改字体的大小、颜色、阴影等一系列属性，甚至可以为每个字母以及符号更换一张独特的图片。在这之后，将编辑好的内容导出，开发者将会得到两个文件：一个是字体纹理图集文件，一个是以.fnt 为扩展名的配置文件。这有点类似精灵帧缓冲中的纹理图片集合。在准备好了字体的资源后，就可以回到 Cocos2D 引擎当中来编写代码了。

代码 9-9　CCLabelBMFont 类的使用

```
//初始化方法
-(id) init
{
  if( (self=[super init]) ) {
    //创建一个颜色图层
    CCLayerColor *col = [CCLayerColor layerWithColor:ccc4(128,128,128,255)];
     [self addChild:col z:-10];
    //使用字体资源文件来创建一个 CCLabelBMFont 对象
    CCLabelBMFont *label1 = [CCLabelBMFont labelWithString:@"Test" fntFile:
@"bitmapFontTest2.fnt"];

    //设置字体的锚点，以及执行一个淡进淡出的效果
    label1.anchorPoint = ccp(0,0);
    [self addChild:label1 z:0 tag:kTagBitmapAtlas1];
```

```
        id fade = [CCFadeOut actionWithDuration:1.0f];
        id fade_in = [fade reverse];
        id seq = [CCSequence actions:fade, fade_in, nil];
        id repeat = [CCRepeatForever actionWithAction:seq];
        [label1 runAction:repeat];


        //使用字体资源文件来创建一个 CCLabelBMFont 对象
        CCLabelBMFont *label2 = [CCLabelBMFont labelWithString:@"Test" fntFile:
@"bitmapFontTest2.fnt"];
        //设置字体的锚点，以及执行一个淡进淡出的效果
        label2.anchorPoint = ccp(0.5f, 0.5f);
        label2.color = ccRED;
        [self addChild:label2 z:0 tag:kTagBitmapAtlas2];
        [label2 runAction: [[repeat copy] autorelease]];

        CCLabelBMFont *label3 = [CCLabelBMFont labelWithString:@"Test" fntFile:
@"bitmapFontTest2.fnt"];
        //添加到显示图层
        label3.anchorPoint = ccp(1,1);
        [self addChild:label3 z:0 tag:kTagBitmapAtlas3];


        CGSize s = [[CCDirector sharedDirector] winSize];
        label1.position = ccp( 0,0);
        label2.position = ccp( s.width/2, s.height/2);
        label3.position = ccp( s.width, s.height);

        [self schedule:@selector(step:)];
    }

 return self;
}
//更新字体显示文件
-(void) step:(ccTime) dt
{
 time += dt;
 NSString *string = [NSString stringWithFormat:@"%2.2f Test j", time];

 CCLabelBMFont *label1 = (CCLabelBMFont*) [self getChildByTag:kTagBitmapAtlas1];
 [label1 setString:string];

 CCLabelBMFont *label2 = (CCLabelBMFont*) [self getChildByTag:kTagBitmapAtlas2];
 [label2 setString:string];

 CCLabelBMFont *label3 = (CCLabelBMFont*) [self getChildByTag:kTagBitmapAtlas3];
 [label3 setString:string];
}
```

代码 9-9 来自 Cocos2D 引擎中的示例项目 LabelTest。在代码中，创建了 3 个 CCLabel BMFont

类的对象，创建的方法为 labelWithString:fntFile:。此方法只有两个参数，用法非常简单。第一个参数为将要绘制的文字内容，第二个参数就是通过编辑器制作的字体资源文件。在 Cocos2D 引擎当中为 CCLabelBMFont 类提供了最大的自由度。因为 CCLabelBMFont 类的对象中的每一个字母或者符号都是一个单独的精灵对象，所以开发者可以轻易地让每一个字母跳动、旋转、变形、变色以及改变透明度。另外，CCLabelBMFont 类还是速度最快的字体类。这完全要得益于它的父类 CCSpriteBatchNode。根据前面介绍的内容，读者已经熟悉了 CCSpriteBatchNode 类的运行原理。而 CCLabelBMFont 类正是借用此技术，来提升了字体的绘制速度。另外，与 CCLayerAtlas 类一样，CCLabelBMFont 类的对象并不需要创建纹理图集。图 9-41 所示的正是代码中所用的纹理图集，它也是通过编辑器导出的文件之一。最后，CCLabelBMFont 类的对象可以被当做菜单图层当中的对象。

从图中读者很容易就能够看出与 CCLabelAtlas 类中纹理图集的明显区别。相比之前字体纹理中规规矩矩的排版，图 9-41 所示的纹理图集算得上是毫无章法了。不仅字块没有固定的顺序，而是每个字块的尺寸也是不固定的。这正是 CCLabelBMFont 类自由度带来的效果。当然，为了编辑这样的字体资源，开发者在编辑器中也必须花费一些工夫。

图 9-41　CCLabelBMFont 类的纹理图集

在代码中，我们看到了一些用于类 CCLabelBMFont 对象的动作。这些都是精灵对象的动作，这部分内容将会在下个章节作为 Cocos2D 引擎的高级技术为读者进行详尽的介绍。为了让读者体会到 CCLabelBMFont 类的运行速度，示例代码中的`step:方法，在每次项目运行的周期内，都会被调用来更新 CCLabelBMFont 类对象的显示文字内容。图 9-42 所示正是实例项目的运行画面。

笔者建议大家运行实例项目来感受一下 3 种字体之间的差异。然后，根据游戏内容、制作时间以及表现效果的不同，来考虑使用何种字体。当然，为了丰富游戏画面，也可以将 3 种字体实现的方式都用在游戏产品当中。

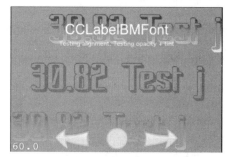

图 9-42　LabelTest 的运行画面

9.3.10　菜单和按钮

到此为止，我们已经介绍了许多 Cocos2D 引擎当中用于显示游戏画面的类以及方法。现在还剩下最后一部分内容，那就是菜单以及按钮。在一个游戏产品中，其 UI 界面通常是用户第一个看到的游戏画面。在此界面当中需要一些让用户进行操作的按钮，比如开始游戏或者将音乐打开或关闭的按钮。Cocos2D 引擎的制作者也考虑到了这方面的内容，在引擎当中也提供了一系列针对游戏菜单中的功能设计的类以及方法。这也是本小结我们将要介绍的内容。毫无疑问，任何一款游戏中都会存在一个与用户交互的菜单界面，而与用户产生交互的正是按钮或者一些其他的控件。如果读者是一个 iOS 设备用户的话，一定很欣赏 iOS 系统中那些设计简约的 UI 控件，比如图片浏览、日期查看或者等待进度条。上述内容在介绍 iOS 系统时我们已经领略了它们的魅力，接下来我们将要开始介绍游戏中的交互界面。与 iOS 系统相比，Cocos2D 引擎中所提供的按钮或者控件不仅数量少，而且功能也比较单一，但是这并不会影响开发者制作游戏的热情。究其主要的原因，依然是因为游戏界面中的按钮或者控件很难定义一种通用的形式。对于大多数游戏产品来说，其中的按钮以及其他与用户直接交互的控件，都是由开发者通过编码来实现的。总之就是一句话，要想为用户带来与众不同的交互界面，开发者就不能够只使用引擎中定义好的类。无论读者的选择如何，本章节还是要继续为大家介绍 Cocos2D 引擎的菜单以及按钮。

　　菜单和按钮与游戏中其他内容最大的区别就是在于它们能够直接响应玩家操作。举一个简单的例子。玩家按下游戏开始按钮，就会进入游戏画面。在游戏画面当中，随意按下一个精灵对象也不会有任何反应。明白了它们之间的区别之后，我们再来看看 Cocos2D 引擎当中与游戏界面有关的类都有哪些。图 9-43 所示的正是 Cocos2D 引擎中所有与游戏界面有关的类。

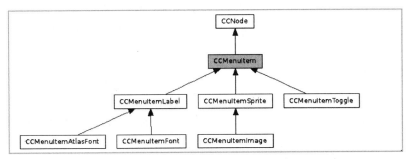

图 9-43　CCMenu 类的继承关系

　　在介绍引擎绘制组成时，我们曾提过 CCMenu 图层，它是一个专门用来承载菜单或者按钮的图层。从代码的角度来说，CCMenu 图层中的子节点只能够是 CCMenuItem 类的对象。在图中我们看到了 6 个 CCMenuItem 类的子类。在使用 CCMenu 类生成菜单之后，开发者就可以将这 6 个子类的对象添加作为子节点。下面，我们逐一介绍一下 MenueItem 类的各个子类。

1. MenuItem

　　MenuItem 类是所有按钮的基础类。笔者建议不要直接使用该类，因为它并不包含具体显示的功能。作为所有菜单项的父类，MenuItem 主要提供以下两个功能。

- 提供了基本按钮的状态：正常、选中和无效。
- 为按钮选项提供了基本的回调方法。在其子类按钮被玩家按下后，需要调用一个方法来执行游戏内的逻辑，这个方法被称为回调方法。从代码中来看就是此类的一个属性变量 NSInvocation *invocation，由它来实现所有子类的回调方法的激活。

2. MenuItemLabel

　　MenuItemLabel 类用来显示文字的按钮。在 MenuItemLabel 类中继承了 CCLabelProtocol 协议，这使得它可以持有一个用于显示的字体对象。开发者可以使用任何的字体类的对象来显示按钮。比如 CCLabelBMFont、CCLabelAtlas、CCLabelTTF 都可以作为子节点。此类的对象会将一个基本的文字标签转变成为一个菜单按钮，在玩家选中时实现文字放大的效果。

3. MenuItemAtlasFont

　　MenuItemAtlasFont 类是从 MenuItemLabel 类继承而来的，并没有太多的变化，只是支持将一个 LabelAtlas 用来创建为一个菜单按钮。它同样具备了在玩家选中按钮时的文字放大效果。初始化方法如下：

```
(id)  + itemFromString:charMapFile:itemWidth:itemHeight:startCharMap:
(id)  + itemFromString:charMapFile:itemWidth:itemHeight:startCharMap:target:selector:
```

上述方法参数比较多，来为读者解释一下。这两个方法的作用是一样的，都是通过一个 AtlasFont 来创建 MenuItemAtlasFont 类的对象。第一个参数为按钮中显示的内容；然后是字体图集的名字；随后两个参数是字体的宽度以及高度；第五个参数是字体图集开始的字符；最后两个参数是大多数菜单按钮都具备的，参数 target 代表了执行当前按钮的对象，参数 selector 则为回调方法。

4．MenuItemFont

MenuItemFont 类依然是从 MenuItemLabel 类继承而来的，它支持直接使用标签类来创建的菜单按钮。在其内部属性当中，存在一个用于持有标签类的对象指针。和父类相比，只是多了一个用于显示的文字标签对象。除此之外，其他功能需要父类中的方法，比如响应按下的操作来回调方法。

5．MenuItemSprite

MenuItemSprite 类，顾名思义是一个由 CCSprite 精灵对象来创建的菜单按钮。在此类的内部属性当中，提供了 3 个 CCNode<CocosNodeRGBA>对象，用于表示菜单按钮的 3 个状态，也就是正常、选中和无效。换句话说，MenuItemSprite 类的对象中的 3 个按钮状态，将会通过 3 个精灵对象的方式来表现。这无疑丰富了菜单按钮的方式，给予开发者更大的自由。我们知道精灵是整个 Cocos2D 引擎中最为丰富和自由的类，因此 MenuItemSprite 类算得上是精灵与菜单按钮功能的结合体。

```
(id)     + itemFromNormalSprite:selectedSprite:
(id)     + itemFromNormalSprite:selectedSprite:target:selector:
(id)     +
itemFromNormalSprite:selectedSprite:disabledSprite:target:selector:
```

上述代码就是 MenuItemSprite 类创建的静态方法。开发者可以使用 3 个精灵对象作为参数，来创建一个菜单按钮对象。

6．MenuItemImage

MenuItemImage 类从 MenuItemSprite 类继承而来，并没有太大的变化，只是提供了一个更为简洁的方式。开发者通过提供 3 张纹理图片的方式，就可以直接创建一个按钮对象。

```
(id)     + itemFromNormalImage:selectedImage:
(id)     + itemFromNormalImage:selectedImage:target:selector:
(id)     + itemFromNormalImage:selectedImage:disabledImage:target:selector:
```

上述代码就是直接使用纹理图片来创建 MenuItemImage 类的按钮对象。与其父类相比，为开发者省去了一步，即创建精灵的过程。笔者建议在创建此类的对象时，最好使用尺寸相同的图片，这样在玩家按下按钮时才不会发生偏移。

7．MenuItemToggle

MenuItemToggle 类算是比较特殊的。它在内部拥有一个 MenuItem 数组，用来负责展示不同的按钮状态。因为使用了一个菜单按钮的数组，所以此类的对象可以实现状态切换。

Cocos2D 引擎当中提供的用户交互控件还是有限的，其本身并没有提供太多 UI 控件，仅提供了上面我们所介绍的按钮等基础控件。如果开发者想使用更多的 UI 控件，则需要借鉴或使用其他成熟的控件库。除开发者自行实现外，我们还可以使用 iOS 标准的 UI 控件。熟悉 Win32、MFC 的读者可能会知道，Win32 标准控件很难与 DirectX 结合，因为两者是完全相同的渲染机制。但是在

iOS 平台，我们就不用有所顾虑。Cocos2D 引擎与 Cocoa 自带的 UI 控件之间完全兼容，并可以相互调用。例如在游戏登录界面，开发者就可以使用 Cocoa 中自带的 NSTextField 控件来实现账号和密码输入框。因此，对于游戏开发者来说，拥有一个良好的 Cocoa 基础是很重要的。下面来看一下菜单按钮在代码中的使用方法。

代码 9-10　CCMenuItem 对象的使用

```
-(id) init
{
  if( (self=[super init])) {

      [CCMenuItemFont setFontSize:30];
      [CCMenuItemFont setFontName: @"Courier New"];

#ifdef __IPHONE_OS_VERSION_MAX_ALLOWED
        self.isTouchEnabled = YES;
#endif
      //精灵按钮

      CCSprite *spriteNormal = [CCSprite spriteWithFile:@"menuitemsprite.png"
rect:CGRectMake(0,23*2,115,23)];
      CCSprite *spriteSelected = [CCSprite spriteWithFile:@"menuitemsprite.
png" rect:CGRectMake(0,23*1,115,23)];
      CCSprite *spriteDisabled = [CCSprite spriteWithFile:@"menuitemsprite.
png" rect:CGRectMake(0,23*0,115,23)];
      CCMenuItemSprite *item1 = [CCMenuItemSprite itemFromNormalSprite:sprite
Normal selectedSprite:spriteSelected disabledSprite:spriteDisabled target:self
selector:@selector(menuCallback:)];

      //图片按钮
      CCMenuItem *item2 = [CCMenuItemImage itemFromNormalImage:@"SendScore
Button.png" selectedImage:@"SendScoreButtonPressed.png" target:self selector:@
selector(menuCallback2:)];

      //Label Item (LabelAtlas)
      CCLabelAtlas *labelAtlas = [CCLabelAtlas labelWithString:@"0123456789"
charMapFile:@"fps_images.png" itemWidth:16 itemHeight:24 startCharMap:'.'];
      CCMenuItemLabel *item3 = [CCMenuItemLabel itemWithLabel:labelAtlas target:
self selector:@selector(menuCallbackDisabled:)];
      item3.disabledColor = ccc3(32,32,64);
      item3.color = ccc3(200,200,255);

      //文字按钮
      CCMenuItemFont *item4 = [CCMenuItemFont itemFromString: @"I toggle enable
items" target: self selector:@selector(menuCallbackEnable:)];

      [item4 setFontSize:20];
      [item4 setFontName:@"Marker Felt"];

      //标签，由 CCLabelBMFont 类创建
```

```
      CCLabelBMFont *label = [CCLabelBMFont labelWithString:@"configuration"
fntFile:@"bitmapFontTest3.fnt"];
      CCMenuItemLabel *item5 = [CCMenuItemLabel itemWithLabel:label target:self
selector:@selector(menuCallbackConfig:)];

      //Testing issue #500
      item5.scale = 0.8f;

      //文字按钮
      CCMenuItemFont *item6 = [CCMenuItemFont itemFromString: @"Quit" target:
self selector:@selector(onQuit:)];

      id color_action = [CCTintBy actionWithDuration:0.5f red:0 green:-255
blue:-255];
      id color_back = [color_action reverse];
      id seq = [CCSequence actions:color_action, color_back, nil];
      [item6 runAction:[CCRepeatForever actionWithAction:seq]];

      CCMenu *menu = [CCMenu menuWithItems: item1, item2, item3, item4, item5,
item6, nil];
      [menu alignItemsVertically];

      //动态效果，实现菜单项交叉从两侧飞入的效果
      CGSize s = [[CCDirector sharedDirector] winSize];
      int i=0;
      for( CCNode *child in [menu children] ) {
          CGPoint dstPoint = child.position;
          int offset = s.width/2 + 50;
          if( i % 2 == 0)
              offset = -offset;
          child.position = ccp( dstPoint.x + offset, dstPoint.y);
          [child runAction:
          [CCEaseElasticOut actionWithAction:
          [CCMoveBy actionWithDuration:2 position:ccp(dstPoint.x - offset,0)]
                                    period: 0.35f]
          ];
          i++;
      }

      disabledItem = [item3 retain];
      disabledItem.isEnabled = NO;
      //添加菜单图层
      [self addChild: menu];
  }

  return self;
}
```

代码 9-10 来自 Cocos2D 引擎中的 MenuTest 项目。这只是摘抄了其中一个菜单界面的内容。在此菜单的初始化方法中，创建了多个菜单按钮对象，几乎涵盖了前面介绍的所有菜单按钮。在此示

例项目中还包含了回调方法的具体内容。在此我们就不为读者一一列举了，其内容只是一些简单的界面转换代码，在这里只是为了给读者介绍各种菜单按钮的初始化方法。此示例项目的运行效果如图 9-44 所示。

图 9-44　MenuTest 的运行画面

9.4　小　　结

　　到此为止，我们已经为读者介绍完了 Cocos2D 引擎的基础知识。虽说是基础知识，但这也是非常重要的内容。因为从游戏引擎的角度来说，渲染功能永远都是引擎的核心。在本章中，我们为读者介绍了几乎所有 Cocos2D 引擎当中用于绘制游戏内容的类以及方法。整个章节以 Cocos2D 引擎中对于游戏画面的层次划分为主线，其中还包含了游戏循环以及用户交互的内容。所以作为一款游戏产品的基础的 3 个要素，我们都已经掌握了。读者凭借现在具备的能力，已经可以利用强大的 Cocos2D 引擎来构建一款游戏产品了。不过，下个章节我们将会介绍一些 Cocos2D 引擎中的高级功能。这些技术和功能将会使你的游戏出类拔萃，变得与众不同。不要只停留在当下的满足，而是要追求远方的美景。

　　在开始阅读下一章之前，先来巩固一下我们刚刚学过的知识吧！因为下一章节将会为读者介绍一些 Cocos2D 引擎当中更为高级的功能。不过，它们也都是基于本章节介绍的基础内容才得以实现的。所以为了做好准备，及时地回顾掌握的知识，将会有助于读者下一步的学习。

　　在本章节开始，我们为读者介绍了鼎鼎大名的游戏引擎 Cocos2D。此游戏引擎最迷人的地方无疑是其开源免费的特点。正是出于这点，让我们这些初级游戏开发者有机会使用强大的游戏引擎来制作优秀的游戏产品。通过理解 Cocos2D 引擎的历史，我们得知最早的 Cocos2D 引擎并不支持 iOS 平台。Cocos2D-iphone 版本是在 2010 年 9 月发布的，这之后 Cocos2D 引擎在 iOS 游戏开发领域名声大震。在苹果公司的 App Store 当中，已经有多款成功游戏是基于 Cocos2D 游戏引擎的。在了解到 Cocos2D 引擎具备的功能之后，读者也就明白了为什么要选择 Cocos2D 引擎。Cocos2D 引擎直接就可以从其官网来下载，其 iPhone 版本是使用 Objective-C 编程语言来实现的。安装 Cocos2D 引擎的过程看似容易，却也要花费一些功夫。在将模板与帮助文档都能够出现在 Xcode 之后，我们的第一步工作就算完成了。

Cocos2D 引擎中包含了许多的内容。本章节中，先介绍了它的整体结构，然后沿着绘制功能的主线，逐个层次地为读者进行介绍。按照 Cocos2D 引擎中对于游戏内容中画面层次的划分，读者可以感觉到一条非常清晰的脉络。这就是一个从大到小、从简至繁、从宏观到微观、从抽象到具体的过程。按照 Cocos2D 引擎中的内容，一个游戏通常由导演类（CCDirector）开始，然后是场景类（CCScene），接着是层次类（CCLayer），最后是精灵类（CCSprite）。上述的这些类都有各自的特点以及功用。这些类当中大多是 CCNode 类的子类，所以 CCNode 类的方法以及属性就成为了介绍的重点。经过认真学习之后的读者，应该能够认识到一款游戏产品中的内容几乎就是凭借上述这些类的功能来显示的。如果其中还有一些细节问题，读者存在疑惑，此时就应该立刻返回对应的章节，回顾其中的内容。作为 Cocos2D 引擎的基础内容，本章节并没有太大的难度，所以读者不要留有任何的问题，否则将会影响后续内容的学习。

在阅读本章节的过程中，除了介绍 Cocos2D 引擎之外，我们还接触了到两个工具：Zwoptex 和BMPFont。这两个工具都是用来帮助开发者提升游戏性能的。前者是基于纹理图片集合以及精灵帧，后者则是用于一种字体类。有关字体类的内容，我们一共接触了 3 种，它们之间是互补的关系，读者需要根据游戏的内容来选择适合的。在本章节的最后，为读者介绍了 Cocos2D 引擎中略显单薄的用户交互控件。在 Cocos2D 引擎中用于构建菜单的按钮控件就只有 6 种。除此之外，其他需要使用的高级控件，比如进度条、复选框等，就要依靠开发者自己制作。不过还有另外一个途径，就是使用 iOS 系统中提供的 UI 控件。因为 Cocos2D 引擎良好的兼容性，开发者可以自由地将 Cocoa 中简洁并且功能丰富的控件用在游戏当中，以此算是弥补了 Cocos2D 引擎在 UI 控件中的不足。

通过对 Cocos2D 引擎的熟悉之后，我们再来看上一个章节中自制的游戏引擎，是不是显得很简陋？这并不是一件丢人的事情，因为每一个成功的游戏引擎中都是依靠了前人的经验积累。而在本书中，我们也没有一蹴而就，一开始就为读者介绍一款成功的引擎，而是循序渐进，在摸索的过程中来学习知识。这样的过程有时比结果更为重要。如果一上来就为大家介绍一款功能完善的游戏引擎，那么很多读者只会被引擎完善且丰富的功能所吸引。大家并不会关注引擎的内部，以及引发更深的思索来考虑各种技术的好处。有对比，才能有差距。只有看到了差距，我们才能弥补不足，来提升自己的能力。请读者明白，本书目的并不只是介绍如何使用一款游戏引擎，而是让你掌握引擎制作的能力。虽然这只能算是笔者的一厢情愿，但至少作为本书的读者，在今后的游戏制作工作当中，应该具备了区分一款引擎优秀与否的能力。

第 **10** 章　Cocos2D 引擎高级技术

经过上个章节的介绍，读者已经对 Cocos2D 引擎有了最初的认识。它是一个免费开源的游戏引擎。基于 Objective-C 编程语言的 Cocos2D 游戏引擎，为开发者提供了简单易用的类以及方法。这使得开发者非常轻松地就能够制作一款游戏产品。况且在苹果公司的 App Store 当中，已经有许多使用 Cocos2D 引擎制作的热销游戏产品。Cocos2D 引擎不仅为开发者提供了引擎的源代码，还贡献了许多的示例项目以及帮助文档，这些内容都能够帮助开发者更好地熟悉并且掌握 Cocos2D 引擎的使用技巧。除此之外，在 Cocos2D 的官方网站，还提供了开发者交流的论坛。在论坛中开发者分享自己的游戏制作经验，向高手请教遇到的问题，展示自己完成的游戏。开发者论坛是一个很好的地方，在那里读者可以学习技术、解决问题以及为游戏产品做宣传。

前一章节，为读者介绍了 Cocos2D 引擎的基础知识。虽然算是基础知识，但是这些内容却是游戏产品以及 Cocos2D 引擎的主体内容。因为这其中包含了构成游戏产品的 3 个要素：用户交互、画面绘制以及逻辑循环。这 3 个方面在上个章节已经为读者进行了详细的介绍。现在读者应该十分清楚一款游戏产品的游戏画面，按照 Cocos2D 引擎组成是如何划分的。通常游戏画面是由一个而且仅有一个导演类（CCDirector）来控制。它负责与渲染器（OpenGL ES）之间保持联系，同时存有一些引擎属性的配置，而且还负责游戏中场景的切换。Cocos2D 引擎中存在一个场景类（CCScene），它类似有限状态机制。开发者可以按照场景将游戏划分为不同的状态，比如菜单场景就表示游戏中的主菜单状态，游戏场景就是展示游戏内容以及玩家游玩的状态。另外，游戏场景还是一个游戏中画面层次的容器。在一个场景对象当中可以存在许多的图层对象（CCLayer）。图层的设计也是在游戏引擎中经常出现的部分，它的存在可以为开发者提供更大的自由来显示游戏内容。在 Cocos2D 引擎中预先定义了一些游戏中经常出现的图层，比如颜色图层或者菜单图层。与场景对象相比，图层的使用方式显得更为自由，开发者可以将其叠加、移动甚至翻转。在图层之中就是精灵对象，它们作为游戏内容的基本元素，具备很强的表现能力。除了上述这些内容之外，还为读者介绍了略显简单的 UI 空间，它们是用来制作游戏菜单中的按钮。上个章节中的内容属于 Cocos2D 引擎的基本内容，每个使用 Cocos2D 引擎制作的游戏都会用到这些功能。

有了前一个章节的铺垫，读者与 Cocos2D 引擎已经是老朋友了。在本章节中，我们将会介绍一些 Cocos2D 引擎当中的高级功能。原则上就算没有这些高级功能，读者也可以制作游戏产品，只是这样的游戏产品略显平庸。在如今竞争激烈的苹果商店当中，就很难出类拔萃，吸引玩家的眼球了。玩家总是喜欢新颖、独特的游戏产品。因此为了让游戏产品更加丰富，Cocos2D 引擎当中也有所考虑。在接下来的内容当中，读者将会接触到引擎当中的动作功能。这是一个令人兴奋的功能，因为动作功能可以使得游戏中的精灵变得栩栩如生。因为我们知道游戏的画面不会静止不动，不论是"疯狂的小鸟"，还是"割绳子"，都是通过活灵活现的画面来吸引读者，所以 Cocos2D 引擎当中的动作功能将会是读者用来提升游戏趣味的一把利器。

读者要想制作一款完整的游戏产品，还有一些内容和技术是需要掌握的，比如游戏中的音乐与音效、碰撞检测和数据保存等。这些内容也将会在本章节当中为读者介绍。另外，在本章节中读者还有机会接触一些游戏制作时用到的工具，其中有我们熟悉的 Tile Map 地图编辑器，也有初次见面的粒子编辑器。这些内容都是提高读者游戏制作水平的帮手。在接下来的内容当中，我们将会讲解两种游戏制作的高级技术：物理引擎以及粒子效果。虽然算是高级技术，但是并不代表其难以理解。Cocos2D 引擎简单易用的特点，想必读者已经领略到了。

10.1　动　作　功　能

动作功能是 Cocos2D 引擎的一大特色。如果开发者能够善用此功能的话，游戏产品的品质将会得到很大的提升。Cocos2D 引擎当中的动作功能包含了许多的内容，如我们熟知的动画就被当做了一种动作。在开始介绍之前，读者需要明白一点，动作功能可以用在任何 CCNode 类以及子类的对象之上。而接下来为读者介绍动作功能的内容时，将会经常用精灵类的对象作为例子。这是因为在所有 CCNode 类的子类当中，最为自由和灵活的是精灵类对象。它将会是承载各种动作对象的最好体现。动作是用于在节点上运行某些"动作"的轻量级类。开发者可以通过动作让节点移动、旋转、缩放、着色、淡进淡出和做出更为复杂的行为。因为动作可以用于任何 CCNode 类以及子类，所以可以在精灵、标签、图层，甚至菜单或者整个场景中使用它们。这将会使得整个游戏变得非比寻常。如果读者能够熟练地使用动作功能，必然能够为游戏产品锦上添花。

在 Cocos2D 引擎当中共有 50 个左右与动作功能有关的类。如果将它们组成一张图列在这里，将会占满整页纸。这样做显然没什么好处，既浪费了纸张，又容易产生困惑。所以为了让读者能够清楚地了解每个动作的作用，笔者将动作加以划分，按照一定的规矩来为读者介绍。

图 10-1 中表示了 CCAction 类的继承关系。CCAction 类是所有动作类的基类，也就是说所有动作类都将继承自 CCAction 类。在 CCAction 类中的属性与方法，将会成为所有动作类共用的内容。从图中我们能够看出 CCAction 类有 4 个直接的子类。CCFiniteTimeAction 类是与时间相关的动作。在图中此类链接了两个箭头，这其实代表了两个与时间相关的子类，即后续内容中将要介绍的即时动作和延时动作。另外的 3 个子类算是比较特殊的动作类。在介绍

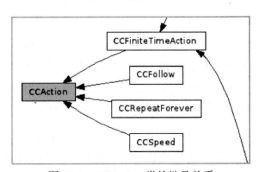

图 10-1　CCAction 类的继承关系

子类之前，让我们先来熟悉一下所有的动作类共有的特性。通过分析 CCAction 类，我们将会清楚动作功能的运作方式。

代码 10-1　CCAction 类的属性与方法

```
公共方法
(id)      - init
(BOOL)    - isDone
(void)    - startWithTarget:
(void)    - stop
(void)    - step:
(void)    - update:
静态方法
(id)      + action
属性
id        target
id        originalTarget
NSInteger    tag
```

在代码 10-1 中，列出了 CCAction 类的方法以及属性。方法 init 是用来初始化一个类的。因为 CCAction 类只是作为动作类的基类，并不包含具体的行为操作，所以开发者很少有机会直接调用方法 init。方法 isDone 是用来判断当前动作是否执行完毕的。如果动作已经完成，则会返回 YES 的数值。方法 startWithTarget:是在动作执行前将会调用的方法。方法 stop 是停止当前的动作。方法 step:是在动作执行过程中用来处理每次执行逻辑运算的。作为此类的子类，都会有其各自的实现内容。如果开发者不了解其具体内容，最好不要重载此方法，以免影响动作的执行。方法 update:是在动作执行时，Cocos2D 引擎回调的更新方法。在此方法里，将会实现每个动作的具体内容。比如移动的动作类就会在此方法中修改目标的位置。静态方法+action 是用来创建动作类的对象方法。在 CCAction 类中，一共存在 3 个属性。前两个是此动作的执行目标以及持有目标。所谓的目标其实就是 CCNode 类的对象。另一个属性 tag 是每个动作类对象的标志值，这是为了开发者能够方便得到某个动作对象而提供的属性。我们已经清楚了 CCAction 动作基类的作用，它提供了一些动作类共有的特性。接下来，笔者将所有的动作子类分为 5 部分，依次为读者介绍。

10.1.1　基本动作

基本动作类其实就是 CCFiniteTimeAction 类的另一个名称。所谓的基本动作，就是此类的动作对象大多会修改一些 CCNode 类对象的属性。比如 CCMoveTo 类，就是一个将精灵对象移动到指定位置的动作，其本质就是修改精灵对象的位置属性。而 CCFiniteTimeAction 类从字面的意思来理解是与时间相关的动作类。在 Cocos2D 引擎当中，与时间相关的动作被划分为两类：即时动作和延时动作。通过下面的内容读者将会了解它们。

10.1.2　及时动作

所谓的及时动作，顾名思义就是不需要时间，马上就能够完成的动作。及时动作的共同基类是 CCActionInstant。通过上面的介绍，我们得知 CCActionInstant 类是 CCFiniteTimeAction 类的子类。首先作为动作类，它具备了一些共有的属性和方法，比如更新方法 step:或者属性 target。

CCActionInstant 类也是一个抽象的概念，很少有开发者直接使用此类的对象，它只是作为同一种类型动作类的集合。在游戏当中，开发者主要通过使用其子类的对象来实现功能，所以我们先来看看它的子类都有哪些。

图 10-2 中列出了继承自 CCFiniteTimeAction 类的动作类。读者要明确一点，即图中所示的类都是及时动作。也就是说，当此动作被作用在精灵上时，它们将会被立即执行，马上显现效果。及时动作都有与之对应的属性设置方法。之所以作为一个动作来实现，是为了可以与其他动作形成一个连续动作。

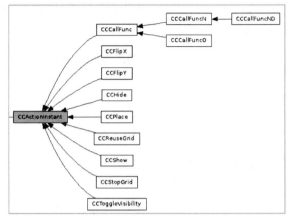

图 10-2 CCFiniteTimeAction 类的子类

1. 放置（CCPlace）

此类的效果类似于给 CCNode 对象的位置属性赋值。此动作的作用就是将 CCNode 对象放置在一个固定的位置。虽然通过直接修改 CCNode 对象的位置属性，我们也能达到同样的效果，但是为了能够在动作组合中用到放置动作，Cocos2D 引擎的制作者们将其作为一个动作来实现，这是为了可以与其他动作形成一个连续动作序列。下面为示例代码：

```
- (void) RandomPlace:(CCSprite*) sprite
{
CGSize s = [[CCDirector sharedDirector] winSize];
CGPoint p = ccp(CCRANDOM_0_1() * s.width, CCRANDOM_0_1() * s.height);
[sprite runAction:[CCPlace actionWithPosition:p]];
}
```

上述代码中的方法 RandomPlace:提供了一个简单的功能，即将参数中传递的精灵对象随机放置在屏幕中任何一个位置。通过这段代码，读者需要注意一点，那就是 CCNode 类的对象执行一个动作的方法为 runAction:。这对于所有的动作类对象都是如此。由此读者也可以猜测到此方法的参数必然是所有动作类的基类 CCAction。

2. 隐藏（CCHide）

此类的作用是可以让当前 CCNode 对象进入隐藏的状态。换句话说，也就是让 CCNode 对象从屏幕消失，不再进行绘制。其效果类似于通过代码来直接修改 CCNode 对象的 Visible 属性。正如这句代码所示的：

```
[node setVisible:NO]
```

它的效果与使用 CCHide 类的对象来执行动作，对于 CCNode 对象来说是一样的。具体的代码如下：

```
[node runAction:[CCHide action]];
```

之所以设计一个如此的类，其原因与 CCPlace 类的作用是一样的，都是为了能够将此类的动作加入动作序列当中。

3．显示（CCShow）

这也是一个非常简单的类，它的效果与前两个动作类的作用十分相似。它的作用是将 CCNode 对象设置为显示状态，也就是让其出现在屏幕之中。此动作类产生的作用也可以通过直接修改 CCNode 对象的属性来达到。

```
[node setVisible:YES];
```

让一个 CCNode 对象执行此动作的代码为：

```
[node runAction:[CCShow action]];
```

之所以作为一个动作来实现，是为了可以不让其他动作形成一个连续动作。

4．可见切换（CCToggleVisibility）

此动作类的作用也非常简单。执行此动作的 CCNode 对象将会进行是否可见状态的切换。如果当前 CCNode 对象为可见，那么在执行动作之后就会进入不可见的状态。其原理也是通过修改 CCNode 对象中的 Visiable 属性，具体的代码如下：

```
[sprite runAction:[CCToggleVisibility action]];
```

5．水平与垂直翻转（CCFlipX 和 CCFilpY）

此动作将会使 CCNode 对象绘制的画面进行翻转，前者为水平翻转效果，后者为垂直翻转效果。如下代码所示：

```
[node runAction:[ CCFlipX action]];
[node runAction:[ CCFilpY action]];
```

6．使用与停止网格（CCReuseGrid 和 CCStopGrid）

这是一对与网格动作有关的类。在 Cocos2D 引擎当中存在一系列的特色动作，而将 CCNode 类的对象网格化就是其中之一。CCReuseGrid 类的作用是重新使用网格动作，其参数代表了执行的次数。CCStopGrid 类的作用是结束当前网格动作。不过读者在使用此类时需要注意，此处的结束并不是中止其他与网格有关的动作，而是在这些动作执行完毕后将其移除。所以在 CCNode 类的对象执行与网格有关的动作时，最好不要使用 CCStopGrid 动作类。

7．函数调用动作（CCCallFunc、CCCallFuncND、CCCallFuncN 以及 CCCallFuncO）

此类动作也经常用在动作序列当中。比如当开发者需要精灵对象移动到某个位置后就来执行一个方法，执行方法的这个动作就要依靠函数来调用。此类动作的作用是在动作序列中间或者结束时调用某个函数，然后执行任何需要执行的后续动作。这 4 个动作只是因为传递的参数不同，而有所区分。看来如下的代码 10-2。

代码 10-2 函数回调方法

```
[CCCallFunc actionWithTarget:self selector:@selector(callback1)],
[CCCallFuncN actionWithTarget:self selector:@selector(callback2:)],
[CCCallFuncND  actionWithTarget:self  selector:@selector(callback3:data:)
data:(void*)0xbebabeba],
[CCCallFuncO actionWithTarget:self selector:@selector(callback4:) object:sprite];
  -(void) callback1
  {
```

```
    CGSize s = [[CCDirector sharedDirector] winSize];
    CCLabelTTF *label = [CCLabelTTF labelWithString:@"callback 1 called" fontName:
@"Marker Felt" fontSize:16];
    [label setPosition:ccp( s.width/4*1,s.height/2)];

    [self addChild:label];
}

-(void) callback2:(id)sender
{
    CGSize s = [[CCDirector sharedDirector] winSize];
    CCLabelTTF *label = [CCLabelTTF labelWithString:@"callback 2 called" fontName:
@"Marker Felt" fontSize:16];
    [label setPosition:ccp( s.width/4*2,s.height/2)];

    [self addChild:label];
}

-(void) callback3:(id)sender data:(void*)data
{
    CGSize s = [[CCDirector sharedDirector] winSize];
    CCLabelTTF *label = [CCLabelTTF labelWithString:@"callback 3 called" fontName:
@"Marker Felt" fontSize:16];
    [label setPosition:ccp( s.width/4*3,s.height/2)];

    [self addChild:label];
}
-(void) callback4:(id)sender object:(id)object
{
    CCSprite* sprite = (CCsprite*)object;
    [sprite setVisiable:NO];
}
```

在代码 10-2 中，为读者展示了 4 种函数回调动作的使用方法。从代码中可以看出 4 个函数回调方法除了在参数上有所区别外，并没有其他不同之处。下面来看看每个动作对应的回调方法。

CCCallFunc 类的回调函数为 callback1，此回调函数并没有任何的参数。CCCallFuncN 类的回调函数为带对象参数的方法 callback2。在其调用自定义函数时，以参数的形式传递当前对象。CCCallFuncND 类的回调函数为两个参数，分别为对象和数据参数。在调用自定义函数时，传递当前对象和一个常量，也可以是指针。上述回调函数传递的对象都是 CCNode 对象指针。而 CallFuncO 调用函数将会传递一个 CCObject 指针作为参数。回调函数的动作是作为 Cocos2D 引擎中动作系统的扩展功能，主要用来在动作序列当中执行一些方法。这些方法的内容通常是动作功能中没有包含的内容，所以回调函数的动作大多是由开发者通过编码来实现其具体作用的，Cocos2D 引擎只是保证在适当的时机调用方法并传递参数。

至此，及时动作类已经为读者介绍过了。相比延时动作类，此类型的动作少了许多。同时，及时动作类的作用也很简单，大多是修改 CCNode 类对象的一些属性。在实际的编码过程中，及时动作通常被用在动作组合当中。在后续内容中，将会为读者详细介绍及时动作的另一种用法。不过在开始这部分内容之前，我们还需要来认识一些延时动作。

10.1.3　延时动作

延时动作也是一个动作类的总和，它代表了那些需要在一定时间内才能够完成的动作。最为简单的例子就是移动动作。假设开发者需要让子弹飞行一段距离，此时就可以让子弹精灵来执行移动动作。在后续的游戏时间里，子弹精灵的位置将会改变。由此看见，延时类的动作通常都会持续执行一段时间。因此，在此类动作的方法中，经常会出现一个方法 actionWithDuration，用来设置延时动作执行时的第一个参数。延时动作的共同基类是 CCActionInterval 类。与及时动作一样，延时动作也可以进行任意组合，拼接为动作序列中的组成元素。让我们先来看看延时动作都有哪些，如图 10-3 所示。

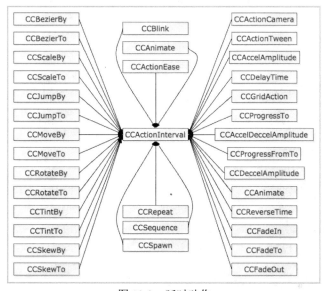

图 10-3　延时动作

读者第一眼看到图 10-3，是不是会感觉很乱。确实如此，CCActionInterval 类存在许多的子类。正是因为这些子类的存在，才使得 Cocos2D 引擎当中的动作功能表现不俗。看到如此众多的子类，读者也不必烦恼。接下来，我们将会把它们加以区分，将类似功能的动作划分为一部分，集中为读者介绍。将复杂问题简单化，是开发者需要具备的能力。虽然上图中密密麻麻地排满了各种子类，但只要忽略表面混乱，细心地观察和归纳，读者就会发现 Cocos2D 引擎当中的动作功能也是非常简单易用的。

前面已经为读者介绍了一些及时动作，它们最大的特点就是通过动作来修改一些 CCNode 对象的属性。在延时动作当中，也存在一系列这样的类，只不过这些动作通常会持续一段时间。在图 10-3 所示的内容中，处于左侧的动作类都属于这个范畴。这些类通常成对出现，比如 CCMoveTo 和 CCMoveBy 就是一对与 CCNode 对象位置移动有关的动作。前者表示移动到某个具体位置，而后者则表示在一定时间内移动的距离。按照 CCNode 类的对象属性来划分，我们可以将上述动作分为以下几个类型。

1. 位置

CCMoveBy、CCMoveTo，CCJumpBy、CCJumpTo、CCBezierBy、CCBezierTo，这 3 对动作类在执行时都会通过修改 CCNode 类对象的属性当中的位置来发挥作用。在类名字当中，包含有 To

代表了具体移动的结果。比如执行 CCMoveTo 类的动作，就会将对象移动到指定位置。读者需要与及时动作中的 CCPlace 区分开来。移动动作是一个过程，它需要一定的时间来完成，而放置动作则是一瞬间完成的。在类名字当中，包含有 By 的动作表示了动作的程度或者速率。比如 CCMoveBy 类的动作，就是指 CCNode 类的对象在指定时间内将要发生的位移，从物理的角度来理解就是对象移动的速度。之后还会接触许多成对出现的动作类，读者需要留意并加以区分。CCJumpTo 和 CCJumpBy 这对动作类的效果是让 CCNode 类的对象能够跳跃起来。CCBezierBy 和 CCBezierTo 理解其来会有一点难度，因为这对动作类是让 CCNode 类的对象按照贝塞尔曲线来运动。换句话说，如果读者希望游戏当中的精灵不仅仅是直线运动，而是想要一些特别的效果，就可以使用这对动作类，它们可以让精灵对象在一条曲线上运动。下面来看看这 3 对与位置有关的动作，在代码 10-3 中是如何使用的。

代码 10-3　与位置有关的延时工作

```
//移动
id actionTo = [CCMoveTo actionWithDuration: 2 position:ccp(s.width-40, s.height-40)];
id actionBy = [CCMoveBy actionWithDuration:2  position: ccp(80,80)];
//跳跃
id actionTo = [CCJumpTo actionWithDuration:2 position:ccp(300,300) height:50 jumps:4];
id actionBy = [CCJumpBy actionWithDuration:2 position:ccp(300,0) height:50 jumps:4];
//精灵对象1
//初始化一个贝塞尔曲线的属性设置对象
ccBezierConfig bezier;
//设置控制点1
bezier.controlPoint_1 = ccp(0, s.height/2);
//设置控制点2
bezier.controlPoint_2 = ccp(300, -s.height/2);
//设置终点
bezier.endPosition = ccp(300,100);

id bezierForward = [CCBezierBy actionWithDuration:3 bezier:bezier];
//反向动作
id bezierBack = [bezierForward reverse];
//动作序列
id seq = [CCSequence actions: bezierForward, bezierBack, nil];
//持续执行动作
id rep = [CCRepeatForever actionWithAction:seq];


//精灵对象 2
[tamara setPosition:ccp(80,160)];
ccBezierConfig bezier2;
bezier2.controlPoint_1 = ccp(100, s.height/2);
bezier2.controlPoint_2 = ccp(200, -s.height/2);
bezier2.endPosition = ccp(240,160);
```

```
id bezierTo1 = [CCBezierTo actionWithDuration:2 bezier:bezier2];

//精灵对象 3
[kathia setPosition:ccp(400,160)];
id bezierTo2 = [CCBezierTo actionWithDuration:2 bezier:bezier2];
```

在上述代码中，展示了刚刚介绍的 3 对动作类具体的使用方法。移动动作类的初始化方法比较简单，只需要通过参数来传递时间和点就可以实现动作效果。读者也很容易理解参数的作用。点 CGPoint 代表了将要移动的位置或者距离，而时间参数 ccTime 则代表了动作执行的持续时间。接下来的一对跳跃动作，与移动动作相比则多出了两个参数，一个为 CCNode 对象跳跃的高度，另一个就是跳跃的次数。最后的贝塞尔曲线动作相对来说就比较复杂，这主要是因为曲线运动的轨迹需要用多个点的数据才能表示。所以在 Cocos2D 引擎中存在一个专门用来表示贝塞尔曲线的类 ccBezierConfig，此类的对象包含了 3 个 CGPoint 对象，分别用来表示贝塞尔曲线的 3 个属性点。我们通过图 10-4 来为读者介绍。

在图 10-4 中一共存在 4 个点，这正是表示一个贝塞尔曲线所需要的 4 个点。在 ccBezierConfig 对象中保存了 P_1、P_2、P_3 这 3 个点的属性。P_0 则是 CCNode 对象的位置属性。这样当一个 CCNode 对象执行贝塞尔曲线运动时，就需要这 4 个点来计算运动的轨迹。正如代码所示，在使用 CCBezierBy 和 CCBezierTo 动作类之前，先要创建一个 ccBezierConfig 对象。如果读者想要在游戏中让 CCNode

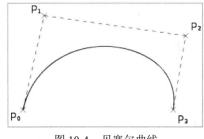

图 10-4　贝塞尔曲线

对象进行抛物线运动的话，除非使用物理引擎，否则 CCBezierBy 和 CCBezierTo 类将会是最佳的选择。

2. 放大缩小

CCScaleBy 和 CCScaleTo 这对方法是通过修改 CCNode 对象中的尺寸属性来实现效果的。在游戏当中存在许多这样的效果。比如玩家点中按钮时，会产生放大的效果。或者当玩家捏合一个精灵对象时，它就会缩小。这些效果都可以通过这两个动作类来实现。来看看具体的代码。

代码 10-4　放大缩小动作类

```
-(void) onEnter
{
  [super onEnter];

  [self centerSprites:3];

  id actionTo = [CCScaleTo actionWithDuration: 2 scale:0.5f];
  id actionBy = [CCScaleBy actionWithDuration:2  scale: 2];
  id actionBy2 = [CCScaleBy actionWithDuration:2 scaleX:0.25f scaleY:4.5f];
  //反向动作
  id actionByBack = [actionBy reverse];

  [tamara runAction: actionTo];
```

```
//动作序列
[grossini runAction: [CCSequence actions:actionBy, actionByBack, nil]];
//动作序列
[kathia runAction: [CCSequence actions:actionBy2, [actionBy2 reverse], nil]];

}
```

上述代码展示了放大缩小效果的动作类使用方法。在其初始化参数当中，第一个依然是动作执行持续的时间，第二个为尺寸变化的数值。此数值为浮点数，1.0f 表示 CCNode 对象的最初尺寸。正如代码中第 5 行所示的那样，如果开发者想让其缩小到原尺寸的一半，则需要传递参数 0.5f。

3. 旋转

CCRotateBy 和 CCRotateTo 这对动作类没有什么特殊之处，它们就是通过修改 CCNode 对象的角度属性来达到旋转的效果。来看具体的执行代码。

代码 10-5　旋转类属性与方法

```
-(void) onEnter
{
  [super onEnter];

  [self centerSprites:3];

  id actionTo = [CCRotateTo actionWithDuration: 2 angle:45];
  id actionTo2 = [CCRotateTo actionWithDuration: 2 angle:-45];
  id actionTo0 = [CCRotateTo actionWithDuration:2  angle:0];
  //动作序列
[tamara runAction: [CCSequence actions:actionTo, actionTo0, nil]];

  id actionBy = [CCRotateBy actionWithDuration:2  angle: 360];
  id actionByBack = [actionBy reverse];
  //动作序列
  [grossini runAction: [CCSequence actions:actionBy, actionByBack, nil]];
  //动作序列
  [kathia runAction: [CCSequence actions:actionTo2, [[actionTo0 copy] autorelease],
nil]];

}
```

代码 10-5 展示了旋转动作的方法。无论是 CCRotateBy 类还是 CCRotateTo 类的初始化，其参数都是类似的。第一个参数为动作持续的时间，第二个参数为旋转的角度。角度是一个浮点型的数值。读者需要注意 CCNode 对象的角度属性是有正负之分的。

4. 倾斜

CCSkewTo 和 CCSkewBy 这对动作类将会使 CCNode 对象产生倾斜。其实倾斜与旋转的动作非常类似，区别在于动作的锚点不一样。旋转动作依照的锚点是 CCNode 对象的中心点，而倾斜动作依照的锚点却是下边的中点。来看此动作类在代码 10-6 中的使用方法。

代码 10-6　倾斜类属性与方法

```
-(void) onEnter
```

```
{
    [super onEnter];

    [self centerSprites:3];

    id actionTo = [CCSkewTo actionWithDuration:2 skewX:37.2f skewY:-37.2f];
    id actionToBack = [CCSkewTo actionWithDuration:2 skewX:0 skewY:0];
    id actionBy = [CCSkewBy actionWithDuration:2 skewX:0.0f skewY:-90.0f];
    id actionBy2 = [CCSkewBy actionWithDuration:2 skewX:45.0f skewY:45.0f];
    id actionByBack = [actionBy reverse];
    //动作序列
    [tamara runAction:[CCSequence actions:actionTo, actionToBack, nil]];
    [grossini runAction: [CCSequence actions:actionBy, actionByBack, nil]];
    //动作序列，反向动作
    [kathia runAction:[CCSequence actions:actionBy2, [actionBy2 reverse], nil]];
}
```

在代码 10-6 中，我们分别使用了两个倾斜动作，这两个动作的初始化方法都需要传递 3 个参数。第一个参数想必读者已经非常熟悉了，这算是延时类动作都会需要的一个参数，用来表示动作执行的持续时间。倾斜动作类的后两个参数分别表示 X 轴以及 Y 轴的倾斜角度。此角度依旧是包含正负的浮点数值。读者需要注意上面提到的 X 轴以及 Y 轴并不是屏幕界面中的坐标，而是 CCNode 对象自身的坐标轴。

5. 透明度

CCFadeIn，CCFadeOut，CCFadeTo，CCTintBy，CCTintTo，CCBlink，姑且将这些方法放到一起为读者介绍吧！它们都是与 CCNode 对象显示有关的动作。前 3 个方法是为了展示 CCNode 对象淡化的效果，也就是通过修改 CCNode 对象的透明度属性来实现淡入淡出的效果。而接下来的一对方法则是通过修改 CCNode 对象属性当中的颜色值来体现变化的动作。如果读者想让一个精灵对象变为红色，则可以使用 CCTintTo 动作类。最后一个 CCBlink 动作类是为了让 CCNode 对象闪烁。此动作所修改的属性不再是颜色或者透明度，而是"是否可见"的属性。下面来看看具体的代码实现。

代码 10-7　透明度类属性与方法

```
-(void) onEnter
{
    [super onEnter];

    [self centerSprites:2];

    tamara.opacity = 0;
    id action1 = [CCFadeIn actionWithDuration:1.0f];
    id action1Back = [action1 reverse];

    id action2 = [CCFadeOut actionWithDuration:1.0f];
    id action2Back = [action2 reverse];
    //动作序列，反向动作
    [tamara runAction: [CCSequence actions: action1, action1Back, nil]];
```

```
    [kathia runAction: [CCSequence actions: action2, action2Back, nil]];
}
-(void) onEnter
{
    [super onEnter];

    [self centerSprites:2];

    id action1 = [CCTintTo actionWithDuration:2 red:255 green:0 blue:255];
    id action2 = [CCTintBy actionWithDuration:2 red:-127 green:-255 blue:-127];
    id action2Back = [action2 reverse];
    //动作序列，反向动作
    [tamara runAction: action1];
    [kathia runAction: [CCSequence actions: action2, action2Back, nil]];
}
-(void) onEnter
{
    [super onEnter];

    [self centerSprites:3];

    id action1 = [CCBlink actionWithDuration:3 blinks:10];
    id action2 = [CCBlink actionWithDuration:3 blinks:5];
    id action3 = [CCBlink actionWithDuration:0.5f blinks:5];
    //动作序列，反向动作
    [tamara runAction: action1];
    [kathia runAction:action2];
    [grossini runAction:action3];
}
```

代码 10-7 中总共包含 3 个初始化的方法，我们先来看第一个 onEnter 方法。这是 CCLayer 图层对象初始化时，引擎中回调的方法。在此方法中，初始化了两个动作类：CCFadeIn 和 CCFadeOut。通过这两个简单的动作类对象，很容易就实现了淡入淡出的效果。读者需要注意的是，无论淡入还是淡出的效果，CCNode 对象的透明度都是在 0～255 之间进行转换。换句话说，无论之前 CCNode 的对象属性当中的透明度数值是多少，最终它都会由完全透明变为完全不透明，反之也是一样的。如果读者期待一个更自由的变化，而不是让 CCNode 对象的透明度在固定范围内变化，则可以使用 CCFadeTo动作类来实现。此类动作可以将 CCNode 对象由当前的透明度转化到指定透明度的数值。在代码中，可以看到 CCFadeIn 和 CCFadeOut 动作类的初始化方法只需要一个参数，那就是淡入或者淡出动作变化的时间。CCFadeTo 动作类的初始化方法则多了一个参数，就是将要转化至的透明度数值。

在接下来的代码中的 onEnter 方法，为读者展示了与 CCNode 对象颜色变化有关的动作类。CCTintBy 和 CCTintTo 动作类的初始化方法其实并没有什么复杂之处，其参数也很容易理解。首先是动作持续的时间，其次就是 3 个与颜色有关的参数，分别代表了 CCNode 颜色属性当中的红色、绿色和蓝色。这是组成一个颜色的基本三原色。

最后的 onEnter 方法中，为读者展示了 CCBlink 动作类的用法。它的效果是使得 CCNode 对象可以闪烁。所以在其初始化的方法当中，存在一个参数为闪烁的次数。除此之外，这个动作没有什么再需要介绍的了。

到此为止，我们已经介绍了延时动作中与 CCNode 对象属性有关的动作类，这些类也可以被称为基本动作类。与之前介绍的及时动作中的基本动作类相似，它们都是通过修改 CCNode 对象的属性来体现动作效果的，动作本身并没有复杂之处。另外，上述的所有代码都是来自 Cocos2D 引擎中的 ActionTest 示例项目。因为此示例项目几乎展示了 Cocos2D 引擎当中所有的动作类，所以它是读者学习和掌握 Cocos2D 引擎动作功能的绝佳资料。

在过往的章节中为读者介绍的一些代码中，几乎每段代码中的动作类对象都包含一个 CCSequence 对象。这是一个比较特殊的动作类。虽然其本身并没有任何的动作效果，但是在 Cocos2D 引擎当中却发挥着极大的作用。它就是一个动作序列的类。接下来，我们将会为读者介绍 Cocos2D 引擎中的动作组合，这才是 Cocos2D 引擎中动作功能的点睛之笔。

10.1.4　组合动作

在 Cocos2D 引擎当中，也有许多组合动作的类，这些组合动作可以与前面介绍的基本动作组合起来，形成连贯的一套组合动作序列。在 Cocos2D 引擎当中，CCNode 对象将会按照动作的顺序一个个地来执行。我们举一个游戏中最为常见的例子。比如类似马里奥的游戏，在游戏当中有些敌人会先前进一段时间，然后跳跃。这就是由两个动作组成的一个动作序列。如果读者想要在 Cocos2D 引擎当中实现这个效果，那就需要用到接下来要介绍的组合动作类。这些类在图 10-3 中间靠下的部分。在 Cocos2D 引擎当中总共包括了以下几类。

1．序列动作（CCSequence）

CCSequence 序列动作的使用非常简单，该类也从 CCIntervalAction 类派生而来。作为一个动作类，其本身就可以被 CocosNode 对象执行。不过单纯执行一个空的序列动作，对游戏表现来说没有任何的意义。所以在一个序列动作类的对象当中，必须持有其他的动作类，才能够体现出它的特点。所以说该类的作用就是按照先后次序来排列若干个动作类对象，然后按线性的顺序逐个执行。我们来看看此类的一些初始化方法。

在图 10-5 中列出了 CCSequence 序列动作具备的 3 个静态初始化方法。读者可以看出这 3 个方法都是包含参数的，而这些参数恰好都是其他动作类的对象。第一行的 actions:方法是一个多参数方法，开发者可以将所有需要组合的动作类对象都作为此方法的参数来传递。不

Static Public Member Functions
(id) + actions:
(id) + actionsWithArray:
(id) + actionOne:two:

图 10-5　CCSequence 序列动作的初始化方法

过，读者在使用时有两点需要留意：第一是参数中的动作类对象需要用逗号来分割；第二就是在参数末尾需要添加一个结尾标识 nil。这是用来告诉 Cocos2D 引擎此动作序列到此为止的标志，这与我们之前介绍的 CCMenu 类的初始化方法是一致的。方法 actionsWithArray:通过一个数组来初始化动作序列对象。当然，这个 CCArray 数组当中存放的必然也是动作类的对象。然后在 CCNode 执行此动作序列的时候，也会按照数组的线性顺序来按部就班地执行。最后一个方法 actionOne:Two:专门用于两个动作组合时的情况。这很简单，也很快速。第一个参数为首先执行的动作对象，第二个参数为其次会执行的动作对象。仅此而已，动作序列并没有更复杂的逻辑。此时，读者可以返回前面的章节查看之前与动作类有关的代码，就会明白动作序列的用法。不过，为了更全面地展示动作序列的作用，来看看下面的代码。

iPhone 手机游戏开发从入门到精通

代码 10-8　组合动作

```objc
-(void) onEnter
{
  [super onEnter];

  [self alignSpritesLeft:1];

  id action = [CCSequence actions:
            [CCMoveBy actionWithDuration: 2 position:ccp(240,0)],
            [CCRotateBy actionWithDuration: 2 angle: 540],
            nil];

  [grossini runAction:action];
}
-(void) onEnter
{
  [super onEnter];

  [self alignSpritesLeft:1];

 [grossini setVisible:NO];

  id action = [CCSequence actionOne:
            [CCPlace actionWithPosition:ccp(200,200)],
            Two: [CCMoveBy actionWithDuration:1 position:ccp(100,0)]];
  [grossini runAction:action];
}
-(void) onEnter
{
  [super onEnter];

  [self alignSpritesLeft:1];

  [grossini setVisible:NO];
  CCArray actions = [CCArray arrayWithCapacity:5];
  actions[0] = [CCPlace actionWithPosition:ccp(200,200)];
  actions[1] = [CCShow action];
  actions[2] = [CCMoveBy actionWithDuration:1 position:ccp(100,0)];
  actions[3] = [CCCallFunc actionWithTarget:self selector:@selector(callback1)];
  actions[4] = [CCCallFuncN actionWithTarget:self selector:@selector(callback2:)];
  id action = [CCSequence actionWithArray: actions];
   [grossini runAction:action];
}
```

代码 10-8 中为读者展示了所有的 CCSequence 序列动作的初始化方法。这 3 个方法只是参数略有不同，从其实现的效果来说，都是可以相互替代的。所以在游戏的编码过程中，读者完全可以根据自己的喜好来选择使用。作为一个具有线性顺序的动作序列，其主要的作用就是为了能够让 CCNode 对象连续地执行一系列动作。如果只能执行单一的动作对象，无疑会为游戏开发以及表现效果带来很大的阻力。在 Cocos2D 引擎中，组合动作的方式不仅仅有动作序列一种，接下来继续为读者介绍另外一种组合动作。

2. 同步（CCSpawn）

　　CCSpawn 类同样来自 CCIntervalAction 类的派生，它本身的使用也与 CCSequence 类非常类似。它可以被任何的 CCNode 对象执行。该类的作用就是使得 CCNode 对象可以同时并列执行若干个动作，但要求动作都必须是可以同时执行的。不过有一点限制，读者需要注意，只有那些可以同时被执行的动作类才能够被放在一起。比如移动时翻转、变色、尺寸、透明度的变化都是可以被放在一起的。但在移动的同时还需要跳跃动作，这就很难估计 CCNode 对象的动作行为了。

　　如果读者去帮助文档中查看 CCSpawn 类的初始化方法，就会发现它的静态初始化方法与 CCSequence 类是如出一辙的。除了组合动作执行的效果不同之外，就没有其他不同之处了。所以为了提高本章节的含金量，在此就不浪费篇幅再介绍一遍了。我们继续来了解余下的组合动作。

3. 重复有限次数（CCRepeat）

　　CCRepeat 类也是一个经常会出现在游戏编码当中的组合动作类。它用来重复有限次数的组合动作。该类也从 CCIntervalAction 派生，可以被任何 CCNode 对象执行。读者不要以为此类只能够将一个动作重复许多次，它可以使用任何的动作类，这就包含了前面刚刚介绍过的动作序列以及同步动作。我们来看看 CCRepeat 的初始化方法：

```
(id)      + actionWithAction:times:
```

　　此类只有一个静态的方法。第一个参数为将要重复的类，第二个参数就是重复的次数。来看具体的代码。

代码 10-9　重复动作

```
-(void) onEnter
{
  [super onEnter];

  [self centerSprites:2];

  id seq = [CCSequence actions:
            [CCRotateTo actionWithDuration:0.5f angle:-20],
            [CCRotateTo actionWithDuration:0.5f angle:20],
          nil];

  id rep1 = [CCRepeat actionWithAction:seq times:10];
  id rep2 = [CCRepeatForever actionWithAction: [[seq copy] autorelease] ];

  [tamara runAction:rep1];
  [kathia runAction:rep2];
}
```

　　在代码 10-9 中，首先创建了一个动作序列 seq，然后利用 CCRepeat 类的初始化方法将其创建一个执行 10 遍的组合动作。在代码中，读者可能已经看到了一个新的动作类 CCRepeatForever。其实从代码中我们就可以理解它的作用。这就是一个比较特殊的类，它能够将动作永无止境地执行下去。

4. 无限重复（CCRepeatForever）

　　CCRepeatForever 类并不是 CCRepeat 的子类，虽然它们有着类似的功能，但其是从 Action 类直接派生的。正是由于这点，因此无法将此类参与到序列和同步的组合动作当中。关于这一点，读者也可以理解。假设在一个动作序列当中加入了无限重复的动作，那么会是怎么一种情况呢？按照其组合动作的效果来说，一旦执行到无限重复的动作，那么在无限重复的动作执行时，之后的其他动作就无法执行并且整个动作序列也无法完成。在同步组合动作当中也是如此，所以 Cocos2D 引擎的设计者才会有如此的巧妙设计。另外，CCRepeatForever 类自身也无法反向执行。貌似还没有为读者介绍反向执行的动作，其实它已经在前面的内容中出现了很几次，下面来看有关它的介绍。

5. 反动作（CCReverse）

反动作就是反向或者逆向执行某个动作。它能够将几乎所有的动作都进行反向操作。不过，在实际编码当中，其发挥作用的地方主要还是针对动作序列的反动作序列。这就好比是在看电影，动作序列是一个正向播放的过程，而反动作却是一个反向播放的过程。反动作并不是一个专门的类，而只是 CCFiniteAction 类中的一个方法接口。读者需要知道并不是所有的类都支持反动作，比如刚刚说过的 CCRepeatForever 或者 CCFollow。反动作在代码中的使用方法也非常灵活。

代码 10-10　反动作的使用

```
-(void) onEnter
{
  [super onEnter];

  [self alignSpritesLeft:2];


  //反序列
  //

  id move1 = [CCMoveBy actionWithDuration:1 position:ccp(250,0)];
  id move2 = [CCMoveBy actionWithDuration:1 position:ccp(0,50)];
  id tog1 = [CCToggleVisibility action];
  id tog2 = [CCToggleVisibility action];
  id seq = [CCSequence actions: move1, tog1, move2, tog2, [move1 reverse], nil];
  id action = [CCRepeat actionWithAction:[CCSequence actions: seq, [seq reverse], nil]
                             times:3];

  //反序列
  [kathia runAction:action];

  id move_tamara = [CCMoveBy actionWithDuration:1 position:ccp(100,0)];
  id move_tamara2 = [CCMoveBy actionWithDuration:1 position:ccp(50,0)];
  id hide = [CCHide action];
  id seq_tamara = [CCSequence actions: move_tamara, hide, move_tamara2, nil];
  id seq_back = [seq_tamara reverse];
  [tamara runAction: [CCSequence actions: seq_tamara, seq_back, nil]];
}
```

在代码 10-10 中，向读者展示了反动作的使用方法。我们可以看到反动作不仅可以用在及时动作，也可以用在延时动作，当然也可以用在组合动作。另外，反动作同样可以作为任何组合动作中的一员。通过上面的代码，想必读者已经领略到了反动作的作用。最为简单的方式就是用在游戏当中敌人的巡逻。假设在策略类游戏中，需要一个在大门守卫的士兵来回不停地巡逻，那么将通过怎样的动作组合来实现这个效果呢？此时凭借 Cocos2D 引擎中自由度非常高的动作功能，这将成为一件很容易实现的事情。首先建立一个移动的方法，让士兵可以从门的一端移动到另一端；再利用反动作让其可以移动回到原来的位置；然后将这两个动作组合成为一个动作序列；最后利用无限重复动作来执行这个序列。这样，我们就完成了让士兵一直在门口巡逻的效果。来看看具体的执行代码。

```
//移动到门的左边
id move = [CCMoveBy actionWithDuration:1 position:ccp(250,0)];
//利用反动作来创建动作序列
id seq = [CCSequence actionsOne: move Two:[move reverse]];
//让士兵精灵执行无限重复的动作序列
[soilder runAction:[CCRepeatForever actionWithAction:seq]];
```

　　通过上面的几行代码，完全实现了我们想要的功能。由此读者可以看到 Cocos2D 引擎为开发者提供的动作功能是多么的自由和灵活。对于那些不太复杂的游戏，只需使用动作功能就足以体验游戏内容了。

　　图 10-6 展示了一个组合动作的运行效果。此组合动作为一个移动和旋转动作，读者可以通过运行 Cocos2D 引擎的示例程序 ActionTest 来观看效果。虽然按照我们介绍的内容，读者已经可以构建一款简单的游戏了。不过 Cocos2D 引擎的开发者们觉得还不够，除了上面介绍的动作类之外，还提供了一些扩展的动作类，下面让我们来认识它们。

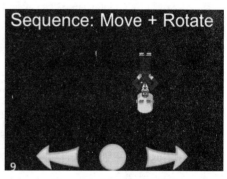

图 10-6　组合动作效果图

10.1.5　扩展动作

　　Cocos2D 引擎针对已有动作做出了一些扩展,主要的目的还是为了满足开发者日益增长的需求,以此来丰富游戏中各种绚丽精彩的效果。

1. 延时动作（CCDelayTime）

　　CCDelayTime 类是 CCActionInterval 类的子类。不用多说，从名字读者就知道此类不会是一个及时动作，而是一个延时动作。它的作用是在动作序列中增加一个等待的时间。在此段时间中，CCNode 对象并不会有任何的动作。所以如果延时动作被单独使用的话，并不会发挥什么效果。它通常被用来组成动作序列中的一员。通过下面这个例子读者就会明白延时动作所发挥的作用。

　　在一些角色扮演类的游戏场景当中，经常会出现白云飘飘的效果。那么白云左右飘动的效果在 Cocos2D 引擎当中又该如何来实现呢？这就会用到刚刚所说的 CCDelayTime 动作类。

　　代码 10-11　延时动作属性与方法

```
-(void) onEnter
{
  [super onEnter];
```

```
    [self centerSprites:1];
    id move = [CCMoveBy actionWithDuration:2.0f position:ccp(50,0)];
    id action = [CCSequence actions:
            move,
            [CCDelayTime actionWithDuration:1],
            [move reverse],
            nil];

    [cloud runAction:action];
}
```

来看看代码 10-11 中 CCDelayTime 类所发挥的作用。为了在游戏画面中展示白云飘飘的感觉，首先创建了一个移动动作。然后，利用移动动作、延时动作和移动动作的反动作创建了一个动作序列。最后，让精灵对象，也就是游戏界面中的云来执行此动作序列，云就会按照代码中设定的动作顺序来执行。向着 X 坐标轴的正方向移动 50 个单位，然后原地等待一秒钟，最后再移动到原来的位置。这样通过 CCDelayTime 类，我们非常简单地就模拟了一个云在天空来回飘动的效果。除了让精灵对象待机之外，延时动作还经常被用来控制时间。比如在一个扑克游戏当中，需要为玩家翻开界面中的纸牌。为了达到逼真的效果，纸牌最好能够一张张翻开。这就会要求纸牌按照顺序依次地被翻开。读者可不要以为通过动作序列就可以达到这样的效果。虽然动作序列也是执行一连串的动作，但是一个动作序列只能针对一个 CCNode 对象。而我们刚刚假设的翻扑克情况，存在许多的扑克精灵需要执行动作。这时 CCDelayTime 类就可以发挥作用了。我们可以为每个扑克精灵都创建一个动作序列。在动作序列中包含了两个动作，第一个为延时动作，第二个为翻牌动作。然后再根据每次翻牌的时间，来创建一个由时间控制的线性执行过程。这就好比一些连桶烟花，依靠一条引线就能逐个地点燃每个烟花桶。在这里 CCDelayTime 类就是那条引线，它能控制每张翻牌的时机。这就是延时动作另一个发挥作用的地方。

2. 动画动作（CCAnimation）

动画的概念我们已经为读者介绍过了，甚至在之前章节的自制引擎当中，我们也亲自打造了游戏引擎当中的动画功能。动画功能是在游戏制作中必备的一种技术，其原理就是让精灵对象自身连续执行一段影像，形成模拟运动的效果。这段影像就是由许多单张的纹理图片组成的。这些单张的图片也被开发者称为精灵帧。不过，读者需要注意并不是每个精灵帧都只是一张单独的纹理图片，它们也可能是一张纹理图片中的一个矩形区域。在 Cocos2D 引擎当中，精灵帧就是 CCSpriteFrame 类的对象。在前面介绍纹理图片集合时，我们已经为读者介绍了它的用法。从动画的概念来理解，一个动画就是由许多单个的精灵帧组成的。动画将会按照一定的次序以及时间间隔逐个显示包含的精灵帧。动画效果在游戏当中几乎随处可见。比如菜单中的按钮或者精灵行走、跳跃的状态等，这些都需要用到动画动作。虽然 Cocos2D 引擎中的动画功能只是 CCNode 对象的一个可执行的动作，但作为游戏元素的表现，它却发挥着极大的作用。因此我们单独将它拿出来，为读者介绍。首先，CCAnimation 只是一个动画类，但是它并不是能够执行的动作。它只是作为一个精灵帧的容器，以及存有一些与动画相关的属性。在 Cocos2D 引擎当中，提供了一个专门用来执行动画的动作类，叫做 CCAnimate。我们先来看看 CCAnimation 类的初始化方法，如图 10-7 所示。

Static Public Member Functions	
(id)	+ animation
(id)	+ animationWithFrames:
(id)	+ animationWithName:
(id)	+ animationWithName:frames:
(id)	+ animationWithName:delay:
(id)	+ animationWithName:delay:frames:

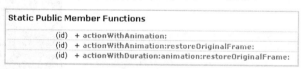

图 10-7　动画对象的初始化方法

在图 10-7 中列出了所有动画对象的初始化方法。要想创建一个动画，其基本的元素就是精灵帧。而根据前面了解的内容，精灵帧的基本内容就是纹理图片。所以在这些初始化方法中，无非就是为开发者提供了更自由的参数形式，其本质还都是通过多个精灵帧来组成一个动画对象。除了在参数中需要传递精灵帧之外，动画对象还具备另外两个属性，那就是动画名字以及动画播放的延时。动画播放的延时是指精灵帧显示更新的速度。说得更为直白一点，就是在动画播放时，要等待多长的时间才更换下一个精灵帧。在图 10-7 中的第一个方法是创建一个空的动画对象作为返回。这说明就算没有实际的意义，但是在内存中依旧允许存在一个没有内容的动画对象。在创建了一个没有包含任何精灵帧的动画对象之后，开发者可以利用一些公共成员方法来完善动画对象。这其中最为常用就是下面的 3 个方法：

```
(void)  - addFrame:
(void)  - addFrameWithFilename:
(void)  - addFrameWithTexture:rect:
```

这 3 个方法其实都是一个目的，那就是为动画对象填充精灵帧。第一个方法的参数就是精灵帧对象，第二个方法的参数则是精灵帧的名字，第三个方法的参数则表示一张纹理图片中的矩形区域。这些方法都很直观，在后续的代码当中读者将会看到它们的用法。在创建了一个动画对象之后，要想让 CCNode 对象来执行动画，我们还需要创建一个动画动作。CCAnimate 类来自 CCActionInterval 类的派生。它与其他 CCActionInterval 类的子类一样，可以被用在任何的组合动作当中，其本身也包含了反动作。下面我们来看看此类的初始化方法，如图 10-8 所示。

Static Public Member Functions	
(id)	+ actionWithAnimation:
(id)	+ actionWithAnimation:restoreOriginalFrame:
(id)	+ actionWithDuration:animation:restoreOriginalFrame:

图 10-8　动画动作的初始化方法

在图 10-8 中展示了 3 个动画动作的初始化方法。从这 3 个方法中我们很明显能够看到，要想初始化一个动画动作，那么至少要有一个动画对象。这正是 3 个方法中第一个需要传递的参数。除此之外，方法中还多出了一个 restoreOriginalFrame 参数，它的作用是告诉动作对象是否要存储动画当中的原始精灵帧对象。如果在游戏当中开发者单独地创建了每个精灵帧，那么这个参数的值就为 NO。这就是要告诉动画动作对象，在 CCNode 对象执行的过程中并不需要特意保留这些精灵帧对象。因为在动画动作之外，它们已经存在于内存当中了。说了这么多，还是具体的代码最能让读者明白。如下代码演示了在 Cocos2D 引擎当中，如何让 CCNode 对象来执行一个动画。

代码 10-12　动画动作

```
-(void) onEnter
{
```

```
    [super onEnter];

    [self centerSprites:1];

    CCAnimation* animation = [CCAnimation animation];
    for( int i=1;i<15;i++)
        [animation addFrameWithFilename: [NSString stringWithFormat:@"grossini_
dance_%02d.png", i]];

    id action = [CCAnimate actionWithDuration:3 animation:animation restoreOriginal
Frame:NO];
    id action_back = [action reverse];

    [grossini runAction: [CCSequence actions: action, action_back, nil]];
    }
```

　　代码 10-12 就是 CCNode 对象执行动画动作的过程。首先，创建了一个动画对象。不过，此时的动画对象当中空无一物，接下来要做的就是创建精灵帧对象来填满它。利用一个循环语句，我们将 15 个精灵帧对象组成了一个动画，然后使用这个动画来创建一个动画动作。在创建的代码中，传递了 3 个参数。第一个为动画动作要持续的时间，然后是动画对象，最后则是一个 BOOL 数值，它用来表示是否需要保存原始的精灵帧对象。按照我们刚刚的解释，每个精灵帧已经被单独创建，并加载在内存当中，所以此时的参数就为 NO。最后使用精灵对象来执行动画动作。不过在执行之前，我们利用动画动作制作了一个动画序列。这主要是为了向读者展示一点，动画动作除了其实现技术有所不同之外，其他地方与动作类并没有差异。它也能够被用在动作系列当中，它本身也存在反动作。上述代码是来自 Cocos2D 引擎当中的 ActionsTest 示例项目。图 10-9 所示正是这段代码的运行效果。

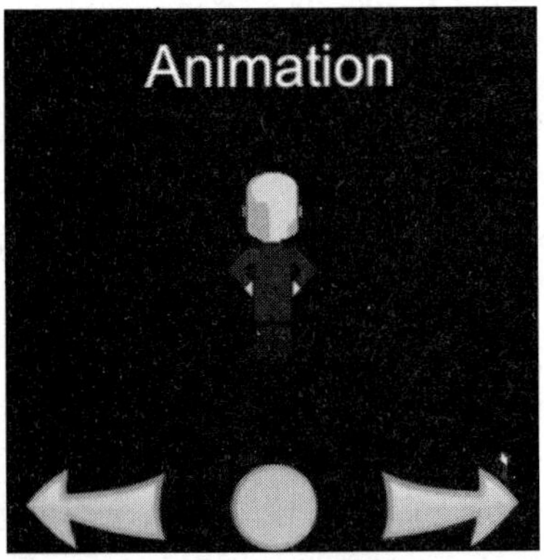

　　图中只是展示了一个单一的动画。在游戏当中，动画经常伴随着其他动作一起执行。比如游戏主角的行走，在精灵移动的同时，还会执行行走时的动画。这就是一个同步动作组合。由此，我们也能看到 Cocos2D 引擎制作者设计的巧妙之处。将动画作为一个动作类，其就可以很容易地被用在各种动作组合当中。在今后的游戏制作过程中，读者就会慢慢领悟到制作者的设计用意。

3. 速度变化类的动作

图 10-9　动画动作的运行效果

　　在前面的介绍当中，我们知道了 Cocos2D 引擎中已经为开发者提供了自由并且丰富的基本动作与组合动作，这些动作类可以令 CCNode 对象做出各种运动以及产生动画效果的改变。从这点看来，当前的 Cocos2D 引擎中的动作类已经能够满足开发者制作游戏的需求。但 Cocos2D 引擎的制作者并未就此止步，他们依然精益求精，孜孜不倦地为我们提供更为花哨的，同时还易于使用的动作类。

　　不知读者是否注意到，之前我们所介绍的基本动作中的延时动作，它们的变化通常都是稳定的线性关系。在一个更加追求效果的游戏当中，这还是不够的。我们举一个简单的例子。比如一个在游戏当中自由落体的球，根据初中的物理知识，我们都知道球的下落速度会越来越快。如果读者凭借现在对 Cocos2D 引擎的了解，要想实现自由下落的球体该如何解决呢？

　　想必经过思考，读者会找到一种能够在 Cocos2D 引擎实现的方法。但和基本动作相比，这一定会需要一些更复杂的操作。好在 Cocos2D 引擎的设计者也想到了这一点，于是仅仅有稳定的线性关系变化动作是不够的，在动作功能当中又添加了一些可变化速度的动作类，如图 10-10 所示。

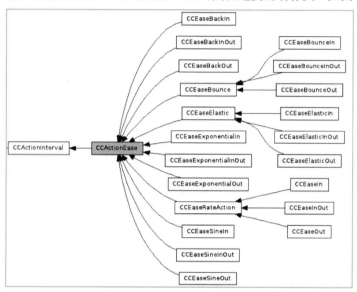

图 10-10　可变速度的动作类

　　图 10-10 中列出了所有 Cocos2D 引擎中的可变动作类。先来看这些类的继承关系。通过 CCActionEase 作为基类的类系，其包含了众多的子类。CCActionEase 类是来自 CCActionInterval 类的派生。经过多次的介绍，读者应该已经知道这种继承关系的作用。由于这种继承关系，使得任何一个可变速度的动作类都能够参与到组合动作当中。我们之所以强调这一点，是因为在可变动作类中存在一个独特的类 CCSpeed 类，也是用来实现可变速度的动作类。不过在图 10-10 中读者是无法看到它的，因为它不是 CCActionEase 的子类。通过图 10-11 来看一下它的继承关系。

　　图 10-11 展示了 CCSpeed 的继承关系，我们可以清晰地看到 CCSpeed 类是 CCAction 的一个子类。与之前介绍的可变速度类相比，它算是一个有鲜明个性的类了。因为其继承血统的原因，它不能作为任何组合动作中的单独元素，其本身也没有反动作。读者在使用时，需要格外注意。

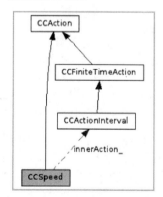

图 10-11　CCSpeed 类的继承关系

　　通过上面提到的众多可变动作类，开发者可以很方便地修改 CCNode 对象执行动作的速度变化：由快至慢还是由慢至快，或者仅仅让其以 2 倍速度进行。读者已经看到 CCActionEase 具备了许多的子类，逐一地介绍每一个类以及它们在代码中的用法，不仅读者会觉得麻烦，就连笔者也觉得是件浪费时间的事情。只要留意观察，就会发现可变动作类一般都是成组出现的。一组中包含了 3 个同类的可变动作。同时，每一组可变动作类在名字上只存在略微的差异。这就说明它们除了表现效果不同之外，在使用以及实现技术上

都没有太大的变化。所以接下来，我们会为读者重点介绍几个有代表性的可变动作类，剩下的就要
靠读者自己来摸索了。其实这并不是一件困难的事情，因为可变速度的动作类在格式或者用法中具
有相同的内容。下面来看看这些类的具体作用。

（1）CCEaseIn、CCEaseOut 和 CCEaseInOut

这 3 个可变动作类是一组动作，它们都是来自 CCEaseRateAction 类的派生，只是在速度的变化
效果上略有不同，其他的几乎如出一辙。它们甚至都没有自己的初始化方法，开发者只能通过其父
类的方法来初始化子类的对象。

```
(id) + actionWithAction:rate:
```

上面这行就是 3 个类的统一静态初始化方法。此方法的第一个参数为另一个动作类对象，第二
个参数是速度率。rate 是一个浮点型数据。1.0f 为动作原始正常速度。数值越小，速率越快。我们
已经知道了这 3 个可变速度类的相同之处，再来看看它们不同的地方。CCEaseIn 类表示动作的执行
是一个由慢至快的过程，CCEaseOut 类表示动作的执行是一个由快至慢的过程，CCEaseInOut 类则
是一个由慢至快再由快至慢的过程。上面几句话看起来比较绕，但很容易理解。读者需要留意在类
名中的 3 个修饰词 In、Out 和 InOut。因为在其他组的可变动作类中，也将会出现如这般的 3 个动作
类，它们代表的含义也是"由慢至快"、"由快至慢"和"由慢至快再由快至慢"。CCEaseRateAction
类所派生的可变动作组，它们的速度变化是一个单一的线性关系。开发者可以通过初始化方法中的
线性变化速率来控制动作执行快慢的程度。来看下面的具体代码。

代码 10-13 可变速度的动作类

```
-(void) onEnter
{
  [super onEnter];

  CGSize s = [[CCDirector sharedDirector] winSize];

  id move = [CCMoveBy actionWithDuration:3 position:ccp(s.width-130,0)];
  id move_back = [move reverse];

  id move_ease_in = [CCEaseIn actionWithAction:[[move copy] autorelease] rate:
3.0f];
  id move_ease_in_back = [move_ease_in reverse];

  id move_ease_out = [CCEaseOut actionWithAction:[[move copy] autorelease] rate:
3.0f];
  id move_ease_out_back = [move_ease_out reverse];

  id delay = [CCDelayTime actionWithDuration:0.25f];

  id seq1 = [CCSequence actions: move, delay, move_back, CCCA(delay), nil];
  id seq2 = [CCSequence actions: move_ease_in, CCCA(delay), move_ease_in_back,
CCCA(delay), nil];
  id seq3 = [CCSequence actions: move_ease_out, CCCA(delay), move_ease_out_back,
CCCA(delay), nil];
```

```
    CCAction *a2 = [grossini runAction: [CCRepeatForever actionWithAction:seq1]];
    [a2 setTag:1];

    CCAction *a1 =[tamara runAction: [CCRepeatForever actionWithAction:seq2]];
    [a1 setTag:1];

    CCAction *a = [kathia runAction: [CCRepeatForever actionWithAction:seq3]];
    [a setTag:1];

    [self schedule:@selector(testStopAction:) interval:6.25f];
}
-(void) onEnter
{
    [super onEnter];

    CGSize s = [[CCDirector sharedDirector] winSize];

    id move = [CCMoveBy actionWithDuration:3 position:ccp(s.width-130,0)];
//   id move_back = [move reverse];

    id move_ease_inout1 = [CCEaseInOut actionWithAction:[[move copy] autorelease]
rate:2.0f];
    id move_ease_inout_back1 = [move_ease_inout1 reverse];

    id move_ease_inout2 = [CCEaseInOut actionWithAction:[[move copy] autorelease]
rate:3.0f];
    id move_ease_inout_back2 = [move_ease_inout2 reverse];

    id move_ease_inout3 = [CCEaseInOut actionWithAction:[[move copy] autorelease]
rate:4.0f];
    id move_ease_inout_back3 = [move_ease_inout3 reverse];

    id delay = [CCDelayTime actionWithDuration:0.25f];

    id seq1 = [CCSequence actions: move_ease_inout1, delay, move_ease_inout_back1,
CCCA(delay), nil];
    id seq2 = [CCSequence actions: move_ease_inout2, CCCA(delay), move_ease_inout_
back2, CCCA(delay), nil];
    id seq3 = [CCSequence actions: move_ease_inout3, CCCA(delay), move_ease_inout_
back3, CCCA(delay), nil];

    [tamara runAction: [CCRepeatForever actionWithAction:seq1]];
    [kathia runAction: [CCRepeatForever actionWithAction:seq2]];
    [grossini runAction: [CCRepeatForever actionWithAction:seq3]];
}
```

代码 10-13 来自 Cocos2D 引擎当中的 EaseActionsTest 示例项目。在代码中包含了两个 OnEnter 方法。在第一个方法中，为读者展示了 CCEaseIn 类和 CCEaseOut 类的使用方法。代码中通过改变不同的参数，分别展示了正常速度、减速以及加速的效果。笔者很难用文字来表述这些效果的差异。

慢得好比苍蝇飞过，快得宛若子弹穿墙。这些描述都比不上读者亲自运行一下示例项目感觉更直观。就算图 10-12 所示的界面，依然无法感觉到动作执行的速度。

图 10-12 是示例项目运行时的界面。画面中总共有 3 个精灵对象，它们会执行 3 个不同的可变动作类。通过对比动作执行的速度，读者就能够领悟到它们之间的差异。不过就算再精致的画面，也无法感觉动态效果。所以笔者建议在模拟器或者 iOS 设备中运行示例项目，以便能够感觉

图 10-12　可变动作类的运行效果

到这组可变速度类的不同效果。到此我们已经详细地为读者介绍了一组可变动作类，有几点需要读者明确：

- 可变动作组通常都具备 3 个动作类，表示 3 种不同的速度变化方式。
- 除了在效果上有所差异外，代码的用法以及技术实现并没有不同的地方。
- 每一组可变动作类，其变化的过程也会遵循一定的规则。比如刚刚介绍的 CCEaseAction 类，此动作组中的 3 个可变动作类，其动作变化都是按照均匀线性关系来改变的。

明确了上述 3 点，读者就能够触类旁通。对于后续的可变动作组，我们也不用再耗费过多的精力了。

（2）EaseSineIn、EaseSineOut 和 EaseSineInOut

上述 3 个可变动作类也属于一组。从名字来看，读者就能知道三者之间的区别，它们分别表示了不同的变化方式。这与之前介绍的可变动作组是一样的命名方式，唯一的区别就在于此动作组的速率变化是依据正弦函数来进行的，而之前的 CCEaseRateAction 类则是按照稳定的线性关系来变化的。除此之外，此组动作可变类就没有什么新鲜的内容介绍给读者了。

（3）EaseExponentialIn、EaseExponentialOut 和 EaseExponentialInOut

这 3 个类属于另一组可变动作类。此组动作类的特点就是速率的变化将会按照指数的方式来进行。与线性变化相比，指数的变化幅度更大。所以执行此动作的 CCNode 对象将会出现差异化很大的速度变化效果。

（4）CCEaseBounceIn、CCBounceOut 和 CCBounceInOut

又是一组新的可变动作组。经过前面几组的介绍，估计读者已经摸清了其中的脉络。这些可变动作组之间的差异点只有一个，那就是对于执行动作速度的变化方式。此可变动作组的方式是反弹变化。换句话说，就好比一个皮球落到地上会被弹起，然后不断地下落与反弹。这 3 个可变动作类正是表示了这种速率的变化关系。不过根据 Cocos2D 引擎的帮助文档所述，此可变动作组并未采用双射函数。所以当开发者将其用于组合动作当中时，有可能会产生与预期不一样的效果。读者在游戏开发当中使用时要注意避免这一点。

（5）CCEaseElasticIn、CCEaseElasticOut 和 CCEaseElasticInOut

由上述 3 个类组成的可变动作组，也是展示了一种特殊的速率变化方法，我们暂且称为伸缩式的变化。通过一个例子，读者就会明白此可变动作组的执行效果。当一滴水珠或者牛奶落在满是灰尘的地面时，在这个过程中，水珠或者牛奶会产生伸缩的变化。上述 3 个类就是用来展示此种变化

的效果的。在实际的游戏制作当中，它们经常被用在一些菜单按钮当中。当用户单击这些菜单按钮时，就好像是触碰了一滴水珠或者牛奶的感觉，按钮也会自动地伸缩变形。具体的效果，读者可以通过运行 EaseActionsTest 的示例程序来观察。另外，此组动作同样未使用双射函数。在动作序列使用它们时，读者需要留意可能会发生意想不到的效果。

（6）CCEaseBackIn、CCEaseBackOut 和 CCEaseBackInOut

这 3 个可变动作类构成的动作组也很容易理解，它们也是只在速度的变化效果上有所不同。此组的动作变化速率为反向的。这就是说在其动作变化之前，首先会执行一段反向动作，然后才会继续执行原本的动作。由于同样的原因，此组动作被用在组合动作当中时，读者需要格外地留意 CCNode 对象的运行效果是否正常。

（7）CCSpeed

总算是见到了一个不一样的可变动作类了。在开始的部分，我们已经介绍过了 CCSpeed 类是可变动作组中的"独行侠"。因为其并非来自 CCActionInterval 类的派生，而是有一个特别的类继承关系。开发者在使用此类时，可以随意设定动作执行的速度，甚至在执行的过程中还可以通过 SetSpeed 方法来不断调整。来看 CCSpeed 动作类的初始化方法：

```
(id)    + actionWithAction:speed:
```

此方法非常简单易用。第一个参数是将要影响的动作对象，第二个参数就是动作执行的速率。此速率就好比大家在看电影时的播放速率。1.0f 代表了正常速度，2.0f 则表示为两倍速度快速播放，0.5f 则是将速度减半，慢速播放。来看下面的具体执行代码。

代码 10-14　CCSpeed 类的用法

```
//旋转与跳跃
CCActionInterval *jump1 = [CCJumpBy actionWithDuration:4 position:ccp(-s.
width+80,0) height:100 jumps:4];
CCActionInterval *jump2 = [jump1 reverse];
CCActionInterval *rot1 = [CCRotateBy actionWithDuration:4 angle:360*2];
CCActionInterval *rot2 = [rot1 reverse];

id seq3_1 = [CCSequence actions:jump2, jump1, nil];
id seq3_2 = [CCSequence actions: rot1, rot2, nil];
id spawn = [CCSpawn actions:seq3_1, seq3_2, nil];
id action = [CCRepeatForever actionWithAction:spawn];

id action2 = [[action copy] autorelease];
id action3 = [[action copy] autorelease];


[grossini runAction: [CCSpeed actionWithAction:action speed:0.5f]];
[tamara runAction: [CCSpeed actionWithAction:action2 speed:1.5f]];
[kathia runAction: [CCSpeed actionWithAction:action3 speed:1.0f]];
```

在代码 10-14 中，首先创建了 4 个动作。这些动作都是基本的延时动作，分别为两个跳跃动作和两个旋转动作。然后利用这 4 个动作又创建了两个动作序列与一个同步动作组。最后，将这 3 个动作组合都变为无限重复的动作。为了展示不同的速率动作的执行效果，在接下来的代码中，使用了 3 个 CCNode 对象，分别以不同的速率来执行同一个动作。图 10-13 所示就是这段代码的执行效果。

在图 10-13 中我们依旧看到了 3 个活蹦乱跳的精灵，这 3 个精灵所执行的动作就只存在速度上的差异。通过运行示例项目读者将会很直观地感觉到不同的速度参数导致的不同效果。

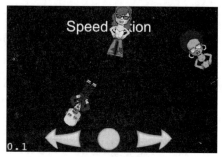

图 10-13　CCSpeed 类的执行效果

10.2　碰 撞 检 测

经过前面关于动作功能的介绍之后，想必读者已经能够轻松地驾驭 Cocos2D 引擎了。不知有没有一种如鱼得水的感觉。之前对于游戏中各种动作效果的实现，现在都找到了方法。但是先别着急开始动手制作游戏，因为在本章节的后续内容中，还有许多让游戏更加完善、更加好玩的技术。

本章节我们将会为读者介绍在 Cocos2D 引擎当中该如何进行碰撞检测？对于游戏中碰撞检测的需求，我们已经不是第一次遇到了。在过往的章节中，我们介绍过一些碰撞检测的方法。在此其实没有新的知识。毕竟 Cocos2D 引擎只是一款基于二维平面的游戏引擎，所以就算再复杂的碰撞检测方法，也无非就是几何平面中的一些数学算法。况且在碰撞检测方面，Cocos2D 引擎并没有为开发者提供专有的功能。但是在一款游戏产品当中，碰撞检测的技术还是不可或缺的。在开始介绍 Cocos2D 引擎中碰撞检测的技术之前，读者不妨回忆一下曾经在"打地鼠"游戏当中，我们是如何处理碰撞检测问题的？因为很快读者就会有一种似曾相识的感觉。

首先要向大家说明的是，所谓"碰撞检测"并不代表着我们将要使用多么复杂的数学几何算法，也不是说到"碰撞检测"就一定要考虑使用物理引擎。物理引擎将会在本章后续内容中再做介绍的。其实，接下来要为读者介绍的方法与我们在"打地鼠"游戏中用到的方法并没有多大的差异，只是使用了一些 Cosos2D 引擎中提供的方法而已。而这些方法无非就是一些我们已经实现过的"碰撞检测"技术。在平面几何当中，所谓的碰撞检测算法主要就是集中判断一些点与线或者矩形之间是否包含的算法。因为二维平面中的游戏元素都可以被看成是被多边形包围的物体，这些物体之间是否发生碰撞，从几何平面的角度来说就是判断矩形是否相交。

在 Cocos2D 引擎当中提供了 3 个用于碰撞检测的算法，如下所示：

```
CGRectContainsPoint
CGRectContainsRect
CGRectIntersectsRect
```

如果此时就告诉读者，在 Cocos2D 引擎当中与碰撞检测有关的内容就只有上面 3 个方法而已，估计大多数人都会有很大的失望感吧！毕竟我们刚刚学习了 Cocos2D 引擎中最为精彩的动作功能，而此时的碰撞检测部分却有如此大的反差。不过，实际情况确实如此。因为在 Cocos2D 引擎当中内置了 Box2D 物理引擎，所以在碰撞检测技术方面，引擎的制作者们就没有花费更多的心思了。其实这 3 个方法也不是真正意义的方法，它们只是 3 个宏定义。第一个用来判断一个点是否在矩形之内，当然需要将判断的点与矩形作为参数传递。第二个用于判断两个矩形是否互相包含。第三个则用于判断两个矩形是否相交。包含与相交的差异读者应该是清楚的，在此就不再赘述了。

就算没有任何引擎的情况下，我们已经制作了一款游戏，不是吗？所以就算自己来编写完成碰撞检测技术，也不算是难以完成的工作。为了向读者更好地展示如何在 Cocos2D 引擎当中进行碰撞检测，接下来，将通过一个小例子为读者进行详尽的介绍。这个例子同样是来自 Cocos2D 引擎当中的示例项目。它是计算机领域最为常见的游戏之一，甚至可以被称为世界上第一款电子游戏。

这就是电子乒乓球游戏。相信读者看到了如下画面，就会知道这是一款怎样的游戏了。

图 10-14 展示了这个示例项目的运行效果。从画面中我们看到了 4 个挡板以及一个圆球。小球在挡板之间来回弹碰。一旦小球没有碰到挡板，就会飞出屏幕。然后稍等一段时间，将会重新出现一个小球。这个示例项目就包含了这些内容。凭借读者积累的经验，估计就算不使用 Cocos2D 引擎也能够完成一个这样的项目。但此处不是为了浪费时间，而是要为大家介绍 Cocos2D 引擎中的碰撞检测。我们先来分析一下，在此项目中需要哪些碰撞检测。显而易见，就是小球和挡板之间的碰撞。由于 4 个挡板只能在水平方向运动，所以它们之间并不需要检测任何的碰撞。项目当中的碰撞检测就仅此而已了吗？还有小球与当前屏幕的碰撞检测，虽然当小球碰到屏幕边缘时并不会

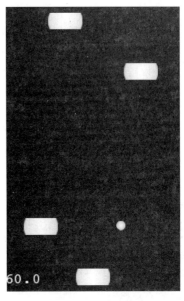

图 10-14　乒乓球游戏

反弹，但是在程序逻辑中，需要开始计时，以便重新创建一个小球。请读者再想想是否还有其他的碰撞需要检测？不知这点读者是否想到，玩家需要用手指来控制挡板。当手指触碰屏幕的时候，需要知道是否选中了某个挡板，只有这样才能让挡板跟随玩家的手指一起滑动。我们已经分析出了在项目中所有需要碰撞检测的地方，下面就来看看具体的代码实现。

代码 10-15　挡板类的实现

```
/* TouchesTest (c) Valentin Milea 2009
 */
#import "Paddle.h"
#import "cocos2d.h"
//挡板类
@implementation Paddle
//返回挡板的实际像素尺寸
- (CGRect)rectInPixels
{
  CGSize s = [texture_ contentSizeInPixels];
  return CGRectMake(-s.width / 2, -s.height / 2, s.width, s.height);
}
//返回挡板的尺寸
- (CGRect)rect
{
  CGSize s = [texture_ contentSize];
```

```
    return CGRectMake(-s.width / 2, -s.height / 2, s.width, s.height);
}
//通过纹理图片来初始化挡板
+ (id)paddleWithTexture:(CCTexture2D *)aTexture
{
  return [[[self alloc] initWithTexture:aTexture] autorelease];
}
//初始化方法
- (id)initWithTexture:(CCTexture2D *)aTexture
{
  if ((self = [super initWithTexture:aTexture]) ) {

      state = kPaddleStateUngrabbed;
  }

  return self;
}

- (void)onEnter
{
  //开启用户交互
  [[CCTouchDispatcher sharedDispatcher] addTargetedDelegate:self priority:0
swallowsTouches:YES];
  [super onEnter];
}

- (void)onExit
{
  //关闭用户交互
  [[CCTouchDispatcher sharedDispatcher] removeDelegate:self];
  [super onExit];
}
//判断是否单击到挡板
- (BOOL)containsTouchLocation:(UITouch *)touch
{
  CGPoint p = [self convertTouchToNodeSpaceAR:touch];
  CGRect r = [self rectInPixels];
  return CGRectContainsPoint(r, p);
}
//开始单击回调方法
- (BOOL)ccTouchBegan:(UITouch *)touch withEvent:(UIEvent *)event
{
  if (state != kPaddleStateUngrabbed) return NO;
  if ( ![self containsTouchLocation:touch] ) return NO;

  state = kPaddleStateGrabbed;
  return YES;
}
//用户滑动时调用方法
- (void)ccTouchMoved:(UITouch *)touch withEvent:(UIEvent *)event
```

```
{
  NSAssert(state == kPaddleStateGrabbed, @"Paddle - Unexpected state!");

  CGPoint touchPoint = [touch locationInView:[touch view]];
  touchPoint = [[CCDirector sharedDirector] convertToGL:touchPoint];

  self.position = CGPointMake(touchPoint.x, self.position.y);
}
//用户触碰结束
- (void)ccTouchEnded:(UITouch *)touch withEvent:(UIEvent *)event
{
  NSAssert(state == kPaddleStateGrabbed, @"Paddle - Unexpected state!");

  state = kPaddleStateUngrabbed;
}
@end
```

　　代码 10-15 来自 Cocos2D 引擎中的示例项目 TouchesTest。在此项目中总共有 3 个主要的类：Ball、Paddle 和 PongScene，分别代表了小球、挡板以及游戏场景。按照之前我们所分析的内容，小球类中存在两个部分的碰撞检测内容，一个为与屏幕边缘的碰撞检测，另一个是与挡板的碰撞检测。而挡板只存在一个需要碰撞检测的内容，那就是玩家的触碰点是否单击到挡板。上述的代码正是挡板类的实现内容。在 CCTouchBegan:方法中，读者就能看到碰撞检测时所用的方法。在方法的内部，首先是判断当前挡板的状态。如果已经处在了移动状态，则无须再进行判断。然后是调用 containsTouchLocation:方法来进行碰撞检测。此方法传递的参数就是用户单击的 UITouch 对象。我们再来看看 containsTouchLocation: 方法内部是如何实现碰撞判断的。在此方法中，使用 CGRectContainsPoint 来判断用玩家的触碰点是否在挡板所在的矩形当中，然后将碰撞结果作为返回参数。可以看到虽然使用了 Cocos2D 引擎中碰撞检测的方法，但是也没有发挥多大的效果。这是因为挡板中的碰撞检测就是如此简单了。接下来看小球的实现类。

　　代码 10-16　小球类的实现

```
/* TouchesTest (c) Valentin Milea 2009
 */
#import "Ball.h"
#import "Paddle.h"
//小球的实现类
@implementation Ball
//速度属性
@synthesize velocity;
//半径
- (float)radius
{
  return self.texture.contentSize.width / 2;
}
//通过纹理图片来初始化小球对象
+ (id)ballWithTexture:(CCTexture2D *)aTexture
{
```

```
        return [[[self alloc] initWithTexture:aTexture] autorelease];
    }
    //移动逻辑
    - (void)move:(ccTime)delta
    {
        self.position = ccpAdd(self.position, ccpMult(velocity, delta));

        if (self.position.x > 320 - self.radius) {
            [self setPosition: ccp( 320 - self.radius, self.position.y)];
            velocity.x *= -1;
        } else if (self.position.x < self.radius) {
            [self setPosition: ccp(self.radius, self.position.y)];
            velocity.x *= -1;
        }
    }
    //与挡板的碰撞检测方法
    - (void)collideWithPaddle:(Paddle *)paddle
    {
        CGRect paddleRect = paddle.rect;
        paddleRect.origin.x += paddle.position.x;
        paddleRect.origin.y += paddle.position.y;

        float lowY = CGRectGetMinY(paddleRect);
        float midY = CGRectGetMidY(paddleRect);
        float highY = CGRectGetMaxY(paddleRect);

        float leftX = CGRectGetMinX(paddleRect);
        float rightX = CGRectGetMaxX(paddleRect);

        if (self.position.x > leftX && self.position.x < rightX) {

            BOOL hit = NO;
            float angleOffset = 0.0f;

            if (self.position.y > midY && self.position.y <= highY + self.radius) {
                self.position = CGPointMake(self.position.x, highY + self.radius);
                hit = YES;
                angleOffset = (float)M_PI / 2;
            }

            else if (self.position.y < midY && self.position.y >= lowY - self.radius) {
                self.position = CGPointMake(self.position.x, lowY - self.radius);
                hit = YES;
                angleOffset = -(float)M_PI / 2;
            }

            if (hit) {
                float hitAngle = ccpToAngle(ccpSub(paddle.position, self.position)) +
angleOffset;
```

```
        float scalarVelocity = ccpLength(velocity) * 1.05f;
        float velocityAngle = -ccpToAngle(velocity) + 0.5f * hitAngle;

        velocity = ccpMult(ccpForAngle(velocityAngle), scalarVelocity);
    }
  }
}

@end
```

代码 10-16 展示了项目中小球对象的所有内容，其中我们关注的只是碰撞检测的部分。经过前面的分析，我们已经知道了小球的逻辑当中具备两处需要碰撞检测的地方。首先来看第一个与屏幕边缘的碰撞检测。在方法 move:当中，包含了碰撞检测的内容，判断小球是否到达屏幕边缘。从几何角度来说，这是判断一个圆形与直线是否相交的数学问题。因为在 Cocos2D 引擎当中，并未提供直接的方法，那只好自己来写了。其实也并不复杂，只需将小球的位置与半径和屏幕边缘的坐标进行比较就可以实现碰撞检测。

其次，来看小球类中第二个碰撞检测的代码。在方法 collideWithPaddle:中，就是通过当前参数中传递的挡板信息来判断小球是否与之发生碰撞。这也是圆形与矩形之间是否相交的数学几何。利用圆形的直径，以及矩形四边的坐标，很容易就能得出是否发生碰撞的结果。

经过上面的介绍，我们看到了在 Cocos2D 引擎当中，如何为游戏加入碰撞检测的具体实现代码。因为 Cocos2D 引擎中提供了一个复杂的物理引擎，所以单纯的碰撞检测方法就略显单一，仅仅有 3 个方法。所以如果在制作游戏时读者考虑不使用物理引擎的话，那么就要事先想好如何处理游戏当中的碰撞检测。

10.3　游戏中的地图背景

在自制引擎当中，我们曾经为读者介绍了一种游戏背景的实现技术，那就是图块拼接的地图。在“打地鼠”游戏中，我们也应用此技术实现了游戏的背景。不知读者是否还记得，我们是如何拼接出游戏的地图背景的。正是因为使用了一款地图编辑工具 Tile Map。不过在使用的过程中，游戏中仅仅用到了编辑器导出数据的一部分，即拼图的图块位置信息。其实 Tile Map 当中还包含了许多其他游戏中能够使用的信息，只是由于当时我们的自制引擎略显简陋，还无法充分利用 Tile Map 编辑器的导出数据。现在机会来了，因为 Cocos2D 引擎提供了对 Tile Map 良好的支持，几乎此编辑器中所有的功能在引擎当中都得到了体现。所以接下来的内容就是为读者介绍 Cocos2D 引擎中与 Tile Map 有关的使用技术。

在“打地鼠”游戏当中，我们曾经使用 Tile Map 编辑器制作了一个游戏背景地图，那是第一次让读者尝试使用图块拼接的方式来构建游戏背景。有了上次的经验，此时我们就可以更深入一步，来学习 Tile Map 中更为复杂的功能。这主要是依据强大的 Cocos2D 引擎为开发者提供了良好的支持。不知读者是否记得“打地鼠”游戏中背景地图的效果。当时我们拼接了一张单层的、由矩形图块组成的地图背景，而这次将要进行一些更为复杂的操作，拼接一个多层的、由菱形组成的背景地图。我们先来看图 10-15。

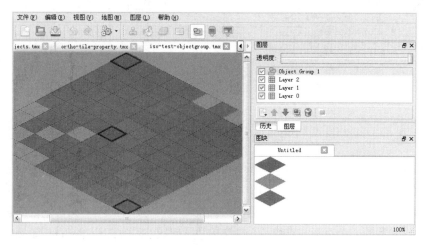

图 10-15　菱形图块拼接地图

按照之前使用 Tile Map 编辑的经验，读者将会发现图 10-15 中展示了许多新的内容。不要着急，我们逐一为读者进行介绍。先来让我们重新认识一下 Tile Map。

通常在使用 Cocos2D 引擎制作游戏时，开发者会使用编辑器来编辑图块拼接地图。这主要是因为在引擎当中提供了对 Tile（QT）Map Editor 编辑器的良好支持。我们知道 Tile Map 是一款免费的开源工具，所以它十分适合用在同样也是开源免费的 Cocos2D 引擎当中。在 Tile Map 编辑器中，开发者可以编辑 90 度的图块拼接地图和斜 45 度图块拼接地图，同时支持多个图层的叠加。另外，在编辑器中还提供了一些额外的功能，比如允许开发者添加触发区域和物体，也可以为图块拼接添加代码中所需的用来判断图块拼接类型的属性，还可以为每个地图添加属性值。Tile Map 还支持多种地图背景的导出格式，不过它们都是通过 TMX 文件来存储的。在前面的章节中，我们已经为读者介绍了一种 CSV 的格式，它所保存的格式为未经过压缩的、使用逗号分隔的地图拼接数据。这种格式虽然便于开发者查看，但是并不适合用于游戏当中。因为其格式过于松散，浪费了一些存储的空间。所以在 Cocos2D 引擎当中，笔者推荐大家使用压缩的格式来保存数据。

在游戏中使用图块拼接背景的好处是不言而喻的。图块拼接地图是由多个单独的图块拼接组成的 2D 游戏世界。开发者可以利用几种拥有相同尺寸的图片创造出很大的游戏地图。这意味着图块拼接地图可以为大地图节省很多内存空间，它们能够在手持设备中大放光彩也就不足为奇了。在之前的章节中，读者已经领略到了此项技术的好处。采用图块拼接的游戏背景，将原本一幅很大的地图只需要通过很少的图像元素就可以实现，大大减少了内存使用量，提高了游戏运行效率。它可以缓解 iOS 设备内存的使用、运行效率和图像显示限制。笔者建议读者在游戏产品当中也使用此种方式。这是大多数 Cocos2D 引擎使用者的选择，也是多数 2D 游戏产品的选择。虽然 Cocos2D 引擎为 Tile Map 提供了良好的支持，但是也存在一些限制。所以在开始使用之前，先为读者介绍一些在引擎中使用的限制。

Cocos2D 引擎对于 Tile Map 地图编辑器的限制主要表现在以下几个方面。

- 地图类型。引擎能够完美支持 Orthogonal（矩形）、Isometric（菱形），但是对于 Hexagonal（六边形）只能支持部分功能，比如不支持左右边缘或者上下边缘的地图。

- 数据格式。引擎当中不支持将图形文件保存在 TMX 文件中的导出格式，仅能够支持额外的"图块"图集方式。也就是说，地图数据必须由一个 TMX 文件和一个图像文件组成。开发者可以使用各种压缩的数据格式，这些数据内容在引擎当中都可以实现。
- 图层。开发者可以自由地建立包含多个图层的地图背景。引擎不仅提供了对多个图块拼接图层的支持，同时还支持物理图层。在 Cocos2D 引擎中提供了一个类 CCTMXTiledLayer，专门对应了每一个拼接地图以及其他操作地图内容的方法。图层中的图块则对应为单一的精灵对象。另外，引擎中也支持一个图层包含多个图块纹理的形式。

在了解了 Cocos2D 引擎使用 Tile Map 编辑器的限制之后，我们就可以自由发挥了。再次回到图 10-15。从图中读者看到了什么？之前在"打地鼠"游戏当中，我们已经尝试过拼接一个矩形的游戏背景。技术水平不能总停留在原地，所以这次就要有所提升。在图中拼接了一个菱形组成的地图，这种类型的地图也经常被用在 2D 游戏当中。它有一个更贴切的名字，叫做斜 45 度图块拼接地图（Isometric Tilemaps），通过将透视地图旋转 45 度以得到更加真实的深度感觉。因为地图视角被转换了 45 度，所以产生了一定的空间透视感。有些玩家还习惯把这种地图称为 2.5D 的游戏地图。通过制作 3D 风格的图块拼接背景，游戏世界中获得了更多的视觉深度。虽然从本质来说用于拼接的图块图片实际上是二维的，但是由于斜 45 度图块拼接方式可以让玩家的大脑产生错觉，使得他们相信是在看三维的游戏背景。斜 45 度拼接的地图图块图片是钻石形状的，也就是菱形。在图中右下角读者可以看到每个图块的形状。不仅如此，在拼接地图的过程中，还可以根据视觉的深度来产生图块重叠的效果，那些靠近观察者的图块拼接能够覆盖远一些的图块拼接。在图中左侧的区域中就展示了一个斜 45 度图块拼接地图。

虽然斜 45 度图块拼接地图背景不一定看上去是平的，如果将图块拼接设计成可以无缝地叠加在一起，甚至可以用正方形的图块拼接地图，也可得到与斜 45 度图块拼接地图一样的效果。但是如果读者细心观察就会发现，用于拼接的图块其实就是一个矩形的图片。之所以看起来像是一个菱形，那是因为其四周为透明的区域。也正是由于这个原因，Tile Map 支持使用多层的图块拼接方式，只有这样才能生成令人信服的 3D 视图效果。

图 10-15 所示的就是由多层图块拼接或者图块拼接的叠加而得到的斜 45 度地图。为了让读者更好地看到效果，在最初的地图中还没有出现具体的游戏内容，每个图块看上去并没有高度，所以此时的三维透视的效果也不明显。但这是为了让读者清晰地明白斜 45 度地图的拼接方式。在地图的图块中，读者能够看到 3 种颜色的图块，分别为红色、绿色和蓝色的菱形图块。按照地图的层次来划分，最底下的 Layer0 是由红色图块组成的。然后其上一层为 Layer1，是由绿色图块组成的。接着上一层的则是由蓝色图块组成的地图。在图中右侧界面上面的"图层"面板中展示了 3 个层次的名称及其关系。读者可以试着取消勾选，然后单独查看每个层次。在"图层"面板中，读者也许发现了一个紫色图标的 Object Group 1 的层次。从不同的图标样式就能看出它是一个特殊的层次，事实也是如此。这个层次被称为对象层或者物体层。

在对象层中，包含了地图中独立的对象。这些对象有可能是地图背景中的一座房子、一个石碑或者一棵树。它们都是一些有特殊含义的游戏元素，将会按照地图拼接的方式来标明位置。每个对象可以有自己的属性、尺寸、名字以及类型。在图 10-15 中，读者仔细观察蓝色图层之上的几个菱形框，它们就是属于对象层中的对象。读者可以选择对象后，通过右击来调出属性界面。图 10-16 所示的正是一个对象的属性界面。

图 10-16 地图中对象的属性

图 10-16 所示的就是一个称为 platform 对象的属性内容。左侧就是对象在地图中显示的效果，而右侧正是此对象的属性界面。读者可以大胆地猜测这个对象，就是将来游戏角色可以站立的平台。比如在"超级玛丽"中就有许多这样的平台。在图 10-16 中，我们可以看到一些平台对象的属性，如它的名字、类型、位置以及大小，这些都是开发者可以调整或者修改的属性。在图 10-16 下方的属性栏中，则是开发者自定义名称的属性。比如图中所示的就是平台的摩擦力数值 1.0。上述的自定义属性的方法在 Tile Map 中非常普遍。除了我们刚刚介绍的对象之外，开发者还可以为图块以及地图添加自定义属性。

图 10-17 为读者展示了地图属性在菜单中的位置。读者可以试着自己操作一下，为地图添加一些属性。比如添加一个玩家在此地图将能获得的分数，或者此地图对应的游戏关卡数等。游戏内容中的任何需求，都可以添加为地图的属性。因为在 Cocos2D 引擎当中，开发者可以轻易地获得这些自定义属性的数值内容。

图 10-17 为地图添加属性

按照图 10-18 展示的操作，在选择图块之后，右击，就会弹出界面。为了节省空间，在此就不再展示图块或者地图的属性界面了，它们与我们所介绍的对象属性界面完全一样，并没有特殊之处。

至此，在 Tile Map 中的操作已经完成了，我们也介绍了一种新的地图拼接类型。接下来，将会为读者介绍 Tile Map 所保存文件的数据结构。这将会帮助读者加深对图块拼接技术的了解，也能够为将来在 Cocos2D 引擎当中使用图块拼接地图做好铺垫。

图 10-18 图块的属性

代码 10-17 地图保存文件内容

```xml
<?xml version="1.0" encoding="UTF-8"?>
<!DOCTYPE map SYSTEM "http://mapeditor.org/dtd/1.0/map.dtd">
<map version="1.0" orientation="isometric" width="10" height="10" tilewidth="64" tileheight="32">
 <tileset firstgid="1" name="Untitled" tilewidth="64" tileheight="32">
  <image source="iso.png"/>
```

```
    </tileset>
    <layer name="Layer 0" width="10" height="10">
      <data encoding="base64" compression="gzip">
        H4sIAAAAAAAA2NkYGBgHMWDBgMAjw2X0pABAAA=
      </data>
    </layer>
    <layer name="Layer 1" width="10" height="10">
      <data encoding="base64" compression="gzip">
        H4sIAAAAAAAA2NmwARMOOjhAJhwsJlxqMPmd2YkmgmHGmS1yOqwqWdGwgDg7sqJkAEAAA==
      </data>
    </layer>
    <layer name="Layer 2" width="10" height="10">
      <data encoding="base64" compression="gzip">
        H4sIAAAAAAAA2NgGFqAGYqppW6wAQDMTJpEkAEAAA==
      </data>
    </layer>
    <objectgroup color="#001ca4" name="Object Group 1" width="0" height="0">
      <object name="platform 1" x="0" y="290" width="32" height="30"/>
      <object name="" x="0" y="3" width="31" height="32"/>
      <object name="" x="130" y="162" width="29" height="29"/>
      <object name="" x="290" y="290" width="28" height="29"/>
    </objectgroup>
  </map>
```

上述的文件内容来自 Cocos2D 引擎的 Resource 目录中 TileMaps 目录下的 iso-test-objectgroup.tmx 文件。此文件对应的正是我们之前在图 10-15 中所看到的拼接地图。这已经不是读者第一次查看 Tile Map 保存文件的格式了。在"打地鼠"游戏当中，我们也曾经介绍过一个地图数据文件。之前的文件十分简单，而此次的地图数据算是一个升级版本。让我们来看看增加了哪些内容。

文件的头部依旧是 XML 文件格式。在 map 的属性中，可以看到 isometric 的字段，这就说明了此地图是一个斜 45 度拼接的游戏背景。其他的属性都是读者熟悉的，只是数值有所不同罢了。在此文件中，存在 3 个图层信息：Layer 0、Layer 1 和 Layer 2。这次我们并没有看到用逗号分隔的地图拼接数据，取而代之的是一段让人无法理解的字符串。这是因为此地图的拼接数据采用了 gzip 的压缩算法。其实数据内容并没有任何的改变，只是为了节省空间而进行了压缩。在文件的最后部分就是对象层的信息，这也是此地图中新加入的内容。从数据来看，在对象层中总共存在 4 个对象。第一个还是有名字的叫做 platform1，至于剩下的 3 个只有位置以及大小属性。之前我们还为读者介绍了在对象中自定义的属性，如下面的代码 10-18。

代码 10-18　对象中的自定义属性

```
<?xml version="1.0" encoding="UTF-8"?>
<!DOCTYPE map SYSTEM "http://mapeditor.org/dtd/1.0/map.dtd">
<map version="1.0" orientation="orthogonal" width="32" height="32" tilewidth="32" tileheight="32">
  <tileset firstgid="1" name="tiles" tilewidth="32" tileheight="32" spacing="2" margin="2">
    <image source="fixed-ortho-test2.png"/>
  </tileset>
```

```
<layer name="Layer 0" width="32" height="32">
 <data encoding="base64" compression="gzip">
  H4sIAAAAAAAA+3DsQkAIAwAsAriY/7/k6NQXBx00AQSAQAA8Iea3tZTprb4mrLxhAFhdCAKABAAAA==
 </data>
</layer>
<objectgroup color="#ffffff" name="Object Group 1" width="0" height="0">
 <object name="Object" x="0" y="992" width="352" height="32"/>
 <object name="Object" x="224" y="928" width="160" height="32"/>
 <object name="platform" type="platform" x="2" y="833" width="125" height=
"60">
   <properties>
    <property name="friction" value="1.0"/>
   </properties>
  </object>
 </objectgroup>
</map>
```

上述文件来自 Cocos2D 引擎的 Resource 目录中 TileMaps 目录下的 ortho-objects.tmx 文件。从文件头部的属性，我们可以知道此地图的拼接方式为 orthogonal。这就是最传统的矩形拼接方式。直接跳过文件的中间部分，这些内容已经介绍了两遍了，读者应该再熟悉不过了。最后的部分依然是对象层的信息。在对象 platform 中，可以看到图 10-16 所示的摩擦力属性，其数值为 1.0。上述的数据内容在 Cocos2D 引擎当中，开发者都可以通过特定的方法来获得。接下来就是最后一步了，将拼接地图数据用在 Cocos2D 引擎当中。

在 Cocos2D 引擎中专门设计了一个类用来读取与解析 TMX 文件。此文件就是 Tile Map 导出的地图数据文件。此类就是 CCTMXTiledMap 类。它继承自 CCNode 基类。开发者可以通过下面的静态方法来初始化一个 Tile 地图对象。

```
(id) + tiledMapWithTMXFile:
```

在 CCTMXTiledMap 类当中提供了对 TMX 文件的解析与绘制功能。所谓解析，就是能够将 Tile Map 导出的文件加载到内存当中，为开发者提供各种内容的具体数据。按照帮助文档中的介绍，CC 此类提供了如下几项功能：

- 每个图块都会被当做精灵对象来处理。
- 每个精灵只有在需要的时候才会创建。这通常发生在调用方法 layer tileAt:之后。
- 每一个图块都可以旋转、移动、伸缩、变色以及更改透明度。
- 在引擎运行当中，开发者也可以删除或者添加图块。
- 图块的 Z 坐标用于控制图块之间的遮挡关系。也是可以在引擎运行期间修改的。
- 每一个图块都存在锚点。
- 每一个 TMX 中的图层都会成为子节点。
- 每一个图层都采用纹理图片集合方式。
- 地图中图块的纹理图片将会被加载在 CCTextureCache 当中。
- 每一个图块都有一个唯一的标志数值。
- 每一个图块也拥有一个唯一的 Z 坐标值。此坐标从左上数值"1"开始，到右下最大值为止。
- 每一个对象层中的对象都将会被放置在一个动态数组当中。

- 对象的所有属性将会保存在一个字典容器当中。
- 引擎中支持所有 Tile Map 对象的属性，如地图、图层、对象层以及对象
- 当前的版本仅支持一个图层对应一个图块纹理图片的方式。
- 不支持嵌入式的纹理图片。
- 仅支持 XML 格式的导出文件，不支持 JSON 格式的文件。

　　通过上面的介绍，我们已经清楚了在 Cocos2D 当中背景地图类所提供的功能以及使用的限制。其初始化的方法也非常简单，只需要将地图数据的文件名作为参数传递，就可以创建一个地图对象。除此之外，在此类当中还有一些公共成员方法，可以让开发者用来获取地图中的内容。

　　图 10-19 中的方法正是所有 CCTMXTiledMap 类的公共成员方法，其中一些经常被开发者在游戏当中使用。在创建了一个地图对象之后，开发者就可以通过地图中每个对象的名字来获得它们。比如 layerNamed:方法，就是通过图层名字来获得对应的图层。此方法将会返回一个 CCTMXLayer 对象，此对象

```
Public Member Functions
         (id)  - initWithTMXFile:
 (CCTMXLayer *)  - layerNamed:
(CCTMXObjectGroup *)  - objectGroupNamed:
(CCTMXObjectGroup *)  - groupNamed:
         (id)  - propertyNamed:
(NSDictionary *)  - propertiesForGID:
```
图 10-19　CCTMXTiledMap 类的公共成员方法

代表了一个在地图中的拼接图层。至于 CCTMXLayer 类的具体内容，稍后再介绍。与此方法类似的还有 objectGroupNamed:方法，它将根据参数中的名字返回一个对象层对象。groupNamed:方法也同样如此。还有 propertyNamed:方法，是根据名字返回一个属性的数值。最后一个方法则是将所有的属性作为一个字典容器来返回。到此为止，所有与 CCTMXTiledMap 类有关的内容都已经介绍过了。此类只是作为一个地图对象。我们知道在 Tile Map 编辑器中编辑的游戏地图背景，通常会包含一层或者几层的内容。而地图的图层又可以分为两种：图块拼接图层和对象层。在 Cocos2D 引擎当中，也同样提供了两个独立的类来对应这两个图层。

　　CCTMXLayer 类是来自于 CCSpriteBatchNode 类派生的子类。至于其原因，也很容易理解。按照拼接地图的组成内容，读者很容易得到其继承自 CCSpriteBatchNode 类。因为拼接图层中包含了许多的图块精灵对象，它们的纹理图片都来自图块图片。这一点与 CCSpriteBatchNode 类的作用非常贴切。所以此类的继承关系就是为了加速图层的绘制，节省渲染器的操作。来看图 10-20 中所展示的此类的公共成员方法。

　　图 10-20 中列出了 CCTMXLayer 类的所有公共成员方法，其中有几个是读者将来会经常用到的，它们都是与拼接图层有关的方法。releaseMap 方法用于释放当前图层的资源。只有当此图层不再使用时，才可以调用这个方法。否则，在其被释放之后，其他的方法就将会产生错误。tileAt:方法将会返回

```
Public Member Functions
         (id)  - initWithTilesetInfo:layerInfo:mapInfo:
       (void)  - releaseMap
  (CCSprite *)  - tileAt:
    (uint32_t)  - tileGIDAt:
       (void)  - setTileGID:at:
       (void)  - removeTileAt:
     (CGPoint)  - positionAt:
         (id)  - propertyNamed:
       (void)  - setupTiles
       (void)  - addChild:z:tag:
```
图 10-20　CCTMXLayer 类的公共成员方法

一个图块对象，具体的图块对象是通过参数中传递的位置来确定的。此图块对象是在调用此方法时生成的。换句话说，在开始创建图层时并不会为每个图块都生成一个精灵对象，只有当开发者调用此方法来获得图块对象时才会创建。如此编码的原因无非就是为了减少内存的创建，节省运行空间。方法 tileGIDAt:用于返回参数中指定位置的图块编号。方法 removeTileAt:用于按照参数指定的位置来移除一个图块。方法 positionAt:的作用是将传递的地图坐标转换为屏幕坐标并返回。方法 propertyNamed:则用于通过属性的名字来返回图层当中属性的具体数值。

图 10-21 展示了对象层 CCTMXObjectGroup 类的公共成员
方法。与拼接图层相比，它的方法更为简单。只有两个方法，
其中方法 propertyNamed:是根据属性的名字来获得具体数值；
另一个方法则是根据对象的名字来返回一个可变的字典容器，
当中保存了所有的对象。

Public Member Functions

(id)	- propertyNamed:
(NSMutableDictionary *)	- objectNamed:

图 10-21　CCTMXObjectGroup 类的公
共成员方法

至此，已经为读者介绍了 Cocos2D 引擎当中几乎所有与拼接地图有关的类以及它们的方法。在
熟悉了上述内容之后，我们就可以进行最后一步了：通过编码，将原来在 Tile Map 编辑器中拼接的
地图背景显示在 iOS 设备之中。

代码 10-19　isometric 拼接地图的使用

```
@implementation TMXIsoObjectsTest
//初始化地图对象
-(id) init
{
  if( (self=[super init]) ) {

    CCTMXTiledMap *map = [CCTMXTiledMap tiledMapWithTMXFile:@"TileMaps/iso-
test-objectgroup.tmx"];
    [self addChild:map z:-1 tag:kTagTileMap];

    CGSize s = map.contentSize;
    NSLog(@"ContentSize: %f, %f", s.width,s.height);

    CCTMXObjectGroup *group = [map objectGroupNamed:@"Object Group 1"];
    for( NSDictionary *dict in group.objects) {
        NSLog(@"object: %@", dict);
    }
  }
  return self;
}
//绘制方法
-(void) draw
{
  //获得地图对象
  CCTMXTiledMap *map = (CCTMXTiledMap*) [self getChildByTag:kTagTileMap];
  //获得对象层中的对象
  CCTMXObjectGroup *group = [map objectGroupNamed:@"Object Group 1"];
  //绘制对象边框
  for( NSDictionary *dict in group.objects) {
      int x = [[dict objectForKey:@"x"] intValue];
      int y = [[dict objectForKey:@"y"] intValue];
      int width = [[dict objectForKey:@"width"] intValue];
      int height = [[dict objectForKey:@"height"] intValue];

      glLineWidth(3);

      ccDrawLine( ccp(x,y), ccp(x+width,y) );
```

```
        ccDrawLine( ccp(x+width,y), ccp(x+width,y+height) );
        ccDrawLine( ccp(x+width,y+height), ccp(x,y+height) );
        ccDrawLine( ccp(x,y+height), ccp(x,y) );


        glLineWidth(1);
    }
}

-(NSString *) title
{
    return @"TMX Iso object test";
}

-(NSString*) subtitle
{
    return @"You need to parse them manually. See bug #810";
}
@end
```

代码 10-19 的作用正是显示图 10-15 中的地图背景。这些代码来自 Cocos2D 引擎当中的 TileMapTest 示例项目。按照代码中的顺序，接下来为读者介绍其中一些主要的内容。在方法 init: 当中，创建了一个地图对象。创建地图对象的方法就只有一个，也就是 tiledMapWithTMXFile:方法。此方法的参数正是 Tile Map 导出的地图数据文件。至于地图中所使用的图块纹理，则会一同加载至内存当中。然后，地图对象的 objectGroupNamed:方法将所有的地图对象的名字输出在控制台信息栏中。代码中的 draw 方法，则是根据对象的位置以及大小的属性，为每个地图对象在屏幕中绘制一个边框。这样的话，在示例项目运行时，就能看到与编辑器中一样的画面效果。

其实读者仔细分析上面的代码，其中没有太多新的内容，关于拼接地图的方法也只有两行，远比在自制引擎中我们所做的工作少了很多。这主要得益于 Cocos2D 引擎为开发者准备的强大并且完善的功能。在使用拼接地图时，只需要短短几行代码就可以将其显示在游戏界面当中。图 10-22 所示正是上述示例项目的运行画面。

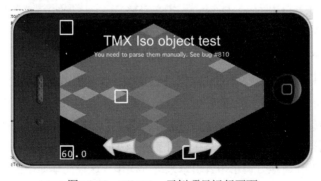

图 10-22　Tile Map 示例项目运行画面

从图 10-22 中读者可以看到与 Tile Map 中拼接地图一样的画面效果。不仅如此，在模拟器上还可以通过鼠标来拖动地图查看不同的地方。这是读者第一次见到 45 度视角的拼接地图。为了更直观地理解此地图的实现技术，所以在开始的时候我们选择了一个没有什么画面效果的拼接地图，这纯粹是为了方便介绍 Cocos2D 引擎中拼接地图的用法，因为 45 度拼接地图容易让人产生空间的视觉效果。下面，我们再为读者展示一个 Cocos2D 引擎当中的示例项目。其本身所使用的技术以及方法

与我们刚刚介绍的内容是一样的，只是在画面表现上具备了层次感。

　　图 10-23 所示的画面仍然是来自 Cocos2D 引擎当中的 TileMapTest 示例项目。从图中读者可以清楚地看到 45 度拼接地图所带来的空间感。在一片白色树木中，还站着一个精灵对象。这都是根据 45 度拼接地图中的 Z 坐标来体现的层次感。这种拼接地图的方法，在一个日韩的角色扮演类游戏当中经常使用，在此就不再介绍具体的实现内容了。因为

图 10-23　45 度拼接地图

除了使用了不同的纹理图片之外，图中的 45 度拼接地图与我们刚刚介绍的内容没有什么差异。所以就不在此处浪费篇幅了，感兴趣的读者可以去看看 Cocos2D 引擎中的示例代码。

10.4　音乐与音效

　　游戏中的音乐与音效，我们再次进入了这个话题。在"打地鼠"游戏当中，我们已经为游戏加入了一些音乐和音效。作为游戏产品必备的功能，Cocos2D 引擎当然也会为开发者考虑。在 Cocos2D 引擎中播放音频最好也是最简单的方式就是使用 SimpleAudioEngine 类。值得读者注意的是，此音频功能的支持并不是来自 Cocos2D 引擎自带的功能。它来自 CocosDenshion 程序库，这和物理引擎一样是 Cocos2D 引擎中内置的第三方插件。在 Cocos2D 引擎的目录结构中，读者也能发现 CocosDenshion 被单独放置在一个目录之中。出于上述原因，如果开发者想要使用 CocosDenshion 声音引擎的话，就必须在使用音频功能的代码中包含相应的 CocosDenshion 头文件，在项目工程中引入 CocosDenshion 的程序库。

　　图 10-24 中的 Drum Pad 项目就引入了 CocosDenshion 程序库。由此我们也能够看出 CocosDenshion 声音引擎是以第三方插件的形式内置在 Cocos2D 引擎当中的。换句话说，就算脱离了 Cocos2D 引擎，开发者也可以单独使用此程序库。下面是要在代码中添加的头文件引入。

图 10-24　引入 CocosDenshion 程序库

```
#import "SimpleAudioEngine.h"
```

　　在上面的代码中引入了一个 SimpleAudioEngine 的头文件。这正是 CocosDeshion 程序库中为开发者提供的接口。此类也非常简单易用，其采用了与 CCDirector 类同样的单例模式。这就方便了开发者可以在代码当中的任何地方调用声音引擎来进行操作。这种简单易用的设计恰好满足了游戏产品中对声音播放的需求。因为在游戏当中，几乎每个界面或者场景中都需要播放音频文件，比如主菜单中有背景音乐、场景动画则需要播放音效。游戏界面中更是不用多说。除非用户设置了静音，否则游戏界面是音乐与音频播放最频繁的地方。因为采用了单例模式，所以为开发者省下了许多的

工作。在代码中，通过调用此类的 sharedEngine 方法，就会返回一个声音引擎对象。因为这是一个单例对象，所以从第一次调用开始，声音引擎对象将被创建并一直存在。直到游戏结束时，才会释放此对象。下面来看看此类提供的公共方法，让读者了解如何在游戏当中播放音乐与音频，如图 10-25 所示。

图 10-25 中列出了 SimpleAudioEngine 类的公有成员方法。因为在游戏当中，音响效果被分为了音乐与音效，所以一款配置在游戏引擎当中的声音引擎也做出了针对的设计。在图中，读者可以看到一些成对的方法，比如 stopEffect:与 stopBackgroundMusic、playEffect:与 playBackgroundMusic:等。这些方法就是分别针对游戏音效以及音乐的方法。在其内部实现的技术上，还是略有不同的。我们将会按照游戏中使用的顺序来为读者介绍上述方法。以下代码展示了如何使用 SimpleAudioEngine 播放音乐和音频：

图 10-25　SimpleAudioEngine 类的公有成员方法

```
[[SimpleAudioEngine sharedEngine] playBackgroundMusic:@"blues.mp3" loop:YES];
[[SimpleAudioEngine sharedEngine] playEffect:@"alien-sfx.caf"];
```

如果播放音乐，MP3 是最好的选择。只能一次播放一个 MP3 背景音乐。从技术上来说，有可能同时播放两个或两个以上的 MP3 文件，但是只有一个 MP3 文件可以通过硬件来解码。这样就会导致其他的 MP3 文件要通过软件来解码。对于游戏来说，这会给系统造成很大的压力。所以绝大多数情况下不应该同时播放多个 MP3 文件。如果在游戏当中，读者想要在播放背景音乐的同时播放音效文件，建议最好使用 CAF 格式。这是唯一经过验证的能够得到较好效果的格式。上述两行代码很容易理解。通过调用声音引擎的 sharedEngine 方法来获得单例对象，然后直接使用播放音乐以及音效的两个方法。方法中传递的参数正是音频文件的名字。读者需要注意的是，上面两个方法都会从音频文件开始的地方来播放。在 CocosDenshion 声音引擎当中，还并未提供特定位置开始播放的功能。如果在调用上述方法时声音引擎正处在播放当中，则会停止播放当前音乐或者音效，转而播放新的或者原来的音乐以及音效。对于游戏当中的背景音乐播放，开发者还可以指定其播放的次数。如果未指定的话，将会循环播放。

如果想要暂停当前播放的背景音乐，读者可以通过如下的代码来实现：

```
[[SimpleAudioEngine sharedEngine] pauseBackgroundMusic];
[[SimpleAudioEngine sharedEngine] resumeBackgroundMusic];
```

上述的两行代码，一行是暂停当前播放的背景音乐，另一行则是恢复背景音乐的播放。音效的播放并未提供暂停的方法。这是因为通常音效声音都非常短暂，与其暂停不如直接将其停止。下面的代码就是停止音效以及声音的方法：

```
if ([[SimpleAudioEngine sharedEngine] isBackgroundMusicPlaying]) {
            [[SimpleAudioEngine sharedEngine] stopBackgroundMusic];
        }
[[SimpleAudioEngine sharedEngine] stopEffect:@ "alien-sfx.caf"];
```

为了避免在播放音乐或者音效的时候，因为加载音频文件而耽误了播放时间，CocosDenshion

当中还提供了一对方法，开发者可以使用它们来预先加载音乐和音效。

```
SimpleAudioEngine *sae = [SimpleAudioEngine sharedEngine];
if (sae != nil) {
    [sae preloadBackgroundMusic:@"mula_tito_on_timbales.mp3"];
    if (sae.willPlayBackgroundMusic) {
        sae.backgroundMusicVolume = 0.5f;
    }
    [sae preloadEffect:@"dp1.caf"];
}
```

上述的代码中，分别预先加载了一个背景音乐资源和一个音效资源。在之后的代码中开发者调用播放方法播放这两个音频资源的话，就会省去加载的过程，CocosDenshion 声音引擎则会立即开始播放声音。在上述代码中，同时设置了播放时音量的大小。backgroundMusicVolume 就是声音引擎对象的一个属性，用来设置音量大小。在播放之前或者预加载之后，开发者都可以设置音量的大小。

至此，有关 Cocos2D 引擎当中的声音功能就介绍完了。虽然 CocosDenshion 声音引擎是一个第三方程序库，但其依然保持了 Cocos2D 引擎良好易用的风格。通过几行简单的代码，开发者就可以在游戏中播放音乐和音效。如果读者想要在游戏当中添加音乐或者音效的话，只需使用上面介绍的内容就足够了。

10.5 粒 子 效 果

通常游戏中都充满了各种各样的特殊效果。经过前面的介绍，读者已经掌握了其中一些技术。但这还不够。虽然使用 Cocos2D 引擎中强大的动作功能，已经能够制作出画面精美、活灵活现的游戏界面了。如果只是做动画效果的游戏，读者可以通过 Cocos2D 引擎来实现所有游戏的视觉效果。但有时仅仅这些还是不能满足玩家的口味，因为动画效果最大的缺点就是其内容固定，在视觉效果上没有变化。这就好比电影，只要导演拍成什么样子，观众就只能看到什么样子，而且每次观看都没有新的内容。动画效果也是如此。它们大多是由美术人员制作，然后由程序人员在程序当中播放。比如在"打地鼠"游戏中跳进跳出的地鼠。如果每只地鼠都是一样的动作，玩家看久了也会变得厌烦。动画效果的另一个问题就是人工的成本很高。美工人员必须把每一个动画帧都单独地绘制成为图片，然后才能在游戏中呈现视觉效果。这就好比早期动画片的制作手法。仅仅 10 秒钟的动画，就可能需要上百张的图片。另外，从内存容量的角度也是不能接受的。所以出于上述的诸多原因，充满聪明才智的游戏工程师们研究出了一种新的特效表现技术。它不仅更节省人工成本，还能带来多样性的变化，同时其视觉效果也有动画无法超越的一面。这就是本章节我们要为读者介绍的粒子效果。

在哲学领域有一句非常著名的话："世界上没有两片完全相同的树叶。"此话的意思是：世界的万事万物每时每刻都是变化的，同一事物这一秒和下一秒都是不一样的，更何况是两片不同的树叶呢。在游戏当中也存在着许多这样的物体。不知读者是否想过，怎样在游戏当中实现栩栩如生的烟雾、闪电、雨雪、爆炸等效果。如果想要更加真实的效果模拟，实现更加随机的、多边的视觉效果，依靠动画图片是不可能实现的。此时，我们就必须使用粒子系统。庆幸的是，在 Cocos2D 引擎当中就为开发者提供了完善的粒子系统，它让我们的游戏显得更加真实、多样，同时富有生命感。

10.5.1　粒子系统从何而来

粒子是来自于物理领域的专业术语，用来表示物体的内部结构。粒子总是在不停地运动当中。下面让我们先来回忆一下高中的物理知识。通过对自然现象的分析，物理学者发现：物体的内部并不是静止不动的。为我们所熟知的布朗运动就是用来证明粒子是在不断运动。悬浮微粒永不停息地做无规则运动的现象叫做布朗运动。例如，在显微镜下观察悬浮在水中的藤黄粉、花粉微粒，或在无风情形下观察空气中的烟粒、尘埃时，都会看到这种运动。温度越高，运动越激烈。它是 1827 年植物学家 R.布朗首先发现的。

这些现象的出现并不涉及一个可以触摸的、很明确的实体，而且现象的本身是动态的。那些粒子会随时间迅速变化自身的运动，而这种变化的效果是由大量微小粒子组合而成的，大量的粒子效果叠加成了人们看到的整体效果。这样一来，因为粒子运动多数为无规则并且高速，所以用数学公式表述的图形、图像效果都很难模拟出这样的效果。因为其中包含着大量的、不确定性的、随机的、混乱的模糊内涵，这就是前面所说的烟雾、雨雪、爆炸等效果。

物理学上关于大量粒子无规则运动的学科是热力统计学，一个大家耳熟能详的概念是"熵"。关于这个物理量的典型描述是热力学第二定律，也称为"熵增原理"。当然这不是要为读者介绍的内容。无论是我们主观的分析判断也好，还是热力统计学的基本定律也好，共同的一点认识就是：这些自然现象的存在涉及大量无规则运动的微粒。因此，为了模拟这样的系统所产生的现象，我们要建立这样一个粒子系统，它在游戏中能够发挥难以想象的作用。为了要建立一个粒子系统，看看都需要具备哪些条件：

- 既然叫做粒子系统，就必然要包含大量所谓的粒子对象。
- 从宏观角度来考虑，每一个粒子对象都要遵守主要规律，比如它们具备同样的形态或者共有的属性。
- 从微观特性来看，每个粒子都有其在属性上的多样、随机以及变化特性。
- 因为粒子是永不停歇的，所以需要建立一个过程动态，确保每个粒子系统模拟的都是一个不断变化的动态效果而不是静止不变的，因此这就有一个持续更新状态的要求。

根据上面总结的几点，我们进行归纳。如果想要在游戏当中制作一个粒子系统的话，就需要一个能够不断产生、喷射出大量粒子的物体，并且每个粒子都能够按照自己的运动参数不断变化、运动。然后，因为大量粒子的效果叠加就能够产生游戏内容中所需的宏观现象，这样开发者就可以模拟出许多栩栩如生、变化自如的自然效果。

1982—1983 年，一个名为威廉姆·瑞午斯（William Reeves）的游戏开发者最先发明了这样的系统。他所编写的算法实现了宏观上对粒子群体的控制，同时保证了微观上各个粒子的无规则乱序的运动效果。这就为游戏制作者带来了新的思路，为玩家带来了全新的体验。在那之后，粒子系统为游戏产品添加了新的活力。时至今日，在许多游戏产品当中都能看到粒子系统带来的绚丽特效。不仅是那些复杂的动作类游戏，在一些简单的卡通类游戏和纸牌游戏中添加一些粒子效果，也可以为玩家带来欣喜、兴奋的视觉体验。为了让读者的游戏也显得更加精致而令人喜爱，接下来就为大家介绍 Cocos2D 引擎当中的粒子系统。

10.5.2 Cocos2D 引擎当中的粒子系统

粒子效果是游戏当中非常绚丽的特效。Cocos2D 引擎中提供了一套完善的粒子系统，游戏开发者通常使用粒子系统来制作视觉特效。粒子系统会发射大量细小的粒子并且非常高效地渲染这些粒子，其绘制的速度比渲染精灵对象还要高效得多。开发者可以在游戏当中模拟雨雪、火焰、烟雾、爆炸、蒸汽和很多其他视觉效果。来看看 Cocos2D 引擎当中与粒子系统有关的类，如图 10-26 所示。

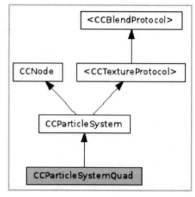

图 10-26　粒子系统中的类成员

在图 10-26 中，我们看到了两个与粒子系统有关的类。CCParticleSystem 类是粒子系统的主要类，它继承自 CCNode 类，同时实现了 CCTextureProtocol 纹理协议。我们已经介绍了许多 Cocos2D 引擎中的类，想必读者已经清楚了此类的继承关系意味着什么。因为继承了 CCNode 类和 CCTextureProtocol 协议，说明粒子系统类的对象可以被添加到引擎的画面层次当中，并且其必然会包含一张纹理图片用于显示。至于 CCParticleSystem 类所派生的子类 CCParticleSystemQuad 类，只是在原本粒子系统的基础上添加了一些新的属性，为开发者提供了更多的可选属性。不过，CCParticleSystemQuad 类适用性要更好一些，无论是什么版本的 iOS 设备，它都能够保持不俗的性能。这主要是因为如下几点：

- 此类中的粒子尺寸支持浮点类型。
- 粒子支持旋转的功能。
- 在 iOS 第一代和第二代设备当中，它比 CCParticleSystem 的效率略慢一点。
- 在 iOS 第三代之后的设备当中，它的效率则远远超于了 CCParticleSystem 类。
- 此类的对象将会使用更少的内存和显示内存。

所以笔者推荐大家直接使用 CCParticleSystemQuad 类作为游戏中粒子系统所使用的对象。

按照之前的分析，我们从宏观和微观的角度，分别为读者阐述了粒子系统的特性。按照从宏观到微观的顺序，我们逐一地为读者介绍。一个粒子是无法组成什么绚丽的特效的。要想让玩家看到无与伦比的视觉效果，必然需要一个粒子群。游戏开发者们习惯把产生粒子的对象称为粒子发射器（Emitter）。它是产生每个粒子的机器。换句话说，它就好比是一把手枪，能够发射出许许多多的粒子。

10.5.3 粒子发射器

在 Cocos2D 引擎当中存在两种粒子发射器，它们具有一些公共的属性，同时也有一些特有的属性。这两个发射器为重力模式（Gravity）和半径模式（Radius）。开发者可以通过修改粒子系统对象的 emitterMode 属性来控制发射器类型。虽然这两个模式的大多数参数相同，但是生成的粒子效果却完全不同。

1. 发射器模式：重力（Gravity）

重力模式可以让粒子向一个中心点飞去，或者飞离一个中心点。它的优点是可以创造出非常动态和自然的效果。下面的代码用于设定重力模式：

```
self.emitterMode = kCCParticleModeGravity;
```

重力模式中有几个独有的属性，读者需要注意这些属性只有在 emitterMode 被设定为 kCCParticleModeGravity 时才能使用。下面的代码中列出了所有与重力发射器有关的属性以及数值：

```
self.centerOfGravity = CGPointMake(-10, 0);
self.direction = CGPointMake(25, 25);
self.gravity = CGPointMake(-50, -90);
self.radialAccel = -60;
self.radialAccelVar = 10;
self.tangentialAccel = 120;
self.tangentialAccelVar = 40;
self.speed = 15;
self.speedVar = 4;
```

按照代码的顺序，我们逐一介绍每个属性。

centerOfGravity 属性是一个 CGPoint 对象，它被用于计算与新生成粒子所处位置之间的位移距离。其实这个名称有点误导人，因为实际的重力中心点应该是新生成粒子的中心点，而 centerOfGravity 实际上是在离开粒子一段距离的位置上。这可能是因为粒子在发射的时候速度过快，容易产生脱离发射点的视觉错差。centerOfGravity 的位置不应该被放到离粒子中心点太远的地方，否则将会看不到效果。具体数值读者可以参考上面的代码。

direction 属性就是粒子发射的方向，它是由一个向量来控制的。此向量就是一个 CGPoint 对象，它的数值代表了 X 轴与 Y 轴的坐标值。

gravity 属性就是重力加速度，它用于决定所有粒子在 X 轴和 Y 轴上的加速度大小。gravity 值不应设置得太大，否则重力中心点将会没有任何效果。上述代码中的 gravity 值是很好的参考点，读者可以在此基础上进行调节。

radialAccel 属性为发射粒子的加速度。如果 radialAccel 的值是正数，则粒子离开发射器越近，其加速就越快。如果此属性的值为负数，则粒子离开发射器越远，速度就越慢。 另外一个数值 radialAccelVar 代表了加速度的变化范围。当此属性不为零的情况下，所有粒子将会以 radialAccel 属性的数值为基础，然后在 radialAccelVar 数值范围内随机变化。

tangentialAccel 属性与 radialAccel 类似，只是它的效果是让粒子围着发射器旋转。此属性的数值越大，粒子离发射器的距离越远，速度也越快。属性值为正时，粒子沿逆时针方向旋转；属性值为负时，粒子则沿顺时针方向旋转。同样，此属性也存在一个变化范围的数值 tangentialAccelVar，其效果与 radialAccelVar 的作用一样。

speed 属性的作用应该很明显，从字面就能知道这是粒子的移动速度。不过，因为之前我们已经介绍了发射方向，所以这里的速度没有指定的计量单位，只代表了速度的快慢并没有方向。speedVar 属性代表了粒子速度的变化范围。

2. 发射器模式：半径（Radius）

半径发射器模式会让粒子沿着一个圆形旋转。当然，通过修改一些参数也可以生成螺旋状旋转效果、漩涡效果或者螺旋状上升效果。通过以下代码来设定半径模式：

```
self.emitterMode = kCCParticleModeRadius;
```

半径模式也存在许多特有的属性,它们也是只有在模式设置为 kCCParticleModeRadius 时才能够产生效果的。来看如下的属性赋值代码:

```
self.startRadius = 100;
self.startRadiusVar = 2;
self.endRadius = 10;
self.endRadiusVar = 1;
self.rotatePerSecond = -180;
self.rotatePerSecondVar = 10;
```

startRadius 属性是粒子发射器的节点位置和发射粒子的位置之间的距离。endRadius 属性则是粒子发射器的节点位置和粒子最终要到达的位置之间的距离。如果读者想让粒子进行完美的圆圈旋转,可以通过使用以下常量将 endRadius 和 startRadius 设置为相同的值:

```
self.endRadius = kCCParticleStartRadiusEqualToEndRadius;
```

rotatePerSecond 属性是开发者用来影响粒子移动的方向和速度。如果 startRadius 和 endRadius 的值不相同的话,也会影响粒子沿着圆圈旋转的圈数。

上述 3 个属性都提供了辅助的变化范围属性。它们就是用来产生每个粒子的特点,让玩家从整体画面上感觉到粒子系统自由、多变的视觉效果。

3. 发射器共有的属性

我们已经为读者介绍了两种发射器模式中所特有的属性,接下来将会介绍它们共有的属性。无论采用哪种模式的发射器,下面这些属性都将产生效果。

代码 10-20 粒子发射器的公共属性

```
//位置
self.position = CGPointZero;
self.posVar = CGPointZero;
self.positionType = kCCPositionTypeFree;
//尺寸
self.startSize = 30.0f;
self.startSizeVar = 0.0f;
self.endSize = kCCParticleStartSizeEqualToEndSize;
self.endSizeVar = 0;
//角度
self.angle = 10;
self.angleVar = 5;
//生命值
self.life = 4.0f;
self.lifeVar = 2.0f;

self.emissionRate = 30;
self.totalParticles = 200;
//颜色以及透明度
startColor.r = 1.0f;
startColor.g = 0.25f;
startColor.b = 0.52f;
startColor.a = 0.8f;
```

```
startColorVar.r = 0.0f;
startColorVar.g = 0.0f;
startColorVar.b = 0.0f;
startColorVar.a = 0.0f;
endColor.r = 0.0f;
endColor.g = 0.0f;
endColor.b = 0.0f;
endColor.a = 1.0f;
endColorVar.r = 0.0f;
endColorVar.g = 0.0f;
endColorVar.b = 1.0f;
endColorVar.a = 0.0f;
//混合方式
self.blendFunc = (ccBlendFunc){GL_SRC_ALPHA, GL_DST_ALPHA};
//纹理
self.texture = [[CCTextureCache sharedTextureCache] addImage:@"fire.png"];
```

代码 10-20 中展示了几乎所有的粒子发射器的公共属性。上述代码中，读者会注意到很多属性都有一个与之配对的属性，其名字的后缀是 Var 结尾。这些配对的变量就是此属性的紊乱值，用于决定对应属性允许的模糊度变化范围。比如在代码中属性 life = 4 和 lifeVar = 2。这些数值意味着发射器产生的粒子平均寿命是 4 秒。这是一个平均值，每个粒子的速度却不一定是 4 秒。依据紊乱值 lifeVar 的设定，单个粒子的生命值将会在 4-2 和 4+2 之间自由变化。这样每个粒子都会得到一个随机的生命值介于 2 秒和 6 秒之间，以此才能够产生多样化的粒子效果。如果读者不想设置任何紊乱值，只想要单一某个粒子属性，那完全可以将 Var 后缀的属性变量设置为 0。不过，紊乱值所带来粒子效果的动态变化和多样性的效果也同样会消失。在设计粒子效果之初，紊乱值可能会让开发者迷惑。因此，除非已经有了一些设计经验或者参考例子，否则笔者建议在开始的时候还是使用很小的紊乱值为好或者根本不用。先来设定粒子效果的基本属性，然后再修改紊乱值来丰富视觉效果。关于属性紊乱值的介绍就到此为止了，后续将会详细地介绍每个粒子属性的作用以及特点。

4. 粒子位置

说白了就是粒子发射器的位置，开发者可以通过它来移动粒子节点的位置。当然，这也会带动整个粒子效果一起移动。粒子位置可不止这么简单。在代码中，我们看到了位置也有一个 posVar 属性，也就是前面刚刚介绍的紊乱值，它用于控制粒子将会被生成的位置变化。默认情况下，position 和 positionVar 都在节点的中心位置，也就是其数值为零。上面代码中也是这样来设置的。这种位置的设置方式被称为点控制。比如模拟一个灯光或者太阳，为了确保粒子发射的效果基本上保持圆形，粒子喷发点为一个明确的点，并没有紊乱值。比如下面的代码：

```
//emitter position
CGSize winSize = [[CCDirector sharedDirector] winSize];
self.position = ccp(winSize.width/2, winSize.height/2);
posVar = CGPointZero;
```

上述代码将粒子发射器放置在一个固定的点，并且在发射的过程中所有的粒子都是从这一点发射而来。点控制是基本的方式。除此之外，还有线线控制。这也很好理解，就是将原本的发射点变为了一条发射线。线控制经常被用来模拟一些下雨、降雪或者落叶效果，因为粒子发射点是一条水平或者竖直的直线。我们来看下面的代码：

```
//emitter position
self.position = (CGPoint) {
[[CCDirector sharedDirector] winSize].width / 2,
[[CCDirector sharedDirector] winSize].height + 10
};
posVar = ccp( [[CCDirector sharedDirector] winSize].width / 2, 0 );
```

上述代码中修改了位置属性的紊乱值。只是修改了其 X 坐标的变化，Y 坐标并没有任何的变化。这样在粒子从发射器中产生时，其 X 坐标将会在一定范围内变化。这就会产生一种线控制的方式。此时读者可以联想，如果同时设置了 X 坐标与 Y 坐标的变化，将会产生什么效果？这是一个很容易想象的几何推理。先由点到线，再由线到面。面控制就是粒子发射器所产生的粒子将会在一个区域内出现。这样在游戏中就可以用来模拟一片火焰或者一次爆炸，因为粒子的发射点变成了一个指定的矩形区域。在代码中同样需要做出修改：

```
//emitter position
CGSize winSize = [[CCDirector sharedDirector] winSize];
self.position = ccp(winSize.width/2, 60);
posVar = ccp(20, 20);
```

上述代码就设置了一个正方形的发射区域。它所发射的粒子不再会集中在一个地方，而会是在区域内随意出现。这就会带来一些特殊的效果。粒子位置代表了发射点的范围以及具体坐标。另外还有一个与粒子位置有着密切关系的方面。不知读者是否想过，当粒子由发射器产生之后，其是相对于发射器的位置而移动，还是它们将完全不受发射器的影响？例如在一个爆炸效果，粒子发射之后必然会飞向四面八方，与发射器的位置并无关系。但如果需要类似一个光环围绕着角色的粒子特效呢？比如在一些角色扮演类游戏当中，那些炫丽的魔法效果。这时，开发者可能需要将发射后的粒子围绕着发射器的位置而移动。因此在 Cocos2D 引擎当中就存在了一个属性变量，用来控制已发射的粒子是否围绕着发射器的位置而移动。按照我们举例的顺序，先来看看前者的效果该如何实现。

```
self.positionType = kCCPositionTypeFree;
```

上述代码就是设置粒子位置的属性。其传递的数值的具体含义就是粒子在发射之后就完全自由了，它可以不再依据发射器的位置而移动。此属性的设置方式最适合用在蒸汽、烟雾、爆炸等效果上。这类效果要求粒子们围绕着物体四周移动，但是又要看起来同发射出这些粒子的物体并没有任何的联系。

从另一方面来说，如果游戏中需要一些跟随类的特殊效果，比如身上着火的怪物，则需要生成一个在它移动时出现的烟雾拖尾效果。开发者可以通过如下的代码来实现：

```
self.positionType = kCCPositionTypeGrouped;
```

5. 粒子大小

startSize 和 endSize 属性用于控制粒子的尺寸。尺寸的大小在 Cocos2D 当中是使用像素（pixel）来衡量的。startSize 属性是在粒子刚被发射时的尺寸，而 endSize 则是粒子消失时的尺寸。在整个粒子的生命期内，其尺寸将会从 startSize 渐渐变为 endSize，这是一个线性的渐变过程。

```
self.startSize = 30.0f;
self.startSizeVar = 0.0f;
```

```
self.endSize = kCCParticleStartSizeEqualToEndSize;
self.endSizeVar = 1.0f;
```

上述代码就设置了粒子开始以及结束的尺寸变化。其中有一个特殊的常量数值，那就是 kCCParticleStartSizeEqualToEndSize。这个常量用于确保粒子的结束尺寸与开始尺寸一样。换句话说，如果开发者将此常量赋值给了 endSize，则在粒子的生命期内其尺寸大小都不会变化。不过这并不是一件确定的事，因为还存在紊乱值。比如上述代码中，在粒子结束的尺寸上存在一个不为零的紊乱值，这就会产生粒子尺寸在一定范围内的自由变化。虽然设置了常量数值，但也不能够确保在生命期内粒子尺寸就不会改变了。

6. 粒子方向

发射粒子时粒子射出的角度是由 angle 属性来控制的。如果 angle 属性的数值为 0，则意味着会向上直线发射粒子，不过只有在重力模式的发射器下才会这样。在半径模式下，angle 属性的数值用于决定粒子在 startRadius 属性上的发射位置。angle 属性的数值越大，发射点沿着圆圈上的逆时针方向角度越大。

7. 粒子生命期

life 属性决定着粒子会在几秒钟之内从生成到消失。此属性为单个粒子设置生命期。请记住，粒子的生命期越长，任一时间屏幕上同时存在的粒子就越多。如果屏幕上同时显示的粒子数量达到了最大允许的数量，在一些已存在的粒子消失之前，新粒子将不再被生成。这是一个粒子效果的瓶颈之处。生命周期的具体数值代表了粒子存在的秒数。

8. 发射速率

emissionRate 是指粒子发射的速率，也就是在单位时间内发射的粒子数。开发者可以用它来实现圆环式发射效果。通过设置速度变化范围，可以实现不同宽度的圆环。emissionRate 通常都是通过下面的公式计算的：

```
//每帧发射粒子数
emitter.emissionRate = emitter.totalParticles/emitter.life;
```

从上面的公式中我们看到了粒子效果的 3 个属性之间的关系。emissionRate 属性可以用来平衡粒子的生命期和 totalParticles 属性之间的关系。读者可以直接设置一个超过当前粒子系统总数的大数值，这样就可以获得一个圆环形状的发射效果，径向负值加速度可以在生命周期以内连续缩小放大，切向加速度可以让圆环旋转起来。

emissionRate 属性直接影响着每秒钟内可以生成的粒子数量。与 totalParticles 属性相配合，对粒子效果的外观有很大的影响。例如，通过调整粒子的生命期（life）、粒子总数（totalParticles）和发射速率（emissionRate），开发者可以创造出爆炸效果。具体的方法就是：因为屏幕上的粒子总数是有限的，而新粒子会在短时间内生成，导致粒子的流动被经常中断。从另一方面来说，如果开发者发现粒子在发射的过程中产生了缺口，那么就可以通过增加粒子数量或者减小生命期或发射周期来解决问题。

9. 粒子总数

让我们通过 totalParticles 属性更加深入地了解粒子系统。totalParticles 属性用于设置粒子系统中的粒子总数。在代码中通常此属性是在方法 initWithTotalParticles 中来设置具体数值的。并且在粒子效果的对象创建后，开发者也可以改变它的值。粒子的数量对粒子系统的视觉效果以及运行效率有直接的影响。

如果粒子数量太少，玩家就得不到绚丽的效果，这必然会降低游戏的体验感。比如原本应该是辉煌的爆炸效果，可能因为粒子数目太少，只有一些火花纷飞的效果。另一方面，如果使用了过多的粒子，粒子系统对于性能的损耗还是比较大的，这样就会在粒子渲染的效率上有所减少。另外，就算画面效果，也会因为过多的粒子而受到影响。比如当屏幕中有太多的粒子时，就会导致它们之间相互叠加，最终的效果可能会是一个白色方块。综上所述，读者在游戏当中选择使用粒子效果时，必须找到一个适当的契合值。笔者的建议是最好将粒子数的范围控制在 10～2 000 个之间。至于具体的效果，就要读者亲自来调节了。

10．发射器持续时间

持续时间（duration）属性决定着发射器发射粒子的时间长短。如果设为 2.0f，发射器将会在两秒钟的时间里持续生成粒子，然后就停止了。当然，开发者也可以让粒子发射器不停地发射，只需将时间设置为-1.0f 就可以了。另外，如果开发者想在粒子系统停止发射粒子和粒子都消失以后，自动将粒子系统的节点从它的父节点删除的话，可以将 autoRemoveOnFinish 属性设置为 YES：

```
self.autoRemoveOnFinish = YES;
```

上述代码中的 autoRemoveOnFinish 属性是个便利功能，它只有和粒子系统结合使用才会有意义。不过，它所针对的粒子系统必须是非永久运行的。如果是一直在发射的粒子系统，此属性就变得毫无意义了。只有当粒子发射器会停止发射粒子的情况下，此属性才会发挥作用，同时将粒子系统以及所有已存在的粒子一并清除。

11．粒子颜色

这个属性很容易理解，它就是每个粒子的颜色值。与尺寸属性非常相似，每个粒子都可以从一个起始颜色渐变到一个最终颜色，从而创造出艳丽的颜色粒子效果。根据 Cocos2D 引擎的要求，开发者至少需要设置一个 startColor 属性。因为默认情况下粒子是黑色的，所以如果不设置起始颜色的话，就有可能看不到任何粒子。颜色的类型是 ccColor4F，这是一个由 4 个浮点数组成的结构，其代表的含义为：r、g、b 和 a，对应红、绿、蓝和透明度。浮点数的数值在 0～1 之间，1 代表着最饱和的颜色。假如读者需要完全白色的粒子颜色的话，应该把所有的 r、g、b 和 a 都设为 1。为了方便读者理解，在代码中我们分别设置了每一个颜色属性的数值。其实在实际的编写中，读者可以使用一个简单的宏定义，如下面代码所示：

```
//设置粒子颜色的属性
emitter_.startColor = ccc4(1.0f,0.25f,0.12f,1.0f);;

ccColor4F startColorVar = {0.5f, 0.5f, 0.5f, 1.0f};
emitter_.startColorVar = startColorVar;

ccColor4F endColor = {0.1f, 0.1f, 0.1f, 0.2f};
emitter_.endColor = endColor;

ccColor4F endColorVar = {0.1f, 0.1f, 0.1f, 0.2f};
emitter_.endColorVar = endColorVar;
```

12. 粒子混合模式（Particle Blend Mode）

"混合"是指一个粒子的像素被显示在屏幕上之前所需要经历的计算过程。"混合"的概念经常被用在三维渲染引擎当中，它表示一种颜色的叠加方式。最为简单的是当一个粒子呈现在一张图片之上时，渲染器就需要计算它们之间的颜色融合的方式。这就是混合的作用所在。作为粒子的一个属性值，blendFunc 是以 ccBlendFunc 结构体作为数据结构的。ccBlendFunc 提供了来源混合模式和目标混合模式，这也是 OpenGL ES 渲染器对于混合的要求，见如下的代码：

```
self.blendFunc = (ccBlendFunc){GL_SRC_ALPHA, GL_DST_ALPHA};
```

"混合"的工作方式是在粒子渲染的时候，将用在粒子中的纹理图片中红、绿、蓝和透明度信息与屏幕上已经存在的图片颜色信息相混合。粒子的纹理图片被称为源图片，而屏幕上已存在的图片则被称为目标源。其实际的视觉效果就是，每个粒子将会和它所处的背景以某种方式进行颜色以及透明度的混合，而 blendFunc 属性则决定着源图片的颜色以及透明度和目标源的颜色以及透明度的混合程度。

blendFunc 属性对粒子的视觉效果将会有很大的影响。通过在来源以及目标设置中的混合模式，玩家将会看到不同的画面效果。其中一些将会产生奇妙的效果，也有一些让人无法接受。下面来看看对于来源以及目标，开发者都可以设置哪些属性值，如表 10-1 所示。

表 10-1　混合方式

混 合 方 式	含 义	计 算 方 式
GL_ZERO	全部不用	(0,0,0,0)
GL_ONE	全部使用	(1,1,1,1)
GL_SRC_COLOR	只用来源的颜色	(Rd,Gd,Bd,Ad)
GL_ONE_MINUS_SRC_COLOR	减去来源的颜色	(Rs,Gs,Bd,Ad)
GL_SRC_ALPHA	只用来源的透明度	(1−Rd,1−Gd,1−Bd,1−Ad)
GL_ONE_MINUS_SRC_ALPHA	减去来源的透明度	(1−Rs,1−Gs,1−Bs,1−As)
GL_DST_ALPHA	只用目标的透明度	(Ad,Ad,Ad,Ad)
GL_ONE_MINUS_DST_ALPHA	减去目标的透明度	(1−Ad,1−Ad,1−Ad,1−Ad)

表 10-1 中列出了粒子系统中所有用于混合的参数，这些参数实际是来自 OpenGL ES 渲染器的设定。虽然在表中已经列出了它们的含义以及计算方法，但想必第一次接触的读者也会觉得困惑，接下来让我们再详细地介绍一下具体的计算方法。

前面我们已经提到，混合需要把原来粒子的颜色和将要绘制的背景颜色找出来，经过某种方式处理后得到一种新的颜色。前者被称为来源，后者则被称为目标。在 OpenGL ES 渲染器中，会把来源颜色以及透明度和目标颜色以及透明度各自取出，并乘以一个系数。这个系数就是表 10-1 中列出的属性值。开发者也习惯将它们称为因子。来源颜色以及透明度乘以的系数称为"源因子"，目标颜色以及透明度乘以的系数称为"目标因子"。然后将相乘后的数值相加，这样就得到了新的颜色以及透明度。这就是粒子最终产生在屏幕的效果。下面用数学公式来表达一下这个运算方式。假设来源的属性中有 4 个分量：红色、绿色、蓝色、透明度，对应的是 Rs、Gs、Bs、As。目标属性中的 4 个分量是 Rd、Gd、Bd、Ad，又设源因子为 (Sr, Sg, Sb, Sa)，目标因子为 (Dr, Dg, Db, Da)，则混合产生的新颜色可以表示为：

```
(Rs*Sr+Rd*Dr, Gs*Sg+Gd*Dg, Bs*Sb+Bd*Db, As*Sa+Ad*Da)
```

当然了，如果上述数值在计算时某一分量超过了 1.0，则它会被自动截取为 1.0，开发者不需要考虑越界的问题。来源混合模式 GL_SRC_ALPHA 和目标混合模式 GL_ONE 经常配合使用来生成递增型的混合效果。当很多粒子相互叠加时，得到的结果是非常亮的颜色，甚至是白色。另外，读者可以将 blendAdditive 属性设为 YES，这和把 blendFunc 设置为 GL_SRC_ALPHA 和 GL_ONE 的效果是一样的。如果设置了 ccBlendFunc (GL_ONE, GL_ZERO);，则表示完全使用源颜色，完全不使用目标颜色，因此画面效果和不使用混合的时候一致。虽然没有任何的视觉效果，但渲染器依然进行了运算，所以在效率上可能会低一点。如果开发者没有设置源因子和目标因子，则默认情况就是这样的设置。

正如在代码中所示的那样，如果将混合模式设置为 GL_SRC_ALPHA 和 GL_ONE_MINUS_SRC_ALPHA 的话，得到的将会是透明的粒子：

```
self.blendFunc = (ccBlendFunc){GL_SRC_ALPHA , GL_ONE_MINUS_SRC_ALPHA};
```

13. 粒子贴图

在介绍粒子系统类的继承关系时，我们已经知道其包含了一个纹理协议的派生。如果没有贴图的话，所有粒子将会是单调的色块。想要精美的视觉效果，开发者就要考虑在粒子效果中使用贴图。贴图文件就是来自 Cocos2D 引擎当中的 CCTextureCache 类的 addImage 方法，此方法的参数就是纹理图片的名称，同时它会返回一个指向纹理图片的 CCTexture2D 节点。然后，开发者再将此图片传递给粒子系统的对象。来看具体的代码：

```
self.texture = [[CCTextureCache sharedTextureCache] addImage:@"fire.png"];
```

在此，笔者建议在游戏当中用于粒子系统的纹理图片最好是半透明的，大概看上去像是一个球形的图片，其边缘存在一个透明的过渡。因为如果贴图有高对比度区域的话，通常对生成的粒子效果是有损的。在视觉效果上，玩家将会看到一些明显的纹理图片边缘。这样的纹理图片可以让玩家看到单独的粒子，它们很难相互混合。不过有些情况下也有其特殊的用法，比如之前的"打地鼠"游戏当中，我们可以试着为地鼠加入一个被击打后晕眩的粒子效果。那么就会需要一些边缘清晰的纹理图片，它们将会围着地鼠的头部，旋转出一圈独立的星星粒子。

另外，用于粒子系统的纹理图片最重要的一点就是图片的尺寸最好不要超过 64×64 像素。因为贴图尺寸越小，粒子效果就运行得越流畅。另外，因为粒子系统最大的特点就是许多粒子相互叠加的效果，所以如果纹理过大的话，叠加太多就会变成了白色区域。

最后，提醒读者千万不要因为粒子会很小而忽略粒子的纹理图片。如果没有设置 texture 属性的具体值，那么 Cocos2D 引擎就会设定一个默认正方形的纹理。多数情况下，这算是最差的效果，玩家将会看到一个拙劣的显示画面。

10.5.4　粒子系统编辑器

经过上面的介绍，我们已经熟悉了 Cocos2D 引擎当中的粒子系统，它的存在能够为游戏产品添色增彩。在上个章节中，也介绍了一些与粒子系统有关的使用代码，大家得知了粒子系统中的结构以及属性。不知读者是否统计过粒子系统总共有多少个属性，笔者是未曾计算过。因为粒子系统的多样性，就是依靠其本身众多的属性配置。不过这些属性实在太多，更何况有些属性还配有紊乱值。这仅仅是粒子系统比较繁琐的一方面。另一方面，在制作粒子系统时需要配置各种各样的参数，这些参数会导致千变万化的视觉效果。试想一下，如果设计人员需要制作一个粒子特效，将会怎么进行这项工作呢？首先，他们可能并不会编写代码。然后为了观察改变一个属性值后粒子效果的视觉变化，难道每次都需要编译运行一次项目工程吗？说到这里，读者应该已经领略到了粒子系统制作时所需要的繁杂工作了。为了提高制作的效率，以及更直观地看到效果，我们接下来介绍一个粒子编辑器，它能够帮助开发者解决上述烦恼。

Particle Designer 是一个专门为 Cocos2D 引擎提供的粒子效果编辑器，开发者可以在以下的网址来下载试用版：

```
http://particledesigner.71squared.com
```

这仅仅此工具的试用版本。如果读者不差钱的话，最好购买一份正式版吧！正式版的价钱仅仅7.99 美元。在物价飞涨的今天，这也就是一顿晚餐的价格。相信在接下来的使用过程中，读者必然会感觉这个编辑器物超所值、简单易用。在此编辑器中，开发者可以在创造粒子效果时省去很多时间，因为可以在改变粒子属性的同时实时地看到视觉效果的变化。图 10-27 所示的就是编辑器运行后的界面。

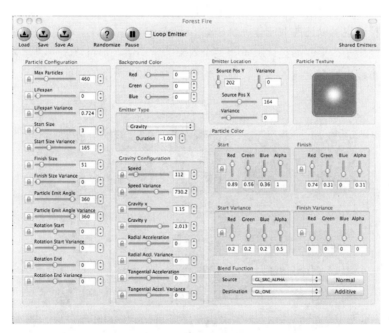

图 10-27　粒子编辑器界面

首先映入眼帘就是密密麻麻的属性配置选项。面对着如此多的按钮与选项，是否有一种飞机驾驶员的感觉。这主要是因为粒子系统当中存在了太多的属性以及它们的紊乱值。读者仔细观察每一个按钮以及选项的内容，就会发现它们都是前面章节介绍过的内容。比较特殊的算是右上角的白色圆点，这就是粒子系统的纹理图片。在编辑器界面的靠上部分存在一排按钮，它们的功能依次为读入、保存、另存为、随机选择、暂停、是否循环执行粒子发射器以及右上角的编译与查看切换按钮。

在编辑界面当中，提供了几乎所有与粒子系统有关的属性。这些属性值支持开发人员直接输入数值或者用鼠标拖动来调整数值。这种操作方式对于美术以及设计人员来说非常容易，毕竟想让这些人员编写代码还是比较有难度的。好了，现在已经解决了第一个困扰我们的问题。在编辑器的界面中，还存在一个子窗口，它类似一个 iOS 设备的屏幕，是专门用来实时显示粒子效果的，如图 10-28 所示。

在图 10-28 中，读者看到了一个着火的 iPhone 画面。如果这是读者生平第一次见到粒子效果的话，难免会感叹一番吧！在粒子系统刚刚引入游戏产品中时，几乎每个玩家都会为这精彩的视觉效果而惊叹。有了如此一个实时的粒子效果界面，设计人员就好比如虎添翼，可以自由发挥来创作精彩绝伦的粒子效果了。此时，读者不妨试着在编辑界面修改几个属性数值，来看看它们变化后所引起的粒子效果的改变。有了编辑器的帮助后，开发者就能更轻易地制作游戏中需要的粒子效果了。除了 iPhone 设备的界面之外，开发者还可以选择 iPad 界面，这些界面都支持旋转成各个角度。

说到此处，读者应该已经尝试制作了一些粒子效果。此编辑器还有另外一个值得夸奖的地方，那就是制作者可以将自己的作品上传，分享给其他人。这样对于一个粒子效果的新手来说，就有了很多用来学习的例子。同样，也可以让游戏制作人员领略一下粒子效果的魅力。我们将有机会看到世界各地的人所制作的超炫粒子效果。如果读者觉得某个效果非常不错，那可以发挥"拿来主义"的精神借鉴一下。此时单击编辑器右上角的按钮，就会切换到图 10-29 所示的界面。

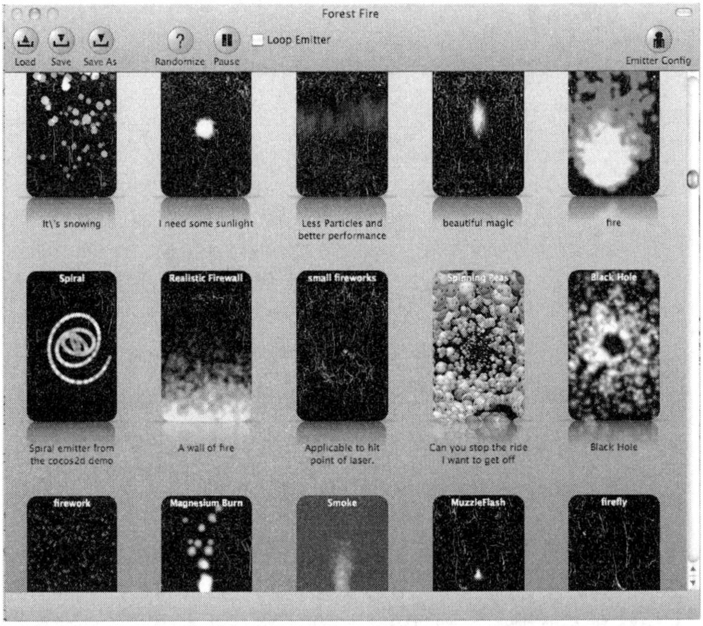

图 10-28　粒子效果显示界面

图 10-29　全球各地制作人员分享的粒子效果

如果读者缺乏灵感，就可以从图 10-29 中激发一下了，你将会看到来自全球各地的开发者所分享的作品。当然一旦读者找到灵感，也可以将超炫的粒子效果分享给别人。选择图 10-29 中的一个效果，就可以在编辑界面上通过改变各个参数，查看预览窗口中的实时效果了，慢慢地就能看到自己想要的效果了。不过不要在调整参数的过程中耗费太多的时间，因为看着各种绚丽的效果是很容易让人着迷的。

接下来给读者一些建议，在设计粒子效果的时候要注意以下几点。首先，要十分清楚粒子效果只是其中的一部分。多数情况下，它只是作为游戏视觉效果的提升。除了它之外，还有很多的游戏内容需要进行渲染。其次，虽然在编辑器界面中，设计人员可能会看到非常流畅、运行自如的画面，但这并不意味着在游戏中实际运行时也可以达到 60 帧/秒的流畅度。所以记得一定要将编辑好的粒子效果放到游戏当中，在实际的 iOS 设备中测试画面的流畅度。

设计人员在 Particle Designer 界面中编辑制作完成想要的粒子效果之后，单击左上角菜单栏中的 Save 或者 Save As 按钮。这一步是为了保存一个能够在 Cocos2D 引擎当中所使用的粒子效果文件。此处，请读者一定要将输出的文件格式（File Format）设置为 cocos2d（.plist 文件）。在导出界面中还存在一个 Embed Texture（嵌入纹理）选项，当它被勾选后，编辑器就会把粒子效果所用的属性以及纹理图片一同保存到.plist 文件中，否则将会导出一个属性文件和一个纹理图片。多一个文件，就要多一步操作。所以只导出一个文件的好处就是，开发者只需要将.plist 文件添加到 Xcode 项目中就可以了；而坏处就是如果想要再次修改粒子效果使用不同的纹理贴图，那也只好使用 Particle Designer 编辑器才能够把旧的贴图用新的贴图替换掉，然后再次导出包含着纹理图片的.plist 文件，并重新添加到 Xcode 项目中。如果导出的为两个文件，那么读者不仅要将保存着粒子效果属性的.plist 文件，还要将对应的纹理图片一同添加到 Xcode 项目工程当中。

代码 10-21 所示的就是导出后的.plist 文件。

代码 10-21　粒子效果的属性文件

```xml
<?xml version="1.0" encoding="UTF-8"?>
<!DOCTYPE plist PUBLIC "-//Apple//DTD PLIST 1.0//EN" "http://www.apple.com/
DTDs/PropertyList-1.0.dtd">
<plist version="1.0">
<dict>
<key>angle</key>
<real>270</real>
<key>angleVariance</key>
<real>0.0</real>
<key>blendFuncDestination</key>
<integer>771</integer>
<key>blendFuncSource</key>
<integer>1</integer>
<key>duration</key>
<real>-1</real>
<key>emitterType</key>
<real>0.0</real>
<key>finishColorAlpha</key>
<real>0.0</real>
<key>finishColorBlue</key>
<real>0.5</real>
<key>finishColorGreen</key>
<real>0.5</real>
<key>finishColorRed</key>
<real>0.5</real>
<key>finishColorVarianceAlpha</key>
<real>0.0</real>
```

```xml
<key>finishColorVarianceBlue</key>
<real>0.5</real>
<key>finishColorVarianceGreen</key>
<real>0.5</real>
<key>finishColorVarianceRed</key>
<real>0.5</real>
<key>finishParticleSize</key>
<real>20</real>
<key>finishParticleSizeVariance</key>
<real>0.0</real>
<key>gravityx</key>
<real>0.0</real>
<key>gravityy</key>
<real>0.0</real>
<key>maxParticles</key>
<real>500</real>
<key>maxRadius</key>
<real>276.20999145507812</real>
<key>maxRadiusVariance</key>
<real>154.94999694824219</real>
<key>minRadius</key>
<real>0.0</real>
<key>particleLifespan</key>
<real>10</real>
<key>particleLifespanVariance</key>
<real>0.0</real>
<key>radialAccelVariance</key>
<real>10</real>
<key>radialAcceleration</key>
<real>-380</real>
<key>rotatePerSecond</key>
<real>35.529998779296875</real>
<key>rotatePerSecondVariance</key>
<real>0.0</real>
<key>sourcePositionVariancex</key>
<real>0.0</real>
<key>sourcePositionVariancey</key>
<real>0.0</real>
<key>sourcePositionx</key>
<real>158.58407592773438</real>
<key>sourcePositiony</key>
<real>252.70588684082031</real>
<key>speed</key>
<real>150</real>
<key>speedVariance</key>
<real>0.0</real>
<key>startColorAlpha</key>
<real>1</real>
<key>startColorBlue</key>
<real>0.5</real>
<key>startColorGreen</key>
<real>0.5</real>
```

```
<key>startColorRed</key>
<real>0.5</real>
<key>startColorVarianceAlpha</key>
<real>0.0</real>
<key>startColorVarianceBlue</key>
<real>0.5</real>
<key>startColorVarianceGreen</key>
<real>0.5</real>
<key>startColorVarianceRed</key>
<real>0.5</real>
<key>startParticleSize</key>
<real>20</real>
<key>startParticleSizeVariance</key>
<real>0.0</real>
<key>tangentialAccelVariance</key>
<real>0.0</real>
<key>tangentialAcceleration</key>
<real>45</real>
<key>textureFileName</key>
<string>Spiral.png</string>
<key>textureImageData</key>
```
```
<string>H4sIAAAAAAAAwFmA5n8iVBORw0KGgoAAAANSUhEUgAAACAAAAAgCAYAAABzenr0AA
ADLUlEQVRYCcXX51JbQRCEUeOc/f6v6ZzxHKFPLAoI84epmrp7985294QVxcXl5eWjh7Sn9yB/MWcej
19sXQb87/iP8f+yiztWAOmzcYL5k/F9AX9m7/fWf83zTmLOVeD5AHECWieiKpR95D8nlhPcepbH7T
YBL+dI/mrWRCRkkrQIBZY9Q5vzb+PdxQj2P2ikBCPnxrb0TRMQpAYiRIa9lVcregR0TgATZm/G3W7cm
xn5VaA6qQNkjEkNAMbPcDOpBJfYF6DMByJC/H3+3XSfC97IziATov8FD8HUcDmzZs+bETSF0Z+cEIC
eCE0TYOQFlHznSSoTQkwIc5PW+FqwC7NUGVagCXTvlXzzNHXnXE5LsrulYAYFduX4Ts11b4LlaWlbXB
WzNH2GxojzN4jgogJgENYreganyYGELsq1YCAOp9CZX5eivEwy9mltcvPvqwirBHSGKIQE6Eitg35f
orO5mxSo5cDJyVHIf3TRVSIxNgiUgIUO5Abel2qII4hLJnSk5M7XC2rMPGU5s2APO++11PiKBVUECE
yAq5athHyvS6TO2vhOHB72/ILK+VtHnb0+EEAkeiLZGV2UpyG94cvRbgh+KcGyzenZb5l3FPbbBfzD
ks3zcmE9aBCIBF1FCt16meO98M6L3BEpeohIUHP65ZXvXJM2IH8oCAATZYiJWc+a7swJF/HvddnHjn
uLgwE4RvY1XAAVMuwAHvHPA61cUDNnD6DUws8k/j2kJEZ8NahdjbWIBeVvJIgSISh4yJ8931SgBwpM
hVwtPZKiIeaSJmeWWrgMolENh6pSKXrTjftcKU66m9ziViFSI+AWJ3tgoQADTwrtdKLvvinE2AfcAy
lTXyj9tn1UiE8ztbBdhUIiD2u9ez3PS5LP0QJe6UgKpgJhpOuPBv2DEBMubAmbI3H0BqDYEJcBOAy0
6mqpCI/xIw5zYViFx/gZc98IZyX0DtITIR+4M4n27afgX6CgB52dffsq9FawWqkipUCWLyWR7aKQEi
HVwFuHbrX7batApNRO3wPOj77O3swf8zuquAneJZaEPZl4KqcOOKrYdOre8j4BTWvfZl8qD2D7ghco
muE8XXAAAAAElFTkSuQmCCksg8PmYDAAA=</string>
```
```
</dict>
</plist>
```

　　代码 10-21 正是由 Particle Designer 所导出的文件。这种文件格式读者应该对它已经不再陌生了。纹理图片集合以及 Tile Map 地图文件等，都是采用的这种 XML 文件格式。在文件当中，读者可以看到与粒子效果有关的所有属性以及它们的数值。这些属性在前面已经介绍过了，建议读者从头粗略地浏览一下，正好检查一下自己是否对每一个属性的作用以及效果已经掌握清楚了。在此文件的末尾，将会看到一段比较奇怪的乱码，这正是保存在属性文件当中的纹理图片。在创建粒子效果时，Cocos2D 引擎将会自动将其转变为对应的纹理图片对象。如果在编辑器中导出时没有勾选嵌入纹理方式的话，此处将会是纹理图片的名称。上述的纹理属性文件来自 Cocos2D 引擎当中的 Spiral.plist 文件，读者将会在 ParticleTest 示例项目中看到运行效果。接下来，还剩最后一步，就是如何在代码中加载编辑完成的粒子效果。

代码 10-22　粒子效果示例代码

```
@implementation ParticleDesigner9
-(void) onEnter
{
 [super onEnter];

 [self setColor:ccBLACK];
 [self removeChild:background cleanup:YES];
 background = nil;

 self.emitter = [CCParticleSystemQuad particleWithFile:@"Particles/Spiral.
plist"];
 [self addChild:emitter_ z:10];
}

-(NSString *) title
{
 return @"PD: Blur Spiral";
}

-(NSString*) subtitle
{
 return @"Testing radial & tangential accel";
}

@end
```

代码 10-22 也是来自 Cocos2D 引擎中的 ParticleTest 示例项目。其中通过使用 CCParticle SystemQuad 类的 particleWithFile:方法很容易地就将粒子系统对象初始化，其初始化所用的参数就是在 Particle Designer 编辑器中得到的粒子效果的属性配置文件。上述代码中的粒子效果使用的是 CCQuadParticleSystem 类的对象，其道理在前面的章节中已经介绍过了，主要就是因为它更适用于所有系统版本的 iOS 设备。创建一个粒子系统的对象，只用了一行代码，余下的内容只是将粒子系统的节点加入到当前界面当中。如此简单，就在代码中实现了一个粒子效果。

由此可知，原本直接通过代码来生成粒子效果是件多么费时费力的事情。因为有很多属性需要调整，也不能及时看到调整的视觉效果。另外，由于不同的发射器模式，还有一些属性是每个模式所独有的；更为繁琐的是有些属性的命名容易迷惑人，导致误解。不过通过掌握每一个属性的作用以及效果，对于开发者了解粒子效果是如何生成的起到了十分重要的作用。下面来享受一下刚刚完成的劳动成果吧！

图 10-30 所示的画面就是 Cocos2D 引擎当中的 ParticleTest 示例项目运行时的粒子效果。是不是很炫呢？别忘了观察一下左下角的屏幕刷新率，这可是和编辑器中

图 10-30　ParticleTest 示例项目运行画面

所看到的不一样。读者在编辑时，也需要特别注意这一点的变化。

经过上面的介绍，我们学习了如何使用 Particle Designer 编辑器来制作粒子效果。这是一个非常有效的工具，当然编辑粒子效果的过程也很有趣。至于这些精彩绝伦、绚丽多变的粒子效果出现在游戏的哪些地方，就是读者需要考虑的问题了。毕竟，大家已经掌握了这项技术，剩下的就是如何更好地来运用了。

10.6　物理引擎：Box2D

上个章节中，我们已经介绍了游戏中非常重要的一部分内容，就是粒子系统。相信读者已经领略了这项技术的魅力，是否感觉不亦乐乎呢?它将游戏的画面效果提升到了一个新的境界，玩家也将会十分欣赏这些超炫的视觉效果。本章节的内容与粒子系统类似，也是作为一个独立的体系存在于游戏制作技术当中的。这就是说并不是所有的游戏产品都包含了这些技术。同时，要想合理地使用这些技术，刚刚入门的新手是不能挥洒自如的。

物理碰撞是开发者在游戏制作过程中经常会使用的一类技术。其实应该分为两部分来理解，即"物理"和"碰撞"，不过这两者之间常常是相互融合的实现技术。和粒子效果技术一样，它们也都是游戏中用来仿真现实中某些现象或者自然规律的。物理碰撞则是模仿现实世界的自然规律和物体碰撞的效果。因此要想理解游戏中物理碰撞的实施方法，首先要搞清楚在我们日常的生活中存在哪些物理规律。此时读者最好先去补充一下高中的物理知识，搞清楚牛顿的三大运动定律，这将会帮助你来理解后续的内容。

在前面的章节中，我们介绍了一些 Cocos2D 引擎当中的碰撞检测方法。在介绍时，或多或少地提到了一些与物理引擎有关的内容。在 Cocos2D 引擎当中，提供了两个物理引擎供开发者选择使用，分别是 Box2D 和 Chipmunk。在接下来的内容中，我们将会围绕 Box2D 为读者介绍物理引擎的技术以及如何在游戏中应用。至于 Chipmunk 物理引擎，因为其是使用 C 语言编写的，并且过于陈旧，不仅越来越多的开发者不再使用，就连 Cocos2D 引擎的制作者们也不再选用它了。所以限于篇幅，我们就不再介绍与 Chipmunk 物理引擎有关的内容。因为同属于物理引擎，它们二者虽然存在一些差异，但究其本质还是一样的。顺便说一句，Box2D 物理引擎也不是基于 Objective-C 编程语言的，它的内部代码都是使用 C++编程语言来完成的。所以接下来的代码内容，将会是 C++与 Objective-C 混合出现的风格。

10.6.1　基本的物理知识

不知读者的高中物理成绩如何，为了更好地理解物理引擎的实现技术，我们有必要先来回顾一些基本的物理知识。照学术上的解释，物理（Physics）是研究物质结构、物质相互作用和运动规律的自然科学，是一门以实验为基础的自然科学。主要研究的是物质，在时空中物质的运动，以及所有相关概念，包括能量和作用力。更广义地说，物理学是对于大自然的研究分析，目的是为了弄明白宇宙的行为。

物理学是最古老的学术之一。在过去两千年，物理学与哲学、化学等经常被混淆在一起，相提并论。直到 16 世纪科学革命之后，才单独成为一门现代科学。现在，物理学已成为自然科学中最基础的学科之一。物理理论通常是以数学的形式表达出来。经过大量严格的实验验证的物理学规律被称为物理定律。然而如同其他很多自然科学理论一样，这些定律不能被证明，其正确性只能靠着反复的实验来检验。物理学的影响深远，这是因为物理学的突破时常会造成新科技的出现，物理学的新技术很容易引起其他学术领域产生共鸣。例如，电磁学的进展，直接导致像电视、电脑、家用电器等新产品出现，大幅度地提升了整个社会的生活水平；核裂变的成功，使得核能发电不再是梦想。在物理学里，很多千变万化、无奇不有的现象，都可以用更简单的现象来做合理的描述与解释。物理学致力于追根究底，发掘可观测现象的根本原因，并且试图寻觅这些原因的任何连接关系。

从古时候起，人们就尝试着了解大自然的奥妙：为什么物体会往地面掉落？为什么不同的物质会具有不同的性质？等等。其中有一个意义非凡的谜题，即宇宙的性质，比如地球、太阳以及月亮这些星体究竟是遵循着什么规律在运动，并且是什么力量决定着这些规律？在游戏开发中，开发者同样会运用到物理学的知识，但是游戏制作中实际应用的知识却十分有限。

物理学者的终极目标是找到一个完美的万有理论，能够解释大自然的一切本质。作为游戏开发者，我们的终极目标可没有这么伟大。我们只需要将现存的物理学定律运用到游戏世界当中，让游戏世界中的物体遵循和真实世界一样的自然规律。这样玩家在游玩时，就不会对游戏产生陌生的感觉，也可以很快地适应和融入游戏当中。游戏中的规则也不会让人感觉突兀，比如那些原本该下落的东西却飞了起来。除非开发者本意就是如此，否则游戏中的物体就应该按照玩家习惯的自然规律。下面将要介绍游戏中经常使用的物理学基础。通过这些知识可以帮助开发者处理游戏中的物体需要遵循的规律，比如物体如何下落、抛出的物体要遵循怎样的运动轨迹。这些内容就是整个物理体系中的经典力学，它是由人类史上一群伟大的物理学家发现的。其中最著名的一个人你一定知道，因为有很多定律是以他的名字来命名的。他就是被树上熟透的苹果砸中的牛顿。

在游戏制作领域，开发者主要应用的是经典力学中的牛顿运动定律，它能够帮助开发者解决大多数游戏中的物理模拟问题。例如台球游戏中撞球的运动、射击游戏中导弹或者子弹的弹道、竞速类游戏中赛车的转弯动力等。应用正确的物理定律可以逼真地模拟游戏中任何的弹跳、飞行、滚动、滑行或者碰撞，为玩家创建一个真实可信的游戏。就拿游戏中最简单的物体下落为例。在现实生活中，如果从高处让一个物体自由下落，我们都知道它的速度会因为重力加速度而逐渐加快。在游戏中，为了模拟这种自由落体的运动，开发者就需要建立一个具有重力的世界，世界中的物体会因为拥有质量而获得一个重力加速度。为了能够创建出逼真的下落效果，我们必须使用牛顿定律来计算物体的运动规律。许多游戏中都存在一些特定的元素需要使用实际物理规律来模拟才能达到真实的效果，这就是我们后续将会介绍的碰撞内容。在开始在游戏中使用牛顿运动定律之前，让我们先来熟悉一下牛顿力学的三大定律。

- 定律一：物体在无外力作用的情况下，会维持静止不动的状态，或者继续做匀速直线运动，直到有作用在它上面的外力迫使它改变这种状态为止。这就是"惯性"的概念。
- 定律二：物体的加速度与作用于该物体上的合力成正比，同时加速度的方向与作用力的方向相同。
- 定律三：对于所有作用在物体上的力（作用力），都会有一个大小相同但方向相反的反作用力，而且作用力与反作用力处在同一条直线上。

这些定律构成了在力学领域中进行分析的基础。而在游戏制作当中使用最多的应该就是第二定律了，它的定律公式表示为：$F=ma$。F 表示作用在物体上的合力，m 表示物体的质量，a 是作用于物体重心上的线性加速度。重力，就是此公式最好的体现。重力（gravity）是由于地球的吸引而使物体受到的力。物体所受重力跟它的质量成正比，其比值是定值，约等于 9.8N/kg。这可不意味着在游戏世界中的重力就必须是这个数值。也许开发者会将游戏世界假设在月球上，那里的重力值将会小很多。我们知道一个物体如果能够受到重力影响，首先它要具备质量。因此开发者在游戏制作的重力世界，并不是仅仅添加了重力，而是构建了一个具备重力效果的虚拟世界。

　　读者首先弄清楚的事情是游戏开发中的物理世界（引擎），通常是一个单独存在程序的空间。它可以脱离游戏内容独自运转。它的坐标系或者单位可能都与原本的游戏世界有所不同。物理世界（引擎）并不是所有游戏必需的。比如"坦克大战"或者"吃豆人"等，这些游戏就算没有物理世界（引擎）也依旧让玩家喜爱。如果使用了物理世界（系统），会为游戏带来哪些好处呢？

- 更加真实地模拟现实世界，可以实现以牛顿力学作为基础的游戏效果。
- 游戏中的精灵运动效果逼真，可以实现相互碰撞、自由下落或者抛物运动等各种效果。
- 玩家操作的随机性增大，游戏中的物体不再按照原来的规律运动，这将会增加游戏体验的快感。

　　一旦我们决定了在游戏中加入重力世界，那么就要重新看待游戏中的物体。在 Cocos2D 引擎当中，这些物体就是精灵对象。因为它们的运动状态将不再受到代码的控制。这句话可能会让开发者有些迷惑。其实此话的意思就是开发者不能再像从前那样，随意地改变游戏中物体的速度以及位置。反而如真实生活中一样，当想改变一个物体的状态时，我们需要对它施加外力，来使其改变状态。在游戏中引入了物理系统之后，直接设置物体的速度将不再适合，更好的方式是设置一个施加在物体上的外力。这是一点非常明显的转变，读者需要明白游戏世界中加入物理世界后的转化。

　　图 10-31 中展示了用户操作、游戏世界和物理世界之间的关系。从图中非常清晰地看出，物理世界脱离游戏世界而独立运转。游戏世界的作用在于获得物理世界中物体的坐标，以此来绘制物体。同时，接受用户的操作，将它们传递给物理世界。物理世界则是单独运转的空间，它会根据游戏世界提供的时间间隔，按照牛顿力学规律来运转其包含的物体。

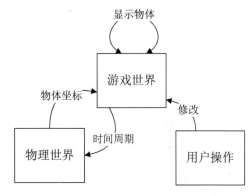

图 10-31　物理世界在游戏中的位置

10.6.2　Box2D 引擎的来历

　　Cocos2D 引擎内置了 Box2D 和 Chipmurnk 两个物理引擎。Chipmurnk 是早期版本内置的，其采用 C 语言编写而来，就不讨论了。Box2D 是由 Erin Catto 提供的遵循 MIT 开源协议的二维物理引擎。Erin Catto 本人是暴雪的首席开发师，现在正在为暗黑破坏神 III 开发物理引擎，绝对的业内高手！Box2D 在 2006 年 GDC 大会上首次公布，最早在 Flash 游戏中广泛应用，为 C++语言版本。至今已有多款游戏使用此物理引擎，如愤怒的小鸟、Tiny Wind 等。自从 Box2D 引擎公布以后，其开发工作一直很活跃。因为受到了广大开发者的喜爱并深受欢迎，所以 Cocos2D 引擎当中才整合了 Box2D 物理引擎与之一起发布。读者也可以通过官方网站来下载独立的 Box2D 物理引擎，地址如下：

```
http://www.box2d.org
```

Box2D 的帮助文档也存在于此。读者可以在线阅读 Box2D 的手册，这个手册会介绍基本的概念和样例代码。在 Cocos2D 引擎当中已经整合了 Box2D 引擎，因此我们就不用再从官网下载一份了。因为 Box2D 物理引擎是使用 C++编程语言来写的，所以在使用它时，开发者必须使用.mm 作为项目中的实现文件的扩展名，而不再是通常的Objective-C编程语言.m扩展名。这是为了告知Xcode此文件应该作为 Objective-C++或者 C++代码文件来编译。这一点非常重要，而且必须如此。如果读者依然使用了.m 后缀，那么 Xcode 就会把代码依然当做 Objective-C 和 C 来处理，就不能正确处理 Box2D 物理引擎所用的 C++代码了。因此，如果在开发的过程中碰到很多编译错误的话，请先检查一下是不是所有的实现文件都是以.mm 作为扩展名的。在 Objective-C 编程中，可以随意地调用 C++方法，允许指针的转换。但需要注意基本数据类型不统一，并且不存在两种语言类继承的关系。

10.6.3　Box2D 物理引擎的基础知识

Box2D 所创造的世界，基本是对现实物理世界的模仿。Box2D 中的物体只有刚体，并不存在软体、液体等其他物质形态。Box2D 物理引擎可以构成一个存在重力（可为零）的世界，在世界中存在边界（有碰撞效果），加入动态物体（具备质量和旋转），来模拟现实的运动规律。要想清楚 Box2D 物理世界的运作机制，首先要明白以下几点。

1．刚体（rigid body）

Box2D 物理引擎只支持拥有刚性的物体（简称为刚体）。在物理学里，理想刚体是一个有限尺寸，可以忽略形变的固体。不论是否感受到作用力，在刚体内部，点与点之间的距离都不会改变。在经典力学里，刚体通常被认为是一个连续质量分布体。刚体运动可以用平移运动和旋转运动来进行综合描述。就如前面我们完成的那些游戏项目，它们的游戏世界中物体都是刚体。这些物体一旦被创建出来后，其形态就不会发生改变。在受到外力或者发生碰撞时，其内部各点之间的距离并不会发生改变。在早期所有的游戏中都只是用刚体物理来表现游戏内容。现实生活中的铁球、玻璃球或者木球，这些都算是刚体。除了列举的这些球体之外，现实生活还有许多形状各异的球体。比如小时候我们经常玩的气球，还有那些跳得很高的弹球。如果那时你很淘气，可能还会在气球里装水。这些球体与刚体有一个非常明显的区别，那就是它们非常容易就能被改变形状。生活的经验告诉我们，在重力世界中一个装满水的气球下落的情况和那些刚体的铁球或者木球是不一样的。那么在游戏中创建的虚拟物理世界，该如何处理类似气球或者有弹性的物体呢？

犹如钢铁般的物体，形状并不能改变。它上面的任何两点之间的距离都是完全不变的。它具有质量和惯性。它的状态由重心和旋转角度决定。它的动态移动由线速度和角速度控制。Box2D 中的物体都为刚体，可分为 3 类。

- 静态物体（b2_staticBody）：质量为 0，静止不可移动，如游戏中的地面、边界等
- 平台物体（b2_kinematicBody）：按照固定轨迹运动的物体，如电梯、滑轮、滚梯等。
- 动态物体（b2_dynamicBody）：游戏中最常见的精灵对象对应的物体，具备质量、速度、摩擦等。

2．框架（fixture）

fixture（框架）是一个不太清晰的概念，其实它本身代表物体的固定物质形态，是链接物体和形状之间的夹具。它可以脱离物体而存在，一个物体也可以有多个夹具，每个夹具可以链接一个形

状。它本身存储着物体的质量、密度、摩擦系数，同时包含碰撞标志、用户数据和是否使用碰撞探测器的标志。

3．形状（shape）

依附于框架（fixture）的平面几何结构（或者是图形），主要用于物理世界中碰撞的检测。支持如下的图形包围框。

- 圆形（b2CircleShape）：圆形是实心的，主要的参数就是半径。此时本体原点在圆心，质心也是这里。
- 多边形（b2PolygonShape）：可以是线和凸多边形。线主要用于边界，多边形则用于包围物体，即游戏中的包围精灵 AABB 盒子、OBB 盒子等。

4．关节（joint）

关节的作用是将两个可以有一定运动自由度（水平、数值、转动）的物体联系起来，它是一种用于把两个或多个物体固定到一起的约束。Box2D 支持的关节类型有旋转、棱柱、距离等。关节可以支持限制（limits）和马达（motors）。下面列出了所有 Box2D 中的关节类型。

- 距离关节（b2DistanceJoint）是确保两个物体上的锚点之间的距离保持不变，两个物体可以任意运动和旋转。可以理解为用软线或者铁丝连接两个物体。
- 线关节（b2LineJoint）就是将两个物体的相对运动限制在一个直线方向上，允许物体自身的旋转运动。支持限制（移动距离）和马达（提供推力，可作为摩擦力）。
- 棱镜关节（b2PrismaticJoint）是线关节的升级版本，不但固定了物体的运动方向，而且不允许物体有任何的旋转运动，关联物体必须始终保持连接的角度。
- 旋转关节（b2RevoluteJoint）是将两个物体固定在一个连接点上。两个物体可以围绕连接点旋转运动。可以对物体加入限制，作用是按照设定的方向和角度进行旋转。也可以加入马达，作用是提供扭转物体的力量。
- 焊接关节（b2WeldJoint）是旋转关节的升级版本，不但限制了物体之间的相对移动，同时也限制了物体之间的旋转。顾名思义，就是将物体焊接在一起了。
- 滑轮关节（b2PulleyJoint）模拟了机械运动中的动滑轮装置，实现了力臂的分解效果。想要用它，需要复习一下高中的物理知识。
- 齿轮关节（b2GearJoint）用于传导动力，不仅可传导圆形物体之间的转动动量，还可以传递平面与圆形曲面之间的运动。齿轮关节要求参与物体之间必须存在棱镜或者旋转关节的关系。
- 鼠标关节（b2MouseJoint）是外部世界使用鼠标操作来施加外力的手段。支持鼠标单击、移动、抬起动作。

在 Box2D 当中，还存在另外两个与关节有关的对象，它们可以作为一些控制关节的属性。

- 关节限制（joint limit）。一个关节限制限定了一个关节的运动范围，如人类的胳膊肘只能做某一角度内范围的运动。
- 关节马达（joint motor）。一个关节马达能依照关节的自由度来驱动所连接的物体。例如，你可以使用一个马达来驱动一个关节的旋转。

10.6.4 创建 Box2D 物理世界

每个 Box2D 程序都将从一个世界对象（World Object）的创建开始。这是一个管理内存、对象和模拟的中心。读者可以把它想象成一个容器类，用于存放和更新所有的物理刚体。请看如下的代码。

代码 10-23 Box2D 中物理世界的创建

```
-(id) init
{
  if( (self=[super init])) {

      self.isTouchEnabled = YES;
      self.isAccelerometerEnabled = YES;

      CGSize screenSize = [CCDirector sharedDirector].winSize;
      CCLOG(@"Screen width %0.2f screen height %0.2f",screenSize.width,
screenSize.height);

      //定义重力的数值
      b2Vec2 gravity;
      gravity.Set(0.0f, -10.0f);

      //是否需要物理世界的物体进入休眠
      bool doSleep = true;

      //创建物理世界
      world = new b2World(gravity, doSleep);

      world->SetContinuousPhysics(true);
      //调试绘制
      m_debugDraw = new GLESDebugDraw( PTM_RATIO );
      world->SetDebugDraw(m_debugDraw);
      //绘制的属性
      uint32 flags = 0;
      flags += b2DebugDraw::e_shapeBit;
//      flags += b2DebugDraw::e_jointBit;
//      flags += b2DebugDraw::e_aabbBit;
//      flags += b2DebugDraw::e_pairBit;
//      flags += b2DebugDraw::e_centerOfMassBit;
      m_debugDraw->SetFlags(flags);


      //定义地面物体
      b2BodyDef groundBodyDef;
      groundBodyDef.position.Set(0, 0); // bottom-left corner
```

```
//通过物体工厂来创建物理世界中的物体
b2Body* groundBody = world->CreateBody(&groundBodyDef);

//定义物体外形
b2PolygonShape groundBox;

//地面
groundBox.SetAsEdge(b2Vec2(0,0), b2Vec2(screenSize.width/PTM_RATIO,0));
groundBody->CreateFixture(&groundBox,0);

//上面
groundBox.SetAsEdge(b2Vec2(0,screenSize.height/PTM_RATIO), b2Vec2(screenSize.
width/PTM_RATIO,screenSize.height/PTM_RATIO));
groundBody->CreateFixture(&groundBox,0);

//左面
groundBox.SetAsEdge(b2Vec2(0,screenSize.height/PTM_RATIO), b2Vec2(0,0));
groundBody->CreateFixture(&groundBox,0);

//右面
groundBox.SetAsEdge(b2Vec2(screenSize.width/PTM_RATIO,screenSize.height/
PTM_RATIO), b2Vec2(screenSize.width/PTM_RATIO,0));
groundBody->CreateFixture(&groundBox,0);


//创建精灵

CCSpriteBatchNode *mgr = [CCSpriteBatchNode batchNodeWithFile:@"blocks.
png" capacity:150];
    [self addChild:mgr z:0 tag:kTagSpriteManager];

    [self addNewSpriteWithCoords:ccp(screenSize.width/2, screenSize.height/2)];

    CCLabelTTF *label = [CCLabelTTF labelWithString:@"Tap screen" fontName:
@"Marker Felt" fontSize:32];
    [self addChild:label z:0];
    [label setColor:ccc3(0,0,255)];
    label.position = ccp( screenSize.width/2, screenSize.height-50);

     [self scheduleUpdate];
    }
  return self;
}
```

　　上述代码来自 Cocos2D 引擎当中的 Box2DTest 项目。代码中的 init 方法是图层类 Box2DTestLayer 的初始化方法。在此方法中创建一个物理世界对象。下面按照代码的顺序，来为读者进行介绍。

　　首先，为了能够响应用户的操作，在代码中开启了此图层的触碰以及加速度计的响应。接下来我们定义重力矢量。没错，重力矢量在物理世界当中除了是矢量之外，就没有特别的要求。开发者随意设置重力方向以及大小。紧接着的 doSleep 布尔类型变量是用来创建物理世界所使用的参数。它为真时，则代表了物理世界当中的物体，当其停止移动时允许进入休眠。一个休眠中的物体不需要任何模拟，这也就是说休眠的物体将会不再参与任何的物理模拟运算。这将是一种有效的降低物理引擎运算消耗的方式。然后，读者将会看到创建世界的方法。在代码中，使用了 new 关键字。前面已经强调过了 Box2D 物理引擎是用 C++语言编写的，所以在创建新的 Box2D 物理世界的对象指针时，我们必须在类名前使用 new 这个关键字。换句话说，C++中的 new 关键词和 Objective-C 中的 alloc 关键词拥有同样的功能。创建了新的对象也就意味着必须在使用完成后释放对象，在 C++中是使用 delete 关键词进行内存释放的。如下面代码所示：

```
delete world;
```

　　这才刚刚开始，之后的大部分代码都会是 C++编程语言的风格。如果读者并不了解 C++编程语言的语法，那么阅读后续的内容将会有很大的难度。最好请读者先学习一些基本的 C++编程语言，再来继续吧！

　　在创建了物理世界之后，我们就需要定义一个世界的包围盒。在 Box2D 物理引擎中，开发者习惯使用包围盒来缩小碰撞检测的范围。就算没有包围盒的物理世界，也是可以正常运行的。所以包围盒不是关键，但其存在的价值也非常明显。比如在 iOS 设备中，我们并不会关心屏幕之外的物理世界该如何运转，毕竟玩家所能看到的只有固定大小的界面。太小的包围盒也是不适合的，因为小于屏幕尺寸的话，那会有一些物体并不在游戏的碰撞检测范围之内，它们的运动规律将会变得无法预料。如果恰好被玩家发现的话，就会认为是游戏出了问题。所以一个合适尺寸的包围盒有助于提升性能、减少运算。所以在代码中，我们就创建了一个与 iPhone 设备屏幕尺寸相同的物理世界包围盒。既然叫做包围盒，那就是要包含上、下、左、右 4 个方向，所以在接下来的代码中就创建了一个位于上、下、左、右方位的静态刚体。从代码中，我们可以看到在物理世界中创建一个物体时，是要调用世界对象的 CreateBody 方法来创建的。此种方式是使用了 Box2D 物理引擎的物体工厂。物体的创建和摧毁是由世界类提供的物体工厂来完成的。这使得世界可以通过一个高效的分配器来创建物体，并且把物体加入到世界数据结构中。物体可以是动态或静态的，这取决于质量性质。两种类型物体的创建和摧毁方法都是一样的。

　　读者需要注意，在创建物理世界中的物体时，永远不要使用 new 或 malloc，否则世界不会知道这个物体的存在，并且物体也不会被适当地初始化。物理工厂的使用可以确保正确地分配和释放刚体所占用的内存。Box2D 物理引擎允许开发者通过删除 b2World 对象来摧毁物体，它会为你做所有的清理工作。然而，开发者也必须小心地处理那些已失效的物体指针。

　　在创建物体时，需要传递一个物体定义的对象。它就是 b2BodyDef，其类型是一个 struct，用来存放所有用于生成刚体的数据，比如位置和刚体类型。默认情况下，一个空的刚体定义会生成一个位于(0,0)位置的静态刚体。刚体本身不会做任何事情，也不会移动，更没有质量。物理引擎并不保存物体定义的引用，也不保存其任何数据（除了用户数据指针），所以在代码中可以创建临时的物体定义，并复用同样的物体定义。

　　我们的目的是创建一个包围盒，它能把物理世界中刚体的活动范围限制在可视屏幕范围之内。

因此要让刚体把屏幕区域包起来，就必须创建一个中空且有 4 个边的刚体形状。在代码中，也是这么来实现的。

　　首先定义了一个刚体的外形对象 groundBox，然后利用 SetAsEdge 方法，此方法传递的参数为两个点，分别用来表示边界（线段）中两个顶点的位置。按照下、上、左、右的顺序，逐一地创建了各个包围盒的边界。仔细观察其中的代码，读者将会发现屏幕的宽度和高度值都除以了一个名为 PTM_RATIO 的常量，它的作用是把像素值转换成了以米为单位来计算长度。为什么要进行如此的坐标转换呢？

　　为什么要选用米来作为长度的单位呢？PTM_RATIO 又是什么？在 Box2D 物理引擎当中，从 0.1 米到 10 米的范围内的物理计算是最优化的。这是因为物理引擎内部针对这个范围做过专门优化，能够获得更为准确的数值。对 Box2D 物理引擎来说，所有的距离都是以米为单位的，所有的物体重量都是以公斤为单位的，时间则是以秒为单位的。这就是物理引擎对真实世界的模拟。如果读者对米、公斤和秒概念不熟悉的话，最好去翻翻高中的物理课本，或者初中的也可以。另外，在 Box2D 物理引擎中把长度以米为单位，最好是要把长度范围设定在 0.1～10 米之间，这样物理引擎才能够更准确、更迅速地计算。超出此范围的数值，虽然依旧可以在物理引擎当中运行，但其准确度将无法保障。另外，游戏当中刚体的重量本来就和真实世界中的重量没有多大关系。对于刚体的重量，笔者建议根据现实世界建立一个缩小版本的模拟或者依靠调试时的感觉，而没必要使用实际的重量值。

　　当开发者创建 Box2D 世界中的刚体时，其尺寸大小限定在越接近 1 米则越好。不过这并不意味着所有的物体都要在此范围内。在物理世界中依然可以有一些长度小于 0.1 米的刚体，或者长度大于 10 米的刚体。但是，太小或者太大的刚体很可能会在游戏运行过程中产生错误和奇怪的行为，这都是由于不准确的计算导致的。所以读者最好选出物理世界中最基本的刚体，也就是经常出现或者使用最多的，以此作为标准，来制定 PTM_RATIO 的数值。它的宏定义如下：

```
#define PTM_RATIO 32
```

　　上述代码中将 PTM_RATIO 定义为 32 个像素，代表了 Box2D 物理世界中的 1 米距离。换句话说，一个 32 像素宽和高的盒子等同于物理世界 1 米宽和高的刚体。而 4×4 像素尺寸的物体则是 0.125 米×0.125 米的刚体。读者可以依据前面的建议，来设置 PTM_RATIO 的数值。把物理世界中刚体的尺寸设置成最适合 Box2D 使用的尺寸。而将 PTM_RATIO 设置为 32，是非常适合拥有 1 024×768 像素的 iPad 设备的。

　　在 Cocos2D 引擎当中，一个点的坐标被表示为 CGPoint，而在 Box2D 物理引擎当中一个点则被表示为 b2Vec2。读者需要留意它们之间的不同，这需要在代码中进行转换。首先，这意味着读者不能够在需要 CGPoint 的地方使用 b2Vec2，反过来当然也不行。其次，Box2D 物理世界中的点需要转换成米作为单位，同样，在 Cocos2D 引擎当中则要从米为单位转换回以像素为单位。为了避免出错，比如忘记转换单位，或者打错了字，或者转换了两次，强烈建议大家把这些重复的转换代码封装到方法中去，如下代码所示：

```
-(b2Vec2) toMeters:(CGPoint)point
{
return b2Vec2(point.x / PTM_RATIO, point.y / PTM_RATIO);
}
```

```
-(CGPoint) toPixels:(b2Vec2)vec
{
return ccpMult(CGPointMake(vec.x, vec.y), PTM_RATIO);
}
```

　　Box2D 物理世界初始化的内容已经全部介绍完了。余下的代码部分，读者就应该能够驾轻就熟了。它们就是与 Cocos2D 引擎有关的一些 Objective-C 语言编码。在最后的这段代码中，创建了一个精灵集合对象 mgr 和一个标签字体对象 label，这都是为了展示 Box2D 物理引擎而做的准备。当上帝创造世界之后，接着要做什么呢？必然是创建世界中的物体了。

10.6.5　创建世界中的物体

　　根据上面的内容，现在已经初始化了一个物理世界，并且在物理世界当中，按照屏幕的 4 个边界都设置了静态的刚体。现在，它们所包含的屏幕区域中唯一缺少的是一些动态的刚体。让我们来放些盒子形状的刚体进去，以便为读者展示物理引擎的功用。在 Box2D 物理引擎当中，创建一个物体通常需要以下的步骤：

　　① 创建一个物体定义对象，来设置物体的位置（position）、类型（type）等属性。

　　② 通过物体的定义对象作为参数，传递给世界对象以此来创建物体。

　　③ 获得了物体对象之后，定义一个外形，它包含了物体的几何结构。

　　④ 创建以一个框架定义的对象，将外形对象传递给它，用于创建形状。在框架定义中，可以设置密度（density）、摩擦力（friction）等属性。

　　⑤ 通过物理对象来调用创建框架的方法，此方法的参数就是步骤④中获得的框架定义对象。

　　前面我们创建了游戏界面中的包围盒，创建的方法也是通过上面的步骤来实现的。在前面的章节中，我们得知了 Box2D 物理引擎当中总共存在 3 种类型的刚体。现在的物理世界当中，已经存在了一些静态的刚体。游戏界面中的包围盒是作为静态物体（static body）创建的。静态物体之间并没有碰撞，它们是固定的。当一个物体具有零质量的时候，Box2D 引擎就会确定它为静态物体。当物体的默认质量是零时，它们默认就是静态的。接下来我们将按照上述步骤来创建一些有质量的动态物体。

代码 10-24　在物理世界中创建动态刚体

```
-(void) addNewSpriteWithCoords:(CGPoint)p
{
CCLOG(@"Add sprite %0.2f x %02.f",p.x,p.y);
CCSpriteBatchNode *batch = (CCSpriteBatchNode*) [self getChildByTag:kTagSprite
Manager];

  //随机选择纹理图片
  int idx = (CCRANDOM_0_1() > .5 ? 0:1);
  int idy = (CCRANDOM_0_1() > .5 ? 0:1);
  //创建精灵
  CCSprite *sprite = [CCSprite spriteWithTexture:[batch texture] rect:CGRectMake
(32 * idx,32 * idy,32,32)];                    //添加精灵
  [batch addChild:sprite];

  sprite.position = ccp( p.x, p.y);
```

```
  //定义动态的物体
  b2BodyDef bodyDef;
  bodyDef.type = b2_dynamicBody;
  //设置位置，注意转换走标
  bodyDef.position.Set(p.x/PTM_RATIO, p.y/PTM_RATIO);
  //将精灵对象传递给物体
  bodyDef.userData = sprite;
  //创建物体
  b2Body *body = world->CreateBody(&bodyDef);

  //定义外形
  b2PolygonShape dynamicBox;
  //矩形外形
  dynamicBox.SetAsBox(.5f, .5f);
  //定义框架
  b2FixtureDef fixtureDef;
  fixtureDef.shape = &dynamicBox;
  fixtureDef.density = 1.0f;
  fixtureDef.friction = 0.3f;
  //创建框架以及外形
  body->CreateFixture(&fixtureDef);
}
```

代码 10-24 来自于 Cocos2D 引擎当中的 Box2dTest 示例项目。可能读者已经注意到了，大部分 Box2D 对象类型都有一个 b2 前缀，这是为了降低它和其他代码之间名字冲突的机会。此方法的作用就是创建物理世界中的物体。下面按照刚刚介绍的步骤，逐行为读者讲解每一步的作用。

开发者要想在物理世界中创建一个物体，首先需要一个物体定义（body definition），只有通过物体定义，才能够调用物理世界对象的物体创建方法 CreateBody，因为此方法的参数需要物体定义对象。在物体定义对象中，包含了一个物体的基本属性，比如代码中的物体位置、类型以及持有对象。因为我们是要将 Cocos2D 引擎与 Box2D 引擎结合使用的，所以物体的持有对象就是 Cocos2D 引擎当中的精灵对象。它们相互对应，成为一个统一的整体。然后，将物体定义传递给世界对象来创建物体之后，世界对象并不会持有物体定义的引用。也就是说物体定义对象没有被保存，开发者可以继续使用或者删除它。

接着，我们创建一个矩形的外形对象。它用来描述物体的外形，在代码中使用 SetAsBox 简捷地把多边形规定为一个盒子（矩形）形状，盒子的中点就位于物体的位置之上。其中，SetAsBox 方法的参数代表了盒子的半个宽度和半个高度。在代码中，我们设置了 0.5f 宽度和 0.5f 高度。这样的话，一个盒子物体就是 1 米×1 米的尺寸大小。在 Cocos2D 世界中，则表示为 32 个像素单位宽（X 轴）以及 32 个像素单位高（Y 轴）。

现在，我们已经有了一个物体对象以及一个外形对象，接下来的代码就是将上述两个对象联系起来。作为两者之间的联系者，则需要创建一个框架对象。创建框架对象的方式与创建物体对象的步骤非常类似。首先，要创建一个框架定义对象。在此对象当中包含了一些框架对象的属性，当然这些属性最终也将属于物体。在代码中，将外形对象添加到框架定义对象之中。然后把密度设置为 1（原本默认的密度是 0），并且将摩擦属性设置到了 0.3f。最后一步是调用物体对象的 CreateFixture

方法，此方法需要框架定义对象作为参数。

重申一次，Box2D 物理引擎当中的创建方法大多不会保存到框架或物体的定义对象引用，它只是把数据或者属性复制到 b2Body 结构中。在创建完成之后，原本的定义对象将不会被持有。开发者完全可以再次利用它们，或者直接清空。这都不会影响到刚刚创建的对象。好了，在物理世界中创建动态物体的方法已经掌握了。接下来，就请读者准备好，马上要开始进行游戏当中的物理模拟了。

10.6.6　连接两个世界

因为要在游戏当中加入物理世界，此时游戏当中就存在两个世界，一个是原本由 Cocos2D 引擎建立的世界，另一个则是 Box2D 引擎建立的世界。接下来我们将要做的是将两个世界联系起来。首要实现的内容，就是将游戏世界中的精灵与物理世界中的刚体联系起来，它们之间要保持相同节奏的属性更新。在上述内容中，我们已经通过 userdata 属性把精灵和刚体连接起来了。但是，仅仅有这一步精灵是不会自动跟着刚体移动和旋转。除了保持两个世界正常的运转之外，还需要在某个特定的时间里进行同步。

Box2D 引擎所创建的物理世界的更新方法为 Step。开发者需要每次在游戏循环周期中调用此方法，否则物理世界不会运转，刚体也不会做任何事情。另外，从游戏呈现的效果，我们也很容易想到两个世界需要同步的内容。物理世界按照经典力学的规律来模拟计算物体的运动。在调用 Step 方法后，我们就会得到物理世界运转后的刚体位置和角度信息，然后将这些信息赋值给精灵对象，以便更新精灵的位置信息。我们来看代码中的具体实现。

代码 10-25　世界同步方法

```
-(void) update: (ccTime) dt
{
    //设置速度以及位置的迭代顺序

    int32 velocityIterations = 8;
    int32 positionIterations = 1;

    //执行物理世界的单步模拟运算
    world->Step(dt, velocityIterations, positionIterations);

    //迭代物理世界的刚体，将位置坐标以及旋转传递给精灵
    for (b2Body* b = world->GetBodyList(); b; b = b->GetNext())
    {
        if (b->GetUserData() != NULL) {
            //同步两个世界，将刚体的位置以及旋转传递给精灵
            CCSprite* myActor = (CCSprite*)b->GetUserData();
            myActor.position = CGPointMake( b->GetPosition().x * PTM_RATIO, b->
GetPosition().y * PTM_RATIO);
            myActor.rotation = -1 * CC_RADIANS_TO_DEGREES(b->GetAngle());
        }
    }
}
```

代码 10-25 描述了一个 update:方法，此方法是在游戏的运行周期当中每次都会调用的。Box2D 物理世界需要通过定期地调用 Step 方法来实现其运转。因此 update:方法的一个作用就是调用 Step 方法。

此方法需要 3 个参数。第一个是 timeStep，它将会告诉物理世界自从上次更新以后，已经过去多长时间了，这将会直接影响刚体在这段时间内移动多长的距离。此参数为浮点值，代表含义为秒。对于游戏来说，笔者建议不要直接使用 update:方法传递的时间参数（delta time）来作为物理时间的 timeStep 的值。因为 delta time 的数值会上下浮动并不稳定，这样的话物理世界也不能以稳定的节奏来运转。

只是描述理论读者可能无法理解，通过一个简单的例子就很容易明白其潜在的隐患了。当游戏中需要一些比较耗时的操作时，比如在后台访问网络或者接发信息，有可能会导致游戏中断一段时间。这段时间内物理世界是暂停更新的。如果继续使用时间间隔的话，物理世界中的刚体在下一帧将会移动很长一段距离。在这种情况下，对于游戏呈现的画面来说，精灵就会突然移动到一个难以预料的位置。说白了，就是省去了运动过程，直接为用户呈现了最后的结果。笔者相信多数的开发者宁可让游戏停止 1/10 秒，也比让游戏画面突然跳到 1/10 秒之后的效果要好。

由此可见，如果没有一个固定的 timeStep 值，物理世界的模拟过程将不能够保持稳定的节奏。不同的时间间隔会让刚体在每一帧都有不同的表现效果。如果时间间隔之间的差距很大，刚体会在某些帧中做大距离的移动，这就是开发者常说的瞬间移动的问题。Step 方法的第二和第三个参数是迭代次数，它们被用于决定物理模拟的精确程度，也决定着计算刚体移动所需要的时间。这是对于速度和准确度的取舍。对于位置的迭代次数（positionIterations），基本一次就能够满足多数的游戏产品了。速度的迭代次数（velocityIterations）则更加重要，一个比较好、适用均衡的速度迭代次数值是 8。在游戏中，超过 10 次的迭代不会带来明显的作用。另外，数值 1～4 的迭代次数是无法得到稳定的模拟结果的。速度的迭代次数越少，刚体的行为就越起伏不定，但是其运算的速度越快。笔者想到最好的方法是对这些值进行一些试验，以得到自己想要的效果。这是因为每个游戏内容都有其特点，在其中对于游戏的精确度以及刚体数目不确定。

在物理世界运转一步以后，接下来就是在每次运行的周期内来同步两个世界的数据。在代码中的 for 循环语句中，通过使用 world->GetBodyList 和 body->GetNext 方法，对物理世界中的所有刚体进行遍历。在遍历每个刚体时，获得把刚体的 userData 返回并且转换成 CCSprite 指针。这是因为原本的 userData 中就存放的是精灵对象。如果精灵对象存在也就是不为空，则刚体的位置信息就会被转换成像素值，并赋值给精灵的位置属性。另外，精灵对象的旋转位置可以随着刚体一起旋转。同样，我们也得到了刚体的角度值，因为这个值是以弧度为单位的，所以需要调用 Cocos2D 引擎当中的 CC_RADIANS_TO_DEGRESS 方法将其转换成角度，然后乘以-1，这样精灵对象就可以和刚体有一样的旋转角度了。

好了，到此为止，我们已经完成了所有与物理世界有关的内容。读者看到这里是不是有些意犹未尽，因为我们并没有介绍任何与物理模拟有关的算法，甚至连抛物线的实现都没有介绍。只是创建了一个物理世界，然后在世界中添加了一些刚体。至于物理世界如何运转这些刚体，刚体将遵从怎样的力学规律，这些内容 Box2D 物理引擎已经很好地为开发者解决了。图 10-32 所示的就是 Cocos2D 引擎中 Box2DTest 示例项目的运行画面。

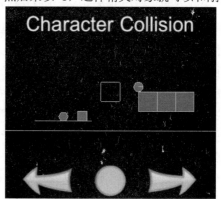

图 10-32 Box2DTest 示例项目的运行画面

10.7 小　　结

本章节的内容到此已经结束了。在本书所有的章节中，此章的内容是最多的，也是难度最大的。笔者建议大家多读几遍，以便理解其中的知识。

虽说本章节的内容属于游戏制作的高级技术，但是凭借之前章节我们所做的准备以及掌握的知识，读者应该具备了读通全章的能力。可能会存在个别的知识点，有些模糊的概念。这些不清楚的地方，只需多加揣摩、反复阅读也就能够无师自通了。

为了方便读者留下更深的印象，下面对于本章节包含的内容进行总结。读者最好在阅读以下内容时，随便回顾每个部分的技术细节，这样也有助于知识的巩固。

在开始的部分，我们衔接上一个章节的内容。上个章节中，按照 Cocos2D 引擎对于游戏内容的划分层次，从大到小，从概括到具体，依次是导演类、场景类、图层类、精灵类。为了使内容得以延续，让读者不会因为章节的变更而产生隔断，所以在本章节开始时我们认识了精灵类所具有的动作系统。

动作系统算得上是 Cocos2D 引擎当中的一个亮点。它为游戏内容带来丰富多样的变化，同时依靠良好的设计，还为开发者提供了良好易用的接口。动作类当中包含了种类繁多的各种动作以及组合方式，这些都将成为开发者经常使用的功能。所以此部分内容对读者来说非常重要。要想成为一个 Cocos2D 引擎的高手，熟练运用动作功能是不可或缺的能力。

在 Cocos2D 引擎当中，为开发者提供了大约 50 个动作类，它们都有各自的特点以及作用。为了方便读者理解，我们按照种类对动作类加以划分来进行介绍。首先，需要明确的是之所以这些类以及方法被归为动作系统，从代码设计的角度来说，就是因为它们都是 CCAction 类的派生子类。就好比擒贼先擒王，凡事都要从根源抓起。所以作为动作类的基类 CCAction，我们进行了细致的介绍。此时，读者应该清楚地知道其包含的每一个公有成员方法以及属性所发挥的作用以及用法。根据面向对象的法则，基类只是代表了共性，子类才能体现个性。在 Cocos2D 引擎当中，动作类被划分为 5 个部分，即 "基本动作"、"及时动作"、"延时动作"、"组合动作" 以及 "可变速动作"。

基本动作就是通过修改 CCNode 对象的一些属性来达到动作的效果，这其中包含了位置、尺寸、颜色、透明度、角度、是否显示等。此类动作大多可以通过修改 CCNode 对象的属性来实现与动作一样的效果，它们存在的价值主要体现在之后的组合动作当中。在基本动作中，按照动作执行的时间又可以分为两类："及时动作" 和 "延时动作"。从名字就很容易理解这两种动作的区别。及时动作就是那些 CCNode 对象能够立即执行并产生效果的动作。而延时动作可不是指延迟一段时间才执行的动作，而是需要耗费一段时间来执行的动作。我们以 CCNode 对象的位置属性来举例，读者就能够明确两种动作之间的差异。当开发者想要 CCNode 对象从一个位置移动到另一个位置时，就可以通过各种动作类来完成。如果需要忽略移动的过程，而是要求 CCNode 对象一瞬间就出现在新的位置，这时就需要使用及时动作类 CCPlace，它就是一个立即执行又会马上结束的动作。这就好比魔术中的大变活人，一个人（在游戏当中就是精灵了）上一瞬间还在舞台上，下一瞬间就出现在了观众当中。如果这并不是开发者想要的效果，游戏中需要 CCNode 对象沿着两个位置的连线缓缓移动过去，此时，开发者就要使用 CCMoveTo 动作类。它将会根据方法的参数来计算移动的速度，并移动到新的位置。这个过程很容易想象。

　　在动作类的数量上，延时动作的数量要几倍于及时动作。延时动作几乎构成了动作系统的基础。除了对于 CCNode 属性修改的基本动作之外，还有许多独具特色的动作。比如组合动作，它将 Cocos2D 引擎的动作系统提升到了一个新的境界。在游戏当中，开发者凭借各种各样的动作组合，可以将游戏内容表现得淋漓尽致。按照 Cocos2D 引擎的设计，动作组合的方式主要分为 3 种：序列动作、同步动作以及重复动作。上述 3 种动作类都是以其他动作类作为参数，其本身并没有任何表现效果。它们主要是作为动作类对象的容器，为开发者提供了良好的可操作性。序列动作就是可以建立一系列动作对象的序列。然后在 CCNode 对象执行此序列时，将会按照序列的顺序逐个执行。逐个执行的含义就是只有当第一个执行完毕，第二个动作才会开始。而与序列动作有着明显区别的就是同步动作，它是用来让两个或者多个动作同时执行的动作组合。在使用同步动作组合时，最需要开发者留意的是，有可能组合动作当中每个动作的执行时间不一样。换句话说，也就是每个动作执行的结束时间是不一样的，整个组合动作的结束时间将会按照耗时最长的动作对象来计算。重复动作，就是能够再次或者多次执行同一个动作对象。重复动作类可以被细分为两种，一个为由开发者指定重复次数的动作类，一个为无限重复的动作类。至于上述动作组合的具体用法，还是请读者自己来回忆吧！除此之外，还存在一个比较特别的反动作。除了一些特别的类，余下的类都具有自身的反动作。其效果就是将动作按照相反的模式执行一遍。相比重复动作类，是不存在什么反动作的。

　　可变速动作被作为 Cocos2D 引擎动作系统当中的扩展动作类，它们的存在是为了丰富 CCNode 对象的动作表现效果。因为之前的动作，其变化过程都是按照线性的顺序。慢慢地开发者不再满足于只让精灵对象做匀速运动，他们会希望精灵能够先慢慢跑然后越跑越快，或者反之亦然。由此，Cocos2D 引擎当中就提供了一系列的可变速度类，它们能够按照变化的速度来执行动作。与动作组合类似，此类动作是以其他动作作为参数的，其本身并没有任何表现效果。从可变速度的动作类来说，其提供的种类已经足够开发者来呈现游戏当中各种不同性格的精灵对象了。

　　在掌握了 Cocos2D 引擎中最为重要的动作功能之后，读者要想制作一款完善的游戏产品，依然需要掌握一些内容。在接下来的篇章中，我们介绍了 Cocos2D 引擎当中的碰撞系统。因为引擎当中配备了 Box2D 物理引擎，所以碰撞检测功能显得非常单薄，甚至还没有我们自制引擎当中的功能丰富。但是物理引擎并不是每一个款游戏都具备的，而碰撞检测则是游戏制作的必需内容。所以虽然 Cocos2D 引擎当中并没有提供太多碰撞检测的方法，我们依然为大家提供了一款简单的兵乓球游戏来展示其用法。

　　拼接地图技术已经不是第一次为读者介绍了，在 Cocos2D 引擎当中提供了对 Tile Map 编辑器的良好支持。为了与前面的内容区分开来，这次我们以斜 45 度视角的背景地图作为例子，为读者介绍了拼接游戏背景在 Cocos2D 引擎中的用法。在一款游戏产品当中，音乐与音效也是不可缺少的内容。同样，在 Cocos2D 引擎当中也为开发者提供了良好易用的类以及方法。引擎当中的音频功能来自于第三方插件 CocosDenshion。此程序库为开发者提供了简单、实用的方法来操作游戏当中的音乐以及音效。开发者只需要简单的几行代码，就能完成游戏当中的需求。

　　到此为止，一款游戏产品所必需的内容我们就都介绍过了。不过为了提高游戏的品质，开发者对于技术的追求是永无止境的。紧接着我们就为了读者介绍两个游戏制作的高级技术，它们也都是 Cocos2D 引擎当中，为开发者准备的功能。首先是粒子系统，它能够为游戏添加绚丽多彩、变化多样的视觉效果。如果读者想要让游戏产品为玩家带来独特的画面享受，那么熟练运用粒子效果将会帮助你实现这个想法。其次，为读者介绍了 Box2D 物理引擎，它也是作为第三方插件而存在于 Cocos2D 引擎当中的。一些著名的游戏就是因为应用了此物理引擎，而获得了广大玩家的喜爱，比如愤怒的小鸟、割绳子等。不过要想将 Box2D 物理引擎运用自如，读者不仅要掌握 C++编程语言，还要明白物理引擎的应用技术。这些内容就是读者成为一个优秀 iOS 游戏开发者的阶梯。无论最后将会取得怎样的荣誉，这都是每个成功开发者必然走过的路。

　　经过本章节的内容，读者已经从刚刚入门的新手，俨然成为了一代宗师。凭借之前章节掌握的内容，读者完全可以亲手打造出一款表现不俗的游戏产品了。当开发者制作出一款游戏产品之后，这是长征路的第一步。要想游戏在 App Store 上获得成功，我们还需要做一些特别的工作，这些内容也就是下一个章节将要介绍的。为已完成的游戏产品加入一些 iOS 平台的特性，比如积分榜或者社区分享的功能。这是为了让游戏产品获得更多的玩家，可以看成是对游戏产品的点睛之笔。

第 11 章 iOS 游戏特性

上一个章节中，介绍了许多 Cocos2D 引擎中的高级技术。利用这些技术，读者可以做出一些表现力更强的游戏产品。比如动作系统、粒子系统或者物理引擎，这些技术都能够为原本的游戏添光增色，提升到一个新的层次。在应用了这些技术之后的游戏产品，不仅在画面上表现得更加丰富多彩，也能为玩家带来更多新鲜的体验与乐趣。对于一个 iOS 设备上的单机游戏产品，这些内容已经足够了。但是在社交网络盛行的今天，玩家已经不再满足于自己独享的游戏乐趣。他们更希望在游戏中能够与人交流，与人分享自己的感觉。正是这种需求，促使了现今 App Store 游戏产品大多包含了一些联网功能。尽管其中的大部分游戏产品并非实际的网络游戏，但满足用户分享游戏心得的需求，也变成了单机游戏制作者需要考虑的一点。

本书内容介绍到此，读者已经储备了足够的游戏制作经验。只要有足够的耐心，制作一款品质优良的游戏已经不在话下。不过在准备上线出售之前，还有一些内容，将它们融入游戏当中，会增加游戏产品对玩家的黏性，带来更多的乐趣体验。这就是游戏的分享功能。让原本一款单机游戏加入一些联网功能，玩家不再是一个人体验游戏，而是有机会与全球的玩家一起分享交流。中国有句古话出自《孟子》: 独乐乐，与人乐乐，孰乐？

对于游戏产品来说，分享总是能带来更多的快乐。所以接下来的内容就是为游戏产品加入一些社区化的元素。苹果公司为开发者提供的 Game Kit 框架是专门为玩家提供的交流社区，同时也为开发者提供了在游戏当中加入社区功能的一条便利的途径。

11.1 游戏开发框架（Game Kit）

iOS 设备在人们之间日渐流行，也有更多的开发者投入其中。它已经不再是什么稀有少见的高端设备，而是街头巷尾人手一台的大众手机。在拥有了庞大的用户群体之后，用户之间的彼此交流、分享的诉求将会浮现出来。这对于用户是一种最原始的期望，而对于应用程序制作者来说，则是一个绝佳的契机。网络社会区化的趋势，想必大家已经有所了解。在人们热衷于豆瓣、Facebook、人人网、微博等社区化产品时，其开发团队或者公司也获得了一个个商业传奇。所以 iOS 设备中的应用产品社区化，是一个必经的过程。这也是每一个应用产品制作者都无法回避的变化。如果读者有所怀疑，不妨现在就登录 App Store 看看排名前十的应用程序当中，有几个是没有社区化或者分享功能的产品。还有就是大家所参与游戏产品排行的前十名，估计可能一个都没有。总的来说，开发者要想延长游戏产品的生命期，吸引更多的玩家，在游戏产品中加入一些社区或者分享的功能，已经成为了业界公认的最佳途径。可此时读者可能会有所担心，毕竟一些只有几人的开发团队，是没有人力以及资源为一款游戏再来制作一个对应的社区或者网络分享功能的。事实也是如此，如果开发者为了自家的产品打造一个专属的网络社区，其本身的开发成本就可能已经超于了游戏产品本身，这就显得得不偿失了。不过读者的这种担心苹果公司已经解决了。

苹果公司推出的游戏中心（Game Center）是专门用于游戏产品添加网络分享功能的组件。与游戏中心配套的程序框架被称为 Game Kit，它为开发者提供了简单易用的程序接口。利用此程序框架，开发者将会轻易地为游戏产品添加一些复杂的网络分享功能。Game Center 为单机游戏为主的 iOS 游戏平台引入了社会化特性，更为将来的网游、多人竞技等游戏打下了基础。

11.1.1　Game Kit 简介

欢迎进入 iOS 游戏中心（Game Center）和 Game Kit 框架的内容。我们已经得知游戏中心（Game Center）是苹果公司为众多游戏产品提供的一个玩家社区，每一个 App Store 的用户都有资格成为其中的一员。游戏中心是一个玩家之间交流以及分享游戏心得的社区。Game Kit 是一个程序库框架，专门针对游戏产品的开发者。此框架将原本复杂的社区分享功能简化，让我们使用一些简单易用的程序接口就可以在原本独立的单机游戏中加入丰富的网络分享功能。接下来的内容，主旨在于介绍游戏中心以及其程序框架的内容，让读者能够将它们应用到 iOS 游戏产品当中。

苹果公司在 2009 年 3 月 17 日发布了 Game Kit 框架，它为广大开发者带来了福音。它通过简单的方式解决了应用产品如何链接网络的问题。同时，它提供了基于蓝牙以及互联网的语音通话服务。不久之后，苹果公司将 Game Kit 框架作为了 iOS 4.0 系统中必备一个功能。随着新版本的 SDK 发布，苹果公司也同期推出了 Game Center。它则为用户带来了一个整体的游戏中心，让来自世界各地的玩家彼此之间分享游戏体验。Game Center 可以被看成是一个新的 Game Kite 的组成部分。这两者之间相辅相成，彼此紧密结合。

Game Kit 框架提供了基于 Objective-C 编程语言的程序接口，它能够帮助开发者创造庞大的社交化游戏，在网上社区中让玩家与其他玩家分享他们的经验。提供一种更直接的方式，让玩家告诉他们的朋友。这种游戏分享的方式，能够鼓励更多的玩家下载和体验我们制作的游戏。口碑营销是当下最有效果的产品推广方式。往往来自满意客户的建议是最能够让人信服的，同时这样的广告也是免费的。想必作为游戏开发者的读者，是不想错失这样的机会的。

Game Kit 框架中为开发者提供了 3 种不同的技术：游戏中心、对等连接以及游戏中的语音通信。开发者可以在应用程序中有针对性地应用每一项技术，而无须考虑其他技术。通过图 11-1 来理解 Game Center 所具备的功能。

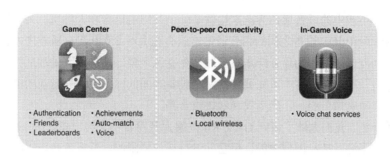

图 11-1　Game Kit 框架具备的功能

图 11-1 中展示了 Game Kit 框架中包含的 3 个组成部分，从左到右分别为游戏中心、对等连接、游戏中的语音通信。每个部分在应用程序中的使用都是独立的。换句话说，开发者可以自主选择使用其中的每个部分。我们针对每个部分为读者进行简单的介绍。读者需要注意的是，以下功能只能够在 iOS 4.1 和更高版本上才提供支持。

- 游戏中心（Game Center）是一个社区化的玩家交流中心。它提供了一些类似社区分享的游戏服务，让玩家们分享他们的游戏心得与体验。同时，可以构建和加入其他玩家的多人游戏。在游戏中心还提供了一些联网服务，这是基于无线网络以及电话网络的。下面列出游戏中心的一些关键功能。

  - 身份验证：每个登录游戏中心的玩家，都会拥有一个独立的账户。此账户由玩家创建并基于其使用的 iOS 访问设备。

  - 朋友：这是游戏中心社区化的体现。在此玩家可以标记其他玩家，成为朋友；朋友之间将会获得一些额外的信息。比如玩家可以知道朋友正在体验哪些游戏，或者同一款游戏当中一群朋友里谁的得分最高。

  - 排行榜：将玩家在游戏产品中获得的成绩按照一定的顺序排列并显示出来。此积分榜面向全球用户，也就是说每一个玩家都有机会成为一款游戏得分的全球第一名。

  - 成就：这是与"排行榜"类似的功能。在游戏产品当中可能会设计各种各样的成就。成就被当做玩家在游戏中的一种成功体验。开发者可以依靠玩家在游戏中的成绩给予奖励。游戏成就可以看成是游戏中心、应用程序以及玩家之间的桥梁。Game Kit 框架将会把上述三者自动匹配，让原本独立的游戏转变成网络游戏。通过游戏中心的连接，玩家可以在游戏当中看到自己所获得的成就。另外，玩家还可以邀请他们的朋友，或者素未谋面的玩家。当这些玩家收到邀请时，可以参与到一场游戏比赛当中。如果游戏尚未运行，甚至可以自动运行此款游戏产品，让玩家直接进入到激烈紧张的比赛当中。

  - 语音：此功能的表现非常容易理解，就是使得正在参与游戏产品的玩家，通过网络连接，进行语音通信。

- 对等连接。对等连接提供本地无线和蓝牙网络。它允许开发者建立一个特定的热点，在蓝牙或无线局域网络之间通过游戏来分享数据。对等连接同时支持多个基于 iOS 的设备进行连接。虽然此功能是为游戏设计，但并不局限于此。这个热点网络是非常有用而且效果明显的区域数据交换中心。任何的应用程序、任何类型的数据都可以在用户之间交流。例如，应用程序可以使用对等连接共享电子名片或其他游戏数据。不过，只有在 iOS 3.0 和更高版本中才提供对等连接。

- 语音通信。游戏中的语音通信为玩家提供了一个共同的语音聊天环境，为开发者的应用程序提供了基于两个 iOS 设备之间的语音通信。只有在 iOS 3.0 和更高版本中才提供了游戏中的语音通信功能。游戏中的语音样本将会通过麦克风采集，然后混合处理后播放出来。使用游戏中的语音，在应用程序中首先要建立两个设备之间的网络连接。游戏中的语音使用此网络连接来建立语音通信服务，然后发送和接收音频。

经过上面的介绍，我们大致了解到 Game Kit 框架为开发者带来的功能。有一点读者要明确，虽然此框架服务是为了游戏产品而创建的，但它并没有任何的限制，开发者也可以将这些功能用于其他类型的应用程序当中。比如游戏中的语音通信，正如苹果官方所指出的，它是可以被用来为任何应用程序（不只是游戏）提供语音通信网络连接。此功能可以处理整个录音和为用户播放音频，并且同时提供一系列的服务方法来处理 iOS 设备之间的连接、通信、错误和断开。

经过上面的介绍，我们可以清楚地看到 Game Kit 框架中与游戏内容最贴切的就是 Game Center（游戏中心），它能够为游戏中的玩家提供身份验证、朋友、排行榜、成就以及邀请服务。从某种意义上讲，游戏中心可以被看成是一个苹果提供的网络社区服务，这也正是玩家和开发者都迫切需要的服务。因此接下来的内容，我们将从与游戏产品最贴切的服务——游戏中心开始。

11.1.2 Game Center 介绍

经过上面的内容，我们知道游戏中心只是 Game Kit 框架中的一部分，但是此部分内容却是与游戏产品结合最为紧密的。在接下来的内容当中，我们将会为读者介绍 Game Center 的内容，以及它为游戏产品所提供的功能。

游戏中心是一个全新的基于互联网络的玩家社区，它是由苹果公司为玩家以及开发者提供的一项服务。开发者可以将自制的 iOS 应用程序接入 Game Center。玩家也可以在游戏中心结识朋友，进行交流。Game Center 的功能仅支持 iOS 4.1 及更高版本。在网络的社区里，允许玩家分享他们的游戏体验以及加入其他玩家的多人游戏当中。Game Center 的联网基础是建立在无线网络或者电话网络之上的。Game Center 的功能是由 3 个相互关联的组件构成的。

- 游戏中心的应用程序需要 iOS 4.1 的系统支持。它提供了一个网络社区。当然其服务设备是由苹果公司提供的。玩家可以在互联网或者游戏产品当中访问所有的 Game Center 功能。
- Game Center 服务是将开发者的游戏连接到在线服务。这需要开发者以及 Game Center 的维护者共同的工作。首先，Game Center 在线服务中存储有关每一个玩家的数据，并提供设备之间的网络连接以及服务器设备。而开发者则需要在项目中加入与 Game Center 有关的代码。
- Game Kit 框架提供的类以及方法就是为开发者准备的，它能够帮助我们为游戏产品添加 Game Center 的支持。

我们已经得知了 Game Center 的主要组成，下面来看看具体游戏中心为开发者提供了哪些功能。

- 身份验证。此功能允许每个玩家创建和管理一个在线的账号，此账号拥有一个名字。Game Center 将会使用名字来验证玩家的身份、管理的朋友清单，并发布各种状态信息。比如在积分榜中可看见朋友的名字信息。
- 排行榜。排行榜可以让玩家将游戏中获得的积分上传到 Game Center 当中。这些来自不同玩家的分数将会按照一定的规则进行排序。排行榜有助于促进 Game Center 当中玩家之间的竞争。开发者将会决定如何解释和显示来自游戏产品的分数。例如可以自定义一个分数，它的代表含义可以是时间、金钱或游戏点。在同一款游戏产品中，开发者也可以选择创建多个类别的排行榜。例如可能会显示不同游戏难度下的得分排行。最后，在排行榜中玩家可以查看到各种难度下的得分排行。

- 成就。成就是游戏产品中另一种测量玩家技能的方法。一项成就是一个具体的达成目标。这项任务，是玩家可以在游戏产品中完成的。比如"连续杀死 10 个怪物"或者"搜集 10 个金币"等，这些都可以被当做一个成就。在为一款游戏产品定制成就时，开发者需要提供文字描述以及显示的图片。在玩家完成了一项成就之后，他所获得成就的图标就会显示出来。与排行榜功能相比，玩家可以看到在游戏中心看到每款游戏中所赢得的成就。玩家也可以通过与朋友之间进行成就的比较，来获得满足感。

- 多人游戏。多人游戏是指允许玩家参与多人在线游戏。玩家可以邀请另一位玩家一起进入游戏，进行对战。根据开发者的设计，游戏产品可以使用 Game Center 来连接所有的玩家一起参与游戏。也可以仅仅从 Game Center 获得参与玩家的名单，然后通过其他途径建立网络连接。在后者的情况下，开发者需要在游戏产品中提供每个设备连接到网络服务器的实现方法。

- 对接。在 Game Center 当中，对接功能会提供自动匹配和邀请。当用户选择自动匹配时，游戏产品会创建了一个请求。此时，请求中就会指出需要邀请多少玩家到游戏当中，以及具有资格参加游戏的玩家是什么类型。然后，Game Center 将会查找符合邀请要求的玩家来加入游戏。玩家可以邀请朋友一起来加入游戏当中。玩家可以在游戏产品当中发出邀请，也可以直接在 Game Center 来邀请朋友。当向一个朋友发出邀请之后，朋友的 iOS 设备将会收到推送的通知，来告知他启动并加入到游戏当中。推送通知可以被发送到任何一个用户。即使玩家之前没有在设备上安装游戏产品，这也不是问题。因为当此情况下，推送通知中将会包含游戏产品在 App Store 中的下载链接。

- 对等连接。对等连接提供了基本的配对服务。它提供了一个简单的接口可以用来发送数据和语音信息。在同一款游戏产品当中的玩家都能够接收到这些信息。另外，在游戏产品中，开发者可以创建多个语音频道，每一个不同的玩家在游戏中又可以组成不同的团队。例如，当游戏总存在多个由玩家组成的团队时，成员之间的对话是不允许团队之外的成员听到的。此时就可以创建单独的频道，用于每个团队之间的内部交流。

经过上面的介绍，为游戏产品添加 Game Center 的支持好处是非常多的。Game Center 能够促进玩家之间的交流，延长游戏时间，增加游戏产品的知名度。玩家可以看到朋友正在体验的游戏产品，也可以邀请朋友参与到自己喜爱的游戏产品当中。毫无疑问，这些方式都能够促进游戏产品被立即购买。Game Center 提供的诸多功能，可以帮助开发者迅速地传播游戏产品。

虽然我们介绍了许多看似复杂的功能，但在实际的编码中，开发者可能也就需要短短几行代码就能实现想要的功能。比如排行榜或者成就功能，在 Game Kit 框架中都提供了一些简单易用的成就接口。当开发者决定为游戏产品加入 Game Center 中的功能时，需要遵从以下几步：

① 在 iTunes Connect 中开启 Game Center 服务。
② 在游戏产品中设置 Boundle identifier。
③ 连接 Game Kit 框架库。
④ 在代码中通过头文件导入 Game Kit，编写对应的功能。

⑤ 决定只有在支持 Game Center 服务的情况下，才能够运行游戏产品。

⑥ 运行游戏，验证 Game Center 是否可用。

上述步骤是需要读者熟知的内容，因为接下来我们将会按照此步骤来逐步建立一些 Game Center 中的功能并把它们添加到游戏当中。下面来进行第一步，看看如何在 iTunes Connect 中开启 Game Center 服务。

11.2　iTunes Connect 门户网站

当开发者决定要为 iOS 应用程序或游戏产品加入 Game Center 服务之前，首先要完成的工作是登录 iTunes Connect。它提供了访问任何游戏中心的功能。此处就是开发者为游戏产品建立 iTunes Connect 配置的地方。iTunes Connect 网站的出现早于现在的 App Store（网上商店），它当时提供了音乐家和媒体制作上传的功能。早期，提供了许多 iTunes 音乐商店的内容。在 App Store 应用商店推出之后，iTunes Connect 已被修改、进化成为了网上商店的辅助模块。自 2008 年 7 月开始，允许开发者直接上传在 App Sotre 中出售的应用产品。苹果公司已经开始使用 iTunes Connect 作为一个应用程序配置的主要来源，它提供了一些更为具体和针对性的功能。比如在应用程序中的购买功能（IAP）、苹果公司的广告服务（iAds）以及游戏中心需要 iTunes Connect 配置。

如果读者从来没有将一个应用程序上传到 App Store，那么可能会对 iTunes Connect 感到陌生。这将是我们接下来要介绍的内容。不过，如果读者曾有过 iTunes Connect 使用经验，可能要跳过这一节，因为这只是一些简单的配置与操作，未包含任何的技术内容。

iTunes Connect 是一个门户网站，读者可以从任何网页浏览器进入访问：

http://itunesconnect.apple.com

在登录时，首先要求开发者使用现有 Apple ID。只有注册为应用产品开发商，才能够访问 iTunes Connect 门户。就算读者不打算添加 Game Center 功能到游戏产品当中，iTunes Connect 门户网站也仍然是你必须访问的一个网站。当开发者要上传新的应用程序在 App Store 出售时，或者做出任何设置变化（比如价格或描述），都必须登录 iTunes Connect 门户网站。在进入 iTunes Connect 登录界面之后，读者就会看到图 11-2 所示的界面。

图 11-2　iTunes Connect 界面

在此界面当中存在丰富的选择，其中都是一些与应用产品有关的重要信息。左边的 4 项分别为销售以及走向；合同、税务和银行信息；支付和经济报告；开发者账号管理。左边的 3 项为应用配置、游戏内置购买设置以及帮助中心。此章节我们关注的内容集中在右侧。首先是应用程序配置。游戏内置购买的配置页面将会是后续章节的内容。

　　首先，开发者要申请一个应用程序，但是并不必提交，目的是为了得到 Bundle ID。它是用来表示一个应用程序的唯一身份。而这些操作与游戏中心并没有多大的关系，这是提交一款应用产品至 App Store 必需的步骤。这个过程可能需要几个星期。苹果官方将会来确认信息，以便尽快让开发者提交应用产品。只有在获得了批准之后，开发者才能将应用程序上传至 App Store。所以一旦读者已经完成了所有需要填写的信息，剩下的只是等待。这将是一个很快速而且顺利的过程，不用太多担心。此时我们就可以专注于应用开发本身。在获得了 Bundle Identifier 之后，在 Xcode 中设置一下项目工程的 Info.plist。将其中的 Bundle identifier 填写为刚刚在 iTunes Connect 中获得的 Bundle ID。请读者一定要确保 Bundle ID 准确无误，否则当应用程序尝试登录 Game Center 的时候，将会提示一个不支持的错误。在应用程序设置界面中，将新的应用产品申请完毕后，进入获得批准的应用程序界面。在界面的右上角中，就能够看到图 11-3 所示的按钮。

　　在单击了图 11-3 所示的按钮后，就会进入 Game Center 设置界面，然后单击 Enable Game Center 使得当前游戏产品的 Game Center 功能生效，如图 11-4 所示。

图 11-3　Manage Game Center 按钮

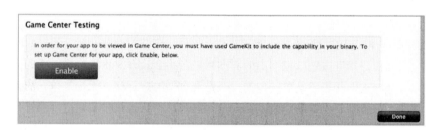

图 11-4　开启应用产品的 Game Center 功能

　　在图 11-4 的所示界面中，开启了 Game Center 的功能之后，就可以设置当前应用的 Leaderboard（积分榜）和 Achievements（成就），如图 11-5 所示。

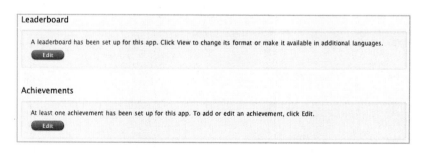

图 11-5　开启应用产品的 Game Center 功能

　　图 11-5 中所示的界面就是用来开启 Game Center 中的两个特定功能：积分榜和成就。此时读者可以将它们开启，因为本章节稍后的内容将会围绕这两个游戏产品中的主要功能进行介绍。

11.2.1　排行榜（Leaderboard）设置

　　对于 Game Center 中排行榜的作用以及功能，在前面的章节中已经有所介绍，在此不再赘述了。

接下来的内容主要是介绍如何在游戏产品中使用此功能。Game Center 中的排行榜功能虽然很容易用一句话来概括，但在具体实现的过程中，却还存在许多的细节。比如开发者可以根据经纬度来确定玩家所在的国家和地区，这样的话当玩家进入积分榜时就能同时记录其所在区域。有了这个功能，玩家就可以在游玩的过程中结交和自己同一区域的朋友。或者积分排名中也可以按照区域来划分，哪个玩家会成为方圆十里的高手呢？读者难得不觉得这是很有趣的游戏玩法吗？要知道排行榜中的每一个分数都是玩家得到的。让用户参与其中，并允许用户将效果进行社会化分享，充分挖掘玩家的分享欲望和自我表现欲望，正是排行榜所发挥的作用。继续上一个章节在 iTunes Connect 界面中操作。单击排行榜的按钮之后，就会弹出图 11-6 所示的界面。

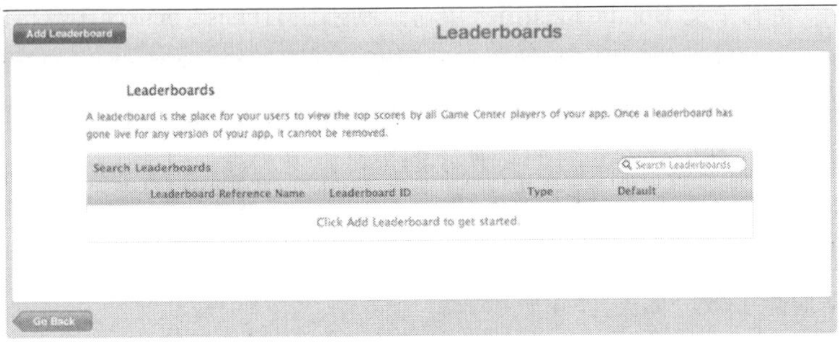

图 11-6　排行榜设置界面

图 11-6 所示就是排行榜的设置界面。不过，在此界面当中还没有排行榜，所以此时开发者需要单击左上角的"添加积分榜"按钮。在弹出的界面当中，将会让开发者选择排行榜的类型。此时，有两个选项可以选择，它们代表了是单一型的，还是混合型的排行榜。无论是单一的排行榜还是合并的排行榜，其属性配置都是一样的，区别在于单一的排行榜只是一种游戏内容的排列，而混合排行榜则可为游戏当中多种得分的综合排行。无论哪种形式的排行榜，都可以使用其他排行榜的数据来进行排序。如果读者在游戏中确实有所区分，那么可以按照游戏内在逻辑来建立排行榜。比如每个关卡的排名可以使用单一的排行榜，而所有关卡的综合排名则使用混合排行榜。除了游戏内容的表现不同外，在实际的配置当中这两者并没有区别。

在选择了排行榜的类型之后，就会进入其属性配置界面，如图 11-7 所示。

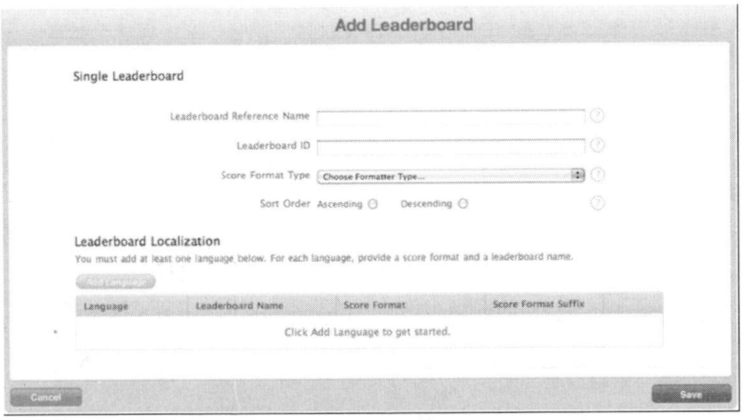

图 11-7　排行榜属性配置界面

在图 11-7 所示的界面中，开发者需要填写或者选择一些有关排行榜的属性。首先，需要填写的是排行榜的名字。来自苹果官方的建议是，最好采用网络 DNS 域名的方式，比如 com.company.
appname.leaderboardname。当然，读者也可以完全按照自己的命名方式来填写。此处并没有特殊的
要求，只是要记住填写的名字。因为在后续的代码中，我们将会需要这个名字。排行榜的 ID 也是
如此。在其下面是一个下拉框，此框代表了排行榜中数据的类型，开发者可以进行选择，如表 11-1
所示。

表 11-1 排行榜数据类型

排行榜分数类型	样 例
Integer	12,345
Fixed Point - To 1 Decimal	12,345.1
Fixed Point - To 2 Decimals	12,345.12
Fixed Point - To 3 Decimals	12,345.123
Elapsed Time - To the Minute	3:45
Elapsed Time - To the Second	3:45:55
Elapsed Time - To the Hundredth of a Second	3:45:55.82
Money - Whole Numbers	$182,121
Money - To 2 Decimals	$182,121.68

表 11-1 中列出了所有排行榜支持的数据类型。我们可以看出排行榜所支持的数据类型大致可以
分为 3 类：数字类型、时间类型和金钱类型。至于选择何种类型，就要看游戏内容的具体需求了。
为了继续后面的内容，暂时先选择金钱类型吧！在确定了排行榜的数据类型之后，还需要确认其排
序的方法。正序代表了数值由大到小，反序则表示数值由小到大。在此界面的最后一项，需要开发
者来设置排行榜的本地化版本。

排行榜中的本地化版本，是为了针对全球不同区域的用户而提供的多语言功能。当开发者在
iTunes Connect 中设定了对应的地域版本之后，那么当游戏产品中需要显示排行榜时，将会根据当
前 iOS 设置的语言以及区域来选择对应的排行榜版本。如果没有对应语言或者区域排行榜的话，则
将会使用默认的排行榜。下面我们来为当前的排行榜设定一个本地化版本，如图 11-8 所示。

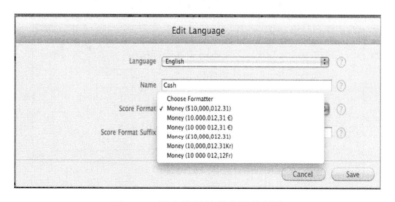

图 11-8 设定排行榜的本地化版本

图 11-8 所示的正是排行榜本地化版本的设置界面。在界面中第一个下拉选项就是语言版本的选
择，接下来的则是将来排行榜界面中向玩家显示的名字，余下的两个选项则是选择金钱类型的格式。

这一点很容易理解，因为金钱或者时间在全世界范围有许多表示的方法或者格式。最后一个选项则是此数据类型的后缀。按照我们之前设置的金钱类型，在中文区域下此数据类型的后缀就可以填写"元"。此处的选项就是让开发来选择一种合适的方式。除此之外，开发者还可以为排行榜加入分类标签。这是当一款游戏产品当中包含多个排行榜时，开发者所需要的功能。比如在一款存在难度划分的游戏当中，根据游戏中难度的等级，也需要创建多个排行榜。按照游戏难度的划分，则为简单难度的排行榜、普通难度的排行榜和困难难度的排行榜。为排行榜添加分类的界面如图 11-9 所示。

图 11-9　排行榜分类设置

在图 11-9 中，第一行为设置分类的名称以及 ID，这些都是将来在游戏代码中将会用到的关键字。然后在分别属性当中，系统将会根据本地化版本的设定来提供对应语言或者区域排行榜的名字。在填写完成后选择保存，排行榜就设置完成了。读者可以根据上述步骤，亲自添加一个排行榜。对于一款游戏产品支持的排行榜数目，苹果官方并没有做出限制。不过，估计在一款游戏产品中也不会存在上百个排行榜。

11.2.2　成就（Achievements）设置

请读者先不要着急开始编写代码，因为 Game Center 当中提供了许多与游戏产品有关的功能。为了减少大家来回操作的步骤，我们先一次性完成在 iTunes Connect 所需的工作，然后再进入对应功能的编码工作。在 Game Center 中，成就（Achievements）设置界面的内容比较少，同时其设置方式与排行榜也有许多类似之处。首先在应用程序设置界面中开启成就功能，然后单击左上角的 Add New Achievement 按钮，就会出现图 11-10 所示的成就设置界面。

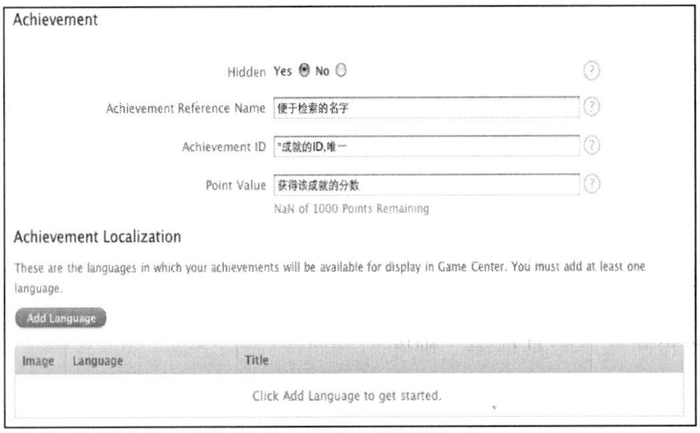

图 11-10　成就设置界面

在图 11-10 所示的界面当中，第一个选项 Hidden 用来表示该成就在解锁前是否对玩家可见。接下来的 3 个填写内容为：此成就的名字、ID 以及达成分数。达成分数的范围为 0~1 000。图中下半部分与排行榜一样，是为了将来在游戏中的成就界面配置不同的语言版本，如图 11-11 所示。

图 11-11　成就本地化版本设置界面

在图 11-11 所示的界面中，开发者可以设置游戏中成就界面的本地化版本属性。在界面中，最靠上的选项为语言选择，然后是成就的名称以及其达成前后的文字介绍。其中，成就所需的图片尺寸必须是 512×512 像素。等待一切设置完成后，单击"保存"按钮。

我们已经完成了所有需要的 iTunes Connect 中与 Game Center 有关的设置。到此为止，在前面的内容中创建了一个排行榜以及一个成就，这也是 App Store 上线的游戏产品中开发者选择使用最多的功能，同时也是接下来我们将会为读者重点介绍的内容。按照 Game Center 功能的使用步骤，我们已经在 iTunes Connect 中创建了需要的功能，接下来就将进入编码阶段。我们将会使用 Game Kit 框架中提供的接口，将玩家在游戏中获得的数据提交至 Game Center。

11.3　Game Kit 框架的使用

Game Center 只是作为 Game Kit 框架的一部分功能。Game Center 中的排行榜和成就是开发者使用最为频繁的功能，同时也是玩家最喜欢的功能。在前面的章节中，想必大家都已经创建了属于自己游戏产品的排行榜和成就，下面的内容将会介绍如何利用 Game Kit 框架提供的类以及方法来提交游戏数据。

按照苹果官方对于 Game Center 的使用要求，当开发者在游戏产品中使用 Game Center 时还要注意以下几点。

开发者制作的游戏产品必须是使用了视图控制器（View Controller）来管理的显示界面。所有 Game Center 功能的显示界面，都将使用此视图控制器来显示一个界面。无论是排行榜、成就还是对等连接，都需要一个来自游戏中的视图控制器类，以便显示与用户相关的信息。例如，在

iPhone 手机游戏开发从入门到精通

GKLeaderboardViewController 类中提供了一个标准的用户界面，以显示游戏中的排行榜信息。除了方便在界面间切换之外，使用视图控制器来控制界面还有另外一个好处，那就是因为视图控制器能够支持 iOS 设备的旋转。例如，在玩家使用一个视图控制器显示 Game Center 某个功能界面时，它能够支持设备在任何方向上的转变。

开发者需要确保当游戏中发送数据失败之后，能够重新发送。这是一个对玩家负责的要求。试想，如果玩家好不容易在游戏中获得了一个高分，却在上传时因为网络连接或者其他原因导致高分丢失了，对于这款游戏，玩家将会多么的失望。另外，当游戏中需要从 Game Center 来获取信息时，开发者也要考虑网络失败后的处理方法。比如在游戏中玩家想要查看排行榜，而此时网络连接发生了错误。这时 Game Kit 框架将会返回一个连接错误的信息，而不是玩家期待的排行榜信息。在这种情况下，开发者就要很好地处理游戏中各种返回的情况。

如果开发者想要在游戏产品中使用何种与 Game Center 有关的功能，首先都要进行用户验证。无论是对等连接、排行榜、成就还是其他的功能，Game Center 就是基于此设备上玩家使用的身份验证。开发者习惯将需要身份验证的玩家设为本机玩家。例如，如果游戏产品中需要向排行榜提交玩家的成绩，Game Center 首先需要获得的就是本机玩家的信息。

大多数 Game Center 的功能，至少都需要有一个经过身份验证的玩家。换种方式来理解的话，在游戏产品中使用任何与 Game Center 有关的功能，则必须存在已经通过验证的本机玩家。当在游戏当中触发与 Game Center 有关的功能时，iOS 系统首先会检查是否有一名本机玩家已经通过验证。如果没有通过身份验证的本机玩家，则会立即弹出一个用户登录界面，让当前的玩家使用现有账户登录或创建一个新的账户，来通过 Game Center 的用户验证。同时，作为苹果官方的要求，开发的游戏产品在本机玩家未经过身份验证时，必须禁用所有与 Game Center 有关的功能。另外一点需要开发者注意的是，当不能够通过验证或者网络连接失败等原因，导致当前玩家无法通过来自 Game Center 的身份验证时，将会返回一些错误的信息，开发者需要在游戏产品当中处理任何验证未通过而返回的错误。

11.3.1　用户验证功能

在游戏产品当中，无论是排行榜还是玩家成就，在使用这些功能之前，都需要验证本机用户。因此用户验证功能几乎成为了游戏当中使用 Game Center 功能的先决条件。所以下面所示的代码，将会出现在每一个使用了 Game Center 的游戏当中。

代码 11-1　用户验证功能

```
//当前设备是否支持Game Center
- (BOOL) isGameCenterAvailable
  {
   Class gcClass = (NSClassFromString(@"GKLocalPlayer"));
   NSString *reqSysVer = @"4.1";
   NSString *currSysVer = [[UIDevice currentDevice] systemVersion];
   BOOL osVersionSupported=([currSysVer compare:reqSysVer options:NSNumericSearch]=
   NSOrderedAscending);
   return (gcClass && osVersionSupported);
  }
//用户验证
```

```
- (void) authenticateLocalPlayer
{
    if ([GKLocalPlayer localPlayer].authenticated == YES) return;
    [[GKLocalPlayer localPlayer] authenticateWithCompletionHandler:^(NSError *error){
        if (error == nil) {
                //验证成功处理
                NSLog(@"成功");
                NSLog(@"1--alias--.%@",[GKLocalPlayer localPlayer].alias);
                NSLog(@"2--authenticated--.%d",[GKLocalPlayer localPlayer].
authenticated);
                NSLog(@"3--isFriend--.%d",[GKLocalPlayer localPlayer].isFriend);
                NSLog(@"4--playerID--.%@",[GKLocalPlayer localPlayer].playerID);
                NSLog(@"5--underage--.%d",[GKLocalPlayer localPlayer].underage);
        }else {

                //验证失败错误处理
                NSLog(@"失败  %@",error);
        }
    }];
}
```

代码 11-1 的作用就是 Game Center 的用户验证步骤。在代码中包含了两个方法。其中第一个方法 isGameCenterAvailable 是用来判断当前设备是否支持 Game Center 功能的。根据前面的介绍，我们知道了 Game Center 功能支持 iOS SDK 4.1 版本或者其后续的版本。因此在此方法中，就是通过判断当前的 iOS 系统版本来确认是否可以使用 Game Center 功能。

方法 authenticateLocalPlayer 则是用来进行本机用户验证的。在方法中的第一行代码用来判断当前是否已经验证过本机用户。读者看到在进行用户验证时，所使用的为 GKLocalPlayer 类的 localPlayer 方法，此方法也将返回一个单例对象。验证本机用户的方法为 authenticateWith CompletionHandler:，在此方法的参数中需要处理返回信息。此方法执行时，会自动调出用户登录界面，让玩家输入账号、密码来通过验证。

从代码角度我们就能够理解到,在每一款游戏产品当中必然只存在一个已通过验证的本机用户。其实根据苹果官方的解释，不仅仅是局限在一款应用产品，在一台 iOS 设备中也只能同时存在一个已通过验证的用户。由于 iOS SDK 4.0 以后系统版本支持多任务，一个 iOS 设备有可能被不同的玩家接触，这将会导致 Game Center 上的用户发生变化。当发生变化的时候，应用程序需要在游戏中通知玩家。因此，开发者需要在代码中加入下面的内容。

代码 11-2　更换用户验证

```
- (void) registerForAuthenticationNotification
{
    NSNotificationCenter *nc = [NSNotificationCenter defaultCenter];
    [nc addObserver:self selector:@selector(authenticationChanged)
        name:GKPlayerAuthenticationDidChangeNotificationName object:nil];
}
//更换验证用户
- (void) authenticationChanged
{
    if ([GKLocalPlayer localPlayer].isAuthenticated)
```

```
    {
        //验证成功
    }
    else    {
        //验证失败
    }
}
```

代码 11-2 就是在 iOS 设备更换 Game Center 的验证用户，将会调用上述的两个方法。此时开发者要在游戏当中提醒玩家，验证用户已经更换。另外一点与 Game Center 有关的功能，在开发者制作的游戏当中需要经过测试后才能上线，没有上线的应用程序将会处在测试环境中。此时的登录画面就会出现图 11-2 所示的沙盒（SandBox）提示界面。

图 11-12 就是处在测试环境中的 Game Center 登录界面。读者可以看到此登录界面是由 Cocoa 登录界面组成的。在经过了用户验证之后，玩家就可以随意地使用 Game Center 功能了。当然，开发者要先将这些功能嵌入到游戏产品当中。

图 11-12　Game Center 沙盒登录界面

11.3.2　排行榜功能

在 iTunes Connect 门户网站中，我们已经为游戏产品创建了一个排行榜，此时就需要在代码中加入排行榜功能。这里没有太多的功能，因为 Game Kit 框架中已经为开发者提供了良好的封装，开发者所要做的就是将玩家在游戏中获得的分数上传到指定的排行榜。此时，就会用到在 iTunes Connect 网站上的排行榜名字以及 ID，希望读者还记得它们。来看下面的代码。

代码 11-3　排行榜上传积分

```
//上传游戏分数
- (void) reportScore: (int64_t) score forCategory: (NSString*) category
{
GKScore *scoreReporter = [[[GKScore alloc] initWithCategory:category] autorelease];
scoreReporter.value = score;
[scoreReporter reportScoreWithCompletionHandler:^(NSError *error) {
    if (error != nil)
    {
        //上传出错
        NSLog(@"上传分数出错.");
        //当出现错误时，需要保存玩家的分数，稍后再传
    }else {
        NSLog(@"上传分数成功");
    }
}];
}
```

代码 11-3 就是通过 GKScore 类来上传游戏当中的分数。在方法的参数中包含了需要上传的分数，以及排行榜的分类标识。在创建 GKScore 对象时，将会使用排行榜的分类标签来告知 Game Kit

框架，此分数将会上传到哪个排行榜。虽然在代码中没有体现任何的用户信息，但因为之前已经通过了身份验证，所以在 GKScore 对象初始化时，将会自动加载本机玩家的信息以及当前时间。在获得了完整的 GKScore 对象之后，将玩家获得的分数传入此对象。然后调用方法 reportScoreWith CompletionHandler:，玩家刚刚获得的分数就会上传到指定 category 的排行榜当中。当上传分数出错的时候，开发者要将上传的分数存储起来，比如将 GKScore 存入一个 NSArray 中。等待网络畅通之后，可以再次尝试。

在上传分数之后，下一步就是为玩家展示排行榜中的分数。这也正是排行榜存在的价值。玩家上传自己的分数，当然是想知道在众多玩家当中自己到底排名如何。下面的代码就是从 Game Center 来获得排行榜信息的方法。

代码 11-4　从排行榜获得信息

```
//获得排名前十的玩家分数以及信息
- (void) retrieveTopTenScores
{
    GKLeaderboard *leaderboardRequest = [[GKLeaderboard alloc] init];
    if (leaderboardRequest != nil)
    {
        leaderboardRequest.playerScope = GKLeaderboardPlayerScopeGlobal;
        leaderboardRequest.timeScope = GKLeaderboardTimeScopeAllTime;
        leaderboardRequest.range = NSMakeRange(1,10);
        leaderboardRequest.category = @"排行榜分类标识";
        [leaderboardRequest loadScoresWithCompletionHandler: ^(NSArray *scores,
NSError *error) {
            if (error != nil){
                //handle the error
                NSLog(@"下载失败");
            }
            if (scores != nil){
                //process the score information
                NSLog(@"下载成功....");
                NSArray *tempScore = [NSArray arrayWithArray:leaderboardRequest.
scores];
                for (GKScore *obj in tempScore) {
                    NSLog(@"    playerID            : %@",obj.playerID);
                    NSLog(@"    category            : %@",obj.category);
                    NSLog(@"    date                : %@",obj.date);
                    NSLog(@"    formattedValue      : %@",obj.formattedValue);
                    NSLog(@"    value               : %d",obj.value);
                    NSLog(@"    rank                : %d",obj.rank);
                    NSLog(@"************************************");
                }
            }
        }];
    }
}
```

按照之前的步骤，我们已经在 iTunes Connect 网站中创建了一个排行榜，然后也上传了一些玩家的分数。上述代码就是将这些分数以及玩家的信息下载，然后在游戏产品中为玩家展示这些信息。在排行榜中获得的信息，也会包含本机用户提交的分数。在上述代码中，我们通过一个 GKLeaderboard 类的对象，从 Game Center 来获得排行榜的信息。在初始化此对象之后，开发者还要为其 4 个属性设定数值。下面依次为读者介绍这 4 个属性以及数值的含义。

- 玩家筛选 playScope：此属性是允许开发者对排行榜中的玩家进行筛选。其存在两个方式，GKLeaderboardPlayerScopeGlobal 代表全球范围内的玩家，GKLeaderboardPlayerScope FriendsOnly 代表本机用户的好友范围。除此之外，开发者也可以自定义一些筛选条件，比如在固定范围内的玩家排行榜。

- 时间筛选 timeScope：此属性也是一个筛选属性，排行榜将会按照时间的筛选条件来返回对应的数据。其数值为 GKLeaderboardTimeScopeToday 代表了本日内，GKLeaderboardTimeScope Week 代表了本周内，GKLeaderboardTimeScopeAllTime 代表了全部时间。

- 范围 range：此属性是排行榜的名次。这是用来确认游戏产品中需要获得排行榜名次的范围。比如在代码中，我们就通过参数[1,10]获得了排名前十的信息。

- 分类标识 category：此属性用于区分排行榜的标识。开发者将会获得那些符合分类标识的数据。

在为类 GKLeaderboard 的对象设置每一个属性之后，就通过方法 loadScoresWithCompletion Handler:来获得排行榜的信息。从 Game Center 返回的信息，将会是按照之前的属性设置来选择后的内容。所以此处读者要注意，在使用类 GKLeaderboard 的对象之前，一定要设定前面介绍的 4 个属性。对排行榜中的数据进行筛选，只获取需要的内容，这也能够减少网络通信的流量。如果获取分数成功，那么所有符合条件的玩家分数以及信息将会保存在 GKLeaderboard 类的 scores 对象当中。此属性是一个 NSArray 对象，其中保存着 GKScore 对象，这也正是我们之前提交分数时所用的对象。在此我们了解一下 GKScore 对象所包含的属性，如表 11-2 所示。

表 11-2　GKScore 属性介绍

GKScore 对象属性	样　例	GKScore 对象属性	样　例
playerID property	玩家 ID	value property	分数数值
category property	分类标识	context property	内容连接
date property	提交日期	formattedValue property	数值格式

表 11-2 中列出了开发者可以从 GKScore 对象中获得的所有信息。虽然在上传分数时，我们只是设置了标识分类和玩家的分数，但是下载的信息却包含了更多的内容。这是因为上传时那些开发者没有填写的信息都是由 Game Kit 框架代劳了。

在代码中仅仅是将获得的排行榜信息输出在控制台，并没有任何的界面显示。很显然这只是一段测试代码，因为玩家可不会去看控制台的信息。因此 GKScore 对象当中只是包含玩家提交的分数，开发者需要另外创建一个界面来显示这些信息。在游戏产品当中，可以使用玩家的名称或者 ID，按照分数的排列顺序将这些信息显示给玩家。在 GKScore 对象当中，分数信息都是来自全球各地玩家所提交的，其数据的格式将会按照 iTunes Connect 网站中设置的格式。这些都是在显示时需要留意的内容。如果开发者不想自定义一个显示排行榜的界面，也可以使用 Game Kit 框架中提供的类 GKLeaderboardViewController。从此类的名字我们就能够知道它是一个视窗控制器，它将会使用一套统一的排行榜界面来显示当前游戏的排名信息。来看如下的代码。

代码 11-5　GKLeaderboardViewController 使用代码

```
-(void)showLeaderboard
{
  GKLeaderboardViewController *leaderboardController = nil;
  leaderboardController = [[GKLeaderboardViewController alloc] init];
  if (leaderboardController == NULL)
          return;
  leaderboardController.category = @"分类标识";
  leaderboardController.timeScope = GKLeaderboardTimeScopeAllTime;
  leaderboardController.leaderboardDelegate = self;
   [self presentModalViewController: leaderboardController animated: YES];
}
- (void)leaderboardViewControllerDidFinish:(GKLeaderboardViewController *)viewController
{
  [self dismissModalViewControllerAnimated: YES];
}
```

代码 11-5 就是使用 Game Kit 框架中的 GKLeaderboardViewController 类来显示游戏排行榜。在 GKLeaderboardViewController 对象初始化完成之后，也需要设置一些属性。这与之前 GKLeaderboard 类的属性几乎一样，我们就不再赘述了。代码中的方法 leaderboardViewController DidFinish:是在玩家退出显示界面时回调的方法。开发者需要在方法内让玩家重新返回到游戏界面。当然，要想实现此回调方法，需要当前的类继承协议 GKLeaderboardViewControllerDelegate。下面来一张 Game Kit 框架提供的排行榜显示界面，也就是上述代码运行的结果，如图 11-13 所示。

图 11-13　GKLeaderboardViewController 运行画面

在图 11-13 所示的界面中，展示了 Game Kit 框架为排行榜提供的展示界面。在此界面中存在几个按钮。左上角的 Leaderboards 按钮将会返回到排行榜的主界面。在主界面当中，玩家可以查看游戏当中所有的排行榜。右上角的 Done 按钮则是退出按钮。当玩家单击此按钮后，将会调用前面介绍的方法 leaderboardViewControllerDidFinish:。在画面中间就是当前排行榜的信息。因为排行榜中只存在一个玩家的信息，所以可能效果并不明显。在中间靠上的部分，存在 3 个按钮标签，用于表示按照不同的时间来筛选当前的排行榜信息。按从左到右依次为今天、本周、所有时间。

如果读者对上述界面感觉不满意，也可以按照游戏画面风格来进行定制。无论是使用 Cocoa 中的 UI 控件，还是纯粹的画面绘制，都与排行榜的信息上传与获取功能无关。只要开发者能够在游戏产品中正确使用 Game Center 的排行榜功能，至于怎么显示排行榜中的内容，就可以按照个人喜好，随意发挥了。

我们介绍了在 Game Center 中的排行榜功能，读者应该清楚地知道在游戏产品中使用它的好处。我们介绍了在 iTunes Connect 官方网站创建排行榜的方法。在使用此功能时，开发者需要让游戏产品能够从任何网络错误中恢复过来。对于排行榜的显示界面，开发者有两个选择，无论是苹果公司提供的 GUI 还是使用一个自定义界面，其数据内容都一样的。在接下来的内容当中，我们将会继续介绍一个 Game Center 中的功能，它与排行榜功能有许多类似的地方，也存在许多的不同。

11.3.3　成就功能

成就（Achievement）功能是 Game Center 中为开发者提供的另一个针对性强的游戏功能。成就是开发者在应用程序中为玩家创造的一个可以达成目标。玩家通过一个在游戏中完成的任务，来获得一个视觉上的标识或者其他奖励。成就功能能够激励玩家投入游戏当中，并且将获得的成就与朋友分享。这就与小学生获得"小红花"奖励一样，其本身并没有多大的内在价值，只是一种荣誉。Game Center 中的成就功能主要为开发者提供了以下内容：

- 创建新的成就。
- 显示玩家成就的进度。
- 在代码中加入成就功能。
- 跟踪成就进度或者重置成就。
- 自定义成就的显示画面。

与排行榜功能相比，成就是相对较新的游戏概念，但其受到玩家喜爱的程度并不逊于排行榜。这可能是因为大多数人都有收集事物的喜好。无论是小时候的昆虫标本，还是古董古玩，这都是一种人们源于兴趣的收集活动。同在游戏当中的玩家，对于成就也有一些收集的喜好。这正是排行榜不能够带给玩家的感觉。成就提供了一些排行榜所不具备的体验感觉。排行榜用来表明谁拥领先的分数，而成就是奖励玩家完成任务。它表现出一个玩家的技能、优势或者级别。成就本质上弱化了玩家之间的竞争排名。当玩家以取得成就为目的来体验游戏时，他们就会变得更容易与其他玩家沟通。这些成就可以成为向别人炫耀的勋章，也可以成为一类玩家的标志。由于社区化游戏产品的蔓延，玩家普遍接受了成就带来的快感。如今，成就功能已经非常普及，几乎在多数游戏产品中都可以看到此功能。

图 11-14　Foursquare 中的成就

Foursquare 算得上是第一个引入成就功能的应用产品。此款 iOS 平台的应用产品中的成就种类繁多，就好比一个浩瀚星空，在星空中点缀的就是一个个成就的徽章。当玩家收到一个完成任务的奖励时，他就会获得一个徽章。徽章的数量不影响游戏，因为它并没有任何直接的方式来影响应用程序。图 11-14 就展示了 Foursquare 应用程序中用户所获得的徽章。

经过上面的介绍，我们已经大致了解到成就功能的原理以及作用。我们可以看到许多成就功能的好处。除了游戏的快感之外，它可以帮助玩家获得额外的成就感。成就功能也可以让玩家在游戏产品当中投入更多的时间。因为如果完成某个任务获得成就，就不得不回到游戏产品当中。这一种增加游戏黏度的很好途径。依靠 Game Center 提供的功能，玩家非常容易就可以将在游戏中获得的成就与朋友们分享，并且开发者可以设计各式各样讨人喜欢的成就图标。

想必大家已经领略到了将成就系统加入到游戏产品的诸多好处。下面就让我们开始动手吧！为游戏产品加入 Game Center 的成就功能。

代码 11-6　成就系统实现功能

```
- (void) reportAchievementIdentifier: (NSString*) identifier percentComplete:
(float) percent
  {
      GKAchievement *achievement = [[[GKAchievement alloc] initWithIdentifier:
identifier] autorelease];
      if (achievement)
      {
        achievement.percentComplete = percent;
        [achievement reportAchievementWithCompletionHandler:^(NSError *error)
        {
            if (error != nil)
            {
              //此处需要处理错误信息
              NSLog(@"报告成就进度失败 ,错误信息为: \n %@",error);
            }else {
            //对用户提示，已经完成 XX%进度
            NSLog(@"报告成就进度---->成功!");
            NSLog(@"    completed:%d",achievement.completed);
            NSLog(@"    hidden:%d",achievement.hidden);
            NSLog(@"   lastReportedDate:%@",achievement.lastReportedDate);
            NSLog(@"   percentComplete:%f",achievement.percentComplete);
            NSLog(@"    identifier:%@",achievement.identifier);
          }
      }];
    }
  }
```

代码 11-6 所示的方法 reportAchievementIdentifier:percentComplete:用于向 Game Center 汇报当前成就的完成度。对于一个玩家可见的成就，开发者需要尽可能地报告玩家当前达成的进度，也就是任务完成度。比如在游戏中，玩家需要完成一个抓 10 只小鸟的任务。开发者最好在每次玩家抓住一只小鸟时，就向 Game Center 汇报一次任务的进度。当然，对于一个已经达成的成就，则不需要实时汇报了。当玩家的任务进度达到百分之百的时候，会自动达成成就获得勋章。在代码中，我们通过类 GKAchievement 的对象来向 Game Center 上传成就的进度。此对象的初始化方法需要使用成就的标识值。此标识值就是之前在 iTunes Connect 中开发者设置的成就属性。类 GKAchievement 中包含了一些与成就有关的属性，如表 11-3 所示。

表 11-3　类 GKAchievement 的属性

属 性 名 称	数 据 类 型	含 义
completed	布尔数值	是否完成
hidden	布尔数值	是否隐藏
lastReportedDate	NSDate	最后一次上传的时间
percentComplete	浮点类型	完成度
showsCompletionBanner	布尔数值	是否显示达成提醒

表 11-3 中列出了类 GKAchievement 所包含的属性，它们都是与成就功能相关的属性。比如最后一个属性是用来设置当玩家获得成就时，是否需要显示提醒信息的。成就功能的使用步骤与前面介绍的排行榜有许多的类似之处。在掌握了成就进度上传方法之后，就可以从 Game Center 中获取当前玩家所获得的成就信息了，见如下的代码 11-7。

代码 11-7　从 Game Center 获得玩家成就

```
//得到本机用户的所有成就
- (void) loadAchievements
    {
        NSMutableDictionary *achievementDictionary = [[NSMutableDictionary alloc]
init];
        [GKAchievement loadAchievementsWithCompletionHandler:^(NSArray *achievements,
NSError *error)
        {
            if (error == nil) {
                NSArray *tempArray = [NSArray arrayWithArray:achievements];
                for (GKAchievement *tempAchievement in tempArray) {
                    [achievementDictionary setObject:tempAchievement forKey:
tempAchievement.identifier];
                    NSLog(@"    completed:%d",tempAchievement.completed);
                    NSLog(@"    hidden:%d",tempAchievement.hidden);
                    NSLog(@"    lastReportedDate:%@",tempAchievement.lastReported
Date);
                    NSLog(@"    percentComplete:%f",tempAchievement.percentComplete);
                    NSLog(@"    identifier:%@",tempAchievement.identifier);
                }
            }
        }];
    }
//根据 ID 得到指定成就
- (GKAchievement*) getAchievementForIdentifier: (NSString*) identifier
    {
        NSMutableDictionary *achievementDictionary = [[NSMutableDictionary alloc]
init];
        GKAchievement *achievement = [achievementDictionary objectForKey:
identifier];
        if (achievement == nil)
        {
```

```
            achievement = [[[GKAchievement alloc] initWithIdentifier:identifier]
autorelease];
            [achievementDictionary setObject:achievement forKey:achievement.
identifier];
        }
        return [[achievement retain] autorelease];
    }
```

　　代码 11-7 所示的两个方法都用来获取本机玩家所获得的成就。第一个方法 loadAchievements 将会获得本机玩家在此游戏中的所有成就,而第二个方法 getAchievement ForIdentifier:则是根据参数中的标识来获得特定的成就。这两个方法都是使用了 GKAchievement 对象从 Game Center 来获取成就的。成就功能与排行榜功能虽然有许多类似之处,但也存在许多的区别。正如下面我们将要介绍的重置功能,这就是排行榜所没有的。

　　重置成就,就是将玩家已经获得的成就清空。在调试过程中开发者是非常需要这项功能的。另外,在某些情况下,玩家可能也想要重置自己的成就。在游戏当中可能会为用户提供一个选项来重置当前的成就。比如一些游戏中可能存在一些特殊模式,或者给用户一个机会可以从头开始来体验游戏。不过无论是玩家,还是开发者,都要清楚地知道,一旦成就被重置了,就无法再还原。所以在重置成就之前,最好进行确认。下面的代码片段将彻底地在游戏当中重置本机用户的所有成就。

代码 11-8　重置成就

```
//重置方法
- (void)resetAchievements
{
  //清空本地缓存
  [self setEarnedAchievementCache:NULL];
  //清空 Game Center 中的进度
  [GKAchievement resetAchievementsWithCompletionHandler:^(NSError *error) {
    if (error == NULL) {
      //重置成功
      NSLog(@"Achievements have been reset");
    } else {
      //处理错误
      NSLog(@"There was an error in resetting the achievements: %@", [error
      localizedDescription]);
    }
  }];
}
```

　　代码 11-8 中的方法 resetAchievements 就会将本机玩家的成就重置到最初的状态。首先,此方法将会清除任何在本地创建的成就缓存。然后,它会清除存储在 Game Cneter 的玩家已经获得的成就以及未获得成就的进度。读者需要明白,一旦运行此方法,一切都将回到最初的状态。在方法 resetAchievements 中,仍然使用类 GKAchievement 的对象来调用 resetAchievements WithCompletionHandler:方法。开发者同样要处理网络失败的情况。

　　成就功能与排行榜的另一个区别之处就在于每一个成就都包含了描述以及图片信息。这是在 iTune Connect 网站中,开发者创建成就时所填写的信息,玩家将会在游戏产品当中看到这些信息。无论是使用 Game Kit 框架中提供的 UI 界面,还是开发者自制的界面,都需要从 Game Center 中获取这些信息。下面的代码片段就是用来获取成就的描述以及图片的。

代码 11-9　获取成就的描述和图片

```
- (NSArray*)retrieveAchievmentMetadata
    {
        //读取成就的描述
        [GKAchievementDescription loadAchievementDescriptionsWithCompletionHandler:
        ^(NSArray *descriptions, NSError *error) {
            if (error != nil)
            {
                //处理出错信息
                NSLog(@"读取成就说明出错");
            }
            if (descriptions != nil)
            {
                //获得成就的描述信息
                for (GKAchievementDescription *achDescription in descriptions) {
                    NSLog(@"1..identifier..%@",achDescription.identifier);
                    NSLog(@"2..achievedDescription..%@",achDescription.achieved
Description);
                    NSLog(@"3..title..%@",achDescription.title);
                    NSLog(@"4..unachievedDescription..%@",achDescription.unachieved
Description);
                    NSLog(@"5............%@",achDescription.image);

                    //获取成就图片,如果成就未解锁,返回一个大文号
                    [achDescription loadImageWithCompletionHandler:^(UIImage *image,
NSError *error)                       {
                        if (error == nil)
                        {
                            //读取成就图片
                            NSLog(@"成功取得成就的图片");
                            UIImage *aImage = image;
                            UIImageView *aView = [[UIImageView alloc] initWithImage:
aImage];

                            aView.frame = CGRectMake(50, 50, 200, 200);
                            aView.backgroundColor = [UIColor clearColor];
                            [[[CCDirector sharedDirector] openGLView] addSubview:
aView];

                        }else {
                            NSLog(@"获得成就图片失败");
                        }
                    }];
                }
            }
        }];
        return nil;
    }
```

代码 11-9 中的方法 retrieveAchievmentMetadata 可以帮助开发者获得成就的描述以及图片信

息。在 Game Kit 框架当中，专门定义了一个类来处理这些数据内容。类 GKAchievement Description 包含了与成就有关的信息内容。这些信息在 iTunes Connect 中可以设置为不同的语言版本。

- identifier 是每个成就的标志值，用来查找和比对一个成就。
- achievedDescription 是当玩家完成任务获得成就之后的描述信息。
- title 是此成就显示的标题名称。
- unachievedDescription 是在玩家进行成就之中尚未达成时的描述信息。
- image 对象是当玩家获得成就时将要显示的图像。开发者在创建一个成就时，可以上传此图片。对于尚未完成的成就，则始终会显示一个标准的由 Game Center 提供的图像。

至此，我们已经获得了所有与成就有关的内容，接下来就是将这些内容在游戏当中显示给玩家。成就显示方式与排行榜一样。开发者可以使用自定义的界面，也可以使用 Game Kit 框架中提供的视窗控制器。至于自定义界面的好处，必然是可以保持游戏中统一的界面风格。而使用 iOS SDK 中的显示界面除了省时省力之外，对玩家来说也无须花时间熟悉操作。总的来说两种方式各有利弊，还请读者自己斟酌吧！下面将要介绍如何使用 Game Kit 框架中提供的视窗控制器来显示玩家的成就。

代码 11-10　显示玩家成就

```
//显示玩家成就
- (void) showAchievements
{
  GKAchievementViewController *achievements = [[GKAchievementViewController
  alloc] init];
  if (achievements != nil)
  {
     achievements.achievementDelegate = self;
     [self presentModalViewController: achievements animated: YES];
  }
  [achievements release];
}
//成就界面退出后的回调方法
- (void)achievementViewControllerDidFinish:(GKAchievementViewController
*)viewController
{
   [self dismissModalViewControllerAnimated:YES];
}
```

代码 11-10 就是用来在游戏当中显示本机玩家的成就界面。在代码中使用了类 GKAchievement ViewController，它就是 Game Kit 框架中为开发者提供的用于显示玩家成就的视窗控制器。Game Center 为应用程序提供了一个在屏幕上显示成就的视窗控制器。开发者需要在代码中添加一个此类的对象。GKAchievementViewController 类提供了一个标准接口视窗对象来显示玩家成就。使用视窗控制器，是为了方便在游戏界面与成就界面之间切换。在使用成就的视窗控制器时，代码中还必须实现 GKAchievementViewControllerDelegate 协议。当用户从成就画面退出时，才可以回调方法 achievementViewControllerDidFinish:，以方便开发者进行后续的画面处理。图 11-15 所示的正是一个玩家成就显示界面。

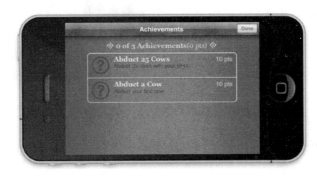

图 11-15　玩家成就显示界面

凭借刚刚介绍的内容，读者已经能够将丰富的成就功能添加到游戏产品当中。

成就功能在应用程序中所体现的价值已经被开发者所认可。要想使用此功能，首先要在 iTunes Connect 门户网站中设置和配置成就。然后在游戏项目中添加代码，我们就可以获得本机玩家已取得的成就、正在进行中的成就进度，并且可以重置它们。最后，与排行榜功能一样，要想在游戏产品中显示玩家的成就信息，读者有两个方式可以选择。第一就是使用 Game Kit 框架中提供的视窗控制器，第二就是自己动手定制一个成就显示界面。至于这两种方式的利弊，已经在上面的内容中介绍过了。

11.4　游戏社区交互

Game Center 中最重要的一个功能就是玩家之间的交互。玩家并不是一个人在使用应用产品，反而一款应用产品将会拥有成百上千的用户。如果这些用户彼此认识，成为朋友，必然能够促进用户彼此之间的交流。对于游戏产品，玩家则更需要朋友。我们都知道，快乐在于分享。

玩家是 Game Center 的基石。玩家体验了游戏产品，获得了高分，并取得了巨大的成就，获得了满足感。但在此之前，玩家只是自我欣赏阶段。但是当游戏产品中加入了 Game Center 功能之后，这种局面将会发生改变。在 Game Center 当中，玩家可以结交朋友。一个玩家要参加 Game Center，必须先建立一个拥有名字的账户。游戏中心账户提供了许多的功能：它可以让玩家通过 Game Center 身份认证；它是玩家的唯一标识；它将会允许把玩家有关的具体数据存储在 Game Center 当中。应用程序可以访问玩家的信息，其中包括了如下数据：

- 玩家在每一个排行榜的排名以及相关信息。
- 玩家所取得的成就以及进度。
- 一个玩家的朋友名单。

上述内容的前两点已经在前面的章节中介绍过了。接下来的内容，我们将会为读者介绍玩家在 Game Center 中的社区交互功能。换句话说，读者将会通过 Game Kit 框架来获得玩家朋友们的信息。

作为 Game Center 基本的元素就是玩家。我们已经知道了通常一个玩家在 Game Center 中所具有的信息内容。玩家可以在 Game Center 结识朋友，彼此分享对于游戏产品的新体会。苹果公司推出 Game Center 的目的是为全球的游戏用户创建一个网络社区社会。在 Game Center 当中，允许玩家邀请其他玩家成为朋友。两名具有朋友关系的玩家，可以看到每个人的信息，以及在游戏产品中的排名。另外，还可以邀请朋友参与到某款游戏产品当中。通过 Game Kit 框架，开发者可以在游戏产品当中访问本机用户的朋友列表，或者让玩家邀请其他玩家成为朋友。当然，在游戏产品中，也可以使用邀请功能，它是由玩家邀请另一个玩家一起参与到游戏产品当中，然后就会有更多的玩家参与到游戏当中。这是开发者最乐意看到的场面。好友列表是一个在游戏中由本机用户的朋友们组成的。它是一个数组，其中包含了每个朋友的用户 ID。有了这些数据，开发者就可以做很多的事情，例如在游戏中创建一个只有好友才能使用的话音信道，或者查看在朋友列表当中谁的分数最高。

代码 11-11　访问用户的好友

```objc
//检索已登录用户好友列表
- (void) retrieveFriends
{
    GKLocalPlayer *lp = [GKLocalPlayer localPlayer];
    if (lp.authenticated)
    {
        //获得好友列表
        [lp loadFriendsWithCompletionHandler:^(NSArray *friends, NSError *error) {
            if (error == nil)
            {
                [self loadPlayerData:friends];
            }
            else
            {
                ;//处理错误
            }
        }];

    }
}
//显示好友数据
- (void) loadPlayerData: (NSArray *) identifiers
{
    [GKPlayer loadPlayersForIdentifiers:identifiers withCompletionHandler:^
(NSArray *players, NSError *error) {
        if (error != nil)
        {
            //处理错误
        }
        if (players != nil)
        {
            NSLog(@"得到好友的 alias 成功");
            GKPlayer *friend1 = [players objectAtIndex:0];
            NSLog(@"friedns---alias---%@",friend1.alias);
            NSLog(@"friedns---isFriend---%d",friend1.isFriend);
            NSLog(@"friedns---playerID---%@",friend1.playerID);
        }
    }];
}
```

代码 11-11 为读者展示了如何在游戏产品当中获取玩家的好友列表。在方法 retrieveFriends 中，为了检索已通过验证玩家的好友信息，通过类 GKLocalPlayer 的对象来调用方法 loadFriends WithCompletionHandler:。如果此时网络访问成功，此方法将会返回一个 NSArray 数组对象，在里面就装满了本机玩家的好友信息。在代码中 friends 得到的就是一个好友的身份列表，里面存储数据类型的是 NSString，仅仅是其好友的标识。开发者要想获得好友其他的信息，需要将其转换成类 GKPlayer 的对象。在上面的代码中，我们调用了方法 loadPlayerData: (NSArray *) identifiers，该方法将会得到一个 NSArray 数组对象，里面存储的就是 GKPlayer 对象。每一个 GKPlayer 对象就代表了一个本机玩家的好友。此对象中包含了 3 个信息，分别为别名、好友关系以及用户 ID。在拿到了这些信息后，开发者就获得了本机玩家在 Game Center 中的社交范围。然后，就可以利用好友的 ID 来进行一些后续的操作。比如邀请好友参与到游戏当中，或者在排行榜中列出所有好友之间的名次。这些都能够促进玩家在游戏产品中投入更多的时间。这也是一种提高游戏可玩性的手段。

11.5 游戏内置收费（In-App Purchasing ）

在前面的章节中，我们为读者介绍了 iOS SDK 中 Game Kit 框架，它为开发者提供了许多与游戏产品有关的网络功能。苹果公司在网络中建立一个 Game Center 的玩家社区，在这里玩家可以获得成就、结交朋友、分享游戏体验以及邀请别人一同参与游戏竞技。这些都是为了帮助开发者提高单击游戏的可玩性，增加用户黏度。从玩家的角度来说，这也满足了与他人交流分享的渴望。接下来我们将要为读者介绍另一个 iOS 游戏特性，它也是为提高单机游戏的可玩性，同时也可以应用在网络游戏当中。

我们介绍了 Game Center 以及 Game Kit 框架的功能以及用法，开发者可以将它们添加到游戏产品当中，来丰富玩家的社交网络。然而，还有另外一个重要的功能在应用程序中变得越来越流行，那就是让用户在游戏产品当中直接购买新的内容以及进行升级。对于开发者来说这是一种新的潜在的收入来源。在过去的几年里，App Store 存在两种商业模式。一种为收费购买版本，当玩家对一款游戏产品感兴趣时，就可以一次性购买然后下载到手机当中。另一种为免费版本，玩家无须支付任何的费用，就可以将游戏产品下载到 iOS 设备当中。这两种方式在 App Store 中非常常见。而如今内置购买的游戏也逐渐多了起来，玩家也渐渐地接受和喜爱上了这种商业模式。比如在一个模拟养成类的游戏当中，原本建立建筑或者种植农作物，需要一定等待的时间。根据游戏的规则设计，玩家此时只能等着时间慢慢推移。内置购买功能的推出，玩家可以偶尔花费一两元钱，来提升游戏速度或者促进建筑建设或者植物生长。至于是节省时间与电力，还是节省花费，这就是玩家的选择，但对于开发者来说玩家在游戏中的购买则会达到成百上千次，其带来的利润也是不容忽视的。iOS SDK 中的 Store Kit 框架为开发者的游戏产品提供了游戏内置购买功能（In App Purchase），此功能可以为开发者带来额外的收入。接下来，就让我们来详解了解它吧！

11.5.1 In-App Purchase 概览

内置购买（In-App Purchase）简称为 IAP，允许开发者在游戏产品中直接嵌入在线商店的收费功能。开发者需要在游戏产品当中使用 Store Kit 框架中的方法接口。Store Kit 框架负责 iOS 设备安全连接到 App Store 并处理用户的支付。在付费时，Store Kit 框架会提示用户授权付款，然后再通知游戏产品，以便可以提供用户所购买的服务或者物品。开发者可以使用内置购买功能，在游戏产品中添加额外的支付功能，用于增强游戏的功能或其他内容。但是有一点必须明确，Store Kit 框架只负责通过网上商店支付的过程，至于玩家所购买的服务则是由开发者提供的。而且一旦造成了用户付款，游戏中提供的物品或者服务必须对玩家产生价值。例如开发者可以在下列情况中使用内置购买：

- 游戏产品当中的额外高级功能，比如更厉害的武器或者人物装备。
- 一个电子书阅读器应用程序，允许用户购买和下载新的书籍。
- 用于购买游戏当中新的关卡或者场景。
- 在线游戏中允许玩家购买虚拟财产，用于获得游戏中的虚拟道具。

Store Kit 框架负责应用程序和 App Store 之间进行通信。应用程序将从 App Store 接收那些由开发者提供的用于内置购买的商品的信息，并将它们显示出来供用户购买。当用户需要购买某件商品时，应用程序将会调用 Store Kit 框架来收集购买信息。其过程如图 11-16 所示。

图 11-16 所示的就是基本的 Store Kit 框架模型。我们可以看到 Store Kit 框架是连接应用程序和 App Store 之间的桥梁。开发者需要使用 Store Kit 框架中的 API 为游戏产品添加内置购买功能。在添加具体的代码之前，开发者需要决定如何去记录那些玩家已经购买的服务或者物品、如何在游戏中将商店功能展现给用户，还要考虑如何将用户购买的商品提交。这也正是接下来将要介绍的内容。

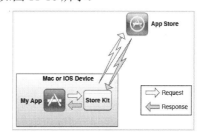

图 11-16　Store Kit 框架

首先，在游戏产品中，玩家可以购买任何内容，它可以是任意一项游戏中出售的特性。玩家在游戏中购买的内容被称为商品。它可以是一种虚拟道具，也可以是游戏中的货币，或者是一些解锁的关卡。无论如何，每一个商品都需要开发者在 iTunes Connect 门户网站中创建。这和前面介绍的排行榜以及成就功能的使用步骤一样。在游戏当中，内置购买支持了 4 种商品种类。

- 内容型：包括电子书、电子杂志、照片、插图、游戏关卡、游戏道具和其他的数字内容。
- 扩展功能：这些功能已经包含在 App 内部，在未购买之前被锁定。例如在一个游戏程序中包含若干个小游戏，用户可以分别购买这些游戏。
- 服务：允许程序对单次服务收费，比如录音服务或者下载服务。
- 订阅：支持对内容或服务的扩展访问。例如，在应用程序中可以为用户每周提供财务信息或游戏门户网站的信息。应该设定一个合理的更新周期，以避免过于频繁的提示困扰用户。开发者将负责跟踪订阅的过期信息，并且管理续费。App Store 并不会监视订阅的周期，也不提供自动收费的机制。

根据上述的商品内容，开发者可以选择适合的商品类型在游戏当中应用。In App Purchase 只是为创建商品提供了一种通用的机制，至于如何操作将由开发者来负责。当开发者设计程序的时候，有 3 点要求需要注意：首先，应用程序只能提供电子类商品和服务，不要使用内置收费去出售实物和实际服务；其次，不能提供代表中介货币的物品，应该让用户知晓他们购买的商品和服务是很重要的；最后，用于内置购买的内容不能够包含暴力、赌博、色情的用途。

11.5.2　通过 App Store 注册商品

经过前面的介绍，我们得知每个开发者想要出售的商品都必须先通过 iTunes Connect 门户网站在 App Store 注册。这与生活中人们想要做生意之前，需要先去工商部门办理营业执照是一样的道理。在注册游戏内置商品时，开发者需要提供商品的名称、描述、价格和其他在游戏以及 App Store 中用到的数据。

这已经不是我们第一次登录 iTunes Connect 门户网站了。在游戏开发的过程中，读者将会经常访问此网站，用来创建一些游戏中使用的功能。为了读者方便，我们将网址附在下面：

http://itunesconnect.apple.com

在登录 iTunes Connect 网站之后，选择需要添加内置购买的应用程序。在应用程序界面选择图 11-17 所示的按钮。

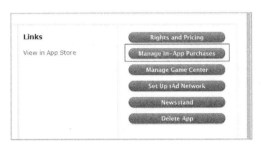

在其右侧一排按钮当中，读者看到了熟悉的 Manage Game Center 按钮，在它的上面就是内置购买的设置按钮 Manage In-App Purchases，单击进入新的界面，如图 11-18 所示。

图 11-17　内置购买按钮

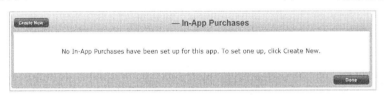

图 11-18　创建内置购买商品

在图 11-18 所示的界面中，单击左上角的 Create New 按钮，就会用来创建一个内置购买的商品。在接下来的界面当中，开发者首先要选择内置购买商品的类型，如图 11-19 所示。

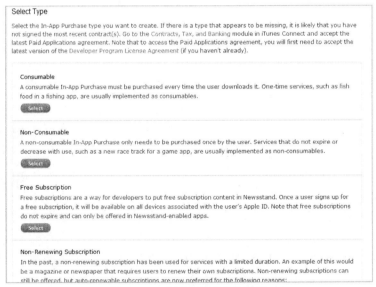

图 11-19　内置购买商品的类型

图 11-19 中展示了玩家将在游戏当中内置购买的商品类型。由于商品可以是一种虚拟的道具，也可以是一个隐藏的关卡或者地图，但必须是直观的，可以让用户购买后直接获益的商品。按照图 11-19 所示的游戏内置购买的商品，从消费性质上分为 4 种。

- 消耗型商品：该类商品在需要时被单次购买，比如游戏道具、子弹、药品等。由于这类商品可以被消耗，所以支持重复购买。苹果应用商店不保存此类商品的购买记录，如果要保存则需要开发者同步到自己的服务器上。
- 非消耗型商品：该类商品只需被某个用户购买一次。一旦被购买，所有与该用户 iTunes 账户关联的设备都可以使用此商品。Store Kit 框架提供了内置的支持，它将会在多个设备上重新存储此类非消耗性商品，比如游戏关卡、隐藏地图等。这类商品只要购买一次便可以了，苹果应用商店里每一个用户对非消耗型商品的购买都有记录，可以在不同的设备上恢复购买状态，这个恢复的过程叫做 Restore。
- 自动重置型订阅：提供内容的方式和非消耗性商品类似，但是，还是有一些区别。在 iTunes Connect 上创建自动更新型订阅服务的时候，需要选择订阅周期，这样，每次过期的时候，App Store 就会自动更新订阅服务。如果用户选择不更新订阅，则其订阅权限会被撤销。开发者需要在程序中负责验证当前的订阅是否可用，并获取新的交易收据。比如电子杂志、读物等。消费者购买这类商品时会从列表中选择一个有效期限，卖家在定义商品的时候从一群固定的选项中选择添加一个有效期，比如 7 天、一个月、两个月。过了有效期之后，商品的购买状态会被自动重置成未购买，要想继续获得内容则需要再次订阅。这种类型的商品和非消耗型商品一样，会在苹果商店内保存购买记录。
- 非自动重置型订阅：这是创建周期性商品的一种比较古老的方式。可以考虑一下是否需要换成自动更新型订阅。比如用户订阅电子杂志和读物报刊时需要从自定义的期限列表中选择期限，而不是苹果公司提供的固定选项，比如 9 天、一个半月或任意时间。在这种情况下，苹果商店无法根据期限来控制订阅的到期行为，所以一切都需要开发商自己编写相应的逻辑来实现。

上述的 4 种定义方式可以被分为两种：一种为消费型，另一种为订阅型。消费型的内置商品很容易理解，就是玩家消费一次就获得一次直观的物品或者服务。两种消费类型的商品的区别在于一个为单次购买单次使用，另一个为单次购买永久拥有。和消费型商品一样，订阅类商品可以被多次购买。开发者可以在程序内部加入自己的订阅计划更新机制。　另外，订阅类商品必须为用户关联所有的 iOS 设备。苹果公司的建议是订阅类商品可以通过外部服务器交付，而开发者必须为多个设备的订阅服务提供相应的支持。

有一点需要读者明白，非自动更新型订阅服务与自动更新型订阅服务存在很大的差异。笔者建议最好使用自动更新型订阅服务，除非读者清楚知道它们之间的主要不同。它们之间的差异在于下面几点：

- 订阅的条款并不在 iTunes Connect 中声明。开发者需要在程序中负责提供给用户这些信息。通常，开发者需要将订阅条款加在商品描述中。
- 非自动更新型订阅可以被购买多次（和消费型商品类似），并且不能被 App Store 自动更新，开发者不得不在游戏商品中通过代码来实现更新机制。具体说来，应用程序需要知道哪些订阅过期了，并且提示用户去再次购买。
- 购买过订阅服务的用户还可能使用其他设备，开发者必须保证将订阅内容发送给这些设备。非自动更新型订阅服务不会通过 Store Kit 框架被同步，所以开发者必须自己来实现这个功能。例如，大多数订阅服务使用 server 来提供，开发者可以自建立一个 server 来实现标识用户和相关订阅服务的功能。

在明确了内置购买产品的类型之后，读者就可以根据自己的需求来选择对应的商品类型了。单击确认后，将会进入到购买商品的设置界面，如图 11-20 所示。

图 11-20　内置购买商品的设置

在此界面当中，开发者需要填入商品的名称以及 ID，然后添加语言或者区域版本的文字描述以及支付名称，最后选择商品出售的价格。图 11-21 所示的就是在选择了中文语言版本以及 Tier 1 售价之后的设置界面内容。

Language	Display Name	Description	
Simplified Chinese	内部支付	内部支付测试内部支付测试	Delete

Pricing and Availability

Enter the pricing and availability details for this In-App Purchase below.

Cleared for Sale Yes ⦿ No ◯

Price Tier Tier 1

View Pricing Matrix

Price Tier 1												
App Store	U.S.*	Mexico	Canada	U.K.	European Union*	Sweden	Denmark	Norway	Switzerland	Australia	New Zealand	Japan	China
Customer Price	US$0.99	$12.00	CA$0.99	£0.69	0,79 €	7,00kr	6,00kr	7,00kr	1.00Fr	AU$0.99	NZ$1.29	¥85	¥6.00
Your Proceeds	US$0.70	MX $8.40	CA$0.70	£0.42	0,48 €			3,92kr	0.65Fr	AU$0.63	NZ$0.90	¥60	¥4.20

图 11-21　设置之后的内置购买商品界面

在图 11-21 中，读者可以看到此内置购买商品的一个中文语言的支付名称以及文字描述。然后，根据苹果公司的价格尺度 Tier 1，开发者将会看到全球各个区域的实际价格以及收益。除了这些描述之外，开发者还可以为每一个商品提交一张图片，用于向游戏中的玩家显示购买内容。在完成了上述所有操作之后，单击 Done 按钮，就完成了一个内置购买商品在 App Store 中的前期设置。

11.5.3　交付方式

我们刚刚创建了一个游戏中的内置购买商品，接下来就要对其进行测试。不过在测试之前，读者先要明白内置购买商品的交付方式。所谓的交付方式，就是玩家将如何来购买一个游戏内置的商品。这与在 App Store 中直接购买付费或者免费的应用程序是不同的。热爱网络购物的人们，一定有过使用支付宝的经历。支付宝就是通过用户银行卡来进行网络付账的。在每一个 App Store 用户注册之处，就需要提供一个可用的信用卡才能创建账户。不过，接下来我们将要介绍的交付方式并不是关于银行卡与 App Store 之间的支付方式，而是玩家如何通过内置购买的方式来付款。

交付方式对于应用程序中内置购买的设计和实现有非常重要的意义，它能够保证用户购买行为的可靠性，以及为开发者提供支付的安全性。它存在两种基本的模型可以用来交付商品：内置类型（Built-in model）和服务器类型（Server model）。不管使用哪种模型，开发者都需要维护商品列表，并确保当用户购买后成功交付商品。

1．内置商品类型

开发者选用此种类型，则代表了需要交付的商品已经存在应用程序的内部。这种方式通常用在一些被锁定的游戏功能上，也可以用来购买一些在应用产品当中的内容。该方式的一个重要的优点是可以及时地给玩家交付商品，大多数的内置商品应为非消耗型商品。读者需要注意，IAP 不提供购买补丁的功能。如果需要更改应用产品的内部数据，则开发者必须向 App Store 提交新的应用版本。为了标识内置购买商品，开发者要在应用程序中存储已购买商品的标识符。在内置模式下，来自苹果公司的建议是使用.plist 文件格式，来记录内置商品的标识符。因为此文件格式不需要修改代码，就可以添加和删除内容。

另外，当用户成功购买商品后，应用程序应将锁定的功能解锁，提供给用户。解锁的最简单实现方式是修改应用程序偏好设置（Application Preferences）。并且当用户备份手机数据的时候，程序偏好设置也会随之备份并不会丢失。如果在应用程序当中能够提醒用户在购买商品后备份手机以免丢失购买的内容，那就最好不过了。图 11-22 显示了内置类型的交付方式。

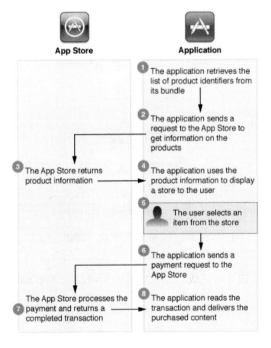

图 11-22　交付内置型商品的流程

iPhone 手机游戏开发从入门到精通

按照图中的编号，我们逐步为读者进行介绍。

① 通过应用程序内部存储的.plist 文件得到内置商品标识符的列表。

② 由程序当中向 App Store 发送请求，得到商品的信息。

③ App Store 返回内置商品的信息。

④ 程序把返回的商品信息显示给用户。

⑤ 用户选择购买某个商品。

⑥ 程序向 App Store 发送支付请求

⑦ App Store 处理支付请求并返回交易完成信息。

⑧ 应用程序获取已购买的信息并提供相应内容给用户。

2. 服务器类型

使用此种方式，要提供另外的服务器与应用程序进行通信，进行内置商品的购买。服务器交付方式适用于订阅、内容类商品和服务。因为商品可以作为数据包发送到应用程序当中，而无须修改应用程序的内部数据。例如一个游戏产品中提供了新的关卡、任务或者道具等，此时就可以通过服务器方式将新的数据下载到应用程序当中。不过 Store Kit 框架中没有对服务器端的设计和交互做出任何的技术支持，这方面工作需要由开发者来完成。而且 Store Kit 框架也不提供验证用户身份的机制，这也是需要由开发者来设计和实现的。所以在使用此方式之前，读者需要明确自己将要完成的工作。如果在应用程序中需要以上功能，例如记录特定用户的订阅计划以及存档，都需要开发者来设计和实现。下面，我们来看看 Store Kit 框架在服务器交付类型中承担了哪些工作，如图 11-23 所示。

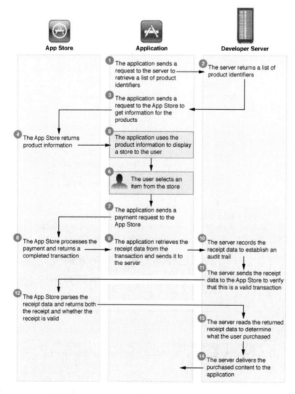

图 11-23　服务器类型的购买过程

图 11-23 展示了内置购买商品服务器交付类型的运作过程。我们依然按照老规矩，逐步为读者进行介绍。

① 应用程序向服务器发送请求，获得一份内置商品列表。

② 服务器返回包含商品标识符的列表。

③ 应用程序向 App Store 发送请求，得到商品的信息。

④ App Store 返回商品信息。

⑤ 程序把返回的商品信息显示给用户。

⑥ 用户选择想要购买的某个商品。

⑦ 应用程序向 App Store 发送支付请求。

⑧ App Store 处理支付请求并返回交易完成信息。

⑨ 应用程序从信息中获得数据，并发送至服务器。

⑩ 服务器记录用户的购买数据，并进行审查。

⑪ 服务器将数据发给 App Store 来验证该交易的有效性。

⑫ App Store 对收到的数据进行解析，返回该数据并同时说明其是否有效。

⑬ 服务器读取返回的数据，确定用户购买的内容。

⑭ 服务器将购买的内容传递给应用程序。

苹果公司建议在服务器端存储已购买的商品标识，而不要将其存储在应用程序的.plist 文件当中。这样玩家不需要在更换设备时备份数据，开发者也可以在不升级应用程序的前提下添加新的商品。

在服务器模式下，开发者的应用程序将获得交易（transaction）相关的信息，并将它发送给服务器。服务器可以验证收到的数据，并将其解码以确定需要交付的内容。对于服务器模式，其安全性和可靠性方面需要由开发者来提供，苹果公司并不能确保其稳妥。所以，在应用程序上线之前，应该建立整个环境来进行测试，以便避免威胁。虽然非消耗型商品可以用内置模式来交付，订阅类商品必须通过服务器来交付，因为开发者要负责记录订阅信息以及传输的数据，但这并不是一件确定以及肯定的事情。

消耗类商品也可以通过服务器方式来记录。例如，开发者可能在服务器提供了一项服务，让用户在多个设备上可以重复获得购买商品的结果或者取得商品信息。

11.5.4　利用 Store Kit 框架进行编码

Store Kit 框架是专门提供给开发者用于实现游戏内置购买功能的程序框架，其中提供了许多便于使用的程序方法。在前面的章节中，我们已经创建了一个内置购买商品。此时，读者也明白了内置购买商品的交付方式。那么接下来就是实际的编码阶段。来看看如果在游戏项目中加入购买的代码，让玩家可以购买内置商品。

首先，读者需要明确一点，在 Store Kit 框架当中并没有包含任何界面。这是与排行榜以及成就功能一个明显的区别。开发者不得不要在应用程序当中显示"商店"界面。在此界面当中需要显示从 App Store 得到的商品信息，玩家也将在此界面选择想要购买的商品。接下来按照交付方式的步骤，先来详细讲解如何使用 Store Kit 框架中的代码从 App Store 获取商品信息。

另外，用户可以禁用在应用程序当中内置购买的功能。在发送支付请求之前，应用程序应该检查该功能是否被开启。如果没启用就不显示商店界面，否则显示了用户也不会购买。不过，也可以在用户发送支付请求前检查，这样用户就可以看到可购买的商品列表了，然后再决定是否要购买。通过下面的方法，可以检测用户是否开启了内置购买的功能：

```
[SKPaymentQueue canMakePayments];
```

1. 发送请求

当游戏产品中需要向 App Store 发送请求时，Store Kit 框架中提供了从 App Store 上请求数据的通用机制。应用程序可以创建并初始化一个 request 对象，为其附加委托对象，然后启动请求过程。请求将被发送到 App Store，在那里请求信息将会被处理。处理完成之后，request 对象将会通过异步的方式调用委托对象中的方法，以获得请求的结果。图 11-24 展示了刚刚描述的过程。

图 11-24 所示的就是应用程序当中使用 Store Kit 框架发起请求的过程。如果应用程序在请求期间退出，则需要重新发送请求。在此请求过程中用到的类有：

- SKRequest 为 request 的抽象根类。
- SKRequestDelegate 是一个协议类，实现用以处理请求结果的方法，比如请求成功或请求失败。

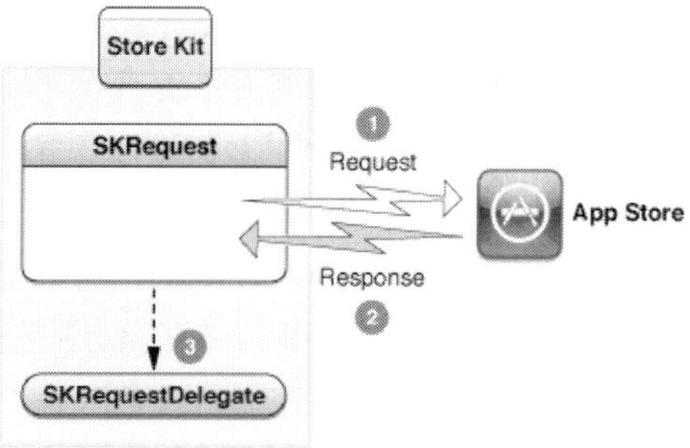

在发送获得商品信息的请求时，应用程序使用

图 11-24　应用程序发起请求

request 对象来获得商品的信息。要完成这一过程，开发者需要在代码中创建一个 request 对象，其中包含一个商品标识的列表。之前提到过，此列表可以从应用程序内部.plist 文件获得，也可以通过外部服务器来获得。

代码 11-12　请求商品信息

```
//这里发送请求
- (void)requestProductData
{
    SKProductsRequest *request = [[SKProductsRequest alloc]initWithProductIdentifiers:
    [NSSet setWithObject: kMyFeatureIdentifier]];

    request.delegate = self;
    [request start];
}

//这个是响应的delegate方法
- (void)productsRequest: (SKProductsRequest *)request
didReceiveResponse: (SKProductsResponse *)response
{
    NSArray *myProduct = response.products;

    //生成商店的UI
```

```
    [request autorelease];
}
```

代码 11-12 的作用是获得商品的信息。在程序中创建 SKProductsRequest 对象，用想要出售的商品的标识来进行初始化，然后附加上对应的委托对象。该请求的响应包含了可用商品的本地化信息。SKProductsResponse 对象为 App Store 返回的响应信息，里面包含两个列表，其数据格式为 NSArray。其中一个是经过验证有效的商品，另外一个是无法被识别的商品信息。有几种原因将造成商品标识无法被识别，如拼写错误，或是对商品信息的改变没有传送到 App Store。

当发送请求时，商品标识会传送到 App Store，而 App Store 则将返回本地化信息。这些信息事先已经在 iTunes Connect 中由开发者设置好了。接着应用程序中将使用这些信息来构建内置商店的界面，其中包含了显示商品名、描述、图片等。在获得了商品的相关信息后，开发者需要手动添加一个展示商品的界面，因为 Store Kit 框架中并没有提供界面的类，所以这个界面需要由开发者来设计并实现。

2. 添加观察者对象

当用户准备购买商品时，应用程序应该向 App Store 请求支付信息，App Store 将会创建持久化的交易信息并进行保存，然后继续处理支付流程。这样做的好处在于即使用户重启程序，这个过程亦是如此。这是为了保证用户交付的可靠性。App Store 将会同步待定交易的列表到应用程序当中，并在交易状态发生改变时自动向应用程序发送更新的数据。

当玩家确认了在游戏中的购买商品之后，就要发送购买的请求。不过在那之前，还有一项工作需要提前完成，见如下的代码：

```
MyStoreObserver *observer = [[MyStoreObserver alloc]init];
[[SKPaymentQueue defaultQueue]addTransactionObserver: observer];
```

上述代码当中，创建了一个 SKPaymentQueue 对象，它作为用户交付的观察者，时刻监视以及向应用程序汇报支付的过程。支付队列 SKPaymentQueue 则是 Store Kit 框架当中用于向 App Store 提交支付信息的队列。在玩家准备购买内置商品之前，当前的应用程序需要初始化一个 TransactionObserver 对象并把它指定为支付队列的观察者。

在程序开始启动时，就应该为支付队列指定对应的观察者对象，而不是等到用户想要购买商品的时候才来完成此项工作。Transaction 对象在应用程序退出时不会丢失。程序重启时，Store Kit 框架将会继续执行未完成的交易。在程序初始化的时候添加观察者对象，可以保证所有的交易都被程序接收。也就是说，如果存在未完成的交易，那么当应用程序重新启动时，就又可以重新开始了。如果稍候再添加观察者，就可能会漏掉部分交易的信息。所以在应用程序启动之初就添加观察者对象，继续上次未完的交易，这样就不会漏掉之前的交易信息。

3. 提交支付信息，并收集反馈信息

当玩家确认了要购买的内置商品之后，应用程序就应该立即提交支付信息，然后等待 App Store 返回的交易信息。也就是说，在提交支付信息之后，所要做的就是收集返回的支付信息。具体的支付过程如图 11-25 所示。

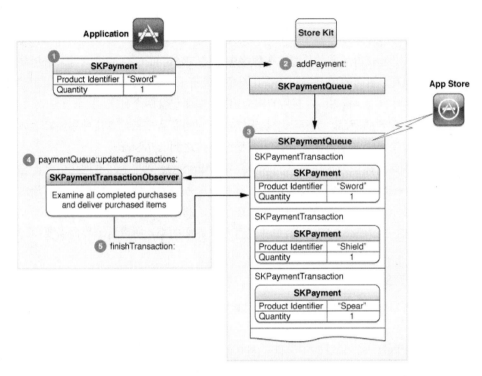

图 11-25　提交支付的过程

图 11-25 中展示了提交支付信息的过程。从图中可以看到，在应用程序当中，开发者并不需要直接与 App Store 进行信息的传递。Store Kit 框架在两者之间发挥了很好的连接作用。按照图中标出的顺序，下面来逐步地为读者介绍。

① 创建了一个 SKPayment 的对象，其中包含了 Sword 的商品标识，并且指定购买数量为 1。

② 使用 addPayment:方法将 SKPayment 的对象添加到 SKPaymentQueue 中。

③ SKPaymentmentQueue 当中包含了所有请求支付商品的信息。

④ 使用 SKPaymentTransactionObserver 的 paymentQueue: updatedTransactions:方法来检测所有完成的购买，并发送购买的商品。

⑤ 最后，使用 finishTransaction:方法完成交易。

首先在应用程序中可以创建一个 SKPayment 的对象，将它放到支付队列中。支付队列用 SKPaymentQueue 和 App Store 之间进行通信。当新的支付对象被添加到队列中的时候，Store Kit 向 App Store 发送请求，Store Kit 将会弹出对话框询问用户是否确定购买。完成的交易将会返回给程序的 observer 对象。当 SKPayment 的对象被添加到支付队列中的时候，会创建一个持久保存的 SKPaymentTransaction 对象来存放它。SKPaymentTransaction 对象包含了一些属性，可以让程序确定当前的交易状态。应用程序可以从支付队列那里得到一份审核中的交易列表，但更常用的做法还是等待支付队列告知交易状态的更新。

当支付被处理后，SKPaymentTransaction 对象被更新。开发者需要在代码中实现 SKPayment TransactionObserver 的协议，然后把它作为 SKPaymentQueue 对象的观察者。该观察者的主要职责是：检查完成的交易，交付购买的内容，以及把完成后的交易对象从队列中移除。应用程序中将实现一个观察者（observer）对象来获取 SKPaymentTransaction 对象更新的消息。观察者应该为用户提供购买的商品，然后将 SKPaymentTransaction 对象从队列中移除。

上面所述的步骤是玩家一次购买内置商品的过程。但在实际的游戏当中，游戏的内置商品并不只一个。虽然每次商品的交付过程都会按照上面介绍的步骤来进行，但是在编码中却不是这样开始的。开发者不可以先发送购买请求，之后再去监听从服务器返回的确认信息。与上述过程恰恰相反，在代码中需要首先建立网络监听部分，然后才能发起支付的请求。因此，下面将按照编码的顺序来进行介绍。

首先，在继承了 SKPaymentTransactionObserver 协议的类中重写 paymentQueue:updatedTransactions:方法。这个方法会在有新的交易被创建，或者交易被更新的时候被调用。

代码 11-13　观察者监听方法

```
- (void)paymentQueue: (SKPaymentQueue *)queue updatedTransactions: (NSArray *)
transactions
{
    for(SKPaymentTransaction * transaction in transactions)
    {
        switch(transaction.transactionState)
        {
            case SKPaymentTransactionStatePurchased:
                [self completeTransaction: transaction];
                break;
            case SKPaymentTransactionStateFailed:
                [self failedTransaction: transaction];
                break;
            case SKPaymentTransactionStateRestored:
                [self restoreTransaction: transaction];
            default:
                break;
        }
    }
}
```

代码 11-13 中的函数针对不同的交易返回状态，调用对应的处理函数。在上述代码中总共列出了 3 个返回状态，分别为：交付成功、交付失败以及交付恢复。观察者对象在用户成功购买一件商品时，提供相应的内容，以下是在交易成功后调用的方法：

```
- (void) completeTransaction: (SKPaymentTransaction *)transaction
{
    //你的程序需要实现这两个方法
    //保存成功交易记录
    [self recordTransaction: transaction];
    //交付用户购买商品
    [self provideContent: transaction.payment.productIdentifier];
```

```
    //将完成后的交易信息移出队列
    [[SKPaymentQueue defaultQueue]finishTransaction: transaction];
}
```

交易成功的信息包含 transactionIdentifier 和 transactionReceipt 属性。其中，前者为支付的 ID 标识，后者记录了支付的详细信息，这个信息可以帮助开发者跟踪、审查交易。如果在应用程序当中是用服务器来交付用户购买内容的，那么 transactionReceipt 可以被传送到服务器，然后通过 App Store 验证交易。

如果交易过程失败的话，我们调用如下的方法：

```
- (void)failedTransaction: (SKPaymentTransaction *)transaction
{
    if(transaction.error.code != SKErrorPaymentCancelled)
    {
        //在这里显示除用户取消之外的错误信息
    }
    //将完成后的交易信息移出队列
    [[SKPaymentQueue defaultQueue] finishTransaction: transaction];
}
```

通常情况下，交易失败的原因是取消购买商品的流程。程序可以从 error 中读出交易失败的详细信息。显示错误信息不是必需的，但在上面的处理方法中，需要将失败的交易从支付队列中移除。一般来说，我们用一个对话框来显示错误信息，这时就应避免将用户取消购买这个 error 显示出来。

如果交易是恢复过来的（restore），我们用这个方法来处理：

```
- (void) restoreTransaction: (SKPaymentTransaction *)transaction
{
    [self recordTransaction: transaction];
    [self provideContent: transaction.payment.productIdentifier];
    //将完成后的交易信息移出队列
    [[SKPaymentQueue defaultQueue] finishTransaction: transaction];
}
```

这个过程与完成购买的过程类似。恢复的购买内容提供一个新的交易信息，这个信息包含了新的 transaction 的标识和 receipt 数据。如果需要的话，开发者可以把这些信息单独保存下来，以便以后追溯审查时使用。但更多的情况下，在交易完成时，开发者需要使用其中的商品标识覆盖原始的 transaction 数据。

在完成了上述准备工作之后，就是最后一步，也是玩家购买的第一步，那就是提交支付信息，创建 SKPayment 对象。

```
SKMutablePayment *payment = [SKMutablePayment paymentWithProductIdentifier: kMyFeatureIdentifier];
payment.quantity = 3;
[[SKPaymentQueue defaultQueue] addPayment: payment];
```

SKPayment 对象要收集支付信息，先要了解一下支付对象。 支付对象包含了商品的标识

（identifier）和要购买商品的数量（quantity）（数量可选）。你可以把同一个支付对象重复放入支付队列，每一次这样的动作都相当于一次独立的支付请求。用户可以在 Settings 程序中禁用购买的功能。因此在请求支付之前，程序应该首先检查支付是否可以被处理。调用 SKPaymentQueue 的 canMakePayments 方法来检查。

4. 恢复交易信息（Transactions）

当 transaction 被处理并从队列移除之后，正常情况下，在应用程序中就再也看不到它们了。如果在应用程序当中为用户提供的是非消耗性的或是订阅类的商品，那么就必须提供恢复（restore）的功能。这是因为当用户更换到其他 iOS 设备时，依然可以重新存储购买信息。

Store Kit 提供内建的功能来重新存储非消耗商品的交易信息。调用 SKPaymentQueue 的 restoreCompletedTransactions 方法来获得已经购买的商品。这些购买信息将会从 App Store 当中获得，然后重新存储在本机当中。在此过程中，对于那些之前已经完成交易的非消耗性商品，App Store 生成新的用于恢复的交易信息。它包含了原始的交易信息。当应用程序收到此类信息之后，应该继续为用户解锁已经购买的功能。当之前所有的交易都被恢复后，就会调用观察者对象的完成方法：

```
paymentQueueRestoreCompletedTransactionsFinished:
```

如果用户试图购买已经买过的非消耗性商品，应用程序会收到一个常规的交易信息，而不是恢复的交易信息。但是用户不会被再次收费。应用程序应把这类交易和原始的交易同等对待。

另外，订阅类服务和消耗类商品不会被 Store Kit 框架自动恢复。如果想要在应用程序中恢复这些商品，则必须在用户购买这些商品时，在自己的服务器上记录这些交易信息，并且为用户的设备提供恢复交易信息的机制。

至此，我们已经完成了一个内置商品的创建、设置、支付以及恢复。当完成所有编码工作之后，读者先不要着急让游戏产品上线销售。由于内置购买商品是与玩家的经济利益直接挂钩的，所以本着负责的态度，在游戏产品上线之前，开发者最好进行测试，以此来保证用户的利益。如果在内置商品购买上发生了问题，这可是要比游戏内容中的错误更严重的。毕竟玩家进行了消费，开发者就必须保证游戏的质量，以及在支付过程中没有错误。

5. 测试内置购买功能

在游戏的制作过程中，开发者就不断地进行测试，修正错误的工作。我们需要通过测试来保证游戏内置商品的支付功能工作正常。然而，在测试时，我们是不能够对用户收费的。同时，由于内置购买的服务需要来自 App Store 的配合，所以苹果公司为开发者提供了一个沙盒（Sandbox）的环境用来测试。另外，Store Kit 框架在模拟器上并无法运行。当在模拟器上运行 Store Kit 框架中的程序代码的时候，将会显示警告。比如访问 payment queue 的动作就会打出一条警告的日志。所以要想测试游戏产品的内置购买功能，就必须在真机上进行。

沙盒（Sandbox）测试环境是一个完全封闭的、与用户无关的仿真环境。在使用 Sandbox 环境的过程中，Store Kit 框架并没有链接到真实的 App Store，而是链接到专门的测试环境当中。为了保证测试的准确性，沙盒（Sandbox）的内容和 App Store 一致，只不过是在沙盒（Sandbox）环境当中不会执行真实的支付动作，它只会返回交易成功的信息。就算是用沙盒（Sandbox），开发者也需要创建一个专门的 iTunes Connect 测试账户，可不能使用正式的 iTunes Connect 账户来测试。当然反过来使用账号也是不行的。

所以说要测试程序，开发者首先需要创建一个专门的测试账户。开发者需要为应用程序将要发布的每个区域创建至少一个账户用来测试。测试的过程也将是一件耗时耗力的工作。但为了确保玩家的利益不受到损害，这是每一款内置购买的游戏产品所必经的过程。读者可以参考下面列出的沙盒（Sandbox）环境中测试游戏产品的步骤：

首先在测试的 iPhone 上退出本机用户的账户。因为 Settings 中可能会记录之前登录的账户，所以需要先进入 iOS 设备的设置界面并退出真实的 iTunes 账户。

然后运行应用程序，在内置购买界面选择支付购买的商品后，Store Kit 框架将会提示本机用户去验证交易。用测试账户登录，并批准支付。这样，虚拟的交易就完成了。

最后，如果没有发生任何的问题，就说明测试通过；否则就请读者查找错误，然后修正它吧！

6. 自动更新的订阅服务

前面已经介绍了如何在游戏产品中添加消耗与非消耗的商品类型。我们已经知道除了上述两种类型之外，内置购买商品还存在订阅性服务。订阅性服务的实现过程与之前介绍的内容大体类似。不过，因为订阅性服务的特点，也存在一些细微差异。In-App Purchase 提供了自动更新型订阅服务的标准方式。自动更新型订阅有如下新的显著特征：

- 当开发者在 iTunes Connect 中配置自动更新型订阅服务时，需要同时指定更新周期和其他的促销选项。
- 自动更新型订阅服务会被自动恢复，原始的交易信息会和更新的交易信息一起发送给应用程序。
- 当开发者的服务器向 App Store 验证收据（receipt），订阅服务被激活并更新时，App Store 会向应用程序返回更新后的收据信息。

如果读者想在游戏产品中添加自动更新型订阅的服务，需要按照以下步骤来实现：

连接 iTunes Connect 网站，并创建一个共享密钥。共享密钥是一个密码，在开发者提供的服务器当中，需要验证自动更新型订阅服务的时候必须提供这个密码。共享密钥为 App Store 的交易增加了一层保护。

在 iTunes Connect 中创建并配置新的自动更新型订阅服务商品。修改服务器端关于验证收据部分的代码，将共享密钥添加到验证信息所用的 JSON 数据当中。服务器的验证代码需要可以解析 App Store 的返回数据，然后判断订阅是否过期。如果订阅服务已经被用户更新，最新的收据也会返回给开发者的服务器。

11.6 小　　结

又到了总结的时候。本章节主要为读者介绍的是与 iOS 平台密切相关的一些游戏特性。这些内容对于游戏产品来说并不是必需的内容，也不能被算做游戏制作的技术。但是作为 iOS 平台设备中的游戏产品，这些功能却能够锦上添花，为游戏产品吸引更多的玩家，同时还能增加游戏的耐玩度。

既然有如此多的好处，读者就不妨在游戏产品加入本章节中介绍的功能。这样的话，玩家也将会更加热衷于我们的游戏产品。

在本章节的开始，我们介绍了 iOS SDK 当中专门用于游戏产品的 Game Kit 框架，所以其最初的设计是为了丰富游戏类应用程序的功能。不过随着此框架的内容越来越多，它也被逐渐地用在了一些应用产品当中。iOS 4.0 系统以后，Game Kit 框架已经成为了必备的程序开发包。由此可见，开发者以及苹果公司对此框架的推崇。经过介绍，我们知道了在 Game Kit 框架当中包含了 3 部分的主要功能：游戏中心、对等连接以及游戏中的语音通信。

游戏中心（Game Center）是苹果公司推出的与游戏产品结合最为密切的一个功能。在使用游戏中心的过程当中，需要开发者同时登录 iTunes Connect 来设置一些功能。游戏中心是一个类似网络社区的玩家集中地。在游戏中心当中，玩家可以结识朋友，分享游戏的心得与体验，或者邀请别人一共参与到游戏当中。这些功能不仅受到玩家的青睐，同时对于开发者来说也是一种提高游戏产品可玩性的良好途径。游戏中心的首要功能就是用户验证。所有其他与游戏中心有关的功能，都要基于用户验证功能的实现。这一点，想必读者也很容易理解。因为在游戏中心进行交互的用户，首先要有一个明确的身份。这就和生活中每个人要有一张护照或者身份证一样。在明确了身份之后，才能被别人认识，游戏中心才能记录玩家的各种数据。

在本章节中，我们主要为读者介绍了两个游戏中心提供的功能，分别为排行榜和成就。这两项功能有很多的相似之处，但也存在一些区别。如果读者想要在游戏中添加它们，首先要做的就是登录 iTunes Connect，创建一个排行榜或者成就。在对应的章节中，已经为读者图文并茂地介绍了创建的步骤以及如何进行设置。然后，作为开发者，我们所要做的就是在游戏产品中添加代码，以便实现上述功能。在 Game Kit 框架当中已经提供了一系列的程序方法，帮助开发者非常容易地在游戏当中使用排行榜以及成就功能。无论是上述哪一种功能，其实现的步骤都是如此。首先，需要在 iOS 设备上验证本机用户。然后在通过用户验证之后，使用 Game Kit 框架中的程序方法，将数据提交到游戏中心。如果是排行榜功能，提交的数据就是玩家在游戏中获得的分数。如果是成就功能，提交的数据就是玩家一项任务的完成度。

完成数据提交之后，那就是从游戏中心来获得玩家的数据了。这并没有什么难度，通过 Game Kit 框架中的类以及方法就可以实现。甚至在此框架中，连用于显示的界面也为我们准备好了。至此，读者已经掌握了在游戏产品中加入 iOS 平台的一些游戏特性。

在本章节的后半部分，又为大家介绍了一种特殊的支付模式，这也是 iOS 游戏特性的内容，那就是在游戏产品中的内置购买商品（IAP）。IAP 使得用户无须离开软件，便可无缝升级软件功能或扩充内容。此种方式支持付费后下载，所以可以有效地防止盗版。开发者无须额外推出试玩版本游戏，直接在免费版本中加入 IAP，允许用户付费升级即可，节约了开发成本。开发者也可以无限推出某个 App 的内容扩展，同时保证持续的收入。此功能的作用是为了给用户更多的选择，也为开发者提供了更多的盈利方法。作为原本的单机产品，在加入了上述的网络功能之后，不仅丰富了本身游戏的内容以及玩法，也为玩家带来了新的体验。玩家不再是一个人体验游戏带来的乐趣，也不再依附于原本的收费与免费版本。这些 iOS 游戏特性，读者可以根据游戏产品的内容来选择使用。虽然每项功能都需要耗费一定的开发时间，但从其带来的收益来看，这绝对是一件值得去做的事情。

此时，希望读者已经将游戏产品制作完成，然后依据本章节的介绍内容，也已经添加了一些 iOS

平台的游戏特性。至此，与游戏制作有关的内容本书已经全部介绍完了。在接下来的章节中，将会指导读者如何将制作完成的游戏产品提交到应用商店（App Store）进行在线销售。虽然大家都是从制作游戏的角度来阅读本书，但是在如今独立开发者盛行的大环境下，很多的游戏制作人员同时也是销售人员。每一个开发者通过苹果公司的应用商店（App Store），都可以将自己的游戏产品销售到全球各个区域。看到这里，读者是不是已经有些按耐不住了？确实如此，辛苦努力了许久，是到了该收获的时候了。让我们赶快将游戏产品推向市场吧！

第3篇 iPhone游戏发布与展望篇

再好的游戏如果不发布，它就只是一堆代码，不会产生任何价值；所以我们不能只讲技术，而是要为技术走向应用去开辟一条切实可行的道路。在本篇中我们将会学习 iPhone 游戏的发布，这是游戏走向市场的关键一环；同时我们还会针对目前的技术发展和市场动态，与各位读者交流我们对未来的看法，希望能对各位读者的职业规划提供有价值的建议。

第 **12** 章 发布游戏

经过前几个章节的内容，读者已经具备了制作一款高品质游戏产品的能力。如果此时读者已经完成了游戏制作，那么本章节的内容将会发挥很大的作用。开发者凭借现在掌握的知识，完全可以制作一款优秀的游戏产品了。不过"优秀"也只是开发者的自我评价，一款好的产品终究需要投向市场，才能够检验其价值所在。有很多的开发人员经常忽略游戏产品的销售，毕竟大家都是游戏制作人员。当我们要去销售完成的游戏产品，将游戏推向市场，交付给玩家，制作人员可能会说："这部分是商务人员的工作，我并不需要关注。" 但在无线互联网的时代，这就是一句完全错误的话。因为网上商城的存在，让我们有渠道可以直接出售给手持设备用户。这样的销售方式，使原本的游戏开发人员同时承担了商务人员的工作。虽然在线销售的方式可以简化游戏上市的步骤，但是我们仍然不能掉以轻心，毕竟制作者缺少市场营销以及推广的知识。可在当今独立开发团队盛行的 iOS 应用软件市场，大多数的小规模团队中，开发人员也同时成为了市场运营以及销售人员。

如果本书只是传授技术知识，那么在这章就可以结束了。本书目的在于介绍游戏产品周期里的每一个环节，那就必然包括最后的上市销售。所以为了让读者清楚销售以及运营的内容，接下来将会讲述如何将已完成的游戏提交网上商店，如何才能让游戏受到更多的用户青睐，如何让开发者获得更多的收益。让我们开始吧！

12.1 市 场 规 模

苹果公司自 2008 年推出的 App Store（应用商店）之后，就掀起了全球移动互联网的热潮。苹果应用商店 2008 年 7 月上线，仅用了两个月时间便突破了 1 亿次下载，直到现在应用数量已经突破了 50 万个，是全球最大的智能手机软件商店。目前 App Store 上的应用可以使用在 iTouch、iPhone、iPad 以及 Mac 上，App Store 此前仅仅用时不到两年半，下载量就突破 100 亿次，之后也只是花了不到 6 个月的时间获得了另外 150 亿次的下载。该应用商店今天达到 250 亿次下载量的里程碑，也说明其最近的 100 亿次下载仅仅耗时 8 个月。App Store 下载量将持续加速增长，有望每年获得 150 亿次的下载。图 12-1 所示为 App Store 的增长趋势。

毫无疑问，从图 12-1 中我们能够看到 App Store 的飞速发展。它不仅为苹果公司带来了庞大的利润，甚至让它一度成为全球最值钱的公司。App Store 市场的壮大，同时也带来了移动设备网上商店的行业热潮。眼看苹果公司逐步扩大手持设备领域的市场以及 App Store 模式取得商业成功之后，其他公司也不能坐以待毙，纷纷效仿其模式，先后推出了针对自己设备的网上商店。比如微软的 Windows Marketplace 商店、诺基亚的

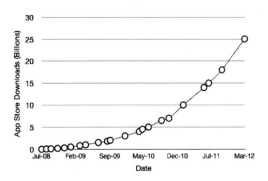

图 12-1　App Store 发展规模

Ovi Store 以及谷歌 Android Market，就连网络零售商亚马逊也推出了针对移动应用的在线商店。面对如此庞大的市场，开发者心中充满了希望，但事实远比预想的残酷。对于读者来说，进入 iOS 游戏领域将是一个机遇与挑战并存的举动。

众所周知，App Store 是苹果公司为其 iPhone、iPod touch 以及 iPad 等产品创建和维护的数字化应用发布平台，允许用户从 iTunes Store 浏览和下载一些由 iOS SDK 或者 Mac SDK 开发的应用程序。根据应用发布的不同情况，用户可以付费或者免费下载。App Store 属于一个半封闭的市场环境，网上商店中的应用产品只能适用于 iOS 或者 Mac 设备。换句话说，App Store 是所有 iOS 设备用户唯一合法的下载渠道。这里我们并不考虑越狱的 iOS 设备或者充斥盗版的下载商店。App Store 也创建了一种全新的商业模式，其产业链非常简单，减少了传统的销售环节。这也是众多开发者投身 App Store 的原因。在其产业链中，主要的参与角色为苹果公司、开发者和用户。而 App Store 充当三者之间的桥梁，为三方建立了合作互惠的商业模式。开发者不再需要专门的游戏销售商或者代理商，用户也无须顾虑支付安全以及汇率等因素，尽可在琳琅满目的应用程序中自助选择下载。而苹果公司也会根据应用程序的下载量，按照一定的分成比例反馈给开发者。通常，苹果公司会扣除30%的销售所得作为服务费用，开发者则将会收到销售额当中的70%，不过其中可能还会扣除一些税费。之所以说 App Store 是一个半封闭的市场，还存在以下两点原因：一是所有在 App Store 上线的应用产品都需要通过苹果公司的认证才可以使用；二是每款下载的应用只能在对应用户的 iOS 设备上运行。虽然这种半封闭的状态会限制平台应用的丰富性，也会影响用户的体验，甚至会使得一些开发者无法参与其中。毕竟要想获得一个 iOS 开发者证书，还是要每年支付 99 美元的，这也将会加大开发者投入的成本。但是，通过前面的介绍，这种半封闭的状态并没有影响 App Store 迅猛发展的速度。

这主要是得益于 App Store 的营销模式。首先 iOS 手持设备庞大的销售数字，奠定了 App Store 发展的基础。根据苹果公司的数据显示，目前全球已有 24.8 万名开发员为苹果售出的 3.15 亿部 iPhone、iPod touch 和 iPad 创建了 55 万款 App，苹果因此已向应用商店开发者支付了 40 多亿美元。艾媒咨询最新统计结果显示，截止到 2011 年 11 月底，中国手机应用开发者总数约 100 万人，其中，针对 iOS（苹果平板与手机）系统的应用开发者约 14 万人。想想看，读者即将成为这百万大军中的一员。这还仅仅是中国区的数据，放眼全球市场的话，我们就更是沧海一粟、微不足道了。图 12-2 所示为苹果公司官方网站的宣传页面。

刚刚过去的 2011 年，必然是全球移动互联网产业爆发的年份。仅仅在中国区 App Store 应用下载量在 2011 年同比增长了 298%，营收增长了 187%，其增长率在世界各个区域中首屈一指。值得一提的是，在 App Store 第 250 亿个应用程序的下载用户来自中国青岛，作为幸运者，他将得到一

万美元的 iTunes 礼品卡。游戏、网络与终端工具、生活信息、多媒体和办公软件，是目前移动应用世界中的五大应用类别。

Over 500,000 apps.
For work, play, and everything in between.

The apps that come with your iPhone are just the beginning. Browse the App Store to find hundreds of thousands more. The more apps you download, the more you realize there's almost no limit to what your iPhone can do.
Learn more about the App Store ›

图 12-2　50 万 App Store 中的应用

这五大应用类别各自前景并非等量齐观。数量最为庞大的游戏类应用最为惹人注目。它是 App Store 里面最受用户喜爱的应用程序。用户在游戏产品上所消耗的时间，占到了全部应用产品使用时间的近一半，其竞争程度最为惨烈。然而，它毕竟是与移动终端数量最为匹配的应用群体，巨大的市场需求仍然保证了多数优秀的游戏开发者能够赚到真金白银。想必读者之所以成为 iOS 游戏开发者也是因为这个原因。游戏应用毫无疑问地成为了 App Store 上最赚钱且最具曝光度的明星应用群体，读者也将成为这个庞大的开发者群体中的一员。

在数量巨大、竞争激烈的移动游戏世界之中，最赚钱的移动游戏几无悬念地产生于"愤怒的小鸟"、"植物大战僵尸"、"涂鸦跳跃"、"割绳子"、"水果忍者"以及"无尽之剑"这 6 款之中。这些游戏的应用装机率极高，其开发者也往往活跃于各大媒体平台，有的甚至还被邀请至苹果公司的新品发布会上。"愤怒的小鸟"是一款面向智能触屏手机的休闲益智游戏，发布一年全球的总下载量就已经达到上亿次。不过在 App Store 当中，下载的应用中有 88% 是免费的产品。"愤怒的小鸟"也是如此，其下载量达多达 2 亿次，是同时包括 Lite 版及免费版，这就几乎占据了 60% 的下载量。说到此处，读者可能有些懵懂，为什么一款游戏产品会存在许多的版本？这是与销售以及利润有密切关系的。我们将在接下来的章节为大家介绍 iOS 游戏产品的发布版本。

12.2　发布的版本

游戏正成为一种生活方式。从"俄罗斯方块"到"开心农场"，从"植物大战僵尸"到"涂鸦跳跃"，从"愤怒的小鸟"到"你画我猜"，全世界玩家为之寝食不安、日夜奋战。App Store 模式成功的原因就在于"以用户需求为导向"，通过为用户提供一站式的多样化服务，满足用户娱乐、商务等多方面的需求。只有真正尊重并满足用户需求、提升体验的产品才能够获得销售成功。为此，开发者在不违反基本原则的前提下，应该尽量提供优秀、完善的应用产品。采用各种方式在丰富产品内容、提升用户体验的同时，增加用户黏性，让用户投入更多的时间在应用产品当中。在读者准备将制作完成的游戏推向市场之前，或许应该先考虑一下采用怎样的销售策略。不妨让我们先来看看那些已经获得销售成功的游戏是如何做的吧。

免费营收模式的游戏应用贡献了 65% 的游戏总收入，付费游戏的收入只占 35%。如果游戏免费提供，那么更多的消费者会愿意试用。此时读者也许会产生怀疑，虽然获得更多的用户，但并没有带来更多的收入。因为游戏毕竟是免费的，充其量也就是赚到了人气罢了。读者如果仅仅思考这些，那就把免费模式看得简单了。按照现在 App Store 的收益分配，对于很多中小开发者免费版本是收益的主要来源。这也就是说，免费营收的模式反而使得开发商总体赚的钱更多。这并不是一件奇怪的事情。虽然当用户下载的时候并未收取任何的费用，但是在游戏过程中还存在其他的营收点。因为玩家会依据各自的偏好，花费不同的费用。换句话说，如果玩家喜欢一个游戏，最后的花费往往高于下载一次的收费 99 美分。免费营收模式对游戏开发商来说有两个优势：一是可能会有更多的玩家来试玩；二是玩家在游戏中投入的精力越多，他们就越有可能为游戏而花钱。免费营收模式逐渐吸引了众多的大型游戏开发厂商，像 EA、PopCap Games 也在向这种模式转变。同时，这一模式也成为了那些势单力薄的游戏开发者抗衡像 EA 这样的大公司的有力武器。总的说来，免费营收模式（freemium）能获得更多的用户，很值得读者采用，它有利于新推出的游戏产品开拓市场和提升竞争力。

特别是在 App Store 中国，没有哪个国家的人民大众能够超过国人对免费东西的喜爱。中国大陆的 iPhone 销量排全球第二，而 App Store 规模却仅为全球的 3%。这也就是说，在国内有很多的用户虽然使用了 iOS 的设备，但登录 App Store 来下载应用产品的人却在少数。这主要是因为国内的大多 iOS 设备已经越狱，通过非法的途径安装了应用程序。全球有大概 10% 的 iPhone 设备进行过"越狱"，而中国"越狱"的设备占据了其中的 60%。所以中国的用户是宁可花费上千元购买 iOS 设备，也不愿花费 6 元来购买一款游戏的特殊群体。所以笔者推荐众多的开发者不妨尝试一下免费营收商业模式，它能让我们在比较短的周期内得到回报，同时这种商业模式的持续回报的时间也会更长一些。值得一提的时，App Store 商店中来自中国青岛的第 250 亿下载的应用产品，也正是免费版本的"小鳄鱼爱洗澡"。图 12-3 所示为来自苹果公司官方网站的页面内容。

图 12-3　250 亿次下载

在游戏的开发制作阶段，我们已经介绍过一些游戏的版本。比如演示版本只包含了游戏部分的内容，其中有基本的游戏规则。这个版本通常只展现了游戏的基础玩法，是开发者用来体验游戏感觉的，让游戏设计者确认游戏构建的雏形。又或者演示版本，只是为了展示当前游戏的进度，向相关人员介绍已完成的游戏内容。除了演示版本，我们还介绍了完整版本以及多语言版本。这些版本都是在游戏制作阶段，因为不同的目的来发布的。它们并不是用来直接销售的版本。在开发者完成了游戏产品的制作，准备上市运行之时，和其他游戏平台不同，在 App Store 发布时，通常会为广大的玩家提供两个不同的版本。出于上市销售的策略，开发者通常有两种选择，即免费版本和收费版本。

这两个版本的差异从字面上很容易理解。前者是不需要玩家支付任何费用就可以获得游戏产品，而后者则需要玩家消费后才能体验游戏。我们可以将免费版本细分为广告版和体验版。开发者推出体验版本的目的在于，激起玩家对游戏产品的兴趣，进而购买收费版本。如果你打算推出免费的体验版本，需要注意两点：尽量展现游戏中优秀的品质；最好不要提供所有的游戏内容。考虑到消费者的权益，与那些消费金钱来获得游戏的用户相比，体验版本应该只提供游戏中一部分，让玩家只能短暂地参与游戏。另一种免费广告版本，则是在游戏中加入了商业广告，开发者通过玩家对广告的单击来获得收益。这个收益来自广告代理商，玩家并没有任何的金钱付出。多数的广告收费版具备了和收费版本一样的游戏内容，但也存在一些特例。和体验版类似，广告收费版只提供了部分游戏内容让玩家体验。从收益的角度来说，免费版本并不能为开发者带来可观的收入，但是免费版本的市场推广作用却是不可小觑的。免费版本可以为收费版本建立市场，创造收入的潜力。我们可以将免费版本当做收费版本的广告。免费版的销售方式很能获得玩家青睐，他们可以先体验到游戏的质量，再来考虑是否消费购买完整的产品。游戏开发者也希望产品能够走多元化发展路线，不仅是获得收益，还能赢得更多的玩家群体。哪有人不喜欢免费的产品呢？因此越来越多的手机游戏采用免费模式，越来越多的玩家加入到游戏群体中。

根据 App Store 的数据显示，iOS 设备的用户更青睐于获得那些免费的产品服务。随着开发商开始转向免费应用，游戏如今也出现了转变，更多的游戏逐步采用了免费商业模式。在免费版本当中，开发者开拓了一种新的创收渠道，那就是在游戏中加入了一些内置付费功能，玩家可以通过支付小额账单来获得某些特殊的内容或者功能，这也是一种不错的手段。此功能的实现方法已经在前面的章节介绍过了。

经过上面的叙述，我们已经知道在 App Store 中游戏产品大多会具有两个版本：付费版本以及免费版本。推出免费版本是一种很好的销售手段。多数游戏为了招揽玩家，首先都会推出免费版本。当读者在决定是否采用免费模式的时候，需要考虑很多因素。比如免费版本与收费版本之间的差异、每个版本的上线时间等。另外，免费版本并不意味着完全免费，开发者同样可以在游戏内置一些购买商品。然而还有一点也是需要提醒大家的，所有成功运用了免费模式的公司或者开发团队都有一个统一的成功模式，即他们都拥有非常优秀的产品。除非读者所提供的产品或服务足够吸引人，否则上述的一切方法和技巧都不会管用。如果所创造的产品不能让用户感受到价值存在，那么再有效的免费模式也无济于事。

12.3　提交游戏产品

经过前面的介绍，读者应该已经有了自己的选择。无论是选择免费版本，还是收费版本，最终都是要提及到 App Store 网上商店来进行销售的。我们已经知道了 App Store 是由苹果公司提供的门户网站，用户可以通过网页浏览器或者 iTunes 来访问它。作为开发者，App Store 就是面向全球用户的销售市场。在完成了游戏制作之后，接下来要做的就是提交到 App Store。提交的过程并不是简单几步就可以完成的。虽然从本质上来说就是将游戏产品的压缩包上传到苹果公司的网站，然后供全球用户下载，但是在其中也有许多需要注意的问题。比如苹果公司对于开发者证书的限制、游戏产品的定价以及提交应用的测试标准。这些内容，都将会在接下来的内容中为读者介绍。

12.3.1　打包游戏产品

首先，读者要构建完成游戏程序，这可是提交应用产品的第一步。在开发者打包好制作的游戏产品之后，才能够将其提交到 App Store。不要将未完成的或者存在问题的游戏产品进行上架申请，这无疑是浪费大家的时间，还有可能会损害用户的利益。所以在准备提交游戏产品之前，请确定游戏产品已经经过了测试，以确保用户尽可能有最好的体验。一般地，测试主要包括两方面的内容：运行性能和使用性能。读者需要确保制作的产品是一个高性能的程序，并已经在多台不同的 iOS 设备上测试过。这也就是要求，在不同的 iOS 设备之上游戏产品都能够稳定流畅地运行。至于使用性能的测试，就是在玩家体验游戏的过程中，不会遭到致命性的错误而打断游戏进程。以上两点只是游戏产品提交前通过测试的底线，不同开发者对于游戏品质有不同要求。有些人可能为了一个错别字就会进行修改、重新打包；有些人可能只是确保游戏能够稳定流畅地运行，至于一些细微的错误并不在乎。这完全是由开发者来决定的。不过在成千上万的游戏产品中，只有注重细节的产品才能赢得玩家的青睐。

12.3.2　获得证书

到目前为止，我们应该已经获得了一个可以用于提交的游戏产品。之前的开发过程中，我们一直在使用测试时的开发证书以及开发配置文件，它们能够让开发者在 iOS 设备上进行测试和配置程序。这两种文件是用于 Xcode 开发环境的。下面，为了把应用程序发布到 App Store 中，开发者需要另一个发行证书以及发行配置文件。为了获取新的发行证书，开发者将要登录两个苹果公司的门户网站。第一个网站是 iOS Dev Center，而另一个是 iTunes Connect。这两个门户网站对于读者来说并不陌生，在前面的章节中或多或少地都有所接触。iOS Dev Center 网站，读者此时应该对它很熟悉，因为在最初构建 iOS 开发环境时，曾在此获取过开发证书。它的网址为：

https://developer.apple.com/devcenter/ios/index.action

首先，访问上述网页，然后登录到 iOS 设备开发中心（iOS Dev Center）。在本书开始的章节中，我们曾经登录过此网站来创建证书，当时的证书是用来在 iOS 设备上进行测试，而此时开发者需要的证书则是用来在 App Store 中发布游戏。这一点需要读者区分。在 iOS 设备开发中心界面的左边，读者将会看到图 12-4 所示的一排按钮。

图 12-4　iOS 设备开发中心的按钮

在图 12-4 所示的界面中，单击 iOS Provisioning Portal 按钮，就会进入到证书配置界面，如图 12-5 所示。

图 12-5　iOS 证书设置界面

在图 12-5 所示的界面当中，在左边选择"证书（Certificates）"，单击"发行（Distribution）"选项卡，此时读者应该看到一个已经创建好的证书。这是我们在本书的前面章节已经完成的工作。如果此处没有证书的话，那还请读者按照本书第 3 章的指引，创建一个将会在发行时使用的新证书。当证书制作完毕之后，将会看到图 12-6 所示的界面。

图 12-6　iOS 发布证书

在图 12-6 所示的证书界面，显示了一个处在激活状态的 TestForiOS 证书，在其后面有一个下载的按钮。此时读者可以单击下载，将会获得一个扩展名为.cer 的文件。在 Mac 中安装证书的方法非常简单，只需双击就可以自动安装。要想知道是否安装成功，读者只需进入 Key Chain 中查看即可。

此处不仅需要一个发布证书，同时还需要另一个开发证书，那就是 WWDR intermediate certificate，它是开发 iOS 应用程序所需要的证书。开发者可在图 12-6 所示的链接中，单击下载。当开发者在 Mac 中安装了发行证书之后，接下来就要创建一个用于发布的 App ID，这也就是应用程序将来使用的名字。

12.3.3　创建应用产品 ID

在 iOS Provisioning Portal 证书配置界面，选择左侧列表中的 App IDs，就会看到图 12-7 所示的界面。

图 12-7　App IDs 界面

在图 12-7 所示的界面中，读者将会看到所有账户中创建的应用程序 ID。如果此时并没有将要提交的游戏产品所使用的 ID，则需要单击左上角的"创建"按钮来创建一个新的应用程序 ID。在创建界面，开发者需要填入 3 项信息，如图 12-8 所示。

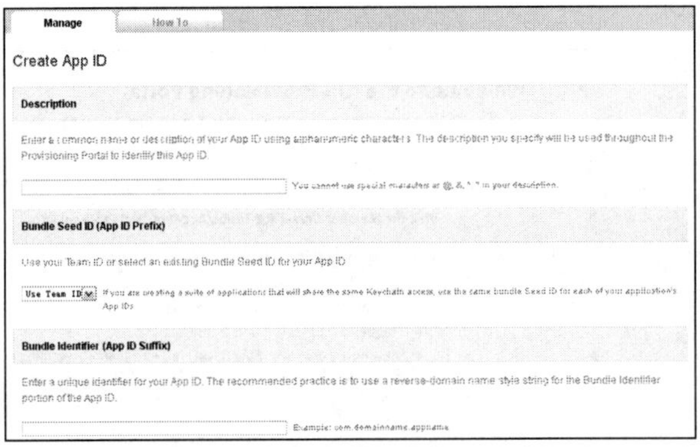

图 12-8　创建新的应用程序 ID

在图 12-8 中，开发者需要填入一些与应用程序 ID 相关的信息。在界面中的第一栏填写此应用程序的描述信息，在描述信息当中不允许使用特殊的符号，比如 "@"、"&" 或者 "."。第二个属性是应用的基本 ID，它通常是一段十六进制的编码。如果读者希望在多个应用程序中共享数据以及访问权限，则可以采用相同的基本 ID。最后需要填写的就是应用程序 ID 的名字。在此名字当中，苹果推荐依然是使用 DNS 域名的命名方式，比如采用 com.domainname.appname。另外，在名字当中，开发者可以使用通配符，比如 com.domainname.*。包含通配符的应用程序 ID 可以被多款应用程序一同使用，只是在名字最后一部分，每个应用程序都是独特的。当 App ID 创建完成之后，我们就需要创建一个发行配置文件。进入到 iOS Dev Center 的 Provisioning 界面当中，仍然选择 "发行（Distribution）" 选项卡。此时的界面当中，应该没有任何开发配置文件。单击右上角的 "创建配置文件" 按钮，就会弹出图 12-9 所示的界面。

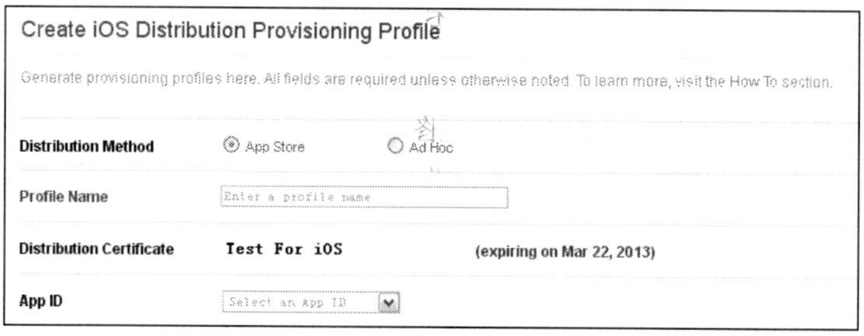

图 12-9　创建开发配置界面

图 12-9 所示的界面读者应该不会感到陌生，因为在之前的章节中我们曾经在此界面创建过用来测试的开发配置文件。当时的开发配置文件还包含了设备的 ID。此时我们就不需要填入设备 ID 了，因为用于发行的开发配置文件将会面向全球所有 iOS 设备。因此按照 App Store 发行方式创建这个 Profile。在图 12-9 中，选择 App Store 模式。而旁边的 Ad Hoc 模式，则是用于公司内部测试时使用的开发配置文件。在填写了配置文件的名称以及选择了所针对的 App ID 之后，我们就完成了开发配置文件的创建。在开发配置文件创建之后，开发者将会下载得到一个扩展名为.mobileprovision 的文件。下载后双击此文件，它将会自动地安装到 Xcode 当中。一旦开发者获得了新的开发证书以及开发配置文件，就需要重新构建应用程序。此时当然是新的证书了。在此需要重申一下，当读者准备提交应用程序的时候，跳过以上任何一个步骤都会导致提交的过程立即被 iTunes Connect 否决，所以要确保所有证书和配置文件被正确地创建。

12.3.4　创建应用

在开发者获得了正确的证书之后，将会进入提交应用产品的第二步。这就是使用第二个苹果门户网站 iTunes Connect，创建一个应用程序并准备提交。所以接下来，我们将会为读者介绍应用上架的流程和操作步骤。首先，登录 iTunes Connect 的门户网站：

https://itunesconnect.apple.com/

在输入正确的开发者账号以及密码之后，读者又会看到一个熟悉的界面，如图 12-10 所示，选择应用程序管理的链接（Manage Your Applications）。

进入到界面以后，单击左上角的 "创建应用程序" 按钮，如图 12-11 所示。

iPhone 手机游戏开发从入门到精通

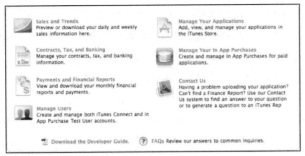

图 12-10　iTunes Connect 界面

图 12-11　"创建应用程序"按钮

在接下来弹出的界面当中，开发者需要输入一些与将要创建的应用程序相关的信息，如图 12-12 所示。

图 12-12　应用程序的相关信息

在图 12-12 所示的界面当中，读者需要输入应用程序的默认语言版本、名字、编号以及 ID 标识。上述 4 个属性当中，比较特殊是的 ID 标识。这正是我们刚刚在 iOS Provisioning Portal 证书配置界面创建的 App ID。如果读者之前在创建 App ID 时使用了通配符，则此时必须明确 App ID 当中最后一部分的内容。在输入了相关信息之后，单击确认进入下一步。在接下来弹出的界面当中，开发者需要选择应用程序的价格，如图 12-13 所示。

图 12-13　选择应用程序的价格

在图 12-13 所示的界面当中，开发者可以选择应用产品的价格以及生效时间。这里存在一个技巧。因为开发者提交的应用产品不可能在提交之后立刻就上架销售，苹果公司会花费 7～10 个工作日的时间来审核应用程序。因此在定价时，开发者要考虑到应用程序提交之后的测试时间。不过，应用程序的价格在上线之后也是可以更改的。苹果公司的定价是按照以 1 美元为梯度的方式来供开发者选择的。除了定价之外，开发者也可以选择应用程序上架的区域。换句话说，也就是将来应用产品将要在哪些国家或者区域销售。在默认状态下，将会是所有 App Store 所支持的区域。至于如何给游戏产品定价，这也是由开发者自己决定的。不过作为刚刚进入此领域的读者，最好看看下面这些建议。

在 App Store 应用产品当中，一些开发者为了对付苹果从盈利额中抽取的 30% 的提成，会将价格定在分成后的 140%；另一些开发者则会根据开发所花费的时间、App 的复杂度来定价；还有的开发者的定价策略基于自己对所开发 App 的价值评估，因为他们认为消费者应该付这么多钱。不得不说以上的想法都有些片面。开发者定价的时候要做的第一件事应该是确定他们的目标，是赚最多的钱还是扩大消费者基数，或者大多数是处于这两者之间。

对于任何 App 来说，理想的定价点是处于"自己赚最多的钱"和"消费者普遍所能接受的价格"之中的。这个定价点取决于消费者基数的重要程度。高于"赚最多的钱"的定价会让消费者去购买其他的产品。"消费者普遍所能接受的价格"则很容易，开发者不收钱，就是游戏产品完全免费，这将是消费者最喜欢看到的。至于上述两点之间的关系，则也很容易理解。

为了搞明白什么是"最大盈利"定价概念，我们以 99 美分的 App 为例进行讲解。一个开发者以盈利为目的，以 99 美分——AppStore 所能定的最低价销售他的 App。当然这里为了简化问题，省略了免费的 App。大多数时候，这些以 99 美分出售的 App 并没有那些比他们贵的 App 赚钱。你可能还不知道，99 美分并不是"最大盈利"的定价点。当你的 App 定价是 99 美分的时候，你的 App 如果有 100 个下载者，到 1.99 美元的时候，你的 App 可能只有 75 个下载者。当我们继续提高定价的时候，2.99 美元时你的 App 可能只有 40 个下载者，4.99 美元时可能只有 10 个。这是一个经济学上的基础知识，在这个例子中，"最大盈利"的定价点是 1.99 美元。

所以说价格是消费者决定买或者不买的重大因素，也是开发者定位应用产品以及驱动销售的最给力的工具。如何正确地定价真的是太重要了。感性草率的定价都将是巨大的浪费，同时也会影响这个应用产品的成功与否。因此读者在选择定价时应该仔细斟酌，下面提供一些数据供读者参考。

按照数据显示，下载次数排名前 50 位的付费应用下载平均售价为 1.49 美元；iPad 应用下载的售价略微高一点，下载次数排名前 30 位的 iPad 应用下载平均售价为 4.66 美元。其根据 App（应用）定价数据统计，在所有下载的应用中，81% 的应用下载为免费下载。笔者的建议还是从 0.99 美元开始。不过，读者也不用在产品定价时过于犹豫，因为在应用产品上架之后，价格也是可以更改的。这其中也包含了一定的促销手段，本章节稍候的内容将会提及此部分。

在确定了应用产品的定价以及销售区域之后，单击确认。在接下来弹出的界面当中，将会需要开发者输入一些产品上架后用户将会看到的描述信息，如图 12-14 所示。

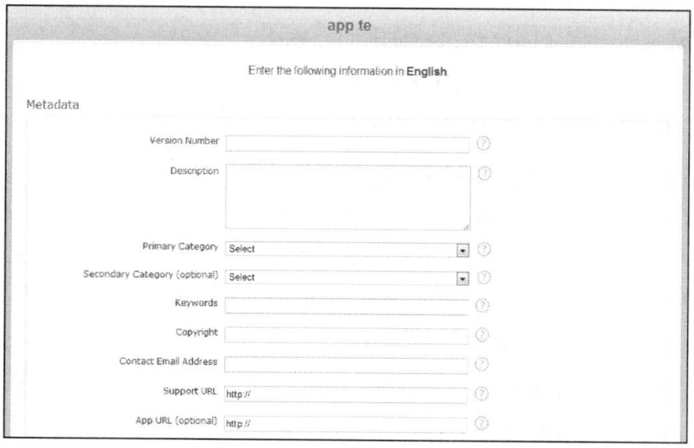

图 12-14　应用产品的描述信息

在图 12-14 所示的界面中，开发者需要填写与应用产品有关的信息。这些内容将来会显示在 App Store 当中，供用户查看。按照从上到下的顺序，Version Number 为应用产品的版本号，在提交时将会按照此版本来检查程序包。然后的 Description 为应用描述信息，是为用户介绍应用产品内容的文字描述。按照 App Store 中应用程序的分类，开发者可以选择一个主要分类 Primary Category 以及一个次要分类 Secondary Category (optional)。接下来的 Keywords 是当前应用程序相关搜索的关键字。此处支持填写多个关键字，只需使用逗号隔开就可以了。接下来的内容为开发者的信息，其中包括了 Copyright 版权所有的声明、Contact Email Address 邮件联系地址、Support URL 公司网站以及 App URL (optional)应用产品的网站介绍。所有带有(optional)的条目都是可选项，开发者可以不填写。

然后，开发者需要选择应用产品的分级种类，如图 12-15 所示。

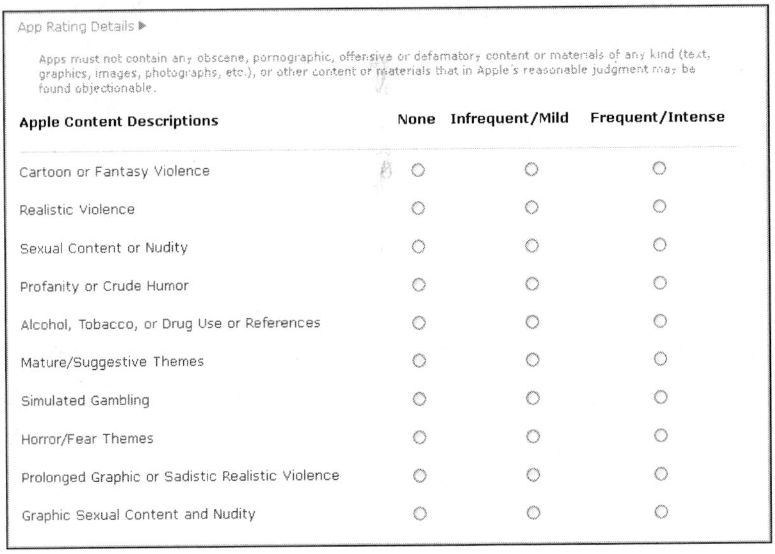

图 12-15　应用程序的分级

这与电影分级有些类似，开发者需要真实说明在应用产品当中是否包含了暴力、赌博以及色情等。苹果公司将会根据开发者的选择进行检查以及确定应用程序的级别。最后一部分关于应用程序的描述，就是应用程序运行时的截图。

图 12-16 所示的就是应用程序图标以及运行画面的截图文件。图片的尺寸为 512×512 像素，它将用来在 App Store 中进行显示。截图分为两种，iPhone 和 iTouch 的屏幕截图必须是.jpeg、.jpg、.tif、.tiff、.bmp 或者.png 格式的 RGB 图片文件。而且图片的分辨率必须为 960×640、960×600、640×960 或者 640×920 像素，图片中每英寸的像素点至少要高于 720 个。另一种 iPad 的截图文件，除了分辨率尺寸要求不同之外，其他的与 iPhone 一样。iPad 的截图文件尺寸为 1 024×768、1 024×748、768×1 024、768×1 004、2 048×1 536、2 048×1 496、1 536×2 048 或者 1 536×2 008 像素。

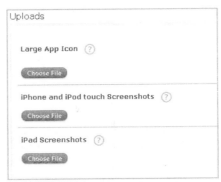

图 12-16　应用程序的图片

在上传了足够的游戏截图画面之后，单击完成，读者就会在接下来的界面当中看到所有刚刚输入的信息。读者此时应该检查一下，与应用产品有关的信息是否有误。今后在提交应用产品时，也可以在此界面修改相关的信息。在确认没有问题之后，单击页面右下角的"准备提交"按钮，如图 12-17 所示。

图 12-17　"准备提交"按钮

单击"准备提交"按钮之后，就会弹出一个界面，询问开发者将要提交的包是否采用了二进制加密的方法，如图 12-18 所示。

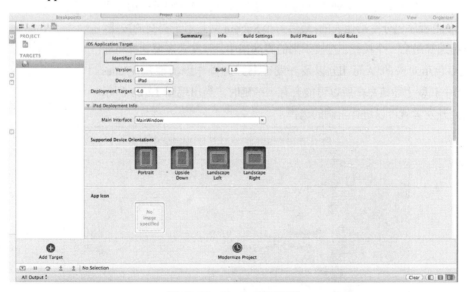

图 12-18　二进制加密界面

在图 12-18 所示的界面中选择 No，也就是提交的程序包为采用未加密的二进制数据包。然后单击右下角的"保存"按钮。在应用配置界面，读者将会看到当前的应用程序状态变为：Status Waiting For Upload，此状态就是等待开发者提交程序包。所以接下来的内容就是利用 Xcode 上传应用程序的数据包。

12.3.5　提交产品

在 Xcode 4.0 以前的版本，开发者需要使用 Application Loader 来提交程序包。不过，随着 Xcode 版本更新，它逐渐被取代。开发者无须运行新的工具，在 Xcode 当中就可以完成提交的过程。首先，需要将获得的发布证书配置到项目工程当中。同时，开发者需要在项目中填写与 iTunes Connect 网站当中一样的 App ID。具体内容如图 12-19 所示。

图 12-19　Xcode 项目配置

图 12-19 所示的就是项目工程的属性界面。在此界面当中，首先选择 Summary 分页标签。读者需要在图中所示的红框位置填写应用程序的名字，此名字必须与在 iTunes Connect 创建的应用名字一致。另外，版本号也不能低于之前的设置。然后在项目工程属性当中，选择刚刚创建完成的用于发布的证书，如图 12-20 所示。

iPhone 手机游戏开发从入门到精通

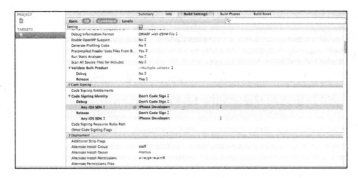

图 12-20　设置项目发布证书

在图 12-20 所示的项目工程属性界面当中，选择 Build Settings 分页标签。在 Code Signing Identity 的选项当中，选择正确的发布证书。在此选项中，Debug 是用于测试的证书，而 Release 则是用于发布的证书。当读者将上述内容设置完成之后，就可以开始制作提交的程序包了。

图 12-21　创建程序包

在 Xcode 的菜单 Product 中选择 Archive，如图 12-21 所示，当前的程序将会自行编译并且打包。在 Xcode 完成了打包工作之后，将会自动弹出一个 Organizer 的界面。在此界面当中，读者将会看到一些熟悉的按钮选项。在 Archives 选项当中，将会看看刚刚完成的程序包。此处还包含了一些与程序包有关的信息，比如应用程序的名字、创建日期、版本以及应用程序的 ID。在其右侧存在 3 个按钮，如图 12-22 所示。

第一个 Vaildate 是用来验证当前的程序包是否符合提交要求；第二个 Share 是用于将程序包分享给他人的；最后一个 Submit 则是用于提交的按钮。我们当然是选择最后一个按钮。在接下来的界面当中，开发者需要选择将要提交的程序包所对应的 App ID 以及开发证书。此操作因为要从 iTunes Connect 当中获取上述信息，所以可能会有一些延时。当出现图 12-23 所示的界面时，开发者就可以进行正确的选择了。

图 12-22　提交按钮

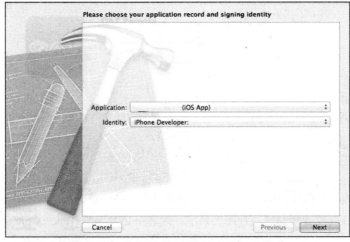

图 12-23　选择提交包的应用名称以及证书

450

按照图 12-23 所示的内容，读者在选择了正确的应用名称以及开发者证书之后，单击右下角的
Next 按钮，就会进入提交状态。此时只需等待，如果幸运的话，读者可能一次就可以提交完成；否
则将会出现错误，这将会是我们接下来要为读者介绍的内容。

12.4 应用程序审核

在前面的章节，我们已经逐步地介绍了如何将一款已经开发完成的应用程序提交至 App Store
当中。此时，读者已经完成了程序包的提交。虽然开发者已经将程序提交到 iTunes Connect 当中，
但是这并不代表着应用程序一定能够上架销售。这是因为在上架之前，苹果公司还要对应用程序进
行审核。下面将会为读者介绍苹果公司应用程序审核的具体内容，以此来帮助大家解决开发应用程
序时遇到的问题，以便于在提交应用程序时可以加快审批流程的速度。

现如今在 App Store 应用程序商店中已经拥有了超过 50 万个应用程序。对于那些制作粗糙、画
面简陋的垃圾应用程序，将不再有存在的价值。如果开发者的应用程序没有什么有益的用途或者持
续性的娱乐功能，则将会被苹果公司拒绝上架。尤其是那些看上去像是只花了几天功夫就简单拼
凑出来的应用产品，或者只是想在 App Store 中给身边的朋友使用的产品。上述的产品，最好在提
交前做好遭拒的准备。苹果公司采用如此态度，是为了维持 App Store 的繁荣，提升用户的体验。
另外，有很多具有严谨态度的开发程序员，也不会希望他们的高品质应用程序充斥在一些业余作
品之中。

除此之外，苹果公司将拒绝任何包含越界内容或行为的应用程序。此时读者可能会问，具体限
制是什么？我们都知道在国内运行的游戏产品，尤其是网络游戏，为了吸引用户眼球总会耍一些擦
边的把戏。不过在 App Store 的审核当中，这类产品是绝对不会侥幸通过的。所以开发者只能按照
普世价值来衡量一款游戏产品是否越界，对于儿童以及青少年不宜的内容必然不要出现在游戏产品
当中。

除了上述的内容之外，要知道应用程序的审核标准也是在动态变化的。这是因为新提交的应用
程序会导致新的问题产生，并可能随时产生新的规则。所以有时开发者能做的就是尽快将应用程序
提交，然后等待苹果公司的审核，出现问题就及时修改。虽然应用程序审核的标准一直都有所变化，
但也有一些核心的规则是肯定的。比如一个根本无法运行的程序是肯定无法审核而上架销售的。所
以下面为读者介绍一些硬性的要求。只要应用程序当中违反了下属的条目，则必然会被苹果公司拒
绝上架。当然也存在一些已经在线销售的产品，在苹果公司发现问题后一夜之间所有产品都被下架；
如果遇到更为严重的情况，开发者账号也有可能会被封闭。想必读者不希望遇到如此的窘境，让自
己的辛苦与努力付诸东流。

根据苹果公司 2012 年 3 月 14 日发布的文件显示，App Store 应用商店每周收到的 iPhone 和 iPad
应用上架申请超过 2.6 万次，全年约为 130 万次。这些应用审批请求大部分在两周内就审批完毕并
出现在应用商店里。要想让应用产品顺利通过审批，尽快上架销售，读者需要遵从以下准则：

- 崩溃的程序将会被拒绝。
- 有错误的程序将会被拒绝。
- 跟开发者宣传不符的程序将会被拒绝。
- 无应用文档或隐藏功能与描述不符的程序将会被拒绝。

- 使用非公开 API 的程序将会被拒绝。
- 在指定容器范围外读写数据的程序将会被拒绝。
- 以任何方式或形式下载代码的程序将会被拒绝。
- 安装或释放其他可执行代码的程序将会被拒绝。
- beta 版、演示版、trial 版和测试版的程序将会被拒绝。
- iPhone 程序必须不经修改就能以 iPhone 分辨率和 2 倍 iPhone 3GS 的分辨率在 iPad 上运行。
- 大于 20MB 的程序不会通过蜂窝网络下载（App Store 会自动禁止）。
- 多任务程序仅可以为达到预期目的而使用后台服务，如网络电话、音频播放、地点、任务完成、本地通知等。
- 没有显著用途或不提供任何持久娱乐价值的程序可能会被拒绝。
- 与 App Store 已有程序重复的程序可能会被拒绝，特别是数量很多的情况下。
- 浏览网络的程序必须使用 iOS WebKit 框架和 WebKit JavaScript。
- 鼓励过量饮酒或非法物质，或鼓励青少年饮酒或吸烟的程序将会被拒绝。
- 提供不正确诊断或其他不准确设备数据的程序将会被拒绝。
- 向 App Store 上传大量相似版本程序的开发者将会从 iOS 开发者项目中除名。
- 只是歌曲或者影片的应用应该提交到 iTunes Store，只是书的应用应该被提交到 iBookstore。
- 武断地根据环境，如定位或者网络供应商限制用户使用的应用会被拒。
- 利用伪造或付费评论的方式在 App Store 中企图操纵或欺骗用户评价或图表排名的开发程序员（或者采用其他不正当方式）将会从 iOS 开发者项目中除名。
- 程序图标与画面不符合 14 以上年龄限制的评级程序将会被拒绝。
- 带有任何其他移动平台名称的元数据程序将会被拒绝。
- 在采集、传送或使用位置数据之前未通知并获得用户同意的程序将会被拒绝。
- 不采用苹果推送通知（APN）应用接口提供推送通知的程序将会被拒绝。
- 程序不可使用推送通知发送广告、促销或任何类型的直销。
- 未获得用户初次同意便发送推送通知的程序将会被拒绝。
- 未从苹果获得推送应用 ID 便擅自使用 APN 服务的程序将会被拒绝。
- 使用推送通知发送非请求消息或用于钓鱼或群发垃圾邮件用途的程序将会被拒绝。
- 向终端用户或任意第三方显示玩家 ID 的程序将会被拒绝。
- 将玩家 ID 用于任何未经游戏中心条款批准用途的程序将会被拒绝。
- 企图进行反射查找、跟踪、关联、挖掘、获得或利用玩家 ID、化名或通过游戏中心获得的其他信息将会从 iOS 开发程序员项目中除名。
- 游戏中心信息（例如计分板得分）可能仅能用于游戏中心批准的程序。
- 如果程序能够传送病毒、文件、计算机代码或程序，并且对游戏中心服务的正常运行造成损害或中断，该程序将会被拒绝。
- 使用 App Store 以外的软件开启或提供额外功能的应用程序将会被拒绝。
- 使用应用内支付系统（IAP）以外的系统购买内容、功能或服务的应用软件将会被拒绝。
- 使用 IAP 购买实物商品和并非用于该软件的服务的应用软件将会被拒绝。
- 使用 IAP 购买已过期信用点或者其他货币的应用软件将会被拒绝。

- 使用 IAP 购买 iOS 提供的照相、摄像或陀螺仪等内置功能的应用软件将会被拒绝。
- 从苹果网站（如 apple.com、iTunes Store、App Store、iTunes Connect、苹果开发者计划等）抓取任何信息或者使用苹果网站的内容和服务进行排名的应用软件将遭到拒绝。
- 具有诽谤、人身攻击性质以及内容狭隘卑鄙的应用软件或者打击特定个人或组织的应用软件将会被拒绝。
- 应用程序中出现人或动物被杀、致残以及枪击、刺伤、拷打等受伤情形的真实画面将会被拒绝。
- 出现描绘暴力或虐待儿童等内容的应用程序将会被拒绝。
- 对武器进行真实描述以怂恿非法使用或滥用这些武器的应用程序将会被拒绝。
- 应用程序中出现过于令人反感或者低俗的内容将会被拒绝。
- 含有色情素材，也就是《韦氏词典》中定义的"旨在激发情欲，对性器官或性行为的明确描述或展示，而无关美学或情绪感受"的程序将会被拒绝。
- 涉及宗教、文化或种族群体的引用或评论，包含诽谤性、攻击性或自私性内容，或使特定群体遭受伤害或暴力的程序将会被拒绝。
- 程序可以包含或引用宗教经文，程序所提供的引用或翻译必须准确且不会引起误导。评论应该有教育意义，可以令人开阔眼界，而不应有煽动性。
- 赌金和竞赛必须由程序的开发者/公司发起。
- 赌金和竞赛的正式规则必须在程序中注明，并且必须明确表示苹果不是发起者，也没有以任何方式参与活动。
- 程序必须遵守各地用户遵守的任何法律要求。开发者有义务了解并遵守当地所有法律。

在上面列出了许多应用程序审核的条目，这只是其中比较重要的一部分。如果想要描述所有的内容，估计我们至少还需要三页纸。上述内容，应用程序禁用的原因很容易理解。在此读者也不用过多担心，只要专心制作游戏，不走歪门邪道，苹果公司的应用审核过程是不会为难开发者的。至今为止，笔者从没有因为某些严重的问题导致游戏产品无法上架。同时，就是应用程序在提交的过程中被拒绝上架销售，苹果的工作人员也会给出合理的解释，甚至会给出良好的建议来帮助开发者改进。毕竟无论是开发者还是苹果公司，都非常珍惜这个平台。苹果公司会尝试尽力创建全球最佳平台，以便让开发者展示才华，同时获得相应的报酬。通过不断地努力，让用户获得高品质的体验。最重要的是，大家共同努力让用户感到惊奇和欣喜。用创新方式向他们展示世界，让他们用前所未有的方式与之交流。

12.5　接纳反馈，及时更新

只要读者遵从了前面介绍的应用程序审核的要求，那么游戏上架销售也是指日可待了。没准哪一天，读者就会收到应用程序上架销售的邮件。大家可以享受一下游戏产品上架销售的喜悦，因为很快将会有收益进入开发者的口袋了。不过这也只是成功地迈出了第一步。游戏产品的生命周期并不是到此为止，后续还有一些需要完善的工作。

每当一款游戏上线后，App Store 都会提供一定数目的免费体验账号。现在的免费账号为 50 个。开发者要充分利用这些免费的账号，将它们发放给那些表现积极的游戏玩家，因为他们将会成为游戏产品的第一批用户。在游戏产品发布的初期，这批用户反馈的意见是最宝贵的。除了能让你发现游戏中存在的问题之外，还是验证游戏可玩性最好的时机。另外，将这些免费账号发送给专门的游戏网站或者媒体，也是一种不错的推销手段。

在玩家体验免费游戏和赢利之前，游戏产品的反馈大多来自参与开发的人员。这时游戏开发者们就需要承担风险。原本设计中最喜欢的游戏内容或许并不能引起玩家关注，而有些玩家关心的恰恰是开发者没有投入精力的地方。这种情况是否真的发生呢?这就要靠第一批玩家的反馈，因为他们的意见将会是最好的反馈。在游戏产品经过了第一批由开发者指定的玩家体验之后，我们可对游戏产品稍作修改，再之后它就要面临众多用户的考验了。

另外一点，游戏开发者应当学会识别哪些游戏内容和玩家群体是不重要的。这是什么意思呢?为何不选择让所有的玩家满意呢? 简单地说，满足所有玩家的需求是众多游戏开发者共同追求的目标。打造一款所有玩家都会喜爱的游戏，这简直就是一个神话。我们都知道众口难调，并不存在十全十美的游戏产品。所以有时候，开发者不得不只注重一部分玩家群体，选择性地听取他们反馈。读者不用担心会损失大量的用户。在庞大的 iOS 用户群体中，仅仅一个类型的用户就足够大家赚得盆满钵满的。所以游戏产品最好有针对性。具体地说，如果开发者是想迎合所有玩家的需求，而有些玩家的喜好却正好与游戏本质相左，那么最终可能就会导致游戏取悦不了任何玩家。游戏开发者需要保持最初设计方向。即便设计和营销的游戏是针对某个特定群体的玩家，其他类型的玩家仍然会接触到游戏产品。这些玩家会因为游戏不适合自己而抱怨，希望开发者能够做出改变。有时我们可以在不伤害现有目标玩家的基础上做出改变，但有时必须控制住自己，让那些不满意的玩家离开游戏。只有这样，才能保证游戏现有玩家的留存率。

除了及时采纳了第一批玩家的意见之外,在游戏产品上架之后,所有下载的用户都可以在 iTunes 当中进行评价以及打分。这对于一款游戏产品的销售业绩有很大的影响。及时地关注用户的打分以及评价，也是改善游戏产品、提升玩家体验的良好途径。开发者需要及时地将玩家的反馈意见在游戏产品中表现出来。这也就是要求我们根据用户的反馈意见，来修改部分游戏内容，然后提交新的游戏版本至网上商店进行更新，让玩家感觉到开发者的专注以及敬业的态度。这也是在玩家群体中获得良好口碑的方法。按照统计数据显示，平均每款 iOS 应用产品的更新次数为 0.3。读者不妨试想一下，当你作为一个游戏产品的玩家时，在提出意见之后，很快得到了开发人员来自实际行动的反馈，是不是觉得自己被重视，也会更加地喜爱这款游戏产品呢? 天道酬勤，成为一个勤快的人，及时让用户的反馈得到执行。

游戏产品不再是一次性消费的产品，它需要不断更新内容，让产品保持活力和影响力，也会持续带来新的客户与各种付费行为。一个后期维护的优秀游戏，相比传统的游戏产品拥有更长的寿命，将会获得更多的收益。

12.5　优惠时段以及限时免费

在游戏产品最初上架销售之时，开发者就要为其制定一个价格。定价过低或过高都不正确，过低的价格会让玩家觉得游戏质量一般，过高的价格则会让玩家感觉不值得。消费者的口味总是很难满足啊! 不要单纯地看自己的游戏产品，人们对于亲手制作的产品都会有过高的评价。有的时候不妨换位思考，试想一下作为消费者的自己，是怎么看待价格的? 所以开发者就必须考虑能够从这款游戏中获得多少乐趣。单纯根据价格来判断下载应用的价值是一个极具技巧的工作，某些 0.99 美元的游戏可能只能给玩家提供一天左右的乐趣，但是他们仍然不会抱怨，因为 0.99 美元确实很少，也就是一杯咖啡的价钱。那些动辄几十美元的游戏呢？确实需要玩家投入一笔不小的费用，但是游戏本身的可玩性却能让玩家获得数周甚至数月的乐趣。所有游戏时间是玩家用来考量产品价格的一个不错的参考。

另外，开发者可以和发行商进行合理沟通，来获得适合市场的产品价格。根据市场定价的趋势，来确定自己游戏的价格。先看看那些已经在线上的游戏产品是按照怎样的价格来销售的，再来与自己的游戏对比一下，就能找到一个比较适合的价格了。这也是一个不错的方法。

定价始终是开发者谈论的焦点。有人认为低价模式可能是游戏发展的出路，这种薄利多销的方式能够促使作品覆盖大量用户。而其他人则认为所有作品或应用在价格层次中都有自己的位置，所以拥有细分市场或高制作价值的作品需以更高价格售出。至于采取怎样的策略，就有你自己来抉择吧！只要不是最糟糕的情况就好。没有什么比最初以高价格发行作品，但随后由于销量不佳快速把价格降至最低更糟；或者是信心百倍地采取内在付费免费模式，最终却发现无人购买虚拟商品，因此只好迅速推出付费版本，决定产品的价格。不要在作品推出期间更改发展路线。坚持原有策略，不要忽视定价问题的重要性，在最初阶段就做出正确决策，然后坚持原本的价格。

在制定了游戏产品价格之后，开发者还可以适当地采取一些促销手段。比如在某些节日或者特定时间段，降低产品的价格，或者采用抽奖形式赠送一些免费体验的账号。这些不同的奖励方案，能够在不损害已购买玩家利益的前提下，增加新的玩家数量。

读者可不要低估降价促销的威力。诚然通过降价增加创收，走的是薄利多销的路子，但是它对销量的刺激会反过来带来整体收入上升。整体看来以 0.99 美元和 1.99 美元的价格促销或者推出半价折扣能够最大化应用销量。除了促销，限时免费也是 App Store 推广中的重要方法。通常情况下，产品上线一周左右如果下载量没有达到预期的效果，那么就可以开始运用限时免费的手段来吸引大批用户下载使用。事实上，如果产品质量较高，在这个阶段累计的口碑效应会为后续产品回归原价格后的下载奠定坚实的基础。通常限免的方式基本持续 3 天左右即可，最好在产品的下载量达到顶峰时回归收费，促进收费版下载。另外，当游戏产品进入优惠或者限免时段时，国内外有些网站会将此类的 App 资讯集合起来，分享给用户。这也是一种很有宣传效果的方法。因为人们总是对于打折商品抱有热情，更是难以抗拒那些限时免费的产品。

12.6　小　　结

在本章节中，我们并没有设计任何的游戏制作技术，这些内容已经在前面的章节为读者介绍得非常透彻明了。而本章节的内容，应该属于游戏产品的后续工作。这也就是在开发者完成了游戏产品的制作之后，所需要做的工作。大家经过辛苦的努力，终于打造了一款优秀的游戏产品。此时，所要做的就是将游戏产品上架销售。想必读者并不是出于自我欣赏的态度，来加入到 iOS 游戏开发的大军当中的。

开发者要想发布 iOS 设备的应用程序，必然会选择 App Store。它是来自苹果公司的应用程序网上商店。App Store 算得上是全球顶尖的移动应用市场。无论是市场规模、涵盖区域、产品数量，还是下载次数以及销售收益等，都是全球排名第一。如今的 App Store 售卖遍布世界范围内 70 多个国家和地区，包含了 50 万个应用程序，已经获得了超过 250 亿次的下载次数。App Store 已成为全球最大的移动软件平台，而 App Store 软件开发者已从应用的销售中获得了超过 30 亿美元的收入。好了，读者将要面对的就是一个如此庞大的市场。至于如何在市场中占据一席之地，就要看各位的运气以及付出了。

为让读者能够将已经制作完成的游戏产品提交到 App Store 当中，本章节从建立、提交、测试以及销售的各个角度，为读者进行了详细的介绍。一般情况下，提交一款应用产品的步骤为：

① 登录 iOS Dev Center，创建应用程序的发布证书以及 App ID。

② 登录 iTunes Connect 创建应用程序，填写相关的描述信息，为应用产品定价并选择销售区域以及语言版本。

③ 利用发布证书重新打包应用程序。

④ 使用 Xcode 当中的 Archive 方式来提交程序包至 App Store。

⑤ 及时调整程序包，等待苹果公司的审核，开始上架销售。

在应用程序上架销售之后，开发者的工作并不是就此结束了。开发者需要不断地更新，来延长游戏产品的生命期以及活跃度。这样不仅能够激发用户的热情，也能够带来新的用户。在游戏产品上架销售之后，开发者很快就会获得来自玩家的反馈。这些反馈对于游戏的升级有很大的参考价值，作为开发者需要选择去满足最大的用户群体。因为更多的玩家也就意味着更多的收益。

为了更好地推广游戏，适当地采用优惠时段或者限时免费的方式，能够加快游戏产品在玩家之间的传播速度，提升游戏的知名度，带来更多的消费。人们总是对于打折商品抱有热情，更是难以抗拒那些限时免费的产品。读者可以适时地采用上述两种方法，来提升游戏的销售业绩。

通过本章节的内容，读者已经能够成为一个 iOS 平台的游戏产品开发全能选手。读者不仅掌握了足够的游戏制作技巧，同时也获知了许多游戏上架销售的知识。不过无论怎样，建议大家不要仅仅局限在纸上谈兵，一定要亲身投入到 iOS 游戏开发的热潮当中，体验一下其中的兴奋与艰苦。在下一个章节中，我们将会带领读者一起展望 iOS 设备中游戏产品的未来发展。这也是本书的最后一个章节。历史总是有相似之处，App Store 如今的繁华，似乎也映射出当年互联网站产业的火爆。要想成为真正的赢家，就必须能够预测未来。感谢那些付出宝贵的才华与时间来开发 iOS 应用程序的开发者。从职业与报酬的角度而言，这对于成千上万的开发员来说，一直都是一项值得投入的事业。

第 **13** 章　未来之路

本章节是本书的最后一个章节，作为结尾我们将会带领大家一起回忆过去、畅谈当下、展望未来。如果此时读者急于将前面章节的内容付诸行动，那么接下来的内容大可放到以后再来阅读。毕竟前面的章节中一直是在纸上谈兵，此时读者已经掌握了完整的 iOS 游戏开发技巧，不仅能够独自制作一款 iOS 游戏产品，也多少知道了一些产品销售的秘笈。不知各位是不是早已摩拳擦掌，按捺不住心中的激情了，准备在 App Store 中大展身手，开创一片天地。笔者可以体会到此时大家的心情。这就好比磨剑十年，只为挥剑一次。此时已经具有一身本领的读者，应该投入到 iOS 市场中一试身手。无论最后的成败，积累经验也是一个重要过程。仅仅阅读本书只能算是一个开始。自古兵法中的内容都是死的，只有活学活用的人才能成为一代王者。

不过，要想获得成功，可不能够急功近利。冰冻三尺非一日之寒。只有目光长远、着眼于未来的人，才能是最后的赢家。如果本书只是作为传授技术知识，指导读者制作游戏产品，那么本书在上一章就可以结束了。可本书目的在于让读者成为 iOS 游戏产业中的一员。这句话的含义并不是只是片面地要求读者会做制作并且上架销售一款游戏，而是为大家指明一条可持续发展的道路。说得通俗一点，就是找到一条发家致富的道路。上个章节，读者清楚地知道了 iOS 游戏产品销售以及运营的内容，也知道了如何将已完成的游戏提交网上商店，如何才能让游戏产品受到更多的用户青睐，如何获得更多的收益。此时的读者已经信心十足，但是凡事都要多角度地来看。现如今的 App Store 已经不再是 5 年前，甚至于一年前的规模了。如果开发者不能跟上市场发展的速度，就会成为发展的基石，最终被用户所遗忘。"一将功成万古枯"的道理，高中大家就已经明白了。每一个成功的背后，都会有许许多多的失败。有谁还记得那些曾经"一夜成名"的游戏产品，现如今也埋没在了应用产品的茫茫大海之中。只有赢得未来的人，才算是真正的成功。

苹果的 App Store 模式在商业上取得了极大成功，模仿者也不断涌现，这已经成为了移动互联网新型终端商业模式主流的趋势。然而对普通用户和开发者来说，纵容这种模式不断壮大可能未必是件好事。原本在 iOS 领域中，如鱼得水的中小开发者团队以及个人开发者现在已经捉襟见肘。在一个个财大气粗、有着雄厚背景的大型公司进驻到 App Store 当中时，作为势单力薄的我们，又该如何应对呢？笔者希望大家通过阅读接下来的内容，能够找到一个适合的途径或者空间以便占据一席之地。另外，以下的观点以及内容仅能代表笔者的分析以及推测，至于对未来的把握，还是要靠读者自己来预测。

13.1　iOS 未来之路

如果提到 iOS，那么开发者首先想到的应该是 iOS 系统，其实还有另外一个方面就是 iOS 设备。我们都知道可以使用 iOS 系统的也只有苹果公司的 iOS 设备。这两方面的内容与开发者有着密不可分的联系。首先，iOS 系统将会是大家最为熟悉的程序开发库。在制作游戏的过程中，我们总是会依赖 iOS 系统中提供的各种功能来创建应用程序。其次，iOS 设备是游戏产品的载体。无论通过怎样的方式，最终开发者制作的游戏产品都将运行在 iOS 设备之上。所以苹果公司销售越多的 iOS 设备，对于开发者来说就存在越多的用户群体。所以当我们谈论 iOS 时，实际是要介绍上述两方面的内容，如图 13-1 所示。

图 13-1　iOS SDK

13.1.1　iOS 系统

iOS 是由苹果公司开发的操作系统。最初是设计给 iPhone 使用，后来陆续套用到 iPod touch、iPad 以及 Apple TV 产品上。2008 年推出的第一个版本至今已经过去了 4 年。在这期间 iOS 总共推出了 5 个大的系统版本更新。每一次新的版本推出都会带来一些令人兴奋的功能。在一次次惊喜中，用户以及开发者展现了出对 iOS 系统的喜爱。iOS 系统每一次的更新总是能够被人们所接受。在 iOS 平台当中，无论是用户还是开发者，都对新推出的 iOS 系统抱有极大的热情，这也是苹果公司成功的秘诀。它总能不断为用户以及开发者带来惊喜，满足人们不断增长的需求。最新推出的 iOS 5 更是将 iOS 系统推向了顶峰。它为 iPad、iPhone 或 iPod touch 提供了 200 多项新功能，包括通知中心、iMessage、报刊杂志、提醒事项、PC Free、全新的相机、图片功能等。

图 13-2 所示为 iOS 5 推出时苹果公司的官方网站。每次的苹果发布大会，总会引来全球数亿人的关注。毫无疑问，iOS 系统已经成为了手机操作系统的风向标，引领了手机操作系统的发展趋势。虽然我们不能说它是全球最好的手机操作系统，但是它也是手机操作系统中的佼佼者了。

图 13-2　iOS 5

　　首先，我们从用户的角度来看待 iOS 系统。iOS 系统一直以来都是智能手机用户最热衷的操作系统。每一次 iOS 推出新的版本，用户总是能够非常积极地进行更新升级。这是在个人电脑领域很少发生的事。要知道至今为止，还有很多的用户仍然用着 10 年前出版的 Windows XP 系统，从未更新换代。统计数据结果显示，在 iOS 5 系统推出的大约两周的时间内，装有 5 及以上版本的消费者中大约有 80% 已经升级到了 iOS 5.1。如此的速度，不仅让苹果公司感到欣喜，也比开发者想象的要快很多。

　　苹果公司的 iOS 5.1 系统于 2012 年 3 月 7 日正式发布，提供了新的无线更新方式。用户无须使用电脑，直接通过手机的移动网络就可以进行系统升级。所以用户更新的速度也超过了以往。据统计，在 iOS 5.1 发布 5 天之后，可以进行在线下载的消费者中有 50% 已经升级到了 5.1 系统。15 天之后，5 及以上系统的用户有 77% 升级到了最新系统版本。而在所有 iOS 版本中，iOS 5.1 占到了 61%。而之前的 iOS 4.0 发布时，大约过了一个月的时间 4.0 系统才占到 50%，但是那是通过个人电脑进行系统更新的，可能时间上会慢一些。而至于那些未更新的用户很可能是因为使用了较老型号的 iPhone 或者 iPod touch，导致无法升级至 iOS 5.1 最新版本。让我们暂且忽略这些 iOS 4.x 的用户不谈，仅统计 iOS 5.x 版本的用户，那么这个数据也非常明显地证明了 iOS 用户获得新版本升级推送的速度是最快的。这是其他任何手机操作系统无法比拟的，也是其他平台的操作系统从未达到的高度。iOS 系统能够受到用户以及开发者如此的追捧，主要有两点原因：一是因为其本身确实包含了许多丰富的、令人欣喜的功能，另外一点就是 iOS 设备庞大的市场占有率。曾几何时，iOS 手持设备一直占据手机市场的头把交椅。出于以上两点，我们可以相信在未来的 3 年里，iOS 操作系统仍然会是手机操作系统的主流。经过上面的分析，我们得知 iOS 设备的用户会更加迅速地采用其操作系统的新版本。拥有者这样的用户群体，怎能不让其他手机厂商眼红呢？

　　其次，在移动开发领域，iOS SDK 的吸引力对于开发者也是最大的。这其中的原因被开发者归结为 iOS SDK 成功的模式。其推出的 iOS SDK 稳定性以及成熟度都保持了苹果公司对于事物追求完美的风格。另外一点吸引开发者使用 iOS SDK 的原因，就是其更容易赚钱。经过前面的数据我们得知，iOS 用户是非常热衷于系统升级的用户。当然，这对于开发者来说也是一个良好的征兆，因为如果用户能够在短时间内升级到最新的版本，那么开发者也能很快在新版本系统中将他们的应用程序进行重新包装和升级，将那些最新、最炫的功能展现给用户。这是一个良性的循环，只要苹果公司能够一如既往地满足用户不断增长的需求，用户与开发者就不会离它而去。还有一点 iOS SDK 吸引开发者的地方，就是其完善的技术支持。无论是更好的开发工具，还是更舍得在世界上人气最高的苹果应用商店 App Store 中投入，或者为开发者提供了全面而周到的技术指南等，这些都是开发者喜闻乐见的方式。我们得知 App Store 的应用程序总下载量早已超过了 250 亿次，这个数字的魅力对于开发者来说是无法抵御的。想必谁也不愿意放弃这个全球最大的网上商店。

13.1.2　iOS 设备

iOS 设备就是指那些运行着 iOS 系统的手持设备，其中包括了 iPhone、iTouch 以及 iPad。这 3 种设备无论从是工业设计角度还是硬件性能或者用户喜爱度，都处于领先的优势当中，其中的不少设备甚至成为了移动市场领域的风向标。苹果公司的设备一直处于手持设备的高端领域，它代表了手持设备的时尚趋势。

不过在去年第四季度 Android 系统终于打败苹果 iOS 系统成为入门级智能手机用户最为青睐的移动操作系统。有数据显示，初次购买智能手机产品的用户中有 57%的人选择了 Android，有 34%的人选择了 iPhone，另外还有 9%的购买者选择搭载了其他移动操作系统的智能手机。这种变化不仅仅表明了 iOS 系统稍逊下风，也表明了市场中 iOS 设备的占有率也在下滑。苹果公司已经成为了众矢之地，各个手机厂商都想抢夺其市场份额，再加上来自谷歌公司的支持，这种下滑的趋势是无法避免的。现如今的 Android 系统与 iOS 系统就好比快餐界的肯德基与麦当劳，是一对实力相当、各领风骚的对手。来自谷歌的消息曾表明，Android 系统的推出就是为了抑制 iOS 系统的垄断。所以在本章节接下来的内容当中，读者将会看到许多 Android 与 iOS 之间的竞争。

13.2　苹果公司的发展

苹果公司原称苹果电脑公司，这个名字就是来自大家熟知的苹果公司的教父史蒂夫·乔布斯。在 1976 年由他以及其他的两位创始人史蒂夫·沃兹尼亚克和罗纳德·韦恩（Ronald Wayne）三人决定成立公司。在 2007 年 1 月 9 日旧金山的 Macworld Expo 上宣布改为现名。

估计在苹果公司创立之初，3 个人并没有想到今天的辉煌。苹果公司的市值气势如虹不断上涨，现如今苹果市值已经推至 6 000 亿美元以上。这也是苹果的市值首次正式超过埃克森美孚，成为全球市值最高的公司，是苹果公司市值新的历史记录。在美国曾经达到这个高度的也只有鼎盛时期的微软。不过那已经是 10 年前的事情了。正所谓十年河东，十年河西。现如今苹果总公司目前的市值相当于它的 3 个主要对手微软、惠普、戴尔的总和，相当于其最大的对手谷歌公司的接近 3 倍。 虽然市值只是比较公司实力的其中一种衡量标准，可能也算不上最好的标准，但作为反映市场走势的晴雨表，这是对公司进行比较评估的一种简单实用的方法。况且分析师预测苹果股价将在未来 12 个月内涨到 1 001 美元，并成为美国历史上首个市值破万亿美元的公司。这将是一个新的 IT 产业的王朝时代。值得一提的是，苹果公司并不是全球首个达到市值超万亿的公司。在 2007 年 11 月金融危机之前，中国石油上市之初，首个交易日就达到一万亿美元的市值。其后犹如昙花一现，其股价一路下跌，现在在 2 800 亿美元左右。这是第一家也是唯一一家市值突破一万亿美元的上市公司。中国石油是中国国有实业公司，其市值中多数泡沫是来自于中国狂热的股民。而苹果是一家科技公司，在这次"苹果热潮"中，是泡沫还是自然增长？这是一个很重的问号。但是从苹果的战略来看，它已经把 iOS 平台作为公司未来战略的重要组成部分，其硬件和软件将持续得到公司内部最高优先级的人力、物力投入。所以有理由相信，这个平台目前的领先地位将会保持一段相当长的时间。

　　苹果公司将会继续保持自己的核心竞争力的优势。苹果公司将应用塑造为公司的焦点竞争力，成为了移动互联网时代的王者。传统的通道类、移动通信营业模式正在增速萎缩；传统的个人电脑以及互联网产业也受到了不小的冲击。苹果公司依靠其独有的 App Store 模式，将 App Store 服务搭建成为了一个通过整合产业链合作伙伴资源，以互联网、无线互联网等通路形式搭建手机增值业务交易平台，为客户购买手机应用产品、手机在线应用服务、运营商业务、增值业务等各种手机数字产品及服务提供一站式的交易服务。苹果唯一能被业内人士拿来诟病的，恐怕就只有封闭的模式了。不论是在手持设备领域，还是在音乐电影领域，苹果公司一直都是特立独行。从设备、音乐、系统、电影到版权，这一切都被苹果公司牢牢掌握。在这个开源分享的时代，封闭必然会成为发展的阻碍。这也正是谷歌公司 Android 体系用来与之抗衡的优势。苹果公司从 1977 年成立至今的 30 多年中，其计算机产业发生了翻天覆地的变化，苹果已经从一家电脑公司转型为一家消费电子产品公司。对于苹果公司运营商来说，App Store 模式的意义在于为软件开发商和手机用户提供了一个软件销售平台，同时满足双边的需求，通过应用程序资源的汇集，苹果公司成功地将更多的手机客户聚集到该平台上，借此掌握了产业链中的客户资源，牢牢掌握住产业链的主导地位。作为移动互联网领域中的读者，也仅仅是汪洋大海中的一滴水而已。多数情况下，大家只是作为看客。无论苹果公司的未来如何，移动互联网发展的趋势是不可抵御的。所以既然已经投身其中的开发者，选择市场最大、利益最高、发展前景最为理想的苹果公司将是毫无疑问非常正确的决定。

　　在完美的工业设计之下，与竞争对手的开放性相比，苹果备受质疑。无论在业内专家，还是苹果粉丝的眼里，苹果的未来在哪里？如果苹果公司在未来 3 年的市值想要突破上万亿，使其成为世界上最值钱的公司，那么促使苹果公司取得成功的原因，现在看来也只有两个方向：中国市场和网络电视。虽然 iOS 设备本身提供了足够优秀的硬件，同时为应用产品的创新提供了空间，为用户带来了不同凡响的体验，但是苹果公司一直未完全占领中国市场。比如大家熟知的手机厂商 Nokia 就是因为赢得了中国市场才成为了全球第一的手机厂商。另外，网络电视也成为了下一个各家 IT 企业竞争的蛋糕。谁抢到了它，谁就可能成为下一个科技王朝。

13.3　后乔布斯的时代

　　不知从何时起，乔布斯被称为了苹果公司的教父，而后乔布斯的时代也是在其辞去了苹果公司的 CEO 之后开始的。从 1976 年到 2011 年接近 40 年的期间里，乔布斯兢兢业业地创造了苹果公司的成功传奇。乔布斯管理苹果的模式使公司部门架构相比其他大公司更像一家初创型企业，几乎所有重大决策均由乔布斯一人拍板，也由他用异想天开的主意"逼迫"工程师们进行设计。iPhone 5 带来的失望，还是 iPad 2 惨淡的销售业绩，都展现出了苹果公司的乏力。用户也没有了当年乔布斯时代的狂热。苹果的产品更具个人魅力，深深打上了乔布斯的个人烙印。虽然不敢说苹果公司的接班人毫无能力，但要想超越前者，甚至于再现辉煌，都是让人怀疑的事情。

　　史蒂夫·乔布斯是美国乃至全球最近 25 年来最成功的 CEO。他别具一格地融汇了艺术家的灵感与工程师的视野，打造出一家出类拔萃的公司，他是当今美国历史上最伟大的领袖人物之一。乔布斯凭借对简约派设计的狂热及其营销天赋，改变了个人电脑的发展轨迹，并推动移动通信市场面目一新。具有划时代意义的 iPod、iPhone 和 iPad，都出自乔布斯的创造力，而这位苹果领袖以对产品开发过程近乎偏执的控制而闻名。当然也有不少粉丝将其捧上了神坛。极富魅力、远见卓识、冷酷无情、完美主义、独裁者，世人常常用这些词来形容乔布斯。乔布斯也许是科技世界前所未有的梦想家，但同时还是一位锋芒毕露的商人与谈判家。曾将乔布斯评选为"十年最佳 CEO"的《时代周刊》则评价乔布斯是"科技史上最伟大的革新者"。可以毫不夸张地说，苹果公司今日的辉煌是来自于乔布斯的努力。当乔布斯宣布首席营运官库克将接任执行长的职务之后，苹果股价曾一度大跌，这也印证了人们对于苹果公司的乔布斯风格的认可。

图 13-3 所示为乔布斯去世当天苹果官方网站展示的照片。在乔布斯辞去苹果公司 CEO 之后不久，10 月 6 日苹果公司宣布了公司共同创始人、董事长史蒂夫·乔布斯去世的消息，终年 56 岁。苹果董事会发布声明称："我们沉痛宣布，史蒂夫·乔布斯今天去世。史蒂夫的才华、激情和精力是无尽创新的来源，丰富和改善了我们的生活。世界因他无限美好。"

图 13-3　史蒂夫·乔布斯

失去了乔布斯的苹果能否续写辉煌？谷歌、摩托罗拉、诺基亚等竞争对手将上演何种战术？中国企业在"后乔布斯"时代将迎来更多机遇还是挑战。

虽然乔布斯走后还有一个强大的"苹果家族"对公司进行战略规划和新品设计，但"后乔布斯"时代的苹果能否引领新型电子消费，新产品能否夺人眼球，尚难以预料。iPhone 和 iPad 的大热，首先是来自于一个全新市场的开拓。但伴随一代又一代产品的推出，堪称杀手锏的升级却越来越少，吸引力也在减少。用户已经看到了在 iPhone 5 以及 The new iPad 推出上，苹果公司略显乏力。还有一直困扰着苹果公司的中国境内的富士康等几家代工厂的问题，还有作为一家独大的公司面对其他公司的竞争。按照现在手机市场格局来看，无疑是一群狼在于一只雄狮之间的战斗。后乔布斯时代的苹果新战略，将会以硬件的稳步升级控制成本、赚取利润，同时以紧密结合的软件系统拓展功能；并同时拉大与竞争对手的距离，抢占新兴的市场。

13.4　来自其他厂商的竞争

近年来随着智能手机的飞速发展，传统互联网的业务正在逐步走向移动互联网，目前的移动平台从全球范围来看，只有两个主角，那就是 iOS 和 Android。这两个名字的背后也是全球两家最具实力的科技公司苹果与谷歌。诺基亚的衰落、黑莓的颓势，让智能手机市场的阵营之争渐渐转变为苹果 iOS 与谷歌 Android 的龙争虎斗。正如提前提到了，现如今智能手机市场更像是雄狮与狼群之间的战斗。苹果公司凭借庞大的市场占有率以及用户群体，成为移动互联网产业中的一头雄狮。但是其封闭的系统、设备以及网上商店，都是谷歌公司用来与之抗衡的弱点。凭借 Android 系统的开源与免费，谷歌公司成功地聚集了其他手机厂商一同抢占移动互联网市场。不过，随着诺基亚与微软联手推出的 Windows Phone 7 手机型号的增多以及在更多国家的上市，其占有的市场份额也将会逐渐上升，预计最终会在明年出现一种 iOS、Android、Windows Phone 7 三足鼎立的局势。图 13-4 展示了 3 个智能手机平台以及各自的代表机型。

图 13-4　iOS、Android、Windows Phone 7

13.4.1　Android

刚刚过去的一年，Android 系统手机整体销量比前一年翻了 9 倍之多，已经超越了苹果公司的 iPhone 设备；同时，诺基亚也在积极布局与微软的合作；而今年又将迎来各路厂商的平板电脑大爆发，iPhone 与 iPad 都将面临巨大冲击。Android 系统的手机占领了大量的低端市场，也有人说苹果将开发低端 iPhone 手机，这绝对是谣传了。现在只能说在 Android 在高端市场对 iPhone 的影响还不明显，而 Android 只是占领了诺基亚丢弃的市场份额。所以 Android 与 iOS，它们之间还未决胜负。相对于 iOS、Windows、Palm webOS 等封闭式的操作系统，Android 系统的优势不仅体现在整体的开放性，最大的不同在于它采取了开源免费策略，吸引了大批的产业链厂商和开发者加入到该平台，使开发者在开发程序时能拥有更大的自由度，极大地提高了开发者的积极性和能动性。这也正是 Android 系统能够迅速占领市场的原因。不过读者需要清楚站在 Android 背后的并不只有一家谷歌公司。在美国市场占有率最高的 Android 手机制造商是韩国的三星公司。按照数据显示，美国去年最后一个季度在原始设备制造商（OEM）市场份额的排名为三星、LG、苹果、摩托罗拉以及 HTC。从排名中，我们就能看出 Android 胜出的原因，就是它根本不是一个人在战斗。凭借多家厂商的支持，在北美市场 Android 系统已经牢牢把控了一半的智能手机市场份额，Android 手机每天激活量已超过 55 万台，成为当下最为火热的操作系统。Gartner 最新数据显示，2011 年第二季度，搭载 Android 智能操作系统平台的手机终端在全球智能手机市场的份额已经超过 4 成，取代 Symbian 成为毋庸置疑的手机市场的老大。

13.4.2　Windows Phone 7

受智能手机产业发展"后知后觉"的影响，诺基亚作为全球第一大手机制造商的地位不断被削弱。过去的 5 年里，诺基亚市值缩水超过 900 亿欧元，跌至 148 亿欧元。业内人士认为，诺基亚市值的大幅下滑是由于苹果和大量 Android 设备的竞争。而对于诺基亚与微软合作，发布预装微软 Windows Phone（WP）操作系统方式的 Lumia 系列手机，期待能扭转颓势，这还需要足够的时间来检验。微软 Windows Phone 7 在苹果和谷歌两强争霸的夹缝中脱颖而出，凭借着简洁的界面外观以及 Nokia 在欧洲和亚洲市场多年的用户沉淀，利用用户的惯性占据了很大的优势。但是与苹果 iOS 平台或者谷歌 Android 平台相比，微软 Windows Phone App Marketplace 应用数量显得相当单薄。截至 2011 年 11 月，WP 应用商店所托管的应用和游戏程序数量为 4 万款，提供应用和游戏的发行商数量约为 1 万家,并且由于 WP 7 对第三方程序的限制较多,开发者群体主要以微软工程师为主,在很大程度上制约了应用数量的规模化增长。

Windows Phone 7 自身虽有劣势,但发展速度也较快。未来发展将取决于该平台是否能获得众多手机制造商的认可。在中国市场上,据数据显示,目前持有 Windows Phone 7 操作系统的手机有 73 款,占比 13%,仅次于 Android 系统,高于 iOS 系统。而从各平台手机销量看,2011 年 1~9 月份,在 3G 智能手机市场上,Windows Phone 操作系统手机销量为 155.23 万,占比为 4%,低于 Android、Symbian、iOS,位列第四。

13.4.3 三足鼎立

iOS 设备至今已经销售超过了 2 亿台,占全球移动操作系统 44%的份额。自 iPad 发布以来,14 个月间售出 2 500 万台。我们来看看智能手机操作系统的市场份额。按截至 2011 年 2 月份的季度平均数计算,美国智能手机用户数超过 1.04 亿人,相比截至 2011 年 11 月的 3 个月的平均数增长 14%。谷歌 Android 操作系统在美国手机市场的份额超过 50%,相比 2011 年同期上升了 17 个百分点;苹果 iOS 操作系统排名第二,其市场份额为 30.2%(与去年同期相比上升了 5 个百分点);其后依次是 RIM 黑莓操作系统的 13.4%、微软 Windows Mobile 操作系统的 3.9%、诺基亚 Symbian 操作系统的 1.5%。当然,从长远来看,竞争对手利用集团化对苹果形成冲击是一个危险的信号。表 13-1 显示了 3 个操作系统的一些参数对比。

表 13-1 3 个主要平台对比

	iOS	Android	Windows Phone 7
设备数量	11	100+	20
应用程序总数	500 000+	380 000+	43 000+
平板电脑应用数量	140 000	100+	无
是否支持第三方应用	支持	破解	破解
是否运行于 4G 网络	HSPA+	LTE、HSPA+、WiMax	HSPA+
是否与云整合	第三方支持	iCloud	SkyDrive
语音控制	Siri	无	无
双核设备	2	10+	无

现如今的手机市场中运行 Android 操作系统的设备数量最多,已经有上百款机型在销售。其中 Android 手机最大的制造商包括三星、摩托罗拉、HTC、索爱和宏碁。而运行 iOS 操作系统的设备只有 11 款,这其中包括各个版本的 iPhone、iPad 以及 iPod touch。当然它们都是属于苹果公司的。最后,运行 Windows Phone 的设备有 20 款,这 20 款有诺基亚、LG 等厂商制作的设备。

要问 2011 年最流行的服务是什么?那就是云存储。在此方面 Android 尚未与任何的云服务整合,不过用户可以使用第三方应用访问云文件,比如 Dropbox 或 Box.net 等。伴随着刚刚发布的 iOS 5 的系统版本,iOS 设备也配载了 iCloud 云服务。SkyDrive 则是微软的云服务,但是不能像 iCloud 那样进行无缝连接。

在对待第三方应用方面,iOS 和 Windows Phone 平台都较为严格,需要通过官方的审批才能够上线销售或者安装至设备当中。而谷歌旗下应用商店 Android Market 则允许开发者提交各种类型的应用进入。不过那些恶意程序或者违反法律以及公共认知的应用产品不论在哪里都是不能够上线销售的。在 iOS 和 Windows Phone 设备当中，如果用户想要安装未经审批的应用，那也只有越狱的方式。在应用程序自由性方面，很明显是 Android 略胜一筹。

作为前沿科技，在 4G 网络这方面，Android 系统同样是走在最前方，首款运行于 Sprint 公司 4G 网络的手机是 HTC EVO 4G；首款运行于 Verizon 公司 LTE 网络的手机则是 HTC Thunderbolt。另外还有多款 Android 系统的手机可运行于 4G 网络。iOS 系统则尚未进入 4G 时代。不过值得一提的是，AT&T 版 iPhone 4S 的速度已经赶得上摩托罗拉 Atrix、LG 公司的 Thrill 以及 HTC 的 Inspire。换句话说，iOS 系统的设备也存在一些可以与 4G 手机相媲美的地方。最后，Windows Phone 7 也有 3 款 4G 设备，分别为三星 Focus S 4G、三星 Focus Flash 4G 和 HTC Radar 4G。

三大平台都支持 GPS 导航和多任务功能。Android 平台与谷歌自家搜索服务结合了起来。Windows Phone 平台与 Bing 结合起来。iOS 的默认搜索是谷歌，但用户也可以选择雅虎和 Bing。

值得一提的是，近两年苹果在中国的销量增长速度惊人。据之前报道，中国已超过美国成为增长速度最快的智能手机市场。最近有数据显示，Android 成为中国使用率最高的智能手机操作系统，将近 iOS 系统使用率的两倍。然而 iOS 在中国一线城市的使用率却是要高于 Android。iOS 设备的主要使用地区分布在中国的几个主要的一线城市，包括广东、上海、北京、浙江、江苏。这也正是网上商店消费的主力军。既然提到了网上商店，接下来我们就来看看 App Store 的未来发展。

13.5　App Store 的未来发展

我们已经列举了许多有关 App Store 获得成功的数字，比如 50 万的应用软件、250 亿次的下载等。这些数据都说明了自 2008 年 7 月 11 日苹果 App Store 正式上线以来，它所取得的无法超越的成绩。在苹果公司推出了 iPhone 以及 App Store 模式后，颠覆了整个移动互联网市场的格局。应用商店作为内容和应用的聚合与销售平台，起到了连接开发者和用户的作用。同时，苹果通过 App Store 平台生态系统的打造，有力地推动了 iOS 平台的发展。应用程序的开发者能够通过该平台赚取相当的费用，更为重要的是开创了新的经营模式。这比以往的收费以及共享软件的销售模式更为成功。虽然在发展初期，苹果公司投入了巨大的成本。因为建立一种新的商业模式，就是需要通过有效机制将双方连接起来，并在实际运作中形成正向的良性循环。

图 13-5 所示的就是用户熟悉的 App Store。毫无疑问，苹果公司开创了 App Store 模式，同时也用实践证明了此模式的成功。而 App Store 模式的意义在于为第三方软件的开发者提供方便而又高效的应用程序销售平台。此平台可以直接面向用户，而省去了代理或者发行的成本。这不仅节省了开发者的时间，还降低了成本。所以苹果公司的 App Store 才吸引了众多的第三方软件的开发者参与其中，而且这些开发者投入的热情高涨。进行 iOS 的开发者数量依然急速猛增，从 2010 年的 53 346 个火速上升到了 138 801 个，增幅高达 160%。读者从近年来各大招聘网站就能感觉到各公司对 iOS 人才的需求。

图 13-5　App Store

另外，众多开发者的投入，使得 App Store 能够适应手机用户们对个性化软件的需求，从而使得手机软件业开始进入了一个高速、良性发展的轨道。这都要归功于苹果公司把 App Store 的商业行为升华到了一个行业内标准的经营模式。我们可以肯定地说，苹果公司的 App Store 开创了手机软件业发展的新篇章。App Store 无疑将会成为手机软件业发展史上一个重要的里程碑，其意义已远远超越了"iOS 的软件应用商店"本身，它可以被看成是移动互联网产业的起点。

13.5.1　移动互联网

　　近几年，移动通信和互联网成为当今世界发展最快、市场潜力最大、前景最诱人的新型技术产业。移动互联网，就是将移动通信和互联网二者结合起来，成为一体。它的增长速度是任何预测家未曾预料到的，所以可以预见移动互联网将会创造怎样的经济神话。随着手持设备的性能提高以及网上商店的普及，用户逐渐地离开了个人电脑，转而开始选择使用智能手机。已有很多大型的门户网站或者网络社区公布了其用户的访问数据，表现出了移动互联网用户的兴起。比如新浪微博，它算是国内最大的网络分享社区，其去年第四季度的数据显示，新浪微博手机端的接入人数已经超过了电脑端，而去年 12 月底，新浪微博的手机端使用时间和页面访问数量也超过了电脑端。这都是移动互联网迅猛发展的结果。这主要是因为与传统的互联网相比，移动互联网具备一些明显并且无法复制的优点。

- 安全性。使用移动设备的用户数据共享时既要保障认证客户的有效性，也要保证信息的安全性。这就不同于互联网公开、透明、开放的特点。互联网下，PC 端系统的用户信息是可以被搜集的，而移动通信用户上网显然不需要自己设备上的信息被他人知道甚至共享。
- 更加自由的操作方式。现如今的智能手机已经抛弃了原本的键盘，更广泛地利用触控技术来进行操作。要知道个人电脑至今还在使用键盘和鼠标的方式，用户早已厌倦了这些操作。移动设备用户可以通过在设备的手势以及滑动，进行功能项的操作。这种方式更加直观，也更为容易。
- 随时随地的方便。这算是移动互联网最大的特色了。无论是手机网络，还是无线网络，用户总能很容易地接入。况且现在随处可见的 WiFi 接入点，为用户随时随地地享用移动服务带了便利。
- 应用轻便，利于携带。只要读者细心观察，就会发现，现在人们的生活中已经无法离开手机了。每个人出门之前，除了会带钱包、钥匙之外，绝对不会落下手机的。除了睡眠时间，移动设备几乎一直都会陪伴在用户身边，其被使用的时间已经远高于个人电脑。这个特点决定了用户使用移动设备上网，要比个人电脑上网无可比拟的优越性，即沟通与资讯的获取远比其他设备更为方便、快捷。

　　从上面的内容中，读者可以明白移动互联网的时代已经到来了，而我们恰好投身于这场热潮当中，正是时机。

　　显而易见的是，推广类似 App Store 的商业模式，绝非普通二流企业可以完成的。虽然各大 IT 企业都在效仿此模式，由此推动了移动互联网的迅猛发展，但是这也必然导致主流的平台以及设备被牢牢把握在垄断巨头手中。在以前，微软虽然拥有对操作系统市场的控制，却也无法保证其推出的应用软件立于不败之地，因为微软对 Windows 平台上的应用程序的控制力有限。而今，苹果却拥有对平台的完全控制。相比这种控制，微软的垄断行为简直不值一提。原因在于，苹果拥有对其平台太大的权利，甚至可以禁止某一应用登录其平台乃至限制编程使用的工具。这也是其对于开发者和用户致命的威胁。

正如图 13-6 所示的在 iPhone 和 iPad 上捆绑的 Safari 浏览器，此前并未在移动浏览器领域占据多少份额，然而倚仗 iOS 的热卖，市场份额获得爆炸似增长。直到最近，苹果才不情愿地允许 Opera 登录其平台。比较起当年微软捆绑 Internet Explorer 所引起的争议，苹果的行为却没得到太多批评，可能是被其光辉所覆盖。的确，手机捆绑浏览器可以说是在非智能手机时代是一种很普遍的行为，然而考虑到智能手机和平板电脑可能对业界产生的巨大影响，这种行为持续下去所带来的后果必然会引起警惕。所以虽然移动互联网的

图 13-6 Safari 浏览器

发展势头已经无法阻挡，但是苹果公司在此热潮中依然存在一些潜在的风险。

13.5.2 用户需要

根据数据显示，每位 iPhone 用户从苹果 App Store 在线商店平均每月下载 10.2 个应用程序，iPod touch 用户平均每人每月下载的则更多，达到 18.4 个。App Store 是连接开发者与用户之间的桥梁，是苹果专供 iPhone 和 iPod touch 下载应用程序的唯一渠道。通过与 iPhone 终端相结合，一方面向用户提供了持续的固定和移动互联网内容或应用服务，另一方面为软件开发者提供了一个软件售卖的平台。App Store 主要的目标用户仍然是追求时尚、流行、对互联网等娱乐应用有较强需求的客户群体。这些人的需求也是变化最快、最难以满足的一种。随着 App Store 中海量应用程序的产生，已经开始让用户存在选择上的困难。比如说 2009 年新年刚过，苹果官方就对桌面版 iTunes 使用的类别浏览功能中可见的应用程序总数进行了限制，热门类别如娱乐、游戏等类别的检索额度全被限制在了 3 500 个；而到 5 月，这一底线再次被降低至 2 500 个。这就是一个明显的趋势，面对众多的应用程序，用户将会出现厌烦。而另一方面对任何开发商而言，总喜欢获得更多的公众曝光率。我们假设 iPhone 每一屏可显示 25 个应用程序，那么 iPhone 用户也不可能翻页 140 次。图 13-7 所示为 iTunes 在 iPhone 上的界面。

换言之，如果苹果不消除这一障碍，那么寻找到一个应用程序的唯一方式就是通过关键字搜索。但是，这无疑等于增强了用户的到达门槛，因为用户通常须在对某一应用程序有所印象后才会用特定关键字进行检索。除此之外，在 App Store 的众多应用程序中还存在另一个问题，那就是同质化严重。每一款知名游戏或者应用都会有许多与之相仿的游戏产品，甚至有些公司本身就会推出许多换汤不换药的产品。这对于用户来说都将是一种需求上的损害。更何况，苹果公司的 App Store 模式限制了消费者的自由，消费者不得不接受附加在此平台上的一些东西。就拿 iPhone 来说，很快用户就要在自己的手机上忍受 iAd 带来的广告投放。尽管这种投放也许并没有那么讨厌，但是用户仍然无法自由选择。另外，一个更为明显的例子就是消费者也无法选择什么应用程序可以运行在自己的手机

图 13-7 iTunes 在 iPhone 上的界面

上，而什么不行。比如 Flash 技术。尽管 Flash 存在很多不足之处，但是凭什么苹果公司就能为消费者来决定是否使用 Flash 呢？这在其他平台上是很少发生的事情。如果某些执着的用户为了 Flash 不在乎稳定性或者电池续航，就是想要查看网页上的 Flash，为什么就不能安装 Flash 插件？

13.5.3　第三方软件开发商

当事物发展到一定的规模时，总会遇到问题。对于开发者来说，现在 iOS 平台上已经聚集了过多的开发人员或者公司。至今年 3 月，App Store 上独立开发商的数量已非常接近 35 000 个。这也意味，已有 3 5000 个独立开发商在这一新生态系统销售应用程序并为争夺用户的钱而博弈。去年同期，每天约有 50 个新开发商加入这一战场，而一年之后，这一数字超过了 100。在如此众多的开发商当中，即使一个新应用程序要在 App Store 获得注意力已相当困难，开发者新推出的游戏产品很容易就淹没在茫茫的应用程序当中。

按照现在的模式，iOS 平台的用户只能够从 App Store 上使用官方的方法安装完整的软件，那些越狱的设备并不在我们讨论之中。首先，开发者不得不接受一些无法选择、难以忍受的东西，比如利润分成、审核标准。在以前，任何一个开发者都难以想象一个操作系统会向下游软件提供商收取利润分成。这简直会被认为是一种自毁产业链的行为。比如当用户购买个人电脑上的播放器软件时，难道播放器的开发商还需要向微软公司支付费用吗？这将是无法想象的。而今，不但苹果敢于这么做，更有很多后来者追随苹果的脚步。事实上，开发商为了一个庞大的用户群以及一个易于保护版权的环境，仍然不得不选择接受这一切。当然最重要的还是出于利益的角度。尽管智能手机和平板电脑具有其特殊性，但是如果苹果试图将这些新兴终端描述为个人终端的未来，就应该考虑到它也正试图将个人终端应用市场的开放环境转化为一个封闭的环境。

13.6　游戏产品的未来

曾几何时，游戏产品只是一张光盘，然后游戏的包装盒后面总是印了一大堆关于游戏的介绍内容，其中包括游戏的类型、开发商、甚至还有敌人的种类、都有哪些功能以及需要多少游戏时间等。当然最重要的还是需要硬件的配置。而那时候的我们也总是对此愤愤不平，因为"游戏产品"对于硬件的高要求总是要更好的硬件，更好的硬件就意味着更贵的价钱。然后，市场上出现了家用游戏机。这是一个不需要升级换代的硬件产品。也就是说在游戏设备上，只需要一次投入就可以使用很久。我们都知道游戏并不仅仅是一系列功能的堆砌，而是一种互动式的体验。如今，iOS 设备的娱乐功能已经越来越强劲。虽然它还不能够算作纯粹的游戏设备，但用户使用最为频繁的却是游戏产品。除了电话功能之外，iOS 设备已经转变为一个游戏设备。在 App Store 中最受欢迎的、下载量最高的应用产品几乎都是来自游戏产品。在 App Store 中出售的产品，玩家将不会得到任何实体，但他们依然热衷于手指上的游戏产品。没有纸质的说明书，没有附送的玩具，也没有承载游戏的光盘。这一切都已经发生了改变。

外国的数据显示，在其调查的 1.5 万移动游戏用户中，发现 96%的调查用户至少有一天在家里玩移动游戏，有大约 53%的用户在床上玩游戏。如果移动游戏插足你和你的爱人之间，那么你就不是一个人在战斗了。这个调查显示，移动游戏不只是一种消遣，而正在成为一种主流的娱乐和文化。83%的调查用户称，在等待预约前会玩游戏，而 72%的调查用户则是在坐火车和公交车，甚至开私家车的时候玩游戏。约有 64% 的用户会在上班的时候玩游戏，而 46% 的人在教室里玩游戏，另有 25% 的人在健身房里玩游戏。在家里玩游戏的调查用户中，有 41% 的人会在客厅里玩，5% 的人在浴室里，而 1% 的人则在餐厅里。有 52% 的人每天玩游戏的时间超过一个小时，32% 的人超过 3 小时。约有 10% 的人称在工作时间里玩游戏的时间超过 3 小时。大概有 62% 的调查用户说玩过社交游戏，53% 的人玩过动作游戏，40% 玩过益智游戏，而 28% 则玩过赌博游戏。

这份报告应该会让所有的单机游戏厂商感到紧张。移动游戏并不是单机游戏的附属品，它现在开始进入到了居所，成为人们生活中的一部分。这意味家用游戏机或者个人电脑的玩家，正在逐渐减少，而此时移动游戏的用户却越来越多。移动游戏的用户数量处于持续增长状态。在智能手机、平板电脑或 iPod touch 上玩移动电子游戏的美国玩家数量已经超过了 1 亿。在 2011 年，全球用户一天有 13% 的时间在移动设备上玩游戏，一天的游戏时长总计超过 1.3 亿小时。虽然通常会将智能手机和平板电脑视为"休闲"平台，很有存在一些骨灰级的玩家，这就意味着我们早期所谓的候车时间或者排队时间已经被推进，反而居家选项成为手机游戏玩家最重要的游戏场所。这就必然意味着玩家更有系统、周全的休闲时间，能够有更放松和专注的游戏心态，再加上部分游戏选项已经完全可以打破短时零碎休闲的体验，以及随着 iPad 系列以及 iPhone 4S 等游戏性能的提升，大型或者更为复杂的游戏产品有可能因为便携性而获得青睐。

不过，毕竟传统游戏模式已经发展了许多年，积累了足够的用户。但是对于那些国际游戏厂商来说，移动游戏仍然是一个巨大的机遇，它能提供全版本的游戏平台，作为游戏产品的扩展。据数据显示，美国 62% 的老玩家也会选择在移动设备上玩游戏。传统老牌游戏开发商则可以在移动平台上融合其大型游戏与电视游戏服务模式。

不仅游戏产品的发行方式发生了转变，就连用户交易的模式也有所变化。如今，内置交易和内容下载的模式无孔不入。"俄罗斯方块"（Tetris）一直被业内认为是简单有趣导向型游戏设计的代表，但最近又出现了可付费订阅的 iOS 版本的"俄罗斯方块"，如图 13-8 所示。

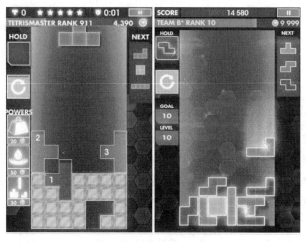

图 13-8　俄罗斯方块

图 13-8 所示的"俄罗斯方块（Tetris）"游戏，正是由著名的游戏公司 EA 推出的版本。虽然游戏的售价只有 99 美分，不过玩家还可以每个月支付 2.99 美元来获取用来快速提高游戏排名的"独家游戏内容"。玩家已经购买了核心游戏，但却还需要通过额外付费才能获得"额外内容"。在该游

戏的设计中，开发者选择了相当"大气"的收费模式，但这在玩家看来却是无比小气的，而这种风气如今正在游戏行业中不断蔓延。

一夜成名的故事还在发生，但是几率在大幅下降。虽然比任何其他平台都好挣钱，但是需要从一开始就做好打持久战的准备。至于是否一夜成名，尽管手机游戏领域仍然是创意型产业，但是一夜成名的可能性其实已经很小。比如最近最为火爆的 Draw Something 开发者 OMGPOP 也不算一夜成名，也算好几年的从业经历，只是刚好在 Draw Something 这个节点上爆发了。还有众所周知的 Rovio 公司在 Angry Birds 成功前已经有超过 50 款的作品，以及开发 Tiny Tower 的 NimbleBit 公司，其 iOS 应用开发经验同样可以追溯到 2008 年。

创意产品是否仍然是手机游戏产业最大的消费驱动力？就目前的情况来看，能够突破"疯狂的小鸟（Angry Birds）"、"切绳子（Cut The Rope）"或者"水果忍者（Fruit Ninja）"之类超级下载量游戏所构筑的品牌屏障，凭借独到的创意来获取用户的游戏产品越来越难。再加上众多优秀的游戏由付费转为免费，比如 Jetpack Joyride、Temple Run，还有类似 Tiny Wings 或者 Where is My Water 在付费榜占据的位置，仅仅靠免费游戏来搅动格局的可能性越来越小，而像 Draw Something 这类横扫付费和免费榜的游戏在近期已经并不多见。

App 的营销成本是否已经成为新的门槛？按照统计显示，目前一款应用产品获得忠实用户的成本最高已经达到平均 1.83 美元。所谓忠实用户指的是至少会运行应用程序 3 次以上的。不管是 Kiip 模式、Tapjoy 模式、Heyzap 模式还是 Fisku 模式，营销成本居高不下正在成为既定的事实。再加上在各个应用商店中提供下载的各式应用程序也超过了百万的数量，新晋的或者小成本的开发者或者团队想要再次脱颖而出的可能性已经越来越小。

现如今在移动游戏市场虽然已经进入了很多大的游戏厂商，但其绝大多数销量仍来自一小部分开发商。对于读者来说这是一个异常拥挤、竞争惨烈的市场。保持价格低廉，保持游戏简单，努力控制成本，这样我们就能凭借此后的收益冲抵成本了。

13.7　小　　结

App Store 的确是一套很好的商业模式，尽管给我们带来了一些不好的东西，还依然存在一些隐患，但是我们不得不接受它很成功并且将继续成功下去的现实。

然而事情的关键点在于，如果苹果公司以及其他企业，决心将智能手机和平板电脑打造成未来的个人终端，并取代个人电脑成为主流，移动互联网产业的规模也将不断壮大，那么 App Store 作为其伴生品，必将伴随其发展的每一个阶段。现今，智能手机和平板电脑刚刚投入市场不久，却已经表现出了惊人的成绩。随着时间的推移，无论是新兴的用户群体，还是侵占其他领域的市场，移动互联网都将会覆盖更为广泛的市场，吸引更多的用户。

其中，读者所关注的 iOS 平台上的游戏产品，必将拥有长久的生命力以及快速的发展力。App Store 中那些不好的特性所产生的影响尚小，还不能造成足够的损害，同时也不为人们所关注。然而我们能够允许在未来一个像现在的个人电脑一样广泛的个人终端如此封闭和限制竞争吗？所以相信在不久的将来，苹果公司必然会推出更开放的市场模式。用户已经容忍了微软的垄断行为多年，而今，一个比微软所建立起来的体系更为垄断的体系正试图控制市场。所以在未来，无论是用户、开发者还是制作商，都将期待一个更为自由、开放的移动互联网。

读者意见反馈表

亲爱的读者：

感谢您对中国铁道出版社的支持，您的建议是我们不断改进工作的信息来源，您的需求是我们不断开拓创新的基础。为了更好地服务读者，出版更多的精品图书，希望您能在百忙之中抽出时间填写这份意见反馈表发给我们。随书纸制表格请在填好后剪下寄到：北京市西城区右安门西街8号中国铁道出版社综合编辑部 荆波 收（邮编：100054）。或者采用传真（010-63549458）方式发送。此外，读者也可以直接通过电子邮件把意见反馈给我们，E-mail地址是：jb@163.jb18803242@yahoo.com.cn。我们将选出意见中肯的热心读者，赠送本社的其他图书作为奖励。同时，我们将充分考虑您的意见和建议，并尽可能地给您满意的答复。谢谢！

- -

所购书名：_____

个人资料：

姓名：_____ 性别：_____ 年龄：_____ 文化程度：_____

职业：_____ 电话：_____ E-mail：_____

通信地址：_____ 邮编：_____

- -

您是如何得知本书的：

□书店宣传 □网络宣传 □展会促销 □出版社图书目录 □老师指定 □杂志、报纸等的介绍 □别人推荐
□其他（请指明）

您从何处得到本书的：

□书店 □邮购 □商场、超市等卖场 □图书销售的网站 □培训学校 □其他

影响您购买本书的因素（可多选）：

□内容实用 □价格合理 □装帧设计精美 □带多媒体教学光盘 □优惠促销 □书评广告 □出版社知名度
□作者名气 □工作、生活和学习的需要 □其他

您对本书封面设计的满意程度：

□很满意 □比较满意 □一般 □不满意 □改进建议

您对本书的总体满意程度：

从文字的角度 □很满意 □比较满意 □一般 □不满意
从技术的角度 □很满意 □比较满意 □一般 □不满意

您希望书中图的比例是多少：

□少量的图片辅以大量的文字 □图文比例相当 □大量的图片辅以少量的文字

您希望本书的定价是多少：

本书最令您满意的是：

1.
2.

您在使用本书时遇到哪些困难：

1.
2.

您希望本书在哪些方面进行改进：

1.
2.

您需要购买哪些方面的图书？对我社现有图书有什么好的建议？

您更喜欢阅读哪些类型和层次的计算机书籍（可多选）？

□入门类 □精通类 □综合类 □问答类 □图解类 □查询手册类 □实例教程类

您在学习计算机的过程中有什么困难？

您的其他要求：